云南昆虫名录

（第二卷）

易传辉　和秋菊　主编

科学出版社

北京

内 容 简 介

本书为《云南昆虫名录》的第二卷。本名录共记载云南分布昆虫纲广翅目、蛇蛉目、脉翅目、捻翅目、长翅目、蚤目、毛翅目和鳞翅目 8 目 116 科 2252 属 7769（亚）种。

本书可为昆虫学、生物多样性保护、生物地理学研究提供基础资料，可供从事昆虫学科学研究、生物多样性保护与农林生产部门的研究人员或管理人员及高等院校相关专业师生参考。

图书在版编目（CIP）数据

云南昆虫名录. 第二卷 / 易传辉，和秋菊主编. — 北京：科学出版社，2025.2
　　ISBN 978-7-03-078565-7

　　Ⅰ. ①云… Ⅱ. ①易… ②和… Ⅲ. ①昆虫－云南－名录
Ⅳ. ①Q968.227.4-62

　　中国国家版本馆 CIP 数据核字（2024）第 102918 号

责任编辑：张会格　薛　丽 / 责任校对：郑金红
责任印制：肖　兴 / 封面设计：无极书装

科学出版社 出版
北京东黄城根北街 16 号
邮政编码：100717
http://www.sciencep.com

北京中石油彩色印刷有限责任公司印刷
科学出版社发行　　各地新华书店经销
*

2025 年 2 月第 一 版　　开本：889×1194 1/16
2025 年 2 月第一次印刷　　印张：28 1/4
字数：863 000
定价：280.00 元
（如有印装质量问题，我社负责调换）

支 持 项 目

云南省生态环境厅生物多样性保护工程项目

云南省林学一流学科建设经费资助项目

云南省农业基础研究联合专项重点项目"尤犀金龟属昆虫在云南的分布、遗传多样性与保护研究"（项目编号：202301BD070001-004）

云南省森林灾害预警与控制重点实验室开放基金项目"昆明草原蝴蝶物种多样性研究"

前　言

云南地处祖国西南，是喜马拉雅山脉、云贵高原、华南台地和中南半岛北部山地交汇区域，横断山脉纵贯滇西，乌蒙山绵延滇东北，地势自西北向东南倾斜，海拔高差悬殊，山川地貌复杂，立体气候明显，是中国-喜马拉雅植物区系、中国-日本植物区系和古热带印度-马来植物区系的交汇处，自然地理大致分属四大区域，即南部热带季节性雨林-砖红壤地带，中南部亚热带季风常绿阔叶林-砖红壤性红壤地带，中部和北部亚热带针阔叶混交林-红壤地带和西北青藏高原东南缘针叶林暗棕壤及高山草甸土地带，复杂的地形地貌和气候造就了复杂的生态系统，孕育了丰富的动植物资源，是中国生物多样性最为丰富的省份和具有全球意义的生物多样性关键地区之一。尽管云南的面积仅为全国国土面积的 4.1%，但却拥有全国 50%以上的物种。据《云南省生物物种名录（2016 版）》记录，云南省大型真菌、地衣、高等植物和脊椎动物 816 科 4727 属 25 426 种（部分类群含种下阶元），但该书中未记录昆虫物种情况。和其他生物一样，云南有非常丰富的昆虫多样性，《云南农业病虫杂草名录》记录昆虫 28 目 298 科 6707 种（不含卫生昆虫），《云南森林昆虫》记录 21 目 253 科 10 959 种，《横断山区昆虫》记录仅云南横断山地区分布昆虫有 17 目 187 科 3407 种，《中国昆虫地理》记录云南昆虫 19 707 种，物种 2000 中国节点（http://www.sp2000.org.cn）记录云南昆虫 45 664 种（含亚种，至 2025 年 3 月），但所有权威资料未见对云南昆虫物种进行全面统计。昆虫是生物多样性的重要组成部分，在生态系统中具有非常重要的作用，如自然界 68%的显花植物、87.5%的被子植物和超过 70%的作物都依靠授粉昆虫授粉，人类可利用的 1300 种植物中，有 1100 多种需要蜜蜂授粉，食物中有 30%以上直接或间接来源于昆虫授粉作物，全球 107 种重要作物中有 90%依赖于授粉昆虫传粉。云南昆虫物种多样性数据的缺乏，影响了对云南生物多样性的保护与利用。全面、系统地整理云南分布昆虫名录，已成为云南生物多样性保护与利用最为迫切的需要。云南省生态环境厅高度重视云南生物多样性保护与利用工作，设立了生物多样性保护工程项目专项，大力推动云南生物多样性保护与利用工作，《云南昆虫名录》编纂被列为生物多样性保护工程项目中的重要任务，委托西南林业大学开展此项重要工作。西南林业大学高度重视，成立了以王卫斌校长为主任的组织委员会，云南生物多样性研究院组织国内相关领域专家即刻开展工作，全面、系统地整理了云南分布昆虫物种名录。

《云南昆虫名录》参考六足纲最新分类系统编纂，包含原尾纲、弹尾纲、双尾纲和昆虫纲物种，并整合不同分类系统中的物种名录，以求最大限度地包含云南分布的所有昆虫物种，呈现完整的云南昆虫物种多样性。为方便使用，本名录中仍将半翅目和同翅目分别整理，资料主要来源于《中国动物志（昆虫纲）》、《中国经济昆虫志》、《云南森林昆虫》、Web of Science 数据库（https://webofscience.clarivate.cn）、中国知网、万方等国内外公开发表有云南分布昆虫的论文与专著等资料，物种 2000 中国节点等数据库资料，以及参编人员历年来积累的云南昆虫多样性本底调查数据。

感谢所有在本名录编纂过程中给予帮助的专家学者。北京林业大学史宏亮博士、保山学院柳青教授和云南林业职业技术学院王琳教授等专家对本名录的编纂提供了帮助；另外，西南林业大学博士研究生陈超，硕士研究生舒旭、尹晶、张鸿辉、付忠洪、王有慧、王灵敏、杨雪苗、黄昱舒、张艳慧、付元生、杨秋涵、李根丽、王宇宸、张正旺、朱恩骄、卢斐和本科生张志杰、龙子豪、罗丽萍、聂依兰，大理大学硕士研究生贾亮杰，青岛农业大学硕士研究生杨明娟，以及西南交通大学希望学院本科生刘承康等参加了本名录的资料整理，在此一并表示感谢。

　　昆虫物种数量巨大，资料浩瀚，工作中编纂团队成员竭尽全力，尽量做到全面、准确，但由于水平和能力所限，书中难免有疏漏之处，敬请读者提出修改意见和建议，有待今后进一步改进、完善。

编　者

2025 年 3 月 5 日

目　录

广翅目 Megaloptera

齿蛉科 Corydalidae

巨齿蛉属 *Acanthacorydalis* Weele, 1907

属模巨齿蛉 *Acanthacorydalis asiatica* Wood-Mason, 1884
分布：云南（怒江、保山、西双版纳）；印度。

越中巨齿蛉 *Acanthacorydalis fruhstorferi* van der Weele, 1907
分布：云南（文山），贵州，江西，浙江，湖南，广西，福建，广东；越南。

东方巨齿蛉 *Acanthacorydalis orientalis* McLachlan, 1899
分布：云南（昭通），四川，重庆，北京，天津，河北，山西，甘肃，陕西，河南，湖北，福建，广东。

单斑巨齿蛉 *Acanthacorydalis unimaculata* Yang & Yang, 1986
分布：云南（红河），贵州，江西，安徽，浙江，湖南，广西，福建，广东；越南。

云南巨齿蛉 *Acanthacorydalis yunnanensis* Yang & Yang, 1988
分布：云南（普洱、红河）。

臀鱼蛉属 *Anachauliodes* Kimmins, 1954

莱博斯臀鱼蛉 *Anachauliodes laboissierei* (Navás, 1913)
分布：云南（昆明、大理、昭通、丽江、临沧、红河），四川，重庆，贵州，广西；越南，印度。

栉鱼蛉属 *Ctenochauliodes* Weele, 1909

指突栉鱼蛉 *Ctenochauliodes digitiformis* Liu & Yang, 2006
分布：云南（临沧）。

长突栉鱼蛉 *Ctenochauliodes elongatus* Liu & Yang, 2006
分布：云南（昭通、西双版纳），贵州，四川，重庆，湖北，广西；越南。

钳突栉鱼蛉 *Ctenochauliodes friedrichi* Navás, 1932
分布：云南（昭通、西双版纳），贵州，四川，重庆，湖北，广西；越南。

属模栉鱼蛉 *Ctenochauliodes nigrovenosus* van der Weele, 1907
分布：云南，四川，重庆，贵州，广西，湖北；越南。

斑鱼蛉属 *Neochauliodes* Weele, 1909

双齿斑鱼蛉 *Neochauliodes bicuspidatus* Liu & Yang, 2006
分布：云南（保山、德宏、临沧）；越南。

台湾斑鱼蛉 *Neochauliodes formosanus* (Okamoto, 1910)
分布：云南（西双版纳），重庆，山东，青海，江西，浙江，湖南，广西，福建，海南，广东，台湾，香港；韩国，日本，朝鲜，越南。

污翅斑鱼蛉 *Neochauliodes fraternus* McLachlan, 1869
分布：云南（普洱），贵州，四川，陕西，甘肃，河北，山东，安徽，湖北，江西，浙江，湖南，广西，福建，广东，台湾；越南。

南方斑鱼蛉 *Neochauliodes meridionalis* Weele, 1909
分布：云南（红河、文山），四川，贵州，山东，浙江，广西，海南，广东，台湾；越南，老挝。

基点斑鱼蛉 *Neochauliodes moriutii* Asahina, 1988
分布：云南（西双版纳）；老挝，缅甸，泰国，越南。

东方斑鱼蛉 *Neochauliodes orientalis* Yang & Yang, 1991
分布：云南（昆明、大理、保山、红河、玉溪、普洱、临沧、西双版纳）。

寡斑鱼蛉 *Neochauliodes parcus* Liu & Yang, 2006
分布：云南（德宏）。

散斑鱼蛉 *Neochauliodes punctatolosus* Liu & Yang, 2006
分布：云南（昆明、红河、普洱、西双版纳）；越南，泰国，老挝。

越南斑鱼蛉 *Neochauliodes tonkinensis* van der Weele, 1907
分布：云南（临沧、红河、保山、西双版纳），四川，广西，广东；越南，老挝，缅甸。

齿蛉属 *Neoneuromus* Weele, 1909

普通齿蛉 *Neoneuromus ignobilis* Navás, 1932
分布：云南（红河），贵州，四川，重庆，山西，陕西，安徽，浙江，江西，湖北，湖南，广西，福建，广东；越南。

麦克齿蛉 *Neoneuromus maclachlani* van der Weele, 1907

分布：云南（昭通），贵州，四川，陕西，浙江，安徽，广西，福建，广东；越南，印度，老挝，泰国。

锡金齿蛉 *Neoneuromus sikkimmensis* van der Weele, 1907

分布：云南（临沧、普洱、红河、西双版纳）；印度，泰国，老挝，越南。

黑齿蛉属 *Neurhermes* Navás, 1915

二点黑齿蛉 *Neurhermes bipunctata* Yang & Yang, 1988

分布：云南（保山）。

塞利斯黑齿蛉 *Neurhermes selysi* van der Weele, 1909

分布：云南（保山）；印度，缅甸，孟加拉国。

黄胸黑齿蛉 *Neurhermes tonkinensis* Weele, 1909

分布：云南（文山、红河），贵州，广西，福建，广东；越南，泰国，老挝。

脉齿蛉属 *Nevromus* Rambur, 1842

阿氏脉齿蛉 *Nevromus aspoeck* Liu, Hayashi & Yang, 2012

分布：云南（西双版纳）；泰国。

印脉齿蛉 *Nevromus intimus* McLachlan, 1869

分布：云南；印度，尼泊尔，巴基斯坦，缅甸。

星齿蛉属 *Protohermes* Weele, 1907

滇印星齿蛉 *Protohermes arunachalensis* Ghosh, 1991

分布：云南（保山）；印度。

阿萨姆星齿蛉 *Protohermes assamensis* Kimmins, 1948

分布：云南（红河）；印度，越南。

星齿蛉 *Protohermes axillatus* Navás, 1932

分布：云南（红河）。

基黄星齿蛉 *Protohermes basiflavus* Yang, 2004

分布：云南（文山），广西；缅甸，越南。

基斑星齿蛉 *Protohermes basimaculatus* Liu, Hayashi & Yang, 2007

分布：云南（保山）。

沧源星齿蛉 *Protohermes cangyuanensis* Yang & Yang, 1988

分布：云南（临沧、普洱）。

昌宁星齿蛉 *Protohermes changninganus* Yang & Yang, 1988

分布：云南（保山）。

全色星齿蛉 *Protohermes concolorus* Yang & Yang, 1988

分布：云南（玉溪、临沧）。

花边星齿蛉 *Protohermes costalis* Walker, 1853

分布：云南（昭通、保山），贵州，河南，湖北，江西，安徽，浙江，湖南，广西，福建，广东，台湾；印度。

弯角星齿蛉 *Protohermes curvicornis* Liu, Hayashi & Yang, 2013

分布：云南（德宏）；印度。

异角星齿蛉 *Protohermes differentialis* Yang & Yang, 1986

分布：云南（红河），贵州，广西，广东；越南。

双斑星齿蛉 *Protohermes dimaculatus* Yang & Yang, 1988

分布：云南（昭通），贵州。

独龙星齿蛉 *Protohermes dulongjiangensis* Liu, Hayashi & Yang, 2010

分布：云南（怒江）。

黄脉星齿蛉 *Protohermes flavinervus* Liu, Hayashi & Yang, 2009

分布：云南（怒江）。

佛氏星齿蛉 *Protohermes flinti* Liu, Hayashi & Yang, 2007

分布：云南（红河）。

赫氏星齿蛉 *Protohermes horni* Navás, 1932

分布：云南（昆明、迪庆），四川。

Protohermes latus Liu & Yang, 2006

分布：云南（红河）。

黑胸星齿蛉 *Protohermes niger* Yang & Yang, 1988

分布：云南（保山、临沧、大理）。

Protohermes latus Liu & Yang, 2006

分布：云南（红河）。

东方星齿蛉 *Protohermes orientalis* Liu, Hayashi & Yang, 2007

分布：云南（昭通），四川。

寡斑星齿蛉 *Protohermes parcus* Yang & Yang, 1988

分布：云南（保山）。

滇蜀星齿蛉 *Protohermes similis* Yang & Yang, 1988

分布：云南，四川。

多斑星齿蛉 *Protohermes stigmosus* Liu, Hayashi & Yang, 2007

分布：云南（西双版纳），广西。

条斑星齿蛉 *Protohermes striatulus* Navás, 1926

分布：云南，广西；缅甸，越南。

淡云斑星齿蛉 *Protohermes subnubilus* Kimmins, 1949

分布：云南（保山）；缅甸。

拟寡斑星齿蛉 *Protohermes subparcus* Liu & Yang, 2006

分布：云南（怒江、大理、迪庆）。

腾冲星齿蛉 *Protohermes tengchongensis* Yang & Yang, 1988

分布：云南（保山）。

梯星齿蛉 *Protohermes trapezius* Li & Liu, 2021

分布：云南（保山）

迷星齿蛉 *Protohermes triangulatus* Liu, Hayashi & Yang, 2007

分布：云南（昆明、玉溪、临沧、红河、普洱、大理）；泰国，越南。

威利星齿蛉 *Protohermes weelei* Navás, 1925

分布：云南。

炎黄星齿蛉 *Protohermes xanthodes* Navás, 1914

分布：云南（大理、文山），贵州，四川，重庆，辽宁，河北，河南，山西，甘肃，陕西，北京，山东，安徽，江西，浙江，湖北，湖南，广西，广东；俄罗斯，韩国，朝鲜。

云南星齿蛉 *Protohermes yunnanensis* Yang & Yang, 1988

分布：云南（大理、保山、临沧），四川。

泥蛉科 Sialidae

印泥蛉属 *Indosialis* Lestage, 1927

版纳印泥蛉 *Indosialis bannaensis* Liu, Yang & Hayashi, 2006

分布：云南（西双版纳）；越南，泰国。

泥蛉属 *Sialis* Latreille, 1802

优雅泥蛉 *Sialis elegans* Liu & Yang, 2006

分布：云南（怒江）。

昆明泥蛉 *Sialis kunmingensis* Liu & Yang, 2006

分布：云南（昆明）。

罗汉坝泥蛉 *Sialis luohanbaensis* Liu, Hayashi & Yang, 2012

分布：云南（昭通）。

蛇蛉目 Raphidioptera

盲蛇蛉科 Inocelliidae

盲蛇蛉属 *Inocellia* Schneider, 1843

陈氏盲蛇蛉 *Inocellia cheni* Liu, Aspöck, Yang & Aspöck, 2010

分布：云南（丽江、迪庆），四川，广西。

黑足盲蛇蛉 *Inocellia nigra* Liu, Aspöck, Zhang & Aspöck, 2012

分布：云南（保山、丽江），四川。

钝角盲蛇蛉 *Inocellia obtusangularis* Liu, Aspöck, Yang & Aspöck, 2010

分布：云南（丽江），四川。

玉龙盲蛇蛉 *Inocellia yulongensis* Shen & Liu, 2021

分布：云南（丽江、迪庆）。

云南盲蛇蛉 *Inocellia yunnanica* Liu, Aspöck, Zhang & Aspöck, 2012

分布：云南（普洱）。

脉翅目 Neuroptera

蝶角蛉科 Ascalaphidae

锯角蝶角蛉属 *Acheron* Lefebvre, 1842

锯角蝶角蛉 *Acheron trux* (Walker, 1853)
分布：云南（普洱、临沧、德宏、西双版纳），西藏，贵州，四川，陕西，河南，湖北，江西，江苏，浙江，湖南，广西，海南，福建，台湾；日本，印度，不丹，孟加拉国，缅甸，泰国，马来西亚，柬埔寨，老挝，越南。

脊蝶角蛉属 *Ascalohybris* Sziraki, 1998

浅边脊蝶角蛉 *Ascalohybris oberthuri* (Navás, 1923)
分布：云南（德宏）；越南，泰国，马来西亚。

黄脊蝶角蛉 *Ascalohybris subjacens* (Walker, 1853)
分布：云南（德宏、红河、临沧），贵州，四川，北京，山东，河南，上海，浙江，江西，江苏，安徽，湖北，湖南，广西，海南，福建，台湾，广东；朝鲜，韩国，日本，越南，孟加拉国，柬埔寨。

玛蝶角蛉属 *Maezous* Ábráhám, 2008

褐边玛蝶角蛉 *Maezous fuscimarginatus* (Wang & Sun, 2008)
分布：云南（西双版纳）。

尖峰岭玛蝶角蛉 *Maezous jianfanglinganus* (Yang & Wang, 2002)
分布：云南（西双版纳），广东，海南。

狭翅玛蝶角蛉 *Maezous umbrosus* (Esben-Petersen, 1913)
分布：云南（临沧、西双版纳），贵州，四川，河南，陕西，江西，浙江，湖北，湖南，广西，台湾。

尼蝶角蛉属 *Nicerus* Navás, 1912

格尼蝶角蛉 *Nicerus gervaisi* Navás, 1912
分布：云南。

凸腋蝶角蛉属 *Nousera* Navás, 1923

凸腋蝶角蛉 *Nousera gibba* Navás, 1923
分布：云南（西双版纳）；越南，老挝，泰国，马来西亚。

Ogcogaster Westwood, 1847

***Ogcogaster segmentator* (Westwood, 1847)**
分布：云南；印度，巴基斯坦。

足翅蝶角蛉属 *Protacheron* van der Weele, 1908

菲律宾足翅蝶角蛉 *Protacheron philippinensis* (van der Weele, 1904)
分布：云南（西双版纳），贵州，广西，海南；菲律宾，印度尼西亚。

原完眼蝶角蛉属 *Protidricerus* van der Weele, 1908

原完眼蝶角蛉 *Protidricerus exilis* (McLachlan, 1894)
分布：云南（玉溪、丽江、大理），四川，甘肃，陕西，湖北。

日原完眼蝶角蛉 *Protidricerus japonicus* (McLachlan, 1891)
分布：云南（丽江、迪庆、德宏），四川，西藏，河北，甘肃，北京，河南，湖北；日本。

苏蝶角蛉属 *Suphalomitus* van der Weele, 1908

凹腰苏蝶角蛉 *Suphalomitus excavatus* Yang, 1999
分布：云南（普洱、西双版纳），海南，福建。

台斑苏蝶角蛉 *Suphalomitus formosanus* Esben-Petersen, 1913
分布：云南（昭通），贵州，广西，海南，台湾。

红斑苏蝶角蛉 *Suphalomitus rufimaculatus* Yang, 1986
分布：云南（曲靖）。

鳞蛉科 Berothidae

鳞蛉属 *Berotha* Walker, 1860

版纳鳞蛉 *Berotha bannana* (Yang, 1986)
分布：云南（西双版纳）。

草蛉科 Chrysopidae

Anachrysa Hölzel, 1973

***Anachrysa adamsi* Ma, 2022**
分布：云南（红河）。

***Anachrysa triangularis* (Yang & Wang, 1994)**
分布：云南（德宏）。

绢草蛉属 *Ankylopteryx* Brauer, 1864

优美绢草蛉 *Ankylopteryx delicatula* Banks, 1937
分布：云南（德宏、西双版纳），香港；日本。

Ankylopteryx diffluens Ma & Liu, 2021
分布：云南（西双版纳）。

Ankylopteryx ferruginea Tsukaguchi, 1995
分布：云南（西双版纳），广西，海南，台湾；日本，越南，老挝。

黑痣绢草蛉 *Ankylopteryx gracilis* Nakahara, 1955
分布：云南（西双版纳），广西；日本。

八斑绢草蛉 *Ankylopteryx octopunctata* (Fabricius, 1793)
分布：云南（昆明），四川，江西，湖南，广西，福建，广东，海南，台湾；印度，越南，斯里兰卡，菲律宾，印度尼西亚。

八斑绢草蛉纯洁亚种 *Ankylopteryx octopunctata candida* (Fabricius, 1798)
分布：云南（普洱），四川，西藏，贵州，重庆，广西，福建，广东，海南；日本，老挝，印度。

橙绢草蛉 *Ankylopteryx rubrocincta* Ma & Liu, 2021
分布：云南（西双版纳）。

Austrochrysa Esben-Petersen, 1928
Austrochrysa angusta Ma, Yang & Liu, 2020
分布：云南（西双版纳）。

Austrochrysa tropica (Yang & Wang, 1994)
分布：云南（西双版纳）。

博草蛉属 *Borniochrysa* Brooks & Barnard, 1990
Borniochrysa kamayaria Wang, Lai & Liu, 2022
分布：云南（德宏），海南。

Borniochrysa zhenxiana Wang, Lai & Liu, 2022
分布：云南（德宏）。

板边草蛉属 *Brinckochrysa* Tjeder, 1966
膨板边草蛉 *Brinckochrysa turgidua* Yang & Wang, 1990
分布：云南。

尾草蛉属 *Chrysocerca* Weele, 1909
红肩尾草蛉 *Chrysocerca formosana* (Okamoto, 1914)
分布：云南（玉溪，德宏，西双版纳），贵州，四川，广西，海南，福建，广东，台湾。

瑞丽尾草蛉 *Chrysocerca ruiliana* Yang & Wang, 1994
分布：云南（德宏）。

草蛉属 *Chrysopa* Brooks, 1983
丽草蛉 *Chrysopa formosa* Brauer, 1851
分布：云南（昆明、曲靖），贵州，四川，西藏，黑龙江，吉林，辽宁，新疆，河北，北京，内蒙古，河南，陕西，山西，山东，宁夏，青海，甘肃，湖北，湖南，江西，江苏，浙江，安徽，广东，福建；蒙古国，朝鲜，俄罗斯，日本，欧洲。

多斑草蛉 *Chrysopa intima* McLachlan, 1893
分布：云南（西双版纳），四川，黑龙江，辽宁，吉林，甘肃，陕西，内蒙古，山西，湖北；俄罗斯，朝鲜，日本，欧洲。

甘肃草蛉 *Chrysopa kansuensis* Tjeder, 1936
分布：云南（迪庆），甘肃，四川。

大草蛉 *Chrysopa pallens* (Rambur, 1838)
分布：云南（昆明、保山、红河、曲靖、昭通、大理、迪庆、临沧、德宏），贵州，四川，黑龙江，吉林，辽宁，新疆，内蒙古，宁夏，河北，北京，山东，浙江，河南，山西，甘肃，陕西，江西，江苏，安徽，湖南，广西，福建，广东，海南，台湾，湖北；俄罗斯，朝鲜，日本，欧洲。

通草蛉属 *Chrysoperla* Steinmann, 1964
普通草蛉 *Chrysoperla carnea* (Stephens, 1836)
分布：云南（昆明），四川，新疆，内蒙古，山西，北京，山东，河南，河北，陕西，安徽，上海，湖北，广西，广东。

叉通草蛉 *Chrysoperla furcifera* (Okamoto, 1914)
分布：云南（丽江），四川，台湾；日本，东南亚。

日本通草蛉 *Chrysoperla nipponensis* (Okamoto, 1914)
分布：云南（昆明、文山），贵州，四川，黑龙江，吉林，辽宁，新疆，河北，山西，河南，甘肃，陕西，内蒙古，北京，山东，浙江，湖北，江苏，安徽，江西，上海，湖南，广西，福建，广东，海南；日本，朝鲜，蒙古国，俄罗斯，菲律宾。

松氏通草蛉 *Chrysoperla savioi* (Navás, 1933)
分布：云南，贵州，北京，山西，河北，江西，安徽，浙江，湖北，湖南，广西，福建，广东，香港，台湾。

三阶草蛉属 *Chrysopidia* Navás, 1910
红斑三阶草蛉 *Chrysopidia fuscata* Navás, 1914
分布：云南（大理），四川，印度。

黄带三阶草蛉 *Chrysopidia flavilineata* **Yang & Wang, 1994**

分布：云南（德宏）。

齐三阶草蛉 *Chrysopidia regulata* **Navás, 1914**

分布：云雨（大理、丽江），四川。

线草蛉属 *Cunctochrysa* Hölzel, 1970

白线草蛉 *Cunctochrysa albolineata* (**Killington, 1935**)

分布：云南（昆明、丽江），西藏，贵州，四川，北京，山西，陕西，江西，湖北，福建；俄罗斯，欧洲。

玉龙线草蛉 *Cunctochrysa yulongshana* **Yang, Yang & Wang, 1992**

分布：云南（丽江）。

意草蛉属 *Italochrysa* Principi, 1946

江南意草蛉 *Italochrysa aequalis* (**Walker, 1853**)

分布：云南，四川，江苏；印度，印度尼西亚，马来西亚，巴布亚新几内亚，菲律宾。

黄足意草蛉 *Italochrysa albescens* (**Navás, 1932**)

分布：云南。

迪庆意草蛉 *Italochrysa deqenana* **Yang, 1986**

分布：云南（迪庆）。

日本意草蛉 *Italochrysa japonica* (**McLachlan, 1875**)

分布：云南（昆明、普洱、红河、文山、大理、保山），贵州，四川，甘肃，江西，江苏，安徽，浙江，湖北，湖南，广西，海南，福建，广东，台湾；日本。

龙陵意草蛉 *Italochrysa longligana* **Yang, 1986**

分布：云南（保山）。

泸定意草蛉 *Italochrysa ludingana* **Yang, Yang & Yang, 1992**

分布：云南，四川。

东方意草蛉 *Italochrysa orientalis* **Yang & Wang 1999**

分布：云南，广西，海南，福建，广东。

红痣意草蛉 *Italochrysa uchidae* (**Kuwayama, 1927**)

分布：云南，贵州，江西，浙江，广西，海南，福建，台湾。

永胜意草蛉 *Italochrysa yongshengana* **Yang, Yang & Wang, 1992**

分布：云南（丽江）。

云南意草蛉 *Italochrysa yunnanica* **Yang, 1986**

分布：云南（昆明、保山、红河、文山）。

玛草蛉属 *Mallada* Navás, 1925

亚非玛草蛉 *Mallada desjardinsi* (**Navás, 1911**)

分布：云南（普洱），贵州，四川，陕西，浙江，江西，湖北，湖南，广西，广东，海南，福建，台湾；日本，东南亚，非洲。

波草蛉属 *Plesiochrysa* Adams, 1982

单斑波草蛉 *Plesiochrysa marcida* (**Banks, 1937**)

分布：云南（普洱）。

叉草蛉属 *Pseudomallada* Tsukaguchi, 1995

云南叉草蛉 *Pseudomallada arcuata* (**Dong, Cui & Yang, 2004**)

分布：云南。

马尔康叉草蛉 *Pseudomallada barkamana* (**Yang, Yang & Wang, 1992**)

分布：云南（红河），四川。

周氏叉草蛉 *Pseudomallada choui* (**Yang & Yang, 1989**)

分布：云南（昆明），黑龙江，甘肃，陕西，湖北。

德钦叉草蛉 *Pseudomallada deqenana* (**Yang, Yang & Wang, 1992**)

分布：云南（迪庆）。

亮叉草蛉 *Pseudomallada diaphana* (**Yang & Yang, 1990**)

分布：云南（德宏），福建。

粗脉叉草蛉 *Pseudomallada estriata* (**Yang & Yang, 1990**)

分布：云南（临沧、德宏），湖北，福建，海南。

红面叉草蛉 *Pseudomallada flammefrontata* (**Yang & Yang, 1990**)

分布：云南（昆明、德宏、红河、西双版纳），甘肃，陕西，福建。

顶斑叉草蛉 *Pseudomallada flavinotata* (**Dong, Cui & Yang, 2004**)

分布：云南，福建。

海南叉草蛉 *Pseudomallada hainana* (**Yang & Yang, 1990**)

分布：云南（昆明、红河、保山、临沧、丽江、西双版纳），四川，河南，湖北，海南。

震旦叉草蛉 *Pseudomallada heudei* (**Navás, 1934**)

分布：云南（西双版纳），陕西，江苏，海南。

鄂叉草蛉 *Pseudomallada hubeiana* (Yang & Wang, 1990)

分布：云南（德宏），陕西，湖北。

跃叉草蛉 *Pseudomallada ignea* (Yang & Yang, 1990)

分布：云南（昆明），陕西，海南。

江苏叉草蛉 *Pseudomallada kiangsuensis* (Navás, 1934)

分布：云南（西双版纳），四川，江苏，湖北，广西。

冠叉草蛉 *Pseudomallada lophophora* (Yang & Yang, 1990)

分布：云南（普洱），上海，湖北，海南。

麻唇叉草蛉 *Pseudomallada punctilabris* (McLachlan, 1894)

分布：云南，四川。

青城叉草蛉 *Pseudomallada qingchengshana* (Yang, Yang & Wang, 1992)

分布：云南（德宏），四川。

角斑叉草蛉 *Pseudomallada triangularis* (Yang & Wang, 1994)

分布：云南（德宏、西双版纳）。

三齿叉草蛉 *Pseudomallada tridentata* (Yang & Yang, 1990)

分布：云南（西双版纳），海南。

春叉草蛉 *Pseudomallada verna* (Yang & Yang, 1989)

分布：云南（保山），甘肃，陕西。

厦门叉草蛉 *Pseudomallada xiamenana* (Yang & Yang, 1999)

分布：云南（德宏、西双版纳），福建。

云南叉草蛉 *Pseudomallada yunnana* (Yang & Wang, 1994)

分布：云南（普洱、西双版纳），福建。

罗草蛉属 *Retipenna* Brooks, 1986

云南罗草蛉 *Retipenna dasyphlebia* (Mclachlan, 1894)

分布：云南，四川。

滇罗草蛉 *Retipenna diana* Yang & Wang, 1994

分布：云南（昆明）。

瑕罗草蛉 *Retipenna maculosa* Yang & Wang, 1994

分布：云南（德宏、保山）。

饰草蛉属 *Semachrysa* Brooks, 1983

退色饰草蛉 *Semachrysa decorata* (Esben-Petersen, 1913)

分布：云南（西双版纳、德宏），四川，海南，福建，广东，台湾；日本，菲律宾，马来西亚。

多斑饰草蛉 *Semachrysa polystricta* Yang & Wang, 1994

分布：云南（德宏、西双版纳）。

延安饰草蛉 *Semachrysa yananica* Yang & Yang, 1989

分布：云南（德宏、西双版纳）。

华草蛉属 *Sinochrysa* Yang, 1992

横断华草蛉 *Sinochrysa hengduana* Yang, 1992

分布：云南（迪庆），四川，西藏。

俗草蛉属 *Suarius* Navás, 1914

贺兰俗草蛉 *Suarius helanus* (Yang, 1993)

分布：云南（普洱）。

黄褐俗草蛉 *Suarius yasumatsui* (Kuwayama, 1962)

分布：云南（普洱）。

多阶草蛉属 *Tumeochrysa* Needham, 1909

云多阶草蛉 *Tumeochrysa yunica* Yan, 1986

分布：云南（大理）。

云草蛉属 *Yunchrysopa* Yang & Wang, 1994

热带云草蛉 *Yunchrysopa tropica* Yang & Wang, 1994

分布：云南（西双版纳）。

粉蛉科 Coniopterygidae

曲粉蛉属 *Coniocompsa* Enderlein, 1905

奇斑曲粉蛉 *Coniocompsa spectabilis* Liu & Yang, 2003

分布：云南（德宏），海南。

粉蛉属 *Coniopteryx* Curtis, 1834

Coniopteryx alticola Sziráki, 2002

分布：云南（玉溪、普洱）；泰国。

双刺粉蛉 *Coniopteryx bispinalis* Liu & Yang, 1993

分布：云南（玉溪、普洱、德宏、红河、西双版纳），贵州，广西；越南。

曲角粉蛉 *Coniopteryx crispicornis* Liu & Yang, 1994

分布：云南（德宏），广西，江苏。

短钩粉蛉 *Coniopteryx exigua* Withycombe, 1925

分布：云南（德宏）；印度，尼泊尔，巴基斯坦。

突角粉蛉 *Coniopteryx gibberosa* Yang & Liu, 1994

分布：云南（红河），广西，海南。

双峰粉蛉 *Coniopteryx praecisa* Yang & Liu, 1994
分布：云南（普洱、西双版纳），广西。

爪角粉蛉 *Coniopteryx prehensilis* **Murphy & Lee, 1971**
分布：云南（西双版纳），四川，陕西，江西，浙江，广西，福建；印度，新加坡。

Coniopteryx serrata **Zhao, Badano & Liu, 2021**
分布：云南（德宏、普洱）。

Coniopteryx tenuisetosa **Zhao, Badano & Liu, 2021**
分布：云南（德宏），西藏。

陶氏干粉蛉 *Coniopteryx topali* Sziraki, 1992
分布：云南（保山）；印度。

啮粉蛉属 *Conwentzia* Enderlein, 1905

直胫啮粉蛉 *Conwentzia orthotibia* Yang, 1974
分布：云南（昆明、保山），西藏，四川，重庆，吉林，黑龙江，新疆，青海，宁夏，甘肃，河南，河北，山西，湖北。

云贵啮粉蛉 *Conwentzia yunguiana* **Liu & Yang, 1993**
分布：云南（西双版纳），贵州，四川，广西。

异粉蛉属 *Heteroconis* Enderlein, 1905

Heteroconis orbicularis **Zhao, Sziráki & Liu, 2022**
分布：云南（西双版纳）。

彩角异粉蛉 *Heteroconis picticornis* (Banks, 1939)
分布：云南（普洱），广西，海南，香港。

锐角异粉蛉 *Heteroconis terminalis* (Banks, 1913)
分布：云南（西双版纳），广西，海南；印度。

独角异粉蛉 *Heteroconis unicornis* Liu & Yang, 2004
分布：云南（德宏），广西。

云南异粉蛉 *Heteroconis yunnanensis* Zhao, y Sziráki, Liu, 2022
分布：云南（德宏）。

重粉蛉属 *Semidalis* Enderlein, 1905

广重粉蛉 *Semidalis aleyrodiformis* (Stephens, 1836)
分布：云南，西藏，贵州，四川，重庆，吉林，辽宁，内蒙古，新疆，宁夏，河北，甘肃，北京，山东，天津，河南，上海，江西，江苏，安徽，浙江，湖北，广西，福建，广东，海南，香港；日本，印度，泰国，尼泊尔，中亚，欧洲。

锚突重粉蛉 *Semidalis anchoroides* **Liu & Yang, 1993**
分布：云南（德宏），贵州，广西，广东。

双角重粉蛉 *Semidalis bicornis* Liu & Yang, 1993
分布：云南（昆明、大理），贵州，四川，西藏，广东。

大青山重粉蛉 *Semidalis daqingshana* **Yang & Liu, 1994**
分布：云南（昆明），广西。

针突重粉蛉 *Semidalis decipiens* (Roepke, 1916)
分布：云南（德宏、西双版纳）；印度，马来西亚，印度尼西亚，缅甸。

马氏重粉蛉 *Semidalis macleodi* Meinander, 1972
分布：云南（昆明），贵州，四川，安徽，浙江，湖北，广西，广东，台湾。

Semidalis procurva **Zhao, Li, Li & Liu, 2021**
分布：云南（德宏）。

前弯重粉蛉 *Semidalis prorecta* Yang & Liu, 2007
分布：云南（德宏、西双版纳）。

直角重粉蛉 *Semidalis rectangula* Yang & Liu, 1994
分布：云南（西双版纳），广西。

一角重粉蛉 *Semidalis unicornis* Meinander, 1972
分布：云南（西双版纳），四川，浙江，广西，海南，福建，广东，台湾；马来西亚，蒙古国。

丫重粉蛉 *Semidalis ypsilon* Liu & Yang, 2003
分布：云南（德宏）。

栉角蛉科 Dilaridae

栉角蛉属 *Dilar* Rambur, 1838

角突栉角蛉 *Dilar cornutus* **Zhang, Liu, Aspöck & Aspöck, 2015**
分布：云南（保山）。

沧源栉角蛉 *Dilar cangyuanensis* **Li, Aspöck, Aspöck & Liu, 2021**
分布：云南（临沧）。

大围山栉角蛉 *Dilar daweishanensis* **Li, Aspöck, Aspöck & Liu, 2021**
分布：云南（红河）。

东川栉角蛉 *Dilar dongchuanus* Yang, 1986
分布：云南（昆明）。

独龙江栉角蛉 *Dilar dulongjiangensis* **Zhang, Liu, Aspöck & Aspöck, 2015**
分布：云南（怒江）。

丽江栉角蛉 *Dilar lijiangensis* **Zhang, Liu, Aspöck & Aspöck, 2015**
分布：云南（丽江）。

多斑栉角蛉 *Dilar maculosus* Zhang, Liu, Aspöck & Aspöck, 2015

分布：云南（保山）。

广翅栉角蛉 *Dilar megalopterus* Yang, 1986

分布：云南（昆明）。

山地栉角蛉 *Dilar montanus* Yang, 1992

分布：云南（迪庆），四川。

奇异栉角蛉 *Dilar nobilis* Zhang, Liu, Aspöck & Aspöck, 2015

分布：云南（红河）。

怒江栉角蛉 *Dilar nujianganus* Li, Aspöck, Aspöck & Liu, 2021

分布：云南（怒江）。

王氏栉角蛉 *Dilar wangi* Yang, 1992

分布：云南（迪庆）。

魏宝山栉角蛉 *Dilar weibaoshanensis* Li, Aspöck, Aspöck & Liu, 2021

分布：云南（红河）。

云南栉角蛉 *Dilar yunnanus* Yang, 1986

分布：云南（德宏）。

Neonallachius Nakahara, 1963

Neonallachius sinuolatus Li & Liu, 2021

分布：云南（西双版纳）。

褐蛉科 Hemerobiidae

钩褐蛉属 *Drepanacra* Tillyard, 1916

云南钩褐蛉 *Drepanacra yunnanica* Yang, 1986

分布：云南（德宏）。

褐蛉属 *Hemerobius* Linnaeus, 1758

纹褐蛉 *Hemerobius cercodes* Navás, 1917

分布：云南（德宏、保山、红河、玉溪、西双版纳），西藏，贵州，新疆，宁夏，山西，安徽，浙江，广西，广东，海南，福建，台湾；印度，尼泊尔，越南。

大雪山褐蛉 *Hemerobius daxueshanus* Yang, 1992

分布：云南（迪庆）。

埃褐蛉 *Hemerobius exoterus* Navás, 1936

分布：云南（昆明、大理），西藏，四川，吉林，新疆，河北，河南，山西，陕西，北京，内蒙古，宁夏，甘肃，江西，福建；俄罗斯，墨西哥。

哈曼褐蛉 *Hemerobius harmandinus* Navás, 1910

分布：云南（普洱、丽江、怒江），四川，甘肃，河北，河南，上海，江西，江苏，浙江，湖北，湖

南，广西，福建；日本。

全北褐蛉 *Hemerobius humulinus* Linnaeus, 1758

分布：云南（昆明、红河、丽江、临沧、保山、西双版纳），西藏，四川，黑龙江，吉林，辽宁，新疆，内蒙古，河北，河南，北京，山西，陕西，宁夏，甘肃，浙江，江苏，上海，湖北，江西，湖南，广西，福建；日本，俄罗斯，印度，欧洲，北美洲。

印度褐蛉 *Hemerobius indicu* Kimmins, 1938

分布：云南（昆明、临沧、保山、红河、怒江），台湾；印度。

日本褐蛉 *Hemerobius japonicus* Banks, 1940

分布：云南（怒江），四川，贵州，西藏，新疆，陕西，甘肃，河南，山西，北京，内蒙古，宁夏，湖北，安徽，江西，浙江；日本。

三带褐蛉 *Hemerobius ternarius* Yang, 1987

分布：云南（昆明），西藏，广西。

广褐蛉属 *Megalomus* Rambur, 1842

云南广褐蛉 *Megalomus yunnanus* Yang, 1986

分布：云南（丽江）。

脉褐蛉属 *Micromus* Rambur, 1842

角纹脉褐蛉 *Micromus angulalus* (Stephens, 1836)

分布：云南（昆明、怒江、红河），黑龙江，内蒙古，宁夏，河北，陕西，河南，北京，浙江，湖北，台湾；日本，俄罗斯，欧洲，北美洲。

印度脉褐蛉 *Micromus kapuri* (Nakahara, 1971)

分布：云南（西双版纳），海南，福建；印度。

点线脉褐蛉 *Micromus linearis* Hagen, 1858

分布：云南（昆明、普洱、临沧、保山、德宏、西双版纳），西藏，贵州，四川，重庆，宁夏，河南，甘肃，陕西，内蒙古，浙江，江西，湖北，湖南，广西，福建，台湾；日本，斯里兰卡，俄罗斯。

奇斑脉褐蛉 *Micromus mirimaculatus* Yang & Liu, 1995

分布：云南（怒江），浙江，福建，广东，台湾。

农脉褐蛉 *Micromus paganus* (Linnaeus, 1767)

分布：云南（昆明），四川，黑龙江，吉林，新疆，内蒙古，山西，甘肃，北京，河北，湖南，湖北，广西；欧洲。

多支脉褐蛉 *Micromus ramosus* Navás, 1934

分布：云南（红河），黑龙江，河南，浙江，广西，

福建。

梯阶脉褐蛉 *Micromus timidus* Hagen, 1853

分布：云南（红河、西双版纳），黑龙江，河南，浙江，广西，广东，福建，海南，台湾；日本，印度，大洋洲，非洲，欧洲。

藏异脉褐蛉 *Micromus yunnanus* (Navás, 1923)

分布：云南，四川，西藏，台湾。

脉线蛉属 *Neuronema* McLachlan, 1869

丽江脉线蛉 *Neuronema liana* Yang, 1986

分布：云南（丽江）。

云华脉线蛉 *Neuronema yunicum* (Yang, 1986)

分布：云南（丽江）。

绿褐蛉属 *Notiobiella* Banks, 1909

海南绿褐蛉 *Notiobiella hainana* Yang & Liu, 2002

分布：云南（红河），海南，台湾。

多斑绿褐蛉 *Notiobiella maculata* Monserrat & Penny，1983

分布：云南（红河、西双版纳）。

啬褐蛉属 *Psectra* Hagen, 1866

阴啬褐蛉 *Psectra iniqua* (Hagen, 1859)

分布：云南（西双版纳），浙江，广西，广东，海南，福建，台湾；日本，印度尼西亚，印度，斯里兰卡，泰国。

益蛉属 *Sympherobius* Banks, 1904

武夷益蛉 *Sympherobius wuyianus* Yang, 1981

分布：云南（红河），福建。

云松益蛉 *Sympherobius yunpinus* Yang, 1986

分布：云南（普洱、德宏），宁夏，甘肃，河北，福建，北京，内蒙古。

丛褐蛉属 *Wesmaelius* Krüger, 1922

双钩丛褐蛉 *Wesmaelius bihamitus* (Yang, 1980)

分布：云南（丽江），西藏，四川，河北，陕西，宁夏。

广钩丛褐蛉 *Wesmaelius subnebulosus* (Stephens, 1836)

分布：云南（丽江），西藏；全北区。

异脉丛褐蛉 *Wesmaelius trivenulatus* (Yang, 1980)

分布：云南，四川，西藏。

雾灵丛褐蛉 *Wesmaelius ulingensis* (Yang, 1980)

分布：云南，西藏，河北，宁夏。

寡脉褐蛉属 *Zachobiella* Banks, 1920

海南寡脉褐蛉 *Zachobiella hainanensis* Bank, 1939

分布：云南（德宏），海南。

条斑寡脉褐蛉 *Zachobiella striata* Nakahara, 1966

分布：云南（德宏、红河），海南，台湾。

亚缘寡脉褐蛉 *Zachobiella submarginata* Esben-Petersen, 1929

分布：云南（普洱、德宏、西双版纳），广西；澳大利亚。

云南寡脉褐蛉 *Zachobiella yunanica* Zhao, Yang & Liu, 2015

分布：云南（德宏、西双版纳），广西。

蛾蛉科 Ithonidae

山蛉属 *Rapisma* McLachlan, 1866

集昆山蛉 *Rapisma chikuni* Liu, 2018

分布：云南（德宏）。

傣族山蛉 *Rapisma daianum* Yang, 1993

分布：云南（西双版纳）。

高黎贡山山蛉 *Rapisma gaoligongensis* Liu, Li & Yang, 2018

分布：云南（保山）。

维西山蛉 *Rapisma weixiense* liu, 2020

分布：云南（迪庆）。

螳蛉科 Mantispidae

澳蜂螳蛉属 *Austroclimaciella* Handschin, 1961

吕宋澳蜂螳蛉 *Austroclimaciella luzonica* (van der Weele, 1909)

分布：云南，海南；菲律宾。

优螳蛉属 *Eumantispa* Okamoto, 1910

褐颈优螳蛉 *Eumantispa fuscicolla* Yang, 1992

分布：云南（迪庆）。

螳蛉属 *Mantispa* Illiger, 1798

日本螳蛉 *Mantispa japonica* McLachlan, 1875

分布：全国广布；朝鲜，日本。

瘤螳蛉属 *Tuberonotha* Handschin, 1961

华瘤螳蛉 *Tuberonotha sinica* (Yang, 1999)

分布：云南，广西，海南，福建。

蚁蛉科 Myrmeleontidae

腊肠蚁蛉属 *Botuleon* Okamoto, 1910

多斑腊肠蚁蛉 *Botuleon maculosus* **Yang, 1986**
分布：云南（保山）。

小斑腊肠蚁蛉 *Botuleon maculatus* **Yang, 1986**
分布：云南（玉溪）。

帛蚁蛉属 *Bullanga* Navás, 1917

长裳帛蚁蛉 *Bullanga florida* (**Navás, 1913**)
分布：云南，贵州，四川，陕西，河南，浙江，湖北，湖南，福建；印度尼西亚。

平肘蚁蛉属 *Creoleon* Navás, 1917

闽平肘蚁蛉 *Creoleon cinnamomea* (**Navás, 1913**)
分布：云南（临沧），福建；斯里兰卡。

波翅蚁蛉属 *Cymatala* Yang, 1986

浅波翅蚁蛉 *Cymatala pallora* **Yang, 1986**
分布：云南（保山）。

树蚁蛉属 *Dendroleon* Brauer, 1866

长裳树蚁蛉 *Dendroleon javanus* **Banks, 1914**
分布：云南（临沧），贵州，四川，陕西，河南，浙江，湖北，湖南，福建；印度尼西亚。

长腿树蚁蛉 *Dendroleon longicruris* (**Yang, 1986**)
分布：云南（临沧），广西，海南。

皇树蚁蛉 *Dendroleon regius* (**Navás, 1914**)
分布：云南（红河）；印度，印度尼西亚。

距蚁蛉属 *Distoleon* Banks, 1810

多格距蚁蛉 *Distoleon cancellosus* **Yang, 1987**
分布：云南，西藏，贵州，河南，浙江，湖南，广西，海南，福建，广东。

古距蚁蛉 *Distoleon guttulatus* (**Navá, 1926**)
分布：云南。

衬斑距蚁蛉 *Distoleon subtentus* **Yang, 1986**
分布：云南（临沧）。

綮脉距蚁蛉 *Distoleon symphineurus* **Yang, 1986**
分布：云南（昆明、迪庆），四川，西藏。

棋腹距蚁蛉 *Distoleon tesselatus* **Yang, 1986**
分布：云南（昆明、德宏、西双版纳），贵州，河南，浙江，湖南，广西，福建，广东，海南。

云南距蚁蛉 *Distoleon yunnanus* **Yang, 1986**
分布：云南（昆明、曲靖、昭通、迪庆），贵州，安徽。

溪蚁蛉属 *Epacanthaclisis* Okamoto, 1910

陆溪蚁蛉 *Epacanthaclisis continentalis* **Esben-Petersen, 1935**
分布：云南（迪庆），四川，西藏，陕西，北京，河南，山西，海南；印度，阿富汗，中亚。

小斑溪蚁蛉 *Epacanthaclisis maculata* (**Yang, 1986**)
分布：云南（玉溪）。

多斑溪蚁蛉 *Epacanthaclisis maculosus* (**Yang, 1986**)
分布：云南（保山）。

闽溪蚁蛉 *Epacanthaclisis minanus* (**Yang, 1986**)
分布：云南（保山），陕西，浙江，广西，福建。

纤蚁蛉属 *Glenurus* Hagen, 1866

微点纤蚁蛉 *Glenurus atomatus* **Yang, 1986**
分布：云南（昆明、大理）。

棕边纤蚁蛉 *Glenurus fuscilomus* **Yang, 1986**
分布：云南（临沧）。

哈蚁蛉属 *Hagenomyia* Banks, 1911

褐胸哈蚁蛉 *Hagenomyia fuscithoraca* **Yang, 1999**
分布：云南（怒江），贵州，四川，陕西。

闪烁哈蚁蛉 *Hagenomyia micans* (**McLachlan, 1875**)
分布：云南（临沧）。

印蚁蛉属 *Indoleon* Banks, 1913

中印蚁蛉 *Indoleon tacitus sinicus* **Yang, 2002**
分布：云南（红河）。

雅蚁蛉属 *Layahima* Navás, 1912

澜沧雅蚁蛉 *Layahima chiangi* **Banks, 1941**
分布：云南（迪庆），西藏。

蚁蛉属 *Myrmeleon* Linnaeus, 1767

泛蚁蛉 *Myrmeleon formicarius* **Linnaeus, 1767**
分布：云南（临沧），新疆；欧洲。

角蚁蛉 *Myrmeleon trigonois* **Bao & Wang, 2006**
分布：云南（昭通、迪庆），四川。

狭翅蚁蛉 *Myrmeleon trivialis* **Gerstaecker, 1885**
分布：云南（临沧、丽江、怒江、迪庆），西藏，贵州，陕西，河南，广西；巴基斯坦，印度，泰国，尼泊尔。

须蚁蛉属 *Palpares* Rambur, 1842

中华长须蚁蛉 *Palpares sinicus* **Yang, 1986**
分布：云南（普洱）。

白云蚁蛉属 *Paraglenurus* van der Weele, 1909

小白云蚁蛉 *Paraglenurus pumilus* (Yang, 1997)
分布：云南（西双版纳），福建，台湾。

齿爪蚁蛉属 *Pseudoformicaleo* Weele, 1909

淡齐脉蚁蛉 *Pseudoformicaleo pallidius* Yang, 1986
分布：云南（临沧）。

硕蚁蛉属 *Stiphroneura* Gerstaecker, 1885

黎母硕蚁蛉 *Stiphroneura inclusa* (Walker, 1853)
分布：云南（红河），海南；印度，缅甸，越南，泰国。

云蚁蛉属 *Yunleon* Banks, 1913

长腹云蚁蛉 *Yunleon longicorpus* Yang, 1986
分布：云南（大理、昭通）。

旌蛉科 Nemopteridae

旌蛉属 *Nemopistha* Navás, 1910

中华旌蛉 *Nemopistha sinica* Yang, 1986
分布：云南（怒江）。

泽蛉科 Nevrorthidae

汉泽蛉属 *Nipponeurorthus* Nakahara, 1958

叉突汉泽蛉 *Nipponeurorthus furcatus* Liu, Aspöck & Aspöck, 2014
分布：云南（红河）。

华泽蛉属 *Sinoneurorthus* Liu, Aspöck & Aspöck, 2012

云南华泽蛉 *Sinoneurorthus yunnanicus* Liu, Aspöck & Aspöck, 2012
分布：云南（昭通）。

溪蛉科 Osmylidae

异溪蛉属 *Heterosmylus* Krueger, 1913

淡黄异溪蛉 *Heterosmylus flavidus* Yang, 1992
分布：云南（怒江）。

云南异溪蛉 *Heterosmylus yunnanus* Yang, 1986
分布：云南（怒江），西藏。

离溪蛉属 *Lysmus* Navás, 1911

欧博离溪蛉 *Lysmus oberthurinus* (Navás, 1910)
分布：云南，四川。

华溪蛉属 *Sinosmylus* Yang, 1992

横断华溪蛉 *Sinosmylus hengduanus* Yang, 1992
分布：云南（怒江）。

瑕溪蛉属 *Spilosmylus* Kolbe, 1897

安氏瑕溪蛉 *Spilosmylus epiphanies* (Navás, 1917)
分布：云南，四川。

瘤斑瑕溪蛉 *Spilosmylus tubersulatus* (Waker, 1853)
分布：云南（普洱、西双版纳），广西，福建，台湾；日本。

窗溪蛉属 *Thyridosmylus* Krüger, 1913

朗氏窗溪蛉 *Thyridosmylus langii* (McLachlan, 1870)
分布：云南，西藏；印度。

小窗溪蛉 *Thyridosmylus perspicillaris minor* Kimmins, 1942
分布：云南（迪庆），四川，西藏；印度。

蝶蛉科 Psychopsidae

巴蝶蛉属 *Balmes* Navás, 1910

滇缅巴蝶蛉 *Balmes birmanus* (McLachlan, 1891)
分布：云南（昆明、楚雄、临沧、保山），贵州，四川，台湾；缅甸。

显赫巴蝶蛉 *Balmes notabilis* Navás, 1912
分布：云南（临沧、楚雄、保山、普洱、西双版纳）；越南，老挝，缅甸。

水蛉科 Sisyridae

水蛉属 *Sisyra* Burmeister, 1839

云水蛉 *Sisyra yunana* Yang, 1986
分布：云南（西双版纳）。

捻翅目 Strepsiptera

胡蜂蝙科 Xenidae

胡蜂蝙属 *Xenos* Rossius, 1793

莫氏胡蜂蝙*Xenos moutoni* (Buysson, 1903)
分布：云南，安徽，台湾。

杨氏胡蜂蝙*Xenos yangi* Dong, Liu & Li, 2022
分布：云南（保山）。

栉蝙科 Halictophagidae

栉蝙属 *Halictophagus* Perkins, 1905

大洋洲栉蝙*Halictophagus australensis* Perkins, 1905
分布：云南（德宏），四川，广西；日本，斯里兰卡，澳大利亚。

二点栉蝙*Halictophagus bipunctatus* Yang, 1955
分布：云南，四川，陕西，河南，湖北，江西，江苏，浙江，广西，福建，海南，广东；日本，马来西亚，菲律宾。

白翅叶蝉栉蝙*Halictophagus thaianus* Yang, 1999
分布：云南（德宏）。

长翅目 Mecoptera

蚊蝎蛉科 Bittacidae

双尾蚊蝎蛉属 *Bicaubittacus* Tan & Hua, 2009

具肢双尾蚊蝎蛉 *Bicaubittacus appendiculatus* (Esben-Petersen, 1927)

分布：云南（迪庆、大理）。

缅甸双尾蚊蝎蛉 *Bicaubittacus burmanus* (Tjeder, 1973)

分布：云南（临沧）；缅甸。

勐养双尾蚊蝎蛉 *Bicaubittacus mengyangicus* Tan & Hua, 2009

分布：云南（西双版纳）。

蚊蝎蛉属 *Bittacus* Latreille, 1802

马来氏蚊蝎蛉 *Bittacus malaisei* Tjeder, 1973

分布：云南（怒江）；缅甸。

地蚊蝎蛉属 *Terrobittacus* Tan & Hua, 2009

狭瓣地蚊蝎蛉 *Terrobittacus angustus* Du & Hua, 2017

分布：云南（临沧）。

钩瓣地蚊蝎蛉 *Terrobittacus rostratus* Du & Hua, 2017

分布：云南（临沧）。

蝎蛉科 Panorpidae

新蝎蛉属 *Neopanorpa* van der Weele, 1909

布里斯新蝎蛉 *Neopanorpa brisi* (Navás, 1930)

分布：云南（大理、迪庆、昆明、丽江、昭通），四川，贵州。

曲瓣新蝎蛉 *Neopanorpa curva* Zhou, 2000

分布：云南（德宏）。

尖齿新蝎蛉 *Neopanorpa cuspidata* Byers, 1965

分布：云南（西双版纳）；泰国。

点苍山新蝎蛉 *Neopanorpa diancangshanensis* Wang & Hua, 2018

分布：云南（大理、迪庆）。

长腹新蝎蛉 *Neopanorpa exaggerata* Wang, 2023

分布：云南（昆明）。

哈氏新蝎蛉 *Neopanorpa harmandi* (Navás, 1908)

分布：云南（普洱、西双版纳）。

小孔新蝎蛉 *Neopanorpa lacunaris* Navás, 1930

分布：云南。

棒状新蝎蛉 *Neopanorpa leptorhapis* Li & Hua, 2023

分布：云南（临沧）。

长杆新蝎蛉 *Neopanorpa longistipitata* Wang & Hua, 2018

分布：云南（大理）。

巨突新蝎蛉 *Neopanorpa magnatitilana* Wang & Hua, 2018

分布：云南（保山、德宏、临沧）。

勐海新蝎蛉 *Neopanorpa menghaiensis* Zhou & Wu, 1993

分布：云南（西双版纳）。

尼尔森新蝎蛉 *Neopanorpa nielseni* Byers, 1965

分布：云南（普洱、临沧、西双版纳）；越南。

垂齿新蝎蛉 *Neopanorpa pendula* Qian & Zhou, 2001

分布：云南（保山、大理、临沧、怒江），四川，西藏。

佩尼新蝎蛉 *Neopanorpa pennyi* Byers, 1999

分布：云南（保山）；缅甸。

丽新蝎蛉 *Neopanorpa pulchra* Carpenter, 1945

分布：云南。

方痣新蝎蛉 *Neopanorpa qudristigma* Wang & Hua, 2018

分布：云南（保山、临沧）。

半圆新蝎蛉 *Neopanorpa semiorbiculata* Wang & Hua, 2018

分布：云南（保山、临沧）。

暹罗新蝎蛉 *Neopanorpa siamensis* Byers, 1965

分布：云南（普洱）；泰国。

阔瓣新蝎蛉 *Neopanorpa spatulata* Byers, 1965

分布：云南（德宏、普洱）；泰国。

腾冲新蝎蛉 *Neopanorpa tengchongensis* Zhou & Wu, 1993

分布：云南（保山）。

狭瓣新蝎蛉 *Neopanorpa tenuis* Zhou, 2000

分布：云南（德宏、临沧）。

染翅新蝎蛉 *Neopanorpa tincta* Wang & Hua, 2018

分布：云南（昆明）。

三角新蝎蛉 *Neopanorpa triangulata* Wang & Hua, 2018

分布：云南（保山、德宏、临沧、普洱）。

钩曲新蝎蛉 *Neopanorpa uncata* Zhou, 2000

分布：云南。

钩齿新蝎蛉 *Neopanorpa uncinella* Qian & Zhou, 2001

分布：云南（大理）。

兴民新蝎蛉 *Neopanorpa xingmini* Wang & Hua, 2019

分布：云南（德宏）。

盈江新蝎蛉 *Neopanorpa yingjiangensis* Zhou, 2000

分布：云南（德宏）。

双角蝎蛉属 *Dicerapanorpa* Zhong & Hua, 2013

德钦双角蝎蛉 *Dicerapanorpa deqenensis* Hu, Wang & Hua, 2019

分布：云南（迪庆）。

和谐双角蝎蛉 *Dicerapanorpa harmonia* Wang, 2022

分布：云南（迪庆）。

黄氏双角蝎蛉 *Dicerapanorpa huangguocongi* Wang, 2022

分布：云南（怒江）。

斑头双角蝎蛉 *Dicerapanorpa macula* Hu, Wang & Hua, 2019

分布：云南（迪庆）。

纳西双角蝎蛉 *Dicerapanorpa nakhi* Wang, 2022

分布：云南（丽江）。

谭氏双角蝎蛉 *Dicerapanorpa tanae* Hu, Wang & Hua, 2019

分布：云南（怒江）。

纤细双角蝎蛉 *Dicerapanorpa tenuis* Hu, Wang & Hua, 2019

分布：云南（丽江）。

谢德双角蝎蛉 *Dicerapanorpa tjederi* (Carpenter, 1938)

分布：云南（丽江）。

花甸双角蝎蛉 *Dicerapanorpa triclada* (Qian & Zhou, 2001)

分布：云南（大理），四川。

杨氏双角蝎蛉 *Dicerapanorpa yangqichengi* Wang, 2022

分布：云南（怒江）。

中甸双角蝎蛉 *Dicerapanorpa zhongdianensis* Hu, Wang & Hua, 2019

分布：云南（迪庆）。

蝎蛉属 *Panorpa* Linnaeus, 1758

金翅蝎蛉 *Panorpa auripennis* Bicha, 2019

分布：云南（普洱、西双版纳）；泰国。

曲杆蝎蛉 *Panorpa curvata* Zhou, 2006

分布：云南（大理、丽江、迪庆），四川。

大理蝎蛉 *Panorpa dali* Wang, 2021

分布：云南（大理）。

迪庆蝎蛉 *Panorpa diqingensis* Li & Hua, 2020

分布：云南（迪庆）。

散斑蝎蛉 *Panorpa dispergens* Li & Hua, 2020

分布：云南（迪庆）。

段誉蝎蛉 *Panorpa duanyu* Wang & Gong, 2021

分布：云南（大理）。

哈尼蝎蛉 *Panorpa hani* Wang, 2021

分布：云南（红河）。

一色蝎蛉 *Panorpa issikiana* Byers, 1970

分布：云南。

昆明蝎蛉 *Panorpa kunmingensis* Fu & Hua, 2009

分布：云南（昆明）。

南诏蝎蛉 *Panorpa nanzhao* Wang, 2021

分布：云南（大理）。

平枝蝎蛉 *Panorpa parallela* Wang & Hua, 2016

分布：云南（保山、临沧）。

反曲蝎蛉 *Panorpa reflexa* Wang & Hua, 2016

分布：云南（临沧）。

星斑蝎蛉 *Panorpa stella* Wang, 2021

分布：云南（保山、临沧）。

萧峰蝎蛉 *Panorpa xiaofeng* Wang & Gong, 2021

分布：云南（大理）。

虚竹蝎蛉 *Panorpa xuzhu* Wang & Gong, 2021

分布：云南（大理）。

蚤目 Siphonaptera

蚤科 Pulicidae

栉首蚤属 *Ctenocephalides* Stiles & Collins, 1930

猫栉首蚤指名亚种 ***Ctenocephalides felis felis*** (Bouche, 1835)

分布：云南（大理、临沧、楚雄、曲靖、文山、德宏、西双版纳），四川，贵州，吉林，新疆，湖北，福建，广东。

东洋栉首蚤 ***Ctenocephalides orientis* Jordan, 1925**

分布：云南（德宏、大理、西双版纳），广西；印度，大洋洲，非洲。

角头蚤属 *Echidnophaga* Olliff, 1886

鼠兔角头蚤 ***Echidnophaga ochotona* Li, 1957**

分布：云南（迪庆），西藏，青海。

长胸蚤属 *Pariodontis* Jordan & Rothschild, 1908

豪猪长胸蚤小孔亚种 ***Pariodontis riggenbachi wernecki* Costa Lima, 1940**

分布：云南（西双版纳），贵州，广东；印度。

豪猪长胸蚤云南亚种 ***Pariodontis riggenbachi yunnanensis* Li & Yan, 1986**

分布：云南。

蚤属 *Pulex* Linnaeus, 1758

人蚤 ***Pulex irritans* Linnaeus, 1758**

分布：全国广布。

潜蚤属 *Tunga* Jaroeki, 1838

俊潜蚤 ***Tunga callida* Li & Chin, 1957**

分布：云南（昆明、玉溪、丽江、大理、文山），贵州。

客蚤属 *Xenopsylla* Glinkiewicz, 1907

印鼠客蚤 ***Xenopsylla cheopis*** (Rothschild, 1903)

分布：云南（昆明、大理，保山、怒江、临沧、红河、玉溪、昭通、文山、德宏、普洱、西双版纳），西藏，新疆，宁夏。

蠕形蚤科 Vermipsyllidae

鬃蚤属 *Chaetopsylla* Kohaut, 1903

同鬃蚤 ***Chaetopsylla homoea* Rothschild, 1906**

分布：云南（迪庆），西藏，四川，辽宁，新疆，内蒙古，宁夏，甘肃，青海；印度，蒙古国，欧洲。

郑氏鬃蚤 ***Chaetopsylla zhengi* Xie, He & Chao, 1993**

分布：云南（大理）。

蠕形蚤属 *Vermipsylla* Schimkewitsch, 1885

平行蠕形蚤金丝猴亚种 ***Vermipsylla parallela rhinopitheca* Li, 1985**

分布：云南（迪庆）。

臀蚤科 Pygiopsyllidae

远棒蚤属 *Aviostivalius* Traub, 1980

毛猬远棒蚤 ***Aviostivalius hylomysus* Li, Xie & Gong, 1981**

分布：云南（德宏）。

近端远棒蚤二刺亚种 ***Aviostivalius klossi bispiniformis*** (Li & Wang, 1958)

分布：云南（普洱、文山、玉溪、德宏、大理、怒江、昭通），贵州，西藏，浙江，广西，福建，广东，海南。

韧棒蚤属 *Lentistivalius* Traub, 1972

野韧棒蚤 ***Lentistivalius ferinus*** (Rothschild, 1908)

分布：云南（德宏）；斯里兰卡，印度，尼泊尔。

滇西韧棒蚤 ***Lentistivalius oecidentayunnanus* Li, Xie & Gong, 1981**

分布：云南（德宏、大理）。

微棒蚤属 *Stivalius* Jordan & Rothschild, 1922

无孔微棒蚤 ***Stivalius aporus* Jordan & Rothschild, 1922**

分布：云南（普洱、临沧、保山、怒江、大理、西双版纳），广西，广东，台湾；印度，缅甸，泰国，尼泊尔。

宽叶微棒蚤 ***Stivalius laxilobulus* Li, Xie & Gong, 1981**

分布：云南（德宏）。

多毛蚤科 Hystrichopsyllidae

栉眼蚤属 *Ctenophthalmus* Kolenati, 1856

无突栉眼蚤 ***Ctenophthalmus aprojectus* Li, 1979**

分布：云南（怒江）。

短突栉眼蚤 *Ctenophthalmus breviprojiciens* **Li & Huang, 1980**

分布：云南（德宏），贵州。

酷栉眼蚤 *Ctenophthalmus crudelis* **Jordan, 1932**

分布：云南（迪庆）。

二窦栉眼蚤 *Ctenophthalmus dinormus* **Jordan, 1932**

分布：云南（丽江），四川。

泸水栉眼蚤 *Ctenophthalmus lushuiensis* **Gong & Huang, 1992**

分布：云南（怒江、德宏、大理、保山）。

喙突栉眼蚤 *Ctenophthalmus proboscis* **Wu, Xie & Hu, 1986**

分布：云南（怒江）。

方叶栉眼蚤 *Ctenophthalmus quadratus* **Liu & Wu, 1960**

分布：云南（玉溪、丽江、大理、普洱、临沧、西双版纳）。

解氏栉眼蚤 *Ctenophthalmus xiei* **Gong & Duan, 1992**

分布：云南（怒江）。

云龙栉眼蚤 *Ctenophthalmus yunlongensis* **Xie, 2007**

分布：云南（大理）。

云南栉眼蚤 *Ctenophthalmus yunnanus* **Jordan, 1932**

分布：云南（迪庆、丽江、大理）。

叉蚤属 *Doratopsylla* **Jordan & Rothschild, 1912**

尼泊尔叉蚤 *Doratopsylla araea* **Smit & Rosicky, 1976**

分布：云南（怒江、大理、普洱）；尼泊尔。

朝鲜叉蚤指名亚种 *Doratopsylla coreana coreana* **Darskaya, 1949**

分布：云南（楚雄、红河、文山），西藏，宁夏，青海，甘肃。

朝鲜叉蚤剑川亚种 *Doratopsylla coreana jianchuanensis* **Xie & Yang, 1991**

分布：云南（大理）。

大姚叉蚤 *Doratopsylla dayaoensis* **Gong & Wu, 2006**

分布：云南（楚雄）。

刘氏叉蚤 *Doratopsylla liui* **Xie & Xie, 1991**

分布：云南（怒江）。

纪氏叉蚤 *Doratopsylla jii* **Xie & Tian, 1991**

分布：云南（楚雄）。

继新蚤属 *Genoneopsylla* **Wu, Wu & Liu, 1966**

棒突继新蚤 *Genoneopsylla claviprocera* **Wu & Hsieh, 1980**

分布：云南（迪庆）。

长鬃继新蚤 *Genoneopsylla longisetosa* **Wu, Wu & Liu, 1966**

分布：云南（迪庆），西藏，青海。

多毛蚤属 *Hystrichopsylla* **Taschenberg, 1880**

圆凹多毛蚤 *Hystrichopsylla rotundisinuata* **Li & Hsieh, 1980**

分布：云南（迪庆、大理），青海。

台湾多毛蚤云南亚种 *Hystrichopsylla weida yunnanensis* **Xie & Gong, 1979**

分布：云南（大理、迪庆、普洱），四川。

自氏多毛蚤 *Hystrichopsylla zii* **Gong, 1992**

分布：云南（怒江）。

新蚤属 *Neopsylla* **Wagner, 1903**

相关新蚤指名亚种 *Neopsylla affinis affinis* **Li & Hsieh, 1964**

分布：云南（迪庆），四川。

相关新蚤德钦亚种 *Neopsylla affinis deqingensis* **Xie & Li, 1986**

分布：云南（迪庆）。

二毫新蚤指名亚种 *Neopsylla biseta biseta* **Li & Hsieh, 1964**

分布：云南（迪庆、丽江、大理），西藏。

二毫新蚤绒鼠亚种 *Neopsylla biseta elesina* **Li, 1980**

分布：云南（怒江）。

二毫新蚤碧江亚种 *Neopsylla biseta bijiangensis* **Xie, Fang & Hu, 1991**

分布：云南（怒江）。

不同新蚤指名亚种 *Neopsylla dispar dispar* **Jordan, 1932**

分布：云南（大理、临沧、普洱、怒江），西藏；缅甸，马来西亚，印度。

穗状新蚤 *Neopsylla fimbrita* **Li & Hsieh, 1980**

分布：云南（迪庆、怒江）。

后棘新蚤指名亚种 *Neopsylla honora honora* **Jordan, 1932**

分布：云南（丽江），四川。

后棘新蚤菱形亚种 *Neopsylla honora rhombasa* **Chen & Wei, 1978**
分布：云南（迪庆），四川。
长鬃新蚤 *Neopsylla longisetosa* **Li & Hsieh, 1977**
分布：云南（迪庆）。
大叶新蚤 *Neopsylla megaloba* **Li, 1980**
分布：云南（怒江）。
特新蚤指名亚种 *Neopsylla specialis specialis* **Jordan, 1932**
分布：云南（昆明、丽江、大理、怒江、普洱、昭通、红河、曲靖、保山），贵州。
特新蚤德钦亚种 *Neopsylla specialis dechingensis* **Hsieh & Yang, 1974**
分布：云南（迪庆）。
特新蚤裂亚种 *Neopsylla specialis schismatosa* **Li, 1980**
分布：云南（怒江），西藏。
斯氏新蚤川滇亚种 *Neopsylla stevensi sichuanyunnana* **Wu & Wang, 1982**
分布：云南（怒江、丽江、大理、保山、德宏、临沧、普洱、西双版纳），四川，贵州。

古蚤属 *Palaeopsylla* Wagner, 1903
支英古蚤 *Palaeopsylla chiyingi* **Xie & Yang, 1982**
分布：云南（怒江、普洱、文山、大理），贵州。
敦清古蚤 *Palaeopsylla dunqingi* **Gong & Wu, 2007**
分布：云南（迪庆、怒江）。
内曲古蚤 *Palaeopsylla incurva* **Jordan, 1932**
分布：云南（怒江、西双版纳）；缅甸。
贵真古蚤 *Palaeopsylla kueichenae* **Xie & Yang, 1982**
分布：云南（大理）。
宽指古蚤 *Palaeopsylla laxidigita* **Xie & Gong, 1989**
分布：云南（迪庆，大理）。
中突古蚤 *Palaeopsylla medimina* **Xie & Gong, 1989**
分布：云南（怒江），西藏。
奇异古蚤 *Palaeopsylla miranda* **Smit, 1960**
分布：云南（大理）；缅甸。
怒山古蚤 *Palaeopsylla nushanensis* **Gong & Li, 1992**
分布：云南（迪庆）。
荫生古蚤 *Palaeopsylla opacusa* **Gong & Feng, 1997**
分布：云南（大理，丽江）。
多棘古蚤 *Palaeopsylla polyspina* **Xie & Gong, 1989**
分布：云南（迪庆），西藏。

偏远古蚤 *Palaeopsylla remota* **Jordan, 1929**
分布：云南（迪庆、怒江、大理、德宏、临沧、普洱、昭通、红河），四川，贵州，甘肃，陕西，江苏，台湾；缅甸，印度，尼泊尔。
鼹古蚤 *Palaeopsylla talpae* **Gong & Feng, 1997**
分布：云南（大理）。
云南古蚤 *Palaeopsylla yunnanensis* **Xie & Yang, 1982**
分布：云南（大理）。

纤蚤属 *Rhadinopsylla* Jordan & Rothschild, 1912
近缘纤蚤 *Rhadinopsylla accola* **Wagner, 1930**
分布：云南（迪庆），青海，甘肃。
五侧纤蚤背突亚种 *Rhadinopsylla dahurica dorsiprojecta* **Wu & Li, 1995**
分布：云南（迪庆），青海。
五侧纤蚤邻近亚种 *Rhadinopsylla dahurica vicina* **Wagner, 1930**
分布：云南（迪庆），西藏，四川，新疆，青海；俄罗斯。
背突纤蚤 *Rhadinopsylla dorsiprojecta* **Wu & Li, 1995**
分布：云南（迪庆），青海。
雷氏纤蚤 *Rhadinopsylla leii* **Xie, Gong & Duan, 1990**
分布：云南（迪庆）。
狭额纤蚤 *Rhadinopsylla stenofronta* **Xie, 1985**
分布：云南（迪庆）。

狭臀蚤属 *Stenischia* Jordan, 1932
锐额狭臀蚤 *Stenischia angustifrontis* **Xie & Gong, 1983**
分布：云南（大理、普洱）。
短小狭臀蚤 *Stenischia brevis* **Gong, 1998**
分布：云南（迪庆）。
金氏狭臀蚤 *Stenischia chini* **Xie & Lin, 1989**
分布：云南（大理、普洱）。
低地狭臀蚤 *Stenischia humilis* **Xie & Gong, 1983**
分布：云南（迪庆、丽江、大理、临沧、文山）。
柳氏狭臀蚤 *Stenischia liui* **Xie & Lin, 1989**
分布：云南（怒江）。
李氏狭臀蚤 *Stenischia liae* **Xie & Lin, 1989**
分布：云南（怒江）。

奇异狭臀蚤 *Stenischia mirabilis* Jordan, 1932

分布：云南（怒江、迪庆、大理、临沧），四川，青海，西藏，陕西，甘肃，湖北，河南，福建。

高山狭臀蚤指名亚种 *Stenischia montanis montanis* Xie & Gong, 1983

分布：云南（普洱、大理、迪庆）。

高山狭臀蚤宁蒗亚种 *Stenischia montanis ninglangensis* Xie, 1999

分布：云南（丽江）。

高山狭臀蚤云龙亚种 *Stenischia montanis yunlongensis* Xie, 1999

分布：云南（怒江、大理）。

岩鼠狭臀蚤 *Stenischia repestis* Xie & Gong, 1983

分布：云南（大理）。

吴氏狭臀蚤 *Stenischia wui* Xie & Lin, 1989

分布：云南（怒江）。

解氏狭臀蚤 *Stenischia xiei* Li, 1987

分布：云南（楚雄），四川。

厉蚤属 *Xenodaeria* Jordan, 1932

后厉蚤 *Xenodaeria telios* Jordan, 1932

分布：云南（怒江、大理、楚雄），西藏；印度，巴基斯坦。

柳氏蚤科 Liuopsyllidae

柳氏蚤属 *Liuopsylla* Zhang, Wu & Liu, 1985

杆形柳氏蚤 *Liuopsylla clavula* Xie & Duan, 1990

分布：云南（怒江）。

蝠蚤科 Ischnopsyllidae

蝠蚤属 *Ischnopsyllus* Westwood, 1833

后延蝠蚤 *Ischnopsyllus delectabilis* Smit, 1952

分布：云南（西双版纳）；印度。

李氏蝠蚤 *Ischnopsyllus liae* Jordan, 1941

分布：云南（文山），贵州，福建。

印度蝠蚤 *Ischnopsyllus indicus* Jordan, 1931

分布：云南（昆明、德宏、西双版纳），西藏，四川，贵州，辽宁，河北，山东，甘肃，浙江，安徽，湖北，湖南，福建，广东，台湾；日本，印度，斯里兰卡，美国（关岛）。

四鬃蝠蚤 *Ischnopsyllus quadrasetus* Xie, Yang & Li, 1983

分布：云南（大理）。

五鬃蝠蚤 *Ischnopsyllus quintuesetus* Xie, Yang & Li, 1983

分布：云南（大理）。

耳蝠蚤属 *Myodopsylla* Jordan & Rothschild, 1911

三鞍耳蝠蚤 *Myodopsylla trisellis* Jordan, 1929

分布：云南（大理），黑龙江，吉林；俄罗斯，蒙古国，欧洲。

怪蝠蚤属 *Thaumapsylla* Rothschild, 1907

短头怪蝠蚤东方亚种 *Thaumapsylla breviceps orientalis* Smit, 1954

分布：云南（怒江、大理），贵州；印度，缅甸，泰国，斯里兰卡，菲律宾，印度尼西亚。

细蚤科 Leptopsyllidae

端蚤属 *Acropsylla* Rothschild, 1911

穗缘端蚤中缅亚种 *Acropsylla episema girshami* Traub, 1950

分布：云南（怒江、德宏、大理、临沧、玉溪、曲靖、保山、普洱），贵州，广西，广东，福建，台湾；孟加拉国，缅甸。

双蚤属 *Amphipsylla* Wagner, 1909

似方双蚤中甸亚种 *Amphipsylla quadratoides zhongdianensis* Jie, Yang & Li, 1979

分布：云南（迪庆）。

直缘双蚤碧罗亚种 *Amphipsylla tuta biluoensis* Xie, 1999

分布：云南（迪庆）。

直缘双蚤察里亚种 *Amphipsylla tuta chaliensis* Jie, Yang & Li, 1979

分布：云南（迪庆）。

直缘双蚤德钦亚种 *Amphipsylla tuta deqinensis* Jie, Yang & Li, 1979

分布：云南（迪庆）。

强蚤属 *Cratynius* Jordan, 1933

云南强蚤陆氏亚种 *Cratynius yunnanus lui* Gong & Lei, 1988

分布：云南（怒江）。

云南强蚤景东亚种 *Cratynius yunnanus jingdongensis* Xie, 1999

分布：云南（德宏）。

云南强蚤指名亚种 *Cratynius yunnanus yunnanus* **Li, Xie & Liao, 1980**

分布：云南（普洱、大理）。

额蚤属 *Frontopsylla* **Wagner & Ioff, 1926**

迪庆额蚤 *Frontopsylla diqingensis* **Li & Hsieh, 1974**

分布：云南（迪庆、丽江、大理、怒江），四川，西藏；尼泊尔。

棕形额蚤指名亚种 *Frontopsylla spadix spadix* (**Jordan & Rothschild, 1921**)

分布：云南（昆明、迪庆、大理、怒江、保山、德宏、楚雄），四川，西藏，甘肃，青海；尼泊尔。

毛额蚤 *Frontopsylla tomentosa* **Xie & Cai, 1979**

分布：云南（迪庆），四川，青海。

茸足蚤属 *Geusibia* **Jordan, 1932**

指形茸足蚤 *Geusibia digitiforma* **Gong & Lin, 1990**

分布：云南（怒江）。

方形茸足蚤 *Geusibia quadrata* **Gong, 1992**

分布：云南（怒江）。

狭凹茸足蚤 *Geusibia stenosinuata* **Li, 1979**

分布：云南（怒江）。

结实茸足蚤 *Geusibia torosa* **Jordan, 1932**

分布：云南（迪庆、大理），四川，甘肃，青海。

云南茸足蚤 *Geusibia yunnanensis* **Xie & Gong, 1982**

分布：云南（大理）。

细蚤属 *Leptopsylla* **Jordan & Rothschild, 1911**

缓慢细蚤 *Leptopsylla segnis* (**Schönherr, 1811**)

分布：云南（全省广布），西藏，贵州，四川，新疆，青海，山东，江苏，上海，浙江，广东，福建，台湾。

怪蚤属 *Paradoxopsyllus* **Miyajima & Koidzumi, 1909**

绒鼠怪蚤 *Paradoxopsyllus custodis* **Jordan, 1932**

分布：云南（昆明、玉溪、迪庆、丽江、大理、怒江、德宏、临沧、文山、红河），四川，西藏，甘肃；尼泊尔。

介中怪蚤 *Paradoxopsyllus intermedius* **Hsieh, Yang & Li, 1978**

分布：云南（迪庆），西藏，青海。

金沙江怪蚤指名亚种 *Paradoxopsyllus jinshajiangensis jinshajiangensis* **Hsieh, Yang & Li, 1978**

分布：云南（迪庆），西藏。

长突怪蚤 *Paradoxopsyllus longiprojectus* **Hsieh, Yang & Li, 1978**

分布：云南（丽江、大理）。

二刺蚤属 *Peromyscopsylla* **I. Fox, 1939**

喜山二刺蚤中华亚种 *Peromyscopsylla himalaica sinica* **Li & Wang, 1959**

分布：云南（怒江、大理、迪庆），西藏，四川，贵州，甘肃，浙江，福建，台湾；日本，印度。

喜山二刺蚤川滇亚种 *Peromyscopsylla himalaica sichuanoyunnana* **Xie, Chen & Liu, 1986**

分布：云南（迪庆），四川。

角叶蚤科 Ceratophyllidae

倍蚤属 *Amphalius* **Jordan, 1933**

卷带倍蚤宽亚种 *Amphalius spirataenius manosus* **Li, 1979**

分布：云南（怒江）。

卷带倍蚤指名亚种 *Amphalius spirataenius spirataenius* **Liu, Wu & Wu, 1966**

分布：云南（迪庆、怒江、大理），四川，西藏，青海；尼泊尔。

盖蚤属 *Callopsylla* **Wagner, 1934**

昌都盖蚤 *Callopsylla changduensis* (**Liu, Wu & Wu, 1966**)

分布：云南（迪庆），西藏，青海。

双盖蚤 *Callopsylla gemina* (**Ioff, 1946**)

分布：云南（迪庆），四川，西藏，吉林，新疆，青海，甘肃；俄罗斯，蒙古国，尼泊尔。

扇形盖蚤 *Callopsylla kaznakovi* (**Wagner, 1929**)

分布：云南（迪庆），四川，青海，甘肃；尼泊尔。

鼯鼠盖蚤 *Callopsylla petaurista* **Tsai, Wu & Liu, 1974**

分布：云南（迪庆），青海。

细钩盖蚤 *Callopsylla sparsilis* (**Jordan & Rothschild, 1922**)

分布：云南（迪庆、怒江、大理），四川，西藏，新疆；尼泊尔。

角叶蚤属 *Ceratophyllus* **Curtis, 1832**

宽圆角叶蚤天山亚种 *Ceratophyllus eneifdei tjanschani* **Kunitskaya, 1968**

分布：云南（迪庆），四川，西藏，新疆，青海；俄罗斯，尼泊尔。

褐头角叶蚤 *Ceratophyllus euteles* (Jordan & Rothschild, 1911)

分布：云南（丽江），四川；印度。

粗毛角叶蚤 *Ceratophyllus garei* Rothschild, 1902

分布：云南（迪庆、大理），四川，西藏，黑龙江，辽宁，吉林，新疆，甘肃，青海，河北，湖北；欧洲，亚洲，美洲。

禽角叶蚤欧亚亚种 *Ceratophyllus gallinae tribulis* Jordan, 1926

分布：云南（大理、保山），四川，西藏，贵州，黑龙江，吉林，辽宁，新疆，内蒙古，陕西，山西，宁夏，河北，甘肃，青海，山东，江苏，浙江，福建；俄罗斯，蒙古国，加拿大，朝鲜，日本。

蓬松蚤属 *Dasypsyllus* Baker, 1905

禽蓬松蚤指名亚种 *Dasypsyllus gallinulae gallinulae* (Dale, 1878)

分布：云南（大理），西藏，湖北；欧洲，日本。

大锥蚤属 *Macrostylophora* Ewing, 1929

二刺大锥蚤指名亚种 *Macrostylophora bispinforma bispiniforma* Li, Hsieh & Yang, 1978

分布：云南（迪庆、大理）。

二刺大锥蚤贡山亚种 *Macrostylophora bispiniforma gongshanensis* Gong & Xie, 1990

分布：云南（怒江）。

无值大锥蚤 *Macrostylophora euteles* (Jordan & Rothschild, 1911)

分布：云南（迪庆、丽江、怒江、大理、德宏、普洱、玉溪、文山），西藏，四川，贵州；缅甸，泰国。

无值大锥蚤勐海亚种 *Macrostylophora euteles menghaiensis* Li, Wang & Hsieh, 1964

分布：云南（西双版纳）。

贡山大锥蚤 *Macrostylophora gongshanensis* Gong & Xie, 1990

分布：云南（怒江）。

矛形大锥蚤陇川亚种 *Macrostylophora hastatus longchuanensis* Xie & Li, 1999

分布：云南（德宏）。

矛形大锥蚤勐海亚种 *Macrostylophora hastatus menghaiensis* Li, Wang & Hsieh, 1964

分布：云南（临沧、大理、西双版纳）。

景东大锥蚤 *Macrostylophora jingdongensis* Li, 1996

分布：云南（普洱）。

保山大锥蚤 *Macrostylophora paoshanensis* Li & Yan, 1980

分布：云南（保山、迪庆、大理）。

巨槽蚤属 *Megabothris* Jordan, 1933

扇形巨槽蚤 *Megabothris rhipisoides* Li & Wang, 1964

分布：云南（迪庆），四川，西藏，青海，甘肃。

单蚤属 *Monopsyllus* Kolenati, 1857

不等单蚤 *Monopsyllus anisus* (Rothschild, 1907)

分布：全国广布；俄罗斯，日本，朝鲜。

病蚤属 *Nosopsyllus* Jordan, 1933

长形病蚤指名亚种 *Nosopsyllus elongatus elongatus* Li & Shen, 1963

分布：云南（德宏）。

长形病蚤陇川亚种 *Nosopsyllus elongatus longchuanensis* Li, Xie &Wu, 1990

分布：云南（普洱、德宏、怒江、大理）。

长形病蚤普洱亚种 *Nosopsyllus elongatus puerensis* Li, Xie & Yu, 1990

分布：云南（玉溪、普洱、临沧）。

长形病蚤砚山亚种 *Nosopsyllus elongatus yanshanensis* Li, Xie & Lao, 1990

分布：云南（红河、临沧）。

伍氏病蚤滇东亚种 *Nosopsyllus wualis diandongensis* Li, Xie & Yang, 1990

分布：云南（昆明、昭通）。

伍氏病蚤指名亚种 *Nosopsyllus wualis wualis* Jordan, 1941

分布：云南（红河），四川，贵州。

副角蚤属 *Paraceras* Wagner, 1916

宽窦副角蚤 *Paraceras laxisinus* Xie, He & Li, 1980

分布：云南（大理），贵州，湖南。

獾副角蚤扇形亚种 *Paraceras melis flabellum* Wagner, 1916

分布：云南（迪庆、大理），西藏，四川，贵州，吉林，辽宁，黑龙江，新疆，青海，内蒙古，甘肃，河北，湖北，江西，湖南；俄罗斯，日本。

纹鼠副角蚤 *Paraceras menetum* Xie, Chen & Li, 1980

分布：云南（临沧、西双版纳）。

罗氏蚤属 *Rowleyella* Lewis, 1971

福贡罗氏蚤 *Rowleyella fugongensis* **Gong & Li, 2020**

分布：云南（怒江）。

贡山罗氏蚤 *Rowleyella gongshanensis* **Gong & Duan, 1989**

分布：云南（怒江）。

怒江罗氏蚤 *Rowleyella nujiangensis* **Lin & Xie, 1990**

分布：云南（怒江）。

斯氏蚤属 *Smitipsylla* Lewis, 1971

方突斯氏蚤 *Smitipsylla quadrata* **Xie & Li, 1990**

分布：云南（怒江、保山）。

距蚤属 *Spuropsylla* Li, Xie & Gong, 1982

单毫距蚤 *Spuropsylla monoseta* **Li, Xie & Gong, 1982**

分布：云南（大理、普洱）。

共系蚤属 *Syngenopsyllus* Traub, 1950

鞋形共系蚤边远亚种 *Syngenopsyllus calceatus remotus* **Li, Xie & Pan, 1991**

分布：云南（迪庆），广西。

鞋形共系蚤绿春亚种 *Syngenopsyllus calceatus luchunensis* **(Huang, 1980)**

分布：云南（红河）。

毛翅目 Trichoptera

幻沼石蛾科 Apataniidae

幻沼石蛾属 *Apatania* Kolenati, 1848

阿维幻沼石蛾 *Apatania avyddhagada* **Schmid, 1968**
分布：云南（丽江），四川；印度。

小穗幻沼石蛾 *Apatania spiculata* **Yang, 1997**
分布：云南（曲靖），湖北。

长刺沼石蛾属 *Moropsyche* Banks, 1906

初生长刺沼石蛾 *Moropsyche primordiata* **Mey, 1997**
分布：云南（大理）；越南。

弓石蛾科 Arctopsychidae

弓石蛾属 *Arctopsyche* McLachlan, 1868

二叉弓石蛾 *Arctopsyche bicruris* **Gui & Yang, 2001**
分布：云南（大理）。

裂片弓石蛾 *Arctopsyche lobata* **Martynov, 1930**
分布：云南（怒江、大理），四川，西藏，浙江；印度，不丹，缅甸。

中膝弓石蛾 *Arctopsyche mesogona* **Mey, 1997**
分布：云南（文山）；越南。

三突茎弓石蛾 *Arctopsyche triacanthophora* **Sun & Yang, 2012**
分布：云南（保山）。

绒弓石蛾属 *Parapsyche* Betten, 1934

双裂绒弓石蛾 *Parapsyche bifida* **Schmid, 1959**
分布：云南（丽江）。

端凹绒弓石蛾 *Parapsyche excisa* **Gui & Yang, 2001**
分布：云南（大理）。

枝石蛾科 Calamoceratidae

端宽石蛾属 *Ganonema* MacLacblan, 1866

环纹端宽石蛾 *Ganonema circulare* **Schmid, 1959**
分布：云南（丽江）。

黄纹阿石蛾 *Ganonema ochraceellus* **(McLachlan 1866)**
分布：云南（红河）；印度尼西亚，泰国。

歧距石蛾科 Dipseudopsidae

歧距石蛾属 *Dipseudopsis* Walker, 1852

淡褐歧距石蛾 *Dipseudopsis infuscata* **McLachlan, 1875**
分布：云南（红河）；印度尼西亚。

灰白歧距石蛾 *Dipseudopsis pallida* **Martynov, 1935**
分布：云南（普洱）；印度。

径石蛾科 Ecnomidae

径石蛾属 *Ecnomus* McLachlan, 1864

Ecnomus cationg **Oláh & Malicky, 2010**
分布：云南（楚雄），四川。

长尾径石蛾 *Ecnomus longicaudatus* **Li & Morse, 1997**
分布：云南（文山）。

刺穿径石蛾 *Ecnomus pungens* **Li & Morse, 1997**
分布：云南（文山）。

柔弱径石蛾 *Ecnomus tenellus* **(Rambur, 1842)**
分布：云南（红河、昭通），西藏，四川，河南，湖北，江西，安徽，江苏，广东，台湾；朝鲜，欧洲。

三角径石蛾 *Ecnomus triangularis* **Sun, 1997**
分布：云南（丽江、西双版纳），湖北。

舌石蛾科 Glossosomatidae

魔舌石蛾属 *Agapetus* Curtis, 1834

中国魔舌石蛾 *Agapetus chinensis* **Mosely, 1942**
分布：云南（普洱），浙江，福建。

云南魔舌石蛾 *Agapetus yunnanensis* **Morse & Yang, 1998**
分布：云南（丽江）。

舌石蛾属 *Glossosoma* Curtis, 1834

Glossosoma atitto **Malicky & Chantaramongkol, 1992**
分布：云南（大理、丽江、怒江）；菲律宾。

波氏舌石蛾 *Glossosoma boltoni* **Curtis, 1834**
分布：云南（德宏）；欧洲。

尾舌石蛾 *Glossosoma caudatum* **Martynov, 1931**
分布：云南（丽江），四川。

合舌石蛾 *Glossosoma confluens* Kimmins, 1953
分布：云南（红河、德宏、怒江）；缅甸。
东方舌石蛾 *Glossosoma orientale* Kimmins, 1953
分布：云南（红河、普洱），西藏；缅甸。
Poeciloptila Schmid, 1991
斑纹贯脉小石蛾 *Poeciloptila maculata* (Tian & Li, 1986)
分布：云南（怒江、德宏）。

瘤石蛾科 Goeridae

瘤石蛾属 *Goera* Stephens, 1829
弧形瘤石蛾 *Goera arcuata* Yang & Armitage, 1996
分布：云南（红河）。
双尖瘤石蛾 *Goera bicuspidata* Yang & Armitage, 1996
分布：云南（文山）。
棒形瘤石蛾 *Goera clavifera* Schmid, 1965
分布：云南（丽江）。
粗瘤石蛾 *Goera crassata* Schmid, 1965
分布：云南（丽江）。
橘色瘤石蛾 *Goera mandana* Mosely, 1938
分布：云南（红河）；非洲。
姬瘤石蛾 *Goera parvula* Martynov, 1935
分布：云南（红河）；俄罗斯，朝鲜。
四点瘤石蛾 *Goera quadripunctata* Schmid, 1959
分布：云南（丽江）。
退化瘤石蛾 *Goera redacta* Yang & Armitage, 1996
分布：云南（大理），四川。
螺旋瘤石蛾 *Goera spiralis* Yang & Armitage, 1996
分布：云南（文山）。

螯石蛾科 Hydrobiosidae

竖毛螯石蛾属 *Apsilochorema* Ulmer, 1907
具钩竖毛螯石蛾 *Apsilochorema nigrum* Navás, 1932
分布：云南（大理）。
Apsilochorema vaneyam Schmid, 1971
分布：云南（大理）；印度。

纹石蛾科 Hydropsychidae

伊纹石蛾属 *Aethaloptera* Brauer, 1875
姬枝翅纹石蛾 *Aethaloptera gracilis* (Martynov, 1935)
分布：云南（德宏）；印度，缅甸。

绿纹石蛾属 *Amphipsyche* Mac Lachlen, 1872
喜形绿纹石蛾 *Amphipsyche gratiosa* Navás, 1922
分布：云南（西双版纳）；日本，缅甸，泰国。
灰绿纹石蛾 *Amphipsyche tricalcarata* Martynov, 1935
分布：云南（红河）；印度。
侧枝纹石蛾属 *Ceratopsyche* Ross & Unzicker, 1977
折突侧枝纹石蛾 *Ceratopsyche curvativa* Li & Tian, 1990
分布：云南（昭通），浙江。
缺突侧枝纹石蛾 *Ceratopsyche gautamittra* (Schmid, 1961)
分布：云南（西双版纳），四川，贵州，广西；巴基斯坦，阿富汗，尼泊尔。
截茎侧枝纹石蛾 *Ceratopsyche penicillata* (Martynov, 1931)
分布：云南（昆明、丽江、德宏），四川，陕西，湖北，浙江，安徽，福建。
短脉纹石蛾属 *Cheumatopsyche* Wallengren, 1891
阿默短脉纹石蛾 *Cheumatopsyche amurensis* Martynov, 1934
分布：云南（昭通、西双版纳），贵州，黑龙江，江苏，浙江，安徽，湖南。
Cheumatopsyche charites Malicky & Chantaramongkol, 1997
分布：云南（德宏）；泰国。
中华短脉纹石蛾 *Cheumatopsyche chinensis* Martynov, 1930
分布：云南，贵州，四川，重庆，辽宁，吉林，黑龙江，陕西，山西，河北，北京，河南，江苏，浙江，安徽，湖北，湖南，广西，福建，广东，海南；俄罗斯，日本，老挝。
Cheumatopsyche domborula Oláh, Oláhja & Li, 2020
分布：云南（昭通）。
多斑短脉纹石蛾 *Cheumatopsyche dubitans* Mosely, 1942
分布：云南（普洱），贵州，安徽，江西，湖北，湖南，福建。
佛塔短脉纹石蛾 *Cheumatopsyche forrta* Oláh, Oláhja & Li, 2020
分布：云南（怒江）。

长肢短脉纹石蛾 *Cheumatopsyche longiclasper* **Li, 1988**

分布：云南（曲靖、昭通、玉溪、红河、普洱、西双版纳、楚雄、丽江、怒江），福建。

宁马短脉纹石蛾 *Cheumatopsyche ningmapa* **Schmid, 1975**

分布：云南（德宏）。

蛇尾短脉纹石蛾 *Cheumatopsyche spinosa* **Schmid, 1959**

分布：云南（玉溪、丽江、德宏、怒江），贵州，浙江。

乌氏短脉纹石蛾 *Cheumatopsyche uenoi* (**Tsuda, 1941**)

分布：云南（昆明、普洱、西双版纳），贵州，黑龙江，江苏，湖北，湖南，福建。

云南短脉纹石蛾 *Cheumatopsyche yunnana* **Oláh, Vincon & Johanson, 2021**

分布：云南（德宏）。

长管纹石蛾属 *Diplectrona* Westwood, 1840

散片长管纹石蛾 *Diplectrona aspersa* (**Ulmer, 1905**)

分布：云南（普洱、丽江）；印度尼西亚。

丽江长管纹石蛾 *Diplectrona likiangana* **Schmid, 1959**

分布：云南（丽江）。

肢长管纹石蛾 *Diplectrona melli* **Ulmer, 1932**

分布：云南，福建，广东。

苏氏长管纹石蛾 *Diplectrona suensoni* **Ulmer, 1932**

分布：云南（丽江），江苏。

云南长管纹石蛾 *Diplectrona yunnanica* **Schmid, 1959**

分布：云南（丽江）。

赫贝纹石蛾属 *Herbertorossia* Ulmer, 1957

方突赫贝纹石蛾 *Herbertorossia quadrata* **Li, Tian & Dudgeon, 1990**

分布：云南（文山），湖南，香港。

离脉纹石蛾属 *Hydromanicus* Brauer, 1865

红河离脉纹石蛾 *Hydromanicus brunneus* **Betten, 1909**

分布：云南（红河、德宏）；印度，缅甸。

中庸离脉纹石蛾 *Hydromanicus intermedius* **Martynov, 1931**

分布：云南（德宏、怒江），西藏，四川，陕西，浙江，福建。

截肢离脉纹石蛾 *Hydromanicus truncalus* **Betten, 1909**

分布：云南（德宏、怒江），西藏；印度。

乳突离脉纹石蛾 *Hydromanicus umbonatus* **Li, 1992**

分布：云南（怒江、西双版纳），四川，广西。

纹石蛾属 *Hydropsyche* Pictet, 1834

姬跗侧枝纹石蛾 *Hydropsyche appendicularis* **Martynov, 1931**

分布：云南（玉溪、丽江、文山），四川。

脊突侧枝纹石蛾 *Hydropsyche carina* **Gui & Yang, 1999**

分布：云南（曲靖、玉溪、丽江、红河）。

Hydropsyche cernaka **Oláh, Oláhja & Li, 2020**

分布：云南（怒江）。

幼鹿侧枝纹石蛾 *Hydropsyche cerva* **Li & Tian, 1990**

分布：云南（曲靖、大理、丽江、红河、普洱、西双版纳），四川，浙江，广西；泰国，越南。

柯隆侧枝纹石蛾 *Hydropsyche columnata* **Martynov, 1931**

分布：云南（昆明、普洱、昭通），贵州，四川，北京，河南，陕西，湖南，湖北，浙江，江西。

扁节侧枝纹石蛾 *Hydropsyche compressa* **Li & Tian, 1990**

分布：云南（昆明、玉溪、曲靖），贵州，四川，浙江。

繁复侧枝纹石蛾 *Hydropsyche complicata* **Banks, 1939**

分布：云南（楚雄、大理、怒江），广东。

斗形高原纹石蛾 *Hydropsyche dolosa* **Banks, 1939**

分布：云南（曲靖），广西，福建，广东，海南；朝鲜。

空心纹石蛾 *Hydropsyche excavata* **Gui & Yang, 1999**

分布：云南（迪庆）。

台湾纹石蛾 *Hydropsyche formosana* **Ulmer, 1911**

分布：云南（曲靖），广西，福建，广东，海南；朝鲜。

翼形高原纹石蛾 *Hydropsyche fryeri* **Ulmer, 1915**

分布：云南（怒江），西藏；斯里兰卡。

叉状纹石蛾 *Hydropsyche furcata* **Jacquemart, 1963**

分布：云南（红河）；毛里求斯。

格氏高原纹石蛾 *Hydropsyche grahami* Banks, 1940

分布：云南（丽江、大理），四川，陕西，河南，湖南，浙江，安徽，湖北，福建，广东。

缀茎纹石蛾 *Hydropsyche hackeri* Mey, 1998

分布：云南，四川；印度。

钩肢纹石蛾 *Hydropsyche harpagofalcata* Mey, 1995

分布：云南（怒江）；越南。

赫氏纹石蛾 *Hydropsyche hedini* Forsslund, 1935

分布：云南（昆明、玉溪、红河、大理、怒江、德宏），四川，甘肃。

霍氏高原纹石蛾 *Hydropsyche hoenei* Schmid, 1959

分布：云南（红河、丽江），四川，浙江，湖南，福建。

印度侧枝纹石蛾 *Hydropsyche indica* Betten, 1909

分布：云南（德宏）；印度。

突尾纹石蛾 *Hydropsyche orectis* Mey, 1999

分布：云南；印度。

椭圆纹石蛾 *Hydropsyche ovalis* Gui & Yang, 1999

分布：云南（西双版纳）。

锐突高原纹石蛾 *Hydropsyche pungens* Tian & Li, 1991

分布：云南（怒江）。

扁肢纹石蛾 *Hydropsyche rhomboana* Martynov, 1909

分布：云南，四川，西藏，甘肃。

师宗纹石蛾 *Hydropsyche shizongensis* (Gui & Yang, 1999)

分布：云南（曲靖），四川。

裂茎侧枝纹石蛾 *Hydropsyche simulata* Mosely, 1942

分布：云南（曲靖、丽江、怒江、红河、普洱），浙江，湖北，广西，福建。

西藏高原纹石蛾 *Hydropsyche tibelana* Schmid, 1965

分布：云南（大理、怒江），西藏，四川。

Hydropsyche uvana Mey, 1995

分布：云南（大理、丽江、迪庆）。

瓦尔侧枝纹石蛾 *Hydropsyche valvata* Martynov, 1927

分布：云南（曲靖），黑龙江，陕西，浙江，湖北，安徽；蒙古国，朝鲜，俄罗斯，中亚。

长角纹石蛾属 *Macrostemum* Kolenati, 1859

束长角纹石蛾 *Macrostemum centrotum* (Navás, 1917)

分布：云南（红河、普洱、西双版纳），福建，广东；印度。

疗长角纹石蛾 *Macrostemum fastosum* (Walker, 1852)

分布：云南（红河、保山、德宏），贵州，四川，西藏，黑龙江，河南，安徽，湖北，浙江，江苏，上海，江西，湖南，广西，福建，海南，广东，香港，台湾；印度，菲律宾，马来西亚，泰国，缅甸，斯里兰卡。

五捆长角纹石蛾 *Macrostemum quinquefasciatum* (Martynov, 1935)

分布：云南（西双版纳）；印度。

云南长角纹石蛾 *Macrostemum yunnanicum* Hwang, 1963

分布：云南（德宏、西双版纳）。

缺距纹石蛾属 *Potamyia* Banks, 1900

短尾缺距纹石蛾 *Potamyia bicornis* Li & Tian, 1996

分布：云南（曲靖、保山、西双版纳）。

毛边缺距纹石蛾 *Potamyia chekiangensis* (Schmid, 1965)

分布：云南（丽江），浙江，陕西。

中华缺距纹石蛾 *Potamyia chinensis* (Ulmer, 1915)

分布：云南（昭通、玉溪、普洱、文山、德宏、西双版纳），四川，重庆，黑龙江，河北，北京，山西，陕西，浙江，安徽，湖北，湖南，福建，广东，海南；朝鲜。

锐角缺距纹石蛾 *Potamyia hoenei* (Schmid, 1965)

分布：云南（丽江）。

景洪缺距纹石蛾 *Potamyia jinhongensis* Li & Tian, 1996

分布：云南（西双版纳）。

小距纹石蛾 *Potamyia nuonga* Oláh & Barnard, 2006

分布：云南（丽江），四川，广东。

Potamyia ovalis Gui et Yang, 1999

分布：云南（西双版纳）。

拟滇缺距纹石蛾 *Potamyia parayunnanica* Li & Tian, 1987

分布：云南（西双版纳）。

小缺距纹石蛾 *Potamyia parva* Tian & Li, 1987

分布：云南（丽江、西双版纳），四川，广东。

长尾缺距纹石蛾 *Potamyia probiscida* Li & Tian, 1996

分布：云南（西双版纳），海南。

滇缺距纹石蛾 *Potamyia yunnanica* (Schmid, 1959)

分布：云南（丽江、怒江、西双版纳），西藏。

多型纹石蛾属 *Polymorphanisus* Walker, 1852

无斑多型纹石蛾 *Polymorphanisus astictus* Navás, 1923

分布：云南（德宏），贵州，浙江，江苏，广东，海南。

单斑多型纹石蛾 *Polymorphanisus unipunctus* Banks, 1940

分布：云南（西双版纳），四川；英国。

小石蛾科 Hydroptilidae

小石蛾属 *Hydroptila* Dalman, 1819

角尾小石蛾 *Hydroptila angulata* Mosely, 1922

分布：云南（昆明、曲靖、昭通、玉溪、红河、文山、大理、丽江），四川，河南，陕西，广西；朝鲜半岛，全北区。

具刺小石蛾 *Hydroptila apiculata* Yang & Xue, 1992

分布：云南（昆明、曲靖、玉溪、红河、昭通），江苏，河南，湖北，海南。

伊朗小石蛾 *Hydroptila bajgirana* Botosaneanu, 1983

分布：云南（昆明、玉溪、曲靖、红河、昭通），河南；伊朗。

丹氏小石蛾 *Hydroptila dampfi* Ulmer, 1929

分布：云南（曲靖、丽江），贵州，四川，河南，江苏，湖北；欧洲。

奇异小石蛾 *Hydroptila extrema* Kumanski, 1990

分布：云南（玉溪、昭通、文山、丽江），四川，浙江，江西，安徽，广西；朝鲜半岛。

短肢小石蛾 *Hydroptila giama* Oláh, 1989

分布：云南（大理），贵州，四川，浙江，江西，广西，福建，广东，海南；朝鲜，越南。

长丝小石蛾 *Hydroptila longifilis* Yang & Xue, 1994

分布：云南（昭通），四川，福建。

莫氏小石蛾 *Hydroptila moselyi* Ulmer, 1932

分布：云南（昆明、昭通），四川，贵州，河南，北京，广西，广东。

桑哈小石蛾 *Hydroptila sanghala* Schmid, 1960

分布：云南（昭通、大理）；巴基斯坦，欧洲。

星期四小石蛾 *Hydroptila thuna* Oláh, 1989

分布：云南（昆明、曲靖、昭通、玉溪、红河、西双版纳、文山、大理、丽江），四川，河南，江苏，

浙江，安徽，江西，湖北，广西，福建，广东，海南，香港，台湾；俄罗斯，日本，老挝，泰国，尼泊尔，越南，印度，印度尼西亚。

长茎小石蛾属 *Microptila* Ris, 1897

端钩长茎小石蛾 *Microptila hamatilis* Zhou, Yang & Morse, 2016

分布：云南（大理），四川。

直毛小石蛾属 *Orthotrichia* Eaton, 1873

窄狭竖毛小石蛾 *Orthotrichia angustella* (McLachlan, 1865)

分布：云南（德宏、怒江、西双版纳）；俄罗斯（东部地区），欧洲。

牛角直毛小石蛾 *Orthotrichia bucera* Yang & Xue, 1992

分布：云南（西双版纳），贵州，江西，广西。

月牙直毛小石蛾 *Orthotrichia udawarama* (Schmid, 1958)

分布：云南（玉溪）；斯里兰卡。

凸缘小石蛾属 *Protoptila* Banks, 1904

斑纹凸缘小石蛾 *Protoptila maculata* Hagen, 1861

分布：云南（怒江、德宏、西双版纳）；北美洲。

鳞石蛾科 Lepidostomatidae

毛石蛾属 *Anacrunoecia* Mosely, 1949

异长毛石蛾 *Anacrunoecia longipilosa* Schmid, 1962

分布：云南（丽江）。

铁毛石蛾属 *Crunoeciella* Ulmer, 1905

东方铁毛石蛾 *Crunoeciella orientalis* Tsuda, 1942

分布：云南（普洱、红河）；日本。

刺角鳞石蛾属 *Dinarthrodes* Ulmer, 1907

傅氏刺角鳞石蛾 *Dinarthrodes fui* Hwang, 1957

分布：云南（红河），四川，江西，安徽，浙江，福建。

旋节鳞石蛾属 *Dinarthrum* Mac Lachlan, 1871

Dinarthrum huaynamdang Malicky & Chantaramongkol, 1994

分布：云南（红河）。

Dinarthrum inthanon Malicky & Chantaramongkol, 1994

分布：云南（红河）。

长刺旋节鳞石蛾 *Dinarthrum longipenis* **Weaver, 1989**

分布：云南（红河、丽江），浙江。

三指旋节鳞石蛾 *Dinarthrum tridigitum* **Yang & Wang, 1997**

分布：云南（大理、丽江），四川，湖北。

东方旋节鳞石蛾属 *Eodinarthrum* Martynov, 1931

多刺东方旋节鳞石蛾 *Eodinarthrum horridum* **Schmid, 1959**

分布：云南（丽江）。

条鳞石蛾属 *Goerodes* Ulmer, 1907

黄纹条鳞石蛾 *Goerodes flavus* **Ulmer, 1926**

分布：云南（大理、丽江、玉溪、曲靖、普洱、怒江、文山、楚雄），贵州，四川，江西，浙江，安徽，广西，福建，广东。

盂须条鳞石蛾 *Goerodes propriopalpus* **(Hwang, 1957)**

分布：云南（昆明、曲靖、昭通、玉溪、红河、文山、普洱、楚雄、大理、丽江、怒江），贵州，四川，江西，安徽，浙江，广西，广东，福建。

鳞石蛾属 *Lepidostoma* Ramhur, 1842

双齿鳞石蛾 *Lepidostoma bibrochatum* **Yang & Weaver, 2002**

分布：云南（迪庆、丽江），四川，浙江。

直鳞石蛾 *Lepidostoma directum* **Yang & Weaver, 2002**

分布：云南（红河）。

似鹿鳞石蛾 *Lepidostoma elaphodes* **Yang & Weaver, 2002**

分布：云南（红河）。

黄纹鳞石蛾 *Lepidostoma flavum* **Ulmer, 1926**

分布：云南，贵州，四川，浙江，安徽，江西，广西，福建，广东。

多突鳞石蛾 *Lepidostoma foliatum* **Yang & Weaver, 2002**

分布：云南（怒江）。

福建茎突鳞石蛾 *Lepidostoma fui* **Hwang, 1957**

分布：云南，四川，浙江，安徽，江西，福建。

Lepidostoma horridum **(Schmid, 1959)**

分布：云南（丽江）。

长须鳞石蛾 *Lepidostoma longipilosum* **(Schmid, 1965)**

分布：云南（丽江），四川，陕西，青海，河南，安徽。

东方鳞石蛾 *Lepidostoma orientale* **(Tsuda, 1942)**

分布：云南，四川，贵州；朝鲜，日本。

棕腿鳞石蛾 *Lepidostoma palmipes* **(Ito, 1986)**

分布：云南（文山）；印度，尼泊尔。

盂须鳞石蛾 *Lepidostoma propriopalpus* **(Hwang, 1957)**

分布：云南（文山），四川，河南，湖北，浙江，安徽，江西，广西，福建；越南。

折鳞石蛾 *Lepidostoma recurvatum* **Yang & Weaver, 2002**

分布：云南（丽江）。

云南鳞石蛾 *Lepidostoma yunnanense* **Yang & Weaver, 2002**

分布：云南（红河）。

新塞毛石蛾属 *Neoseverinia* Ulmer, 1908

粗角新塞毛石蛾 *Neoseverinia crassicornis* **(Ulmer, 1907)**

分布：云南（怒江、德宏）；日本。

长角石蛾科 Leptoceridae

并脉长角石蛾属 *Adicella* McLachlan, 1877

锐角并脉长角石蛾 *Adicella acutangularis* **Yang & Mores, 2000**

分布：云南（红河）。

头突并脉长角石蛾 *Adicella capitata* **Yang & Mores, 2000**

分布：云南（昆明、曲靖、楚雄、文山、丽江）。

突长角石蛾属 *Ceraclea* Stephens, 1829

丁村突长角石蛾 *Ceraclea dingwuschanella* **(Ulmer, 1932)**

分布：云南（德宏），山西，浙江，广东。

赫克突长角石蛾 *Ceraclea hektor* **Malicky & Bunlue, 2004**

分布：云南（昭通）；泰国。

似异叶突长角石蛾 *Ceraclea indistincta* **(Forsslund, 1935)**

分布：云南（曲靖、昭通），四川，安徽。

脊背突长角石蛾 *Ceraclea lirata* **Yang & Morse, 1988**

分布：云南（临沧）。

卷缘多突长角石蛾 *Ceraclea marginata* **(Banks, 1911)**

分布：云南（临沧），印度。

刺突长角石蛾 *Ceraclea spinosa* Navás, 1930

分布：云南（保山）；非洲。

须长角石蛾属 *Mystacides* Berthold, 1827

浅蓝须长角石蛾 *Mystacides azureus* (Linnaeus, 1761)

分布：云南（大理）；欧洲。

长须长角石蛾 *Mystacides elongatus* Yamamoto & Ross, 1966

分布：云南（玉溪、曲靖、丽江、昭通、文山），贵州，四川，湖北，安徽，江西，江苏，浙江，福建，广东；泰国。

栖长角石蛾属 *Oecetis* Mac Lachlan, 1877

弯尾栖长角石蛾 *Oecetis ancylocerca* Yang & Mores, 2000

分布：云南（西双版纳）。

棒形栖长角石蛾 *Oecetis clavata* Yang & Mores, 2000

分布：云南（曲靖），四川。

湖栖长角石蛾 *Oecetis lacustris* (Pictet, 1834)

分布：云南（曲靖、昭通、楚雄、大理、丽江、怒江、普洱、临沧、红河、文山、西双版纳），四川，贵州，黑龙江，吉林，安徽，湖南，广西，福建，江西；欧洲，北美洲。

黑斑栖长角石蛾 *Oecetis nigropunctata* Ulmer, 1908

分布：云南（红河、普洱），河北，江西，安徽，湖北，福建；朝鲜，日本。

淡斑栖长角石蛾 *Oecetis pallidipunctata* Martynov, 1935

分布：云南（丽江），黑龙江；日本，俄罗斯。

钉状栖长角石蛾 *Oecetis paxilla* Yang & Mores, 1998

分布：云南（楚雄），四川。

匙形栖长角石蛾 *Oecetis spatula* Chen, 2000

分布：云南（红河），台湾。

三斑栖长角石蛾 *Oecetis tripunctata* (Fabricius, 1793)

分布：云南（德宏），四川，安徽，江西，福建；俄罗斯，欧洲。

单栖长角石蛾 *Oecetis uniforma* Yang & Mores, 2000

分布：云南（楚雄）。

拟姬长角石蛾属 *Parasetodes* McLachlan, 1880

斑纹拟姬长角石蛾 *Parasetodes maculatus* (Banks, 1911)

分布：云南（西双版纳）。

姬长角石蛾属 *Setodes* Rambur, 1842

Setodes alampata Scbmid, 1988

分布：云南（红河）；印度。

银条姬长角石蛾 *Setodes argentatus* Matsumura, 1906

分布：云南（德宏），贵州，黑龙江，吉林，辽宁，江西，浙江；日本，朝鲜。

银斑姬长角石蛾 *Setodes argentipunctellus* McLachlan, 1877

分布：云南（红河）；欧洲，北美洲。

短尾姬长角石蛾 *Setodes brevicaudatus* Yang & Morse, 1989

分布：云南（德宏），贵州，四川，江西，浙江，安徽，广西，福建。

溪流姬长角石蛾 *Setodes fluvialis* Kimmins, 1963

分布：云南（西双版纳）；缅甸。

弯曲姬长角石蛾 *Setodes gyrosus* Yang & Morse, 2000

分布：云南（文山）。

云南姬长角石蛾 *Setodes yunnanensis* Yang & Morse, 1989

分布：云南（德宏）。

叉长角石蛾属 *Triaenodes* McLachlan, 1865

细翅叉长角石蛾 *Triaenodes dusrus* Schmid, 1965

分布：云南（丽江）。

霍氏叉长角石蛾 *Triaenodes hoenei* Schmid, 1959

分布：云南（丽江）。

竖毛叉长角石蛾 *Triaenodes unanimis* MacLachlan, 1877

分布：云南（玉溪），黑龙江，湖北，江苏；俄罗斯（东部地区），朝鲜，欧洲，北美洲。

歧长角石蛾属 *Triplectides* Kolenati, 1859

伪马氏歧长角石蛾 *Triplectides deceptimagnus* Yang & Morse, 2000

分布：云南（德宏），四川，河南，湖北，江西，广东，福建。

巨型歧长角石蛾 *Triplectides magnus* Walker, 1852

分布：云南（德宏、普洱、西双版纳），上海，江苏，福建，广东；日本，印度尼西亚，新西兰，菲律宾，巴布亚新几内亚，印度，所罗门群岛，荷兰。

沼石蛾科 Limnephilidae

弧缘沼石蛾属 *Anabolia* Stephens, 1837

云南弧缘沼石蛾 *Anabolia yunnanensis* Leng & Yang, 2004
分布：云南（迪庆）。

多斑沼石蛾属 *Lenarchus* Martynov, 1914

中华多斑沼石蛾 *Lenarchus sinensis* Yang & Leng, 2004
分布：云南（迪庆），青海。

长须沼石蛾属 *Nothopsyche* Banks, 1906

淡色长须沼石蛾 *Nothopsyche pallipes* Banks, 1906
分布：云南（大理）；日本，俄罗斯（东部地区）。

刺突沼石蛾属 *Phylostenax* Mosely, 1935

二叉刺突沼石蛾 *Phylostenax peniculus* (Forsslund, 1935)
分布：云南（迪庆），四川，西藏，甘肃。

伪突沼石蛾属 *Pseudostenophylax* Martynov, 1909

阿尔伪突沼石蛾 *Pseudostenophylax alcor* Schmid, 1991
分布：云南（丽江）。

耳须伪突沼石蛾 *Pseudostenophylax auriculatus* Tian & Li, 1998
分布：云南（怒江），四川，西藏。

双叉伪突沼石蛾 *Pseudostenophylax bifurcatus* Tian & Li, 1993
分布：云南（迪庆）。

宽片伪突沼石蛾 *Pseudostenophylax bimaculatus* Tian & Li, 1992
分布：云南（丽江、怒江、迪庆）。

短小须伪突沼石蛾 *Pseudostenophylax brevis* Banks, 1940
分布：云南（红河），四川。

棒须伪突沼石蛾 *Pseudostenophylax clavatus* Tian & Li, 1993
分布：云南（大理）。

黄纹伪突沼石蛾 *Pseudostenophylax flavidus* Tian & Yang, 1993
分布：云南（怒江）。

羊角伪突沼石蛾 *Pseudostenophylax fumosus* Martynov, 1909
分布：云南（迪庆），四川，西藏，陕西。

加拉伪突沼石蛾 *Pseudostenophylax galathiel* Schmid, 1991
分布：云南（丽江）。

双叶伪突沼石蛾 *Pseudostenophylax hirsutus* Forsslund, 1935
分布：云南（丽江），四川，西藏，甘肃。

凹弧伪突沼石蛾 *Pseudostenophylax ichtar* Schmid, 1991
分布：云南（大理、怒江、丽江）。

侧凸伪突沼石蛾 *Pseudostenophylax latiproceris* Leng & Yang, 2003
分布：云南（丽江、大理）。

挺举伪突沼石蛾 *Pseudostenophylax luthiel* Schmid, 1991
分布：云南（丽江），西藏。

丽江伪突沼石蛾 *Pseudostenophylax mizar* Schmid, 1991
分布：云南（丽江）。

莫氏伪突沼石蛾 *Pseudostenophylax morsei* Leng & Yang, 2003
分布：云南（怒江）。

喜恕伪突沼石蛾 *Pseudostenophylax thinuviel* Schmid, 1991
分布：云南（丽江）。

杨氏伪突沼石蛾 *Pseudostenophylax yangae* Leng & Yang, 1997
分布：云南（怒江）。

云南伪突沼石蛾 *Pseudostenophylax yunnanensis* Hwang, 1958
分布：云南（红河、丽江）。

准石蛾科 Limnocentropodidae

准石蛾属 *Limnocentropus* Ulmer, 1907

淡色准石蛾 *Limnocentropus insolitus* Ulmer, 1907
分布：云南（怒江）；日本。

细翅石蛾科 Molannidae

细翅石蛾属 *Molanna* Curtis, 1834

镰细翅石蛾 *Molanna falcata* Ulmer, 1908
分布：云南（德宏），黑龙江，福建，广东；日本，俄罗斯（东部地区）。

昆明细翅石蛾 *Molanna kunmingensis* Hwang, 1957
分布：云南（昆明、曲靖、丽江、昭通）。

暗褐细翅石蛾 *Molanna moesta* Banks, 1906
分布：云南（曲靖、楚雄、怒江），贵州，四川，黑龙江，河南，湖北，江西，浙江，广东；日本，朝鲜。

齿角石蛾科 Odontoceridae

奇齿角石蛾属 *Lannapsyche* Malicky, 1989

常氏奇齿角石蛾 *Lannapsyche chantaramongkolae* Malicky, 1989
分布：云南（文山）；泰国。

连脉石蛾属 *Marilia* Muller, 1880

端突滨齿角石蛾 *Marilia albofusca* Schmid, 1959
分布：云南（红河、丽江），广西，陕西，广东。

宽连脉石蛾 *Marilia lata* Ulmer, 1926
分布：云南（德宏、保山、怒江），广东。

直缘滨齿角石蛾 *Marilia parallela* Hwang, 1957
分布：云南（丽江），河南，浙江，广西，福建，广东。

裸齿角石蛾属 *Psilotreta* Banks, 1899

二叉裸齿角石蛾 *Psilotreta bicruris* Yuan & Yang, 2011
分布：云南（丽江）。

中华裸齿角石蛾 *Psilotreta chinensis* Banks, 1940
分布：云南（大理），四川。

方背裸齿角石蛾 *Psilotreta cuboides* Yuan, Yang & Sun, 2008
分布：云南（文山）。

东方裸齿角石蛾 *Psilotreta orieniolis* Hwang, 1957
分布：云南（红河），福建。

方肢裸齿角石蛾 *Psilotreta quadrata* Schmid, 1959
分布：云南（丽江）。

直角裸齿角石蛾 *Psilotreta rectangular* Yuan & Yang, 2008
分布：云南（大理、丽江）。

云南裸齿角石蛾 *Psilotreta yunnanensis* Yuan & Yang, 2008
分布：云南（文山、大理）。

等翅石蛾科 Philopotamidae

缺叉等翅石蛾属 *Chimarra* Stephens, 1829

异形缺叉等翅石蛾 *Chimarra aberrans* (Martynov, 1935)
分布：云南（普洱）；印度。

杂缺叉等翅石蛾 *Chimarra complexa* Hwang, 1963
分布：云南（红河）。

长室缺叉等翅石蛾 *Chimarra kumaonensis* (Martynov, 1935)
分布：云南（德宏、怒江），西藏；印度。

窄肢缺叉等翅石蛾 *Chimarra paramonorum* Hu, Wang & Sun, 2018
分布：云南（昭通），浙江。

短室等翅石蛾属 *Dolophilodes* Ulmer, 1909

双叶短室等翅石蛾 *Dolophilodes bilobatus* Schmid, 1965
分布：云南（丽江），西藏，四川，江西。

双突短室等翅石蛾 *Dolophilodes didactylus* Sun & Yang, 2001
分布：云南（大理、丽江、怒江），内蒙古，山西。

日本短室等翅石蛾 *Dolophilodes japonicus* (Banks, 1906)
分布：云南（红河、怒江），台湾；日本，俄罗斯。

矛突栉短室等翅石蛾 *Dolophilodes lanceolata* Sun, 1997
分布：云南（大理、丽江、怒江），河南。

华丽短室等翅石蛾 *Dolophilodes ornatulus* Kimmins, 1955
分布：云南（丽江）；缅甸。

艳丽短室等翅石蛾 *Dolophilodes ornatus* Ulmer, 1909
分布：云南（丽江），四川，西藏，新疆，安徽；巴基斯坦。

合脉等翅石蛾属 *Gunungiella* Ulmer, 1913

四瓣合脉等翅石蛾 *Gunungiella tetrapetala* Sun & Gui, 2001
分布：云南（丽江）。

栉等翅石蛾属 *Kisaura* Ross, 1956

长刺栉等翅石蛾 *Kisaura longispina* (Tian & Li, 1993)
分布：云南（怒江），西藏。

杨氏栉等翅石蛾 *Kisaura yangae* Sun & Gui, 2001
分布：云南（大理、怒江），四川。

蠕形等翅石蛾属 *Wormaldia* Madachlan, 1865

齿肢蠕形等翅石蛾 *Wormaldia dentata* (Gui & Yang, 2001)
分布：云南（曲靖）。

长刺蠕形等翅石蛾 *Wormaldia longispina* **Tian & Li, 1993**

分布：云南（怒江）。

喙突蠕形等翅石蛾 *Wormaldia rhynchophysa* **(Sun & Gui, 2001)**

分布：云南（怒江）。

石蛾科 Phryganeidae

疏毛石蛾属 *Agrypnia* Curtis, 1835

莱氏苏石蛾 *Agrypnia legendrei* **(Navás, 1923)**

分布：云南。

丽疏毛石蛾 *Agrypnia picta* **Kolenati, 1848**

分布：云南（丽江），西藏，四川，黑龙江，河北；朝鲜，欧洲，美洲。

褐纹石蛾属 *Eubasilissa* Martynov, 1930

佛褐纹石蛾 *Eubasilissa fo* **Schmid, 1959**

分布：云南（丽江、迪庆），四川，西藏。

寒褐纹石蛾 *Eubasilissa horriduni* **Schmid, 1959**

分布：云南（丽江）。

麦氏褐纹石蛾 *Eubasilissa maclachlani* **(White, 1862)**

分布：云南（昆明、红河、丽江），四川，山西，广西；巴基斯坦，孟加拉国，印度，不丹，缅甸，越南，埃塞俄比亚。

深色褐纹石蛾 *Eubasilissa regina* **(Mclachlan, 1871)**

分布：云南（丽江、怒江），四川，西藏，河南，陕西，山东，台湾；日本，印度，俄罗斯，非洲。

中华褐纹石蛾 *Eubasilissa sinensis* **Schmid, 1959**

分布：云南（大理、丽江、怒江），西藏。

丽褐纹石蛾 *Eubasilissa splendida* **Yang & Yang, 2006**

分布：云南（迪庆），四川，西藏。

西藏褐纹石蛾 *Eubasilissa tibetana* **Martynov, 1930**

分布：云南（迪庆），西藏；印度。

石蛾属 *Phryganea* Linnaeus, 1758

中华石蛾 *Phryganea sinensis* **Mclachlan, 1862**

分布：云南，黑龙江，辽宁，吉林，上海；朝鲜，俄罗斯。

多距石蛾科 Polycentropodidae

缘脉多距石蛾属 *Plectrocnemia* Stephens, 1836

阿法缘脉多距石蛾 *Plectrocnemia arphachad* **Malicky & Chantaramongkol, 1993**

分布：云南（文山）；泰国。

双叉缘脉多距石蛾 *Plectrocnemia bifurcata* **Tian, 1992**

分布：云南（怒江）。

离缘脉多距石蛾 *Plectrocnemia distincta* **Martynov, 1935**

分布：云南（红河）；印度。

显毛缘脉石蛾 *Plectrocnemia emeiginata* **Hwang, 1963**

分布：云南（红河、普洱）。

钳状缘脉多距石蛾 *Plectrocnemia forcipata* **Schmid, 1965**

分布：云南（丽江）；印度。

缪尼缘脉多距石蛾 *Plectrocnemia munitalis* **Mey, 1996**

分布：云南（怒江）；越南。

褶皱缘脉石蛾 *Plectrocnemia plicata* **Schmid, 1959**

分布：云南（丽江），四川，河南。

Plectrocnemia salah **Malicky 1993**

分布：云南（丽江），四川；缅甸。

弯枝缘脉多距石蛾 *Plectrocnemia sinualis* **Wang & yang, 1997**

分布：云南（怒江），贵州，广西，安徽，广东，江西，浙江，河南。

Plectrocnemia tsukuiensis **(Kobayashi, 1984)**

分布：云南（怒江），贵州，河南，安徽，浙江，江西，广西，广东；日本。

垂直缘脉多距石蛾 *Plectrocnemia verticalis* **Morse, Zhong & Yang, 2012**

分布：云南（红河）。

云南缘脉多距石蛾 *Plectrocnemia yunnanensis* **Hwang, 1957**

分布：云南（楚雄），广西；欧洲。

多距石蛾属 *Polycentropus* Curtis, 1835

异形多距石蛾 *Polycentropus inaequalis* **Ulmer, 1927**

分布：云南（红河、德宏）；非洲。

缺叉多距石蛾属 *Polyplectropus* Llmer, 1905

端截缺叉多距石蛾 *Polyplectropus truncatulus* **Zhong, Yang & Morse, 2006**

分布：云南（曲靖、大理、丽江）。

蝶石蛾科 Psychomyiidae

多节蝶石蛾属 *Paduniella* Ulmer, 1913

Paduniella andamanensis **Malicky, 1979**

分布：云南（西双版纳），海南；印度。

蝶石蛾属 *Psychomyia* Laaeille, 1829

***Psychomyia kalais* Malicky, 2004**

分布：云南（昭通）；印度尼西亚。

尖毛姬蝶石蛾 *Psychomyia acutipennis* Ulmer, 1908

分布：云南（红河）；日本。

湿蝶石蛾 *Psychomyia humecta* Li, Qiu & Morse, 2021

分布：云南（昭通、丽江）。

玛哈德纳蝶石蛾 *Psychomyia mahadenna* Schmid, 1961

分布：云南（怒江）；不丹。

齿突蝶石蛾 *Psychomyia spinosa* Tian, 1993

分布：云南（曲靖、大理、丽江、德宏、怒江），四川，河南。

爪石蛾属 *Tinodes* Curtis, 1834

邻齿爪石蛾 *Tinodes adjunctus* Banks, 1937

分布：云南（红河）；菲律宾。

原石蛾科 Rhyacophilidae

喜马石蛾属 *Himalopsyche* Banks, 1940

格氏喜马石蛾 *Himalopsyche gregoryi* (Ulmer, 1932)

分布：云南（迪庆）。

哈氏喜马石蛾 *Himalopsyche hageni* Banks, 1940

分布：云南（丽江），四川。

马氏喜马石蛾 *Himalopsyche martynovi* Banks, 1940

分布：云南（怒江），西藏。

那氏喜马石蛾 *Himalopsyche navasi* Banks, 1940

分布：云南（曲靖、昭通），四川，陕西，福建，江西，安徽，广东。

拟异丽喜马石蛾 *Himalopsyche paranomala* Tian & Sun, 1992

分布：云南（大理、怒江）。

三突茎喜马石蛾 *Himalopsyche trifurcula* Sun & Yang, 1994

分布：云南（红河）。

***Himalopsyche viteceki* Hjalmarsson, 2019**

分布：云南（迪庆）；缅甸。

***Himalopsyche immodesta* Hjalmarsson, 2019**

分布：云南（大理）。

原石蛾属 *Rhyacophila* Pictet, 1834

齿肢原石蛾 *Rhyacophila amblyodonta* Sun & Yang, 1999

分布：云南（丽江），四川。

耳原石蛾 *Rhyacophila auricula* Malicky & Sun, 2002

分布：云南（大理）。

暗揭叉突原石蛾 *Rhyacophila bidens* Kimmins, 1953

分布：云南（大理、丽江、怒江），西藏；缅甸，印度，泰国，越南，尼泊尔，不丹。

黄褐叉突原石蛾 *Rhyacophila bifida* Kimmins, 1953

分布：云南（红河、怒江），西藏；缅甸。

短枝原石蛾 *Rhyacophila brachyblasta* Malicky & Sun, 2002

分布：云南（丽江）。

棒形原石蛾 *Rhyacophila claviforma* Sun & Yang, 1998

分布：云南（大理），四川，安徽。

阔茎原石蛾 *Rhyacophila complanata* Tian & Li, 1986

分布：云南（怒江）。

卷片肢原石蛾 *Rhyacophila crispa* Sun & Yang, 1998

分布：云南（文山、丽江）。

十字原石蛾 *Rhyacophila cruciata* Forsslund, 1935

分布：云南（大理），四川，甘肃。

金斑原石蛾 *Rhyacophila curvata* Morton, 1900

分布：云南（曲靖、昭通、红河），西藏；印度。

小片原石蛾 *Rhyacophila exilis* Sun & Yang, 1999

分布：云南（丽江），四川。

***Rhyacophila falita* Ross, 1956**

分布：云南（红河）；越南。

格氏原石蛾 *Rhyacophila gregoryi* Ulmer, 1932

分布：云南（西双版纳）。

长肢原石蛾 *Rhyacophila hamifera* Kimmins, 1953

分布：云南（怒江）；缅甸。

褐条原石蛾 *Rhyacophila hingstoni* Martynov, 1930

分布：云南（迪庆），西藏；印度，缅甸。

蹄茎原石蛾 *Rhyacophila hippocrepica* Sun & Yang, 1995

分布：云南（红河）。

裂突原石蛾 *Rhyacophila khiympa* Schmid, 1970

分布：云南（迪庆），西藏。

拟槌侧突原石蛾 *Rhyacophila mimiclaviforma* Sun &Yang, 1998

分布：云南（文山），湖北。

多刺侧突原石蛾 *Rhyacophila multispinomera* Sun & Yang, 1998

分布：云南（红河）。

肾形原石蛾 *Rhyacophila nephroida* Sun & Yang, 1998

分布：云南（红河）。

五角原石蛾 *Rhyacophila pentagona* Malicky & Sun, 2002

分布：云南（大理），湖北。

弯片原石蛾 *Rhyacophila procliva* Kimmins, 1953

分布：云南（红河、文山、大理、丽江）；缅甸。

拟剪肢原石蛾 *Rhyacophila scissoides* Kimmins, 1953

分布：云南（红河）；印度。

中华原石蛾 *Rhyacophila sinensis* Martynov, 1931

分布：云南（丽江），四川，湖北。

三齿原石蛾 *Rhyacophila tridentata* Tian & Li, 1986

分布：云南（怒江）。

截肢原石蛾 *Rhyacophila truncata* Kimmins, 1953

分布：云南（怒江）；缅甸。

角石蛾科 Stenopsychidae

角石蛾属 *Stenopsyche* McLachlan, 1866

双突角石蛾 *Stenopsyche appendiculata* Hwang, 1963

分布：云南（红河）。

短突角石蛾 *Stenopsyche brevata* Tian & Zheng, 1989

分布：云南（德宏）。

淡灰角石蛾 *Stenopsyche cinerea* Navás, 1930

分布：云南（丽江）。

德氏角石蛾 *Stenopsyche dirghajihvi* Schmid, 1969

分布：云南（迪庆、文山），四川，西藏，陕西，海南；印度。

喜马角石蛾 *Stenopsyche himalayana* Martynov, 1926

分布：云南（大理、文山），四川；阿富汗，巴基斯坦，印度。

短钩角石蛾 *Stenopsyche ghaikamaidanwalla* Schmid, 1965

分布：云南（丽江），西藏，四川。

格氏角石蛾 *Stenopsyche grahami* Martynov, 1931

分布：云南，西藏，四川，陕西，湖北。

灰翅角石蛾 *Stenopsyche griseipennis* McLachlan, 1866

分布：云南，四川，西藏，黑龙江，内蒙古，河北，浙江，福建，台湾；蒙古国，缅甸，俄罗斯，朝鲜，日本，印度，柬埔寨，埃塞俄比亚。

叶形角石蛾 *Stenopsyche laminata* Ulmer, 1926

分布：云南（楚雄、普洱、怒江、丽江），四川，湖南，广东。

尖头角石蛾 *Stenopsyche lanceolata* Hwang, 1963

分布：云南（德宏、红河、普洱、怒江），贵州，湖北，江西。

纳氏角石蛾 *Stenopsyche navasi* Ulmer, 1926

分布：云南（大理、丽江、迪庆、怒江），西藏，四川，陕西，河北，山东，天津，浙江，湖北，湖南；老挝。

色氏角石蛾 *Stenopsyche sauteri* Ulmer, 1907

分布：云南（大理），黑龙江，台湾；日本。

云南角石蛾 *Stenopsyche yunnanensis* Hwang, 1963

分布：云南（普洱）。

剑石蛾科 Xiphocentronidae

斜翅剑石蛾属 *Melanotrichia* Ulmer, 1906

黑毛斜翅剑石蛾 *Melanotrichia acclivopennis* Hwang, 1957

分布：云南（保山），福建。

鳞翅目 Lepidoptera（蝶类）

凤蝶科 Papilionidae

裳凤蝶属 Troides Hübner, [1819]

裳凤蝶 Troides helena (Linnaeus, 1758)

分布：云南（玉溪、普洱、红河、文山、临沧、保山、德宏、西双版纳），广西，广东，海南，香港；越南，老挝，缅甸，泰国，柬埔寨，马来西亚。

金裳凤蝶 Troides aeacus (C. & R. Felder, 1860)

分布：云南（除西北部高海拔地区外，全省其他地区均有分布），西藏，四川，贵州，重庆，甘肃，陕西，湖北，江西，浙江，湖南，广西，广东，福建，香港，台湾；印度，越南，老挝，缅甸，泰国，柬埔寨，马来西亚。

曙凤蝶属 Atrophaneura Reakirt, [1865]

暖曙凤蝶 Atrophaneura aidoneus (Doubleday, 1845)

分布：云南（昆明、玉溪、普洱、红河、文山、临沧、德宏、西双版纳），西藏，贵州，广西，广东，海南；印度，越南，老挝，缅甸，泰国，柬埔寨，马来西亚。

瓦曙凤蝶 Atrophaneura astorion (Westwood, 1842)

分布：云南（普洱、德宏、西双版纳），西藏，广西；印度，越南，老挝，缅甸，泰国，柬埔寨，马来西亚。

麝凤蝶属 Byasa Moore, 1882

娆麝凤蝶 Byasa rhadinus (Jordan, 1928)

分布：云南（大理）。

短尾麝凤蝶 Byasa crassipes (Oberthür, 1893)

分布：云南（普洱、红河、德宏、西双版纳），广西；越南，老挝，缅甸，泰国。

突缘麝凤蝶 Byasa plutonius (Oberthür, 1876)

分布：云南（昆明、大理、丽江、迪庆、怒江、保山），西藏，四川，陕西；不丹，印度，缅甸。

云南麝凤蝶 Byasa hedistus (Jordan, 1928)

分布：云南（昆明、曲靖、楚雄、文山、大理、丽江、迪庆），四川，贵州；越南，缅甸。

高山麝凤蝶 Byasa mukoyamai Nakae, 2015

分布：云南（丽江、迪庆）。

粗绒麝凤蝶 Byasa nevilli (Wood-Mason, 1882)

分布：云南（昆明、大理、丽江、迪庆），四川，

西藏；缅甸，印度。

多姿麝凤蝶 Byasa polyeuctes (Doubleday, 1842)

分布：云南，西藏，四川，贵州，重庆，甘肃，陕西，河南，江西，浙江，江苏，安徽，湖北，湖南，广西，广东，福建，台湾；印度，尼泊尔，不丹，越南，老挝，缅甸，泰国。

达摩麝凤蝶 Byasa daemonius (Alphéraky, 1895)

分布：云南（大理、丽江、迪庆），西藏，四川，陕西；缅甸，不丹，印度。

白斑麝凤蝶 Byasa dasarada (Moore, [1858])

分布：云南（西双版纳、德宏、保山、怒江），西藏，海南；印度，尼泊尔，不丹，缅甸，老挝，越南。

纨绔麝凤蝶 Byasa latreillei (Donovan, 1826)

分布：云南（昆明、红河、大理、保山、德宏、怒江），西藏，四川，贵州；阿富汗，印度，不丹，尼泊尔，越南，老挝，缅甸。

绮罗麝凤蝶 Byasa genestieri (Oberthür, 1918)

分布：云南（昆明、红河、大理、保山、德宏、怒江）；越南，老挝。

彩裙麝凤蝶 Byasa polla (de Nicéville, 1897)

分布：云南（德宏、怒江），西藏；印度，不丹，缅甸。

珠凤蝶属 Pachliopta Reakirt, [1865]

红珠凤蝶 Pachliopta aristolochiae (Fabricius, 1775)

分布：云南（昆明、昭通、玉溪、普洱、红河、大理、丽江、迪庆、保山、德宏、西双版纳），西藏，四川，贵州，重庆，江西，浙江，湖北，湖南，广西，广东，福建，香港，台湾；印度，越南，老挝，缅甸，泰国，柬埔寨，马来西亚。

凤蝶属 Papilio Linnaeus, 1758

大陆美凤蝶 Papilio agenor Linnaeus, 1758

分布：云南（玉溪、普洱、临沧、保山、德宏、红河、文山、曲靖、昭通、西双版纳），西藏，四川，重庆，陕西，江西，浙江，湖北，湖南，广西，广东，福建，香港，台湾；日本，菲律宾，印度，缅甸，老挝，越南，柬埔寨，泰国，马来西亚。

褐斑凤蝶 Papilio agestor Gray, 1831

分布：云南（迪庆、大理、普洱、西双版纳），西

藏，四川，重庆，贵州，陕西，湖北，湖南，广西，福建，广东，台湾；印度，越南，老挝，缅甸，泰国，柬埔寨，马来西亚。

红基美凤蝶 *Papilio alcmenor* Felder & Felder, [1865]
分布：云南（德宏、保山、怒江），西藏，四川，陕西，海南；越南，老挝，缅甸，泰国，印度。

窄斑翠凤蝶 *Papilio arcturus* Westwood, 1842
分布：云南（昆明、昭通、大理、丽江、迪庆、保山、怒江、德宏、普洱、西双版纳），西藏，四川，广西，广东；越南，老挝，缅甸，印度，尼泊尔。

碧凤蝶 *Papilio bianor* Cramer, 1777
分布：云南，西藏，四川，重庆，贵州，陕西，河南，山东，安徽，江苏，江西，浙江，湖北，湖南，广西，广东，福建，香港，台湾；印度，尼泊尔，不丹，缅甸，越南，老挝，泰国。

牛郎凤蝶 *Papilio bootes* Westwood, 1842
分布：云南（昆明、红河、大理、丽江、迪庆、德宏、怒江），西藏，四川，陕西；印度，尼泊尔，不丹，缅甸，越南，老挝。

玉牙凤蝶 *Papilio castor* Westwood, 1842
分布：云南（普洱、西双版纳），广西，海南，台湾；印度，缅甸，老挝，越南，柬埔寨，泰国，马来西亚。

宽带凤蝶 *Papilio chaon* Westwood, 1845
分布：云南（昭通、玉溪、普洱、红河、文山、德宏、西双版纳），西藏，四川，贵州，重庆，江西，浙江，湖北，湖南，广西，广东，福建，香港，台湾；印度，越南，老挝，缅甸，泰国，柬埔寨，马来西亚。

斑凤蝶 *Papilio clytia* Linnaeus, 1758
分布：云南（玉溪、普洱、红河、文山、德宏、西双版纳），贵州，广西，广东，福建，台湾；印度，越南，老挝，缅甸，泰国，柬埔寨，马来西亚。

达摩凤蝶 *Papilio demoleus* Linnaeus, 1758
分布：云南（玉溪、普洱、红河、文山、德宏、西双版纳），贵州，广西，广东，福建，海南，台湾；日本，印度，尼泊尔，不丹，缅甸，越南，老挝，泰国，柬埔寨，马来西亚。

穹翠凤蝶 *Papilio dialis* (Leech, 1893)
分布：云南（红河、文山），四川，重庆，江西，浙江，湖北，湖南，广西，广东，福建，香港，台湾；越南，老挝，缅甸。

宽尾凤蝶 *Papilio elwesi* Leech, 1889
分布：云南（昭通），四川，重庆，贵州，浙江，

江西，安徽，湖南，广西，福建，广东；越南。

小黑斑凤蝶 *Papilio epycides* Hewitson, 1864
分布：云南（昆明、大理、迪庆、怒江、红河、文山、普洱、西双版纳），西藏，四川，重庆，贵州，陕西，浙江，江苏，安徽，湖北，湖南，广西，福建，广东，台湾；印度，缅甸，老挝，越南。

高山金凤蝶 *Papilio everesti* Riley, 1927
分布：云南（迪庆、怒江），西藏；印度，不丹，尼泊尔，巴基斯坦。

玉斑凤蝶 *Papilio helenus* Linnaeus, 1758
分布：云南（除西北部高海拔地区外，全省其他地区均有分布），西藏，四川，贵州，重庆，江西，浙江，湖北，湖南，广西，广东，福建，香港，台湾；日本，菲律宾，印度，越南，老挝，缅甸，泰国，柬埔寨，马来西亚。

织女凤蝶 *Papilio janaka* Moore, 1857
分布：云南（怒江），西藏；印度，尼泊尔，不丹，缅甸。

克里翠凤蝶 *Papilio krishna* Moore, 1857
分布：云南（大理、迪庆、保山、怒江），四川，西藏；印度，不丹，尼泊尔，缅甸，越南。

绿带翠凤蝶 *Papilio maackii* Ménétriès, 1859
分布：除西北、台湾及海南外，全国其余地区均有分布：日本，韩国，俄罗斯。

金凤蝶 *Papilio machaon* Linnaeus, 1758
分布：云南（曲靖、昭通、文山），长江流域、黄河流域、新疆等地广布；欧亚大陆各国。

衲补凤蝶 *Papilio noblei* de Nicéville, [1889]
分布：云南（红河、西双版纳），广西；越南，老挝，缅甸，泰国。

翠蓝斑凤蝶 *Papilio paradoxa* (Zinken, 1831)
分布：云南（西双版纳），广西，海南；印度，越南，老挝，缅甸，泰国，柬埔寨，马来西亚，菲律宾。

巴黎翠凤蝶 *Papilio paris* Linnaeus, 1758
分布：云南（除西北部和北部高海拔地区外，全省其他地区均有分布），西藏，四川，贵州，重庆，陕西，安徽，江苏，江西，浙江，湖北，湖南，广西，广东，福建，香港，台湾；印度，尼泊尔，不丹，缅甸，越南，老挝，泰国，柬埔寨，马来西亚。

玉带凤蝶 *Papilio polytes* Linnaeus, 1758
分布：云南，西藏，四川，贵州，重庆，广西，广东，陕西，福建，湖南，湖北，江西，浙江，香港，

台湾；日本，菲律宾，印度，越南，老挝，缅甸，泰国，柬埔寨，马来西亚。

蓝凤蝶 Papilio protenor Cramer, 1775

分布：云南（除西北部高海拔地区外，全省其他地区均有分布），西藏，四川，贵州，重庆，陕西，江西，浙江，湖北，湖南，广西，广东，福建，香港，台湾；韩国，日本，印度，缅甸，老挝，越南，柬埔寨，泰国，马来西亚。

臀珠斑凤蝶 Papilio slateri Hewitson, 1859

分布：云南（普洱、德宏、西双版纳），广西，海南；印度，越南，老挝，缅甸，泰国，柬埔寨，马来西亚。

西番翠凤蝶 Papilio syfanius Oberthür, 1886

分布：云南（昆明、大理、丽江、迪庆），西藏，贵州，四川。

长尾金凤蝶 Papilio verityi Fruhstorfer, 1907

分布：云南（昆明、怒江、德宏、保山、丽江、迪庆、大理、楚雄、红河、普洱、西双版纳）；越南，缅甸。

柑橘凤蝶 Papilio xuthus Linnaeus, 1767

分布：除青藏高原外，我国其他地区均有分布：俄罗斯，日本，韩国，越南，老挝，缅甸，菲律宾。

燕凤蝶属 Lamproptera Gray, 1832

燕凤蝶 Lamproptera curius (Fabricius, 1787)

分布：云南（昆明、玉溪、普洱、红河、文山、德宏、西双版纳），西藏，贵州，广西，广东，福建，海南；印度，尼泊尔，不丹，缅甸，越南，老挝，泰国，柬埔寨，马来西亚。

绿带燕凤蝶 Lamproptera meges (Zinken, 1831)

分布：云南（大理、保山、德宏、红河、西双版纳），贵州，广西，海南；缅甸，越南，老挝，泰国，柬埔寨，马来西亚。

白线燕凤蝶 Lamproptera paracurius Hu, Zhang & Cotton, 2014

分布：云南（昆明、丽江），四川。

青凤蝶属 Graphium Scopoli, 1777

统帅青凤蝶 Graphium agamemnon (Linnaeus, 1758)

分布：云南（昆明、普洱、德宏、红河、文山、西双版纳），贵州，广西，广东，福建，海南，香港，台湾；菲律宾，印度，缅甸，老挝，越南，泰国，柬埔寨，马来西亚。

斜纹绿凤蝶 Graphium agetes (Westwood, 1843)

分布：云南（普洱、德宏、西双版纳），贵州，广

西，广东，福建，海南；印度，缅甸，老挝，越南，泰国，柬埔寨，马来西亚。

南亚青凤蝶 Graphium albociliatus (Fruhstorfer, 1901)

分布：云南（普洱、红河、西双版纳），广西，海南；印度，缅甸，老挝，越南，泰国，柬埔寨，马来西亚，菲律宾。

绿凤蝶 Graphium antiphates (Cramer, [1775])

分布：云南（玉溪、普洱、德宏、红河、文山、西双版纳），西藏，四川，贵州，重庆，江西，湖北，湖南，广西，广东，福建，海南；印度，缅甸，老挝，越南，泰国，柬埔寨，马来西亚。

碎斑青凤蝶 Graphium chironides (Honrath, 1884)

分布：云南（昭通、玉溪、普洱、德宏、红河、西双版纳），西藏，四川，贵州，重庆，江西，浙江，湖北，湖南，广西，福建，广东，香港；印度，缅甸，老挝，越南，泰国，柬埔寨，马来西亚。

宽带青凤蝶 Graphium cloanthus (Westwood, 1845)

分布：云南，西藏，四川，贵州，重庆，陕西，安徽，江苏，江西，浙江，湖北，湖南，广西，广东，福建，香港，台湾；印度，不丹，缅甸，老挝，越南，泰国，柬埔寨，马来西亚。

孔子剑凤蝶 Graphium confucius Hu, Duan & Cotton, 2018

分布：云南（昆明、曲靖、大理、丽江、迪庆、保山），四川，重庆，贵州，湖南，湖北，江西；越南。

木兰青凤蝶 Graphium doson (C. & R. Felder, 1864)

分布：云南（玉溪、普洱、德宏、红河、文山、西双版纳），贵州，广西，福建，广东，海南，香港，台湾；日本，菲律宾，印度，缅甸，老挝，越南，泰国，柬埔寨，马来西亚。

升天剑凤蝶 Graphium eurous (Leech, [1893])

分布：云南（丽江、迪庆、怒江），西藏，四川，重庆，贵州，浙江，湖北，湖南，广西，广东，福建，台湾；印度，尼泊尔，缅甸，老挝，越南，泰国。

银钩青凤蝶 Graphium eurypylus (Linnaeus, 1758)

分布：云南（普洱、红河、德宏、西双版纳），广西，广东，福建，海南；印度，缅甸，老挝，越南，泰国，柬埔寨，马来西亚，印度尼西亚，巴布亚新几内亚，澳大利亚。

黎氏青凤蝶 Graphium leechi (Rothschild, 1895)

分布：云南（昭通），四川，重庆，浙江，江西，

湖南，湖北，广西，广东，福建；越南。

纹凤蝶 *Graphium macareus* (Godart, 1819)

分布：云南（大理、德宏、普洱、红河、文山、西双版纳），重庆，广西，海南；印度，缅甸，老挝，越南，泰国，柬埔寨，马来西亚。

华夏剑凤蝶 *Graphium mandarinus* (Oberthür, 1879)

分布：云南（大理、丽江、迪庆、怒江、保山、德宏），西藏；印度，缅甸，泰国。

细纹凤蝶 *Graphium megarus* (Westwood, 1844)

分布：云南（西双版纳），广西，海南；印度，缅甸，老挝，越南，泰国，柬埔寨，马来西亚。

铁木剑凤蝶 *Graphium mullah* (Alphéraky, 1897)

分布：云南（昭通），四川，重庆，贵州，浙江，广西，广东，福建，台湾；老挝，越南。

红绶绿凤蝶 *Graphium nomius* (Esper, 1799)

分布：云南（玉溪、红河、西双版纳），广西，海南；老挝，越南，泰国，柬埔寨，马来西亚。

圆翅剑凤蝶 *Graphium parus* (de Nicéville, 1900)

分布：云南（丽江、迪庆、怒江），四川；缅甸。

青凤蝶 *Graphium sarpedon* (Linnaeus, 1758)

分布：云南（除西北部高海拔地区外，全省其他地区均有分布），西藏，四川，贵州，重庆，陕西，安徽，江苏，江西，浙江，湖北，湖南，广西，广东，福建，香港，台湾；日本，印度，不丹，缅甸，老挝，越南，泰国，柬埔寨，马来西亚，印度尼西亚，巴布亚新几内亚，澳大利亚，菲律宾。

北印青凤蝶 *Graphium septentrionicolus* Page & Treadaway, 2013

分布：云南（德宏、玉溪、西双版纳）；老挝，缅甸，印度。

客纹凤蝶 *Graphium xenocles* (Doubleday, 1842)

分布：云南（德宏、普洱、红河、西双版纳），贵州，广西，海南；印度，缅甸，老挝，越南，泰国，柬埔寨，马来西亚。

旖凤蝶属 *Iphiclides* Hübner, [1819]

西藏旖凤蝶 *Iphiclides podalirinus* (Oberthür, 1890)

分布：云南（迪庆），四川，西藏。

钩凤蝶属 *Meandrusa* Moore, 1888

西藏钩凤蝶 *Meandrusa lachinus* (Fruhstorfer, [1902])

分布：云南（保山、临沧、红河、西双版纳），西藏，广西，广东；印度，尼泊尔，不丹，缅甸，老挝，越南。

钩凤蝶 *Meandrusa payeni* (Boisduval, 1836)

分布：云南（红河、西双版纳），广西，海南；印度，缅甸，老挝，越南，泰国，柬埔寨，马来西亚。

褐钩凤蝶 *Meandrusa sciron* (Leech, 1890)

分布：云南（红河、迪庆、保山），西藏，四川，广西；越南。

喙凤蝶属 *Teinopalpus* Hope, 1843

金斑喙凤蝶 *Teinopalpus aureus* Mell, 1923

分布：云南（红河、文山），浙江，江西，广西，广东，福建，海南；越南，老挝。

喙凤蝶 *Teinopalpus imperialis* Hope, 1843

分布：云南（昭通、大理、丽江、迪庆、怒江、保山、红河、西双版纳），四川，西藏；印度，缅甸，老挝，越南。

尾凤蝶属 *Bhutanitis* Atkinson, 1873

多尾凤蝶 *Bhutanitis lidderdalii* Atkinson, 1873

分布：云南（大理、普洱、临沧、玉溪、保山、德宏、怒江），西藏；不丹，印度，缅甸，泰国。

二尾凤蝶 *Bhutanitis mansfieldi* (Riley, 1939)

分布：云南（迪庆），四川。

三尾凤蝶 *Bhutanitis thaidina* (Blanchard, 1871)

分布：云南（昆明、昭通、大理、丽江、迪庆），四川，贵州，陕西。

绢蝶属 *Parnassius* Latreille, 1804

爱珂绢蝶 *Parnassius acco* Gray, [1853]

分布：云南（迪庆），西藏，四川，新疆，青海，甘肃；印度，巴基斯坦。

元首绢蝶 *Parnassius cephalus* Grum-Grshimailo, 1891

分布：云南（丽江、迪庆），西藏，四川，甘肃，青海；印度，巴基斯坦。

冰清绢蝶 *Parnassius citrinarius* Motschulsky, 1866

分布：云南（昭通），贵州，辽宁，山东，江苏，陕西，浙江；日本，韩国。

依帕绢蝶 *Parnassius epaphus* Oberthür, 1879

分布：云南（迪庆），西藏，四川，新疆，甘肃，青海；印度，尼泊尔，阿富汗，巴基斯坦。

君主绢蝶 *Parnassius imperator* Oberthür, 1883

分布：云南（丽江、迪庆），四川，西藏，甘肃，青海；缅甸。

珍珠绢蝶 *Parnassius orleans* Oberthür, 1890

分布：云南（丽江、迪庆），西藏，四川，陕西，甘肃，青海；蒙古国。

西猴绢蝶 *Parnassius simo* **Gray, [1853]**

分布：云南（迪庆），西藏，四川，甘肃，青海，新疆；印度，巴基斯坦。

四川绢蝶 *Parnassius szechenyii* **Frivaldszky, 1886**

分布：云南（迪庆），西藏，四川，甘肃，青海。

粉蝶科 Pieridae

迁粉蝶属 *Catopsilia* Hübner, [1819]

迁粉蝶 *Catopsilia pomona* **(Fabricius, 1775)**

分布：云南（全省各地），西藏，四川，重庆，江西，浙江，湖北，湖南，广西，福建，广东，海南，香港，台湾；印度，越南，老挝，缅甸，泰国，柬埔寨，马来西亚，印度尼西亚，巴布亚新几内亚，澳大利亚。

梨花迁粉蝶 *Catopsilia pyranthe* **(Linnaeus, 1758)**

分布：云南（昆明、红河、文山、曲靖、玉溪、西双版纳），四川，广西，广东，海南，香港，台湾；印度，越南，老挝，缅甸，泰国，柬埔寨，马来西亚，菲律宾。

镉黄迁粉蝶 *Catopsilia scylla* **(Linnaeus, 1764)**

分布：云南（西双版纳），海南，台湾；印度，越南，老挝，缅甸，泰国，柬埔寨，马来西亚，菲律宾。

方粉蝶属 *Dercas* Doubleday, [1847]

黑角方粉蝶 *Dercas lycorias* **(Doubleday, 1842)**

分布：云南（昆明、曲靖、昭通、大理、丽江、迪庆、怒江、保山、德宏），西藏，四川，重庆，陕西，江西，浙江，湖北，湖南，广西，福建，广东，海南；印度，缅甸。

檀方粉蝶 *Dercas verhuelli* **(von der Hoeven, 1839)**

分布：云南（玉溪、普洱、红河、文山、德宏、保山、西双版纳），广西，广东，海南，福建，香港；印度，缅甸，越南，老挝，柬埔寨，泰国，马来西亚。

豆粉蝶属 *Colias* Fabricius, 1807

橙黄豆粉蝶 *Colias fieldii* **Ménétriès, 1855**

分布：除西北外，全国其他地区均有分布；缅甸，巴基斯坦，印度，尼泊尔。

山豆粉蝶 *Colias montium* **Oberthür, 1886**

分布：云南（迪庆），四川，西藏，甘肃，青海。

黧豆粉蝶 *Colias nebulosa* **Oberthür, 1894**

分布：云南（迪庆），四川，西藏，甘肃，青海。

东亚豆粉蝶 *Colias poliographus* **Motschulsky, 1860**

分布：全国广布；俄罗斯，韩国，日本。

黄粉蝶属 *Eurema* Hübner, [1819]

幺妹黄粉蝶 *Eurema ada* **(Distant & Pryer, 1887)**

分布：云南（红河、西双版纳），海南；越南，老挝，缅甸，泰国，柬埔寨，马来西亚，印度尼西亚。

安迪黄粉蝶 *Eurema andersoni* **(Moore, 1886)**

分布：云南（玉溪、普洱、红河、文山、德宏、西双版纳），广西，海南，台湾；越南，老挝，缅甸，泰国，柬埔寨，马来西亚。

檗黄粉蝶 *Eurema blanda* **(Boisduval, 1836)**

分布：云南（中部及南部热区），西藏，广西，福建，广东，海南，香港，台湾；印度，越南，老挝，缅甸，泰国，柬埔寨，马来西亚，印度尼西亚，巴布亚新几内亚，澳大利亚。

无标黄粉蝶 *Eurema brigitta* **(Stoll, [1780])**

分布：云南（除西北部高海拔地区外，其他地区均有分布），四川，贵州，江西，湖南，广西，广东，海南，福建，香港，台湾；印度，越南，老挝，缅甸，泰国，柬埔寨，马来西亚，印度尼西亚，巴布亚新几内亚，澳大利亚，非洲。

宽边黄粉蝶 *Eurema hecabe* **(Linnaeus, 1758)**

分布：云南（除西北部和北部高海拔地区外，其他地区均有分布），西藏，四川，重庆，贵州，河北，河南，陕西，甘肃，山西，北京，山东，江苏，上海，浙江，江西，安徽，湖北，湖南，广西，福建，广东，海南，香港，台湾；非洲，大洋洲。

尖角黄粉蝶 *Eurema laeta* **(Boisduval, 1836)**

分布：云南（除西北部高海拔地区外，其他地区均有分布），四川，重庆，贵州，陕西，山东，浙江，上海，江西，湖北，广西，福建，广东，海南，香港，台湾；韩国，日本，菲律宾，印度，越南，老挝，缅甸，泰国，柬埔寨，马来西亚，印度尼西亚，巴布亚新几内亚，澳大利亚。

北黄粉蝶 *Eurema mandarina* **(de l'Orza, 1869)**

分布：云南（全省各地均有分布），广西，福建，广东，海南，香港，台湾；日本，韩国。

苍黄粉蝶 *Eurema novapallida* **Yata, 1992**

分布：云南（西双版纳）；越南，老挝，缅甸，泰国，马来西亚。

似黄粉蝶 *Eurema simulatrix* (Semper, 1891)

分布：云南（西双版纳）；越南，老挝，缅甸，泰国，马来西亚，印度尼西亚。

玕粉蝶属 *Gandaca* Moore, [1906]

玕粉蝶 *Gandaca harina* (Horsfield, [1892])

分布：云南（玉溪、普洱、红河、文山、德宏、西双版纳），广西，海南；印度，越南，老挝，缅甸，泰国，柬埔寨，马来西亚，菲律宾。

钩粉蝶属 *Gonepteryx* Leach, 1815

圆翅钩粉蝶 *Gonepteryx amintha* Blanchard, 1871

分布：云南（除南部热区外，其他地区均有分布），西藏，四川，重庆，河南，甘肃，陕西，浙江，福建，广东，台湾；越南，俄罗斯，韩国。

淡色钩粉蝶 *Gonepteryx aspasia* Ménétriès, 1859

分布：云南（昆明、昭通、大理、丽江、迪庆、怒江），四川，重庆，西藏，黑龙江，吉林，辽宁，北京，河北，山西，内蒙古，甘肃，青海，江苏，浙江，福建；日本，俄罗斯。

中华钩粉蝶 *Gonepteryx chinensis* Verity, 1909

分布：云南（昆明、丽江、迪庆、怒江），四川。

橙粉蝶属 *Ixias* Hübner, 1819

橙粉蝶 *Ixias pyrene* (Linnaeus, 1764)

分布：云南（除西北部高海拔地区外，其他地区均有分布），四川，贵州，重庆，湖北，湖南，广西，福建，广东，海南，香港，台湾；印度，越南，老挝，缅甸，泰国，柬埔寨，马来西亚，菲律宾。

斑粉蝶属 *Delias* Hübner, 1819

红腋斑粉蝶 *Delias acalis* (Godart, 1819)

分布：云南（玉溪、普洱、红河、文山、德宏），西藏，广西，广东，海南，香港；印度，不丹，尼泊尔，老挝，越南，泰国，马来西亚。

奥古斑粉蝶 *Delias agostina* (Hewitson, 1852)

分布：云南（玉溪、普洱、红河、文山、德宏），四川，海南；印度，尼泊尔，不丹，越南，老挝，缅甸，泰国，马来西亚。

艳妇斑粉蝶 *Delias belladonna* (Fabricius, 1793)

分布：云南（全省各地均有分布），西藏，四川，重庆，陕西，浙江，江西，湖北，湖南，广西，福建，广东，香港；印度，斯里兰卡，不丹，尼泊尔，缅甸，老挝，越南，泰国，马来西亚，印度尼西亚。

倍林斑粉蝶 *Delias berinda* (Moore, 1872)

分布：云南（昆明、昭通、玉溪、西双版纳），西藏，四川，贵州，重庆，陕西，江西，湖北，广西，福建，台湾；印度，不丹，越南，老挝，缅甸，泰国。

丽斑粉蝶 *Delias descombesi* (Boisduval, 1836)

分布：云南（德宏、西双版纳）；印度，尼泊尔，越南，老挝，缅甸，泰国，马来西亚。

优越斑粉蝶 *Delias hyparete* (Linnaeus, 1758)

分布：云南（玉溪、普洱、红河、文山、德宏），广西，广东，海南，香港，台湾；印度，孟加拉国，不丹，越南，老挝，缅甸，泰国，柬埔寨，马来西亚，印度尼西亚，菲律宾。

侧条斑粉蝶 *Delias lativitta* Leech, 1893

分布：云南（丽江、迪庆、怒江、红河），西藏，四川，陕西，浙江，江西，台湾；巴基斯坦，不丹，印度，越南。

内黄斑粉蝶 *Delias partrua* Leech, 1890

分布：云南（丽江、迪庆、怒江），西藏，四川，甘肃，湖北；缅甸，泰国。

报喜斑粉蝶 *Delias pasithoe* (Linnaeus, 1767)

分布：云南（玉溪、普洱、红河、文山、德宏），广西，福建，广东，海南，香港，台湾；印度，不丹，缅甸，老挝，越南，泰国，柬埔寨，马来西亚，印度尼西亚，菲律宾。

洒青斑粉蝶 *Delias sanaca* (Moore, 1858)

分布：云南（昆明、大理、保山、德宏、怒江、丽江、迪庆、西双版纳），西藏，四川，陕西；印度，不丹，尼泊尔，泰国，马来西亚。

隐条斑粉蝶 *Delias subnubila* Leech, 1893

分布：云南（丽江、迪庆、怒江），四川，西藏。

尖粉蝶属 *Appias* Hübner, 1819

白翅尖粉蝶 *Appias albina* (Boisduval, 1836)

分布：云南（昆明、曲靖、大理、临沧、保山、玉溪、普洱、红河、文山、德宏），四川，广西，广东，海南，香港，台湾；日本，印度，斯里兰卡，泰国，越南，老挝，缅甸，马来西亚，菲律宾。

雷震尖粉蝶 *Appias indra* (Moore, 1858)

分布：云南（红河、西双版纳），海南，台湾；印度，斯里兰卡，泰国，缅甸，老挝，越南，马来西亚，印度尼西亚，菲律宾。

兰姬尖粉蝶 *Appias lalage* (Doubleday, 1842)

分布：云南（昆明、玉溪、普洱、红河、德宏、西双版纳），西藏，广西，海南；印度，缅甸，越南，老挝，泰国。

兰西尖粉蝶 *Appias lalassis* Grose-Smith, 1887

分布：云南（怒江、德宏、西双版纳）；缅甸，老挝，泰国。

利比尖粉蝶 *Appias libythea* (Fabricius, 1775)

分布：云南（西双版纳），海南，广东，台湾；印度，不丹，越南，老挝，缅甸，泰国，马来西亚，菲律宾。

灵奇尖粉蝶 *Appias lyncida* (Cramer, 1779)

分布：云南（玉溪、普洱、红河、德宏、文山、西双版纳），广西，广东，海南，香港，台湾；印度，斯里兰卡，越南，老挝，缅甸，泰国，柬埔寨，马来西亚，印度尼西亚，菲律宾。

红翅尖粉蝶 *Appias nero* (Fabricius, 1793)

分布：云南（玉溪、普洱、红河、文山、德宏、西双版纳），广西，海南；印度，缅甸，泰国，越南，老挝，柬埔寨，马来西亚，印度尼西亚，菲律宾。

帕帝尖粉蝶 *Appias pandione* (Geyer, 1832)

分布：云南（红河、西双版纳），海南；越南，老挝，缅甸，泰国，马来西亚，印度尼西亚，菲律宾。

锯粉蝶属 *Prioneris* Wallace, 1867

红肩锯粉蝶 *Prioneris clemanthe* (Doubleday, 1846)

分布：云南（红河、西双版纳），广东，海南；印度，越南，老挝，缅甸，泰国。

锯粉蝶 *Prioneris thestylis* (Doubleday, 1842)

分布：云南（昆明、大理、保山、玉溪、普洱、红河、文山、德宏），广西，福建，广东，海南，香港，台湾；印度，越南，老挝，缅甸，泰国，马来西亚。

绢粉蝶属 *Aporia* Hübner, 1819

黑边绢粉蝶 *Aporia acraea* (Oberthür, 1886)

分布：云南（楚雄、大理、丽江、迪庆），四川。

完善绢粉蝶 *Aporia agathon* (Gray, 1831)

分布：云南（昆明、红河、文山、曲靖、昭通、楚雄、大理、丽江、迪庆、保山、德宏、怒江），四川，贵州，西藏，重庆，台湾；印度，尼泊尔，不丹，越南，缅甸。

贝娜绢粉蝶 *Aporia bernardi* Koiwaya, 1989

分布：云南（丽江、迪庆、怒江），四川，西藏。

暗色绢粉蝶 *Aporia bieti* (Oberthür, 1884)

分布：云南（昆明、昭通、曲靖、大理、丽江、迪庆、怒江），西藏，四川，甘肃，青海。

春浩绢粉蝶 *Aporia chunhaoi* Hu, Zhang & Yang, 2021

分布：云南（丽江、迪庆）。

丫纹绢粉蝶 *Aporia delavayi* (Oberthür, 1890)

分布：云南（丽江、迪庆、怒江），西藏，四川，陕西，甘肃。

普通绢粉蝶 *Aporia genestieri* (Oberthür, 1902)

分布：云南（昭通、曲靖、丽江、迪庆、怒江），四川，河南，湖北，台湾。

巨翅绢粉蝶 *Aporia gigantea* Koiwaya, 1993

分布：云南（昆明、红河、文山、曲靖、昭通），四川，重庆，贵州，陕西，台湾；越南。

锯纹绢粉蝶 *Aporia goutellei* (Oberthür, 1886)

分布：云南（丽江、迪庆、怒江），西藏，四川，河南，陕西，甘肃。

利箭绢粉蝶 *Aporia harrietae* (de Nicéville, [1893])

分布：云南（大理、保山、丽江、迪庆、怒江），西藏；不丹。

猬形绢粉蝶 *Aporia hastata* (Oberthür, 1892)

分布：云南（丽江、迪庆、大理）。

龟井绢粉蝶 *Aporia kamei* Koiwaya, 1989

分布：云南（丽江、迪庆、怒江），四川。

大翅绢粉蝶 *Aporia largeteaui* (Oberthür, 1881)

分布：云南（昭通），四川，重庆，陕西，甘肃，浙江，福建，广西，广东，湖南。

三黄绢粉蝶 *Aporia larraldei* (Oberthür, 1876)

分布：云南（昆明、曲靖、大理、丽江、迪庆、怒江），四川。

哈默绢粉蝶 *Aporia lhamo* (Oberthür, 1893)

分布：云南（迪庆）。

马丁绢粉蝶 *Aporia martineti* (Oberthür, 1884)

分布：云南（丽江、迪庆、怒江），西藏，四川，甘肃，青海。

蒙蓓绢粉蝶 *Aporia monbeigi* (Oberthür, 1917)

分布：云南（丽江、迪庆），四川。

西村绢粉蝶 *Aporia nishimurai* Koiwaya, 1989

分布：云南（迪庆），四川，湖北。

妹绢粉蝶 *Aporia peloria* (Hewitson, 1853)

分布：云南（迪庆），四川，西藏，新疆，甘肃，青海。

箭纹绢粉蝶 *Aporia procris* Leech, 1890

分布：云南（丽江、迪庆、怒江），西藏，四川，河南，陕西，甘肃，青海。

上田绢粉蝶 *Aporia uedai* **Koiwaya, 1989**

分布：云南（迪庆）。

卧龙绢粉蝶 *Aporia wolongensis* **Yoshino, 1995**

分布：云南（丽江、迪庆），四川。

园粉蝶属 *Cepora* Billberg, 1820

青园粉蝶 *Cepora nadina* **(Lucas, 1852)**

分布：云南（大理、临沧、保山、玉溪、普洱、西双版纳、红河、文山、德宏），西藏，四川，广西，广东，海南，台湾；尼泊尔，印度，越南，老挝，缅甸，柬埔寨，泰国。

黑脉园粉蝶 *Cepora nerissa* **(Fabricius, 1775)**

分布：云南（除西北部和北部高海拔地区外，其他地区均有分布），贵州，广西，福建，广东，海南，台湾；缅甸，越南，老挝，泰国，马来西亚。

粉蝶属 *Pieris* Schrank, 1801

欧洲粉蝶 *Pieris brassicae* **(Linnaeus, 1758)**

分布：云南（全省各地均有分布），西藏，四川，吉林，新疆，北京，甘肃，陕西；印度，尼泊尔，俄罗斯，中亚，西亚，欧洲。

东方菜粉蝶 *Pieris canidia* **(Sparrman, 1768)**

分布：全国广布；韩国，越南，老挝，缅甸，泰国，柬埔寨，土耳其。

大卫粉蝶 *Pieris davidis* **Oberthür, 1876**

分布：云南（丽江、迪庆、怒江），四川，西藏，陕西，甘肃。

杜贝粉蝶 *Pieris dubernardi* **Oberthür, 1884**

分布：云南（丽江、迪庆、怒江），西藏，四川，甘肃。

大展粉蝶 *Pieris extensa* **Poujade, 1888**

分布：云南（昭通、大理、迪庆），西藏，四川，甘肃，陕西，湖北；不丹。

黑边粉蝶 *Pieris melaina* **Röber, 1907**

分布：云南（迪庆），四川，西藏；尼泊尔，印度。

黑纹粉蝶 *Pieris melete* **Ménétriès, 1857**

分布：云南（全省各地均有分布），西藏，四川，贵州，重庆，陕西，甘肃，江西，湖北，湖南，广西，福建，广东；越南，老挝，韩国，日本。

菜粉蝶 *Pieris rapae* **(Linnaeus, 1758)**

分布：全国广布；北美洲、欧洲和亚洲其他地区广布。

斯托粉蝶 *Pieris stotzneri* **(Draeseke, 1924)**

分布：云南（丽江、迪庆、怒江），四川。

维纳粉蝶 *Pieris venata* **Leech, 1891**

分布：云南（迪庆），四川，西藏。

王氏粉蝶 *Pieris wangi* **(Huang, 1998)**

分布：云南（怒江），西藏；缅甸。

云粉蝶属 *Pontia* Fabricius, 1807

云粉蝶 *Pontia edusa* **(Fabricius, 1777)**

分布：全国广布；北非及欧亚大陆广布。

飞龙粉蝶属 *Talbotia* Bernardi, 1958

飞龙粉蝶 *Talbotia naganum* **(Moore, 1884)**

分布：云南（红河、西双版纳），四川，贵州，重庆，浙江，江西，湖北，湖南，广西，福建，广东，台湾；越南，老挝，缅甸，泰国。

纤粉蝶属 *Leptosia* Hübner, 1818

纤粉蝶 *Leptosia nina* **(Fabricius, 1793)**

分布：云南（玉溪、西双版纳），广东，海南，台湾；印度，斯里兰卡，越南，老挝，缅甸，泰国，马来西亚，印度尼西亚，菲律宾。

鹤顶粉蝶属 *Hebomoia* Hübner, 1819

鹤顶粉蝶 *Hebomoia glaucippe* **(Linnaeus, 1758)**

分布：云南（昆明、昭通、大理、临沧、保山、玉溪、普洱、红河、文山、德宏、西双版纳），四川，广西，福建，广东，海南，香港，台湾；印度，孟加拉国，斯里兰卡，尼泊尔，不丹，越南，老挝，缅甸，泰国，马来西亚，印度尼西亚，菲律宾。

青粉蝶属 *Pareronia* Bingham, 1907

阿青粉蝶 *Pareronia avatar* **(Moore, [1858])**

分布：云南（红河、德宏、西双版纳）；越南，老挝，缅甸，泰国，印度。

襟粉蝶属 *Anthocharis* Boisduval, Rambur & Graslin, [1833]

皮氏尖襟粉蝶 *Anthocharis bieti* **(Oberthür, 1884)**

分布：云南（大理、丽江、迪庆、怒江），西藏，四川，贵州，新疆，青海。

小粉蝶属 *Leptidea* Billberg, 1820

莫氏小粉蝶 *Leptidea morsei* **(Fenton, 1882)**

分布：云南（迪庆），四川，黑龙江，吉林，辽宁，内蒙古，河北，北京，河南，陕西，山西，甘肃；日本，韩国，蒙古国，俄罗斯，欧洲。

锯纹小粉蝶 *Leptidea serrata* Lee, 1955

分布：云南（丽江、大理），陕西，甘肃。

云南小粉蝶 *Leptidea yunnanica* Koiwaya, 1996

分布：云南（丽江）。

蛱蝶科 Nymphalidae

喙蝶属 *Libythea* Fabricius, 1807

紫喙蝶 *Libythea geoffroyi* Godart, 1822

分布：云南（西双版纳），海南；老挝，越南，缅甸，柬埔寨，泰国，马来西亚，印度尼西亚，菲律宾，巴布亚新几内亚，澳大利亚，所罗门群岛，法属新喀里多尼亚。

朴喙蝶 *Libythea lepita* Moore, 1857

分布：云南（除高海拔地区外，其他地区均有分布），四川，贵州，西藏，重庆，北京，河南，陕西，甘肃，安徽，江西，浙江，湖北，湖南，广西，福建，广东，香港，台湾；韩国，日本，缅甸，老挝，越南，泰国，尼泊尔，不丹，印度。

棒纹喙蝶 *Libythea myrrha* Godart, 1819

分布：云南（昆明、玉溪、曲靖、文山、红河、普洱、大理、保山、德宏、怒江、西双版纳），四川，贵州，广西，海南；越南，老挝，缅甸，泰国，柬埔寨，马来西亚，印度。

斑蝶属 *Danaus* Kluk, 1802

金斑蝶 *Danaus chrysippus* (Linnaeus, 1758)

分布：云南（昆明、曲靖、玉溪、普洱、临沧、德宏、保山、红河、文山、西双版纳），四川，贵州，西藏，陕西，湖北，江西，湖南，广西，福建，广东，海南，香港，澳门，台湾；日本，越南，老挝，缅甸，柬埔寨，泰国，马来西亚，印度尼西亚，菲律宾，尼泊尔，不丹，印度，孟加拉国，斯里兰卡，澳大利亚，西亚，欧洲，非洲。

虎斑蝶 *Danaus genutia* (Cramer, 1779)

分布：云南（除西北部高海拔地区外，其他地区均有分布），四川，贵州，西藏，重庆，河南，浙江，湖北，江西，湖南，广西，福建，广东，海南，香港，澳门，台湾；日本，越南，老挝，缅甸，泰国，柬埔寨，马来西亚，印度尼西亚，菲律宾，尼泊尔，不丹，印度，阿富汗，斯里兰卡，巴布亚新几内亚，所罗门群岛，澳大利亚。

青斑蝶属 *Tirumala* Moore, 1880

骈纹青斑蝶 *Tirumala gautama* (Moore, 1877)

分布：云南（西双版纳），广西，广东，海南；越南，老挝，缅甸，泰国，柬埔寨，印度。

青斑蝶 *Tirumala limniace* (Cramer, 1775)

分布：云南（昆明、曲靖、玉溪、普洱、临沧、德宏、保山、红河、文山、昭通、西双版纳），西藏，湖南，广西，福建，广东，海南，香港，澳门，台湾；越南，老挝，缅甸，泰国，柬埔寨，马来西亚，印度尼西亚，菲律宾，尼泊尔，印度，孟加拉国，斯里兰卡，阿富汗。

啬青斑蝶 *Tirumala septentrionis* (Butler, 1874)

分布：云南（除西北部高海拔地区外，其他地区均有分布），四川，重庆，贵州，江西，湖南，广西，福建，广东，海南，香港，澳门，台湾；越南，老挝，缅甸，泰国，马来西亚，印度尼西亚，菲律宾，尼泊尔，不丹，印度，斯里兰卡。

旖斑蝶属 *Ideopsis* Horsfield, 1857

旖斑蝶 *Ideopsis vulgaris* (Butler, 1874)

分布：云南（红河、文山），广东，海南；越南，老挝，缅甸，泰国，马来西亚，印度尼西亚，菲律宾。

绢斑蝶属 *Parantica* Moore, 1880

绢斑蝶 *Parantica aglea* (Stoll, 1782)

分布：云南（玉溪、普洱、临沧、德宏、保山、红河、文山、西双版纳），四川，西藏，江西，广西，福建，广东，海南，香港，澳门，台湾；越南，老挝，缅甸，柬埔寨，泰国，马来西亚，尼泊尔，印度，孟加拉国，斯里兰卡。

黑绢斑蝶 *Parantica melaneus* (Cramer, 1775)

分布：云南（玉溪、普洱、临沧、德宏、保山、红河、文山、西双版纳），西藏，广西，广东，海南；越南，老挝，缅甸，柬埔寨，泰国，马来西亚，尼泊尔，不丹，印度。

西藏绢斑蝶 *Parantica pedonga* Fujioka, 1970

分布：云南（怒江），西藏；尼泊尔，不丹，印度。

大绢斑蝶 *Parantica sita* (Kollar, 1844)

分布：云南（除西北部高海拔地区外，其他地区均有分布），四川，重庆，贵州，西藏，辽宁，河北，河南，陕西，浙江，湖北，江西，湖南，广西，福建，广东，海南，香港，澳门，台湾；韩国，日本，越南，老挝，缅甸，柬埔寨，泰国，马来西亚，印度尼西亚，菲律宾，尼泊尔，不丹，印度，孟加拉国。

斯氏绢斑蝶 *Parantica swinhoei* (Moore, 1883)

分布：云南（全省各地均有分布），西藏，四川，贵州，重庆，湖南，广西，广东，福建，台湾；日本，越南，老挝，缅甸，泰国，尼泊尔，印度。

紫斑蝶属 *Euploea* Fabricius, 1807

冷紫斑蝶 *Euploea algea* (Godart, 1819)

分布：云南（红河、西双版纳）；越南，老挝，缅甸，泰国，马来西亚，印度尼西亚，柬埔寨，菲律宾，尼泊尔，印度，不丹，孟加拉国，巴布亚新几内亚，澳大利亚，法属新喀里多尼亚，美国（关岛），萨摩亚。

幻紫斑蝶 *Euploea core* (Cramer, 1780)

分布：云南（玉溪、普洱、临沧、德宏、保山、红河、文山、西双版纳），上海，江西，广西，广东，海南，香港，澳门，台湾；越南，老挝，缅甸，泰国，柬埔寨，马来西亚，印度尼西亚，尼泊尔，印度，斯里兰卡，巴布亚新几内亚，澳大利亚。

黑紫斑蝶 *Euploea eunice* (Godart, 1819)

分布：云南（红河），广西，台湾；越南，老挝，缅甸，泰国，马来西亚，印度尼西亚，菲律宾，印度。

默紫斑蝶 *Euploea klugii* Moore, 1857

分布：云南（西双版纳），上海，海南；越南，老挝，缅甸，柬埔寨，泰国，马来西亚，印度尼西亚，不丹，印度，孟加拉国，斯里兰卡。

蓝点紫斑蝶 *Euploea midamus* (Linnaeus, 1758)

分布：云南（西双版纳），浙江，江西，广西，福建，广东，海南，香港；越南，老挝，缅甸，柬埔寨，马来西亚，印度尼西亚，菲律宾，尼泊尔，印度。

异型紫斑蝶 *Euploea mulciber* (Cramer, 1777)

分布：云南（除西北部高海拔地区外，其他地区均有分布），四川，重庆，贵州，西藏，广西，海南，广东，台湾；越南，老挝，缅甸，柬埔寨，泰国，马来西亚，印度尼西亚，菲律宾，尼泊尔，不丹，印度，孟加拉国。

白璧紫斑蝶 *Euploea radamanthus* (Fabricius, 1793)

分布：云南（西双版纳）；越南，老挝，缅甸，泰国，马来西亚，印度尼西亚，尼泊尔，印度。

双标紫斑蝶 *Euploea sylvester* (Fabricius, 1793)

分布：云南（西双版纳、临沧），广西，海南，台湾；越南，老挝，缅甸，柬埔寨，泰国，马来西亚，印度尼西亚，菲律宾，尼泊尔，印度，孟加拉国，斯里兰卡，巴布亚新几内亚，瓦努阿图。

妒丽紫斑蝶 *Euploea tulliolus* (Fabricius, 1793)

分布：云南（文山），江西，广西，广东，海南，台湾；越南，老挝，缅甸，泰国，马来西亚，印度尼西亚，菲律宾，巴布亚新几内亚，澳大利亚，斐济。

绢蛱蝶属 *Calinaga* Moore, 1857

阿波绢蛱蝶 *Calinaga aborica* Tytler, 1915

分布：云南（怒江），西藏；缅甸，印度。

绢蛱蝶 *Calinaga buddha* Moore, 1857

分布：云南（迪庆、怒江、保山、德宏），台湾；缅甸，印度。

布丰绢蛱蝶 *Calinaga buphonas* Oberthür, 1920

分布：云南（昆明、曲靖、玉溪、普洱、红河、文山、楚雄、大理、丽江、迪庆、怒江、保山）；越南。

大卫绢蛱蝶 *Calinaga davidis* Oberthür, 1879

分布：云南（昭通），四川，重庆，河南，陕西，甘肃，浙江，湖北，湖南，广西，福建，广东。

丰绢蛱蝶 *Calinaga funebris* Oberthür, 1919

分布：云南（楚雄、大理），四川，贵州，陕西。

黑绢蛱蝶 *Calinaga lhatso* Oberthür, 1893

分布：云南（迪庆），四川，西藏，陕西，湖北，浙江。

大绢蛱蝶 *Calinaga sudassana* Mellvill, 1893

分布：云南（普洱、德宏、红河、文山、西双版纳）；越南，老挝，缅甸，泰国。

珍蝶属 *Acraea* Fabricius, 1807

苎麻珍蝶 *Acraea issoria* (Hübner, 1819)

分布：云南（除高海拔地区外，其他地区均有分布），四川，贵州，重庆，陕西，浙江，湖北，江西，湖南，广西，福建，广东，海南，香港，台湾；日本，越南，老挝，柬埔寨，缅甸，泰国，马来西亚，印度尼西亚，尼泊尔，不丹，印度。

斑珍蝶 *Acraea violae* (Fabricius, 1793)

分布：云南（保山、德宏、西双版纳），海南；越南，老挝，泰国，尼泊尔，印度，斯里兰卡。

锯蛱蝶属 *Cethosia* Fabricius, 1806

红锯蛱蝶 *Cethosia biblis* (Drury, 1770)

分布：云南（除西北部高海拔地区外，其他地区均有分布），四川，贵州，西藏，重庆，江西，广西，福建，广东，海南；越南，老挝，缅甸，柬埔寨，泰国，马来西亚，印度尼西亚，菲律宾，尼泊尔，不丹，印度。

白带锯蛱蝶 *Cethosia cyane* (Drury, 1770)

分布：云南（大理、保山、德宏、临沧、玉溪、普洱、西双版纳、红河、文山），广东，广西，海南；越南，老挝，缅甸，泰国，不丹，印度，孟加拉国。

帖蛱蝶属 *Terinos* Boisduval, 1836

钩翅帖蛱蝶 *Terinos clarissa* Boisduval, 1836

分布：云南（红河），广西；越南，老挝，泰国，马来西亚，印度尼西亚。

襟蛱蝶属 *Cupha* Billberg, 1820

黄襟蛱蝶 *Cupha erymanthis* (Drury, 1773)

分布：云南（西双版纳、红河、德宏、文山），四川，广西，广东，海南，台湾；越南，老挝，缅甸，泰国，马来西亚，印度尼西亚，菲律宾，尼泊尔，不丹，印度，斯里兰卡。

珐蛱蝶属 *Phalanta* Horsfield, 1829

黑缘珐蛱蝶 *Phalanta alcippe* (Cramer, 1782)

分布：云南（红河、普洱），海南；越南，老挝，缅甸，泰国，马来西亚，印度尼西亚，菲律宾，印度，斯里兰卡，巴布亚新几内亚。

珐蛱蝶 *Phalanta phalantha* (Drury, 1773)

分布：云南（昆明、曲靖、德宏、保山、大理、临沧、普洱、玉溪、红河、文山、西双版纳），西藏，广西，广东，海南，香港；日本，越南，老挝，缅甸，柬埔寨，马来西亚，印度尼西亚，菲律宾，尼泊尔，印度，斯里兰卡，澳大利亚，非洲。

彩蛱蝶属 *Vagrans* Hemming, 1934

彩蛱蝶 *Vagrans egista* (Cramer, 1780)

分布：云南（红河、玉溪、普洱、德宏、西双版纳），广西，海南；越南，老挝，缅甸，泰国，马来西亚，印度尼西亚，菲律宾，尼泊尔，不丹，斯里兰卡，印度，巴布亚新几内亚，澳大利亚，瓦努阿图，斐济，萨摩亚。

文蛱蝶属 *Vindula* Hemming, 1934

文蛱蝶 *Vindula erota* (Fabricius, 1793)

分布：云南（普洱、红河、文山、玉溪、临沧、保山、德宏、西双版纳），西藏，广西，广东，海南；越南，老挝，缅甸，泰国，马来西亚，印度尼西亚，不丹，印度，斯里兰卡。

辘蛱蝶属 *Cirrochroa* Doubleday, 1847

辘蛱蝶 *Cirrochroa aoris* Doubleday, 1847

分布：云南（红河、德宏、怒江），西藏；缅甸，尼泊尔，印度，不丹。

幸运辘蛱蝶 *Cirrochroa tyche* Felder & Felder, 1861

分布：云南（昆明、红河、保山、临沧、怒江、德宏、西双版纳），西藏，广西，广东，海南；越南，老挝，缅甸，泰国，马来西亚，印度尼西亚，菲律宾，印度，孟加拉国。

豹蛱蝶属 *Argynnis* Fabricius, 1807

灿福蛱蝶 *Argynnis adippe* (Rottemburg, 1775)

分布：云南（昆明、昭通、大理、丽江、迪庆、怒江），四川，西藏，新疆；蒙古国，俄罗斯，中亚。

银斑豹蛱蝶 *Argynnis aglaja* (Linnaeus, 1758)

分布：云南（昭通、怒江、迪庆、丽江、大理），四川，西藏，黑龙江，吉林，辽宁，新疆，河北，北京，山西，山东，河南，陕西，宁夏，甘肃，青海，浙江；韩国，日本，俄罗斯（东部地区），蒙古国，印度，巴基斯坦，阿富汗，中亚，西亚，欧洲，北非。

云豹蛱蝶 *Argynnis anadyomene* Felder & Felder, 1862

分布：云南（丽江），重庆，四川，黑龙江，吉林，辽宁，山西，北京，河南，陕西，甘肃，安徽，浙江，湖北，江西，湖南，福建；韩国，日本，俄罗斯。

银豹蛱蝶 *Argynnis childreni* Gray, 1831

分布：云南（全省各地均有分布），四川，贵州，西藏，重庆，甘肃，湖北，浙江，广西，福建；越南，缅甸，尼泊尔，不丹，印度。

斐豹蛱蝶 *Argynnis hyperbius* (Linnaeus, 1763)

分布：云南（全省各地），四川，贵州，西藏，重庆，北京，河北，河南，陕西，甘肃，上海，江苏，安徽，浙江，湖北，江西，湖南，广西，福建，广东，海南，香港，台湾；日本，越南，老挝，缅甸，柬埔寨，泰国，马来西亚，印度尼西亚，菲律宾，尼泊尔，不丹，巴基斯坦，印度，孟加拉国，斯里兰卡，巴布亚新几内亚，澳大利亚，非洲。

老豹蛱蝶 *Argynnis laodice* (Pallas, 1771)

分布：云南（昆明、曲靖、昭通、大理、丽江、迪庆、保山、怒江），四川，贵州，西藏，重庆，黑龙江，吉林，辽宁，内蒙古，河北，北京，山西，河南，陕西，宁夏，甘肃，青海，上海，江苏，浙江，湖北，江西，湖南，广西，福建；韩国，日本，越南，缅甸，印度，俄罗斯，欧洲。

蟾福蛱蝶 *Argynnis nerippe* **Felder & Felder, 1862**

分布：云南（丽江），四川，重庆，黑龙江，吉林，辽宁，河北，北京，河南，陕西，浙江，湖北，江西；日本，韩国，俄罗斯。

绿豹蛱蝶 *Argynnis paphia* **(Linnaeus, 1758)**

分布：云南（昭通、大理、丽江、迪庆、怒江），四川，贵州，西藏，重庆，黑龙江，吉林，辽宁，新疆，北京，河北，河南，陕西，甘肃，安徽，浙江，湖北，江西，湖南；韩国，日本，俄罗斯，中亚，欧洲，北非。

青豹蛱蝶 *Argynnis sagana* **Doubleday, 1847**

分布：云南（昭通、丽江、迪庆、怒江），四川，重庆，贵州，西藏，黑龙江，吉林，辽宁，河南，陕西，甘肃，上海，江苏，浙江，湖北，江西，湖南，福建，广西；韩国，日本，蒙古国，俄罗斯。

曲纹银豹蛱蝶 *Argynnis zenobia* **Leech, 1890**

分布：云南（迪庆、昭通），四川，重庆，西藏，黑龙江，吉林，辽宁，河北，北京，山西，陕西，河南，江西。

珠蛱蝶属 *Issoria* Hübner, 1819

曲斑珠蛱蝶 *Issoria eugenia* **(Eversmann, 1847)**

分布：云南（迪庆），四川，西藏，新疆，甘肃，青海；蒙古国，哈萨克斯坦，俄罗斯。

西藏珠蛱蝶 *Issoria gemmata* **(Butler, 1881)**

分布：云南（迪庆），西藏；不丹，印度。

珠蛱蝶 *Issoria lathonia* **(Linnaeus, 1758)**

分布：云南（昆明、曲靖、昭通、楚雄、大理、丽江、迪庆、保山、怒江），四川，西藏，新疆；蒙古国，俄罗斯（东部地区），缅甸，尼泊尔，不丹，印度，中亚，西亚，欧洲，北非。

宝蛱蝶属 *Boloria* Moore, 1900

华西宝蛱蝶 *Boloria palina* **Fruhstorfer, 1903**

分布：云南（迪庆），四川，西藏，青海，甘肃。

珍蛱蝶属 *Clossiana* Reuss, 1920

珍蛱蝶 *Clossiana gong* **(Oberthür, 1884)**

分布：云南（玉溪、昭通、大理、丽江、迪庆、怒江），四川，西藏，山西，河南，陕西，甘肃，青海。

枯叶蛱蝶属 *Kallima* Doubleday, 1849

蓝带枯叶蛱蝶 *Kallima alompra* **Moore, 1879**

分布：云南（保山、怒江），西藏；缅甸，不丹，印度。

枯叶蛱蝶 *Kallima inachus* **(Doyère, 1840)**

分布：云南（昆明、玉溪、昭通、迪庆、德宏、西双版纳），四川，贵州，重庆，陕西，浙江，湖北，江西，湖南，广西，福建，广东，海南，香港，台湾；日本，越南，老挝，缅甸，泰国，尼泊尔，不丹，印度。

隐枯叶蛱蝶 *Kallima incognita* **Nakamura & Wakahara, 2013**

分布：云南（普洱、玉溪、红河、德宏、保山、西双版纳），西藏；越南，老挝，缅甸，泰国，印度，不丹，尼泊尔。

蠹叶蛱蝶属 *Doleschallia* Felder & Felder, 1860

蠹叶蛱蝶 *Doleschallia bisaltide* **(Cramer, 1777)**

分布：云南（普洱、玉溪、红河、西双版纳），海南；日本，越南，老挝，缅甸，泰国，马来西亚，印度尼西亚，菲律宾，印度，斯里兰卡，澳大利亚，巴布亚新几内亚。

瑶蛱蝶属 *Yoma* Doherty, 1886

瑶蛱蝶 *Yoma sabina* **(Cramer, 1780)**

分布：云南（西双版纳），广东，海南，台湾；越南，老挝，缅甸，泰国，印度尼西亚，菲律宾，澳大利亚，巴布亚新几内亚。

斑蛱蝶属 *Hypolimnas* Hübner, 1819

幻紫斑蛱蝶 *Hypolimnas bolina* **(Linnaeus, 1758)**

分布：云南（除西北部高海拔地区外，其他地区均有分布），四川，重庆，广西，广东，海南，香港，台湾；越南，老挝，缅甸，柬埔寨，泰国，马来西亚，印度尼西亚，菲律宾，印度，尼泊尔，斯里兰卡，阿拉伯半岛，澳大利亚，马达加斯加。

金斑蛱蝶 *Hypolimnas misippus* **(Linnaeus, 1764)**

分布：云南（昆明、玉溪、红河、普洱、西双版纳），上海，江苏，海南，台湾；越南，老挝，缅甸，柬埔寨，泰国，马来西亚，印度尼西亚，菲律宾，尼泊尔，印度，斯里兰卡，巴布亚新几内亚，中东，澳大利亚，非洲，美洲，西印度群岛。

蛱蝶属 *Nymphalis* Kluk, 1780

黄缘蛱蝶 *Nymphalis antiopa* **(Linnaeus, 1758)**

分布：云南（迪庆、怒江），四川，西藏，黑龙江，吉林，辽宁，新疆，北京，河南，山西；韩国，日本，蒙古国，不丹，中亚，西亚，俄罗斯，欧洲，北美洲。

白矩朱蛱蝶 *Nymphalis vau-album* ([Denis & Schiffermüller], 1775)

分布：云南（迪庆、丽江），四川，黑龙江，吉林，辽宁，新疆，内蒙古，河北，陕西；韩国，日本，俄罗斯（东部地区），蒙古国，中亚，西亚，欧洲。

麻蛱蝶属 *Aglais* Dalman, 1816

中华麻蛱蝶 *Aglais chinensis* (Leech, 1892)

分布：云南（昆明、曲靖、昭通、楚雄、大理、丽江、迪庆、保山、怒江、红河、文山），四川，贵州，西藏，甘肃。

琉璃蛱蝶属 *Kaniska* Moore, 1899

琉璃蛱蝶 *Kaniska canace* (Linnaeus, 1763)

分布：云南（全省各地均有分布），四川，贵州，重庆，西藏，黑龙江，吉林，辽宁，北京，山东，河南，陕西，甘肃，江苏，安徽，浙江，湖北，江西，湖南，广西，福建，广东，海南，香港，台湾；韩国，日本，越南，老挝，缅甸，马来西亚，印度尼西亚，菲律宾，印度，尼泊尔，不丹，斯里兰卡，俄罗斯。

钩蛱蝶属 *Polygonia* Hübner, 1819

白钩蛱蝶 *Polygonia c-album* (Linnaeus, 1758)

分布：云南（迪庆、怒江），四川，西藏，黑龙江，吉林，辽宁，新疆，内蒙古，河北，北京，河南，陕西，甘肃，青海，台湾；日本，韩国，俄罗斯（东部地区），蒙古国，尼泊尔，不丹，印度，中亚，西亚，欧洲，非洲。

黄钩蛱蝶 *Polygonia c-aureum* (Linnaeus, 1758)

分布：云南（昭通、曲靖、文山、红河、大理、丽江、西双版纳），四川，重庆，黑龙江，吉林，辽宁，内蒙古，河北，北京，山西，山东，河南，陕西，上海，江苏，安徽，浙江，湖北，江西，湖南，广西，福建，广东，台湾；韩国，日本，俄罗斯，蒙古国，越南，老挝。

展钩蛱蝶 *Polygonia extensa* (Leech, 1892)

分布：云南（大理、普洱），江苏，安徽，浙江，江西。

红蛱蝶属 *Vanessa* Fabricius, 1807

小红蛱蝶 *Vanessa cardui* (Linnaeus, 1758)

分布：全国广布；除南极洲和南美洲外，全球各地均有分布。

大红蛱蝶 *Vanessa indica* (Herbst, 1794)

分布：除西北地区外，全国其余各地均有分布；日本，越南，老挝，缅甸，印度尼西亚，尼泊尔，印度，斯里兰卡，俄罗斯，西班牙加那利群岛，葡萄牙马德拉群岛。

黑缘蛱蝶属 *Rhinopalpa* C. & R. Felder, 1860

黑缘蛱蝶 *Rhinopalpa polynice* (Cramer, [1779])

分布：云南（红河）；越南，老挝，缅甸，泰国，马来西亚，新加坡，印度尼西亚，菲律宾。

眼蛱蝶属 *Junonia* Hübner, 1819

美眼蛱蝶 *Junonia almana* (Linnaeus, 1758)

分布：云南（除西北部高海拔地区外，其他地区均有分布），四川，贵州，重庆，河南，江苏，安徽，浙江，湖北，江西，湖南，广西，福建，广东，海南，香港，台湾；日本，越南，老挝，缅甸，柬埔寨，泰国，马来西亚，印度尼西亚，菲律宾，尼泊尔，不丹，印度，巴基斯坦，孟加拉国，斯里兰卡。

波纹眼蛱蝶 *Junonia atlites* (Linnaeus, 1763)

分布：云南（玉溪、普洱、临沧、德宏、保山、红河、文山、西双版纳），西藏，广西，广东，海南，香港；越南，老挝，缅甸，泰国，马来西亚，印度尼西亚，印度，斯里兰卡。

黄裳眼蛱蝶 *Junonia hierta* (Fabricius, 1758)

分布：云南（除西北部高海拔地区外，其他地区均有分布），四川，西藏，广西，广东，海南，香港；越南，老挝，缅甸，泰国，印度，斯里兰卡，西亚，非洲。

钩翅眼蛱蝶 *Junonia iphita* (Cramer, 1779)

分布：云南（除西北部高海拔地区外，其他地区均有分布），四川，贵州，西藏，重庆，湖北，广西，广东，海南，香港，台湾；越南，老挝，缅甸，柬埔寨，泰国，马来西亚，印度尼西亚，尼泊尔，不丹，印度，孟加拉国，斯里兰卡。

蛇眼蛱蝶 *Junonia lemonias* (Linnaeus, 1767)

分布：云南（玉溪、普洱、临沧、德宏、保山、红河、文山、西双版纳），贵州，广西，广东，海南，台湾；越南，老挝，缅甸，柬埔寨，泰国，马来西亚，尼泊尔，印度，不丹，孟加拉国，斯里兰卡。

翠蓝眼蛱蝶 *Junonia orithya* (Linnaeus, 1758)

分布：云南（全省各地均有分布），四川，贵州，西藏，重庆，河南，江苏，浙江，湖北，江西，湖南，广西，福建，广东，海南，香港，台湾；日本，越南，老挝，缅甸，柬埔寨，泰国，马来西亚，印度尼西亚，菲律宾，尼泊尔，印度，斯里兰卡，西亚，巴布亚新几内亚，澳大利亚，非洲。

盛蛱蝶属 *Symbrenthia* Hübner, 1819

黄豹盛蛱蝶 *Symbrenthia brabira* Moore, 1872
分布：云南（昭通），四川，重庆，贵州，浙江，江西，福建，湖北，台湾；缅甸，尼泊尔，印度。

冕豹盛蛱蝶 *Symbrenthia doni* Tytler, 1940
分布：云南（保山），西藏；缅甸，印度。

琥珀盛蛱蝶 *Symbrenthia hypatia* Wallace, 1869
分布：云南（西双版纳）；老挝，泰国，马来西亚，印度尼西亚，菲律宾。

花豹盛蛱蝶 *Symbrenthia hypselis* (Godart, 1824)
分布：云南（普洱、红河、文山、临沧、保山、德宏、西双版纳），西藏，广西，广东，海南；越南，老挝，缅甸，泰国，马来西亚，印度尼西亚，菲律宾，尼泊尔，印度。

散纹盛蛱蝶 *Symbrenthia lilaea* (Hewitson, 1864)
分布：云南（除西北部高海拔地区外，其他地区均有分布），四川，贵州，西藏，重庆，湖北，江西，广西，福建，广东，海南，香港，台湾；越南，老挝，缅甸，泰国，马来西亚，印度尼西亚，尼泊尔，不丹，印度。

霓豹盛蛱蝶 *Symbrenthia niphanda* Moore, 1872
分布：云南（红河、保山、怒江），西藏；老挝，缅甸，尼泊尔，不丹，印度。

喜来盛蛱蝶 *Symbrenthia silana* de Nicéville, 1885
分布：云南（保山、怒江），西藏，海南；不丹，印度。

星豹盛蛱蝶 *Symbrenthia sinica* Moore, 1899
分布：云南（昭通），四川，重庆，湖北。

蜘蛱蝶属 *Araschnia* Hübner, 1819

大卫蜘蛱蝶 *Araschnia davidis* Poujade, 1885
分布：云南（丽江、迪庆），四川，河南，陕西，甘肃。

曲纹蜘蛱蝶 *Araschnia doris* Leech, 1892
分布：云南（昭通），四川，重庆，河南，陕西，江苏，安徽，浙江，福建，湖北，江西，湖南。

直纹蜘蛱蝶 *Araschnia prorsoides* (Blanchard, 1871)
分布：云南（昆明、曲靖、昭通、楚雄、大理、丽江、迪庆、保山、怒江），四川，重庆，贵州，西

藏，甘肃；缅甸，印度。

网蛱蝶属 *Melitaea* Fabricius, 1807

菌网蛱蝶 *Melitaea agar* Oberthür, 1886
分布：云南（丽江、迪庆），西藏，四川，青海。

黑网蛱蝶 *Melitaea jezabel* Oberthür, 1886
分布：云南（曲靖、丽江、迪庆、怒江、大理），西藏，四川，甘肃。

圆翅网蛱蝶 *Melitaea yuenty* Oberthür, 1886
分布：云南（昆明、曲靖、玉溪、文山、普洱、大理、保山、楚雄、丽江、迪庆），四川，西藏；越南。

螯蛱蝶属 *Charaxes* Ochsenheimer, 1816

亚力螯蛱蝶 *Charaxes aristogiton* Felder & Felder, 1867
分布：云南（普洱、玉溪、红河、德宏、保山、西双版纳），西藏，广西，海南；越南，老挝，缅甸，柬埔寨，泰国，马来西亚，不丹，印度。

白带螯蛱蝶 *Charaxes bernardus* (Fabricius, 1793)
分布：云南（昭通、玉溪、普洱、德宏、红河、文山、西双版纳），四川，重庆，浙江，江西，广西，广东，海南，香港；越南，老挝，缅甸，柬埔寨，泰国，马来西亚，印度尼西亚，菲律宾，尼泊尔，不丹，印度，孟加拉国。

花斑螯蛱蝶 *Charaxes kabruba* (Moore, 1895)
分布：云南（德宏、红河、西双版纳），西藏；越南，老挝，缅甸，印度。

螯蛱蝶 *Charaxes marmax* Westwood, 1848
分布：云南（德宏、红河、曲靖、西双版纳），广西，海南；越南，老挝，缅甸，柬埔寨，泰国，不丹，印度，孟加拉国。

尾蛱蝶属 *Polyura* Billberg, 1820

凤尾蛱蝶 *Polyura arja* (Felder & Felder, 1867)
分布：云南（红河、文山、玉溪、普洱、西双版纳、临沧、保山、德宏），海南；越南，老挝，缅甸，泰国，印度，孟加拉国。

窄斑凤尾蛱蝶 *Polyura athamas* (Drury, 1770)
分布：云南（除西北部和东北部地区外，其他地区均有分布），四川，西藏，广西，广东，海南，香港；越南，老挝，缅甸，柬埔寨，泰国，马来西亚，印度尼西亚，菲律宾，印度，孟加拉国，斯里兰卡。

针尾蛱蝶 *Polyura dolon* (Westwood, 1848)
分布：云南（除西北部高海拔地区和东南部外，其

他地区均有分布），四川，西藏；老挝，缅甸，泰国，尼泊尔，不丹，印度，孟加拉国。

大二尾蛱蝶 *Polyura eudamippus* (Doubleday, 1843)

分布：云南（除西北部高海拔地区外，其他地区均有分布），四川，贵州，西藏，重庆，浙江，湖北，江西，湖南，广西，福建，广东，海南；日本，越南，老挝，缅甸，柬埔寨，泰国，马来西亚，尼泊尔，印度，孟加拉国。

二尾蛱蝶 *Polyura narcaea* (Hewitson, 1854)

分布：云南（全省各地均有分布），四川，西藏，重庆，贵州，辽宁，北京，河北，山东，河南，陕西，甘肃，上海，江苏，安徽，浙江，湖北，江西，湖南，广西，福建，广东，海南，香港，台湾；越南，老挝，缅甸，泰国，印度。

忘忧尾蛱蝶 *Polyura nepenthes* (Gross-Smith, 1883)

分布：云南（红河、西双版纳），四川，浙江，江西，广西，福建，广东，海南；越南，老挝，缅甸，泰国。

沾襟尾蛱蝶 *Polyura posidonius* (Leech, 1891)

分布：云南（迪庆），四川，西藏。

黑凤尾蛱蝶 *Polyura schreiber* (Godart, 1824)

分布：云南（普洱、西双版纳）；越南，老挝，缅甸，泰国，马来西亚，印度尼西亚，菲律宾，印度。

璞蛱蝶属 *Prothoe* Hübner, 1824

璞蛱蝶 *Prothoe franck* (Godart, 1824)

分布：云南（西双版纳），广西；越南，老挝，缅甸，泰国，印度，马来西亚，印度尼西亚，菲律宾。

猫脸蛱蝶属 *Agatasa* Moore, [1899]

猫脸蛱蝶 *Agatasa calydonia* (Hewitson, [1854])

分布：云南（西双版纳）；老挝，缅甸，泰国，马来西亚。

闪蛱蝶属 *Apatura* Fabricius, 1807

滇藏闪蛱蝶 *Apatura bieti* Oberthür, 1885

分布：云南（昆明、大理、丽江、迪庆、怒江），四川，西藏。

柳紫闪蛱蝶 *Apatura ilia* ([Denis & Schiffermüller], 1775)

分布：云南（除西南部热区外，其他地区均有分布），四川，重庆，贵州，黑龙江，吉林，辽宁，内蒙古，北京，天津，河北，山西，山东，河南，陕西，宁夏，甘肃，青海，上海，江苏，安徽，浙江，湖北，江西，湖南，广西，福建，广东，海南，台湾；韩国，俄罗斯（东部地区），中亚，欧洲。

紫闪蛱蝶 *Apatura iris* (Linnaeus, 1758)

分布：云南（昭通），四川，重庆，黑龙江，吉林，辽宁，河北，北京，河南，陕西，宁夏，甘肃，湖北；蒙古国，韩国，俄罗斯（东部地区），中亚，欧洲。

曲带闪蛱蝶 *Apatura laverna* Leech, 1892

分布：云南（迪庆、怒江），四川，北京，河北，河南，陕西，宁夏，甘肃，湖北。

细带闪蛱蝶 *Apatura metis* (Freyer, 1829)

分布：云南（迪庆），黑龙江，吉林，辽宁；韩国，日本，哈萨克斯坦，俄罗斯，东欧。

铠蛱蝶属 *Chitoria* Moore, 1896

库铠蛱蝶 *Chitoria cooperi* (Tytler, 1926)

分布：云南（普洱、西双版纳）；越南，老挝，缅甸。

那铠蛱蝶 *Chitoria naga* (Tytler, 1915)

分布：云南（德宏、临沧、西双版纳）；老挝，缅甸，泰国，印度。

斜带铠蛱蝶 *Chitoria sordida* (Moore, 1866)

分布：云南（怒江、临沧、红河、西双版纳），西藏，贵州；越南，老挝，缅甸，泰国，不丹，印度。

武铠蛱蝶 *Chitoria ulupi* (Doherty, 1889)

分布：云南（普洱、临沧、保山、丽江、迪庆、怒江、红河、昭通、西双版纳），四川，贵州，西藏，重庆，辽宁，陕西，河南，山西，甘肃，浙江，湖北，江西，广西，福建，广东，台湾；韩国，越南，老挝，缅甸，不丹，印度。

迷蛱蝶属 *Mimathyma* Moore, 1896

环带迷蛱蝶 *Mimathyma ambica* (Kollar, 1844)

分布：云南（玉溪、普洱、德宏、红河、文山、西双版纳），海南，广西；越南，老挝，缅甸，泰国，印度尼西亚，印度，巴基斯坦。

迷蛱蝶 *Mimathyma chevana* (Moore, 1866)

分布：云南（德宏、迪庆、昭通、西双版纳），四川，贵州，重庆，河南，陕西，浙江，湖北，江西，福建；越南，老挝，缅甸，泰国，印度。

白斑迷蛱蝶 *Mimathyma schrenckii* (Ménétrès, 1858)

分布：云南（昭通、迪庆），四川，重庆，黑龙江，吉林，辽宁，内蒙古，天津，河北，北京，山西，山东，河南，陕西，甘肃，浙江，湖北，江西，湖南，广西，福建；韩国，俄罗斯。

罗蛱蝶属 *Rohana* Moore, 1880

娜罗蛱蝶 *Rohana nakula* (Moore, 1857)

分布：云南（西双版纳）；越南，老挝，缅甸，柬埔寨，泰国，马来西亚，印度尼西亚。

罗蛱蝶 *Rohana parisatis* (Westwood, 1850)

分布：云南（昭通、曲靖、文山、红河、玉溪、普洱、临沧、德宏、西双版纳），四川，西藏，广西，广东，海南，香港；越南，老挝，缅甸，柬埔寨，泰国，马来西亚，印度尼西亚，菲律宾，尼泊尔，不丹，印度，孟加拉国，斯里兰卡。

珍稀罗蛱蝶 *Rohana parvata* (Moore, 1857)

分布：云南（红河、文山），西藏；越南，老挝，缅甸，泰国，不丹，印度。

越罗蛱蝶 *Rohana tonkiniana* Fruhstorfer, 1906

分布：云南（玉溪、红河、西双版纳）；越南，老挝，泰国。

爻蛱蝶属 *Herona* Doubleday, 1848

爻蛱蝶 *Herona marathus* Doubleday, 1848

分布：云南（普洱、红河、文山、西双版纳），海南；越南，老挝，缅甸，泰国，马来西亚，不丹，印度。

耳蛱蝶属 *Eulaceura* Butler, 1872

耳蛱蝶 *Eulaceura osteria* (Westwood, 1850)

分布：云南（西双版纳），海南；越南，老挝，缅甸，泰国，马来西亚，印度尼西亚。

白蛱蝶属 *Helcyra* Felder, 1860

偶点白蛱蝶 *Helcyra hemina* Hewitson, 1864

分布：云南（西双版纳）；越南，老挝，缅甸，印度，泰国。

银白蛱蝶 *Helcyra subalba* (Poujade, 1885)

分布：云南（大理、怒江），重庆，河南，陕西，浙江，湖北，江西，广西，福建，广东；越南。

傲白蛱蝶 *Helcyra superba* Leech, 1890

分布：云南（怒江），四川，重庆，福建，广东，广西，江西，浙江，台湾。

帅蛱蝶属 *Sephisa* Moore, 1882

帅蛱蝶 *Sephisa chandra* (Moore, 1857)

分布：云南（玉溪、普洱、德宏、红河、西双版纳），重庆，西藏，浙江，江西，福建，广东，广西，海南，台湾；越南，老挝，缅甸，泰国，马来西亚，

尼泊尔，不丹，印度。

黄帅蛱蝶 *Sephisa princeps* (Fixsen, 1887)

分布：云南（昆明、昭通、普洱、丽江、迪庆、怒江、西双版纳），四川，重庆，贵州，黑龙江，吉林，河南，陕西，甘肃，安徽，浙江，湖北，江西；韩国，俄罗斯。

紫蛱蝶属 *Sasakia* Moore, 1896

大紫蛱蝶 *Sasakia charonda* (Hewitson, 1862)

分布：云南（昭通、迪庆、怒江），四川，重庆，辽宁，河北，北京，山西，河南，陕西，浙江，湖北，广西，福建，广东，台湾；日本，韩国，越南。

黑紫蛱蝶 *Sasakia funebris* (Leech, 1891)

分布：云南（昭通、大理、迪庆、怒江），四川，重庆，浙江，湖南，广西，福建；越南，缅甸。

芒蛱蝶属 *Euripus* Doubleday, 1848

拟芒蛱蝶 *Euripus consimilis* (Westwood, 1850)

分布：云南（红河）；越南，老挝，缅甸，泰国，尼泊尔，不丹，印度。

芒蛱蝶 *Euripus nyctelius* (Doubleday, 1845)

分布：云南（普洱、临沧、德宏、红河、文山、西双版纳），广西，广东，海南；越南，老挝，缅甸，柬埔寨，泰国，马来西亚，印度尼西亚，菲律宾，不丹，印度，孟加拉国。

纹蛱蝶属 *Hestinalis* Bryk, 1938

蒺藜纹蛱蝶 *Hestinalis nama* (Doubleday, 1844)

分布：云南（全省各地均有分布），四川，西藏，重庆，海南；越南，老挝，缅甸，泰国，马来西亚，印度尼西亚，尼泊尔，不丹，印度。

脉蛱蝶属 *Hestina* Westwood, 1850

黑脉蛱蝶 *Hestina assimilis* (Linnaeus, 1758)

分布：云南（昭通、曲靖），四川，贵州，重庆，黑龙江，吉林，辽宁，河北，北京，山西，山东，河南，陕西，上海，江苏，安徽，浙江，湖北，江西，湖南，广西，福建，广东，海南，香港，台湾；日本，韩国。

讴脉蛱蝶 *Hestina nicevillei* (Moore, 1896)

分布：云南（怒江），西藏；缅甸，尼泊尔，不丹，印度。

拟斑脉蛱蝶 *Hestina persimilis* (Westwood, 1850)

分布：云南（昆明、曲靖、大理、丽江、迪庆、

保山、普洱、西双版纳），四川，贵州，西藏，
重庆，辽宁，河北，北京，河南，陕西，浙江，
湖北，湖南，广西，福建，台湾；韩国，日本，
越南，老挝，缅甸，泰国，尼泊尔，不丹，印度，
巴基斯坦。

猫蛱蝶属 Timelaea Lucas, 1883

白裳猫蛱蝶 Timelaea albescens Oberthür, 1886

分布：云南（迪庆），四川，重庆，安徽，浙江，
湖北，江西，湖南，广西，福建，广东，台湾。

窗蛱蝶属 Dilipa Moore, 1857

明窗蛱蝶 Dilipa fenestra (Leech, 1891)

分布：云南（昭通），四川，重庆，辽宁，河北，北
京，山西，河南，陕西，浙江，湖北；韩国，俄罗斯。

窗蛱蝶 Dilipa morgiana (Westwood, 1850)

分布：云南（昆明、曲靖、大理、保山、德宏、怒
江、普洱、西双版纳），西藏；越南，老挝，缅甸，
尼泊尔，不丹，印度。

累积蛱蝶属 Lelecella Hemming, 1939

累积蛱蝶 Lelecella limenitoides (Oberthür, 1890)

分布：云南（迪庆、怒江），四川，北京，天津，
河北，河南，陕西，甘肃。

丝蛱蝶属 Cyrestis Boisduval, 1832

八目丝蛱蝶 Cyrestis cocles (Fabricius, 1787)

分布：云南（红河、普洱），海南；越南，老挝，
缅甸，柬埔寨，泰国，尼泊尔，印度。

雪白丝蛱蝶 Cyrestis nivea Zinken-Sommer, 1831

分布：云南（西双版纳），海南，广西；越南，老挝，
缅甸，泰国，马来西亚，印度尼西亚，菲律宾。

黑缘丝蛱蝶 Cyrestis themire Honrath, 1884

分布：云南（红河、文山），海南；越南，老挝，
缅甸，泰国，马来西亚，印度尼西亚。

网丝蛱蝶 Cyrestis thyodamas Doyère, 1840

分布：云南（昆明、大理、玉溪、普洱、红河、文
山、临沧、保山、德宏、怒江、昭通、西双版纳），
西藏，四川，重庆，贵州，广西，海南，广东，台
湾；日本，越南，老挝，缅甸，柬埔寨，泰国，尼
泊尔，不丹，印度，孟加拉国，阿富汗。

坎蛱蝶属 Chersonesia Distant, 1883

黄绢坎蛱蝶 Chersonesia risa (Doubleday, 1848)

分布：云南（德宏、红河、文山、西双版纳），西

藏，海南；越南，老挝，缅甸，柬埔寨，泰国，马
来西亚，印度尼西亚，尼泊尔，不丹，印度，孟加
拉国。

秀蛱蝶属 Pseudergolis Felder & Felder, 1867

秀蛱蝶 Pseudergolis wedah (Kollar, 1844)

分布：云南（全省各地均有分布），四川，贵州，
西藏，重庆，湖北，湖南；越南，老挝，缅甸，尼
泊尔，印度。

电蛱蝶属 Dichorragia Butler, 1869

电蛱蝶 Dichorragia nesimachus (Doyère, 1840)

分布：云南（普洱、德宏、保山、怒江、西双版
纳），四川，西藏，重庆，陕西，安徽，浙江，
湖北，江西，湖南，广西，海南，台湾；日本，
韩国，越南，老挝，缅甸，柬埔寨，泰国，马来
西亚，印度尼西亚，菲律宾，尼泊尔，不丹，印
度，孟加拉国。

长波电蛱蝶 Dichorragia nesseus Grose-Smith, 1893

分布：云南（昭通、迪庆、丽江），四川，河南，
陕西。

饰蛱蝶属 Stibochiona Butler, 1869

素饰蛱蝶 Stibochiona nicea (Gray, 1846)

分布：云南（昭通、玉溪、普洱、临沧、德宏、怒
江、红河、西双版纳），西藏，四川，贵州，重庆，
浙江，湖北，江西，湖南，广西，广东；越南，老
挝，缅甸，马来西亚，尼泊尔，不丹，印度，孟加
拉国。

波蛱蝶属 Ariadne Horsfield, 1829

波蛱蝶 Ariadne ariadne (Linnaeus, 1763)

分布：云南（昆明、玉溪、文山、红河、普洱、临
沧、大理、保山、德宏、西双版纳），广西，福建，
广东，海南；越南，老挝，缅甸，泰国，马来西亚，
印度尼西亚，尼泊尔，印度，斯里兰卡。

细纹波蛱蝶 Ariadne merione (Cramer, 1777)

分布：云南（普洱、临沧、德宏、西双版纳）；越
南，老挝，缅甸，泰国，马来西亚，印度尼西亚，
菲律宾，尼泊尔，印度，斯里兰卡。

林蛱蝶属 Laringa Moore, 1901

林蛱蝶 Laringa horsfieldii (Boisduval, 1833)

分布：云南（西双版纳）；越南，老挝，缅甸，泰
国，马来西亚，印度尼西亚，印度。

姹蛱蝶属 *Chalinga* Moore, 1898

姹蛱蝶 *Chalinga elwesi* (Oberthür, 1883)

分布：云南（昆明、玉溪、红河、普洱、临沧、保山、怒江、迪庆、丽江、大理、西双版纳），四川，西藏。

丽蛱蝶属 *Parthenos* Hübner, 1819

丽蛱蝶 *Parthenos sylvia* (Cramer, 1775)

分布：云南（红河、文山、普洱、西双版纳）；越南，老挝，缅甸，柬埔寨，泰国，马来西亚，印度尼西亚，菲律宾，印度，孟加拉国，斯里兰卡，巴布亚新几内亚，所罗门群岛。

耙蛱蝶属 *Bhagadatta* Moore, 1898

耙蛱蝶 *Bhagadatta austenia* (Moore, 1872)

分布：云南（西双版纳），西藏，广西，广东；越南，老挝，缅甸，泰国，印度。

翠蛱蝶属 *Euthalia* Hübner, 1819

矛翠蛱蝶 *Euthalia aconthea* (Cramer, 1777)

分布：云南（大理、德宏、普洱、临沧、玉溪、红河、西双版纳），广西，福建，广东，海南；越南，老挝，缅甸，泰国，马来西亚，印度尼西亚，菲律宾，尼泊尔，印度，斯里兰卡。

V 纹翠蛱蝶 *Euthalia alpheda* (Godart, 1824)

分布：云南（普洱、德宏、红河、西双版纳）；越南，老挝，缅甸，泰国，马来西亚，印度尼西亚，菲律宾，尼泊尔，不丹，印度。

锯带翠蛱蝶 *Euthalia alpherakyi* Oberthür, 1907

分布：云南（昭通、曲靖），四川，陕西，湖北，湖南，福建，广西。

鹰翠蛱蝶 *Euthalia anosia* (Moore, 1857)

分布：云南（普洱、红河、西双版纳），广西；越南，老挝，缅甸，泰国，柬埔寨，马来西亚，印度尼西亚，印度，孟加拉国。

芒翠蛱蝶 *Euthalia aristides* Oberthür, 1907

分布：云南（大理），四川，陕西，甘肃，湖南，湖北。

丽翠蛱蝶 *Euthalia bellula* Yokochi, 2005

分布：云南（迪庆、德宏、红河）；老挝，越南。

布翠蛱蝶 *Euthalia bunzoi* Sugiyama, 1996

分布：云南（大理），四川，重庆，甘肃，浙江，江西，湖南，广西，广东，福建；越南。

察隅翠蛱蝶 *Euthalia chayuensis* Huang, 2001

分布：云南（昆明、曲靖、大理、丽江、保山、普洱、临沧、红河），西藏；缅甸。

孔子翠蛱蝶 *Euthalia confucius* (Westwood, 1850)

分布：云南（昭通、曲靖、红河、文山、怒江、西双版纳），四川，西藏，重庆，陕西，浙江，广西，福建；越南，老挝，缅甸，印度。

杜贝翠蛱蝶 *Euthalia dubernardi* Oberthür, 1907

分布：云南（昆明、丽江、迪庆、怒江）；缅甸。

暗翠蛱蝶 *Euthalia eriphylae* de Nicéville, 1891

分布：云南（红河、西双版纳），广西；越南，老挝，缅甸，柬埔寨，泰国，马来西亚，印度。

绿翠蛱蝶 *Euthalia evelina* (Stoll, 1790)

分布：云南（红河、西双版纳），广西，海南；越南，老挝，缅甸，柬埔寨，泰国，马来西亚，印度尼西亚，印度，孟加拉国，斯里兰卡。

珐琅翠蛱蝶 *Euthalia franciae* (Gray, 1846)

分布：云南（普洱、临沧、德宏、保山、怒江、红河、西双版纳），西藏；越南，老挝，缅甸，尼泊尔，不丹，印度。

广东翠蛱蝶 *Euthalia guangdongensis* Wu, 1994

分布：云南（昭通），四川，贵州，重庆，江西，福建，广西，广东。

独龙翠蛱蝶 *Euthalia heweni* Huang, 2002

分布：云南（怒江）。

红裙边翠蛱蝶 *Euthalia irrubescens* Grose-Smith, 1893

分布：云南（昭通），四川，浙江，湖北，广西，福建，台湾。

陕西翠蛱蝶 *Euthalia kameii* Koiwaya, 1996

分布：云南（昭通），四川，陕西，福建。

嘉翠蛱蝶 *Euthalia kardama* (Moore, 1859)

分布：云南（昭通），四川，贵州，重庆，陕西，甘肃，浙江，湖北，广西，福建。

散斑翠蛱蝶 *Euthalia khama* Alphéraky, 1895

分布：云南（昭通、大理、迪庆、怒江），四川，重庆，甘肃，湖南，广西。

合斑翠蛱蝶 *Euthalia khambournei* Uehara & Yokochi, 2001

分布：云南（临沧、红河）；越南，老挝。

鸡足翠蛱蝶 *Euthalia koharai* Yokochi, 2005

分布：云南（大理），广西，湖南。

黄翅翠蛱蝶 *Euthalia kosempona* Fruhstorfer, 1908

分布：云南（怒江），四川，陕西，浙江，湖北，江西，湖南，福建，广东，台湾。

连平翠蛱蝶 *Euthalia linpingensis* Mell, 1935

分布：云南（大理），贵州，浙江，广西，福建，广东，湖南。

红斑翠蛱蝶 *Euthalia lubentina* (Cramer, 1777)

分布：云南（普洱、玉溪、红河、文山、西双版纳），广西，广东，海南；越南，老挝，缅甸，泰国，马来西亚，印度尼西亚，菲律宾，尼泊尔，印度，斯里兰卡。

正冈翠蛱蝶 *Euthalia masaokai* Yokochi, 2005

分布：云南（普洱、西双版纳）；越南，老挝。

珠链翠蛱蝶 *Euthalia mingyiae* Huang, 2002

分布：云南（怒江）。

蒙蓓翠蛱蝶 *Euthalia monbeigi* Oberthür, 1907

分布：云南（迪庆）；缅甸。

暗斑翠蛱蝶 *Euthalia monina* (Fabricius, 1787)

分布：云南（德宏、普洱、临沧、玉溪、红河、文山、西双版纳），海南；越南，老挝，缅甸，柬埔寨，泰国，马来西亚，印度尼西亚，菲律宾，尼泊尔，不丹，印度。

黄铜翠蛱蝶 *Euthalia nara* (Moore, 1859)

分布：云南（除东北部和南部外，其他地区均有分布），西藏；越南，老挝，缅甸，泰国，尼泊尔，不丹，印度。

那拉翠蛱蝶 *Euthalia narayana* Grose-Smith & Kirby, 1891

分布：云南（临沧、保山、普洱、红河、文山、西双版纳）；老挝，缅甸，越南。

怒江翠蛱蝶 *Euthalia nujiangensis* Huang, 2001

分布：云南（怒江），西藏；缅甸。

峨眉翠蛱蝶 *Euthalia omeia* Leech, 1891

分布：云南（昭通），四川，重庆，浙江，江西，广西，福建；越南，老挝。

黄带翠蛱蝶 *Euthalia patala* (Kollar, 1844)

分布：云南（普洱、德宏、保山、西双版纳）；老挝，缅甸，泰国，尼泊尔，不丹，印度。

尖翅翠蛱蝶 *Euthalia phemius* (Doubleday, 1848)

分布：云南（西双版纳、普洱、玉溪、红河、文山、德宏），西藏，广西，广东，海南；越南，老挝，缅甸，泰国，马来西亚，尼泊尔，不丹，印度，孟加拉国。

珀翠蛱蝶 *Euthalia pratti* Leech, 1891

分布：云南（迪庆），四川，重庆，甘肃，安徽，浙江，湖北，江西，湖南，福建，广东。

拟渡带翠蛱蝶 *Euthalia pseudoduda* Lang, 2012

分布：云南（西双版纳）。

华丽翠蛱蝶 *Euthalia pulchella* (Lee, 1979)

分布：云南（迪庆、怒江），西藏；缅甸。

黄网翠蛱蝶 *Euthalia pyrrha* Leech, 1892

分布：云南（文山），四川，贵州，重庆，福建；越南，老挝。

尖翅鹰翠蛱蝶 *Euthalia saitaphernes* Fruhstorfer, 1913

分布：云南（普洱、西双版纳）；越南，老挝，缅甸，泰国，菲律宾，印度。

小渡带翠蛱蝶 *Euthalia sakota* Fruhstorfer, 1913

分布：云南（丽江、迪庆、怒江、保山）。

新颖翠蛱蝶 *Euthalia staudingeri* (Leech, 1891)

分布：云南（迪庆），四川，湖北，广西。

捻带翠蛱蝶 *Euthalia strephon* Grose-Smith, 1893

分布：云南（怒江、昭通），四川，福建。

红点翠蛱蝶 *Euthalia teuta* (Doubleday, 1848)

分布：云南（红河）；印度，泰国，老挝，越南，缅甸，马来西亚。

图瓦翠蛱蝶 *Euthalia thawgawa* Tytler, 1940

分布：云南（怒江、保山、德宏、临沧）；缅甸。

西藏翠蛱蝶 *Euthalia thibetana* Poujade, 1885

分布：云南（丽江），四川，重庆，陕西，青海，甘肃，湖南，湖北，福建，浙江。

华西翠蛱蝶 *Euthalia yanagisawai* Sugiyama, 1996

分布：云南（昆明、曲靖、大理、迪庆），四川，福建。

拟鹰翠蛱蝶 *Euthalia yao* Yoshino, 1997

分布：云南（文山），四川，湖北，广西，福建，海南。

明带翠蛱蝶 *Euthalia yasuyukii* Yoshino, 1998

分布：云南（昭通），四川，浙江，江苏，湖北，湖南，广西，福建，广东。

滇翠蛱蝶 *Euthalia yunnana* Oberthür, 1907

分布：云南（昆明、曲靖、玉溪、迪庆、怒江、丽江、大理），西藏，湖南，福建。

云南翠蛱蝶 *Euthalia yunnanica* Koiwaya, 1996

分布：云南（迪庆、怒江、丽江）。

裙蛱蝶属 *Cynitia* Snellen, 1895

黄裙蛱蝶 *Cynitia cocytus* (Fabricius, 1787)

分布：云南（德宏、临沧、红河、西双版纳），广西；越南，老挝，缅甸，柬埔寨，泰国，菲律宾，印度。

白裙蛱蝶 *Cynitia lepidea* **(Butler, 1868)**

分布：云南（普洱、临沧、保山、德宏、红河、文山、西双版纳），广西；越南，老挝，缅甸，柬埔寨，泰国，马来西亚，尼泊尔，不丹，印度，孟加拉国。

暗裙蛱蝶 *Cynitia telchinia* **(Ménétriès, 1857)**

分布：云南（普洱、红河、临沧、保山、德宏、西双版纳），西藏；老挝，缅甸，尼泊尔，不丹，印度。

绿裙蛱蝶 *Cynitia whiteheadi* **(Crowley, 1900)**

分布：云南（文山），江西，广西，福建，广东，海南。

玳蛱蝶属 *Tanaecia* Butler, 1869

褐裙玳蛱蝶 *Tanaecia jahnu* **(Moore, 1857)**

分布：云南（普洱、德宏、西双版纳）；越南，老挝，缅甸，柬埔寨，泰国，印度。

绿裙玳蛱蝶 *Tanaecia julii* **(Lesson, 1837)**

分布：云南（普洱、红河、德宏、西双版纳），广西，海南；越南，老挝，缅甸，柬埔寨，泰国，马来西亚，印度尼西亚，尼泊尔，不丹，孟加拉国，印度。

律蛱蝶属 *Lexias* Boisduval, 1832

蓝豹律蛱蝶 *Lexias cyanipardus* **(Butler, 1869)**

分布：云南（西双版纳）；越南，老挝，缅甸，柬埔寨，泰国，印度，孟加拉国。

黑角律蛱蝶 *Lexias dirtea* **(Fabricius, 1793)**

分布：云南（西双版纳），广西；越南，老挝，缅甸，泰国，柬埔寨，马来西亚，印度尼西亚，菲律宾，印度。

小豹律蛱蝶 *Lexias pardalis* **(Moore, 1878)**

分布：云南（普洱、德宏、西双版纳），广西，广东，海南；越南，老挝，缅甸，泰国，马来西亚，印度尼西亚，菲律宾，印度。

奥蛱蝶属 *Auzakia* Moore, 1898

奥蛱蝶 *Auzakia danava* **(Moore, 1857)**

分布：云南（昆明、大理、丽江、迪庆、保山、德宏、临沧、普洱、红河、昭通、西双版纳），四川，西藏，重庆，江苏，浙江，湖北，江西，福建，广东；越南，老挝，缅甸，印度尼西亚，尼泊尔，不丹，印度。

婀蛱蝶属 *Abrota* Moore, 1857

婀蛱蝶 *Abrota ganga* Moore, 1857

分布：云南（怒江、丽江、迪庆），四川，贵州，

西藏，重庆，陕西，湖北，江西，湖南，福建，广东，广西，台湾；越南，尼泊尔，不丹，印度。

点蛱蝶属 *Neurosigma* Butler, 1869

点蛱蝶 *Neurosigma siva* **(Westwood, 1850)**

分布：云南（怒江、德宏、普洱、西双版纳），西藏；越南，老挝，缅甸，泰国，不丹，印度。

线蛱蝶属 *Limenitis* Fabricius, 1807

缕蛱蝶 *Limenitis cottini* Oberthür, 1884

分布：云南（丽江、迪庆、怒江），四川，西藏，甘肃，青海。

蓝线蛱蝶 *Limenitis dubernardi* Oberthür, 1903

分布：云南（迪庆）。

扬眉线蛱蝶 *Limenitis helmanni* Lederer, 1853

分布：云南（迪庆、昭通），四川，重庆，黑龙江，吉林，辽宁，河北，北京，河南，山西，陕西，甘肃，新疆，浙江，湖北，江西；韩国，俄罗斯，中亚。

戟眉线蛱蝶 *Limenitis homeyeri* Tancré, 1881

分布：云南（昆明、曲靖、昭通、玉溪、大理、丽江、迪庆、怒江），四川，重庆，黑龙江，吉林，辽宁，河北，北京，河南，陕西，甘肃，宁夏，青海；韩国，俄罗斯。

拟缕蛱蝶 *Limenitis mimica* Poujade, 1885

分布：云南（大理、丽江、迪庆、怒江、保山），四川，重庆，河南，陕西，湖北。

拟戟眉线蛱蝶 *Limenitis misuji* Sugiyama, 1994

分布：云南（昭通、迪庆、怒江），四川，甘肃，浙江，湖北，江西，湖南，福建。

红线蛱蝶 *Limenitis populi* **(Linnaeus, 1758)**

分布：云南（丽江、迪庆、怒江），四川，西藏，重庆，黑龙江，吉林，辽宁，新疆，内蒙古，河南，陕西，湖北；日本，蒙古国，俄罗斯，欧洲。

倒钩线蛱蝶 *Limenitis recurve* **(Leech, 1892)**

分布：云南（昭通、丽江），四川，重庆，湖北。

西藏缕蛱蝶 *Limenitis rileyi* Tytler, 1940

分布：云南（红河、怒江），西藏；越南，老挝，缅甸。

残颚线蛱蝶 *Limenitis sulpitia* **(Cramer, 1779)**

分布：云南（昆明、玉溪、普洱、昭通、红河、文山、大理、西双版纳），四川，重庆，河南，安徽，浙江，湖北，江西，广西，福建，广东，海南，台

湾；越南，老挝，缅甸。

折线蛱蝶 *Limenitis sydyi* Lederer, 1853

分布：云南（迪庆），四川，重庆，新疆，北京，内蒙古，河北，河南，陕西，上海，安徽，浙江，湖北，江西，湖南；俄罗斯。

葩蛱蝶属 *Patsuia* Moore, 1898

中华葩蛱蝶 *Patsuia sinensium* (Oberthür, 1876)

分布：云南（丽江、迪庆、怒江），四川，北京，河北，山西，河南，陕西，甘肃，青海。

俳蛱蝶属 *Parasarpa* Moore, 1898

白斑俳蛱蝶 *Parasarpa albomaculata* (Leech, 1891)

分布：云南（昭通、迪庆），四川，重庆，湖北，陕西。

丫纹俳蛱蝶 *Parasarpa dudu* (Westwood, 1850)

分布：云南（普洱、临沧、保山、怒江、德宏、西双版纳），西藏，广东，海南，台湾；越南，老挝，缅甸，泰国，印度尼西亚，尼泊尔，不丹，印度，孟加拉国。

彩衣俳蛱蝶 *Parasarpa houlberti* (Oberthür, 1913)

分布：云南（迪庆、怒江、红河、西双版纳）；越南，老挝，泰国，印度。

西藏俳蛱蝶 *Parasarpa zayla* (Doubleday, 1848)

分布：云南（保山、怒江），西藏；越南，缅甸，尼泊尔，不丹，印度，孟加拉国。

肃蛱蝶属 *Sumalia* Moore, 1898

肃蛱蝶 *Sumalia daraxa* (Doubleday, 1848)

分布：云南（昆明、保山、德宏、临沧、普洱、玉溪、红河、西双版纳），西藏，海南；越南，老挝，缅甸，柬埔寨，泰国，马来西亚，印度尼西亚，不丹，印度，尼泊尔，孟加拉国。

带蛱蝶属 *Athyma* Westwood, 1850

珠履带蛱蝶 *Athyma asura* Moore, 1857

分布：云南（昭通、迪庆、玉溪、普洱、怒江、西双版纳），四川，贵州，西藏，重庆，湖北，江西，湖南，广西，福建，海南，台湾；越南，老挝，缅甸，泰国，马来西亚，印度尼西亚，尼泊尔，印度。

双色带蛱蝶 *Athyma cama* Moore, 1857

分布：云南（玉溪、普洱、德宏、保山、西双版纳），西藏，广西，海南，台湾；越南，老挝，缅甸，泰国，马来西亚，印度尼西亚，尼泊尔，不丹，印度。

幸福带蛱蝶 *Athyma fortuna* Leech, 1889

分布：云南（昭通），四川，河南，陕西，浙江，江西，广东，福建，台湾；泰国，老挝，越南。

玉杵带蛱蝶 *Athyma jina* Moore, 1857

分布：云南（除西北部高海拔地区外，其他地区均有分布），四川，西藏，重庆，河南，甘肃，安徽，湖北，江西，湖南，广西，福建，台湾；越南，老挝，缅甸，尼泊尔，印度。

坎带蛱蝶 *Athyma kanwa* Moore, 1858

分布：云南（西双版纳）；越南，老挝，缅甸，泰国，马来西亚，新加坡，印度尼西亚，印度。

蜡带蛱蝶 *Athyma larymna* (Doubleday, [1848])

分布：云南（西双版纳）；越南，老挝，缅甸，泰国，柬埔寨，马来西亚，印度尼西亚。

相思带蛱蝶 *Athyma nefte* (Cramer, 1780)

分布：云南（曲靖、玉溪、普洱、德宏、红河、文山、西双版纳），广西，广东，海南，香港；越南，老挝，缅甸，柬埔寨，泰国，马来西亚，印度尼西亚，尼泊尔，不丹，印度。

虬眉带蛱蝶 *Athyma opalina* (Kollar, 1844)

分布：云南（全省各地均有分布），四川，贵州，西藏，重庆，河南，陕西，甘肃，安徽，浙江，湖北，江西，湖南，福建，台湾；越南，老挝，缅甸，尼泊尔，不丹，印度。

东方带蛱蝶 *Athyma orientalis* Elwes, 1888

分布：云南（普洱、文山、昭通、保山、迪庆），四川，贵州，西藏，重庆，浙江，湖北，湖南，广西，福建，广东；越南，老挝，缅甸，尼泊尔，不丹，印度。

玄珠带蛱蝶 *Athyma perius* (Linnaeus, 1758)

分布：云南（昆明、玉溪、普洱、红河、文山、德宏、临沧、保山、西双版纳），江西，广西，福建，广东，海南，台湾；越南，老挝，缅甸，柬埔寨，泰国，马来西亚，印度尼西亚，尼泊尔，不丹，印度。

畸带蛱蝶 *Athyma pravara* Moore, 1857

分布：云南（西双版纳），广西；越南，老挝，缅甸，泰国，马来西亚，印度尼西亚，菲律宾，印度。

六点带蛱蝶 *Athyma punctata* Leech, 1890

分布：云南（昭通、迪庆、保山、怒江），四川，重庆，甘肃，湖北，广西，福建；越南，老挝，缅甸，泰国。

离斑带蛱蝶 *Athyma ranga* Moore, 1857

分布：云南（玉溪、红河、文山、普洱、德宏、昭通、西双版纳），四川，重庆，湖北，广西，福建，广东，海南；越南，老挝，缅甸，尼泊尔，不丹，印度。

新月带蛱蝶 *Athyma selenophora* (Kollar, 1844)

分布：云南（玉溪、普洱、红河、临沧、德宏、西双版纳），西藏，重庆，江西，广西，福建，广东，海南，台湾；日本，越南，老挝，缅甸，柬埔寨，泰国，马来西亚，印度尼西亚，尼泊尔，不丹，印度，孟加拉国。

孤斑带蛱蝶 *Athyma zeroca* Moore, 1872

分布：云南（曲靖、红河、普洱、德宏、西双版纳），贵州，西藏，湖南，广西，福建，海南，广东；越南，老挝，缅甸，泰国，不丹，印度。

雷蛱蝶属 *Lebadea* Felder, 1861

雷蛱蝶 *Lebadea martha* Fabricius, 1787

分布：云南（德宏、普洱、红河、西双版纳），广西；越南，老挝，缅甸，柬埔寨，泰国，马来西亚，印度尼西亚。

穆蛱蝶属 *Moduza* Moore, 1881

穆蛱蝶 *Moduza procris* (Cramer, 1777)

分布：云南（德宏、普洱、玉溪、红河、西双版纳），广东，广西，海南；越南，老挝，缅甸，泰国，马来西亚，印度尼西亚，印度，斯里兰卡。

蟠蛱蝶属 *Pantoporia* Hübner, 1819

短带蟠蛱蝶 *Pantoporia assamica* (Moore, 1881)

分布：云南（普洱、西双版纳）；缅甸，印度。

蟠蛱蝶 *Pantoporia aurelia* (Staudinger, 1886)

分布：云南（普洱、西双版纳）；老挝，缅甸，泰国，马来西亚，印度尼西亚，印度。

苾蟠蛱蝶 *Pantoporia bieti* (Oberthür, 1894)

分布：云南（昭通、迪庆），西藏，四川，重庆，湖北，海南；越南，缅甸。

灰腺蟠蛱蝶 *Pantoporia dindinga* (Butler, 1879)

分布：云南（西双版纳）；缅甸，泰国，马来西亚，印度尼西亚。

金蟠蛱蝶 *Pantoporia hordonia* (Stoll, 1790)

分布：云南（文山、红河、玉溪、普洱、德宏、西双版纳），广西，广东，海南，台湾；越南，老挝，缅甸，泰国，印度尼西亚，菲律宾，尼泊尔，印度，斯里兰卡。

鹃蟠蛱蝶 *Pantoporia paraka* (Butler, 1879)

分布：云南（西双版纳），海南；越南，老挝，缅甸，柬埔寨，泰国，马来西亚，印度尼西亚，菲律宾，印度。

山蟠蛱蝶 *Pantoporia sandaka* (Butler, 1892)

分布：云南（普洱、玉溪、德宏、红河、西双版纳），西藏，广西，海南；老挝，缅甸，泰国，马来西亚，印度尼西亚，印度。

蜡蛱蝶属 *Lasippa* Moore, 1898

柬蜡蛱蝶 *Lasippa camboja* (Moore, 1879)

分布：云南（西双版纳）；越南，老挝，缅甸，泰国，柬埔寨，马来西亚，印度。

日光蜡蛱蝶 *Lasippa heliodore* (Fabricius, 1787)

分布：云南（红河、西双版纳），海南；老挝，缅甸，泰国，马来西亚，印度尼西亚。

山蜡蛱蝶 *Lasippa monata* (Weyenbergh, 1874)

分布：云南（西双版纳）；越南，老挝，缅甸，泰国，马来西亚，印度尼西亚。

味蜡蛱蝶 *Lasippa viraja* (Moore, 1872)

分布：云南（普洱），海南；老挝，缅甸，印度，孟加拉国。

环蛱蝶属 *Neptis* Fabricius, 1807

重环蛱蝶 *Neptis alwina* (Bremer & Grey, 1852)

分布：云南（昭通），四川，西藏，重庆，黑龙江，吉林，辽宁，内蒙古，河北，北京，河南，陕西，甘肃，青海，浙江，湖北，湖南，福建；蒙古国，韩国，日本，俄罗斯。

阿环蛱蝶 *Neptis ananta* Moore, 1857

分布：云南（红河、普洱、德宏、迪庆、丽江、大理），西藏，四川，重庆，安徽，浙江，江西，广西，福建，海南；越南，老挝，缅甸，泰国，尼泊尔，不丹，印度。

细带链环蛱蝶 *Neptis andetria* Fruhstorfer, 1912

分布：云南（昭通），四川，重庆，黑龙江，北京，陕西，甘肃，湖北；韩国，俄罗斯。

羚环蛱蝶 *Neptis antilope* Leech, 1890

分布：云南（迪庆、怒江），四川，重庆，河北，河南，山西，陕西，浙江，湖北，湖南，广东；越南。

蛛环蛱蝶 *Neptis arachne* Leech, 1890

分布：云南（昭通、曲靖、大理、丽江、迪庆），四川，重庆，陕西，甘肃，浙江，湖北。

矛环蛱蝶 *Neptis armandia* (Oberthür, 1876)

分布：云南（昆明、昭通、大理、丽江、迪庆、保山、怒江），四川，贵州，西藏，重庆，陕西，浙江，湖北，湖南，广西，海南；越南，尼泊尔，印度。

卡环蛱蝶 *Neptis cartica* Moore, 1872

分布：云南（玉溪、普洱、德宏、大理、怒江、西双版纳），浙江，广西，福建，海南；越南，老挝，缅甸，泰国，尼泊尔，不丹，印度。

珂环蛱蝶 *Neptis clinia* Moore, 1872

分布：云南（昭通、普洱、临沧、保山、德宏、红河、文山、西双版纳），四川，贵州，西藏，重庆，浙江，广西，福建，海南；越南，老挝，缅甸，泰国，马来西亚，印度尼西亚，菲律宾，尼泊尔，印度。

黄重环蛱蝶 *Neptis cydippe* Leech, 1890

分布：云南（昭通、怒江、迪庆），四川，重庆，甘肃，湖北，福建；印度。

德环蛱蝶 *Neptis dejeani* Oberthür, 1894

分布：云南（昆明、曲靖、文山、大理、保山、丽江、迪庆），四川；越南。

五段环蛱蝶 *Neptis divisa* Oberthür, 1908

分布：云南（昆明、昭通、丽江、迪庆、怒江），四川。

烟环蛱蝶 *Neptis harita* Moore, 1875

分布：云南（普洱、红河、德宏、西双版纳），西藏；越南，老挝，缅甸，泰国，马来西亚，印度尼西亚，孟加拉国，印度。

莲花环蛱蝶 *Neptis hesione* Leech, 1890

分布：云南（怒江、迪庆），四川，湖北，台湾。

中环蛱蝶 *Neptis hylas* (Linnaeus, 1758)

分布：云南（昭通、玉溪、曲靖、普洱、红河、文山、临沧、保山、德宏、西双版纳），西藏，四川，重庆，河南，陕西，湖北，江西，福建，广东，广西，海南，香港，台湾；日本，越南，老挝，缅甸，柬埔寨，泰国，马来西亚，印度尼西亚，尼泊尔，印度，斯里兰卡。

伊洛环蛱蝶 *Neptis ilos* Fruhstorfer, 1909

分布：云南（红河），四川，黑龙江，河北，北京，山西，陕西，甘肃，湖北，湖南，福建，台湾；韩国，俄罗斯，越南。

仿斑伞蛱蝶 *Neptis imitans* Oberthür, 1897

分布：云南（迪庆、丽江、大理、怒江），四川，西藏。

白环蛱蝶 *Neptis leucoporos* Fruhstorfer, 1908

分布：云南（西双版纳），海南；越南，缅甸，泰国，马来西亚，印度尼西亚。

宽环蛱蝶 *Neptis mahendra* Moore, 1872

分布：云南（大理、丽江、迪庆、怒江、保山），四川，西藏；尼泊尔，印度。

玛环蛱蝶 *Neptis manasa* Moore, 1857

分布：云南（怒江、迪庆），四川，西藏，重庆，安徽，浙江，湖北，广西，福建，湖南，海南；越南，老挝，缅甸，泰国，尼泊尔，印度。

弥环蛱蝶 *Neptis miah* Moore, 1857

分布：云南（昭通、楚雄、红河、文山、玉溪、普洱、西双版纳），四川，重庆，甘肃，湖北，湖南，广西，福建，海南，广东；越南，老挝，缅甸，泰国，马来西亚，印度尼西亚，不丹，印度。

那巴环蛱蝶 *Neptis namba* Tytler, 1915

分布：云南（昭通、红河、西双版纳），四川，贵州，广西，海南；越南，老挝，缅甸，不丹，印度。

那拉环蛱蝶 *Neptis narayana* Moore, 1858

分布：云南（昭通、迪庆），四川；越南，老挝，泰国，尼泊尔，不丹，印度。

基环蛱蝶 *Neptis nashona* Swinhoe, 1896

分布：云南（德宏、昭通、红河），四川；越南，老挝，缅甸，泰国，印度。

娜环蛱蝶 *Neptis nata* Moore, 1857

分布：云南（普洱、红河、德宏、怒江、西双版纳），西藏，海南，台湾；越南，老挝，缅甸，柬埔寨，泰国，马来西亚，印度尼西亚，印度。

茂环蛱蝶 *Neptis nemorosa* Oberthür, 1906

分布：云南（昭通、迪庆），四川，陕西，甘肃，湖北。

森环蛱蝶 *Neptis nemorum* Oberthür, 1906

分布：云南（迪庆）；越南，老挝，印度。

瑙环蛱蝶 *Neptis noyala* Oberthür, 1906

分布：云南（普洱），四川，重庆，福建，海南，台湾。

夜环蛱蝶 *Neptis nycteus* de Nicéville, 1890

分布：云南（怒江），西藏；不丹，尼泊尔。

啡环蛱蝶 *Neptis philyra* Ménétriès, 1859

分布：云南（迪庆），四川，重庆，黑龙江，吉林，河南，陕西，安徽，浙江，湖北，台湾；韩国，日本，俄罗斯。

钱氏环蛱蝶 *Neptis qianweiguoi* Huang, 2002

分布：云南（怒江）。

紫环蛱蝶 *Neptis radha* Moore, 1857

分布：云南（昭通、怒江、红河、西双版纳），四川，重庆；越南，老挝，缅甸，泰国，尼泊尔，不丹，印度。

断环蛱蝶 *Neptis sankara* (Kollar, 1844)

分布：云南（全省各地均有分布），四川，西藏，重庆，河南，甘肃，浙江，湖北，江西，湖南，广西，福建，台湾；越南，老挝，缅甸，泰国，马来西亚，印度尼西亚，尼泊尔，印度。

小环蛱蝶 *Neptis sappho* (Pallas, 1771)

分布：云南（全省各地均有分布），四川，贵州，西藏，重庆，黑龙江，吉林，辽宁，北京，天津，山东，河南，陕西，宁夏，江苏，安徽，浙江，湖北，江西，湖南，广西，福建，广东，香港，台湾；韩国，日本，越南，老挝，缅甸，泰国，尼泊尔，巴基斯坦，印度，俄罗斯，东欧。

娑环蛱蝶 *Neptis soma* Moore, 1858

分布：云南（昆明、玉溪、普洱、红河、临沧、大理、保山、怒江、德宏、昭通、西双版纳），四川，贵州，西藏，重庆，湖北，湖南，广西，海南，台湾；老挝，缅甸，泰国，马来西亚，尼泊尔，印度。

司环蛱蝶 *Neptis speyeri* Staudinger, 1887

分布：云南（迪庆、怒江），贵州，黑龙江，吉林，浙江，广西，福建；韩国，俄罗斯。

林环蛱蝶 *Neptis sylvana* Oberthür, 1906

分布：云南（昆明、大理、丽江、迪庆、普洱），台湾；缅甸。

提环蛱蝶 *Neptis thisbe* Ménétriès, 1859

分布：云南（迪庆、怒江、丽江），四川，黑龙江，吉林，辽宁，湖北，浙江，福建；韩国，俄罗斯。

黄环蛱蝶 *Neptis themis* Leech, 1890

分布：云南（昭通、丽江、迪庆、怒江），四川，西藏，重庆，北京，河北，陕西，甘肃，浙江，湖北，湖南。

泰环蛱蝶 *Neptis thestias* Leech, 1892

分布：云南（怒江），四川，重庆。

海环蛱蝶 *Neptis thetis* Leech, 1890

分布：云南（迪庆），四川，西藏，北京，陕西，湖北，湖南，福建。

耶环蛱蝶 *Neptis yerburii* Butler, 1886

分布：云南（昆明、昭通、普洱、大理、保山、西双版纳），四川，西藏，重庆，安徽，浙江，湖北，江西，湖南，福建；老挝，缅甸，泰国，巴基斯坦，印度。

云南环蛱蝶 *Neptis yunnana* Oberthür, 1906

分布：云南（丽江、迪庆、怒江），四川。

金环蛱蝶 *Neptis zaida* Doubleday, 1848

分布：云南（怒江、西双版纳），西藏；老挝，缅甸，泰国，不丹，尼泊尔，印度。

菲蛱蝶属 *Phaedyma* Felder, 1861

蔼菲蛱蝶 *Phaedyma aspasia* (Leech, 1890)

分布：云南（昭通、迪庆），四川，西藏，重庆，浙江；缅甸，尼泊尔，不丹，印度。

柱菲蛱蝶 *Phaedyma columella* (Cramer, 1780)

分布：云南（红河、西双版纳），广东，海南，香港；越南，老挝，缅甸，泰国，马来西亚，印度尼西亚，菲律宾，印度，孟加拉国。

方环蝶属 *Discophora* Boisduval, 1836

褐黄方环蝶 *Discophora deo* Nicéville, 1898

分布：云南（红河、德宏、西双版纳）；印度，缅甸，老挝，越南，泰国，柬埔寨。

凤眼方环蝶 *Discophora sondaica* Boisduval, 1836

分布：云南（玉溪、普洱、红河、文山、德宏、西双版纳），西藏，广西，福建，广东，海南，香港，台湾；越南，老挝，缅甸，泰国，马来西亚，印度尼西亚，菲律宾，尼泊尔，印度。

惊恐方环蝶 *Discophora timora* Westwood, 1850

分布：云南（红河、德宏、西双版纳）；越南，老挝，缅甸，泰国，马来西亚，尼泊尔，印度，孟加拉国。

矩环蝶属 *Enispe* Doubleday, 1848

蓝带矩环蝶 *Enispe cycnus* Westwood, 1851

分布：云南（红河、怒江），西藏；越南，老挝，缅甸，印度。

矩环蝶 *Enispe euthymius* (Doubleday, 1845)

分布：云南（德宏、普洱、红河、西双版纳），西藏；越南，老挝，缅甸，泰国，马来西亚，尼泊尔，不丹，印度。

月纹矩环蝶 *Enispe lunatum* Leech, 1891

分布：云南（昭通），四川，广东，海南。

纹环蝶属 *Aemona* Hewitson, 1868

纹环蝶 *Aemona amathusia* (Hewitson, 1867)

分布：云南（红河），西藏，福建，广东，广西；越南，老挝，不丹，印度。

隐纹环蝶 *Aemona implicata* **Monastyrskii & Devyatkin, 2003**

分布：云南（西双版纳）；越南。

尖翅纹环蝶 *Aemona lena* **Atkinson, 1871**

分布：云南（普洱、德宏、西双版纳）；老挝，缅甸，泰国。

奥倍纹环蝶 *Aemona oberthueri* **Stichel, 1906**

分布：云南（曲靖），四川，贵州，重庆，湖北，江西，福建，广西；越南。

串珠环蝶属 *Faunis* Hübner, 1819

灰翅串珠环蝶 *Faunis aerope* (Leech, 1890)

分布：云南（昭通、曲靖），四川，贵州，西藏，重庆，陕西，甘肃，浙江，湖北，湖南，广西，福建，海南。

天青串珠环蝶 *Faunis caelestis* **Monastyrskii & Lang, 2016**

分布：云南（红河、文山）；越南。

褐串珠环蝶 *Faunis canens* **Hübner, 1826**

分布：云南（普洱、红河、西双版纳），广西；越南，老挝，缅甸，泰国，马来西亚，印度尼西亚，不丹，印度。

串珠环蝶 *Faunis eumeus* (Drury, 1773)

分布：云南（玉溪、普洱、德宏、西双版纳），广西，广东，海南，香港，台湾；越南，老挝，缅甸，泰国。

云南串珠环蝶 *Faunis yunnanensis* **Brooks, 1933**

分布：云南（怒江）。

箭环蝶属 *Stichophthalma* Felder & Felder, 1862

箭环蝶 *Stichophthalma howqua* (Westwood, 1851)

分布：云南（红河），上海，安徽，浙江，江苏，江西，湖南，海南，台湾；越南。

白袖箭环蝶 *Stichophthalma mathilda* **Janet, 1905**

分布：云南（普洱、西双版纳）；越南，老挝，泰国。

双星箭环蝶 *Stichophthalma neumogeni* **Leech, 1892**

分布：云南（怒江、昭通、红河），四川，西藏，重庆，陕西，甘肃，湖北，福建，湖南；越南。

斯巴达箭环蝶 *Stichophthalma sparta* de Nicéville, 1894

分布：云南（怒江、大理）；缅甸，印度。

华西箭环蝶 *Stichophthalma suffusa* **Leech, 1892**

分布：云南（红河、文山、昭通），四川，贵州，重庆，湖北，江西，湖南，福建，广西；越南。

斑环蝶属 *Thaumantis* Hübner, 1826

紫斑环蝶 *Thaumantis diores* **Doubleday, 1845**

分布：云南（普洱、红河、德宏、西双版纳），西藏；越南，老挝，缅甸，柬埔寨，泰国，不丹，印度。

带环蝶属 *Thauria* Moore, 1894

斜带环蝶 *Thauria lathyi* (Fruhstorfer, 1902)

分布：云南（红河、西双版纳）；越南，老挝，缅甸，泰国，马来西亚。

暮眼蝶属 *Melanitis* Fabricius, 1807

暮眼蝶 *Melanitis leda* (Linnaeus, 1758)

分布：云南（除高海拔地区外，其他地区均有分布），四川，西藏，贵州，重庆，山东，河南，陕西，浙江，湖南，湖北，广西，广东，海南，福建，香港，澳门，台湾；日本，澳大利亚，东南亚，非洲。

睇暮眼蝶 *Melanitis phedima* (Cramer, [1780])

分布：云南（德宏、保山、临沧、普洱、玉溪、红河、文山、曲靖、昭通、西双版纳），西藏，四川，贵州，重庆，江西，湖北，浙江，湖南，广西，福建，广东，海南，香港，澳门，台湾；日本，印度，越南，泰国，缅甸，老挝，马来西亚，印度尼西亚，柬埔寨。

黄带暮眼蝶 *Melanitis zitenius* (Herbst, 1796)

分布：云南（红河、西双版纳），海南；印度，缅甸，泰国，柬埔寨，老挝，越南，马来西亚，印度尼西亚。

黛眼蝶属 *Lethe* Hübner, [1819]

白条黛眼蝶 *Lethe albolineata* (Poujade, 1884)

分布：云南（昭通、迪庆），四川，重庆，河南，陕西，湖北，江西。

安徒生黛眼蝶 *Lethe andersoni* (Atkinson, 1871)

分布：云南（昆明、玉溪、大理、丽江、保山）。

银纹黛眼蝶 *Lethe argentata* (Leech, 1891)

分布：云南（迪庆），四川，甘肃。

中华黛眼蝶 *Lethe armandina* (Oberthür, 1881)

分布：云南（丽江），四川。

贝利黛眼蝶 *Lethe baileyi* South, 1913
分布：云南（怒江、迪庆），西藏。

保山黛眼蝶 *Lethe baoshana* (Huang, Wu & Yuan, 2003)
分布：云南（保山、迪庆、丽江），四川。

华西黛眼蝶 *Lethe baucis* Leech, 1891
分布：云南（大理、丽江、迪庆），四川，重庆，甘肃，陕西，湖北。

帕拉黛眼蝶 *Lethe bhairava* (Moore, [1858])
分布：云南（红河），西藏；越南，泰国，缅甸，不丹，印度。

直线黛眼蝶 *Lethe brisanda* de Nicéville, 1886
分布：云南（保山），西藏；缅甸，不丹，印度。

缅甸黛眼蝶 *Lethe burmana* Tytler, 1939
分布：云南（怒江）；缅甸。

圆翅黛眼蝶 *Lethe butleri* Leech, 1889
分布：云南（昭通），重庆，四川，河南，陕西，甘肃，浙江，江西，湖北，福建，台湾。

卡米拉黛眼蝶 *Lethe camilla* Leech, 1891
分布：云南（昭通），四川，福建。

曲纹黛眼蝶 *Lethe chandica* (Moore, [1858])
分布：云南（昭通、德宏、普洱、红河、文山、西双版纳），西藏，四川，贵州，重庆，江西，浙江，广西，福建，海南，广东，香港，台湾；越南，老挝，缅甸，泰国，马来西亚，印度尼西亚，菲律宾，尼泊尔，不丹，印度。

长清黛眼蝶 *Lethe changchini* Huang, 2019
分布：云南（丽江、迪庆）。

白带黛眼蝶 *Lethe confusa* Aurivillius, 1898
分布：云南（全省低海拔地区均有分布），西藏，贵州，重庆，江西，浙江，湖北，湖南，广西，福建，海南，广东，香港；越南，老挝，缅甸，泰国，马来西亚，印度尼西亚，尼泊尔，印度，巴基斯坦。

圣母黛眼蝶 *Lethe cybele* Leech, 1893
分布：云南（昭通），四川，重庆，西藏，陕西。

黛眼蝶 *Lethe dura* (Marshall, 1882)
分布：云南（昆明、楚雄、大理、保山、怒江、昭通），西藏，四川，重庆，甘肃，陕西，江西，湖北，浙江，福建，广东，台湾；印度，不丹，尼泊尔，泰国，老挝，越南。

云纹黛眼蝶 *Lethe elwesi* (Moore, 1892)
分布：云南（怒江、迪庆），西藏；印度，尼泊尔，不丹。

长纹黛眼蝶 *Lethe europa* (Fabricius, 1775)
分布：云南（德宏、普洱、红河、文山、西双版纳），浙江，江西，广西，广东，海南，福建，台湾，香港，澳门；越南，老挝，柬埔寨，缅甸，泰国，马来西亚，菲律宾，印度尼西亚，印度，尼泊尔。

孪斑黛眼蝶 *Lethe gemina* Leech, 1891
分布：云南（西双版纳），四川，西藏，重庆，浙江，广西，海南，台湾；越南，老挝，缅甸，印度，尼泊尔。

波氏黛眼蝶 *Lethe giancbozanoi* Lang & Monastyrskii, 2016
分布：云南（怒江、迪庆、丽江）。

高帕黛眼蝶 *Lethe goalpara* (Moore, [1866])
分布：云南（保山），西藏；印度，不丹，尼泊尔，缅甸，越南。

纤细黛眼蝶 *Lethe gracilis* (Oberthür, 1886)
分布：云南（迪庆、丽江、怒江），四川。

戈黛眼蝶 *Lethe gregoryi* Watkins, 1927
分布：云南（迪庆、丽江、怒江），四川，西藏。

固匿黛眼蝶 *Lethe gulnihal* de Nicéville, 1887
分布：云南（德宏、保山、西双版纳），西藏；缅甸，不丹，印度。

线纹黛眼蝶 *Lethe hecate* Leech, 1891
分布：云南（昭通、迪庆），四川；越南。

宽带黛眼蝶 *Lethe helena* Leech, 1891
分布：云南（昭通），四川，重庆，浙江，江西，福建，广东，海南，广西。

明带黛眼蝶 *Lethe helle* (Leech, 1891)
分布：云南（迪庆），四川。

深山黛眼蝶 *Lethe hyrania* (Kollar, 1844)
分布：云南（怒江、保山、普洱），西藏，江西，安徽，浙江，广西，福建，广东，海南，香港，台湾；不丹，尼泊尔，印度，缅甸，泰国，老挝，越南。

小云斑黛眼蝶 *Lethe jalaurida* (de Nicéville, 1881)
分布：云南（怒江、迪庆、丽江），四川，西藏；印度，尼泊尔，不丹。

建青黛眼蝶 *Lethe jianqingi* Lang, 2016
分布：云南（大理、丽江），四川。

康藏黛眼蝶 *Lethe kanjupkula* Tytler, 1914
分布：云南（怒江），西藏，广西；缅甸，印度。

甘萨黛眼蝶 *Lethe kansa* (Moore, 1857)

分布：云南（普洱、德宏、西双版纳），海南；越南，老挝，缅甸，泰国，尼泊尔，印度。

窄线黛眼蝶 *Lethe kazuichiroi* Yoshino, 2008

分布：云南（怒江）；缅甸。

高黎贡黛眼蝶 *Lethe kouleikouzana* Yoshino, 2008

分布：云南（怒江）。

蟠纹黛眼蝶 *Lethe labyrinthea* Leech, 1890

分布：云南（昭通），四川，贵州，重庆，陕西，甘肃，湖北。

朗黛眼蝶 *Lethe langsongyuni* Huang, Wang & Fan, 2019

分布：云南（迪庆、丽江）。

直带黛眼蝶 *Lethe lanaris* Butler, 1877

分布：云南（昭通），四川，重庆，河南，陕西，江西，浙江，福建，上海，江苏，湖南，湖北，广东；越南。

侧带黛眼蝶 *Lethe latiaris* (Hewitson, 1863)

分布：云南（怒江、德宏、保山），西藏；越南，老挝，缅甸，泰国，不丹，印度，尼泊尔。

李黛眼蝶 *Lethe liae* Huang, 2002

分布：云南（怒江）。

傈僳黛眼蝶 *Lethe lisuae* (Huang, 2002)

分布：云南（怒江）；缅甸。

黄带黛眼蝶 *Lethe luteofasciata* (Poujade, 1884)

分布：云南（昭通，迪庆），四川，重庆。

卢氏黛眼蝶 *Lethe luyanquani* Huang, 2019

分布：云南（迪庆）。

吴氏黛眼蝶 *Lethe lyncus* de Nicéville, 1897

分布：云南（怒江），西藏；缅甸。

迷纹黛眼蝶 *Lethe maitrya* de Nicéville, 1881

分布：云南（怒江、保山、迪庆、丽江、大理），四川，西藏；缅甸，印度，尼泊尔，不丹。

边纹黛眼蝶 *Lethe marginalis* (Motschulsky, 1860)

分布：云南（丽江、迪庆），四川，重庆，贵州，黑龙江，吉林，辽宁，北京，河南，陕西，甘肃，浙江；韩国，日本，俄罗斯。

三楔黛眼蝶 *Lethe mekara* (Moore, [1858])

分布：云南（普洱、德宏、红河、西双版纳），广西，福建；越南，老挝，缅甸，泰国，马来西亚，印度尼西亚，尼泊尔，不丹，印度。

米纹黛眼蝶 *Lethe minerva* (Fabricius, 1775)

分布：云南（西双版纳）；越南，老挝，缅甸，泰国，马来西亚，印度尼西亚。

米勒黛眼蝶 *Lethe moelleri* (Elwes, 1887)

分布：云南（怒江），西藏，广西；缅甸，印度，不丹。

纳迦黛眼蝶 *Lethe naga* Doherty, 1889

分布：云南（普洱、保山、德宏、西双版纳），西藏，海南；印度，缅甸，泰国，老挝，越南。

新带黛眼蝶 *Lethe neofasciata* Lee, 1985

分布：云南（大理、丽江、迪庆、怒江），四川；缅甸。

锯纹黛眼蝶 *Lethe nicetas* (Hewitson, 1863)

分布：云南（怒江），西藏；越南，印度，尼泊尔。

野濑黛眼蝶 *Lethe nosei* (Koiwaya, 2000)

分布：云南（怒江）；缅甸。

小圈黛眼蝶 *Lethe ocellata* Pouade, 1885

分布：云南（昭通、保山），四川，重庆，湖北，湖南；越南。

八目黛眼蝶 *Lethe oculatissima* (Poujade, 1885)

分布：云南（丽江、迪庆、玉溪），四川，陕西，湖北；缅甸。

拟彩斑黛眼蝶 *Lethe paraprocne* Lang & Liu, 2014

分布：云南（迪庆、丽江、大理），四川。

彩斑黛眼蝶 *Lethe procne* (Leech, 1891)

分布：云南（昆明、昭通、丽江、迪庆），四川，重庆，贵州，陕西，甘肃，广西。

比目黛眼蝶 *Lethe proxima* Leech, [1892]

分布：云南（昭通），四川，陕西，湖北。

银线黛眼蝶 *Lethe ramadeva* (de Nicéville, 1887)

分布：云南（大理，怒江，迪庆），四川，西藏；缅甸，不丹，印度。

波纹黛眼蝶 *Lethe rohria* (Fabricius, 1787)

分布：云南（昆明、玉溪、普洱、西双版纳、红河、文山、大理、保山、德宏），四川，江西，福建，广东，海南，香港，澳门，台湾；越南，老挝，缅甸，泰国，尼泊尔，不丹，印度，巴基斯坦，斯里兰卡，印度尼西亚。

华山黛眼蝶 *Lethe serbonis* (Hewitson, 1876)

分布：云南（昭通、怒江、保山、迪庆、丽江），四川，重庆，西藏，陕西，甘肃，湖北，江西，福建；缅甸，不丹，尼泊尔，印度。

白水隆黛眼蝶 *Lethe shirozui* (Sugiyama, 1997)

分布：云南（丽江、迪庆），四川。

康定黛眼蝶 *Lethe sicelides* Grose-Smith, 1893

分布：云南（昭通），四川，重庆，广西。

细黛眼蝶 *Lethe siderea* **Marshall, 1881**

分布：云南（昭通、怒江、保山），四川，重庆，江西，湖南，广东，台湾；越南，老挝，缅甸，泰国，印度，尼泊尔，不丹。

西峒黛眼蝶 *Lethe sidonis* **(Hewitson, 1863)**

分布：云南（昆明、大理、保山、怒江），西藏；越南，缅甸，尼泊尔，印度，阿富汗。

尖尾黛眼蝶 *Lethe sinorix* **(Hewitson, 1863)**

分布：云南（德宏、西双版纳），西藏，浙江，福建，广东，香港；越南，老挝，缅甸，泰国，马来西亚，尼泊尔，不丹，印度。

斯斯黛眼蝶 *Lethe sisii* **Lang & Monastyrskii, 2016**

分布：云南（昭通），四川，重庆，甘肃，陕西，湖北。

连纹黛眼蝶 *Lethe syrcis* **(Hewitson, 1863)**

分布：云南（昆明、昭通、红河），四川，重庆，河南，江西，浙江，安徽，广西，福建，广东；越南。

素拉黛眼蝶 *Lethe sura* **(Doubleday, [1849])**

分布：云南（德宏、保山、红河），西藏；印度，尼泊尔，不丹，缅甸，泰国，越南。

腾冲黛眼蝶 *Lethe tengchongensis* **Lang, 2016**

分布：云南（昆明、保山）。

泰妲黛眼蝶 *Lethe titania* **Leech, 1891**

分布：云南（昭通），四川，重庆。

重瞳黛眼蝶 *Lethe trimacula* **Leech, 1890**

分布：云南（昭通），四川，浙江，江西，湖北，福建。

厄目黛眼蝶 *Lethe umedai* **Koiwaya, 1998**

分布：云南（昆明、怒江），四川，重庆。

单斑黛眼蝶 *Lethe unistigma* **Lee, 1985**

分布：云南（曲靖、文山），广西。

玉带黛眼蝶 *Lethe verma* **(Kollar, 1844)**

分布：云南（除高海拔地区外，其他地区均有分布），贵州，四川，西藏，重庆，江西，湖南，福建，海南，台湾，香港；越南，老挝，缅甸，泰国，马来西亚，尼泊尔，印度，巴基斯坦。

文娣黛眼蝶 *Lethe vindhya* **(C. & R. Felder, 1859)**

分布：云南（德宏、西双版纳），海南，广东；越南，老挝，缅甸，泰国，马来西亚，尼泊尔，不丹，印度。

紫线黛眼蝶 *Lethe violaceopicta* **(Poujade, 1884)**

分布：云南（昭通），四川，重庆，陕西，甘肃，

江西，浙江，湖北，湖南，广西，福建，广东；越南。

妍黛眼蝶 *Lethe yantra* **Fruhstorfer, 1914**

分布：云南（大理），四川，湖北，福建，广东。

月明黛眼蝶 *Lethe yuemingae* **Lang, 2014**

分布：云南（昭通），四川，重庆。

云南黛眼蝶 *Lethe yunnana* **D'Abrera, 1990**

分布：云南（迪庆、丽江），四川，陕西，甘肃。

荫眼蝶属 *Neope* Moore, [1866]

田园荫眼蝶 *Neope agrestis* **(Oberthür, 1876)**

分布：云南（怒江、迪庆、丽江），四川，重庆，西藏，甘肃，陕西。

华西荫眼蝶 *Neope argestoides* **Murayama, 1995**

分布：云南（迪庆、丽江），四川，陕西。

阿芒荫眼蝶 *Neope armandii* **(Oberthür, 1876)**

分布：云南（保山、红河），四川，西藏，台湾；越南，老挝，缅甸，泰国，印度。

帕德拉荫眼蝶 *Neope bhadra* **(Moore, [1858])**

分布：云南（德宏、西双版纳），广西；越南，缅甸，尼泊尔，印度。

布莱荫眼蝶 *Neope bremeri* **(C. & R. Felder, 1862)**

分布：云南（昭通），四川，重庆，陕西，安徽，浙江，江西，湖北，湖南，广西，福建，广东，海南，台湾。

网纹荫眼蝶 *Neope christi* **Oberthür, 1886**

分布：云南（昆明、曲靖、楚雄、大理、丽江、怒江），四川。

德祥荫眼蝶 *Neope dejeani* **Oberthür, 1894**

分布：云南（丽江、迪庆），四川，西藏，陕西。

蒙链荫眼蝶 *Neope muirheadi* **(Felder, 1862)**

分布：云南（除西北部高海拔地区外，其他地区均有分布），四川，贵州，重庆，河南，陕西，安徽，江西，浙江，广东，海南，台湾；越南，老挝，缅甸，印度。

奥荫眼蝶 *Neope oberthueri* **Leech, 1891**

分布：云南（大理、丽江、迪庆、怒江），四川，重庆，西藏，河南，陕西，甘肃，湖北；越南，老挝，缅甸。

黄斑荫眼蝶 *Neope pulaha* **(Moore, 1858)**

分布：云南（怒江、玉溪、西双版纳），四川，西藏，陕西，广西，广东，台湾；越南，老挝，缅甸，尼泊尔，不丹，印度。

普拉荫眼蝶 *Neope pulahina* (Evans, 1923)

分布：云南（怒江），西藏；缅甸，尼泊尔，印度。

黑斑荫眼蝶 *Neope pulahoides* (Moore, 1892)

分布：云南（昭通、怒江、文山），四川，重庆，西藏，福建，广东，广西；尼泊尔，印度。

中原荫眼蝶 *Neope ramosa* Leech, 1890

分布：云南（昭通），四川，重庆，贵州，河南，陕西，浙江，湖北，湖南，福建。

黑翅荫眼蝶 *Neope serica* Leech, 1892

分布：云南（昆明、大理、丽江、迪庆），四川，重庆，河南，甘肃，天津，山东，江西，浙江。

拟网纹荫眼蝶 *Neope simulans* Leech, 1891

分布：云南（大理、丽江、迪庆、怒江），四川，西藏。

丝链荫眼蝶 *Neope yama* (Moore, [1858])

分布：云南（昆明、红河、大理、怒江、昭通），四川，西藏；越南，老挝，缅甸，不丹，尼泊尔，印度。

丽眼蝶属 *Mandarinia* Leech, 1892

蓝斑丽眼蝶 *Mandarinia regalis* (Leech, 1889)

分布：云南（昭通），四川，重庆，河南，湖北，江西，浙江，广西，广东，海南；越南，老挝，缅甸，泰国。

斜斑丽眼蝶 *Mandarinia uemurai* Sugiyama, 1993

分布：云南（昭通），四川，甘肃。

岳眼蝶属 *Orinoma* Gray, 1846

白纹岳眼蝶 *Orinoma album* Chou & Li, 1994

分布：云南（普洱、迪庆）。

岳眼蝶 *Orinoma damaris* Gray, 1846

分布：云南（怒江、德宏、保山、普洱、文山、西双版纳），广西；越南，老挝，缅甸，泰国，尼泊尔，不丹，印度。

网岳眼蝶 *Orinoma dumicola* (Oberthür, 1876)

分布：云南（昭通、大理、丽江、迪庆），四川，重庆，河南，陕西，甘肃，湖北，浙江，广西；越南。

黄岳眼蝶 *Orinoma satricus* (Doubleday, [1849])

分布：云南（怒江、保山、迪庆、大理、昭通），四川，西藏；缅甸，尼泊尔，印度。

带眼蝶属 *Chonala* Moore, 1893

带眼蝶 *Chonala episcopalis* (Oberthür, 1885)

分布：云南（丽江），四川。

胡塔斯带眼蝶 *Chonala huertasae* Lang & Bozano, 2016

分布：云南（怒江）。

棕带眼蝶 *Chonala praeusta* (Leech, 1890)

分布：云南（昆明、昭通、大理、丽江、迪庆、怒江），四川；缅甸。

云南带眼蝶 *Chonala yunnana* Li, 1994

分布：云南（迪庆）。

藏眼蝶属 *Tatinga* Moore, 1893

白藏眼蝶 *Tatinga albicans* South, 1913

分布：云南（怒江），西藏。

藏眼蝶 *Tatinga thibetana* (Oberthür, 1876)

分布：云南（昭通、大理、丽江、迪庆、怒江），四川，贵州，北京，陕西，甘肃。

链眼蝶属 *Lopinga* Moore, 1893

小链眼蝶 *Lopinga nemorum* (Oberthür, 1890)

分布：云南（丽江、迪庆），四川。

毛眼蝶属 *Lasiommata* Westwood, 1841

大毛眼蝶 *Lasiommata majuscula* (Leech, 1892)

分布：云南（昆明、昭通），四川，贵州，西藏。

小毛眼蝶 *Lasiommata minuscula* (Oberthür, 1923)

分布：云南（迪庆），青海，四川，西藏。

奥眼蝶属 *Orsotriaena* Wallengren, 1858

奥眼蝶 *Orsotriaena medus* (Fabricius, 1775)

分布：云南（红河、普洱、德宏、西双版纳），广西，海南；越南，老挝，缅甸，印度，泰国，柬埔寨，马来西亚，印度尼西亚。

眉眼蝶属 *Mycalesis* Hübner, 1818

君主眉眼蝶 *Mycalesis anaxias* Hewitson, 1862

分布：云南（普洱、德宏、红河、文山、西双版纳），广西，海南；越南，老挝，缅甸，泰国，柬埔寨，马来西亚，印度。

稻眉眼蝶 *Mycalesis gotama* Moore, 1857

分布：云南（除西北部高海拔地区外，其他地区均有分布），四川，贵州，西藏，重庆，北京，辽宁，河南，江苏，浙江，湖北，湖南，广西，江西，福建，广东，海南，台湾；日本，越南，老挝，缅甸，泰国，印度。

拟稻眉眼蝶 *Mycalesis francisca* (Stoll, [1780])

分布：云南（全省各地均有分布），四川，贵州，西藏，重庆，辽宁，北京，河南，江苏，浙江，湖北，湖南，广西，江西，福建，广东，海南，台湾；日本，越南，老挝，缅甸，泰国，印度。

中介眉眼蝶 *Mycalesis intermedia* (Moore, [1892])

分布：云南（普洱、红河、德宏、西双版纳），广西；越南，老挝，缅甸，泰国，柬埔寨，马来西亚，印度。

珞巴眉眼蝶 *Mycalesis lepcha* (Moore, 1880)

分布：云南（德宏、西双版纳）；老挝，缅甸，泰国，印度，柬埔寨。

大理石眉眼蝶 *Mycalesis malsara* (Stoll, [1780])

分布：云南（除西北部和北部高海拔地区外，其他地区均有分布），四川，西藏，广西，广东；越南，老挝，缅甸，泰国，柬埔寨，马来西亚，不丹，印度。

白线眉眼蝶 *Mycalesis mestra* Hewitson, 1862

分布：云南（德宏），西藏；不丹，缅甸，印度。

小眉眼蝶 *Mycalesis mineus* (Linnaeus, 1758)

分布：云南（玉溪、普洱、红河、文山、曲靖、临沧、保山、德宏、西双版纳），四川，重庆，江西，湖南，广西，广东，福建，海南，香港，台湾；越南，老挝，缅甸，印度，泰国，柬埔寨，马来西亚，印度尼西亚。

密纱眉眼蝶 *Mycalesis misenus* de Nicéville, 1889

分布：云南（普洱、临沧、保山、德宏、怒江、红河、西双版纳），四川，浙江，广西，福建；越南，老挝，缅甸，泰国，印度。

木纳眉眼蝶 *Mycalesis mnasicles* Hewitson, [1864]

分布：云南（西双版纳）；越南，老挝，缅甸，泰国，柬埔寨，马来西亚。

平顶眉眼蝶 *Mycalesis mucianus* Fruhstorfer, 1908

分布：云南（红河、文山、西双版纳），江西，广西，福建，广东，海南，香港，台湾；越南，老挝，缅甸，泰国。

烟眉眼蝶 *Mycalesis nicotia* Westwood, [1850]

分布：云南（德宏、红河、西双版纳）；越南，老挝，缅甸，泰国，印度，不丹。

裴斯眉眼蝶 *Mycalesis perseus* (Fabricius, 1775)

分布：云南（红河、西双版纳），广西，海南，福建，广东，台湾；越南，老挝，缅甸，印度，泰国，柬埔寨，马来西亚，印度尼西亚。

拟裴眉眼蝶 *Mycalesis perseoides* (Moore, [1892])

分布：云南（西双版纳、红河），广西，广东，海南，香港；越南，老挝，缅甸，泰国，柬埔寨，马来西亚，印度。

僧袈眉眼蝶 *Mycalesis sangaica* Butler, 1877

分布：云南（西双版纳），上海，浙江，江西，广西，福建，广东，香港，台湾；越南，老挝，缅甸，泰国。

罕眉眼蝶 *Mycalesis suavolens* Wood-Mason & de Nicéville, 1883

分布：云南（昆明、楚雄、玉溪、普洱、临沧、保山、怒江），西藏，台湾；印度，不丹，缅甸，老挝，泰国。

褐眉眼蝶 *Mycalesis unica* Leech, [1892]

分布：云南（昭通），四川，湖南，浙江，广东，福建；越南。

锯缘眉眼蝶 *Mycalesis visala* Moore, [1858]

分布：云南（西双版纳）；越南，老挝，缅甸，泰国，柬埔寨，马来西亚，印度。

斑眼蝶属 *Penthema* Doubleday, (1848)

白斑眼蝶 *Penthema adelma* (C. & R. Felder, 1862)

分布：云南（昭通），四川，重庆，浙江，福建，广西，广东，湖南，湖北，陕西。

彩裳斑眼蝶 *Penthema darlisa* Moore, 1878

分布：云南（怒江、德宏、保山、普洱、西双版纳）；越南，老挝，缅甸，泰国，印度。

斑眼蝶 *Penthema lisarda* (Doubleday, 1845)

分布：云南（怒江、红河、文山），西藏，广西，海南；越南，老挝，缅甸，泰国，印度。

粉眼蝶属 *Callarge* Leech, 1892

剑纹粉眼蝶 *Callarge sagitta* (Leech, 1890)

分布：云南（昭通、迪庆、保山），四川，重庆，陕西，湖北，安徽，湖南；越南。

凤眼蝶属 *Neorina* Westwood, [1850]

黄带凤眼蝶 *Neorina hilda* Westwood, [1850]

分布：云南（保山），西藏；印度，缅甸。

新华凤眼蝶 *Neorina neosinica* Lee, 1985

分布：云南（保山、西双版纳）；越南，老挝。

凤眼蝶 *Neorina partia* Leech, 1891

分布：云南（昭通、保山、怒江、临沧、普洱、红河、西双版纳），西藏，四川，重庆，江西，湖北，广西，福建；越南，老挝，缅甸，泰国，印度，不丹。

资眼蝶属 *Zipaetis* Hewitson, 1863

资眼蝶 *Zipaetis scylax* Hewitson, 1863

分布：云南（德宏），西藏；缅甸，印度。

单瞳资眼蝶 *Zipaetis unipupillata* Lee, 1962

分布：云南（西双版纳），贵州；越南，老挝。

黑眼蝶属 *Ethope* Moore, [1866]

指名黑眼蝶 *Ethope himachala* (Moore, 1857)

分布：云南（德宏），西藏；印度，缅甸，泰国。

白襟黑眼蝶 *Ethope noirei* Janet, 1896

分布：云南（西双版纳），四川，广西；越南，老挝，泰国。

锯眼蝶属 *Elymnias* Hübner, 1818

翠袖锯眼蝶 *Elymnias hypermnestra* (Linnaeus, 1763)

分布：云南（普洱、德宏、红河、西双版纳），湖北，广西，福建，广东，海南，台湾；印度，缅甸，老挝，越南，泰国，柬埔寨，马来西亚。

闪紫锯眼蝶 *Elymnias malelas* (Hewitson, 1863)

分布：云南（玉溪、普洱、德宏、红河、西双版纳），西藏；印度，缅甸，老挝，越南，泰国。

龙女锯眼蝶 *Elymnias nesaea* (Linnaeus, 1764)

分布：云南（普洱、红河、德宏、西双版纳），湖北；印度，泰国，老挝，越南，马来西亚，印度尼西亚。

疏星锯眼蝶 *Elymnias patna* (Westwood, 1851)

分布：云南（红河、德宏），西藏，广西，海南；印度，缅甸，老挝，越南，泰国，柬埔寨，马来西亚。

素裙锯眼蝶 *Elymnias vasudeva* Moore, 1857

分布：云南（西双版纳）；不丹，印度，缅甸，泰国，老挝，越南。

玳眼蝶属 *Ragadia* Westwood, [1851]

玳眼蝶 *Ragadia crisilida* Hewitson, 1862

分布：云南（红河、西双版纳），海南，四川，广西；印度，缅甸，泰国，越南，老挝，马来西亚。

大斑玳眼蝶 *Ragadia critias* Riley & Godfrey, 1921

分布：云南（西双版纳）；越南，老挝，泰国。

南亚玳眼蝶 *Ragadia crito* de Nicéville, 1890

分布：云南（怒江），西藏；缅甸，不丹，印度。

缅泰玳眼蝶 *Ragadia critolaus* de Nicéville, 1893

分布：云南（德宏、西双版纳）；缅甸，泰国。

李玳眼蝶 *Ragadia liae* Lang, 2017

分布：云南（怒江）。

珥眼蝶属 *Erites* Westwood, [1851]

镰珥眼蝶 *Erites falcipennis* Wood-Mason & de Nicéville, 1886

分布：云南（西双版纳）；缅甸，老挝，越南，泰国。

白眼蝶属 *Melanargia* Meigen, [1828]

亚洲白眼蝶 *Melanargia asiatica* Oberthür & Houlbert, 1922

分布：云南（昆明、大理、丽江、迪庆），四川，甘肃。

贵州白眼蝶 *Melanargia caoi* Lang, 2018

分布：云南（昭通），贵州。

华西白眼蝶 *Melanargia leda* Leech, 1891

分布：云南（昭通、丽江、迪庆），四川，西藏。

蛇眼蝶属 *Minois* Hübner, 1819

蛇眼蝶 *Minois dryas* (Scopoli, 1763)

分布：云南（丽江），除华南外，其余各地均有分布；韩国，日本，俄罗斯。

异点蛇眼蝶 *Minois paupera* (Alphéraky, 1888)

分布：云南（丽江、迪庆），四川，西藏，甘肃。

拟酒眼蝶属 *Paroeneis* Moore, 1893

古北拟酒眼蝶 *Paroeneis palaearctica* (Staudinger, 1889)

分布：云南（迪庆），西藏，四川，甘肃，青海。

仁眼蝶属 *Eumenis* Hübner, [1819]

仁眼蝶 *Eumenis autonoe* (Esper, 1783)

分布：云南（迪庆），四川，黑龙江，新疆，内蒙古，河北，陕西，甘肃，山西，青海；蒙古国，俄罗斯。

林眼蝶属 *Aulocera* Butler, 1867

埃拉林眼蝶 *Aulocera ellenae* (Gross, 1958)

分布：云南（迪庆），四川，西藏。

金林眼蝶 *Aulocera jingxiaomeiae* Huang & Wang, 2017

分布：云南（昭通、迪庆），贵州。

罗哈林眼蝶 *Aulocera loha* Doherty, 1886

分布：云南（昆明、昭通、大理、丽江、迪庆、怒江），四川，西藏。

四射林眼蝶 *Aulocera magica* (Oberthür, 1886)

分布：云南（迪庆），西藏。

细眉林眼蝶 *Aulocera merlina* (Oberthür, 1890)

分布：云南（昆明、大理、丽江），四川。

大型林眼蝶 *Aulocera padma* (Kollar, [1844])

分布：云南（迪庆），四川，西藏；尼泊尔，印度。

小型林眼蝶 *Aulocera sybillina* (Oberthür, 1890)

分布：云南（昆明、丽江、迪庆、怒江），四川，甘肃，青海。

矍眼蝶属 *Ypthima* Hübner, 1818

阿卡矍眼蝶 *Ypthima akbar* Talbot, 1947

分布：云南（临沧）；缅甸，老挝，泰国。

白带矍眼蝶 *Ypthima akragas* Fruhstorfer, 1911

分布：云南（迪庆），四川，台湾。

白斑矍眼蝶 *Ypthima albipuncta* Lee, 1985

分布：云南（昭通）。

阿姹矍眼蝶 *Ypthima atra* Cantlie & Norman, 1959

分布：云南（文山），海南；印度，缅甸，越南。

贝利矍眼蝶 *Ypthima baileyi* South, 1913

分布：云南（丽江、迪庆），四川。

矍眼蝶 *Ypthima baldus* (Fabricius, 1775)

分布：云南（全省各地均有分布），西藏，广西，福建，广东，海南，香港，台湾；印度，缅甸，老挝，越南，泰国，柬埔寨，马来西亚。

中华矍眼蝶 *Ypthima chinensis* Leech, 1892

分布：云南（迪庆），安徽，浙江，江西，湖南，福建。

鹭矍眼蝶 *Ypthima ciris* Leech, 1891

分布：云南（昭通、丽江、迪庆），四川。

混同矍眼蝶 *Ypthima confusa* Shirôzu & Shima, 1977

分布：云南（全省各地均有分布），西藏，广西；越南。

幽矍眼蝶 *Ypthima conjuncta* Leech, 1891

分布：云南（除南部热区外，其他地区均有分布），贵州，四川，陕西，河南，安徽，浙江，江西，湖南，广西，广东，福建，台湾。

多赫矍眼蝶 *Ypthima dohertyi* (Moore, [1893])

分布：云南（文山、西双版纳），广西；印度，缅甸，老挝，越南，泰国。

重光矍眼蝶 *Ypthima dromon* Oberthür, 1891

分布：云南（昆明、昭通、丽江、大理、迪庆），四川，西藏。

福矍眼蝶 *Ypthima frontierii* Uemura & Monastyrskii, 2000

分布：云南（保山、德宏、文山、曲靖），广西；越南。

四目矍眼蝶 *Ypthima huebneri* Kirby, 1871

分布：云南（德宏、普洱）；印度，缅甸，老挝，越南，泰国，马来西亚，新加坡。

不孤矍眼蝶 *Ypthima insolita* Leech, 1891

分布：云南（丽江、迪庆），四川。

虹矍眼蝶 *Ypthima iris* Leech, 1891

分布：云南（迪庆），四川，贵州，西藏。

滇矍眼蝶 *Ypthima kitawakii* Uémura & Koiwaya, 2001

分布：云南（昆明、曲靖、昭通、大理、丽江、迪庆）。

李氏矍眼蝶 *Ypthima lihongxingi* Huang & Wu, 2003

分布：云南（昭通），湖北。

黎桑矍眼蝶 *Ypthima lisandra* (Cramer, [1780])

分布：云南（西双版纳），广西，广东，海南，香港；印度，缅甸，老挝，越南，泰国，马来西亚。

魔女矍眼蝶 *Ypthima medusa* Leech, 1892

分布：云南（昆明、曲靖、大理、丽江、迪庆、昭通），四川。

微矍眼蝶 *Ypthima microphthalma* Forster, [1948]

分布：云南（丽江、大理）。

密纹矍眼蝶 *Ypthima multistriata* Butler, 1883

分布：云南（曲靖、昭通），贵州，四川，辽宁，河北，北京，河南，江苏，上海，浙江，福建，江西，台湾；日本，韩国。

纳补矍眼蝶 *Ypthima nebulosa* Aoki & Uémura, 1984

分布：云南（文山）；老挝，越南，泰国，马来西亚，印度尼西亚。

罕矍眼蝶 *Ypthima norma* Westwood, 1851

分布：云南（红河、文山、普洱、楚雄、保山），福建，广东，香港；缅甸，老挝，越南，泰国，马来西亚，印度尼西亚。

侧斑矍眼蝶 *Ypthima parasakra* Eliot, 1987

分布：云南（怒江、保山），西藏；不丹，印度。

多似矍眼蝶 *Ypthima persimilis* Elwes & Edwards, 1893

分布：云南（红河、大理、保山）；不丹，印度，越南。

法尼矍眼蝶 *Ypthima phania* (Oberthür, 1891)

分布：云南（昭通、丽江、迪庆）。

前雾矍眼蝶 *Ypthima praenubila* Leech, 1891

分布：云南（昭通），安徽，浙江，福建，江西，广东，广西，香港，台湾；越南。

拟灰白矍眼蝶 *Ypthima pseudosavara* Uémura & Monastyrskii, 2000

分布：云南（西双版纳）；越南。

连斑矍眼蝶 *Ypthima sakra* Moore, 1857

分布：云南（除南部热区外，其他地区均有分布），四川，贵州，西藏；印度，尼泊尔，缅甸，越南。

萨卡矍眼蝶 *Ypthima sarcaposa* Fruhstorfer, 1911

分布：云南（文山）；越南，缅甸，泰国。

灰白矍眼蝶 *Ypthima savara* Grose-Smith, 1887

分布：云南（西双版纳）；缅甸，老挝，越南，泰国。

辛戈矍眼蝶 *Ypthima singorensis* Aoki & Uémura, 1984

分布：云南（文山、红河）；越南，老挝，泰国。

华夏矍眼蝶 ***Ypthima sinica*** Uémura & Koiwaya, 2000

分布：云南（昆明、昭通），四川，贵州，浙江，福建，江西，湖南，广西。

索布矍眼蝶 ***Ypthima sobrina*** Elwes & Edwards, 1893

分布：云南（文山、红河）；印度，缅甸，老挝，越南，泰国。

索矍眼蝶 *Ypthima sordida* Elwes & Edwards, 1893

分布：云南（丽江、迪庆），四川，江西，湖北。

大波矍眼蝶 *Ypthima tappana* Matsumura, 1909

分布：云南（怒江），河南，安徽，浙江，福建，江西，海南，台湾；越南。

田氏矍眼蝶 *Ypthima tiani* Huang & Liu, 2000

分布：云南（怒江），四川，西藏。

杨氏矍眼蝶 *Ypthima yangjiahei* Huang, 2001

分布：云南（怒江）。

卓矍眼蝶 *Ypthima zodia* Butler, 1871

分布：云南（昆明、曲靖、昭通、楚雄、玉溪），四川，重庆，贵州，河南，江苏，浙江，福建，江西，陕西，甘肃。

曲斑矍眼蝶 *Ypthima zyzzomacula* Chou & Li, 1994

分布：云南（临沧）。

古眼蝶属 *Palaeonympha* Butler, 1871

古眼蝶 *Palaeonympha opalina* Butler, 1871

分布：云南（丽江、迪庆、怒江），四川，重庆，陕西，河南，湖北，浙江，江西，台湾。

艳眼蝶属 *Callerebia* Butler, 1867

娜艳眼蝶 *Callerebia annadina* Watkins, 1927

分布：云南（怒江）。

多型艳眼蝶 *Callerebia polyphemus* (Oberthür, 1876)

分布：云南（昆明、曲靖、昭通、大理、丽江、迪庆、怒江、保山），四川，西藏，陕西，甘肃，湖北，湖南，贵州，福建；缅甸，印度。

伍氏艳眼蝶 *Callerebia ulfi* Huang, 2003

分布：云南（怒江）。

舜眼蝶属 *Loxerebia* Watkins, 1925

巨睛舜眼蝶 *Loxerebia megalops* (Alphéraky, 1895)

分布：云南（迪庆），西藏，四川，青海。

丽舜眼蝶 *Loxerebia phyllis* (Leech, 1891)

分布：云南（迪庆），四川，青海。

草原舜眼蝶 *Loxerebia pratorum* (Oberthür, 1886)

分布：云南（昭通、大理、丽江、迪庆、怒江），四川，湖南，湖北。

林区舜眼蝶 *Loxerebia sylvicola* (Oberthür, 1886)

分布：云南（昆明、丽江、迪庆），西藏，四川，青海。

云南舜眼蝶 *Loxerebia yphtimoides* (Oberthür, 1891)

分布：云南（丽江）。

睛眼蝶属 *Hemadara* Moore, 1893

横波睛眼蝶 *Hemadara delavayi* (Oberthür, 1891)

分布：云南（丽江、迪庆），贵州。

小睛眼蝶 *Hemadara minorata* Goltz, 1939

分布：云南（迪庆）。

杂色睛眼蝶 *Hemadara narasingha* Moore, 1857

分布：云南（怒江、西双版纳），西藏，广东；越南，老挝，不丹，印度。

垂泪睛眼蝶 *Hemadara ruricola* (Leech, 1890)

分布：云南（丽江、迪庆）。

圆睛眼蝶 *Hemadara rurigena* Leech, 1890

分布：云南（昭通），四川，贵州，陕西。

赛兹睛眼蝶 *Hemadara seitzi* (Goltz, 1939)

分布：云南（丽江、迪庆）。

山眼蝶属 *Paralasa* Moore, 1893

大山眼蝶 *Paralasa phantasta* (Goltz, 1938)

分布：云南（迪庆），西藏。

优眼蝶属 *Eugrumia* Della Bruna, Gallo, Locarelli & Sbordoni, 2000

考优眼蝶 *Eugrumia koenigi* (Goltz, 1938)

分布：云南（迪庆），西藏。

阿芬眼蝶属 *Aphantopus* Wallengren, 1853

大斑阿芬眼蝶 *Aphantopus arvensis* (Oberthür, 1876)

分布：云南（迪庆），陕西，四川，甘肃。

阿芬眼蝶 *Aphantopus hyperantus* (Linnaeus, 1758)

分布：云南（昆明、昭通、丽江、迪庆），西藏，贵州，四川，北京，河北，内蒙古，青海；俄罗斯（东部地区），蒙古国，韩国，欧洲。

酒眼蝶属 *Oeneis* Hübner, [1819]

菩萨酒眼蝶 *Oeneis buddha* Grum-Grshimailo, 1891

分布：云南（迪庆），四川，陕西，青海。

灰蝶科 Lycaenidae

小蚬蝶属 *Polycaena* Staudinger, 1886

歧纹小蚬蝶 *Polycaena chauchawensis* (Mell, 1923)

分布：云南（迪庆）。

王氏小蚬蝶 *Polycaena wangjiaqii* Huang, 2016

分布：云南（迪庆）。

云南小蚬蝶 *Polycaena yunnana* Sugiyama, 1997

分布：云南（迪庆）。

豹蚬蝶属 *Takashia* Okano & Okano, 1985

豹蚬蝶 *Takashia nana* (Leech, 1893)

分布：云南（昭通），陕西，四川。

褐蚬蝶属 *Abisara* C. & R. Felder, 1860

白点褐蚬蝶 *Abisara burnii* (de Nicéville, 1895)

分布：云南（西双版纳），四川，浙江，广西，福建，广东，海南，台湾；越南，老挝，缅甸，泰国，柬埔寨，印度。

锡金尾褐蚬蝶 *Abisara chela* de Nicéville, 1886

分布：云南（怒江），西藏；缅甸，印度。

蛇目褐蚬蝶 *Abisara echerius* (Stoll, [1790])

分布：云南（普洱、西双版纳），浙江，广西，广东，福建，海南，香港；印度，斯里兰卡，孟加拉国，缅甸，老挝，越南，泰国，柬埔寨，马来西亚，印度尼西亚，菲律宾。

方裙褐蚬蝶 *Abisara freda* Bennett, 1957

分布：云南（昆明、大理、保山、普洱、临沧、红河、西双版纳）；缅甸，泰国，越南，老挝。

黄带褐蚬蝶 *Abisara fylla* (Westwood, 1851)

分布：云南（玉溪、普洱、红河、文山、德宏、西双版纳），西藏，四川，广西，广东，海南；印度，缅甸，老挝，越南，泰国，柬埔寨。

白带褐蚬蝶 *Abisara fylloides* (Westwood, 1851)

分布：云南（昭通），四川，重庆，江西，浙江，广西，福建，广东。

白条褐蚬蝶 *Abisara latifasciata* Inoué & Kawazoé, 1965

分布：云南（德宏）；泰国，越南，老挝，缅甸，印度。

长尾褐蚬蝶 *Abisara neophron* (Hewitson, [1861])

分布：云南（普洱、红河、临沧、保山、德宏、怒江、西双版纳），西藏，广西，广东，福建；印度，尼泊尔，不丹，越南，老挝，缅甸，泰国，柬埔寨，马来西亚。

暗蚬蝶属 *Taxila* Doubleday, 1847

暗蚬蝶 *Taxila dora* Fruhstorfer, [1904]

分布：云南（西双版纳）；老挝，越南。

白蚬蝶属 *Stiboges* Butler, 1876

白点白蚬蝶 *Stiboges elodina* Fruhstorfer, 1914

分布：云南（昭通），四川，重庆，广西；越南，老挝，泰国。

白蚬蝶 *Stiboges nymphidia* Butler, 1876

分布：云南（玉溪、普洱），四川，重庆，浙江，江西，广西，福建，广东；印度，不丹，缅甸，老挝，越南，泰国。

波蚬蝶属 *Zemeros* Boisduval, [1836]

波蚬蝶 *Zemeros flegyas* (Cramer, [1780])

分布：云南（除西北部高海拔地区外，其他地区均有分布），四川，贵州，西藏，重庆，浙江，江西，湖南，广西，福建，广东，海南，香港；印度，缅甸，老挝，越南，泰国，柬埔寨，马来西亚，印度尼西亚。

尾蚬蝶属 *Dodona* Hewitson, [1861]

红秃尾蚬蝶 *Dodona adonira* Hewitson, 1866

分布：云南（普洱、临沧、保山、怒江、德宏、西双版纳），西藏，广西；印度，尼泊尔，缅甸，老挝，越南，泰国，柬埔寨，马来西亚，印度尼西亚。

黑燕尾蚬蝶 *Dodona deodata* Hewitson, 1876

分布：云南（玉溪、普洱、德宏、西双版纳），广西，广东，福建；印度，缅甸，老挝，越南，泰国，菲律宾，马来西亚。

秃尾蚬蝶 *Dodona dipoea* Hewitson, 1866

分布：云南（大理、迪庆、怒江、保山），西藏，四川，湖南；越南，老挝，缅甸，印度。

山尾蚬蝶 *Dodona dracon* de Nicéville, 1897

分布：云南（除东北部外，其他地区均有分布），广西；越南，老挝，缅甸，泰国。

无尾蚬蝶 *Dodona durga* (Kollar, [1844])

分布：云南（昆明、曲靖、昭通、玉溪、楚雄、大理、丽江、迪庆、保山、文山、红河），四川，西藏；印度，尼泊尔。

大斑尾蚬蝶 *Dodona egeon* (Westwood, [1851])

分布：云南（普洱、红河、大理、临沧、保山、德宏、西双版纳），福建，广东，香港；印度，缅甸，老挝，越南，泰国，柬埔寨，马来西亚。

银纹尾蚬蝶 *Dodona eugenes* Bates, [1868]

分布：云南（全省各地均有分布），西藏，四川，贵州，重庆，浙江，湖北，湖南，广西，广东，福建，台湾；印度，缅甸，老挝，越南，泰国。

霍尾蚬蝶 *Dodona hoenei* Forster, 1951

分布：云南（昆明、曲靖、玉溪、楚雄、大理、丽江、迪庆、怒江）。

高黎贡尾蚬蝶 *Dodona kaolinkon* Yoshino, 1999

分布：云南（保山）。

越南尾蚬蝶 *Dodona katerina* Monastyrskii & Devyatkins, 2000

分布：云南（迪庆），广西，广东；越南。

彩斑尾蚬蝶 *Dodona maculosa* Leech, 1890

分布：云南（昭通），四川，贵州，重庆，河南，浙江，广西，广东，福建；越南。

斜带缺尾蚬蝶 *Dodona ouida* Hewitson, 1866

分布：云南（全省各地均有分布），西藏，四川，重庆，广东，福建；印度，尼泊尔，缅甸，老挝，越南，泰国。

圆灰蝶属 *Poritia* Moore, [1886]

埃圆灰蝶 *Poritia ericynoides* (Felder, 1865)

分布：云南（普洱、红河、德宏、西双版纳）；印度，缅甸，老挝，越南，泰国，马来西亚，印度尼西亚。

圆灰蝶 *Poritia hewitsoni* Moore, [1866]

分布：云南（普洱、西双版纳）；越南，老挝，缅甸，泰国。

锉灰蝶属 *Allotinus* C. & R. Felder, 1865

德锉灰蝶 *Allotinus drumila* (Moore, [1866])

分布：云南（普洱、西双版纳），福建；缅甸，老挝，越南，泰国。

单色锉灰蝶 *Allotinus unicolor* Felder, [1865]

分布：云南（德宏）；缅甸，泰国，马来西亚，新加坡。

云灰蝶属 *Miletus* Hübner, [1819]

古云灰蝶 *Miletus archilochus* (Fruhstorfer, 1913)

分布：云南（西双版纳），广西；越南，老挝，缅甸，泰国。

版纳云灰蝶 *Miletus bannanus* Huang & Xue, 2004

分布：云南（西双版纳）。

中华云灰蝶 *Miletus chinensis* C. Felder, 1862

分布：云南（南部热区），四川，广西，广东，海南，香港；印度，缅甸，泰国，马来西亚，老挝，越南，柬埔寨。

珂云灰蝶 *Miletus croton* (Doherty, 1889)

分布：云南（西双版纳）；缅甸，老挝，越南，泰国。

羊毛云灰蝶 *Miletus mallus* (Fruhstorfer, 1913)

分布：云南（南部热区），广西；缅甸，老挝，越南，泰国，马来西亚，柬埔寨。

陇灰蝶属 *Logania* Distant, 1884

迪斯陇灰蝶 *Logania distanti* Semper, 1889

分布：云南（西双版纳）；印度，尼泊尔，缅甸，老挝，越南，泰国，马来西亚，印度尼西亚。

麻陇灰蝶 *Logania marmorata* Moore, 1884

分布：云南（西双版纳）；缅甸，老挝，泰国。

熙灰蝶属 *Spalgis* Moore, 1879

熙灰蝶 *Spalgis epeus* (Westwood, [1851])

分布：云南（德宏、西双版纳），海南，台湾；越南，老挝，缅甸，泰国，印度。

蚜灰蝶属 *Taraka* (Druce, 1875)

蚜灰蝶 *Taraka hamada* Druce, 1875

分布：除西北干燥区和青藏高原外，全国其余地区具有分布；日本，韩国，印度，尼泊尔，不丹，越南，老挝，缅甸，泰国，柬埔寨，马来西亚。

银灰蝶属 *Curetis* Hübner, [1819]

尖翅银灰蝶 *Curetis acuta* Moore, 1877

分布：云南（除西北外，其他地区均有分布），四川，河南，湖北，湖南，上海，浙江，江西，广西，福建，广东，海南，香港，台湾；日本，印度，缅甸，老挝，越南，泰国。

银灰蝶 *Curetis bulis* (Westwood, 1852)

分布：云南（南部热区），海南；印度，缅甸，老挝，越南，泰国，马来西亚。

诗灰蝶属 *Shirozua* Sibatani & Ito, 1942

媚诗灰蝶 *Shirozua melpomene* (Leech, 1890)

分布：云南（迪庆），四川，湖北。

线灰蝶属 *Thecla* Fabricius, 1807

噢线灰蝶 *Thecla ohyai* Fujioka, 1994

分布：云南（丽江）。

工灰蝶属 *Gonerilia* Shirozui & Yamamoto, 1956

工灰蝶 *Gonerilia seraphium* (Oberthür, 1886)

分布：云南（迪庆），四川，浙江，陕西。

黄灰蝶属 *Japonica* [Tutt, 1907]

黄灰蝶 *Japonica lutea* (Hewitson, [1865])

分布：云南（迪庆），四川，贵州，黑龙江，吉林，辽宁，内蒙古，河北，北京，河南，安徽，陕西，甘肃，浙江；日本，韩国，俄罗斯。

癞灰蝶属 *Araragi* Sibatani & Ito, 1942

杉山癞灰蝶 *Araragi sugiyamai* Matsui, 1989

分布：云南（昭通），四川，甘肃，浙江。

青灰蝶属 *Antigius* Sibatani & Ito, 1942

青灰蝶 *Antigius attilia* (Bremer, 1861)

分布：除华南、西北干燥区和青藏高原外，全国其他地区均有分布；日本，韩国，缅甸，俄罗斯。

巴青灰蝶 *Antigius butleri* (Fenton, [1882])

分布：云南（迪庆），四川，黑龙江，吉林，辽宁，广东；日本，韩国，俄罗斯。

华灰蝶属 *Wagimo* Sibatani & Ito, 1942

台湾华灰蝶 *Wagimo insularis* Shirôzu, 1957

分布：云南（迪庆），四川，台湾。

何华灰蝶属 *Howarthia* Shirozu & Yamamoto, 1956

何华灰蝶 *Howarthia caelestis* (Leech, 1890)

分布：云南（昆明、昭通、大理、丽江、迪庆），四川；缅甸。

黑缘何华灰蝶 *Howarthia nigricans* (Leech, 1893)

分布：云南（昭通），四川，陕西。

林灰蝶属 *Hayashikeia* Fujioka, 2003

福氏林灰蝶 *Hayashikeia florianii* (Bozano, 1996)

分布：云南（迪庆），四川，重庆。

铁灰蝶属 *Teratozephyrus* Sibatani, 1946

阿里山铁灰蝶 *Teratozephyrus arisanus* (Wileman, 1909)

分布：云南（丽江、昭通），四川，江西，浙江，台湾；缅甸。

黑铁灰蝶 *Teratozephyrus hecale* (Leech, 1893)

分布：云南（昭通、丽江、迪庆），四川，重庆，陕西。

筑山铁灰蝶 *Teratozephyrus tsukiyamahiroshii* Fujioka, 1994

分布：云南（昆明、丽江），四川。

仓灰蝶属 *Fujiokaozephyrus* Koiwaya, 2007

仓灰蝶 *Fujiokaozephyrus tsangkie* (Oberthür, 1886)

分布：云南（昆明、昭通、大理、丽江、迪庆、怒江），四川，西藏；印度。

污灰蝶属 *Uedaozephyrus* Koiwaya, 2007

污灰蝶 *Uedaozephyrus kuromon* (Sugiyama, 1994)

分布：云南（丽江、迪庆），四川。

磐灰蝶属 *Iwaseozephyrus* Fujioka, 1994

毕磐灰蝶 *Iwaseozephyrus bieti* (Oberthür, 1886)

分布：云南（丽江、迪庆），四川，西藏。

磐灰蝶 *Iwaseozephyrus mandara* (Doherty, 1886)

分布：云南（怒江），西藏；印度，不丹。

江崎灰蝶属 *Esakiozephyrus* Shirôzu & Yamamoto, 1956

江崎灰蝶 *Esakiozephyrus icana* (Moore, 1874)

分布：云南（昭通、丽江、迪庆），四川，西藏；印度，尼泊尔，缅甸。

德钦江崎灰蝶 *Esakiozephyrus zotelistes* (Oberthür, 1914)

分布：云南（迪庆）。

刊灰蝶属 *Kameiozephyrus* Koiwaya, 2007

刊灰蝶 *Kameiozephyrus neis* (Oberthür, 1914)

分布：云南（丽江、迪庆），四川，甘肃，陕西；

尼泊尔，印度，缅甸。

翠灰蝶属 *Neozephyrus* Sibatani & Ito, 1942

杜氏翠灰蝶 *Neozephyrus dubernardi* (Riley, 1939)
分布：云南（丽江、迪庆）。

素翠灰蝶 *Neozephyrus suroia* (Tytler, 1915)
分布：云南（怒江），西藏；印度，尼泊尔，缅甸。

上田翠灰蝶 *Neozephyrus uedai* Koiwaya, 1996
分布：云南（迪庆、红河）；越南。

苍灰蝶属 *Noseozephyrus* Koiwaya, 2007

傈僳苍灰蝶 *Noseozephyrus lisus* Zhuang, Yago & Wang, 2015
分布：云南（迪庆）。

金灰蝶属 *Chrysozephyrus* Shirôzu & Yamamoto, 1956

长清金灰蝶 *Chrysozephyrus changchini* Huang, 2019
分布：云南（丽江、迪庆）。

裂斑金灰蝶 *Chrysozephyrus disparatus* (Howarth, 1957)
分布：云南（保山），四川，贵州，江西，浙江，福建，台湾；越南，老挝，印度，泰国。

都金灰蝶 *Chrysozephyrus duma* (Hewitson, 1869)
分布：云南（丽江、迪庆、普洱），四川；印度，尼泊尔，缅甸，越南。

蓝都金灰蝶 *Chrysozephyrus dumoides* (Tytler, 1915)
分布：云南（迪庆、大理、保山），四川；印度，尼泊尔，缅甸，越南。

江琦金灰蝶 *Chrysozephyrus esakii* (Sonan, 1940)
分布：云南（迪庆），四川，台湾；越南。

斐金灰蝶 *Chrysozephyrus fibonacci* Zhuang, Yago & Wang, 2015
分布：云南（丽江、迪庆）。

巴山金灰蝶 *Chrysozephyrus fujiokai* Koiwaya, 2000
分布：云南（迪庆），四川，贵州。

高氏金灰蝶 *Chrysozephyrus gaoi* Koiwaya, 1993
分布：云南（迪庆），四川，甘肃，陕西。

喀巴利金灰蝶 *Chrysozephyrus kirbariensis* (Tytler, 1915)
分布：云南（大理、迪庆、保山、楚雄）；印度，尼泊尔，泰国，越南。

林氏金灰蝶 *Chrysozephyrus linae* Koiwaya, 1993
分布：云南（迪庆），四川，贵州，重庆，甘肃，陕西。

卢氏金灰蝶 *Chrysozephyrus luyanquani* Huang, 2019
分布：云南（迪庆）。

雾社金灰蝶 *Chrysozephyrus mushaellus* (Matsumura, 1938)
分布：云南（保山），四川，贵州，广东，台湾；缅甸，越南。

帕金灰蝶 *Chrysozephyrus paona* (Tytler, 1915)
分布：云南（保山、红河）；印度，泰国。

苏金灰蝶 *Chrysozephyrus souleana* (Riley, 1939)
分布：云南（昆明、大理、丽江、迪庆、怒江），四川，陕西；缅甸。

条纹金灰蝶 *Chrysozephyrus vittatus* (Tytler, 1915)
分布：云南（昭通），四川；尼泊尔，印度，老挝，越南。

瓦金灰蝶 *Chrysozephyrus watsoni* (Evans, 1927)
分布：云南（丽江、迪庆），四川，贵州，广西；越南，老挝，缅甸。

黄氏金灰蝶 *Chrysozephyrus yingqii* Huang, 2019
分布：云南（迪庆）。

苹果金灰蝶 *Chrysozephyrus yoshikoa* Koiwaya, 1993
分布：云南（昭通），四川，甘肃，陕西，湖南。

云南金灰蝶 *Chrysozephyrus yunnanensis* (Howarth, 1957)
分布：云南（丽江、迪庆）；缅甸。

幽斑金灰蝶 *Chrysozephyrus zoa* (de Nicéville, 1889)
分布：云南（昭通），四川，贵州，浙江；印度。

铁金灰蝶属 *Thermozephyrus* Inomata & Itagaki, 1986

白底铁金灰蝶 *Thermozephyrus ataxus* (Westwood, [1851])
分布：云南（迪庆），四川，贵州，广东，台湾；印度，尼泊尔，缅甸，越南，日本，韩国。

艳灰蝶属 *Favonius* Sibatani & Ito, 1942

亲艳灰蝶 *Favonius cognatus* (Staudinger, 1887)
分布：云南（迪庆），四川，吉林，辽宁，内蒙古，陕西，湖北；日本，韩国，俄罗斯。

考艳灰蝶 *Favonius korshunovi* (Dubatolov & Sergeev, 1982)

分布：云南（迪庆），四川，吉林，辽宁，河北，北京，河南，陕西，甘肃，浙江；日本，韩国，俄罗斯。

里奇艳灰蝶 *Favonius leechi* (Riley, 1939)

分布：云南（迪庆、怒江），四川，重庆，陕西，湖北，浙江。

艳灰蝶 *Favonius orientalis* (Murray, 1874)

分布：云南（曲靖、迪庆、怒江），四川，贵州，辽宁，北京，内蒙古，河北，河南，安徽，陕西，甘肃，湖北；日本，韩国，俄罗斯。

萨艳灰蝶 *Favonius saphirina* (Staudinger, 1887)

分布：云南（迪庆），四川，辽宁，陕西，甘肃；日本，韩国，俄罗斯。

翠艳灰蝶 *Favonius taxila* (Bremer, 1861)

分布：云南（迪庆），四川，辽宁，新疆，河北，北京，河南，陕西，山西，甘肃，湖北；日本，韩国，俄罗斯。

渡边艳灰蝶 *Favonius watanabei* Koiwaya, 2002

分布：云南（怒江）；缅甸。

娆灰蝶属 *Arhopala* Boisduval, 1832

尖娆灰蝶 *Arhopala ace* de Nicéville, 1893

分布：云南（普洱、西双版纳）；印度，缅甸，老挝，越南，泰国，柬埔寨，马来西亚，印度尼西亚。

无尾娆灰蝶 *Arhopala arvina* (Hewitson, 1863)

分布：云南（西双版纳），海南；缅甸，老挝，越南，泰国，柬埔寨，马来西亚，印度尼西亚。

百娆灰蝶 *Arhopala bazalus* (Hewitson, 1862)

分布：云南（除西北部高海拔地区外，其他地区均有分布），浙江，江西，广西，福建，广东，海南，香港，台湾；缅甸，老挝，越南，泰国，柬埔寨，马来西亚，印度尼西亚，印度，日本。

拜娆灰蝶 *Arhopala belphoebe* Doherty, 1889

分布：云南（西双版纳）；印度，缅甸，泰国，马来西亚。

缅甸娆灰蝶 *Arhopala birmana* (Moore, [1884])

分布：云南（普洱、西双版纳），四川，广东，海南，香港，台湾；印度，缅甸，老挝，越南，泰国。

银链娆灰蝶 *Arhopala centaurus* (Fabricius, 1775)

分布：云南（玉溪、普洱、红河、西双版纳），广西，广东，海南，香港；印度，缅甸，老挝，越南，泰国，马来西亚，印度尼西亚，菲律宾。

奇娆灰蝶 *Arhopala comica* de Nicéville, 1900

分布：云南（怒江、普洱），广东，福建；印度，缅甸，老挝，越南，泰国。

帝娆灰蝶 *Arhopala dispar* Riley & Godfrey, 1921

分布：云南（普洱、西双版纳）；缅甸，老挝，越南，泰国，马来西亚。

娥娆灰蝶 *Arhopala eumolphus* (Cramer, [1780])

分布：云南（玉溪、普洱、西双版纳），海南；缅甸，老挝，泰国，马来西亚，印度尼西亚，菲律宾，印度。

蓝娆灰蝶 *Arhopala ganesa* (Moore, [1858])

分布：云南（昆明、曲靖、大理、丽江、迪庆、怒江、保山、普洱），四川，湖北，江西，海南，台湾；日本，印度，缅甸，老挝，越南，泰国，柬埔寨。

海蓝娆灰蝶 *Arhopala hellenore* Doherty, 1889

分布：云南（西双版纳），海南；印度，缅甸，老挝，越南，泰国，菲律宾。

克娆灰蝶 *Arhopala khamti* Doherty, 1891

分布：云南（临沧、德宏、西双版纳），海南；印度，缅甸，泰国。

酒娆灰蝶 *Arhopala oenea* (Hewitson, 1869)

分布：云南（临沧、西双版纳），海南；印度，缅甸，老挝，越南，泰国。

黑娆灰蝶 *Arhopala paraganesa* (de Nicéville, 1882)

分布：云南（玉溪、普洱），福建；印度，缅甸，老挝，越南，泰国，柬埔寨，马来西亚，印度尼西亚。

丛娆灰蝶 *Arhopala paralea* (Evans, 1925)

分布：云南（西双版纳）；印度，缅甸，老挝，越南，泰国，柬埔寨，马来西亚，印度尼西亚。

小娆灰蝶 *Arhopala paramuta* (de Nicéville, [1884])

分布：云南（玉溪、普洱、西双版纳），四川，广东，海南，香港，台湾；印度，缅甸，老挝，越南，泰国，柬埔寨，马来西亚。

佩娆灰蝶 *Arhopala perimuta* (Moore, [1858])

分布：云南（西双版纳）；缅甸，泰国。

齿翅娆灰蝶 *Arhopala rama* (Kollar, [1844])

分布：云南（除西北部高海拔地区外，其他地区均有分布），四川，浙江，江西，广西，福建，广东，香港；缅甸，老挝，越南，泰国，柬埔寨，印度。

欣娆灰蝶 *Arhopala singla* (Nicéville, 1885)

分布：云南（德宏）；尼泊尔，不丹，印度，缅甸，老挝，越南，泰国。

喜娆灰蝶 *Arhopala silhetensis* (Hewitson, 1862)

分布：云南（红河、西双版纳）；印度，缅甸，老挝，越南，泰国，柬埔寨，马来西亚，新加坡，印度尼西亚。

花灰蝶属 *Flos* Doherty, 1889

阿花灰蝶 *Flos adriana* de Nicéville, [1883]

分布：云南（红河、玉溪、普洱、德宏、西双版纳），四川；泰国，印度。

花灰蝶 *Flos apidanus* (Cramer, [1777])

分布：云南（德宏）；印度，缅甸，老挝，越南，泰国，马来西亚，新加坡，印度尼西亚。

爱睐花灰蝶 *Flos areste* (Hewitson, 1862)

分布：云南（大理、玉溪、西双版纳），广西，福建，广东，海南，浙江；越南，老挝，缅甸，泰国，印度。

锁铠花灰蝶 *Flos asoka* (de Nicéville, 1883)

分布：云南（玉溪、西双版纳），广东，福建，海南；越南，老挝，泰国。

中华花灰蝶 *Flos chinensis* (C. & R. Felder, [1865])

分布：云南（西双版纳），广西，广东，福建，海南；越南，老挝，泰国。

迪花灰蝶 *Flos diardi* (Hewitson, 1862)

分布：云南（西双版纳）；印度，缅甸，老挝，越南，泰国，柬埔寨，马来西亚，新加坡，印度尼西亚，菲律宾。

滇花灰蝶 *Flos yunnanensis* Wang, 2002

分布：云南（西双版纳）。

塔灰蝶属 *Thaduka* Moore, 1878

塔灰蝶 *Thaduka multicaudata* Moore, 1878

分布：云南（西双版纳）；越南，老挝，缅甸，泰国。

玛灰蝶属 *Mahathala* Moore, 1878

玛灰蝶 *Mahathala ameria* Hewitson, 1862

分布：云南（玉溪、普洱、红河、文山、西双版纳），广西，福建，广东，海南，台湾；印度，缅甸，老挝，越南，泰国，马来西亚，印度尼西亚。

酥灰蝶属 *Surendra* Moore, 1878

指名酥灰蝶 *Surendra quercetorum* Moore, 1858

分布：云南（玉溪、普洱、德宏、红河、西双版纳），广西，福建，广东，海南；印度，缅甸，老挝，越南，泰国，马来西亚，印度尼西亚。

酥灰蝶 *Surendra vivarna* (Horsfield, [1829])

分布：云南（西双版纳）；印度，缅甸，老挝，越南，泰国，马来西亚，印度尼西亚。

陶灰蝶属 *Zinaspa* de Nicéville, 1890

畸陶灰蝶 *Zinaspa distorta* (de Nicéville, 1887)

分布：云南（德宏），四川；印度。

陶灰蝶 *Zinaspa todara* (Moore, [1884])

分布：云南（德宏、西双版纳）；印度。

丫灰蝶属 *Amblopala* Leech, [1893]

丫灰蝶 *Amblopala avidiena* (Hewitson, 1877)

分布：云南（昆明、楚雄、曲靖、大理、丽江），河南，陕西，安徽，江苏，浙江，福建，台湾；尼泊尔。

模灰蝶属 *Mota* de Nicéville, 1890

模灰蝶 *Mota massyla* (Hewitson, [1869])

分布：云南（德宏、西双版纳）；印度，不丹，缅甸，老挝，越南，泰国。

昂灰蝶属 *Amblypodia* Horsfield, [1829]

昂灰蝶 *Amblypodia anita* Hewitson, 1862

分布：云南（西双版纳），广西，海南；印度，缅甸，老挝，越南，泰国，马来西亚。

异灰蝶属 *Iraota* Moore, 1881

落桑异灰蝶 *Iraota rochana* (Horsfield, [1829])

分布：云南（西双版纳）；印度，缅甸，老挝，越南，泰国，柬埔寨，马来西亚，新加坡，印度尼西亚。

铁木异灰蝶 *Iraota timoleon* (Stoll, 1790)

分布：云南（玉溪、普洱、德宏、红河、西双版纳），广西，福建，广东，海南，香港；印度，斯里兰卡，缅甸，老挝，越南，泰国，马来西亚。

鹿灰蝶属 *Loxura* Horsfield, 1829

鹿灰蝶 *Loxura atymnus* (Stoll, 1780)

分布：云南（南部热区），广西，广东，海南；印度，斯里兰卡，缅甸，老挝，越南，泰国，柬埔寨，马来西亚。

桠灰蝶属 *Yasoda* Doherty, 1889

雄球桠灰蝶 *Yasoda androconifera* Fruhstorfer, [1912]

分布：云南（红河、西双版纳），广西；越南，老挝，泰国。

三点桠灰蝶 *Yasoda tripunctata* (Hewitson, [1863])

分布：云南（普洱、红河、德宏、西双版纳），西藏，广西，海南；印度，缅甸，老挝，越南，泰国。

三尾灰蝶属 *Catapaecilma* Butler, 1879

三尾灰蝶 *Catapaecilma major* H. H. Druce, 1895

分布：云南（普洱、西双版纳），浙江，广西，福建，广东，台湾；印度，缅甸，老挝，越南，泰国，马来西亚，印度尼西亚。

赭三尾灰蝶 *Catapaecilma subochrea* Elwes, 1892

分布：云南（西双版纳）；印度，老挝，泰国。

斑灰蝶属 *Horaga* Moore, [1881]

白斑灰蝶 *Horaga albimacula* (Wood-Mason & de Nicéville, 1881)

分布：云南（西双版纳），广东，海南，香港，台湾；印度，缅甸，老挝，越南，泰国，马来西亚。

斑灰蝶 *Horaga onyx* (Moore, [1858])

分布：云南（普洱、红河、西双版纳），广西，广东，海南，香港；印度，缅甸，老挝，越南，泰国，马来西亚。

三滴灰蝶属 *Ticherra* de Nicéville, 1887

三滴灰蝶 *Ticherra acte* (Moore, [1858])

分布：云南（普洱、红河、德宏、西双版纳），广西，海南；缅甸，泰国，马来西亚，印度尼西亚，印度。

剑灰蝶属 *Cheritra* Moore, [1881]

剑灰蝶 *Cheritra freja* (Fabricius, 1793)

分布：云南（红河、德宏）；印度，不丹，缅甸，老挝，越南，泰国，柬埔寨，马来西亚。

金尾灰蝶属 *Bindahara* Moore, [1881]

金尾灰蝶 *Bindahara phocides* (Fabricius, 1793)

分布：云南（玉溪、德宏、西双版纳）；印度，缅甸，老挝，越南，泰国，马来西亚，印度尼西亚，澳大利亚。

截灰蝶属 *Cheritrella* de Nicéville, 1887

截灰蝶 *Cheritrella truncipennis* de Nicéville, 1887

分布：云南（玉溪、普洱、文山、保山、德宏、西双版纳）；泰国，老挝，缅甸。

银线灰蝶属 *Spindasis* Wallengren, 1857

伊凡银线灰蝶 *Spindasis evansii* (Tytler, 1915)

分布：云南（红河）；印度，泰国。

丽银线灰蝶 *Spindasis learmondi* Tytler, 1940

分布：云南（西双版纳）；缅甸，泰国。

里奇银线灰蝶 *Spindasis leechi* Swinhoe, 1912

分布：云南（昆明、丽江、迪庆），四川。

银线灰蝶 *Spindasis lohita* (Horsfield, 1829)

分布：云南（南部热区），四川，浙江，广东，福建，香港，台湾；印度，缅甸，老挝，越南，泰国，柬埔寨，马来西亚。

大银线灰蝶 *Spindasis maximus* (Elwes, [1893])

分布：云南（红河）；缅甸，老挝，泰国。

露银线灰蝶 *Spindasis rukma* (de Nicéville, [1889])

分布：云南（昆明、大理、保山、丽江、迪庆、怒江）；不丹，印度。

豆粒银线灰蝶 *Spindasis syama* (Horsfield, 1829)

分布：云南（南部热区），广西，广东，福建，香港，台湾；印度，缅甸，老挝，越南，泰国，柬埔寨，马来西亚。

杜灰蝶属 *Drupadia* Moore, 1884

斯卡杜灰蝶 *Drupadia scaeva* (Hewitson, [1863])

分布：云南（西双版纳）；越南，老挝，泰国，马来西亚，新加坡，印度尼西亚。

索灰蝶属 *Suasa* de Nicéville, 1890

索灰蝶 *Suasa lisides* (Hewitson, [1863])

分布：云南（西双版纳）；印度，缅甸，老挝，越南，泰国，马来西亚，菲律宾。

奈灰蝶属 *Neocheritra* Distant, 1885

珐奈灰蝶 *Neocheritra fabronia* (Hewitson, 1878)

分布：云南（普洱、西双版纳），广西；印度，缅甸，老挝，越南，泰国。

双尾灰蝶属 *Tajuria* Moore, [1881]

白苔双尾灰蝶 *Tajuria albiplaga* de Nicéville, 1887

分布：云南（普洱、西双版纳）；印度，缅甸，泰国，马来西亚，印度尼西亚。

双尾灰蝶 *Tajuria cippus* (Fabricius, 1798)

分布：云南（玉溪、普洱、红河、大理、西双版纳），广西，福建，广东，海南，香港；印度，泰国，老挝，缅甸，越南。

酷双尾灰蝶 *Tajuria culta* (de Nicéville, [1896])

分布：云南（西双版纳）；印度，缅甸，老挝，越南，泰国。

白日双尾灰蝶 *Tajuria diaeus* (Hewitson, 1865)

分布：云南（丽江、迪庆、怒江、保山），四川，广西，福建，广东，海南，台湾；印度，缅甸，老挝，越南，泰国。

顾氏双尾灰蝶 *Tajuria gui* Chou & Wang, 1994

分布：云南（西双版纳），海南；越南。

伊双尾灰蝶 *Tajuria illurgioides* de Nicéville, 1890

分布：云南（迪庆、怒江）；印度，缅甸，老挝，越南，泰国。

淡蓝双尾灰蝶 *Tajuria illurgis* (Hewitson, 1869)

分布：云南（大理、丽江、迪庆、西双版纳），西藏，福建，台湾；印度，老挝，越南，泰国。

豹斑双尾灰蝶 *Tajuria maculata* (Hewitson, 1865)

分布：云南（红河、文山），广西，福建，广东，海南，香港；印度，泰国，老挝，越南，缅甸。

黑斑双尾灰蝶 *Tajuria melastigma* de Nicéville, 1887

分布：云南（普洱、西双版纳）；印度，缅甸，老挝，越南，泰国。

奈双尾灰蝶 *Tajuria nela* Swinhoe, 1896

分布：云南（西双版纳）；印度，缅甸，老挝，越南，泰国，马来西亚。

瑟双尾灰蝶 *Tajuria sekii* Saito, 2005

分布：云南（西双版纳）；越南，老挝，泰国。

雅双尾灰蝶 *Tajuria yajna* (Doherty, 1886)

分布：云南（临沧、西双版纳），台湾；印度，缅甸，老挝，越南，泰国，柬埔寨，马来西亚。

达灰蝶属 *Dacalana* Moore, 1884

潘达灰蝶 *Dacalana penicilligera* (de Nicéville, 1890)

分布：云南（西双版纳），广西；印度，缅甸，老挝，越南，泰国。

珀灰蝶属 *Pratapa* Moore, 1881

布珀灰蝶 *Pratapa bhotea* Moore, 1884

分布：云南（丽江、迪庆），贵州；印度，尼泊尔，缅甸，越南。

珀灰蝶 *Pratapa deva* Moore, 1858

分布：云南（普洱、西双版纳），广西，福建，广东，海南，香港；尼泊尔，印度，斯里兰卡，缅甸，老挝，越南，泰国，马来西亚。

小珀灰蝶 *Pratapa icetas* (Hewitson, 1865)

分布：云南（迪庆、怒江、西双版纳），四川，福建，海南；印度，缅甸，老挝，泰国，马来西亚。

似小珀灰蝶 *Pratapa icetoides* (Elwes, [1893])

分布：云南（西双版纳），海南；印度，缅甸，老

挝，越南，泰国，柬埔寨。

晴天珀灰蝶 *Pratapa qingtianwawa* Huang, 2019

分布：云南（丽江、迪庆）。

克灰蝶属 *Creon* de Nicéville, [1896]

克灰蝶 *Creon cleobis* (Godart, [1824])

分布：云南（昭通、玉溪、普洱、西双版纳），广西，福建，广东，香港；印度，泰国，缅甸，老挝，越南。

凤灰蝶属 *Charana* de Nicéville, 1890

凤灰蝶 *Charana mandarina* (Hewitson, 1863)

分布：云南（西双版纳），广西，广东；印度，缅甸，老挝，越南，泰国。

艾灰蝶属 *Rachana* Eliot, 1978

艾灰蝶 *Rachana jalindra* (Horsfield, [1829])

分布：云南（西双版纳），福建，香港；缅甸，老挝，越南，泰国。

莱灰蝶属 *Remelana* Moore, 1884

莱灰蝶 *Remelana jangala* (Horsfield, [1829])

分布：云南（普洱、红河、西双版纳），广西，福建，广东，江西，海南，香港；印度，缅甸，老挝，越南，泰国。

安灰蝶属 *Ancema* Eliot, 1973

白衬安灰蝶 *Ancema blanka* (de Nicéville, 1894)

分布：云南（西双版纳），广西，海南；印度，缅甸，老挝，越南，泰国，马来西亚。

安灰蝶 *Ancema ctesia* (Hewitson, [1865])

分布：云南（昆明、大理、保山、丽江、迪庆、红河、普洱、西双版纳），西藏，浙江，广西，福建，广东，海南，香港；印度，缅甸，老挝，越南，泰国，马来西亚。

旖灰蝶属 *Hypolycaena* C. & R. Felder, 1862

旖灰蝶 *Hypolycaena erylus* (Godart, [1824])

分布：云南（玉溪、普洱、红河、德宏、西双版纳），海南；印度，缅甸，老挝，越南，泰国，马来西亚，印度尼西亚，菲律宾。

蒲灰蝶属 *Chliaria* Moore, 1884

吉蒲灰蝶 *Chliaria kina* (Hewitson, 1869)

分布：云南（怒江、保山、文山、红河），海南，台湾；印度，缅甸，老挝，越南，泰国，马来西亚。

蒲灰蝶 *Chliaria othona* (Hewitson, 1865)

分布：云南（红河、西双版纳），广西，台湾；缅甸，老挝，越南，泰国。

珍灰蝶属 *Zeltus* de Nicéville, 1890

珍灰蝶 *Zeltus amasa* (Hewitson, 1869)

分布：云南（普洱、红河、德宏、西双版纳），广西，海南；印度，缅甸，老挝，越南，泰国，柬埔寨，马来西亚，印度尼西亚，巴布亚新几内亚。

玳灰蝶属 *Deudorix* Hewitson, [1863]

玳灰蝶 *Deudorix epijarbas* (Moore, 1857)

分布：云南（昆明、玉溪、普洱、红河、文山、西双版纳），重庆，浙江，广西，广东，福建，香港，台湾；尼泊尔，印度，缅甸，泰国，老挝，柬埔寨，越南，马来西亚，印度尼西亚，菲律宾，巴布亚新几内亚，澳大利亚。

银下玳灰蝶 *Deudorix hypargyria* (Elwes, [1893])

分布：云南（西双版纳），海南；缅甸，老挝，越南，泰国。

俳玳灰蝶 *Deudorix perse* Hewitson, [1863]

分布：云南（西双版纳）；印度，缅甸，老挝，泰国，马来西亚。

淡黑玳灰蝶 *Deudorix rapaloides* (Naritomi, 1941)

分布：云南（迪庆），陕西，湖南，江西，安徽，广西，广东，福建，台湾；老挝，越南。

闪烁玳灰蝶 *Deudorix refulgens* de Nicéville, 1891

分布：云南（普洱、西双版纳）；尼泊尔，印度，缅甸。

白带玳灰蝶 *Deudorix repercussa* (Leech, 1890)

分布：云南（怒江），四川，陕西，甘肃，湖北。

深山玳灰蝶 *Deudorix sylvana* Oberthür, 1914

分布：云南（昆明、大理、丽江、迪庆、怒江），重庆，陕西，河南，湖北，浙江。

绿灰蝶属 *Artipe* Boisduval, 1870

绿灰蝶 *Artipe eryx* Linnaeus, 1771

分布：云南（红河、西双版纳），贵州，四川，浙江，江西，广西，福建，广东，海南，香港，台湾；印度，缅甸，老挝，越南，泰国，马来西亚，印度尼西亚。

燕灰蝶属 *Rapala* Moore, [1881]

蓝燕灰蝶 *Rapala caerulea* Bremer & Grey, 1852

分布：云南（丽江、迪庆），四川，重庆，北京，河北，甘肃，陕西，浙江，福建，台湾；韩国。

苔燕灰蝶 *Rapala dieneces* (Hewitson, [1878])

分布：云南（西双版纳），海南；印度，缅甸，老挝，越南，泰国。

雅燕灰蝶 *Rapala duma* (Hewitson, 1878)

分布：云南（普洱、西双版纳）；缅甸，老挝，泰国，马来西亚，印度尼西亚。

红燕灰蝶 *Rapala iarbus* (Fabricius, 1787)

分布：云南（玉溪、西双版纳），广西，广东，海南，台湾；印度，缅甸，老挝，越南，泰国，马来西亚，新加坡，印度尼西亚。

麻燕灰蝶 *Rapala manea* (Hewitson, 1863)

分布：云南（玉溪、普洱、西双版纳、红河），福建，广东，海南，香港；印度，尼泊尔，斯里兰卡，泰国，缅甸，老挝，越南，马来西亚，印度尼西亚，菲律宾。

东亚燕灰蝶 *Rapala micans* (Bremer & Grey, 1853)

分布：云南（全省各地均有分布），四川，北京，湖北；印度，尼泊尔，泰国，马来西亚，印度尼西亚。

奈燕灰蝶 *Rapala nemorensis* Oberthür, 1914

分布：云南（昆明、大理、丽江、迪庆），西藏。

霓纱燕灰蝶 *Rapala nissa* Kollar, [1844]

分布：云南（迪庆、怒江），四川，西藏，台湾；印度，尼泊尔，泰国。

佩燕灰蝶 *Rapala persephone* Saito, 2011

分布：云南（西双版纳）；越南。

绯烂燕灰蝶 *Rapala pheretima* (Hewitson, 1863)

分布：云南（玉溪、普洱、红河、德宏、西双版纳），海南，台湾；印度，缅甸，老挝，越南，泰国，马来西亚，新加坡，印度尼西亚。

直带燕灰蝶 *Rapala rectivitta* (Moore, 1879)

分布：云南（西双版纳）；印度，缅甸。

罗燕灰蝶 *Rapala rhoecus* de Nicéville, 1895

分布：云南（西双版纳）；缅甸，老挝，越南，泰国，马来西亚，印度尼西亚。

玫瑰燕灰蝶 *Rapala rosacea* de Nicéville, [1889]

分布：云南（普洱）；印度，缅甸，老挝，越南，泰国。

暗翅燕灰蝶 *Rapala subpurpurea* Leech, 1890

分布：云南（昭通），四川，贵州，浙江。

点染燕灰蝶 *Rapala suffusa* (Moore, 1879)

分布：云南（德宏、西双版纳）；印度，缅甸，老挝，越南，泰国。

塔燕灰蝶 *Rapala tara* de Nicéville, [1889]
分布：云南（红河、西双版纳）；尼泊尔，印度，缅甸，泰国，老挝，越南。

斯燕灰蝶 *Rapala stirni* Saito & Inayoshi, 2018
分布：云南（昆明）；泰国，越南。

燕灰蝶 *Rapala varuna* Horsfield, [1829]
分布：云南（玉溪、普洱、德宏、红河、文山、西双版纳），海南，台湾；印度，缅甸，泰国，老挝，柬埔寨，越南，马来西亚，印度尼西亚，巴布亚新几内亚，澳大利亚。

生灰蝶属 *Sinthusa* Moore, 1884

生灰蝶 *Sinthusa chandrana* (Moore, 1882)
分布：云南（昭通、玉溪、普洱、临沧、迪庆、保山、德宏、怒江、西双版纳），四川，浙江，江西，广西，福建，广东，海南，香港，台湾；印度，尼泊尔，缅甸，老挝，越南，泰国。

陈氏生灰蝶 *Sinthusa chenzhibingi* Huang & Zhu, 2018
分布：云南（丽江），四川，陕西，甘肃。

孔生灰蝶 *Sinthusa confusa* Evans, 1925
分布：云南（保山），西藏；印度。

勐腊生灰蝶 *Sinthusa menglaensis* (Wang, 1997)
分布：云南（西双版纳、德宏）。

娜生灰蝶 *Sinthusa nasaka* (Horsfield, [1829])
分布：云南（普洱），广西，广东，福建，海南，香港；印度尼西亚，马来西亚，印度，菲律宾。

拉生灰蝶 *Sinthusa rayata* Riley, 1939
分布：云南（昭通），四川，贵州。

白生灰蝶 *Sinthusa virgo* (Elwes, 1887)
分布：云南（保山、怒江），西藏；印度，缅甸，泰国。

热带灰蝶属 *Araotes* Doherty, 1889

热带灰蝶 *Araotes lapithis* (Moore, [1858])
分布：云南（德宏、西双版纳）；印度，缅甸，老挝，越南，泰国，柬埔寨，马来西亚，印度尼西亚，菲律宾。

洒灰蝶属 *Satyrium* Scudder, 1897

川滇洒灰蝶 *Satyrium fixseni* (Leech, 1893)
分布：云南（大理、丽江、迪庆、怒江），四川。

优秀洒灰蝶 *Satyrium eximia* (Fixsen, 1887)
分布：云南（昆明、曲靖、昭通），四川，黑龙江，吉林，辽宁，内蒙古，河北，北京，河南，陕西，山西，江苏，浙江，福建，台湾；韩国，俄罗斯。

欧洒灰蝶 *Satyrium oenone* (Leech, [1893])
分布：云南（迪庆），四川，西藏。

饰洒灰蝶 *Satyrium ornata* (Leech, 1890)
分布：云南（昭通），四川，黑龙江，吉林，北京，河北，河南，陕西，浙江。

像洒灰蝶 *Satyrium persimilis* (Riley, 1939)
分布：云南（迪庆）。

梳灰蝶属 *Ahlbergia* Bryk, 1946

双斑梳灰蝶 *Ahlbergia bimaculata* Johnson, 1992
分布：云南（怒江、保山、玉溪）。

金梳灰蝶 *Ahlbergia chalcides* Chou & Li, 1994
分布：云南（昆明、曲靖、玉溪、丽江、迪庆）。

环梳灰蝶 *Ahlbergia circe* (Leech, 1893)
分布：云南（昆明、曲靖、玉溪、大理、丽江、迪庆），四川，西藏。

考梳灰蝶 *Ahlbergia clarofacia* Johnson, 1992
分布：云南（丽江）。

银线梳灰蝶 *Ahlbergia clarolinea* Huang & Chen, 2006
分布：云南（昆明、丽江）。

昆明梳灰蝶 *Ahlbergia kunmingensis* (Murayama, 1995)
分布：云南（昆明、丽江），四川；印度。

里奇梳灰蝶 *Ahlbergia leechii* (Niceville, 1893)
分布：云南（大理、丽江、普洱）。

秀梳灰蝶 *Ahlbergia pictila* Johnson, 1992
分布：云南（昆明、楚雄、丽江、怒江），四川，贵州。

普梳灰蝶 *Ahlbergia pluto* (Leech, 1893)
分布：云南（昆明、曲靖、大理、丽江），贵州。

浓蓝梳灰蝶 *Ahlbergia prodiga* Johnson, 1972
分布：云南（昆明、曲靖、楚雄、大理、丽江、怒江），四川，贵州，重庆，甘肃，陕西，山西，河南，湖北，浙江，江西，安徽，湖南，福建。

管梳灰蝶 *Ahlbergia tuba* Johnson, 1992
分布：云南（迪庆、大理）。

单色梳灰蝶 *Ahlbergia unicolora* Johnson, 1992
分布：云南（怒江、迪庆、楚雄）。

姚梳灰蝶 *Ahlbergia yaozhui* Huang, 2023
分布：云南（丽江、迪庆）。

始灰蝶属 *Cissatsuma* Johnson, 1992

始灰蝶 *Cissatsuma albilinea* (Riley, 1939)

分布：云南（丽江、迪庆）。

帕米灰蝶属 *Pamela* Hemming, 1935

帕米灰蝶 *Pamela dudgeonii* (de Nicéville, 1894)

分布：云南（普洱）；印度，缅甸，泰国。

灰蝶属 *Lycaena* Fabricius, 1807

丽罕莱灰蝶 *Lycaena li* (Oberthür, 1886)

分布：云南（昆明、曲靖、昭通、楚雄、大理、丽江、迪庆、怒江），四川，西藏。

昂灰蝶 *Lycaena ouang* (Oberthür, 1891)

分布：云南（丽江、迪庆），四川，西藏。

庞灰蝶 *Lycaena pang* (Oberthür, 1886)

分布：云南（丽江、迪庆），四川，贵州，甘肃。

红灰蝶 *Lycaena phlaeas* (Linnaeus, 1761)

分布：云南（丽江、迪庆），除南方热带省份外，其他各省均有分布；非洲，欧洲，北美洲。

黑斑铜灰蝶 *Lycaena tseng* (Oberthür, 1886)

分布：云南（文山、丽江、迪庆），四川，甘肃，贵州；不丹。

彩灰蝶属 *Heliophorus* Geyer, [1832]

美男彩灰蝶 *Heliophorus androcles* (Westwood, [1851])

分布：云南（保山、德宏、怒江），西藏；印度，缅甸，泰国。

古铜彩灰蝶 *Heliophorus brahma* (Moore, [1858])

分布：云南（昆明、曲靖、普洱、红河、文山、玉溪、临沧、保山、德宏、怒江、西双版纳），四川，贵州，西藏，重庆，浙江，福建；印度，缅甸，老挝，越南，泰国。

德彩灰蝶 *Heliophorus delacouri* Eliot, 1963

分布：云南（红河），广西，广东；越南。

彩灰蝶 *Heliophorus epicles* (Godart, [1824])

分布：云南（南部热区），广西，广东，海南；印度，不丹，尼泊尔，缅甸，老挝，越南，泰国。

依彩灰蝶 *Heliophorus eventa* Fruhstorfer, 1918

分布：云南（全省各地均有分布）；缅甸，老挝，越南，泰国。

浓紫彩灰蝶 *Heliophorus ila* (de Nicéville & Martin, [1896])

分布：云南（南部热区及东北部），西藏，四川，重庆，陕西，河南，江西，广西，福建，广东，海南，台湾；印度，不丹，缅甸，老挝，越南，泰国，柬埔寨，马来西亚，印度尼西亚。

烤彩灰蝶 *Heliophorus kohimensis* (Tytler, 1912)

分布：云南（红河、文山、怒江），广东，广西；印度，老挝，越南。

莎菲彩灰蝶 *Heliophorus saphir* (Blanchard, [1871])

分布：云南（昭通），四川，陕西，湖北，湖南，江西，浙江。

莎罗彩灰蝶 *Heliophorus saphiroides* Murayama, 1992

分布：云南（昆明、曲靖、楚雄、大理）。

塔彩灰蝶 *Heliophorus tamu* (Kollar, [1844])

分布：云南（怒江），西藏；印度，缅甸，泰国。

云南彩灰蝶 *Heliophorus yunnani* D'Abrera, 1993

分布：云南（迪庆）。

黑灰蝶属 *Niphanda* Moore, [1875]

点黑灰蝶 *Niphanda asialis* (de Nicéville, 1895)

分布：云南（西双版纳），海南；印度，缅甸，老挝，越南，泰国，柬埔寨，马来西亚，印度尼西亚。

黑灰蝶 *Niphanda fusca* (Bremer & Grey, 1853)

分布：云南（昭通），四川，辽宁，内蒙古，河北，北京，山西，陕西；日本，韩国。

锯灰蝶属 *Orthomiella* Nicéville, 1890

锯灰蝶 *Orthomiella pontis* Elwes, 1887

分布：云南（昆明、大理、丽江、迪庆、普洱），河南，陕西，江苏，湖北，福建；印度，缅甸，老挝，泰国。

峦大锯灰蝶 *Orthomiella rantaizana* Wileman, 1910

分布：云南（昆明、普洱、楚雄、大理、丽江、迪庆、保山、德宏），浙江，福建，广东，台湾；缅甸，老挝，泰国。

尖角灰蝶属 *Anthene* Doubleday, 1847

尖角灰蝶 *Anthene emolus* (Godart, [1824])

分布：云南（玉溪、红河、普洱、德宏、西双版纳），广西，海南；印度，缅甸，老挝，越南，泰国，马来西亚，印度尼西亚，菲律宾。

点尖角灰蝶 *Anthene lycaenina* (Felder, 1868)

分布：云南（西双版纳），海南；印度，缅甸，老挝，越南，泰国，马来西亚，印度尼西亚，菲律宾。

纯灰蝶属 *Una* de Nicéville, 1890

纯灰蝶 *Una usta* (Distant, 1886)

分布：云南（德宏、西双版纳），海南；印度，缅甸，老挝，越南，泰国，马来西亚，印度尼西亚，菲律宾。

拓灰蝶属 *Caleta* Fruhstorfer, 1922

散纹拓灰蝶 *Caleta elna* (Hewitson, 1876)

分布：云南（玉溪、红河、普洱、德宏、西双版纳），广西，海南；印度，缅甸，老挝，越南，泰国，马来西亚，印度尼西亚。

曲纹拓灰蝶 *Caleta roxus* (Godart, [1824])

分布：云南（玉溪、红河、普洱、德宏、西双版纳），广西，广东，海南；印度，缅甸，老挝，越南，泰国，马来西亚，印度尼西亚，菲律宾。

棪灰蝶属 *Discolampa* Toxopeus, 1929

棪灰蝶 *Discolampa ethion* (Westwood, 1851)

分布：云南（西双版纳），海南；印度，缅甸，老挝，越南，泰国，马来西亚，印度尼西亚。

豹灰蝶属 *Castalius* Hübner, [1819]

豹灰蝶 *Castalius rosimon* (Fabricius, 1775)

分布：云南（玉溪、普洱、德宏、保山、西双版纳），四川，广西，海南，广东；印度，缅甸，老挝，越南，泰国，马来西亚。

细灰蝶属 *Syntarucus* Scudder, 1876

细灰蝶 *Syntarucus plinius* (Fabricius, 1793)

分布：云南（除西北部高海拔地区外，其他地区均有分布），四川，广西，福建，广东，海南，香港；印度，缅甸，老挝，越南，泰国，柬埔寨，马来西亚，印度尼西亚，巴布亚新几内亚，澳大利亚。

娜灰蝶属 *Nacaduba* Moore, [1881]

百娜灰蝶 *Nacaduba berenice* (Herrich-Schäffer, 1869)

分布：云南（普洱、德宏、红河、西双版纳），广东，海南，香港，台湾；印度，缅甸，老挝，越南，泰国，柬埔寨，马来西亚，印度尼西亚，巴布亚新几内亚，澳大利亚。

贝娜灰蝶 *Nacaduba beroe* (C. & R. Felder, [1865])

分布：云南（普洱、德宏、红河、西双版纳），海南，台湾；印度，缅甸，老挝，越南，泰国，柬埔寨，马来西亚。

贺娜灰蝶 *Nacaduba hermus* (Felder, 1860)

分布：云南（西双版纳），海南；印度，缅甸，老挝，越南，泰国，柬埔寨，马来西亚。

娜灰蝶 *Nacaduba kurava* (Moore, [1858])

分布：云南（南部热区），广西，福建，广东，海

南，香港，台湾；印度，缅甸，老挝，越南，泰国，柬埔寨，马来西亚，印度尼西亚，巴布亚新几内亚，澳大利亚。

黑娜灰蝶 *Nacaduba pactolus* (C. Felder, 1860)

分布：云南（红河、西双版纳），西藏，海南，台湾；印度，缅甸，老挝，越南，泰国，柬埔寨，马来西亚，印度尼西亚，巴布亚新几内亚。

佩灰蝶属 *Petrelaea* Toxopeus, 1929

佩灰蝶 *Petrelaea dana* (de Nicéville, [1884])

分布：云南（西双版纳）；印度，缅甸，老挝，越南，泰国，柬埔寨，马来西亚，印度尼西亚，菲律宾。

波灰蝶属 *Prosotas* Druce, 1891

阿波灰蝶 *Prosotas aluta* (Druce, 1873)

分布：云南（普洱、德宏、西双版纳），海南；印度，缅甸，老挝，越南，泰国，柬埔寨，马来西亚。

布波灰蝶 *Prosotas bhutea* (de Nicéville, [1884])

分布：云南（德宏、西双版纳）；印度。

疑波灰蝶 *Prosotas dubiosa* (Semper, [1879])

分布：云南（除西北部高海拔地区外，其他地区均有分布），海南，香港，台湾；印度，缅甸，老挝，越南，泰国，柬埔寨，马来西亚，印度尼西亚，巴布亚新几内亚。

黄波灰蝶 *Prosotas lutea* (Martin, 1895)

分布：云南（玉溪、普洱、红河、德宏、西双版纳）；印度，缅甸，老挝，越南，泰国，柬埔寨，马来西亚，印度尼西亚。

波灰蝶 *Prosotas nora* (Felder, 1860)

分布：云南（中部及南部热区），广西，广东，海南，香港，台湾；印度，缅甸，老挝，越南，泰国，柬埔寨，马来西亚，印度尼西亚，巴布亚新几内亚。

皮波灰蝶 *Prosotas pia* Toxopeus, 1929

分布：云南（西双版纳）；老挝，泰国，马来西亚，印度尼西亚。

尖灰蝶属 *Ionolyce* Toxopeus, 1929

尖灰蝶 *Ionolyce helicon* (Felder, 1860)

分布：云南（普洱、红河、德宏、西双版纳），海南；印度，缅甸，老挝，越南，泰国，柬埔寨，马来西亚。

雅灰蝶属 *Jamides* Hübner, [1819]

素雅灰蝶 *Jamides alecto* (Felder, 1860)

分布：云南（普洱、德宏、红河、文山、西双版

纳），广西，福建，广东，海南，湖南，香港，台湾；印度，缅甸，老挝，越南，泰国，柬埔寨，马来西亚。

雅灰蝶 *Jamides bochus* **(Stoll, [1782])**
分布：云南（全省各地均有分布），四川，江西，浙江，湖南，广西，福建，广东，海南，香港，台湾；印度，缅甸，老挝，越南，泰国，柬埔寨，马来西亚。

锡冷雅灰蝶 *Jamides celeno* **(Cramer, [1775])**
分布：云南（南部热区），广西，福建，广东，海南，香港，台湾；印度，缅甸，老挝，越南，泰国，柬埔寨，马来西亚。

碧雅灰蝶 *Jamides elpis* **(Godart, [1824])**
分布：云南（西双版纳）；印度，缅甸，老挝，越南，泰国，柬埔寨，马来西亚，印度尼西亚。

咖灰蝶属 *Catochrysops* **Boisduval, 1832**

蓝咖灰蝶 *Catochrysops panormus* **C. Felder, 1860**
分布：云南（南部热区），海南，香港，台湾；印度，缅甸，老挝，越南，泰国，柬埔寨，马来西亚，印度尼西亚，巴布亚新几内亚，澳大利亚。

咖灰蝶 *Catochrysops strabo* **Fabricius, 1793**
分布：云南（南部热区），广西，广东，海南，香港，台湾；印度，缅甸，老挝，越南，泰国，柬埔寨，马来西亚，印度尼西亚，巴布亚新几内亚，澳大利亚。

亮灰蝶属 *Lampides* **Hübner, [1819]**

亮灰蝶 *Lampides boeticus* **Linnaeus, 1767**
分布：世界广布。

棕灰蝶属 *Euchrysops* **Butler, 1900**

棕灰蝶 *Euchrysops cnejus* **(Fabricius, 1798)**
分布：云南（普洱、红河、文山、西双版纳），四川，重庆，陕西，湖北，江西，湖南，广西，福建，广东，海南，台湾；印度，缅甸，老挝，越南，泰国，柬埔寨，马来西亚，印度尼西亚。

吉灰蝶属 *Zizeeria* **Chapman, 1910**

吉灰蝶 *Zizeeria karsandra* **(Moore, 1865)**
分布：云南（玉溪、普洱、红河、文山、德宏、西双版纳），广西，福建，广东，海南，香港，台湾；印度，缅甸，老挝，越南，泰国，柬埔寨，马来西亚，印度尼西亚，巴布亚新几内亚，澳大利亚，西亚，北非。

酢浆灰蝶 *Zizeeria maha* **(Kollar, [1844])**
分布：云南（全省各地均有分布），西藏，四川，重庆，贵州，江苏，浙江，江西，广西，福建，广东，海南，香港，台湾；日本，韩国，印度，缅甸，老挝，越南，泰国，柬埔寨，马来西亚，印度尼西亚，西亚。

毛眼灰蝶属 *Zizina* **Chapman, 1910**

埃毛眼灰蝶 *Zizina emelina* **(de I'Orza, 1867)**
分布：云南（昆明、曲靖、昭通、玉溪、楚雄、大理、丽江、迪庆、文山、红河），四川；日本。

毛眼灰蝶 *Zizina otis* **(Fabricius, 1787)**
分布：云南（南部热区），广西，福建，广东，海南，香港，台湾；印度，缅甸，老挝，越南，泰国，柬埔寨，马来西亚，印度尼西亚，巴布亚新几内亚，澳大利亚，非洲。

长腹灰蝶属 *Zizula* **Chapman, 1910**

长腹灰蝶 *Zizula hylax* **(Fabricius, 1775)**
分布：云南（中部及南部），海南，香港，台湾；印度，缅甸，老挝，越南，泰国，柬埔寨，马来西亚，印度尼西亚，巴布亚新几内亚，澳大利亚，非洲。

珐灰蝶属 *Famegana* **Eliot, 1973**

珐灰蝶 *Famegana alsulus* **(Herrich-Schäffer, 1869)**
分布：云南（红河），广东，香港，台湾；印度，缅甸，老挝，越南，泰国，柬埔寨，马来西亚，印度尼西亚，澳大利亚。

蓝灰蝶属 *Everes* **Hübner, [1819]**

蓝灰蝶 *Everes argiades* **(Pallas, 1771)**
分布：欧亚大陆广布。

长尾蓝灰蝶 *Everes lacturnus* **(Godart, [1824])**
分布：云南（南部热区），广西，福建，广东，海南，香港，台湾；日本，印度，缅甸，老挝，越南，泰国，柬埔寨，马来西亚，印度尼西亚，巴布亚新几内亚，澳大利亚。

玄灰蝶属 *Tongeia* **Tutt, [1908]**

宽带玄灰蝶 *Tongeia amplifascia* **Huang, 2001**
分布：云南（迪庆、怒江）。

东川玄灰蝶 *Tongeia dongchuanensis* **Huang & Chen, 2006**
分布：云南（昆明、丽江）。

点玄灰蝶 *Tongeia filicaudis* (Pryer, 1877)

分布：云南（昭通），四川，重庆，河南，山东，陕西，浙江，江西，福建，广东，台湾。

淡纹玄灰蝶 *Tongeia ion* (Leech, 1891)

分布：云南（全省各地均有分布），西藏，四川，陕西；泰国。

波太玄灰蝶 *Tongeia potanini* (Alphéraky, 1889)

分布：云南（昆明、玉溪、红河、怒江、丽江、迪庆），四川，河南，陕西，浙江，福建；印度，缅甸，老挝，越南，泰国，柬埔寨，马来西亚。

丸灰蝶属 *Pithecops* Horsfield, [1828]

黑丸灰蝶 *Pithecops corvus* Fruhstorfer, 1919

分布：云南（玉溪、普洱、红河、德宏、文山、西双版纳），江西，广西，福建，广东，香港；老挝，越南，泰国，马来西亚，印度尼西亚。

钮灰蝶属 *Acytolepis* Toxopeus, 1927

钮灰蝶 *Acytolepis puspa* (Horsfield, [1828])

分布：云南（除西北部高海拔地区外，其他地区均有分布），四川，西藏，重庆，江西，广西，福建，广东，海南，香港，台湾；印度，缅甸，老挝，越南，泰国，柬埔寨，马来西亚，印度尼西亚，巴布亚新几内亚。

韫玉灰蝶属 *Celatoxia* Eliot & Kawazoé, 1983

韫玉灰蝶 *Celatoxia marginata* (de Nicéville, [1884])

分布：云南（除东北部和西北部高海拔地区外，其他地区均有分布），西藏，海南，台湾；印度，缅甸，老挝，越南，泰国，柬埔寨，马来西亚。

妩灰蝶属 *Udara* Toxopeus, 1928

白斑妩灰蝶 *Udara albocaerulea* (Moore, 1879)

分布：云南（除西北部高海拔地区外，其他地区均有分布），西藏，四川，贵州，重庆，安徽，浙江，江西，广西，福建，广东，香港，台湾；日本，印度，缅甸，老挝，越南，泰国，柬埔寨，马来西亚。

妩灰蝶 *Udara dilecta* (Moore, 1879)

分布：云南（全省各地均有分布），四川，贵州，西藏，重庆，安徽，浙江，江西，广西，福建，广东，海南，香港，台湾；印度，缅甸，老挝，越南，泰国，柬埔寨，马来西亚，印度尼西亚，巴布亚新几内亚。

鸥灰蝶属 *Oreolyce* Toxopeus, 1927

佤鸥灰蝶 *Oreolyce vardhana* (Moore, [1875])

分布：云南（保山）；印度，缅甸。

赖灰蝶属 *Lestranicus* Eliot & Kawazoé, 1983

赖灰蝶 *Lestranicus transpectus* (Moore, 1879)

分布：云南（玉溪、普洱、红河、德宏、西双版纳），广西；印度，孟加拉国，缅甸，老挝，越南，泰国，柬埔寨，马来西亚。

玫灰蝶属 *Callenya* Eliot & Kawazoé, 1983

玫灰蝶 *Callenya melaena* (Doherty, 1889)

分布：云南（普洱、红河、德宏、西双版纳），海南，台湾；印度，缅甸，老挝，越南，泰国，柬埔寨，马来西亚，印度尼西亚。

琉璃灰蝶属 *Celastrina* Tutt, 1906

琉璃灰蝶 *Celastrina argiolus* (Linnaeus, 1758)

分布：除新疆和海南外，全国其他地区均有分布；日本，韩国，俄罗斯，印度，缅甸，老挝，越南，泰国，菲律宾。

薰衣琉璃灰蝶 *Celastrina lavendularis* (Moore, 1877)

分布：云南（普洱、德宏、红河、西双版纳），广西，广东，海南，香港，台湾；印度，缅甸，老挝，越南，泰国，柬埔寨，马来西亚，印度尼西亚，巴布亚新几内亚。

华西琉璃灰蝶 *Celastrina hersilia* (Leech, [1893])

分布：云南（丽江），四川，西藏，陕西，湖北，福建。

莫琉璃灰蝶 *Celastrina morsheadi* (Evans, 1915)

分布：云南（丽江、迪庆），四川，西藏。

大紫琉璃灰蝶 *Celastrina oreas* (Leech, [1893])

分布：云南（昆明、曲靖、昭通、楚雄、大理、保山、丽江、迪庆、怒江），西藏，四川，贵州，陕西，浙江，台湾；印度，缅甸，韩国。

宽缘琉璃灰蝶 *Celastrina perplexa* Eliot & Kawazoé, 1983

分布：云南（迪庆），四川。

苏琉璃灰蝶 *Celastrina sugitanii* (Matsumura, 1919)

分布：云南（丽江、迪庆），四川，重庆，陕西，甘肃；日本，韩国。

美姬灰蝶属 *Megisba* Moore, [1881]

美姬灰蝶 *Megisba malaya* (Horsfield, [1828])

分布：云南（保山、德宏、普洱、红河、西双版纳），广西，福建，广东，海南，香港，台湾；印度，缅甸，老挝，越南，泰国，柬埔寨，马来西亚。

一点灰蝶属 *Neopithecops* Distant, 1884

一点灰蝶 *Neopithecops zalmora* (Butler, [1870])
分布：云南（普洱、德宏、红河、西双版纳），广西，福建，广东，海南，香港，台湾；缅甸，老挝，越南，泰国，柬埔寨。

穆灰蝶属 *Monodontides* Toxopeus, 1927

穆灰蝶 *Monodontides musina* (Snellen, 1892)
分布：云南（中部及南部热区）；印度，缅甸，老挝，越南，泰国，柬埔寨，马来西亚。

白灰蝶属 *Phengaris* Doherty, 1891

白灰蝶 *Phengaris atroguttata* (Oberthür, 1876)
分布：云南（昆明、昭通、文山、大理、丽江、迪庆、保山），四川，河南，台湾；缅甸，印度。

秀山白灰蝶 *Phengaris xiushani* Wang & Settele, 2010
分布：云南（怒江）。

靛灰蝶属 *Caerulea* Forster, 1938

扣靛灰蝶 *Caerulea coelestis* (Alphéraky, 1897)
分布：云南（昆明、曲靖、昭通、丽江、迪庆），四川，西藏。

僖灰蝶属 *Sinia* Forster, 1940

烂僖灰蝶 *Sinia lanty* (Oberthür, 1886)
分布：云南（丽江、迪庆），四川，西藏，青海。

婀灰蝶属 *Albulina* Tutt, 1909

璐婀灰蝶 *Albulina lucifuga* (Fruhstorfer, 1915)
分布：云南（迪庆），四川。

婀灰蝶 *Albulina orbitula* (de Prunner, 1798)
分布：云南（丽江、迪庆），四川，西藏。

紫灰蝶属 *Chilades* Moore, [1881]

紫灰蝶 *Chilades lajus* (Stoll, [1780])
分布：云南（玉溪、普洱、德宏、红河、文山、西双版纳），福建，广东，海南，香港，台湾；泰国，缅甸，老挝，越南，印度。

曲纹紫灰蝶 *Chilades pandava* (Horsfield, [1829])
分布：云南（除西北部高海拔地区外，其他地区均有分布），福建，广东；日本，印度，缅甸，老挝，越南，泰国，柬埔寨，马来西亚，印度尼西亚，巴

布亚新几内亚，澳大利亚。

普紫灰蝶 *Chilades putli* (Kollar, [1844])
分布：云南（昆明、玉溪、普洱、红河、西双版纳），海南，香港，台湾；印度，缅甸，老挝，越南，泰国，柬埔寨。

云南紫灰蝶 *Chilades yunnanensis* Watkins, 1927
分布：云南（楚雄、丽江、迪庆）。

眼灰蝶属 *Polyommatus* Latreille, 1804

佛眼灰蝶 *Polyommatus forresti* Bálint, 1992
分布：云南（迪庆），西藏。

弄蝶科 Hesperiidae

钩纹弄蝶属 *Bibasis* Moore, 1881

钩纹弄蝶 *Bibasis sena* (Moore, 1865)
分布：云南（玉溪、普洱、西双版纳），西藏，海南；越南，老挝，缅甸，泰国，印度，斯里兰卡，马来西亚，印度尼西亚，菲律宾。

伞弄蝶属 *Burara* Swinhoe, 1893

耳伞弄蝶 *Burara amara* (Moore, 1866)
分布：云南（红河、西双版纳），海南；印度，缅甸，老挝，泰国。

雕形伞弄蝶 *Burara aquilia* (Speyer, 1879)
分布：云南（怒江），四川，贵州，重庆，黑龙江，吉林，辽宁，陕西，甘肃；日本，俄罗斯，韩国。

依特伞弄蝶 *Burara etelka* (Hewitson, [1867])
分布：云南（西双版纳）；缅甸，老挝，越南，泰国，柬埔寨，马来西亚，新加坡，印度尼西亚，菲律宾。

白伞弄蝶 *Burara gomata* (Moore, 1865)
分布：云南（普洱、西双版纳），四川，浙江，江西，湖北，广西，福建，广东，海南，香港；印度，缅甸，老挝，越南，泰国，马来西亚，印度尼西亚，菲律宾。

褐伞弄蝶 *Burara harisa* (Moore, 1865)
分布：云南（德宏、红河、西双版纳），广西，海南；印度，缅甸，老挝，越南，泰国，马来西亚，新加坡，印度尼西亚，菲律宾。

橙翅伞弄蝶 *Burara jaina* (Moore, 1866)
分布：云南（红河、普洱、临沧、大理、德宏、西双版纳），西藏，广西，福建，广东，海南，香港，台湾；印度，缅甸，老挝，越南，泰国，马来西亚，印度尼西亚。

黑斑伞弄蝶 *Burara oedipodea* (Swainson, 1820)

分布：云南（玉溪、红河、普洱、德宏、西双版纳），广西，广东，海南，香港；印度，缅甸，泰国，越南，老挝，马来西亚，印度尼西亚，菲律宾。

反缘伞弄蝶 *Burara vasutana* (Moore, 1866)

分布：云南（红河、怒江），西藏，广东；印度，尼泊尔，缅甸，老挝，越南，泰国。

趾弄蝶属 *Hasora* Moore, [1881]

无趾弄蝶 *Hasora anurade* Nicéville, 1889

分布：云南（全省各地均有分布），四川，贵州，重庆，陕西，河南，浙江，江西，广西，广东，福建，海南，香港，台湾；印度，不丹，尼泊尔，缅甸，老挝，越南，泰国。

三斑趾弄蝶 *Hasora badra* (Moore, [1858])

分布：云南（玉溪、普洱、德宏、红河、西双版纳），江西，广西，广东，福建，海南，香港，台湾；印度，尼泊尔，不丹，缅甸，老挝，越南，泰国，马来西亚，印度尼西亚，菲律宾，日本。

双斑趾弄蝶 *Hasora chromus* (Cramer, [1780])

分布：云南（昆明、红河、玉溪、普洱、文山、德宏、西双版纳），江苏，上海，广东，福建，香港，台湾；印度，越南，老挝，缅甸，泰国，马来西亚，印度尼西亚，斐济，美国（关岛），巴布亚新几内亚，澳大利亚。

金带趾弄蝶 *Hasora schoenherr* (Latreille, [1824])

分布：云南（普洱、西双版纳），海南；印度，缅甸，老挝，越南，泰国，马来西亚，印度尼西亚，菲律宾。

银针趾弄蝶 *Hasora taminatus* (Hübner, 1818)

分布：云南（普洱、红河、西双版纳），四川，广西，广东，海南，香港，台湾；印度，尼泊尔，不丹，斯里兰卡，缅甸，泰国，老挝，越南，马来西亚，印度尼西亚，菲律宾。

纬带趾弄蝶 *Hasora vitta* (Butler, 1870)

分布：云南（昆明、红河、玉溪、普洱、文山、德宏、西双版纳），四川，重庆，广西，广东，香港；尼泊尔，不丹，印度，缅甸，老挝，越南，泰国，马来西亚，印度尼西亚，菲律宾，斐济，美国（关岛），巴布亚新几内亚，澳大利亚。

尖翅弄蝶属 *Badamia* Moore, [1881]

尖翅弄蝶 *Badamia exclamationis* (Fabricius, 1775)

分布：云南（昆明、玉溪、普洱、红河、西双版纳），西藏，广西，福建，广东，海南，香港，台湾；印度，缅甸，老挝，越南，泰国，马来西亚，印度尼西亚，澳大利亚。

绿弄蝶属 *Choaspes* Moore, [1881]

绿弄蝶 *Choaspes benjaminii* (Guérin-Ménéville, 1843)

分布：云南（普洱、红河、怒江、西双版纳），陕西，河南，江西，浙江，广西，广东，福建，香港，台湾；日本，印度，斯里兰卡，缅甸，老挝，越南，泰国，韩国。

半黄绿弄蝶 *Choaspes hemixanthus* Rothschild & Jordan, 1903

分布：云南（西双版纳），四川，江西，浙江，广西，福建，广东，海南，香港；印度，尼泊尔，越南，老挝，缅甸，泰国，菲律宾，马来西亚，印度尼西亚。

暗标绿弄蝶 *Choaspes stigmata* Evans, 1932

分布：云南（西双版纳），海南；印度，缅甸，老挝，越南，泰国，马来西亚，印度尼西亚，菲律宾，文莱。

素绿弄蝶 *Choaspes subcaudatus* (C. & R. Felder, 1867)

分布：云南（西双版纳）；缅甸，老挝，泰国，马来西亚，印度尼西亚。

黄毛绿弄蝶 *Choaspes xanthopogon* (Kollar, [1844])

分布：云南（昆明、红河），四川，台湾；尼泊尔，印度，缅甸，泰国。

大弄蝶属 *Capila* Moore, [1866]

海南大弄蝶 *Capila hainana* Crowley, 1900

分布：云南（普洱），海南；老挝，泰国。

醒纹大弄蝶 *Capila phanaeus* (Hewitson, 1867)

分布：云南（普洱、西双版纳）；缅甸，老挝，越南，泰国，马来西亚。

星弄蝶属 *Celaenorrhinus* Hübner, [1819]

斜带星弄蝶 *Celaenorrhinus aurivittatus* (Moore, 1879)

分布：云南（西双版纳），四川，湖南，广西，广东；印度，缅甸，越南，老挝，泰国，马来西亚，印度尼西亚。

同宗星弄蝶 *Celaenorrhinus consanguineus* Leech, 1891

分布：云南（昆明、曲靖、玉溪、大理、丽江），四川，贵州，湖南，湖北，安徽，浙江，广西，广东。

达娜达星弄蝶 *Celaenorrhinus dhanada* Moore, [1866]

分布：云南（玉溪、文山、德宏、怒江、西双版纳）；印度，尼泊尔，不丹，缅甸，老挝，越南，泰国，马来西亚，印度尼西亚，文莱。

李氏星弄蝶 *Celaenorrhinus lijiani* Huang, 2021

分布：云南（德宏）。

洁星弄蝶 *Celaenorrhinus munda* (Moore, 1884)

分布：云南（迪庆）；印度，缅甸，泰国。

黄射纹星弄蝶 *Celaenorrhinus oscula* Evans, 1949

分布：云南（昭通），四川，贵州，陕西，江西；越南。

四川星弄蝶 *Celaenorrhinus patula* de Nicéville, 1889

分布：云南（大理），西藏，四川，贵州，重庆，广西，广东；印度，缅甸，老挝，越南，泰国，马来西亚。

黄星弄蝶 *Celaenorrhinus pero* de Nicéville, 1889

分布：云南（昆明），西藏，四川，广西；印度，尼泊尔，泰国。

尖翅小星弄蝶 *Celaenorrhinus pulomaya* Moore, 1865

分布：云南（保山），贵州，重庆，台湾；印度，不丹。

小星弄蝶 *Celaenorrhinus ratna* Fruhstorfer, 1908

分布：云南（怒江），河南，福建，台湾；印度。

思茅星弄蝶 *Celaenorrhinus simoi* Huang, 2021

分布：云南（德宏）。

西藏星弄蝶 *Celaenorrhinus tibetana* (Mabille, 1876)

分布：云南（昆明、曲靖、大理、丽江、迪庆、怒江），四川，西藏；印度。

白触星弄蝶 *Celaenorrhinus victor* Deviatkin, 2003

分布：云南（红河、西双版纳），西藏，四川，重庆，广西，广东；印度，缅甸，泰国，马来西亚，老挝，越南。

越南星弄蝶 *Celaenorrhinus vietnamicus* Deviatkin, 2000

分布：云南（昭通、普洱、红河、文山、西双版纳），四川，重庆，湖南，广西，广东；印度，缅甸，老挝，越南，泰国，马来西亚，印度尼西亚。

吴氏星弄蝶 *Celaenorrhinus wuzhenjuni* Huang, 2023

分布：云南（西双版纳）。

麦星弄蝶 *Celaenorrhinus zea* Swinhoe, 1909

分布：云南（德宏）；印度。

朱氏星弄蝶 *Celaenorrhinus zhujianqingi* Huang, 2023

分布：云南（红河）。

窗弄蝶属 *Coladenia* Moore, 1881

布窗弄蝶 *Coladenia buchananii* (de Nicéville, 1889)

分布：云南（怒江），江西；老挝，泰国。

台湾窗弄蝶 *Coladenia pinsbukana* (Shimonoya & Murayama, 1976)

分布：云南（普洱、西双版纳），浙江，福建，广东，广西，台湾；越南，老挝。

怒江窗弄蝶 *Coladenia uemurai* Huang, 2003

分布：云南（怒江）。

姹弄蝶属 *Chamunda* Evans, 1949

姹弄蝶 *Chamunda chamunda* (Moore, [1866])

分布：云南（西双版纳），西藏，广西；印度，缅甸，老挝，泰国，马来西亚。

襟弄蝶属 *Pseudocoladenia* Shirôzu & Saigusa, 1962

黄襟弄蝶 *Pseudocoladenia dan* (Fabricius, 1787)

分布：云南（昆明、玉溪、普洱、红河、文山、德宏、西双版纳），广西，福建，广东，海南，台湾；印度，缅甸，老挝，越南，泰国，马来西亚。

大襟弄蝶 *Pseudocoladenia dea* (Leech, 1892)

分布：云南（昭通），四川，重庆，甘肃，陕西，安徽，浙江，江西，湖北。

密带襟弄蝶 *Pseudocoladenia festa* (Evans, 1949)

分布：云南（大理、保山、德宏），四川；印度，不丹，缅甸。

毛脉弄蝶属 *Mooreana* Evans, 1926

毛脉弄蝶 *Mooreana trichoneura* (C. & R. Felder, 1860)

分布：云南（普洱、红河、文山、西双版纳），广西，海南；印度，缅甸，老挝，越南，泰国，马来西亚，印度尼西亚。

梳翅弄蝶属 *Ctenoptilum* de Nicéville, 1890

暗色梳翅弄蝶 *Ctenoptilum multiguttatum* de Nicéville, 1890

分布：云南（普洱、西双版纳）；老挝，缅甸，泰国。

梳翅弄蝶 *Ctenoptilum vasava* **(Moore, 1865)**

分布：云南（大理、普洱、德宏、保山、迪庆、西双版纳），四川，重庆，陕西，河南，江苏，浙江，江西，广西，福建；印度，缅甸，泰国，老挝，越南。

拟梳翅弄蝶属 *Tapena* Moore, [1881]

拟梳翅弄蝶 *Tapena thwaitesi* **Moore, [1881]**

分布：云南（西双版纳）；缅甸，老挝，越南，泰国，马来西亚，印度尼西亚。

彩弄蝶属 *Caprona* Wallengren, 1857

彩弄蝶 *Caprona agama* **(Moore, 1857)**

分布：云南（文山），广西，广东，海南；印度，尼泊尔，不丹，泰国，缅甸，老挝，越南，印度尼西亚。

阿彩弄蝶 *Caprona alida* **(de Nicéville, 1891)**

分布：云南（玉溪），西藏，江西，广西，海南，香港；尼泊尔，越南，缅甸，斯里兰卡。

角翅弄蝶属 *Odontoptilum* de Nicéville, 1890

角翅弄蝶 *Odontoptilum angulata* **(Felder, 1862)**

分布：云南（玉溪、普洱、红河、文山、德宏、西双版纳），广西，广东，海南，香港；印度，缅甸，老挝，越南，泰国，马来西亚，印度尼西亚，菲律宾。

刷胫弄蝶属 *Sarangesa* Moore, [1881]

刷胫弄蝶 *Sarangesa dasahara* **(Moore, [1866])**

分布：云南（玉溪、普洱、红河、西双版纳），海南；尼泊尔，不丹，印度，斯里兰卡，越南，老挝，缅甸，泰国。

黑弄蝶属 *Daimio* Murray, 1875

黑弄蝶 *Daimio tethys* **(Ménétriès, 1857)**

分布：除西北和台湾外，全国其他地区均有分布；日本，缅甸，韩国，俄罗斯。

捷弄蝶属 *Gerosis* Mabille, 1903

匪夷捷弄蝶 *Gerosis phisara* **(Moore, 1884)**

分布：云南（普洱、大理、红河、保山、德宏、怒江、西双版纳），四川，贵州，西藏，重庆，浙江，广西，福建，广东，海南，香港；印度，缅甸，泰国，老挝，越南，马来西亚。

中华捷弄蝶 *Gerosis sinica* **(C. & R. Felder, 1862)**

分布：云南（昆明、大理、昭通、普洱、西双版纳），四川，西藏，重庆，浙江，湖北，广西，福建，广东，海南；印度，缅甸，老挝，越南，泰国，马来西亚。

袁氏捷弄蝶 *Gerosis yuani* **Huang, 2003**

分布：云南（怒江）。

裙弄蝶属 *Tagiades* Hübner, [1819]

滚边裙弄蝶 *Tagiades cohaerens* **Mabille, 1914**

分布：云南（玉溪、普洱、保山、德宏、红河、西双版纳），四川，广西，台湾；印度，缅甸，老挝，越南，泰国，马来西亚。

白边裙弄蝶 *Tagiades gana* **(Moore, 1865)**

分布：云南（普洱、德宏、红河、西双版纳），广西，海南；印度，缅甸，泰国，老挝，越南，马来西亚，印度尼西亚。

裙弄蝶 *Tagiades japetus* **(Stoll, [1781])**

分布：云南（德宏、西双版纳）；印度，缅甸，老挝，越南，泰国，马来西亚，新加坡，印度尼西亚。

沾边裙弄蝶 *Tagiades litigiosa* **Möschler, 1878**

分布：云南（玉溪、普洱、保山、德宏、红河、文山、西双版纳），四川，西藏，重庆，浙江，福建，江西，广西，广东，海南，香港；印度，缅甸，泰国，老挝，越南。

黑边裙弄蝶 *Tagiades menaka* **(Moore, 1865)**

分布：云南（玉溪、普洱、保山、德宏、红河、文山、昭通、西双版纳），四川，西藏，广西，福建，广东，海南，香港；印度，缅甸，泰国，老挝，越南。

瑟弄蝶属 *Seseria* Matsumura, 1919

锦瑟弄蝶 *Seseria dohertyi* **(Watson, 1893)**

分布：云南（德宏、红河、西双版纳），西藏，广西，福建，广东，海南；印度，尼泊尔，老挝，越南，缅甸。

白腹瑟弄蝶 *Seseria sambara* **Moore, [1866]**

分布：云南（西双版纳），广西；印度，不丹，缅甸，老挝，越南，泰国。

条腹瑟弄蝶 *Seseria strigata* **Evans, 1926**

分布：云南（西双版纳）；缅甸，老挝，越南，泰国。

达弄蝶属 *Darpa* Moore, [1866]

达弄蝶 *Darpa hanria* **Moore, [1866]**

分布：云南（临沧、西双版纳），海南；印度，缅甸，老挝，越南，泰国。

纹毛达弄蝶 *Darpa striata* **(Druce, 1873)**

分布：云南（西双版纳）；印度，缅甸，老挝，泰国。

飒弄蝶属 *Satarupa* Moore, 1865

飒弄蝶 *Satarupa gopala* Moore, [1866]

分布：云南（西双版纳），海南；印度，泰国，越南，老挝，缅甸。

陕型飒弄蝶 *Satarupa nymphalis* (Speyer, 1879)

分布：云南（昭通），四川，黑龙江，吉林，辽宁，陕西，甘肃，北京，河南，安徽，浙江，福建；韩国，俄罗斯。

苏飒弄蝶 *Satarupa zulla* Tytler, 1915

分布：云南（保山、怒江），西藏；缅甸，印度，越南。

白弄蝶属 *Abraximorpha* Elwes & Edwards, 1897

白弄蝶 *Abraximorpha davidii* (Mabille, 1876)

分布：云南（昭通、曲靖、文山），四川，贵州，重庆，陕西，江苏，浙江，江西，湖北，广西，广东，福建，香港，台湾；缅甸，老挝，越南。

艾莎白弄蝶 *Abraximorpha esta* Evans, 1949

分布：云南（红河）；缅甸，老挝，越南。

秉弄蝶属 *Pintara* Evans, 1932

小斑秉弄蝶 *Pintara bowringi* (Joicey & Talbot, 1921)

分布：云南（红河），广西，海南；越南。

老挝秉弄蝶 *Pintara lao* Maruyama & Uehara, 2008

分布：云南（西双版纳）；老挝，越南，泰国。

秉弄蝶 *Pintara pinwilli* (Butler, 1879)

分布：云南（西双版纳）；缅甸，老挝，越南，泰国。

奥丁弄蝶属 *Odina* Mabille, 1891

饰奥丁弄蝶 *Odina decoratus* (Hewitson, 1867)

分布：云南（西双版纳）；印度，缅甸，老挝，越南，泰国，柬埔寨。

珠弄蝶属 *Erynnis* Schrank, 1801

深山珠弄蝶 *Erynnis montanus* (Bremer, 1861)

分布：云南（昆明、曲靖、昭通、楚雄、大理、丽江、迪庆、怒江、红河），四川，西藏，吉林，辽宁，北京，陕西，甘肃，青海；日本，韩国，俄罗斯。

西方珠弄蝶 *Erynnis pelias* Leech, 1891

分布：云南（昆明、曲靖、昭通、楚雄、大理、丽江、迪庆、怒江），甘肃，青海。

花弄蝶属 *Pyrgus* Hübner, [1819]

中华花弄蝶 *Pyrgus bieti* (Oberthür, 1886)

分布：云南（丽江、迪庆、怒江），四川，西藏，青海。

花弄蝶 *Pyrgus maculatus* (Bremer & Grey, 1853)

分布：云南（昆明、曲靖、昭通、玉溪、大理、丽江、迪庆、保山、怒江、红河），四川，黑龙江，吉林，辽宁，内蒙古，北京，陕西，浙江；日本，韩国，蒙古国。

奥氏花弄蝶 *Pyrgus oberthuri* Leech, 1891

分布：云南（丽江、迪庆），四川，西藏；哈萨克斯坦。

舟弄蝶属 *Barca* de Nicéville, 1902

双色舟弄蝶 *Barca bicolor* (Oberthür, 1896)

分布：云南（昭通、丽江、迪庆、怒江），四川，重庆，陕西，江西，湖北，福建，广东；越南。

带弄蝶属 *Lobocla* Moore, 1884

双带弄蝶 *Lobocla bifasciata* (Bremer & Grey, 1853)

分布：云南（昆明、曲靖、昭通、玉溪、楚雄、大理、丽江、迪庆、怒江、保山、红河），四川，贵州，西藏，重庆，辽宁，北京，陕西，广东，台湾；蒙古国，俄罗斯。

曲纹带弄蝶 *Lobocla germana* (Oberthür, 1886)

分布：云南（昆明、曲靖、大理、丽江、迪庆、怒江），四川。

黄带弄蝶 *Lobocla liliana* (Atkinson, 1871)

分布：云南（普洱、西双版纳）；印度，缅甸，老挝，越南，泰国。

弓带弄蝶 *Lobocla nepos* (Oberthür, 1886)

分布：云南（迪庆），四川，西藏。

嵌带弄蝶 *Lobocla proxima* (Leech, 1891)

分布：云南（迪庆），四川。

简纹带弄蝶 *Lobocla simplex* (Leech, 1891)

分布：云南（昆明、丽江、迪庆、怒江），四川。

银弄蝶属 *Carterocephalus* Lederer, 1852

射线银弄蝶 *Carterocephalus abax* Oberthür, 1886

分布：云南（丽江、迪庆），四川。

黄斑银弄蝶 *Carterocephalus alcinoides* Lee, 1962

分布：云南（文山、迪庆），四川。

醒斑银弄蝶 *Carterocephalus alcinus* Evans, 1939

分布：云南（昆明、曲靖、昭通、楚雄、大理、丽江、迪庆）。

前进银弄蝶 *Carterocephalus avanti* (de Nicéville, 1886)

分布：云南（丽江、迪庆），四川，西藏；印度，不丹。

克理银弄蝶 *Carterocephalus christophi* Grum-Grshimailo, 1891

分布：云南（保山、迪庆），四川，西藏，青海。

白斑银弄蝶 *Carterocephalus dieckmanni* Graeser, 1888

分布：云南（昆明、大理、丽江、迪庆），四川，辽宁，内蒙古，北京，甘肃；俄罗斯，缅甸。

黄点银弄蝶 *Carterocephalus flavomaculatus* Oberthür, 1886

分布：云南（迪庆），四川，西藏，青海。

愈斑银弄蝶 *Carterocephalus houangty* Oberthür, 1886

分布：云南（丽江），四川，西藏；缅甸。

小银弄蝶 *Carterocephalus micio* Oberthür, 1891

分布：云南（大理、丽江、迪庆），四川，西藏。

雪斑银弄蝶 *Carterocephalus niveomaculatus* Oberthür, 1886

分布：云南（迪庆），四川，甘肃，青海。

银线银弄蝶 *Carterocephalus patra* Evans, 1939

分布：云南（迪庆）。

美丽银弄蝶 *Carterocephalus pulchra* (Leech, 1891)

分布：云南（大理、丽江、迪庆）。

锷弄蝶属 *Aeromachus* de Nicéville, 1890

紫斑锷弄蝶 *Aeromachus catocyanea* (Mabille, 1876)

分布：云南（昆明、大理、迪庆、保山），四川，西藏，陕西。

疑锷弄蝶 *Aeromachus dubius* Elwes & Edwards, 1897

分布：云南（西双版纳），陕西，浙江，广西，福建，海南；缅甸，马来西亚，印度尼西亚。

河伯锷弄蝶 *Aeromachus inachus* (Ménétriès, 1859)

分布：云南（曲靖、昭通），四川，贵州，黑龙江，吉林，辽宁，北京，陕西，山东，河南，甘肃，江苏，浙江，湖北，江西，湖南，福建，台湾；韩国，日本，俄罗斯。

白条锷弄蝶 *Aeromachus jhora* (de Nicéville, 1885)

分布：云南（曲靖、玉溪、普洱、红河、德宏、西双版纳），浙江，广西，福建，广东，香港；印度，缅甸，老挝，马来西亚。

紫点锷弄蝶 *Aeromachus kali* (de Nicéville, 1885)

分布：云南（德宏、保山），广西；印度，缅甸，老挝。

黑锷弄蝶 *Aeromachus piceus* Leech, 1893

分布：云南（昆明、大理、丽江、迪庆、怒江、保山），四川，陕西，甘肃，浙江，广西，福建，广东。

黑白毗锷弄蝶 *Aeromachus propinquus* Alphéraky, 1897

分布：云南（昆明、怒江、丽江），四川。

标锷弄蝶 *Aeromachus stigmatus* (Moore, 1878)

分布：云南（大理、丽江、迪庆），西藏；印度，缅甸，泰国，老挝。

黄斑弄蝶属 *Ampittia* Moore, 1881

黄斑弄蝶 *Ampittia dioscorides* (Fabricius, 1793)

分布：云南（玉溪、普洱、红河、文山、西双版纳），江苏，上海，浙江，广西，福建，广东，海南，香港，台湾；印度，缅甸，泰国，老挝，越南，马来西亚，新加坡，印度尼西亚。

三黄斑弄蝶 *Ampittia trimacula* (Leech, 1891)

分布：云南（昭通、怒江），四川，陕西。

钩形黄斑弄蝶 *Ampittia virgata* (Leech, 1890)

分布：云南（西双版纳），四川，河南，安徽，浙江，湖北，广西，福建，广东，海南，香港，台湾。

奥弄蝶属 *Ochus* de Nicéville, 1894

奥弄蝶 *Ochus subvittatus* (Moore, 1878)

分布：云南（普洱、红河、德宏、西双版纳），西藏，广西，广东；印度，缅甸，老挝，越南，泰国。

巴弄蝶属 *Baracus* Moore, 1881

巴弄蝶 *Baracus vittatus* (Felder, 1862)

分布：云南（西双版纳），广西；印度，不丹，缅甸，斯里兰卡，老挝，越南，泰国。

斜带弄蝶属 *Sebastonyma* Watson, 1893

斜带弄蝶 *Sebastonyma dolopia* (Hewitson, 1868)

分布：云南（怒江、保山），西藏；印度，缅甸，老挝，泰国。

普斜带弄蝶 *Sebastonyma pudens* Evans, 1937

分布：云南（临沧）；缅甸，老挝。

串弄蝶属 *Plastingia* Butler, 1870

小串弄蝶 *Plastingia naga* (de Nicéville, [1884])

分布：云南（德宏、西双版纳）；印度，缅甸，老挝，越南，泰国，马来西亚，新加坡，印度尼西亚，菲律宾。

劭弄蝶属 Salanoemia Eliot, 1978

塔沃劭弄蝶 Salanoemia tavoyana (Evans, 1926)

分布：云南（西双版纳）；缅甸，老挝，越南，泰国，柬埔寨，马来西亚，印度尼西亚。

琦弄蝶属 Quedara Swinhoe, 1919

白带琦弄蝶 Quedara albifascia (Moore, [1879])

分布：云南（德宏）；缅甸，老挝，越南，泰国。

黄带琦弄蝶 Quedara flavens Devyatkin, 2000

分布：云南（西双版纳）；老挝，越南。

明斑弄蝶属 Creteus de Nicéville, 1895

明斑弄蝶 Creteus cyrina (Hewitson, 1876)

分布：云南（西双版纳）；印度，缅甸，老挝，越南，泰国。

绿脉弄蝶属 Pirdana Distant, 1886

绿脉弄蝶 Pirdana hyela (Hewitson, 1867)

分布：云南（红河）；缅甸，老挝，越南，泰国，马来西亚。

索弄蝶属 Sovia Evans, 1949

白胸索弄蝶 Sovia albipectus (de Nicéville, 1891)

分布：云南（西双版纳）；缅甸，老挝，越南，泰国。

暗缘索弄蝶 Sovia grahami (Evans, 1926)

分布：云南（怒江、保山），西藏；印度，尼泊尔。

方氏索弄蝶 Sovia fangi Huang & Wu, 2003

分布：云南（迪庆）。

索弄蝶 Sovia lucasii (Mabille, 1876)

分布：云南（昭通），四川，重庆，陕西，广西，广东，湖北。

错缘索弄蝶 Sovia separata (Moore, 1882)

分布：云南（怒江、保山），西藏；印度，缅甸。

黄索弄蝶 Sovia subflava (Leech, 1893)

分布：云南（迪庆、丽江），四川。

徘弄蝶属 Pedesta Hemming, 1934

黄星徘弄蝶 Pedesta baileyi (South, 1913)

分布：云南（丽江、迪庆、怒江），四川，西藏。

长标徘弄蝶 Pedesta blanchardii (Mabille, 1876)

分布：云南（昭通），四川，陕西。

白斑徘弄蝶 Pedesta cerata (Hewitson, 1876)

分布：云南（西双版纳）；印度，缅甸，老挝，越

南，泰国。

白纹徘弄蝶 Pedesta hishikawai Yoshino, 2003

分布：云南（迪庆）。

花角徘弄蝶 Pedesta hyrie (de Nicéville, 1891)

分布：云南（红河），西藏，广西；印度，老挝，越南，泰国。

基诺徘弄蝶 Pedesta jinoae Huang, 2019

分布：云南（西双版纳、临沧）。

马苏里徘弄蝶 Pedesta masuriensis (Moore, 1878)

分布：云南（大理、迪庆），四川，西藏，重庆，甘肃；印度。

潘徘弄蝶 Pedesta pandita (de Nicéville, 1885)

分布：云南（保山），西藏；印度，缅甸，越南。

宁静徘弄蝶 Pedesta serena (Evans, 1937)

分布：云南（保山），四川；缅甸，越南。

绿徘弄蝶 Pedesta viridis Huang, 2003

分布：云南（保山、怒江、迪庆），四川，西藏。

陀弄蝶属 Thoressa Swinhoe, [1913]

银条陀弄蝶 Thoressa bivitta (Oberthür, 1886)

分布：云南（丽江、迪庆），四川。

赭陀弄蝶 Thoressa fusca (Elwes, [1893])

分布：云南（怒江），四川，福建，广西，广东；印度，缅甸。

灰陀弄蝶 Thoressa gupta (de Nicéville, 1886)

分布：云南（昭通、怒江），四川，陕西，甘肃，广东。

徕陀弄蝶 Thoressa latris (Leech, 1894)

分布：云南（昆明、大理）。

马氏陀弄蝶 Thoressa masoni (Moore, [1879])

分布：云南（普洱、西双版纳）；印度，泰国，缅甸，老挝，越南。

腾冲陀弄蝶 Thoressa nanshaona Maruyama, 1995

分布：云南（保山）。

侏儒陀弄蝶 Thoressa pedla (Evans, 1956)

分布：云南（迪庆、保山）。

花裙陀弄蝶 Thoressa submacula (Leech, 1890)

分布：云南（昭通），四川，重庆，河南，陕西，甘肃，江苏，浙江，福建，湖北。

阴陀弄蝶 Thoressa zinnia (Evans, 1939)

分布：云南（丽江、迪庆）。

酣弄蝶属 Halpe Moore, 1878

云南酣弄蝶 Halpe arcuata Evans, 1937

分布：云南（红河、德宏、西双版纳）；缅甸，马

来西亚，印度。

汉达酣弄蝶 _Halpe handa_ Evans, 1949

分布：云南（怒江），西藏；缅甸，老挝，越南，泰国。

灰脉酣弄蝶 _Halpe hauxwelli_ Evans, 1937

分布：云南（西双版纳）；印度，缅甸，老挝，泰国。

库酣弄蝶 _Halpe kumara_ de Nicéville, 1885

分布：云南（西双版纳、怒江），西藏；印度。

混合酣弄蝶 _Halpe mixta_ Huang, 2003

分布：云南（怒江）。

峨眉酣弄蝶 _Halpe nephele_ Leech, 1893

分布：云南（昭通），四川，贵州，重庆，安徽，浙江，江西，广西，福建，海南。

拟库酣弄蝶 _Halpe parakumara_ Huang, 2003

分布：云南（怒江）。

双子酣弄蝶 _Halpe porus_ (Mabille, 1877)

分布：云南（临沧、文山、西双版纳），广西，广东，海南，香港；印度，缅甸，泰国，老挝，越南，马来西亚。

纨酣弄蝶 _Halpe wantona_ Swinhoe, 1893

分布：云南（西双版纳）；印度，缅甸，老挝，泰国。

宽带酣弄蝶 _Halpe zema_ (Hewitson, 1877)

分布：云南（红河、德宏、西双版纳）；印度，缅甸，老挝，越南，泰国。

琵弄蝶属 _Pithauria_ Moore, 1878

宽突琵弄蝶 _Pithauria linus_ Evans, 1937

分布：云南（昭通），四川，甘肃，浙江，福建，江西，广西，广东；越南。

黄标琵弄蝶 _Pithauria marsena_ (Hewitson, 1886)

分布：云南（西双版纳），浙江，广西，福建；印度，缅甸，老挝，越南，泰国，马来西亚。

琵弄蝶 _Pithauria murdava_ (Moore, 1865)

分布：云南（玉溪、普洱、红河、西双版纳），西藏，广西，海南；印度，缅甸，老挝，越南，泰国。

槁翅琵弄蝶 _Pithauria stramineipennis_ Wood-Mason & de Nicéville, 1887

分布：云南（红河、西双版纳）；印度，缅甸，老挝，越南，泰国，马来西亚。

突须弄蝶属 _Arnetta_ Watson, 1893

突须弄蝶 _Arnetta atkinsoni_ (Moore, 1878)

分布：云南（红河），广西，广东；印度，缅甸，老挝，越南，泰国。

暗弄蝶属 _Stimula_ de Nicéville, 1898

斯氏暗弄蝶 _Stimula swinhoei_ (Elwes & Edwards, 1897)

分布：云南（普洱、红河、德宏、西双版纳），西藏；印度，缅甸，老挝，越南。

钩弄蝶属 _Ancistroides_ Butler, 1874

黑色钩弄蝶 _Ancistroides nigrita_ (Latreille, 1824)

分布：云南（普洱、红河、德宏、西双版纳），西藏，海南；印度，缅甸，老挝，越南，泰国，马来西亚，印度尼西亚，菲律宾。

腌翅弄蝶属 _Astictopterus_ C. & R. Felder, 1860

腌翅弄蝶 _Astictopterus jama_ C. & R. Felder, 1860

分布：云南（玉溪、普洱、红河、文山、德宏、怒江、西双版纳），浙江，江西，广西，福建，广东，海南，香港；印度，缅甸，泰国，老挝，越南，马来西亚，印度尼西亚，菲律宾。

红标弄蝶属 _Koruthaialos_ Watson, 1893

红标弄蝶 _Koruthaialos rubecula_ (Plötz, 1882)

分布：云南（昆明、西双版纳），广西；印度，缅甸，老挝，越南，泰国，马来西亚，印度尼西亚，菲律宾。

新红标弄蝶 _Koruthaialos sindu_ (Felder & Felder, 1860)

分布：云南（普洱、德宏、红河、西双版纳）；印度，缅甸，泰国，老挝，越南，马来西亚，印度尼西亚，菲律宾。

袖弄蝶属 _Notocrypta_ de Nicéville, 1889

曲纹袖弄蝶 _Notocrypta curvifascia_ (C. & R. Felder, 1862)

分布：云南（玉溪、红河、文山、普洱、临沧、大理、保山、德宏、西双版纳），四川，西藏，浙江，广西，福建，广东，海南，香港，台湾；日本，印度，缅甸，老挝，越南，泰国，柬埔寨，马来西亚，印度尼西亚。

宽纹袖弄蝶 _Notocrypta feisthamelii_ (Boisduval, 1832)

分布：云南（昭通、玉溪、普洱、红河、文山、保山、怒江、西双版纳），四川，西藏，重庆，浙江，湖南，广西，福建，广东，台湾；印度，缅甸，老挝，越南，泰国，柬埔寨，马来西亚，印度尼西亚，巴布亚新几内亚。

窄纹袖弄蝶 *Notocrypta paralysos* (Wood-Mason & de Nicéville, 1881)
分布：云南（普洱、红河、德宏、昭通、西双版纳），广西，福建，海南，香港；印度，缅甸，老挝，越南，泰国，柬埔寨，马来西亚，印度尼西亚。

姜弄蝶属 *Udaspes* Moore, 1881

姜弄蝶 *Udaspes folus* (Cramer, [1775])
分布：云南（红河、西双版纳），四川，江苏，浙江，广西，福建，广东，香港，台湾；日本，印度，缅甸，老挝，越南，泰国，柬埔寨，马来西亚，印度尼西亚。

小星姜弄蝶 *Udaspes stellatus* (Oberthür, 1896)
分布：云南（大理、丽江、迪庆），四川，西藏。

雅弄蝶属 *Iambrix* Watson, 1893

雅弄蝶 *Iambrix salsala* (Moore, 1865)
分布：云南（玉溪、普洱、德宏、红河、文山、西双版纳），广西，福建，广东，海南，香港；印度，缅甸，老挝，越南，泰国，柬埔寨，马来西亚，印度尼西亚，菲律宾。

素弄蝶属 *Suastus* Moore, 1881

素弄蝶 *Suastus gremius* (Fabricius, 1798)
分布：云南（普洱、西双版纳），广西，福建，广东，海南，香港，台湾；印度，缅甸，老挝，越南，泰国，柬埔寨，马来西亚，印度尼西亚，斯里兰卡。

小素弄蝶 *Suastus minutus* (Moore, 1877)
分布：云南（红河），海南；印度，缅甸，老挝，越南，泰国，马来西亚，印度尼西亚，斯里兰卡。

伊弄蝶属 *Idmon* de Nicéville, 1895

中华伊弄蝶 *Idmon sinica* (Huang, 1997)
分布：云南（昭通），四川，贵州。

肿脉弄蝶属 *Zographetus* Watson, 1893

黄裳肿脉弄蝶 *Zographetus satwa* (de Nicéville, 1884)
分布：云南（玉溪、普洱、红河、西双版纳），广西，广东，海南，香港；印度，缅甸，老挝，越南，泰国，马来西亚。

希弄蝶属 *Hyarotis* Moore, 1881

希弄蝶 *Hyarotis adrastus* (Stoll, [1780])
分布：云南（德宏、西双版纳），广西，福建，广东，海南，香港；印度，缅甸，老挝，越南，泰国，柬埔寨，马来西亚，印度尼西亚，菲律宾，斯里兰卡。

须弄蝶属 *Scobura* Elwes & Edwards, 1897

指名须弄蝶 *Scobura cephala* (Hewitson, 1876)
分布：云南（西双版纳），广西；越南，老挝，缅甸，泰国，马来西亚，印度。

长须弄蝶 *Scobura cephaloides* (de Nicéville, 1888)
分布：云南（红河），海南；印度，缅甸，老挝，越南，泰国。

伊须弄蝶 *Scobura isota* (Swinhoe, 1893)
分布：云南（德宏、红河、西双版纳）；印度，缅甸，老挝，越南，泰国。

菲须弄蝶 *Scobura phiditia* (Hewitson, [1866])
分布：云南（西双版纳）；印度，缅甸，老挝，越南，泰国，马来西亚，印度尼西亚。

无斑须弄蝶 *Scobura woolletti* (Riley, 1923)
分布：云南（西双版纳），海南；缅甸，泰国，马来西亚，印度尼西亚。

珞弄蝶属 *Lotongus* Distant, 1886

珞弄蝶 *Lotongus saralus* (de Nicéville, 1889)
分布：云南（红河、昭通），四川，浙江，广西，福建，广东，海南；印度，缅甸，老挝，越南，泰国，柬埔寨。

蜡痣弄蝶属 *Cupitha* Moore, 1884

蜡痣弄蝶 *Cupitha purreea* (Moore, 1877)
分布：云南（西双版纳），海南；印度，缅甸，老挝，越南，泰国，柬埔寨，马来西亚，印度尼西亚。

椰弄蝶属 *Gangara* Moore, [1881]

尖翅椰弄蝶 *Gangara lebadea* (Hewitson, 1868)
分布：云南（西双版纳）；印度，缅甸，老挝，越南，泰国，柬埔寨，马来西亚，印度尼西亚，斯里兰卡。

椰弄蝶 *Gangara thyrisis* (Fabricius, 1775)
分布：云南（普洱、红河、西双版纳），广东，海南；印度，缅甸，老挝，越南，泰国，柬埔寨，马来西亚，印度尼西亚，菲律宾。

蕉弄蝶属 *Erionota* Mabille, 1878

阿蕉弄蝶 *Erionota acroleuca* (Wood-Mason & de Nicéville, 1881)
分布：云南（红河、西双版纳），广西；印度，越南，菲律宾。

白斑蕉弄蝶 *Erionota grandis* (Leech, 1890)

分布：云南（昆明），四川，陕西，广西，广东。

黄斑蕉弄蝶 *Erionota torus* Evans, 1941

分布：云南（玉溪、普洱、德宏、红河、文山、西双版纳），浙江，江西，广西，福建，广东，海南，四川，香港；印度，缅甸，老挝，越南，泰国，柬埔寨，马来西亚。

玛弄蝶属 *Matapa* Moore, 1881

玛弄蝶 *Matapa aria* (Moore, 1865)

分布：云南（玉溪、普洱、德宏、红河、文山、西双版纳），浙江，江西，广西，福建，广东，海南，香港；印度，缅甸，老挝，越南，泰国，柬埔寨，马来西亚，印度尼西亚，菲律宾，斯里兰卡。

柯玛弄蝶 *Matapa cresta* Evans, 1949

分布：云南（普洱），海南；印度，泰国，老挝，马来西亚，印度尼西亚。

珠玛弄蝶 *Matapa druna* (Moore, 1865)

分布：云南（红河），福建，广东；印度，缅甸，老挝，越南，泰国，柬埔寨，马来西亚，印度尼西亚。

绿玛弄蝶 *Matapa sasivarna* (Moore, 1865)

分布：云南（玉溪、普洱、西双版纳），海南；印度，缅甸，老挝，越南，泰国，柬埔寨，马来西亚，印度尼西亚。

赭弄蝶属 *Ochlodes* Scudder, 1872

菩提赭弄蝶 *Ochlodes bouddha* (Mabille, 1876)

分布：云南（昆明、大理、丽江、迪庆），四川，贵州，陕西；缅甸。

黄赭弄蝶 *Ochlodes crataeis* (Leech, 1893)

分布：云南（怒江），四川，浙江，江西。

素赭弄蝶 *Ochlodes hasegawai* Chiba & Tsukiyama, 1996

分布：云南（丽江、大理）。

净裙赭弄蝶 *Ochlodes lanta* Evans, 1939

分布：云南（丽江、迪庆）。

肖小赭弄蝶 *Ochlodes sagitta* Hemming, 1934

分布：云南（迪庆），四川，西藏。

雪山赭弄蝶 *Ochlodes siva* (Moore, 1878)

分布：云南（保山），西藏；缅甸，老挝，越南，泰国。

白斑赭弄蝶 *Ochlodes subhyalina* (Bremer & Grey, 1853)

分布：云南（昭通），四川，辽宁，吉林，北京，山东，陕西，福建；日本，韩国，印度，缅甸。

西藏赭弄蝶 *Ochlodes thibetana* (Oberthür, 1886)

分布：云南（昆明、曲靖、昭通、楚雄、大理、保山、丽江、迪庆、怒江），四川，西藏；缅甸。

豹弄蝶属 *Thymelicus* Hübner, [1819]

黑豹弄蝶 *Thymelicus sylvaticus* (Bremer, 1861)

分布：云南（昭通），四川，黑龙江，吉林，辽宁，内蒙古，河北，北京，浙江，福建，江西，湖北，甘肃，陕西；日本，韩国，俄罗斯。

黄弄蝶属 *Taractrocera* Butler, 1870

黄弄蝶 *Taractrocera flavoides* Leech, 1892

分布：云南（昆明、曲靖、大理、丽江、迪庆），四川。

圆翅黄弄蝶 *Taractrocera tilda* Evans, 1934

分布：云南（迪庆），四川。

偶侣弄蝶属 *Oriens* Evans, 1932

偶侣弄蝶 *Oriens gola* (Moore, 1877)

分布：云南（红河、西双版纳），湖北，海南；印度，缅甸，老挝，越南，泰国，柬埔寨，马来西亚，印度尼西亚。

双子偶侣弄蝶 *Oriens goloides* (Moore, 1881)

分布：云南（德宏、西双版纳），海南；印度，不丹，缅甸，泰国，马来西亚。

黄室弄蝶属 *Potanthus* Scudder, 1872

孔子黄室弄蝶 *Potanthus confucius* (Felder & Felder, 1862)

分布：云南（红河、西双版纳），安徽，浙江，湖北，江西，湖南，广西，福建，广东，海南，台湾；日本，印度，尼泊尔，缅甸，老挝，越南，泰国，柬埔寨，马来西亚，印度尼西亚，斯里兰卡。

曲纹黄室弄蝶 *Potanthus flavus* (Murray, 1875)

分布：云南（昆明、红河、曲靖、西双版纳），四川，贵州，黑龙江，吉林，辽宁，北京，河北，山东，陕西，甘肃，浙江，湖北，江西，湖南，福建；日本，韩国，缅甸，泰国，马来西亚，印度，俄罗斯。

尼亚斯黄室弄蝶 *Potanthus ganda* (Fruhstorfer, 1911)

分布：云南（西双版纳），广西，海南；印度，缅甸，老挝，越南，泰国，柬埔寨，马来西亚，印度尼西亚。

锯纹黄室弄蝶 *Potanthus lydius* **(Evans, 1934)**

分布：云南（保山），四川，广西；印度，缅甸，泰国，马来西亚。

玛拉黄室弄蝶 *Potanthus mara* **(Evans, 1932)**

分布：云南（怒江），贵州，西藏；印度。

连纹黄室弄蝶 *Potanthus mingo* **(Edwards, 1866)**

分布：云南（德宏、西双版纳），广东；印度，缅甸，泰国，菲律宾。

连带黄室弄蝶 *Potanthus nesta* **(Evans, 1934)**

分布：云南（德宏、红河），四川，西藏，广西；印度，缅甸，泰国，印度尼西亚。

淡色黄室弄蝶 *Potanthus pallidus* **(Evans, 1932)**

分布：云南（西双版纳），海南；印度，不丹，缅甸，泰国，斯里兰卡。

尖翅黄室弄蝶 *Potanthus palnia* **(Evans, 1914)**

分布：云南（临沧、西双版纳），四川，浙江，湖北，湖南，海南；印度，不丹，缅甸，越南，老挝，泰国，印度尼西亚。

宽纹黄室弄蝶 *Potanthus pavus* **(Fruhstorfer, 1911)**

分布：云南（德宏、红河），四川，湖北，广西，广东，海南，香港，台湾；印度，缅甸，老挝，越南，泰国，柬埔寨，马来西亚，印度尼西亚，菲律宾。

拟黄室弄蝶 *Potanthus pseudomaesa* **(Moore, 1881)**

分布：云南（玉溪、普洱），四川，西藏，湖北，香港；印度，斯里兰卡。

直纹黄室弄蝶 *Potanthus rectifasciata* **(Elwes & Edwards, 1897)**

分布：云南（德宏、西双版纳），海南；印度，缅甸，老挝，越南，泰国，柬埔寨，马来西亚，印度尼西亚。

理氏黄室弄蝶 *Potanthus riefenstahli* **Huang, 2003**

分布：云南（怒江）。

西藏黄室弄蝶 *Potanthus tibetana* **Huang, 2002**

分布：云南（怒江），西藏，广西。

断纹黄室弄蝶 *Potanthus trachalus* **(Mabille, 1878)**

分布：云南（德宏、保山、普洱、红河、昭通、西双版纳），陕西，甘肃，安徽，湖北，江西，福建，海南；印度，缅甸，老挝，越南，泰国，柬埔寨，马来西亚，印度尼西亚。

长标弄蝶属 *Telicota* Moore, 1881

红翅长标弄蝶 *Telicota ancilla* **(Herrich-Schäffer, 1869)**

分布：云南（西双版纳），浙江，广西，福建，广东，海南，台湾；印度，斯里兰卡，缅甸，老挝，越南，泰国，柬埔寨，马来西亚，印度尼西亚，巴布亚新几内亚，澳大利亚。

紫翅长标弄蝶 *Telicota augias* **(Linnaeus, 1767)**

分布：云南（西双版纳），贵州，广西，福建，海南；印度，缅甸，老挝，越南，泰国，柬埔寨，马来西亚，印度尼西亚，菲律宾，巴布亚新几内亚，澳大利亚。

华南长标弄蝶 *Telicota besta* **Evans, 1949**

分布：云南（玉溪、红河、西双版纳），广西，广东，海南，香港；老挝，泰国，马来西亚，印度尼西亚。

长标弄蝶 *Telicota colon* **(Fabricius, 1775)**

分布：云南（临沧、普洱、红河、西双版纳），广西，福建，广东，海南，香港，台湾；印度，缅甸，老挝，越南，泰国，柬埔寨，马来西亚，印度尼西亚，菲律宾，巴布亚新几内亚，所罗门群岛，澳大利亚。

莉娜长标弄蝶 *Telicota linna* **Evans, 1949**

分布：云南（西双版纳）；印度，缅甸，泰国，马来西亚。

黄纹长标弄蝶 *Telicota ohara* **(Plötz, 1883)**

分布：云南（红河、西双版纳），四川，贵州，广西，福建，广东，海南，香港，台湾；印度，缅甸，老挝，越南，泰国，柬埔寨，马来西亚，印度尼西亚，菲律宾。

金斑弄蝶属 *Cephrenes* Waterhouse & Lyell, 1914

金斑弄蝶 *Cephrenes acalle* **(Hopffer, 1874)**

分布：云南（西双版纳），海南，香港；印度，缅甸，老挝，越南，泰国，柬埔寨，马来西亚，菲律宾。

稻弄蝶属 *Parnara* Moore, 1881

圆突稻弄蝶 *Parnara apostata* **(Snellen, 1886)**

分布：云南（西双版纳），广西，福建，海南；印度，尼泊尔，缅甸，老挝，越南，泰国，柬埔寨，马来西亚，印度尼西亚。

幺纹稻弄蝶 *Parnara bada* **(Moore, 1878)**

分布：云南（普洱、红河、西双版纳），福建，广东，海南，西藏，香港，台湾；印度，缅甸，老挝，越南，泰国，柬埔寨，马来西亚，印度尼西亚，菲律宾，巴布亚新几内亚，澳大利亚。

挂墩稻弄蝶 *Parnara batta* Evans, 1949

分布：云南（除西北部外，其他地区均有分布），四川，贵州，西藏，浙江，福建，江西，湖南，广西，广东；越南。

曲纹稻弄蝶 *Parnara ganga* Evans, 1937

分布：云南（除西北部外，其他地区均有分布），四川，广西，福建，海南，广东，香港；印度，缅甸，老挝，越南，泰国，柬埔寨，马来西亚。

直纹稻弄蝶 *Parnara guttata* (Bremer & Grey, 1853)

分布：除新疆外，全国其他地区均有分布；日本，韩国，印度，缅甸，老挝，越南，泰国，柬埔寨，马来西亚，俄罗斯。

籼弄蝶属 *Borbo* Evans, 1949

籼弄蝶 *Borbo cinnara* (Wallace, 1866)

分布：云南（玉溪、普洱、德宏、红河、文山、西双版纳），浙江，江西，广西，福建，广东，海南，香港，台湾；日本，印度，缅甸，老挝，越南，泰国，柬埔寨，马来西亚，印度尼西亚，菲律宾，巴布亚新几内亚，所罗门群岛，澳大利亚。

拟籼弄蝶属 *Pseudoborbo* Lee, 1966

拟籼弄蝶 *Pseudoborbo bevani* (Moore, 1878)

分布：云南（全省各地均有分布），贵州，四川，重庆，浙江，江西，广西，福建，广东，海南，香港，台湾；印度，缅甸，老挝，越南，泰国，柬埔寨，马来西亚，印度尼西亚。

刺胫弄蝶属 *Baoris* Moore, 1881

刺胫弄蝶 *Baoris farri* (Moore, 1878)

分布：云南（昆明、玉溪、普洱、德宏、红河、西双版纳），江西，广西，福建，广东，海南，香港；印度，缅甸，老挝，越南，泰国，柬埔寨，马来西亚，印度尼西亚。

帕刺胫弄蝶 *Baoris pagana* (de Nicéville, 1887)

分布：云南（普洱），海南；印度，缅甸，泰国，印度尼西亚。

刷翅刺胫弄蝶 *Baoris penicillata* Moore, 1881

分布：云南（普洱、红河、西双版纳），广西，海南；印度，缅甸，老挝，越南，泰国，柬埔寨，马来西亚，印度尼西亚。

谷弄蝶属 *Pelopidas* Walker, 1870

南亚谷弄蝶 *Pelopidas agna* (Moore, [1866])

分布：云南（玉溪、普洱、红河、文山、临沧、西双版纳），西藏，广西，福建，广东，海南，香港，台湾；印度，缅甸，老挝，越南，泰国，柬埔寨，马来西亚，印度尼西亚，菲律宾。

印度谷弄蝶 *Pelopidas assamensis* (de Nicéville, 1882)

分布：云南（玉溪、普洱、红河、德宏、文山、西双版纳），四川，广西，福建，广东，海南，香港；印度，缅甸，老挝，越南，泰国，柬埔寨，马来西亚。

隐纹谷弄蝶 *Pelopidas mathias* (Fabricius, 1798)

分布：云南（除西北部外，其他地区均有分布），四川，贵州，辽宁，山西，北京，上海，浙江，福建，湖南，广西，广东，香港，台湾；日本，韩国，印度，缅甸，老挝，越南，泰国，柬埔寨，马来西亚，印度尼西亚，俄罗斯，大洋洲，非洲。

中华谷弄蝶 *Pelopidas sinensis* (Mabille, 1877)

分布：云南（除南部热区外，其他地区均有分布），四川，贵州，西藏，辽宁，北京，河南，上海，浙江，江苏，安徽，湖南，广西，福建，广东，台湾；印度，缅甸。

近赭谷弄蝶 *Pelopidas subochracea* (Moore, 1878)

分布：云南（昆明、玉溪、普洱、红河、西双版纳），安徽，海南，香港；印度，斯里兰卡，缅甸，泰国。

白斑弄蝶属 *Tsukiyamaia* Zhu, Chiba & Wu, 2016

白斑弄蝶 *Tsukiyamaia albimacula* Zhu, Chiba & Wu, 2016

分布：云南（保山、怒江）；缅甸，越南。

孔弄蝶属 *Polytremis* Mabille, 1904

紫斑孔弄蝶 *Polytremis caerulescens* (Mabille, 1876)

分布：云南（迪庆），重庆，四川，贵州。

融纹孔弄蝶 *Polytremis discreta* (Elwes & Edwards, 1897)

分布：云南（除西北部高海拔地区外，其他地区均有分布），四川，西藏；印度，尼泊尔，缅甸，老挝，越南，泰国，柬埔寨，马来西亚。

台湾孔弄蝶 *Polytremis eltola* (Hewitson, [1869])

分布：云南（除西北部高海拔地区外，其他地区均有分布），西藏，广西，福建，广东，海南，台湾；印度，缅甸，老挝，越南，泰国。

硕孔弄蝶 *Polytremis gigantea* Tsukiyama, Chiba & Fujioka, 1997

分布：云南（昭通），四川，贵州，浙江，福建，广东。

银条孔弄蝶 *Polytremis gotama* Sugiyama, 1999

分布：云南（怒江、迪庆、保山）。

黄纹孔弄蝶 *Polytremis lubricans* (Herrich-Schäffer, 1869)

分布：云南（普洱、红河、文山、西双版纳），四川，贵州，西藏，浙江，安徽，江西，福建，湖北，湖南，广西，广东，海南，香港，台湾；日本，印度，缅甸，老挝，越南，泰国，柬埔寨，马来西亚，印度尼西亚。

都江堰孔弄蝶 *Polytremis matsuii* Sugiyama, 1999

分布：云南（怒江），浙江，四川，广东。

小斑孔弄蝶 *Polytremis micropunctata* Huang, 2001

分布：云南（怒江）。

华西孔弄蝶 *Polytremis nascens* (Leech, 1893)

分布：云南（昭通），贵州，四川，陕西，甘肃，浙江，湖北，广西。

盒纹孔弄蝶 *Polytremis theca* (Evans, 1937)

分布：云南（怒江、昭通），贵州，四川，陕西，浙江，安徽，江西，湖南，广西，福建，广东。

刺纹孔弄蝶 *Polytremis zina* (Evans, 1939)

分布：云南（昭通），四川，黑龙江，吉林，辽宁，陕西，河南，安徽，江西，浙江，广西，福建，广东；俄罗斯。

珂弄蝶属 *Caltoris* Swinhoe, 1893

斑珂弄蝶 *Caltoris bromus* (Leech, 1894)

分布：云南（昭通、玉溪、普洱、红河、西双版纳），四川，重庆，浙江，广西，福建，广东，海南，香港，台湾；印度，缅甸，老挝，越南，泰国，柬埔寨，马来西亚，印度尼西亚。

珂弄蝶 *Caltoris cahira* (Moore, 1877)

分布：云南（昆明、大理、玉溪、普洱、红河、德宏、文山、昭通、西双版纳），贵州，四川，浙江，江西，广西，福建，广东，海南，香港，台湾；印度，缅甸，老挝，越南，泰国，柬埔寨，马来西亚。

库珂弄蝶 *Caltoris kumara* (Cramer, 1878)

分布：云南（德宏）；印度，斯里兰卡，印度尼西亚。

紫白斑珂弄蝶 *Caltoris tulsi* (de Nicéville, 1884)

分布：云南（玉溪、西双版纳）；印度，缅甸，老挝，越南，泰国，柬埔寨，马来西亚，印度尼西亚。

奕弄蝶属 *Iton* de Nicéville, 1895

奕弄蝶 *Iton semamora* (Moore, [1866])

分布：云南（西双版纳）；印度，缅甸，老挝，越南，泰国，柬埔寨，马来西亚。

沃氏奕弄蝶 *Iton watsonii* (de Nicéville, 1890)

分布：云南（西双版纳）；缅甸，老挝，越南，泰国。

鳞翅目 Lepidoptera（蛾类）

羽蛾科 Pterophoridae

顿羽蛾属 *Amblyptilia* Hübner, [1825]

多齿顿羽蛾 *Amblyptilia punctidactyla* (Haworth, 1811)
分布：云南（昆明），四川，吉林，江苏，上海，湖北，湖南，福建；日本，中亚，欧洲，北美洲。

突端羽蛾属 *Asiaephorus* Gielis, 2000

柱状突端羽蛾 *Asiaephorus narada* Kovtunovich & Ustjuzhanin, 2003
分布：云南（昆明），贵州；印度。

副羽蛾属 *Deuterocopus* Zeller, 1852

索科副羽蛾 *Deuterocopus socotranus* Rebel, 1907
分布：云南（西双版纳），台湾；日本，泰国，缅甸，印度，斯里兰卡，巴布亚新几内亚，澳大利亚，中东，非洲。

小羽蛾属 *Fuscoptilia* Arenberger, 1991

弘暗羽蛾 *Fuscoptilia hoenei* Arenberger, 1999
分布：云南（迪庆）。

波缘小羽蛾 *Fuscoptilia sinuata* (Qin & Zheng, 1997)
分布：云南（丽江），陕西。

鹰羽蛾属 *Gypsochares* Meyrick, 1890

叉臂鹰羽蛾 *Gypsochares bicruris* Hao & Li, 2004
分布：云南（保山），西藏。

洁鹰羽蛾 *Gypsochares catharotes* (Meyrick, 1907)
分布：云南（昆明、保山、西双版纳），西藏，贵州；泰国，印度，尼泊尔，不丹，巴基斯坦，非洲。

滑羽蛾属 *Hellinsia* Tutt, 1905

光滑羽蛾 *Hellinsia aruna* Arenberger, 1991
分布：云南（丽江）；印度，尼泊尔。

长须滑羽蛾 *Hellinsia osteodactyla*(Zeller, 1841)
分布：云南，四川，黑龙江，内蒙古，山西，甘肃，宁夏，陕西，山东，新疆；蒙古国，朝鲜，日本，欧洲。

片羽蛾属 *Platyptilia* Hübner, 1825

白缨片羽蛾 *Platyptilia albifimbriata* Arenberger, 2002
分布：云南（红河）；中东。

等片羽蛾 *Platyptilia isodactyla* (Zeller, 1852)
分布：云南（大理、丽江）；日本，欧洲。

突羽蛾属 *Pterophorus* Schäffer, 1766

刺突羽蛾 *Pterophorus elaeopus* (Meyrick, 1908)
分布：云南（西双版纳），海南。

多指羽蛾 *Pterophorus pentadactylus* Linnaeus, 1758
分布：云南（丽江、大理、西双版纳），四川，黑龙江，新疆。

蝶羽蛾属 *Sphenarches* Meyrick, 1886

扁豆蝶羽蛾 *Sphenarches anisodactylus* (Walker, 1864)
分布：云南，四川，北京，天津，山东，浙江，安徽，江西，湖北，湖南，广东，海南，台湾。

秀羽蛾属 *Stenoptilodes* Zimmerman, 1958

褐秀羽蛾 *Stenoptilodes taprobanes* (Felder & Rogenhofer, 1875)
分布：云南，四川，贵州，辽宁，内蒙古，北京，天津，山西，山东，河南，陕西，浙江，安徽，江西，湖北，湖南，福建，广东，海南，台湾；斯里兰卡，中东，欧洲，北美洲。

毛羽蛾属 *Trichoptilus* Walsingham, 1880

苏木毛羽蛾 *Trichoptilus regalis* (Fletcher, 1909)
分布：云南；印度，斯里兰卡，印度尼西亚。

长臂羽蛾属 *Xyroptila* Meyrick, 1908

波动长臂羽蛾 *Xyroptila siami* Kovtunovich & Ustjuzhanin, 2006
分布：云南（保山）；泰国。

细蛾科 Gracillariidae

栉细蛾属 *Artifodina* Kumata, 1985

细纹栉细蛾 *Artifodina strigulata* Kumata, 1985
分布：云南（普洱），广东；日本，印度，尼泊尔，泰国。

丽细蛾属 *Caloptilia* Hübner, 1825

茶细蛾 *Caloptilia theivora* (Walsingham, 1891)
分布：云南（曲靖、西双版纳），江苏，浙江，江西，台湾；日本。

头细蛾属 *Epicephala* Meyrick, 1880

弯头细蛾 *Epicephala ancylopa* **Meyrick, 1918**

分布：云南（普洱）；印度。

普洱茶头细蛾 *Epicephala assamica* **Li, 2016**

分布：云南（西双版纳），海南。

革叶头细蛾 *Epicephala daltonii* **Li, 2016**

分布：云南（普洱），四川。

担头细蛾 *Epicephala duoplantaria* **Li, 2016**

分布：云南（普洱），四川，广西，海南。

银叶细蛾属 *Phyllocnistis* Zeller, 1848

条斑银叶细蛾 *Phyllocnistis saepta* **Kirichenko, Ohshima & Huang, 2018**

分布：云南（大理、迪庆）。

皮细蛾属 *Spulerina* Vári, 1961

分斑皮细蛾 *Spulerina dissotoma* **(Meyrick, 1931)**

分布：云南（德宏），河南，浙江，湖南，福建，台湾；印度，日本，韩国，俄罗斯。

雅皮细蛾 *Spulerina elegans* **Bai & Li, 2009**

分布：云南（大理），四川。

冠潜蛾科 Tischeriidae

拟冠潜蛾属 *Paratischeria* Diškus & Stonis, 2017

景东拟冠潜蛾 *Paratischeria jingdongensis* **Xu & Dai, 2017**

分布：云南（普洱）。

微蛾科 Nepticulidae

微蛾属 *Stigmella* Schrank, 1802

栓皮栎微蛾 *Stigmella clisiotophora* **Kemperman & Wilkinson, 1985**

分布：云南；日本。

环微蛾 *Stigmella circumargentea* **van Nieukerken & Liu, 2000**

分布：云南（昆明）。

栗微蛾 *Stigmella fumida* **Kemperman & Wilkinson, 1985**

分布：云南（昆明、红河）；朝鲜，日本。

栲微蛾 *Stigmella kao* **van Nieukerken & Liu, 2000**

分布：云南（昆明）。

柯微蛾 *Stigmella lithocarpella* **van Nieukerken & Liu, 2000**

分布：云南（昆明）。

青冈栎微蛾 *Stigmella vandrieli* **van Nieukerken & Liu, 2000**

分布：云南（昆明）。

列蛾科 Autostichidae

Apethistis Meyrick, 1908

齿列蛾 *Apethistis dentata* **Wang & Wang, 2017**

分布：云南（西双版纳）。

列蛾属 *Autosticha* Meyrick, 1886

狭门列蛾 *Autosticha angustivalva* **Tao, Wang & Wang, 2021**

分布：云南（普洱、红河、西双版纳），四川，湖南，海南。

宽瓣膜列蛾 *Autosticha apicilata* **Tao, Wang & Wang, 2021**

分布：云南（保山）。

耳突列蛾 *Autosticha auriculata* **Tao, Wang & Wang, 2021**

分布：云南（西双版纳），海南。

基突列蛾 *Autosticha basiprocessa* **Tao, Wang & Wang, 2021**

分布：云南（普洱、西双版纳），贵州，广西，海南。

叉点列蛾 *Autosticha furcillata* **Tao, Wang & Wang, 2021**

分布：云南（普洱、怒江）。

异域列蛾 *Autosticha heteromalla* **Wang, 2004**

分布：云南（玉溪），贵州，甘肃，湖北。

勐仑列蛾 *Autosticha menglunica* **Wang, 2004**

分布：云南（西双版纳）。

和列蛾 *Autosticha modicella* **(Christoph, 1882)**

分布：云南，四川，重庆，黑龙江，吉林，辽宁，内蒙古，山西，河北，河南，天津，湖北，浙江，海南，台湾；俄罗斯，日本，韩国。

粗点列蛾 *Autosticha pachysticta* **(Meyrick, 1936)**

分布：云南。

喜列蛾 *Autosticha philodema* **(Meyrick, 1938)**

分布：云南。

菱形列蛾 *Autosticha rhombea* **Tao, Wang & Wang, 2021**

分布：云南（西双版纳）。

朱克斯塔列蛾 *Autosticha turriformis* **Tao, Wang & Wang, 2021**

分布：云南（保山）。

二瓣列蛾 *Autosticha valvifida* Wang, 2004
分布：云南（玉溪），河南，湖北。
凹膜列蛾 *Autosticha ventericoncava* Tao, Wang & Wang, 2021
分布：云南（普洱、文山、红河）。

伪带列蛾属 *Irepacma* Moriuti, Saito & Lewvanich, 1985
短柱囊突伪带列蛾 *Irepacma curticylindra* Wang, 2022
分布：云南（普洱）。
小齿伪带列蛾 *Irepacma denticulata* Wang, 2022
分布：云南（西双版纳）。
长毛伪带列蛾 *Irepacma longiflagellata* Wang, 2022
分布：云南（文山）。
腾冲伪带列蛾 *Irepacma tengchongensis* Wang, 2022
分布：云南（保山）。

膜列蛾属 *Meleonoma* Meyrick, 1914
连环虫状膜列蛾 *Meleonoma aculeolata* Zhu & Wang, 2022
分布：云南（文山）。
三角膜列蛾 *Meleonoma basitriangula* Zhu & Wang, 2022
分布：云南（保山）。
双角突膜列蛾 *Meleonoma bicornea* Wang & Zhu, 2020
分布：云南（德宏）。
异突膜列蛾 *Meleonoma biprocessa* Zhu & Wang, 2022
分布：云南（怒江）。
链膜列蛾 *Meleonoma catenata* Zhu & Wang, 2020
分布：云南（保山）。
圆膜列蛾 *Meleonoma circinans* Wang & Zhu, 2020
分布：云南（普洱）。
曲膜列蛾 *Meleonoma curvativa* Wang, 2021
分布：云南（普洱、保山）。
扩膜列蛾 *Meleonoma dilativalva* Wang & Zhou, 2020
分布：云南（西双版纳）。
筋膜列蛾 *Meleonoma fasciptera* Wang, 2021
分布：云南（大理）。
钳形膜列蛾 *Meleonoma forcipata* Wang & Zhu, 2020
分布：云南（普洱），广西。

球形膜列蛾 *Meleonoma globoidea* Wang, 2021
分布：云南（保山）。
纹膜列蛾 *Meleonoma latifascia* (Wang, 2004)
分布：云南。
新月膜列蛾 *Meleonoma lunata* Wang, 2021
分布：云南（保山、怒江）。
勐腊膜列蛾 *Meleonoma menglana* (Wang, 2006)
分布：云南。
麦氏膜列蛾 *Meleonoma meyricki* Lvovsky, 2015
分布：云南。
小钩膜列蛾 *Meleonoma parvissima* Wang & Zhou, 2020
分布：云南（西双版纳）。
皱纹膜列蛾 *Meleonoma plicata* Yin, Zhi & Cai, 2020
分布：云南（普洱）。
棘膜列蛾 *Meleonoma proapicalis* Wang, 2021
分布：云南（普洱）。
脊膜列蛾 *Meleonoma prospina* Zhu & Wang, 2022
分布：云南（德宏、西双版纳）。
脊角膜列蛾 *Meleonoma raphidacantha* Wang, 2021
分布：云南（普洱、怒江、保山）。
直缘膜列蛾 *Meleonoma rectimarginalis* (Wang, 2006)
分布：云南。
刀形膜列蛾 *Meleonoma scalprata* Yin, Zhi & Cai, 2020
分布：云南（普洱）。
曲突膜列蛾 *Meleonoma sinuaclavata* Wang, 2021
分布：云南（普洱）。
囊缘膜列蛾 *Meleonoma sinuata* Zhu & Wang, 2022
分布：云南。
带叶膜列蛾 *Meleonoma taeniata* Yin, Zhi & Cai, 2020
分布：云南（普洱）。
条叶膜列蛾 *Meleonoma taeniophylla* Wang & Zhu, 2020
分布：云南（普洱）。
棒突膜列蛾 *Meleonoma tenuiclavata* Wang, 2021
分布：云南（保山）。
异端裂膜列蛾 *Meleonoma varilobata* Zhu & Wang, 2022
分布：云南（怒江）。

具齿膜列蛾 *Meleonoma ventridentata* **Wang, 2021**
分布：云南（大理、保山）。

弯膜列蛾 *Meleonoma ventrisinuata* **Wang, 2021**
分布：云南（西双版纳、普洱）。

凹列蛾属 *Punctulata* **Wang, 2006**

拟斑烟凹列蛾 *Punctulata novipalliptera* **Wang, 2021**
分布：云南（西双版纳）。

截形凹列蛾 *Punctulata trunciformis* **Wang, 2006**
分布：云南（昆明、丽江、大理）。

斑列蛾属 *Ripeacma* **Moriuti, Saito & Lewvanich, 1985**

尖斑列蛾 *Ripeacma acerba* **Wang, 2022**
分布：云南（保山）。

尖翅斑列蛾 *Ripeacma acuminiptera* **Wang & Li, 1999**
分布：云南，贵州，四川，重庆，甘肃，河南，天津，湖北，湖南，浙江，广西，福建，广东；日本，韩国。

带斑列蛾 *Ripeacma angustizonalis* **Wang, 2017**
分布：云南，广西，广东，海南。

茴香斑列蛾 *Ripeacma anisopenis* **Wang, 2022**
分布：云南（西双版纳）。

Ripeacma bihamatilis **Wang, 2022**
分布：云南（普洱），贵州。

Ripeacma chandratati **Moriuti, Saito & Lewvanich, 1985**
分布：云南（普洱）；泰国。

Ripeacma dissectaedeaga **Wang, 2022**
分布：云南（怒江）。

椭圆斑列蛾 *Ripeacma ellipsoidea* **Wang, 2022**
分布：云南（大理）。

褐斑列蛾 *Ripeacma fusoidea* **Wang, 2017**
分布：云南（保山）。

Ripeacma hamatispina **Wang, 2022**
分布：云南（保山）。

巨斑列蛾 *Ripeacma magnihamata* **Wang, 2013**
分布：云南，湖南，广西，福建，广东，海南。

大斑列蛾 *Ripeacma magnimaculata* **Wang, 2022**
分布：云南（怒江）。

间斑列蛾 *Ripeacma mediprocessa* **Wang, 2022**
分布：云南；泰国。

Ripeacma nangae **Moriuti, Saito & Lewvanich, 1985**
分布：云南（保山）；泰国。

秦岭斑列蛾 *Ripeacma qinlingensis* **Wang & Zheng, 1995**
分布：云南，贵州，四川，重庆，陕西，甘肃，湖北，海南。

毛斑列蛾 *Ripeacma setosa* **Wang, 2004**
分布：云南，贵州，四川，广西，湖南。

柱斑列蛾 *Ripeacma stigmosa* **Wang, 2022**
分布：云南（普洱），海南。

Ripeacma tirawati **Moriuti, Saito & Lewvanich, 1985**
分布：云南，海南；泰国。

Ripeacma yaiensis **Moriuti, Saito & Lewvanich, 1985**
分布：云南；泰国。

山田斑列蛾 *Ripeacma yamadai* **Moriuti, Saito & Lewvanich, 1985**
分布：云南（德宏、普洱），湖北，广西，广东；泰国。

小潜蛾科 Elachistidae

梢蛾属 *Haplochrois* **Meyrick, 1897**

茶梢蛾 *Haplochrois theae* **(Kusnetzov, 1916)**
分布：云南（文山、西双版纳），浙江，江西，福建，广东。

绢蛾科 Scythrididae

斑绢蛾属 *Eretmocera* **Zeller, 1852**

黄斑绢蛾 *Eretmocera impactella* **(Walker, 1864)**
分布：云南（保山），香港，台湾；印度，缅甸，阿曼苏丹国，巴基斯坦，新加坡，斯里兰卡，泰国，阿拉伯联合酋长国。

盈江斑绢蛾 *Eretmocera yingjiangensis* **Lou, Yu, You & Li, 2019**
分布：云南（德宏）。

麦蛾科 Gelechiidae

条麦蛾属 *Anarsia* **Zeller, 1839**

美条麦蛾 *Anarsia decora* **Li & Zheng, 1998**
分布：云南（西双版纳）。

李条麦蛾 *Anarsia patulella* **(Walker, 1864)**
分布：云南，上海，江西，台湾；印度，泰国，斯里兰卡，澳大利亚。

林麦蛾属 *Dendrophilia* Ponomarenko, 1993

元江林麦蛾 *Dendrophilia yuanjiangensis* Li & Zheng, 1998

分布：云南（玉溪、西双版纳）。

棕麦蛾属 *Dichomeris* Hübner, 1818

灰棕麦蛾 *Dichomeris acritopa* Meyrick, 1935

分布：云南，贵州，陕西，山西，河南，宁夏，浙江，江苏，江西，湖南，广西。

双绿棕麦蛾 *Dichomeris amphichlora* (Meyrick, 1923)

分布：云南（西双版纳），贵州，四川，重庆，安徽，广西；印度。

异尖棕麦蛾 *Dichomeris anisacuminata* Li & Zheng, 1996

分布：云南（大理、西双版纳），江西。

叉棕麦蛾 *Dichomeris bifurca* Li & Zheng, 1996

分布：云南（德宏、西双版纳），贵州，四川，浙江，江西，湖北，湖南，福建，海南。

远东棕麦蛾 *Dichomeris chinganella* (Christoph, 1882)

分布：云南（西双版纳），黑龙江，天津，河南，宁夏；朝鲜，俄罗斯。

铁黑棕麦蛾 *Dichomeris ferrogra* Li & Wang, 1997

分布：云南（玉溪、西双版纳），贵州，江西，海南；越南，泰国。

叶棕麦蛾 *Dichomeris foliforma* Li & Park, 2017

分布：云南，浙江，广西，海南；越南，柬埔寨。

甘肃棕麦蛾 *Dichomeris gansuensis* Li & Zheng, 1996

分布：云南（昆明），新疆，甘肃，江西，湖南，广西，广东，台湾。

梨麦蛾 *Dichomeris heriguronis* (Matsumura, 1931)

分布：云南，贵州，四川，辽宁，黑龙江，陕西，河南，江西，湖北，浙江，广西，福建，广东，台湾，香港；朝鲜，日本，印度，北美洲。

宽瓣棕麦蛾 *Dichomeris lativalvata* Li & Zheng, 1996

分布：云南（普洱），江西，陕西。

细棕麦蛾 *Dichomeris malacodes* (Meyrick, 1910)

分布：云南（西双版纳），贵州，江西，福建，广东，海南，台湾；印度，斯里兰卡，印度尼西亚，越南。

勐腊棕麦蛾 *Dichomeris menglana* Li & Zheng, 1996

分布：云南（西双版纳）。

赭棕麦蛾 *Dichomeris ochreata* Park & Hodges, 1995

分布：云南（普洱），贵州，四川，陕西，江西，福建，广东，台湾。

东方棕麦蛾 *Dichomeris orientis* Park & Hodges, 1995

分布：云南（西双版纳），广东，海南，香港，台湾；柬埔寨，越南。

桃棕麦蛾 *Dichomeris picrocarpa* (Meyrick. 1913)

分布：云南，黑龙江，吉林，辽宁，陕西，江西，台湾；朝鲜，日本，俄罗斯，印度，北美洲。

艾棕麦蛾 *Dichomeris rasilella* (Herrich-Schaffer, 1854)

分布：云南（西双版纳），贵州，四川，辽宁，黑龙江，陕西，甘肃，青海，宁夏，天津，河北，山东，河南，浙江，安徽，江西，湖北，湖南，广西，福建，台湾；朝鲜，日本，俄罗斯，欧洲。

思茅棕麦蛾 *Dichomeris simaoenisis* Li & Wang, 1997

分布：云南（普洱），西藏，香港。

彩棕麦蛾 *Dichomeris splendiptera* Li & Park, 2017

分布：云南（德宏），海南；柬埔寨，越南。

拟尖棕麦蛾 *Dichomeris spuracuminata* Li & Zheng, 1996

分布：云南（西双版纳），吉林，宁夏，陕西，天津，湖北。

窄翅棕麦蛾/优棕麦蛾 *Dichomeris summata* Meyrick, 1913

分布：云南，湖北，台湾；印度，越南。

丽江棕麦蛾 *Dichomeris synclepta* (Meyrick, 1938)

分布：云南。

云南棕麦蛾 *Dichomeris yunnanensis* Li & Zheng, 1996

分布：云南。

带棕麦蛾 *Dichomeris zonata* Li & Wang, 1997

分布：云南（普洱、西双版纳），广东，香港。

恩麦蛾属 *Encolapta* Meyrick, 1913

新月恩麦蛾 *Encolapta lunata* Yang & Li, 2016

分布：云南（普洱），海南。

Encolapta sheni (Li & Wang, 1999)

分布：云南（普洱），贵州，重庆，陕西，河南，湖北，浙江，安徽，广西，海南。

茎蛾属 Gnorimoschema Busck, 1900

Gnorimoschema cinerella Li & Bidzilya, 2017
分布：云南（西双版纳）。

阳麦蛾属 Helcystogramma Zeller, 1877

赭阳麦蛾 Helcystogramma arotraeum (Meyrick, 1894)
分布：云南（西双版纳），江西，海南，台湾；日本，缅甸，泰国，马来西亚，印度，印度尼西亚，斯里兰卡。

双楔阳麦蛾 Helcystogramma bicunea (Meyrick, 1911)
分布：云南（大理），西藏，贵州，安徽，湖北，湖南，海南，香港；印度。

斜带阳麦蛾 Helcystogramma trijunctum (Meyrick, 1934)
分布：云南（昆明、大理），贵州，四川，陕西，甘肃，安徽，湖北，浙江，湖南，广西，台湾。

蛮麦蛾属 Hypatima Hübner, 1825

勐腊蛮麦蛾 Hypatima menglana Li & Zheng, 1998
分布：云南（西双版纳）。

尖翅麦蛾属 Metzneria Zeller, 1839

黄尖翅麦蛾 Metzneria inflammatella (Christoph, 1882)
分布：云南，四川，黑龙江，吉林，河南，浙江，上海；朝鲜，日本，俄罗斯。

鸠麦蛾属 Palumbina Rondani, 1876

无毛鸠麦蛾 Palumbina atricha Lee & Li, 2018
分布：云南（昆明、西双版纳），海南。

双纹鸠麦蛾 Palumbina diplobathra (Meyrick, 1918)
分布：云南（西双版纳）；印度。

大斑鸠麦蛾 Palumbina macrodelta (Meyrick, 1918)
分布：云南（普洱、西双版纳），海南；印度。

大囊突鸠麦蛾 Palumbina magnisigna Lee & Li, 2018
分布：云南（大理、保山、西双版纳），四川，广西。

南方鸠麦蛾 Palumbina operaria (Meyrick, 1918)
分布：云南（保山），贵州，湖北，浙江，湖南，广西，福建；印度。

奥鸠麦蛾 Palumbina oxyprora (Meyrick, 1922)
分布：云南（红河、保山、西双版纳），贵州，重庆，河南，山西，湖北，上海，广东，海南，台湾，

浙江；印度。

派鸠麦蛾 Palumbina pylartis (Meyrick, 1908)
分布：云南（西双版纳），海南，台湾；日本，印度。

皱鸠麦蛾 Palumbina rugosa Lee & Li, 2018
分布：云南（保山），海南。

曲茎鸠麦蛾 Palumbina sigmoides Lee & Li, 2018
分布：云南（西双版纳），海南。

无法鸠麦蛾 Palumbina sineloba Lee & Li, 2018
分布：云南（普洱、保山、西双版纳），贵州，海南。

三角鸠麦蛾 Palumbina triangularis Lee & Li, 2018
分布：云南（普洱、保山、西双版纳）。

Pityocona Meyrick, 1918

叉鸠麦蛾 Pityocona bifurcatus Wadhawan & Walia, 2006
分布：云南（大理、红河、普洱、保山、西双版纳），贵州，重庆，河南，湖南，广西，福建，广东，海南；印度。

乳突鸠麦蛾 Pityocona mastoidea Li, 2017
分布：云南（西双版纳），海南。

粗翅麦蛾属 Psoricoptera Stainton, 1854

曲粗翅麦蛾 Psoricoptera curva Zheng & Li, 2021
分布：云南（保山、大理）。

Psoricoptera minutignatha Zheng & Li, 2021
分布：云南（西双版纳），海南。

Psoricoptera proximikawabei Zheng & Li, 2021
分布：云南（保山、德宏、西双版纳）。

沟须麦蛾属 Scrobipalpa Janse, 1951

华沟须麦蛾 Scrobipalpa chinensis Povolný, 1969
分布：云南。

Scrobipalpa hoenei Bidzilya & Li, 2010
分布：云南。

禾麦蛾属 Sitotroga Heinemann, 1870

麦蛾 Sitotroga cerealella (Olivier, 1789)
分布：世界广布。

Spinovalva Bidzilya, 2022

Spinovalva delodectis (Meyrick, 1938)
分布：云南。

盖麦蛾属 Stegasta Meyrick, 1904

双突盖麦蛾 Stegasta dicondylica Li & Zheng, 1996
分布：云南（西双版纳）。

狭麦蛾属 *Stenolechia* Meyrick, 1894

弯瓣狭麦蛾 *Stenolechia curvativalva* Zheng & Li, 2021

分布：云南（昆明），浙江。

音狭麦蛾 *Stenolechia insulalis* Park, 2016

分布：云南（保山、怒江），贵州，四川，河北，河南，陕西，山西，天津，湖北，浙江，福建；韩国。

凯狭麦蛾 *Stenolechia kodamai* Okada, 1962

分布：云南（德宏、大理、普洱），西藏，河南，陕西，山西，天津，浙江，湖南，福建；韩国，日本。

长瓣狭麦蛾 *Stenolechia longivalva* Zheng & Li, 2021

分布：云南（普洱），西藏，贵州，天津，浙江。

暖狭麦蛾 *Stenolechia notomochla* Meyrick, 1935

分布：云南（普洱），浙江；日本，俄罗斯。

Tenupalpa Lee, Han, Park, Qi & Li, 2021

Tenupalpa fuscalata Lee & Li, 2022

分布：云南（保山、怒江），西藏。

木蛾科 Xyloryctidae

叉木蛾属 *Metathrinca* Meyrick, 1908

原叉木蛾 *Metathrinca intacta* (Meyrick, 1938)

分布：云南。

新木蛾属 *Neospastis* Meyrick, 1917

Neospastis camellia Wang, 2021

分布：云南（普洱）。

宽蛾科 Depressariidae

凹宽蛾属 *Acria* Stephens, 1834

驼纹凹宽蛾 *Acria camelodes* (Meyrick, 1905)

分布：云南（西双版纳）；斯里兰卡。

三角影凹宽蛾 *Acria trigoniprojecta* Wang, 2015

分布：云南（保山）。

异宽蛾属 *Agonopterix* Hübner, 1825

基线异宽蛾 *Agonopterix basinigra* Zhu & Wang, 2023

分布：云南（红河），广西。

二点异宽蛾 *Agonopterix costaemaculella* (Christoph, 1882)

分布：云南，四川，吉林，河南，陕西，甘肃，浙江，台湾；日本，印度，俄罗斯。

巨异宽蛾 *Agonopterix magnimacularis* Zhu & Wang, 2023

分布：云南（红河），贵州，湖南。

多异宽蛾 *Agonopterix multiplicella* (Erschoff, 1877)

分布：云南，西藏，贵州，四川，天津，河北，山东，河南，陕西，甘肃，宁夏，湖北，广西；韩国，日本，欧洲。

平行异宽蛾 *Agonopterix parallela* Zhu & Wang, 2023

分布：云南（保山、西双版纳）。

Epichostis Meyrick, 1906

Epichostis magnimacularis Yuan & Wang, 2009

分布：云南（西双版纳）。

Epichostis proximitympanias Yuan & Wang, 2009

分布：云南（普洱、西双版纳）。

鞘蛾科 Coleophoridae

爪鞘蛾属 *Coleophora* Hübner, 1822

异齿爪鞘蛾 *Coleophora bagorella* Falkovitsh, 1977

分布：云南，新疆，青海，内蒙古；蒙古国。

菊花鞘蛾 *Coleophora kurokoi* Oku, 1974

分布：云南，浙江；日本。

端爪鞘蛾 *Coleophora summivola* Meyrick, 1930

分布：云南，西藏，四川。

茼蒿兴鞘蛾 *Coleophora yomogiella* Oku, 1974

分布：云南（丽江），黑龙江，安徽。

云南线鞘蛾 *Coleophora yunnanica* Baldizzone, 1989

分布：云南（丽江）。

遮颜蛾科 Blastobasidae

遮颜蛾属 *Blastobasis* Zeller, 1855

Blastobasis aciformis Teng & Wang, 2019

分布：云南（普洱、保山），浙江，福建，广东，海南。

Blastobasis adamskii Teng & Wang, 2019

分布：云南（西双版纳），广东，海南。

Blastobasis drymosa Adamski & Li, 2010

分布：云南（大理、德宏、怒江），四川，北京，河北，河南，陕西，山西，天津，湖北。

无齿遮颜蛾 *Blastobasis edentula* Teng & Wang, 2019

分布：云南（西双版纳），广东，海南。

Blastobasis hamata Teng & Wang, 2019

分布：云南（保山），贵州，四川，重庆。

弯遮颜蛾属 *Hypatopa* Walsingham, 1907

巍宝山弯遮颜蛾 ***Hypatopa weibaoshana*** **Teng & Wang, 2019**

分布：云南（大理、迪庆）。

Lateantenna Amsel, 1968

***Lateantenna brevicornis* (Moriuti, 1987)**

分布：云南（普洱、德宏、保山），浙江，西藏，台湾；日本，俄罗斯。

***Lateantenna eurotella* (Adamski, 2010)**

分布：云南（普洱、德宏）；韩国，中东，美国。

***Lateantenna ianella* (Adamski, 2003)**

分布：云南（普洱、西双版纳）；泰国。

***Lateantenna lunata* Teng & Wang, 2019**

分布：云南（西双版纳），河南，海南。

***Lateantenna triangulata* Teng & Wang, 2019**

分布：云南（普洱、德宏）。

Tecmerium Walsingham, 1907

***Tecmerium malikuli* (Adamski, 2002)**

分布：云南（西双版纳）；泰国。

***Tecmerium rectimarginatum* Teng & Wang, 2018**

分布：云南（普洱），河北，天津。

***Tecmerium yunnanense* Teng & Wang, 2018**

分布：云南（怒江、大理）。

展足蛾科 Stathmopodidae

黑展足蛾属 *Atrijuglans* Yang, 1977

核桃展足蛾 ***Atrijuglans hetaohei* Yang, 1977**

分布：云南（全省核桃产区均有分布），四川，贵州，河北，河南，山西，陕西，甘肃。

淡展足蛾属 *Calicotis* Merick, 1889

阿提淡展足蛾 ***Calicotis attiei* (Guillermet, 2011)**

分布：云南（普洱、德宏、西双版纳），贵州，广西，福建，海南。

尖瓣淡展足蛾 ***Calicotis cuspidata* (Guillermet, 2011)**

分布：云南（普洱、西双版纳），广西，福建，海南。

点展足蛾属 *Hieromantis* Meyrick, 1897

普洱点展足蛾 ***Hieromantis puerensis* Guan & Li, 2015**

分布：云南（普洱）。

申点展足蛾 ***Hieromantis sheni* Li & Wang, 2002**

分布：云南（普洱），重庆，陕西，山西，天津，河北，河南，湖北，江西，浙江。

展足蛾属 *Stathmopoda* Herrich-Schäffer, 1853

端钩展足蛾 ***Stathmopoda apicihamata* Wang & Guan, 2021**

分布：云南，贵州。

艾普展足蛾 ***Stathmopoda aprica* Meyrick, 1913**

分布：云南，海南。

***Stathmopoda atrifusca* Wang, Guan & Wang, 2020**

分布：云南（保山、普洱）。

***Stathmopoda basirotata* Wang, Wang & Guan, 2021**

分布：云南（保山、普洱）。

***Stathmopoda bucera* Wang, Wang & Guan, 2021**

分布：云南（保山、普洱）。

***Stathmopoda cellifaria* Wang, Guan & Wang, 2020**

分布：云南，北京，浙江，福建。

赛斯展足蛾 ***Stathmopoda cissota* Meyrick, 1913**

分布：云南，天津，福建，海南。

***Stathmopoda cornuta* Wang, Guan & Wang, 2020**

分布：云南（西双版纳）。

***Stathmopoda delitescens* Wang & Guan, 2021**

分布：云南。

***Stathmopoda falsistimulata* Wang, Guan & Wang, 2020**

分布：云南（保山）。

***Stathmopoda ingena* Wang, Guan & Wang, 2020**

分布：云南（保山）。

来阳展足蛾 ***Stathmopoda laiyangensis* Wang & Guan, 2021**

分布：云南。

赭展足蛾 ***Stathmopoda ochricolorata* Wang, Wang & Guan, 2021**

分布：云南（保山、西双版纳）。

八棘展足蛾 ***Stathmopoda octacantha* Wang, Wang & Guan, 2021**

分布：云南（西双版纳）。

梨展足蛾 ***Stathmopoda pyriformis* Wang, Wang & Guan, 2021**

分布：云南（保山、普洱）。

球展足蛾 ***Stathmopoda sphaeroidea* Wang & Guan, 2021**

分布：云南，海南。

脊突展足蛾 ***Stathmopoda spinicornuta* Wang, Guan & Wang, 2020**

分布：云南（西双版纳）。

Stathmopoda sufusciumeraris Wang & Guan, 2021
分布：云南，海南。

三角展足蛾 *Stathmopoda trigonia* Wang & Guan, 2021
分布：云南，海南。

三叶展足蛾 *Stathmopoda trilobata* Wang & Guan, 2021
分布：云南。

三斑展足蛾 *Stathmopoda tristriata* Wang, Wang & Guan, 2021
分布：云南（保山）。

黄柱展足蛾 *Stathmopoda xanthostigma* Wang & Guan, 2021
分布：云南，江西，湖北，海南。

袋展足蛾属 *Thylacosceles* Meyrick, 1889

Thylacosceles clavata Guan & Li, 2016
分布：云南（西双版纳）。

楔袋展足蛾 *Thylacosceles cuneiformis* Guan & Li, 2016
分布：云南（西双版纳）。

椭袋展足蛾 *Thylacosceles ellipsoidala* Guan & Li, 2016
分布：云南（西双版纳）。

织蛾科 Oecophoridae

带织蛾属 *Periacma* Meyrick, 1894

安带织蛾 *Periacma angkhangensis* Moriuti Saito & Lewvanich, 1985
分布：云南（大理）；泰国。

越南带织蛾 *Periacma iodesma vietnamica* Lvovsky, 1988
分布：云南（西双版纳）；越南。

伊带织蛾 *Periacma isanensis* Moriuti Saito & Lewvanich, 1989
分布：云南（西双版纳）；泰国。

曲靖带织蛾 *Periacma qujingensis* Wang, Li & Liu, 2001
分布：云南（曲靖、红河）。

齿带织蛾 *Periacma sacculidens* Wang, Li & Liu, 2001
分布：云南（昭通）。

巍山带织蛾 *Periacma weishana* Wang & Li, 2002
分布：云南（大理）。

锦织蛾属 *Promalactis* Meyrick, 1908

白栉锦织蛾 *Promalactis albipectinalis* Wang & Liu, 2020
分布：云南（昆明、保山、大理）。

越南锦织蛾 *Promalactis albisquama* Kim & Park, 2010
分布：云南（保山、西双版纳），西藏，四川，广西，福建，广东，海南，香港；越南，泰国。

翼锦织蛾 *Promalactis aliformis* Wang, 2017
分布：云南（西双版纳）。

灰头锦织蛾 *Promalactis apicidigitata* Wang, 2019
分布：云南（怒江、保山、大理、西双版纳），河北。

尖锦织蛾 *Promalactis apicitriangula* Wang, 2020
分布：云南（普洱）。

Promalactis apicuncata Wang, 2018
分布：云南。

Promalactis apisetosa Wang & Liu, 2021
分布：云南（保山）。

保山锦织蛾 *Promalactis baoshana* Wang & Liu, 2021
分布：云南（保山）。

Promalactis bilobignatha Wang & Liu, 2021
分布：云南。

Promalactis binipapillata Wang & Liu, 2021
分布：云南（普洱）；泰国。

并锦织蛾 *Promalactis biprocessa* Wang, 2019
分布：云南（德宏），河北。

双裂锦织蛾 *Promalactis bispina* Wang & Liu, 2021
分布：云南（普洱）。

彩瘤锦织蛾 *Promalactis coloristigmosa* Wang & Liu, 2020
分布：云南（西双版纳）。

鞭锦织蛾 *Promalactis flagellaris* Wang, Du & Li, 2013
分布：云南；泰国。

强茎锦织蛾 *Promalactis fortijuxtalis* Wang, Du & Li, 2013
分布：云南（普洱）；泰国。

Promalactis lancea Wang, Du & Li, 2013
分布：云南；泰国。

红锦织蛾 *Promalactis lateridentalis* Wang, 2020
分布：云南（西双版纳）。

Promalactis magnispina Wang, 2020

分布：云南（怒江、西双版纳）。

麻栗坡锦织蛾 *Promalactis malipoensis* Wang, 2020

分布：云南（文山）。

黄斑锦织蛾 *Promalactis medimacularis* Wang, 2020

分布：云南（西双版纳）。

亚圆锦织蛾 *Promalactis meyricki* Wang, 2006

分布：云南（昆明、普洱、德宏）。

异叶锦织蛾 *Promalactis noviloba* Wang, Kendrick, & Sterling, 2009

分布：云南（西双版纳），香港。

乳突锦织蛾 *Promalactis papillata* Du & Wang, 2013

分布：云南，辽宁，黑龙江，甘肃，北京，天津，河北，山西，河南，浙江，江西，湖南，广西；韩国，日本，俄罗斯。

拟点线锦织蛾 *Promalactis parasuzukiella* Wang, 2006

分布：云南（普洱、西双版纳），广西；泰国。

朴锦织蛾 *Promalactis parki* Lvovsky, 1986

分布：云南，辽宁，黑龙江，甘肃，北京，天津，河北，山西，河南，浙江，江西，湖南，广西；韩国，日本，俄罗斯。

Promalactis pedata Wang & Liu, 2021

分布：云南（普洱）。

突锦织蛾 *Promalactis projecta* Wang, 2006

分布：云南，贵州，四川，重庆，甘肃，湖北，湖南，浙江，广西，福建。

仿多斑锦织蛾 *Promalactis proximaculosa* Wang, 2006

分布：云南（普洱、西双版纳），贵州，重庆，山西，甘肃，湖北。

Promalactis quadriprocessa Wang & Liu, 2021

分布：云南（普洱）。

Promalactis ramiformis Wang & Liu, 2021

分布：云南（玉溪、西双版纳）；泰国。

枝锦织蛾 *Promalactis ramivalvata* Wang, 2020

分布：云南（大理、保山、西双版纳）。

瑞丽锦织蛾 *Promalactis ruiliensis* Wang, 2006

分布：云南（德宏），西藏。

花锦织蛾 *Promalactis similiflora* Wang, 2006

分布：云南，贵州，四川，安徽，湖北，湖南，江西，浙江；马来西亚。

匙锦织蛾 *Promalactis spatulata* Wang, 2006

分布：云南（德宏），湖北。

丽斑锦织蛾 *Promalactis splendida* Wang, 2006

分布：云南（昆明）。

棘锦织蛾 *Promalactis spiniformis* Wang, 2006

分布：云南（昆明、大理），天津。

巨锦织蛾 *Promalactis stenognatha* Wang & Liu, 2021

分布：云南（保山）。

腾冲锦织蛾 *Promalactis tengchongensis* Wang & Liu, 2021

分布：云南（保山）。

Promalactis tenuiclavata Wang & Liu, 2019

分布：云南（西双版纳）。

斑翅锦织蛾 *Promalactis vittapenna* Kim & Park, 2010

分布：云南，四川，广西，海南，浙江；越南。

祝蛾科 Lecithoceridae

柔祝蛾属 *Amaloxestis* Gozmány, 1971

尖柔祝蛾 *Amaloxestis astringens* Gozmány, 1973

分布：云南（保山），西藏，广西，广东，海南，香港；印度，尼泊尔。

黄柔祝蛾 *Amaloxestis cnecosa* Wu, 1997

分布：云南，湖南。

瘿祝蛾属 *Antiochtha* Meyrick, 1886

长突瘿祝蛾 *Antiochtha protrusa* Zhu & Li, 2009

分布：云南（德宏）。

Antiochtha semialis Park, 2002

分布：云南（西双版纳），江西，福建，海南。

貂祝蛾属 *Athymoris* Meyrick, 1935

暗貂祝蛾 *Athymoris fusculus* Wu, 1997

分布：云南。

貂祝蛾 *Athymoris martialis* Meyrick, 1935

分布：云南（西双版纳），贵州，天津，河北，河南，浙江，安徽，湖北，湖南，广东，台湾；韩国，日本。

三角祝蛾属 *Deltoplastis* Meyrick, 1925

足三角祝蛾 *Deltoplastis gyroflexa* Wang, Park & Wang, 2015

分布：云南（保山）。

Deltoplastis horistis (Meyrick, 1910)

分布：云南（保山）；印度。

叶三角祝蛾 *Deltoplastis lobigera* Gozmány, 1978

分布：云南（普洱、德宏），贵州，四川，重庆，陕西，甘肃，安徽，湖北，浙江，湖南，广西，福建，台湾；印度，越南。

锯盾三角祝蛾 *Deltoplastis prionaspis* Gozmány, 1978

分布：云南（大理、丽江）。

埃克祝蛾属 *Eccedoxa* Gozmány, 1973

灰埃克祝蛾 *Eccedoxa lysimopa* (Meyrick, 1933)

分布：云南（昆明）；印度，尼泊尔，巴基斯坦。

福利祝蛾属 *Frisilia* Walker, 1864

安宁福利祝蛾 *Frisilia anningensis* Wu, 1997

分布：云南（昆明）。

***Frisilia basistricta* Yu & Wang, 2021**

分布：云南（怒江）。

三囊福利祝蛾 *Frisilia trisigna* Yu & Wang, 2021

分布：云南（怒江）。

秃祝蛾属 *Halolaguna* Gozmány, 1978

钩翅秃祝蛾 *Halolaguna oncopteryx* (Wu, 1994)

分布：云南（西双版纳），四川，广西。

荷祝蛾属 *Hoenea* Gozmány, 1970

荷祝蛾 *Hoenea helenae* Gozmány, 1970

分布：云南，陕西，甘肃，河南。

素祝蛾属 *Homaloxestis* Meyrick, 1910

芦素祝蛾 *Homaloxestis australis* Park, 2004

分布：云南（西双版纳）；菲律宾，泰国，越南，缅甸。

箭突素祝蛾 *Homaloxestis cholopis* (Meyrick, 1906)

分布：云南（保山、德宏、西双版纳），广西，湖南，福建，广东，海南，台湾；印度，印度尼西亚，马来西亚，尼泊尔，菲律宾，越南，非洲。

纹素祝蛾 *Homaloxestis cicatrix* Gozmány, 1973

分布：云南（普洱），江西，广西，广东，福建，海南，香港；尼泊尔，越南。

植素祝蛾 *Homaloxestis croceata* Gozmány, 1978

分布：云南（西双版纳），西藏，河南，天津，江苏，湖北，湖南，福建，海南，香港。

椭素祝蛾 *Homaloxestis ellipsoidea* Liu & Wang, 2014

分布：云南（德宏、西双版纳）。

***Homaloxestis longicornuta* Yu & Wang, 2020**

分布：云南（普洱）。

尖针素祝蛾 *Homaloxestis mucroraphis* Gozmány, 1978

分布：云南（昆明、大理、丽江、保山），贵州；泰国。

长瓣素祝蛾 *Homaloxestis plocamandra* (Meyrick, 1907)

分布：云南（普洱、西双版纳），贵州，重庆，广西，广东，海南；尼泊尔，印度，菲律宾，泰国。

长指素祝蛾 *Homaloxestis saitoi* Park, 2004

分布：云南（德宏）；泰国。

木素祝蛾 *Homaloxestis xylotripta* Meyrick, 1918

分布：云南（普洱、大理、丽江、保山、西双版纳），广西；印度，尼泊尔，阿富汗，巴基斯坦，泰国。

祝蛾属 *Lecithocera* Herrich-Schäffer, 1 853

安氏祝蛾 *Lecithocera amseli* Gozmány, 1978

分布：云南。

犄环祝蛾 *Lecithocera anglijuxta* Wu, 1997

分布：云南，贵州。

星祝蛾 *Lecithocera asteria* Wu, 1997

分布：云南。

美祝蛾 *Lecithocera calomerida* Park, 2010

分布：云南（西双版纳）；泰国。

指瓣祝蛾 *Lecithocera dactylisana* (Wu, 1994)

分布：云南（普洱），四川，重庆，浙江，湖北，广西，广东。

乌木祝蛾 *Lecithocera ebenosa* Wu, 1997

分布：云南。

竖平祝蛾 *Lecithocera erecta* Meyrick, 1935

分布：云南（红河），四川，贵州，陕西，甘肃，河南，浙江，安徽，江西，湖北，湖南，广西，福建，广东，台湾。

光卷麦蛾 *Lecithocera glabrata* (Wu & Liu, 1992)

分布：云南（红河），西藏，四川，贵州，浙江，江西，湖北，湖南，福建，广东，海南，台湾，香港。

台湾祝蛾 *Lecithocera indigens* (Meyrick, 1914)

分布：云南（保山、德宏），湖北，湖南，广东，台湾；泰国。

纵平祝蛾 *Lecithocera licnitha* Wu & Liu, 1993

分布：云南。

长瓣祝蛾 *Lecithocera longivalva* Gozmány, 1978

分布：云南，四川，贵州。

蒙祝蛾 *Lecithocera meninx* (Wu, 1997)

分布：云南（红河），贵州，浙江，江西，福建，广东。

麦氏祝蛾 *Lecithocera meyricki* **Gozmány, 1978**

分布：云南（普洱），西藏，重庆，河北，山西，山东，河南，福建。

暗平祝蛾 *Lecithocera morphna* **Wu, 1997**

分布：云南。

石平祝蛾 *Lecithocera mylitacha* **Wu & Liu, 1993**

分布：云南（德宏、西双版纳），广东；泰国。

光祝蛾 *Lecithocera nitikoba* **Wu & Liu, 1993**

分布：云南（楚雄、大理）。

革管祝蛾 *Lecithocera ossicula* **Wu, 1997**

分布：云南。

陶祝蛾 *Lecithocera pelomorpha* **Meyrick, 1931**

分布：云南（迪庆），四川，贵州，陕西，甘肃，浙江，江西，湖北，湖南，广东，台湾。

宽摇祝蛾 *Lecithocera platomona* (Wu, 1997)

分布：云南。

狼祝蛾 *Lecithocera protolyca* **Meyrick, 1938**

分布：云南（丽江），河北。

刺瓣祝蛾 *Lecithocera stimulata* (Wu, 1994)

分布：云南（红河），四川，湖北，甘肃。

三齿祝蛾 *Lecithocera tridentata* **Wu & Liu, 1993**

分布：云南（西双版纳），江西，广东。

鳞带祝蛾属 *Lepidozonates* Park, 2013

Lepidozonates prominens **Park, 2013**

分布：云南（普洱）；泰国。

Lepidozonates semiovatus **Yu & Wang, 2021**

分布：云南（西双版纳）。

Lepidozonates tenebrosellus **Park, 2013**

分布：云南（西双版纳）；柬埔寨，泰国。

仓织蛾属 *Martyringa* Busck, 1902

Martyringa hoenei **Lvovsky, 2010**

分布：云南。

羽祝蛾属 *Nosphistica* Meyrick, 1911

Nosphistica acriella **Park, 2002**

分布：云南（西双版纳）；泰国。

长刺羽祝蛾 *Nosphistica dolichina* (Wu, 1996)

分布：云南。

窗羽祝蛾 *Nosphistica fenestrata* (Gozmány, 1978)

分布：云南（怒江），四川，河南，陕西，山西，

天津，浙江，湖北，广西，福建，广东，台湾。

褐羽祝蛾 *Nosphistica fusoidea* **Yu & Wang, 2019**

分布：云南（普洱），贵州，广西，广东，福建。

Nosphistica grandiunca **Yu & Wang, 2019**

分布：云南（普洱），贵州。

短刺羽祝蛾 *Nosphistica minutispina* (Wu, 1996)

分布：云南，四川，湖北，浙江。

隐翅祝蛾属 *Opacoptera* Gozmány, 1978

隐翅祝蛾 *Opacoptera callirrhabda* (Meyrick, 1936)

分布：云南（大理、丽江），四川，重庆，浙江，湖北，河南。

俪祝蛾属 *Philharmonia* Gozmany, 1978

俪祝蛾 *Philharmonia paratona* **Gozmány, 1978**

分布：云南。

沙祝蛾属 *Psammoris* Meyrick, 1906

蒙沙祝蛾 *Psammoris meninx* **Wu, 1997**

分布：云南，江西。

灯祝蛾属 *Protolychnis* Meyrick, 1925

炉灯祝蛾 *Protolychnis ipnosa* **Wu, 1994**

分布：云南。

摇祝蛾属 *Quassitagma* Gozmány, 1978

光摇祝蛾 *Quassitagma glabrata* **Wu & Liu, 1992**

分布：云南，贵州，江西，湖南，福建，台湾。

台湾摇祝蛾 *Quassitagma indigens* (Meyrick, 1914)

分布：云南，台湾。

刺瓣摇祝蛾 *Quassitagma stimulata* **Wu, 1994**

分布：云南，四川。

绢祝蛾属 *Scythropiodes* Matsumura, 1931

异绢祝蛾 *Scythropiodes asymmetricus* **Wang & Li, 2016**

分布：云南（德宏、西双版纳），广西；泰国。

双刺绢祝蛾 *Scythropiodes bispinus* **Wang & Li, 2019**

分布：云南（文山）。

梅绢祝蛾 *Scythropiodes issikii* (Takahashi, 1930)

分布：云南（西双版纳），贵州，四川，重庆，辽宁，青海，陕西，山西，山东，北京，甘肃，河北，河南，湖北，安徽，江西，浙江，湖南，广西，福建，海南；韩国，日本，俄罗斯。

苹果绢祝蛾 *Scythropiodes malivora* (Meyrick, 1930)

分布：云南，贵州，四川，重庆，黑龙江，河北，

河南，山东，天津，甘肃，安徽，浙江，湖南，福建，广东；韩国，日本，俄罗斯。

多刺绢祝蛾 *Scythropiodes multicornutus* Wang & Li, 2019

分布：云南（保山）。

剑绢祝蛾 *Scythropiodes siculiformis* Wang & Li, 2019

分布：云南（文山）。

Scythropiodes taedus Wang & Li, 2016

分布：云南（大理）。

三角绢祝蛾 *Scythropiodes triangulus* Park & Wu, 1997

分布：云南（西双版纳），四川，湖南，江西，广西，福建，广东，海南。

匙唇祝蛾属 *Spatulignatha* Gozmány, 1978

弓匙唇祝蛾 *Spatulignatha arcuata* Liu & Wang, 2014

分布：云南（保山），湖南，广东。

金翅匙唇祝蛾 *Spatulignatha chrysopteryx* Wu, 1994

分布：云南（德宏），四川。

花匙唇祝蛾 *Spatulignatha olaxana* Wu, 1994

分布：云南（昆明、保山），贵州，四川，山西，河南，江西，浙江，湖北，湖南，广西，福建，广东，台湾。

共褶祝蛾属 *Synesarga* Gozmány, 1978

安娜共褶祝蛾 *Synesarga bleszynskii* (Gozmány, 1978)

分布：云南（普洱），贵州，河北，河南，广西，海南。

短指共褶祝蛾 *Synesarga brevidigitata* Liu & Wang, 2014

分布：云南（大理）。

共褶祝蛾 *Synesarga pseudocathara* (Diakonoff, 1952)

分布：云南；缅甸。

喜祝蛾属 *Tegenocharis* Gozmány, 1973

喜祝蛾 *Tegenocharis tenebrans* Gozmány, 1973

分布：云南（大理），贵州，重庆，浙江，湖北，广西，广东，福建；泰国，尼泊尔。

白斑祝蛾属 *Thubana* Walker, 1864

泰白祝蛾 *Thubana dialeukos* Park, 2003

分布：云南（德宏）；泰国。

狭白祝蛾 *Thubana stenosis* Park, 2003

分布：云南（西双版纳）；泰国。

黄白祝蛾 *Thubana xanthoteles* (Meyrick, 1923)

分布：云南（西双版纳）；泰国，印度，斯里兰卡。

彩祝蛾属 *Tisis* Walker, 1864

中带彩祝蛾 *Tisis mesozosta* Meyrick, 1914

分布：云南（西双版纳），浙江，安徽，江西，湖南，广西，广东，福建，台湾。

瘤祝蛾属 *Torodora* Meyrick, 1894

Torodora acuminata Yu & Wang, 2022

分布：云南（怒江）。

铜翅瘤祝蛾 *Torodora aenoptera* Gozmány, 1978

分布：云南，江西，浙江，广东，福建。

基斑瘤祝蛾 *Torodora antisema* (Meyrick, 1938)

分布：云南，浙江。

Torodora canaliculata Yu, Zhu & Wang, 2022

分布：云南（怒江）。

Torodora convexa Gozmány, 1973

分布：云南（怒江）；尼泊尔。

桥突瘤祝蛾 *Torodora costatiprolata* Yu, Zhu & Wang, 2022

分布：云南（普洱、德宏）。

粗环瘤祝蛾 *Torodora crassidigitata* Li, 2010

分布：云南（德宏）。

Torodora deltospila (Meyrick, 1911)

分布：云南（怒江）；印度。

齿环瘤祝蛾 *Torodora dentijuxta* Gozmány, 1978

分布：云南。

Torodora diakonoffi Gozmány, 1978

分布：云南（怒江）；缅甸。

Torodora digitalis Park, 2020

分布：云南（普洱、西双版纳）；缅甸，老挝。

黄褐瘤祝蛾 *Torodora flavescens* Gozmány, 1978

分布：云南（西双版纳），贵州，四川，河南，湖北，江西，安徽，浙江，湖南，广西，台湾；泰国。

Torodora forsteri Gozmány, 1973

分布：云南（怒江、保山），西藏；尼泊尔。

Torodora frustrans (Diakonoff, 1951)

分布：云南，海南，台湾；缅甸。

雕瘤祝蛾 *Torodora glyptosema* (Meyrick, 1938)

分布：云南。

贡山瘤祝蛾 *Torodora gongshanensis* Yu, Zhu & Wang, 2022

分布：云南（怒江）。

纹瘤祝蛾 *Torodora lirata* Wu, 1997

分布：云南。

Torodora loeica Park, 2002

分布：云南（怒江），西藏，海南；泰国，越南。

Torodora macrosigna Gozmány, 1973

分布：云南（西双版纳）；不丹，印度，尼泊尔。

短瘤祝蛾 *Torodora manoconta* Wu & Liu, 1994

分布：云南，贵州，江西，台湾。

Torodora nabiella Park, 2006

分布：云南（西双版纳）；柬埔寨，越南。

纺瘤祝蛾 *Torodora netrosema* Wu, 1997

分布：云南。

Torodora obliqua Yu, Zhu & Wang, 2022

分布：云南（西双版纳）。

八瘤祝蛾 *Torodora octavana* (Meyrick, 1911)

分布：云南（普洱），贵州，四川，陕西，甘肃，河南，安徽，浙江，湖北，湖南，福建，海南，台湾；印度。

指腹瘤祝蛾 *Torodora oncisacca* Wu, 1997

分布：云南。

平行瘤祝蛾 *Torodora parallactis* (Meyrick, 1894)

分布：云南，广西，海南；缅甸。

足瓣瘤祝蛾 *Torodora pedipesis* Wu, 1997

分布：云南。

肾瘤祝蛾 *Torodora phaselosa* Wu, 1997

分布：云南。

恐瘤祝蛾 *Torodora phoberopis* (Meyrick, 1938)

分布：云南。

突刺瘤祝蛾 *Torodora procerispinata* Yu, Zhu & Wang, 2022

分布：云南（西双版纳）。

Torodora reniformis Yu, Zhu & Wang, 2022

分布：云南（怒江）。

带瘤祝蛾 *Torodora sirtalis* Wu, 1997

分布：云南（德宏、西双版纳），河南；越南。

晰瘤祝蛾 *Torodora spectabilis* Yu, Zhu & Wang, 2022

分布：云南（怒江）。

Torodora strigulosa Yu, Zhu & Wang, 2022

分布：云南（德宏）。

越南瘤祝蛾 *Torodora vietnamensis* Park, 2007

分布：云南，贵州，甘肃，河南，浙江，江西，湖北，广西，福建，海南；越南。

毛喙祝蛾属 *Trichoboscis* Meyrick, 1929

藏红毛喙祝蛾 *Trichoboscis crocosema* (Meyrick, 1929)

分布：云南（普洱、德宏、西双版纳），贵州，重庆，山西，河南，湖南，广西，广东，福建；印度。

草蛾科 Ethmiidae

草蛾属 *Ethmia* Hübner, 1819

Ethmia anatiformis Kun, 2001

分布：云南（普洱），西藏；尼泊尔。

Ethmia apispinata Wang & Wang, 2012

分布：云南（普洱、西双版纳）。

丽江草蛾 *Ethmia asbolarcha* Meyrick, 1938

分布：云南（昆明、丽江、曲靖）。

江苏草蛾 *Ethmia assamensis* (Butler, 1879)

分布：云南（大理、丽江、楚雄、西双版纳），四川，西藏，上海，江苏，安徽，江西，湖南，广西，广东，台湾；印度，日本。

峨眉草蛾 *Ethmia autoschista* Meyrick, 1932

分布：云南（大理），四川。

Ethmia corrugata Zhu & Wang, 2022

分布：云南（怒江）。

Ethmia cribravia Wang & Li, 2004

分布：云南（迪庆、丽江）。

灌县草蛾 *Ethmia dehiscens* Meyrick, 1924

分布：云南（丽江、大理），四川。

天目山草蛾 *Ethmia epitrocha* (Meyrick, 1914)

分布：云南（西双版纳），上海，江苏，浙江，安徽，江西，湖南，广东，台湾。

西藏草蛾 *Ethmia ermineella* (Walsingham, 1880)

分布：云南（丽江、大理），四川，西藏，青海；尼泊尔，印度，缅甸。

景东草蛾 *Ethmia jingdongensis* Wang & Zheng, 1997

分布：云南（普洱）。

鼠尾草蛾 *Ethmia lapidella* (Walsingham, 1880)

分布：云南（西双版纳），上海，江苏，广东，台湾；印度，日本。

点带草蛾 *Ethmia lineatonotella* (Moore, 1867)

分布：云南（大理、楚雄、红河、西双版纳），江西，广西，广东，台湾；印度，缅甸。

衡山草蛾 *Ethmia maculata* Sattler, 1967

分布：云南（昆明、西双版纳），四川，湖南，台湾；印度，缅甸。

江西草蛾 *Ethmia maculifera* (Matsumura, 1931)

分布：云南（西双版纳），四川，江西，广东，台湾；日本。

云南草蛾 *Ethmia yunnanensis* Liu, 1980

分布：云南（西双版纳）。

荫草蛾 *Ethmia umbricostella* Caradja, 1927

分布：云南，四川。

谷蛾科 Tineidae

隐斑谷蛾属 *Crypsithyris* Meyrick, 1907

霍氏隐斑谷蛾 *Crypsithyris hoenei* Petersen & Gaedike, 1993

分布：云南。

Crypsithyris obtusangula Xiao & Li, 2005

分布：云南（普洱），贵州。

Crypsithyris spelaea Meyrick, 1908

分布：云南（普洱）；缅甸。

毛簇谷蛾属 *Dasyses* Durrant, 1903

刺槐谷蛾 *Dasyses barbata* (Christoph, 1881)

分布：云南（西双版纳），贵州，辽宁，天津，山东，河南，山西，陕西，甘肃，上海，浙江，安徽，湖北，广西，广东，海南；日本，俄罗斯。

殊宇谷蛾属 *Dinica* Gozmány, 1965

盒殊宇谷蛾 *Dinica bulbella* Li, 2020

分布：云南（保山）。

棒殊宇谷蛾 *Dinica claviformis* Li, 2020

分布：云南（保山）。

瑞丽殊宇谷蛾 *Dinica ruiliensis* Li & Xiao, 2007

分布：云南（德宏）；泰国。

褐谷蛾属 *Edosa* Walker, 1886

贝褐谷蛾 *Edosa conchata* Yang, Wang & Li, 2014

分布：云南（普洱）。

角褐谷蛾 *Edosa cornuta* Yang, Wang & Li, 2014

分布：云南（德宏），浙江，湖南，广西，福建，海南。

月褐谷蛾 *Edosa crayella* Robinson, 2008

分布：云南（昆明、大理、德宏、保山、西双版纳），西藏，甘肃，浙江，湖南，广西，福建，广东，海南，香港；马来西亚。

曲褐谷蛾 *Edosa curvidorsalis* Yang, Wang & Li, 2014

分布：云南（昭通、西双版纳），贵州，四川，甘肃，陕西，河南，湖北，江西，浙江，湖南，福建，海南。

瑞褐谷蛾 *Edosa duoprojecta* Yang, Wang & Li, 2014

分布：云南（德宏）。

长褐谷蛾 *Edosa elongata* Yang, Wang & Li, 2014

分布：云南（大理、保山、普洱），重庆，甘肃，湖北，浙江，湖南，福建，海南。

瓶褐谷蛾 *Edosa hendrixella* Robinson, 2008

分布：云南（西双版纳）；马来西亚。

孤点褐谷蛾 *Edosa orphnodes* (Meyrick, 1911)

分布：云南（德宏）；印度，尼泊尔。

刺褐谷蛾 *Edosa robustispina* Yang, Wang & Li, 2014

分布：云南（德宏、西双版纳）。

扭褐谷蛾 *Edosa torta* Yang, Wang & Li, 2014

分布：云南（西双版纳）。

戴褐谷蛾 *Edosa truncatula* Yang, Wang & Li, 2014

分布：云南（保山）。

异褐谷蛾 *Edosa varians* Yang, Wang & Li, 2014

分布：云南（德宏、普洱、保山、西双版纳），湖南，广西，广东，海南，香港。

卷谷蛾属 *Erechthias* Meyrick, 1880

环角卷谷蛾 *Erechthias inclinata* (Meyrick, 1921)

分布：云南（西双版纳），贵州，广西，广东，海南；印度尼西亚，马来西亚。

含羞卷谷蛾 *Erechthias mimosa* (Stainton, 1859)

分布：云南（西双版纳），广西，福建，台湾，香港；日本，泰国，印度，斯里兰卡，马来西亚，印度尼西亚，所罗门群岛。

太宇谷蛾属 *Gerontha* Walker, 1864

台湾太宇谷蛾 *Gerontha dracuncula* Meyrick, 1928

分布：云南（西双版纳），台湾；泰国。

Gerontha hoenei Petersen, 1987

分布：云南，浙江。

褶太宇谷蛾 *Gerontha nugulosa* Li & Xiao, 2009

分布：云南（西双版纳）。

暹罗太宇谷蛾 *Gerontha siamensis* Moriuti, 1989

分布：云南（西双版纳）；泰国。

拟华太宇谷蛾 *Gerontha similihoenei* **Li & Xiao, 2009**
分布：云南（昆明）。

聪谷蛾属 *Harmaclona* Busek, 1914

潜孔聪谷蛾 *Harmaclona tephrantha* **(Meyrick, 1916)**
分布：云南（西双版纳），湖南，广西，广东，海南，台湾；泰国，马来西亚，印度尼西亚，文莱，菲律宾，印度，不丹，斯里兰卡。

聆谷蛾属 *Micrerethista* Meyrick, 1938

齿聆谷蛾 *Micrerethista denticulata* **Davis, 1998**
分布：云南（普洱），海南；日本，泰国，马来西亚，印度尼西亚，文莱。

斑谷蛾属 *Morophaga* Herrich-ScHiffer, 1853

菌谷蛾 *Morophaga bucephala* **(SneHen, 1884)**
分布：云南，贵州，辽宁，河南，江苏，浙江，安徽，湖北，福建，广东；俄罗斯，日本，韩国，缅甸，印度，马来西亚，印度尼西亚，巴布亚新几内亚。

丝谷蛾属 *Nemapogon* Schrank, 1802

横斑丝谷蛾 *Nemapogon asyntacta* **(Meyrick, 1917)**
分布：云南（迪庆），西藏，四川，宁夏；印度。

诺谷蛾属 *Nothogenes* Meyrick, 1932

奥诺谷蛾 *Nothogenes oxystoma* **Meyrick, 1938**
分布：云南。

黄谷蛾属 *Opogona* Zeller, 1853

日本黄谷蛾 *Opogona nipponica* **Stringer, 1930**
分布：云南（大理、保山、德宏），四川，贵州，重庆，辽宁，吉林，黑龙江，北京，河北，河南，陕西，甘肃，浙江，江西，湖北，广西，福建，台湾；韩国，日本。

珍谷蛾属 *Pelecystola* Meyrick, 1920

东珍谷蛾 *Pelecystola strigosa* **Moore, 1888**
分布：云南（德宏），海南；印度，印度尼西亚，日本。

羽谷蛾属 *Psecadioides* Butler, 1881

印羽谷蛾 *Psecadioides melanchrodes* **(Meyrick, 1916)**
分布：云南（保山）；印度。

连宇谷蛾属 *Rhodobates* Ragonot, 1895

Rhodobates amorphopa **(Meyrick, 1938)**
分布：云南。

Rhodobates bifurcatus **Li & Xiao, 2006**
分布：云南（大理）。

华连宇谷蛾 *Rhodobates sinensis* **Petersen, 1987**
分布：云南（丽江）。

绒谷蛾属 *Tinissa* Walker, 1864

印绒谷蛾 *Tinissa indica* **Robinson, 1976**
分布：云南（西双版纳），海南，台湾；印度，不丹。

屿绒谷蛾 *Tinissa insularia* **Robinson, 1976**
分布：云南（西双版纳）；马来西亚，印度尼西亚，菲律宾，巴布亚新几内亚，所罗门群岛。

荚绒谷蛾 *Tinissa leguminella* **Yang & Li, 2012**
分布：云南（德宏）。

合腺地谷蛾属 *Unilepidotricha* Xiao & Li, 2008

细弯合腺地谷蛾 *Unilepidotricha gracilicurva* **Xiao & Li, 2008**
分布：云南（大理）。

果蛀蛾科 Carposinidae

坚蛀果蛾属 *Archostola* Diakonoff, 1949

钝坚蛀果蛾 *Archostola amblystoma* **Diakonoff, 1989**
分布：云南（丽江）。

证坚蛀果蛾 *Archostola martyr* **Diakonoff, 1989**
分布：云南（丽江）。

雪坚蛀果蛾 *Archostola niphauge* **Diakonoff, 1989**
分布：云南（丽江）。

爽坚蛀果蛾 *Archostola ocytoma* **(Meyrick, 1938)**
分布：云南（丽江）。

弧蛀果蛾属 *Commatarcha* Meyrick, 1935

尖弧蛀果蛾 *Commatarcha acidodes* **Diakonoff, 1989**
分布：云南（丽江）。

窄弧蛀果蛾 *Commatarcha angustiptera* **Li, 2004**
分布：云南（大理、保山、西双版纳）。

金弧蛀果蛾 *Commatarcha chrysanches* **(Meyrick, 1938)**
分布：云南（丽江、大理、保山、西双版纳）。

线弧蛀果蛾 *Commatarcha citrogramma* **(Meyrick, 1938)**
分布：云南（丽江）。

Commatarcha convoluta **Li, 2018**
分布：云南（普洱），四川。

梵净弧蛀果蛾 *Commatarcha fanjingshana* Li, 2004

分布：云南（保山），贵州，广西。

广西弧蛀果蛾 *Commatarcha guangxiensis* Li, 2004

分布：云南（普洱），西藏，贵州，湖北，广西。

Commatarcha hamata Li, 2018

分布：云南（普洱）。

Commatarcha palaeosema Meyrick, 1935

分布：云南（普洱），浙江；日本。

Commatarcha rotundivalva Li, 2018

分布：云南（保山），西藏。

Commatarcha setiferaedeaga Li, 2018

分布：云南（保山），西藏。

斑蛀果蛾属 *Heterogymna* Meyrick, 1913

箭斑蛀果蛾 *Heterogymna ochrogramma toxotes* Diakonoff, 1989

分布：云南（丽江）；缅甸。

矮斑蛀果蛾 *Heterogymna ochrogramma coloba* Diakonoff, 1989

分布：云南（北部），浙江，湖北，江西，湖南。

黑斑蛀果蛾 *Heterogymna ochrogramma* Meyrick, 1913

分布：云南（昆明、大理）；不丹。

洁蛀果蛾属 *Meridarchis* Zeller, 1867

云洁蛀果蛾 *Meridarchis bryonephela* Meyrick, 1938

分布：云南（丽江）。

梯洁蛀果蛾 *Meridarchis trapeziella* Zeller, 1867

分布：云南（丽江）；印度，不丹。

长角蛾科 Adelidae

多刺长角蛾属 *Nemophora* Hoffmannsegg, 1798

辉石长角蛾 *Nemophora augites* (Caradja & Meyrick, 1938)

分布：云南（丽江）。

金绿长角蛾 *Nemophora chrysoprasias* (Meyrick, 1907)

分布：云南（大理），湖南；印度。

迪普长角蛾 *Nemophora diplophragma* (Meyrick, 1938)

分布：云南。

高黎贡山长角蛾 *Nemophora gaoligongshana* Sun, Wang & Li, 2022

分布：云南（怒江）。

银纹长角蛾 *Nemophora lapikella* Kozlov, 1997

分布：云南（大理），山东，湖北，浙江，台湾；日本，朝鲜，俄罗斯。

科氏长角蛾 *Nemophora kozlovi* Hirowatari, Kanazawa & Liang, 2012

分布：云南（丽江）。

断带长角蛾 *Nemophora magnifica* Kozlov, 1997

分布：云南（大理），台湾；日本。

小黄长角蛾 *Nemophora staudingerella* (Christoph, 1881)

分布：云南，四川，贵州，黑龙江，吉林，辽宁，陕西，青海，北京，河北，湖北；俄罗斯，日本。

西番长角蛾 *Nemophora syfaniella* (Caradja, 1927)

分布：云南，四川，陕西，甘肃，湖南。

田内氏长角蛾 *Nemophora tadauchii* Hirowatari, Kanazawa & Liang, 2012

分布：云南（迪庆）。

田中氏长角蛾 *Nemophora tanakai* Hirowatari, 2007

分布：云南（昆明），湖南，广东，台湾；越南。

三带长角蛾 *Nemophora trimetrella* Stringer, 1930

分布：云南（文山）；日本。

云南长角蛾 *Nemophora yunnanica* Kozlov, 2023

分布：云南（丽江）。

菜蛾科 Plutellidae

安巢蛾属 *Anthonympha* Moriuti, 1971

舌颚菜蛾 *Anthonympha ligulacea* Li, 2016

分布：云南（西双版纳），湖北，浙江，广西，海南。

肾形菜蛾 *Anthonympha reniforma* Li, 2016

分布：云南（保山）。

小菜蛾属 *Plutella* Schrank, 1802

小菜蛾 *Plutella xylostella* (Linnaeus, 1758)

分布：世界广布。

巢蛾科 Yponomeutidae

Diaphragmistis Meyrick, 1914

Diaphragmistis ventiprocessa Wang, 2013

分布：云南（昆明）。

克巢蛾属 *Kessleria* Nowicki, 1864

灰克巢蛾 *Kessleria nivosa* Meyrick, 1938

分布：云南（丽江）。

Orencostoma Moriuti, 1971

Orencostoma divulgatum Wang, 2019

分布：云南（大理、怒江），贵州，四川，重庆，天津，河北，陕西，山西，甘肃，浙江，湖南，广西，福建。

异巢蛾属 *Teinoptila* Sauber, 1902

美登木巢蛾 *Teinoptila antistatica* **(Meyrick, 1931)**
分布：云南（西双版纳）。

天则异巢蛾 *Teinoptila bolidias* **Meyrick, 1913**
分布：云南，陕西，浙江，甘肃，湖北，湖南；马来西亚，泰国。

Teinoptila brunnescens **Moore, 1879 [1888]**
分布：云南；不丹，印度，尼泊尔。

小白巢蛾属 *Thecobathra* Meyrick, 1922

青冈栎小白巢蛾 *Thecobathra anas* **Stringer, 1930**
分布：云南（德宏），四川，浙江，安徽，江西；日本。

明亮小白巢蛾 *Thecobathra argophanes* **(Meyrick, 1907)**
分布：云南，浙江；印度。

渡口小白巢蛾 *Thecobathra chiona* **Liu, 1983**
分布：云南（昆明），四川。

宽孔小白巢蛾 *Thecobathra delias* **Meyrick, 1913**
分布：云南（丽江），四川，浙江，湖南，广东；印度。

长腹小白巢蛾 *Thecobathra longisaccata* **Fan, Jin & Li, 2008**
分布：云南（德宏）。

云南小白巢蛾 *Thecobathra microsignata* **Liu, 1980**
分布：云南（德宏、丽江）。

拟青冈栎小白巢蛾 *Thecobathra paranas* **Fan, Jin & Li, 2008**
分布：云南（德宏）。

圆腹小白巢蛾 *Thecobathra yasudai* **Moriuti, 1965**
分布：云南；印度，尼泊尔。

云南小白巢蛾 *Thecobathra yunnana* **Liu, 1984**
分布：云南（德宏）。

巢蛾属 *Yponomeuta* Latreille, 1796

恰巢蛾 *Yponomeuta chalcocoma* **Meyrick, 1938**
分布：云南（丽江）。

鞘巢蛾属 *Zelleria* Stainton, 1849

康鞘巢蛾 *Zelleria coniostrepta* **Caradja & Meyrick, 1938**
分布：云南（丽江）。

Zelleria strophaea **Meyrick, 1914**
分布：云南；斯里兰卡。

伪巢蛾科 Praydidae

伪巢蛾属 *Prays* Hübner, 1825

Prays acinacea **Li, 2017**
分布：云南（保山）。

Prays bisechinata **Li, 2017**
分布：云南（普洱）。

Prays cingulata **Yu & Li, 2004**
分布：云南（保山），西藏，重庆。

Prays erromera **Li, 2017**
分布：云南（保山），西藏，重庆。

Prays kalligraphos **Sohn & Wu, 2011**
分布：云南（大理），四川。

Prays orthacantha **Li, 2017**
分布：云南（保山）。

Prays semilunata **Li, 2017**
分布：云南（保山），海南。

银蛾科 Argyresthiidae

银蛾属 *Argyresthia* Hübner, [1825]

Argyresthia affinicineretra **Liu, Wang & Li, 2017**
分布：云南（大理）。

阿银蛾 *Argyresthia aphoristis* **Meyrick, 1938**
分布：云南（丽江），四川，辽宁，宁夏，陕西，山西，北京，甘肃，河北，天津。

Argyresthia aurilata **Liu, Wang & Li, 2017**
分布：云南（迪庆）。

桦银蛾 *Argyresthia brockeella* **(Hübner, [1805])**
分布：云南（西双版纳），四川，西藏，黑龙江，吉林，辽宁，新疆，内蒙古，宁夏，青海，陕西，甘肃，山西，北京，河北，河南；俄罗斯，日本，朝鲜，欧洲。

苹果银蛾 *Argyresthia conjugella* **Zeller, 1839**
分布：云南（丽江），新疆，甘肃，河北，河南，宁夏，青海，陕西，山西；欧洲，美国。

Argyresthia cuprea **Liu, Wang & Li, 2017**
分布：云南（迪庆），西藏，四川，陕西，青海，宁夏。

Argyresthia gephyritis **Meyrick, 1938**
分布：云南（丽江）。

考艾银蛾 *Argyresthia kaoyaiensis* **Moriuti, 1982**
分布：云南（保山、西双版纳），广西，广东，福建，海南；泰国。

Argyresthia lanosa Liu, Wang & Li, 2017
分布：云南（大理、保山、西双版纳），贵州。

Argyresthia mala Liu, Wang & Li, 2017
分布：云南（迪庆），四川，西藏，黑龙江，辽宁，
宁夏，陕西，山西，甘肃，河北，河南，天津，湖北。

Argyresthia minutilepidota Liu, Wang & Li, 2017
分布：云南（大理、迪庆），四川，陕西。

Argyresthia niphospora Meyrick, 1938
分布：云南（丽江）。

Argyresthia punctireticulata Liu, Wang & Li, 2017
分布：云南（迪庆）。

Argyresthia retinella Zeller, 1839
分布：云南（迪庆），新疆，河北，宁夏，陕西；
俄罗斯（东部地区），日本，欧洲。

Argyresthia surrecta Liu, Wang & Li, 2017
分布：云南（大理、保山），贵州，河南，湖南，
广西，福建。

Argyresthia triangulate Liu, Wang & Li, 2017
分布：云南（迪庆）。

Argyresthia trochaula Meyrick, 1938
分布：云南（丽江）。

斑巢蛾科 Attevidae

椿巢蛾属 *Atteva* Walker, 1854

乔椿巢蛾 *Atteva fabriciella* Swederus, 1787
分布：云南，四川，广西；印度，泰国，印度尼西
亚，菲律宾。

雕蛾科 Glyphipterigidae

邻菜蛾属 *Acrolepia* Curtis, 1838

贺氏邻菜蛾 *Acrolepia hoenei* (Gaedike, 1971)
分布：云南。

突邻菜蛾属 *Digitivalva* Gaedike, 1970

亚洲突邻雕蛾 *Digitivalva asiatica* Gaedike, 1971
分布：云南，陕西，河北。

平突邻雕蛾 *Digitivalva flatimarginata* Wang, 2018
分布：云南（大理）。

潜蛾科 Lyonetiidae

潜蛾属 *Lyonetia* Hübner, 1825

枇杷潜蛾 *Lyonetia eriobotryae* Wu, Xiao & Li, 2006
分布：云南（红河）。

蝙蝠蛾科 Hepialidae

无钩蝠蛾属 *Ahamus* Zou & Zhang, 2010

异翅无钩蝠蛾 *Ahamus anomopterus* (Yang, 1994)
分布：云南（大理）。

剑川无钩蝠蛾 *Ahamus jianchuanensis* (Yang, 1994)
分布：云南（大理）。

丽江无钩蝠蛾 *Ahamus lijiangensis* (Chu & Wang, 1985)
分布：云南（丽江）。

玉龙无钩蝠蛾 *Ahamus yulongensis* (Liang, 1998)
分布：云南（丽江）。

云龙无钩蝠蛾 *Ahamus yunlongensis* (Chu & Wang, 1992)
分布：云南（大理），海南。

云南无钩蝠蛾 *Ahamus yunnanensis* (Yang, Li & Shen, 1992)
分布：云南（大理、丽江、怒江）。

双栉蝠蛾属 *Bipectilus* Chu & Wang, 1985

云南双栉蝠蛾 *Bipectilus yunnanensis* Chu & Wang, 1985
分布：云南（丽江）。

蝠蛾属 *Endoclita* Felder, 1874

巨疖蝠蛾 *Endoclita davidi* (Poujade, 1886)
分布：云南（丽江），广西。

景东蝙蛾 *Endoclita jingdongensis* (Chu & Wang, 1985)
分布：云南（普洱、西双版纳）。

桉蝙蛾 *Endoclita signifer* (Walker, 1856)
分布：云南（普洱），四川，贵州，上海，广西，
海南，广东；日本，朝鲜，印度，缅甸，泰国。

点蝙蛾 *Endoclita sinensis* (Moore, 1877)
分布：云南，四川，河北，山西，山东，河南，上
海，浙江，湖北，江西，湖南，广西，福建，广东，
海南；日本，印度，斯里兰卡。

云南蝙蛾 *Endoclita yunnanensis* (Chu & Wang, 1985)
分布：云南（德宏、西双版纳），广东，海南。

钩蝠蛾属 *Thitarodes* Viette, 1968

白纹钩蝠蛾 *Thitarodes albipictus* (Yang, 1993)
分布：云南（迪庆）。

异翅蝠蛾 *Thitarodes anomopterus* (Yang, 1994)

分布：云南。

虫草钩蝠蛾 *Thitarodes armoricanus* (Oberthür, 1909)

分布：云南，四川，西藏，新疆，甘肃，青海。

白马钩蝠蛾 *Thitarodes baimaensis* (Liang, 1988)

分布：云南（迪庆）。

双带钩蝠蛾 *Thitarodes bibelteus* (Shen & Zhou, 1997)

分布：云南（迪庆）。

美丽钩蝠蛾 *Thitarodes callinivalis* (Liang, 1995)

分布：云南（迪庆）。

德钦钩蝠蛾 *Thitarodes deqingensis* (Liang, 1988)

分布：云南（迪庆）。

锈色钩蝠蛾 *Thitarodes ferrugineus* (Li, Yang & Shen, 1993)

分布：云南（迪庆）。

剑川蝠蛾 *Thitarodes jianchuanensis* (Yang, 1994)

分布：云南。

金沙钩蝠蛾 *Thitarodes jinshaensis* (Yang, 1993)

分布：云南。

宽兜钩蝠蛾 *Thitarodes latitegumenus* (Shen & Zhou, 1997)

分布：云南（迪庆）。

丽江蝠蛾 *Thitarodes lijiangensis* (Chu & Wang, 1985)

分布：云南（丽江）。

梅里钩蝠蛾 *Thitarodes meiliensis* (Liang, 1988)

分布：云南（迪庆）。

草地钩蝠蛾 *Thitarodes pratensis* (Yang, Li & Shen, 1992)

分布：云南（迪庆）。

人支钩蝠蛾 *Thitarodes renzhiensis* (Yang, 1991)

分布：云南（迪庆）。

叶日钩蝠蛾 *Thitarodes yeriensis* (Liang, 1995)

分布：云南（迪庆）。

永胜钩蝠蛾 *Thitarodes yongshengensis* (Chu & Wang, 2004)

分布：云南（丽江）。

玉龙蝠蛾 *Thitarodes yulongensis* (Liang, 1988)

分布：云南。

云龙蝠蛾 *Thitarodes yunlongensis* (Chu & Wang, 1985)

分布：云南（大理），海南。

云南蝠蛾 *Thitarodes yunnanensis* (Yang, Li & Shen, 1992)

分布：云南。

中支钩蝠蛾 *Thitarodes zhongzhiensis* (Liang, 1995)

分布：云南（迪庆）。

卷蛾科 Tortricidae

长翅卷蛾属 *Acleris* Hübner, 1825

黄背长翅卷蛾 *Acleris arcuata* Yasuda, 1975

分布：云南；韩国，日本。

异形长翅卷蛾 *Acleris dispar* (Liu & Bai, 1987)

分布：云南，四川。

滇突长翅卷蛾 *Acleris dryochyta* (Meyrick, 1937)

分布：云南（丽江）。

柳凹长翅卷蛾 *Acleris emargana* (Fabricius, 1775)

分布：云南，四川，吉林，黑龙江，北京，河北，陕西，青海，浙江；韩国，日本，俄罗斯（东部地区），欧洲。

悬钩子长翅卷蛾 *Acleris enitescens* (Meyrick, 1912)

分布：云南（大理），西藏，河南，安徽，江西，湖北，湖南，福建，台湾；韩国，日本，印度，尼泊尔。

南方长翅卷蛾 *Acleris extensana* (Walker, 1863)

分布：云南，西藏，浙江，湖南，广东，台湾；尼泊尔。

云灰长翅卷蛾 *Acleris extranea* Razowski, 1975

分布：云南（丽江）。

云褐长翅卷蛾 *Acleris ferox* (Razowski, 1975)

分布：云南（丽江）。

云黄长翅卷蛾 *Acleris flavopterana* (Liu & Bai, 1993)

分布：云南。

三角长翅卷蛾 *Acleris hapalactis* (Meyrick, 1912)

分布：云南（丽江）；印度。

乐长翅卷蛾 *Acleris leucophracta* (Meyrick, 1937)

分布：云南。

短臂长翅卷蛾 *Acleris loxoscia* (Meyrick, 1907)

分布：云南（大理），台湾；尼泊尔。

尖峰长翅卷蛾 *Acleris lucipeta* (Razowski, 1966)

分布：云南，四川。

茎齿长翅卷蛾 *Acleris orphnocycla* (Meyrick, 1937)

分布：云南。

平腹长翅卷蛾 *Acleris porphyrocentra* (Meyrick, 1937)

分布：云南。

半长翅卷蛾 *Acleris semitexta* (Meyrick, 1912)
分布：云南（大理）；印度，尼泊尔。

滇北长翅卷蛾 *Acleris sinuosaria* Razowski, 1964
分布：云南。

小长翅卷蛾 *Acleris stibiana* (Snellen, 1883)
分布：云南，四川，黑龙江，甘肃，青海，宁夏；韩国，日本，俄罗斯。

丽江长翅卷蛾 *Acleris tabida* Razowski, 1975
分布：云南。

南投长翅卷蛾 *Acleris tsuifengana* Kawabe, 1992
分布：云南（保山），台湾。

尖齿长翅卷蛾 *Acleris zeta* Razowski, 1964
分布：云南（大理），四川，湖北，湖南。

褐带卷蛾属 *Adoxophyes* Meyrick, 1881

茎突褐带卷蛾 *Adoxophyes acrocindina* Diakonoff, 1983
分布：云南（西双版纳），西藏，广西；印度尼西亚。

皇褐带卷蛾 *Adoxophyes croesus* (Diakonoff, 1975)
分布：云南（西双版纳）。

琪褐带卷蛾 *Adoxophyes flagrans* Meyrick, 1912
分布：云南（普洱），四川，贵州，广西，福建；泰国，缅甸。

棉褐带卷蛾 *Adoxophyes orana* Fischer von Röslerstamm, 1834
分布：全国广布；日本，印度，欧洲。

双纹卷蛾属 *Aethes* Billberg, 1820

银褐双纹卷蛾 *Aethes atmaspila* (Meyrick, 1937)
分布：云南（丽江），新疆。

翅云卷蛾属 *Amphicoecia* Razowski, 1975

滇翅云卷蛾 *Amphicoecia phasmatica* (Meyrick, 1937)
分布：云南（丽江）。

镰翅小卷蛾属 *Ancylis* Hübner, 1825

喙镰翅小卷蛾 *Ancylis rostrifera* Meyrick, 1912
分布：云南（西双版纳）。

壶卷蛾属 *Ancyroclepsis* Diakonoff, 1976

细爪壶卷蛾 *Ancyroclepsis nakhasathieni* Tuck, 1995
分布：云南（保山）；泰国。

藏壶卷蛾 *Ancyroclepsis rhodoconia* Diakonoff, 1976
分布：云南（丽江），西藏；尼泊尔。

安卷蛾属 *Anisotenes* Diakonoff, 1952

褐安卷蛾 *Anisotenes axigera* (Diakonoff, 1941)
分布：云南；印度尼西亚。

光卷蛾属 *Aphelia* Hübner, 1825

黄光卷蛾 *Aphelia flexiloqua* Razowski, 1984
分布：云南。

棕光卷蛾 *Aphelia fuscialis* (Bai, 1992)
分布：云南。

黄卷蛾属 *Archips* Hübner, 1822

隐黄卷蛾 *Archips arcanus* (Razowski, 1977)
分布：云南，四川，宁夏，湖南，陕西，浙江，北京，河南。

后黄卷蛾 *Archips asiaticus* (Walsingham, 1900)
分布：云南（大理、西双版纳），四川，吉林，甘肃，河北，江苏，浙江，安徽，江西，湖南；朝鲜。

天目山黄卷蛾 *Archips compitalis* (Razowski, 1977)
分布：云南（昆明、昭通），四川，贵州，河南，甘肃，浙江，安徽，江西，湖北，湖南，广西，福建；越南。

胡桃楸黄卷蛾 *Archips dichotomus* Falkovitsh, 1965
分布：云南，四川，陕西；韩国，俄罗斯。

异点黄卷蛾 *Archips difficilis* (Meyrick, 1928)
分布：云南（西双版纳），广东。

李黄卷蛾 *Archips dispilana*(Walker, 1864)
分布：云南（保山）；印度，不丹，斯里兰卡。

丽江黄卷蛾 *Archips eximius* Razowski, 1984
分布：云南。

紫杉黄卷蛾 *Archips fumosus* Kodama, 1960
分布：云南（大理、曲靖），贵州，四川，西藏，辽宁，青海；日本。

大黄卷蛾 *Archips hemixantha* (Meyrick, 1918)
分布：云南（大理、保山），四川，西藏；印度，尼泊尔。

油杉黄卷蛾 *Archips kellerianus* (Liu, 1987)
分布：云南（昆明），四川。

柑橘黄卷蛾 *Archips machlopis* (Meyrick, 1912)
分布：云南（保山、西双版纳），贵州，四川，西藏，浙江，安徽，江西，湖北，湖南，广西，福建，广东，海南，台湾；越南，泰国，马来西亚，印度尼西亚，印度，尼泊尔，巴基斯坦。

拟后黄卷蛾 *Archips micaceanus* (Walker, 1863)

分布：云南（德宏、西双版纳），四川，重庆，上海，广东，海南；越南，缅甸，印度。

美黄卷蛾 *Archips myrrhophanes* (Meyrick, 1931)

分布：云南（大理），贵州，四川，河南，浙江，安徽，江西，湖北，湖南，福建，台湾；日本。

丽黄卷蛾 *Archips opiparus* (Liu, 1987)

分布：云南（昆明、曲靖、昭通、普洱、楚雄、大理、德宏、临沧、西双版纳），四川，贵州，湖南。

云杉黄卷蛾 *Archips oporanus* (Linnaeus, 1758)

分布：云南（昆明、保山），贵州，吉林，黑龙江，陕西，河南，上海，江苏，江西，浙江，安徽，湖南，广西，广东，福建，台湾；韩国，日本，俄罗斯（东部地区），欧洲。

厚黄卷蛾 *Archips pachyvalvus* Liu, 1987

分布：云南，贵州，四川，陕西，湖北。

Archips sayonae (Kawabe, 1985)

分布：云南，四川，浙江，安徽，江西，湖南，福建，台湾。

Archips seminubilis (Meyrick, 1929)

分布：云南（昆明、曲靖、普洱、德宏、大理、西双版纳），四川，广西，贵州，浙江，江西，安徽，湖南，广东，福建，海南，台湾；越南，印度尼西亚，印度。

实黄卷蛾 *Archips solida* (Meyrick, 1908)

分布：云南（丽江、大理、怒江、保山），西藏；印度。

湘黄卷蛾 *Archips strojny* (Razowski, 1977)

分布：云南，湖南，浙江，江苏，上海，安徽，福建，海南。

白点黄卷蛾 *Archips tabescens* (Meyrick, 1921)

分布：云南（西双版纳），广东，海南。

端黄卷蛾 *Archips termias* (Meyrick, 1918)

分布：云南（昆明、曲靖、楚雄、大理、保山、德宏、丽江），西藏，湖南；克什米尔地区。

维西永黄卷蛾 *Archips tharsaleopus weixienus* (Meyrick, 1935)

分布：云南（大理、迪庆），西藏。

云南永黄卷蛾 *Archips tharsaleopus yunnanus* Razowski, 1977

分布：云南（昆明、丽江、大理、昭通），山西，北京。

新小卷蛾属 *Argyroploce* Hübner, 1825

欧新小卷蛾 *Argyroploce euryopis* (Meyrick, 1937)

分布：云南，宁夏。

条卷蛾属 *Argyrotaenia* Stephens, 1852

梅花山条卷蛾 *Argyrotaenia affinisana* (Walker, 1863)

分布：云南，四川，湖南，福建，台湾。

庐山条卷蛾 *Argyrotaenia congruentana (*Kennel, 1901)

分布：云南，四川，黑龙江，江西，湖南，福建。

九江条卷蛾 *Argyrotaenia liratana* (Christoph, 1881)

分布：云南，四川，黑龙江，青海，陕西，江西，安徽，湖南，福建。

水小卷蛾属 *Aterpia* Guenée, 1845

泸水小卷蛾 *Aterpia palliata* (Meyrick, 1909)

分布：云南（怒江）。

僧小卷蛾属 *Baburia* Kocak, 1981

巴僧小卷蛾 *Baburia abdita* Diakonoff, 1973

分布：云南，海南；印度尼西亚，泰国。

尖翅小卷蛾属 *Bactra* Stephens, 1834

尖翅小卷蛾 *Bactra lancealana* (Hübner, 1796-1799)

分布：云南（昭通、西双版纳），黑龙江，山东，江苏；俄罗斯，日本，欧洲，北美洲。

脉尖翅小卷蛾 *Bactra venosana* (Zeller, 1847)

分布：云南，贵州，陕西，山西，湖北，浙江，广西，海南，台湾；印度尼西亚，印度，非洲。

种子小卷蛾属 *Blastopetrova* Liu & Wu, 1987

云南油杉种子小卷蛾 *Blastopetrova keteleericola* (Liu & Wu, 1987)

分布：云南（昆明、玉溪、昭通）。

烟卷蛾属 *Capua* Stephens, 1834

发烟卷蛾 *Capua fabrilis* Meyrick, 1912

分布：云南（大理）；菲律宾。

聂烟卷蛾 *Capua harmonia* (Meyrick, 1908)

分布：云南（怒江），四川，西藏；印度。

亚烟卷蛾 *Capua melissa* Meyrick, 1908

分布：云南（怒江），西藏；印度。

草小卷蛾属 *Celypha* Hübner, [1825]

横新小卷蛾 *Celypha aurofasciana* (Haworth, 1811)

分布：云南（丽江）。

香草小卷蛾 *Celypha cespitana* (Hübner, 1817)

分布：云南（昭通），黑龙江；俄罗斯，日本，欧洲，北美洲。

裳卷蛾属 *Cerace* Walker, 1863

龙眼裳卷蛾 *Cerace stipatana* (Walker, 1863)

分布：云南（德宏、普洱、红河、西双版纳），四川，浙江，江西，湖北，福建，台湾；日本，印度。

豹裳卷蛾 *Cerace xanthocosma* Diakonoff, 1950

分布：云南（昆明），四川；日本。

黄裳卷蛾 *Cerace xanthothrix* (Razowski, 1950)

分布：云南（迪庆、文山、普洱、临沧）；印度，缅甸。

耳卷蛾属 *Chiraps* Diakonoff & Razowski, 1971

兔耳卷蛾 *Chiraps alloica* (Diakonoff, 1948)

分布：云南，湖南，福建，海南，台湾；泰国，印度尼西亚。

色卷蛾属 *Choristoneura* Lederer, 1859

突色卷蛾 *Choristoneura thyrsifera* Razowski, 1984

分布：云南（丽江）。

双斜卷蛾属 *Clepsis* Guenée, 1845

聂拉木双斜卷蛾 *Clepsis humana* (Meyrick, 1912)

分布：云南，西藏；尼泊尔。

显斑双斜卷蛾 *Clepsis laetornata* Wang, Li & Wang, 2003

分布：云南（丽江、大理）。

丽江双斜卷蛾 *Clepsis melissa* (Meyrick, 1908)

分布：云南（丽江、怒江），四川，西藏；印度，尼泊尔。

忍冬双斜卷蛾 *Clepsis semiabana* (Guenée, 1845)

分布：云南（大理），黑龙江，吉林；俄罗斯（西伯利亚），朝鲜，日本，欧洲。

长突卷蛾属 *Cnesteboda* Razowski, 1990

针长突卷蛾 *Cnesteboda dissimilis* (Liu & Bai, 1986)

分布：云南。

纹卷蛾属 *Cochylis* Treitschke, 1829

丽江纹卷蛾 *Cochylis psychrasema* (Meyrick, 1937)

分布：云南（丽江），西藏。

三角纹卷蛾 *Cochylis triangula* Sun & Li, 2013

分布：云南（普洱、保山），贵州。

弧翅卷蛾属 *Croesia* Hübner, 1758

黄背弧翅卷蛾 *Croesia arcuata* Yasuda, 1975

分布：云南（普洱）；日本。

锥尾弧翅卷蛾 *Croesia ferox* Razowski, 1975

分布：云南（丽江）。

毛小卷蛾属 *Cryptaspasma* Walsingham, 1900

宽腹毛小卷蛾 *Cryptaspasma angulicostana* Walsingham, 1900

分布：云南（红河、德宏、怒江），贵州，西藏；俄罗斯，日本。

斑毛小卷蛾 *Cryptaspasma mirabilis* Kuznetzov, 1964

分布：云南（保山），西藏，天津，宁夏；俄罗斯。

异形小卷蛾属 *Cryptophlebia* Walsingham, 1900

荔枝异形小卷蛾 *Cryptophlebia ombrodelta* (Lower, 1898)

分布：云南（西双版纳），四川，河南，广东，台湾；日本，印度，大洋洲。

小卷蛾属 *Cydia* Hübner, 1825

黄檀小卷蛾 *Cydia dalbergiacola* Liu, 1992

分布：云南，湖南，广西，福建，广东。

芽小卷蛾属 *Cymolomia* Lederer, 1859

黑芽小卷蛾 *Cymolomia phaeopelta* (Meyrick, 1921)

分布：云南（昆明）。

叉卷蛾属 *Diplocalyptis* Diakonoff, 1976

膨叉卷蛾 *Diplocalyptis congruentana* (Kennel, 1901)

分布：云南，贵州，四川，黑龙江，甘肃，河南，江西，湖北，湖南，广西，福建；韩国，日本，俄罗斯。

圆角卷蛾属 *Eboda* Walker, 1866

针圆角卷蛾 *Eboda dissimilis* (Liu & Bai, 1986)

分布：云南。

圆眼卷蛾属 *Ebodina* Diakonoff, 1967

中国圆眼卷蛾 *Ebodina sinica* (Liu & Bai, 1986)

分布：云南（西双版纳）。

裂卷蛾属 *Electraglaia* Diakonoff, 1976

截裂卷蛾 *Electraglaia isozona* (Meyrick, 1908)

分布：云南（普洱），西藏；印度，越南，泰国，尼泊尔。

黑小卷蛾属 *Endothenia* Stephens, 1852

丽江黑小卷蛾 *Endothenia banausopis* (Meyrick, 1938)

分布：云南；韩国，日本。

植黑小卷蛾 *Endothenia gentianaeana* (Hübner, [1796-1799])

分布：云南（大理），贵州，四川，重庆，吉林，辽宁，新疆，青海，甘肃，陕西，山西，河北，天津，内蒙古，河南，湖北，湖南，浙江，广西，福建；韩国，日本，中东，中亚，西亚，欧洲。

白斑小卷蛾属 *Epiblema* Hübner, 1825

白钩小卷蛾 *Epiblema foenella* **Linnaeus, 1758**

分布：云南（德宏、普洱），黑龙江，吉林，青海，山东，河北，安徽，江西，湖南，江苏，福建；印度。

叶小卷蛾属 *Epinotia* Hübner, [1825]

松叶小卷蛾 *Epinotia rubiginosana* (Herrich-Schäffer, 1851)

分布：云南（昆明），河北，山西；欧洲。

绿小卷蛾属 *Eucoenogenes* Meyrick, 1939

Eucoenogenes ancyrota (Meyrick, 1907)

分布：云南（大理、普洱、西双版纳）；朝鲜，日本，泰国，印度，斯里兰卡。

长绿小卷蛾 *Eucoenogenes elongate* **Zhang & Li, 2005**

分布：云南（大理）。

圆点小卷蛾属 *Eudemis* Hübner, 1825

白圆点小卷蛾 *Eudemis albomacularis* (Liu & Bai, 1985)

分布：云南（西双版纳）。

褐圆点小卷蛾 *Eudemis brevisetosa* **Oku, 2005**

分布：云南（怒江），重庆，西藏，陕西；日本。

细齿圆点小卷蛾 *Eudemis denticulata* **Yu, 2011**

分布：云南（普洱）。

杨梅圆点小卷蛾 *Eudemis gyrotis* (Meyrick, 1909)

分布：云南（保山、普洱），贵州，四川，安徽，江西，浙江，广西，福建，广东，台湾；俄罗斯，日本，印度。

鄂圆点小卷蛾 *Eudemis lucina* **Liu & Bai, 1982**

分布：云南（保山），重庆，河南，陕西，湖北，广东。

圆斑小卷蛾属 *Eudemopsis* Falkovitsh, 1962

白点圆斑小卷蛾 *Eudemopsis albopunctata* (Liu & Bai, 1982)

分布：云南（丽江、西双版纳）。

短尾圆斑小卷蛾 *Eudemopsis brevis* **Liu & Bai, 1982**

分布：云南（文山、德宏），四川，广西，台湾。

多毛圆斑小卷蛾 *Eudemopsis polytrichia* (Liu & Bai, 1985)

分布：云南（西双版纳）。

圆斑小卷蛾 *Eudemopsis purpurissatana* (Kennel, 1901)

分布：云南，黑龙江，吉林，湖北；俄罗斯，日本。

单纹卷蛾属 *Eupoecilia* Stephens, 1829

刺囊单纹卷蛾 *Eupoecilia kobeana* (Razowski, 1968)

分布：云南，广西。

桃小卷蛾属 *Gatesclarkeana* Diakonoff, 1966

洋桃小卷蛾 *Gatesclarkeana idia* **Diakonoff, 1973**

分布：云南（保山、红河、文山、德宏、普洱、西双版纳），贵州，西藏，重庆，江西，浙江，湖南，广西，福建，台湾，海南，广东；东南亚，澳大利亚。

突小卷蛾属 *Gibberifera* Obraztsov, 1946

山突小卷蛾 *Gibberifera monticola* **Kuznetsov, 1971**

分布：云南（丽江）。

丛卷蛾属 *Gnorismoneura* Issiki & Stringer, 1932

丽丛卷蛾 *Gnorismoneura mesoloba* (Meyrick, 1937)

分布：云南（大理），四川，陕西，浙江。

小丛卷蛾 *Gnorismoneura micronca* (Meyrick, 1937)

分布：云南。

腹丛卷蛾 *Gnorismoneura taeniodesma* (Meyrick, 1934)

分布：云南，贵州，四川。

眉丛卷蛾 *Gnorismoneura violaseens* (Meyrick, 1934)

分布：云南，四川，西藏。

结丛卷蛾 *Gnorismoneura zyzzogeton* (Razowski, 1977)

分布：云南，四川，河南，江苏，浙江，安徽，湖南。

小食心虫属 *Grapholita* Treitschke, 1829

黄芪小食心虫 ***Grapholita pallifrontana* Lienig & Zeller, 1846**

分布：云南（丽江）。

球果小卷蛾属 *Gravitarmata* Obraztsov, 1946

油松球果小卷蛾 ***Gravitarmata margarotana* (Heinemann, 1863)**

分布：云南，四川，贵州，辽宁，黑龙江，河北，山东，山西，河南，陕西，甘肃，安徽，湖北，江西，浙江，江苏，湖南，广西，广东。

小卷蛾属 *Gypsonoma* Meyrick, 1895

丽江柳小卷蛾 ***Gypsonoma rubescens* Kuznetsov, 1971**

分布：云南，贵州，四川，宁夏，天津，陕西，青海。

广翅小卷蛾属 *Hedya* Hübner, 1825

灰广翅小卷蛾 ***Hedya vicinana* (Ragonot, 1894)**

分布：云南，四川，吉林，黑龙江，宁夏，河北，内蒙古，河南，陕西，甘肃，青海，台湾；日本，俄罗斯。

美斑小卷蛾属 *Hendecaneura* Walsingham, 1900

***Hendecaneura aritai* (Kawabe, 1989)**

分布：云南（普洱）；泰国。

美斑小卷蛾 ***Hendecaneura axiotima* (Meyrick, 1937)**

分布：云南，四川，西藏，台湾；印度，尼泊尔。

***Hendecaneura similisimplex* Zhang, 2021**

分布：云南（普洱）。

***Hendecaneura tricostatum* Zhang & Li, 2005**

分布：云南（楚雄）。

释小卷蛾属 *Hermenias* Meyrick, 1911

种半弯释小卷蛾 ***Hermenias semicurva* (Meyrick, 1912)**

分布：云南（保山、普洱），贵州；越南，印度，泰国。

派卷蛾属 *Herpystis* Meyrick, 1911

***Herpystis arcisaccula* Bai & Li, 2019**

分布：云南（西双版纳），广西，广东，海南，香港。

***Herpystis mica* Kuznetzov, 1988**

分布：云南（西双版纳），广西，广东，海南，香港；越南。

直角派卷蛾 ***Herpystis orthocera* Bai & Li, 2019**

分布：云南（德宏、西双版纳），海南。

偏小卷蛾属 *Hiroshiinoueana* Kawabe, 1978

异偏小卷蛾 ***Hiroshiinoueana inequivalva* Fei & Yu, 2018**

分布：云南（保山），贵州，四川，重庆，甘肃，陕西，福建。

长卷蛾属 *Homona* Walker, 1863

柑橘长卷蛾 ***Homona coffearia* (Nietner, 1861)**

分布：云南（昆明、德宏、西双版纳），四川，西藏，贵州，江西，湖南，广西，广东，福建，海南，台湾；越南，尼泊尔，印度，印度尼西亚，斯里兰卡。

茶长卷蛾 ***Homona magnanima* (Diakonoff, 1948)**

分布：云南（普洱、大理、德宏、西双版纳），我国南方其他地区；日本。

保长卷蛾 ***Homona nakaoi* (Yasuda, 1969)**

分布：云南（丽江、保山），西藏，贵州，重庆，湖北，湖南；尼泊尔。

川卷蛾属 *Hoshinoa* Kawabe, 1965

南川卷蛾 ***Hoshinoa longicellana* (Walsingham, 1900)**

分布：云南，四川，山东，江苏，湖北，安徽，浙江，江西，湖南。

同卷蛾属 *Isodemis* Diakonoff, 1952

云同卷蛾 ***Isodemis illiberalis* (Meyrick, 1918)**

分布：云南（大理），广西，广东；越南，泰国，印度，尼泊尔。

洪同卷蛾 ***Isodemis inae* (Diakonoff, 1948)**

分布：云南，四川。

勐同卷蛾 ***Isodemis serpentinana* (Walker, 1863)**

分布：云南（西双版纳），海南，台湾；泰国，印度尼西亚，菲律宾，巴布亚新几内亚，印度，斯里兰卡。

景同卷蛾 ***Isodemis stenotera* (Diakonoff, 1983)**

分布：云南（红河、德宏），西藏，广西，湖南，海南；印度尼西亚。

狭瓣卷蛾属 *Isotenes* Meyrick, 1938

洪狭瓣卷蛾 ***Isotenes inae* Diakonoff, 1948**

分布：云南，贵州，四川，台湾；泰国，印度尼西亚，印度，尼泊尔。

尖顶小卷蛾属 *Kennelia* Rebel, 1901

凹尖顶小卷蛾 ***Kennelia apiconcava* Zhang & Wang, 2006**

分布：云南（普洱）。

朗卷蛾属 *Lambertoides* Diakonoff, 1959

聂拉木朗卷蛾 *Lambertoides harmonia* (Meyrick, 1908)

分布：云南，四川，西藏；缅甸，泰国，印度，尼泊尔。

毛颚小卷蛾属 *Lasiognatha* Diakonoff, 1973

毛颚小卷蛾 *Lasiognatha mormopa* (Meyrick, 1906)

分布：云南（西双版纳），海南；斯里兰卡，印度。

豆食心虫属 *Leguminivora* Obraztsov, 1960

大豆食心虫 *Leguminivora glycinivorella* (Matsumura, 1900)

分布：云南（昭通、德宏），黑龙江，吉林，河北，内蒙古，甘肃，宁夏，江苏，安徽，江西；俄罗斯（西伯利亚），朝鲜，日本。

里卷蛾属 *Leontochroma* Walsingham, 1900

龙山里卷蛾 *Leontochroma aurantiacum* (Walsingham, 1900)

分布：云南（大理）；尼泊尔，印度。

眉里卷蛾 *Leontochroma suppurpuratum* Walsingham, 1900

分布：云南（丽江），四川，西藏；尼泊尔，印度。

吉隆里卷蛾 *Leontochroma viridochraceum* Walsingham, 1900

分布：云南，西藏；尼泊尔，印度。

花翅小卷蛾属 *Lobesia* Guenée, 1845

榆花翅小卷蛾 *Lobesia aeolopa* (Meyrick, 1907)

分布：云南，四川，黑龙江，陕西，河南，浙江，江苏，江西，安徽，广西，广东，福建，海南。

桑花翅小卷蛾 *Lobesia ambigua* (Diakonoff, 1954)

分布：云南，山东，江西，福建，台湾。

忍冬花翅小卷蛾 *Lobesia coccophaga* (Falkovitsh, 1970)

分布：云南，江西，浙江。

双突花翅小卷蛾 *Lobesia genialis* (Meyrick, 1912)

分布：云南（西双版纳）。

云南油杉花翅小卷蛾 *Lobesia incystata* (Liu & Yang, 1987)

分布：云南，安徽。

黑花翅小卷蛾 *Lobesia kurokoi*(Bae, 1994)

分布：云南（西双版纳）。

樱花翅小卷蛾 *Lobesia lithogonia* (Diakonoff, 1954)

分布：云南（西双版纳）。

佩花翅小卷蛾 *Lobesia peplotoma* (Meyrick, 1928)

分布：云南（西双版纳）。

印花翅小卷蛾 *Lobesia sutteri* (Diakonoff, 1956)

分布：云南（西双版纳）。

楝小卷蛾属 *Loboschiza* Diakonoff, 1968

楝树小卷蛾 *Loboschiza koenigiana* (Fabricius, 1775)

分布：云南，四川，黑龙江，河南，陕西，安徽，湖北，江西，浙江，湖南，广西，福建，广东，台湾；朝鲜，日本，印度，印度尼西亚，斯里兰卡，巴基斯坦，巴布亚新几内亚，澳大利亚。

禄卷蛾属 *Lumaria* Diakonoff, 1976

突腹禄卷蛾 *Lumaria imperita* (Meyrick, 1937)

分布：云南。

端齿禄卷蛾 *Lumaria rhythmologa* (Meyrick, 1937)

分布：云南。

锯齿禄卷蛾 *Lumaria zeteotoma* Razowski, 1984

分布：云南。

滑禄卷蛾 *Lumaria zorotypa* Razowski, 1984

分布：云南。

豆小卷蛾属 *Matsumuraeses* Issiki, 1957

豆小卷蛾 *Matsumuraeses phaseoli* (Matsumura, 1900)

分布：云南，四川，西藏，黑龙江，吉林，辽宁，河北，甘肃，河南，山东，江苏，江西，湖北；日本，朝鲜，俄罗斯，印度尼西亚。

突卷蛾属 *Meridemis* Diakonoff, 1976

二齿突卷蛾 *Meridemis bathymorpha* Diakonoff, 1976

分布：云南（普洱），西藏，台湾；尼泊尔。

僧小卷蛾属 *Monacantha* Diakonoff, 1973

游僧小卷蛾 *Monacantha astula* (Diakonoff, 1973)

分布：云南（西双版纳），海南。

圆卷蛾属 *Neocalyptis* Diakonoff, 1941

卷圆卷蛾 *Neocalyptis affinisana* (Walker, 1863)

分布：云南（普洱、西双版纳），西藏，湖南，福建，台湾；泰国，印度尼西亚，尼泊尔，斯里兰卡。

细圆卷蛾 *Neocalyptis liratana* (Christoph, 1881)

分布：云南，四川，黑龙江，陕西，甘肃，青海，天津，河北，河南，浙江，安徽，江西，湖南，福建，台湾；韩国，日本，俄罗斯。

隐小卷蛾属 *Neopotamia* Diakonoff, 1973

川隐小卷蛾 *Neopotamia cryptocosma* **(Diakonoff, 1973)**

分布：云南（昆明），四川。

新小卷蛾属 *Olethreutes* Hübner, 1822

雪新小卷蛾 *Olethreutes niphodelta* **(Meyrick, 1925)**

分布：云南（丽江、西双版纳），四川；印度。

褐卷蛾属 *Pandemis* Hübner, 1825

云褐卷蛾 *Pandemis cataxesta* **(Meyrick, 1937)**

分布：云南（丽江）。

松褐卷蛾 *Pandemis cinnamomeana* **(Treitschke, 1830)**

分布：云南（昭通），四川，重庆，黑龙江，河南，陕西，天津，河北，浙江，江西，湖北，湖南；韩国，日本，俄罗斯，欧洲。

桃褐卷蛾 *Pandemis dumetana* **(Treitschke, 1835)**

分布：云南（昭通），四川，黑龙江，北京，陕西，甘肃，青海，宁夏，湖北；韩国，日本，欧洲。

环翅卷蛾属 *Paratorna* Meyrick, 1907

湘褐环翅卷蛾 *Paratorna dorcas* **Meyrick, 1907**

分布：云南（西双版纳），贵州，湖南，台湾；印度。

华小卷蛾属 *Penthostola* Diakonoff, 1978

白斑华小卷蛾 *Penthostola albomaculatis* **(Liu & Bai, 1985)**

分布：云南（普洱、德宏）；泰国。

黑斑华小卷蛾 *Penthostola diakonoffi* **Kawabe, 1995**

分布：云南（保山）；泰国。

巨刺华小卷蛾 *Penthostola nigrantis* **Kawabe, 1995**

分布：云南（普洱）；泰国。

拟端中卷蛾属 *Phaecadophora* Walsingham, 1900

纵拟端小卷蛾 *Phaecadophora fimbriata* **(Walsingham, 1900)**

分布：云南，江苏，江西，海南，台湾。

端小卷蛾属 *Phaecasiophora* Grote, 1873

异端小卷蛾 *Phaecasiophora attica* **(Meyrick, 1907)**

分布：云南，贵州，四川，重庆，宁夏，陕西，湖北，浙江，台湾；越南，缅甸，泰国，印度，俄罗斯。

消端小卷蛾 *Phaecasiophora decolor* **Diakonoff, 1983**

分布：云南，贵州，海南；印度尼西亚。

疏端小卷蛾 *Phaecasiophora diluta* **Diakonoff, 1973**

分布：云南（保山、普洱），四川，河南，广西，福建；印度，印度尼西亚。

伪泰端小卷蛾 *Phaecasiophora similithaiensis* **Yu & Li, 2006**

分布：云南（普洱），湖南，广西，海南。

华氏端小卷蛾 *Phaecasiophora walsinghami* **Diakonoff, 1959**

分布：云南（普洱），贵州，四川，浙江，安徽，湖南，广西；印度尼西亚，泰国。

褐纹卷蛾属 *Phalonidia* leMarchand, 1933

泽泻褐纹卷蛾 *Phalonidia alismana* **(Ragonot, 1883)**

分布：云南，黑龙江，陕西，山东，安徽，江西，广东。

长斑褐纹卷蛾 *Phalonidia melanothica* **(Meyrick, 1927)**

分布：云南，四川，浙江，江西。

边卷蛾属 *Planostocha* Meyrick, 1912

缺边卷蛾 *Planostocha cumulara* **(Meyrick, 1907)**

分布：云南（西双版纳），海南；韩国，缅甸，泰国，尼泊尔，斯里兰卡，澳大利亚，巴布亚新几内亚。

实小卷蛾属 *Retinia* Guenée, 1845

松实小卷蛾 *Retinia cristata* **(Walsingham, 1900)**

分布：云南（德宏、临沧），四川，黑龙江，辽宁，河南，河北，北京，山东，湖南，湖北，江西，安徽，浙江，江苏，广西，广东。

落叶松实小卷蛾 *Retinia perangustana* **(Snellen, 1883)**

分布：云南，黑龙江，吉林，内蒙古。

筒小卷蛾属 *Rhopalovalva* Kuznetzov, 1964

铁线莲筒小卷蛾 *Rhopalovalva connata* **Zhang & Li, 2017**

分布：云南（西双版纳）。

梢小卷蛾属 *Rhyacionia* Hübner, 1825

长梢小卷蛾 *Rhyacionia dolichotubula* **(Liu & Bai, 1984)**

分布：云南（昆明）。

云南松梢小卷蛾 *Rhyacionia insulariana* (Liu, 1981)

分布：云南（丽江、昭通），四川。

细梢小卷蛾 *Rhyacionia leptotubula* (Liu & Bai, 1984)

分布：云南（曲靖）。

双卷蛾属 *Scotiophyes* Diakonoff, 1976

颚双卷蛾 *Scotiophyes faeculosa* (Meyrick, 1928)

分布：云南（丽江、西双版纳），台湾；泰国，印度，尼泊尔。

褐斑小卷蛾属 *Semnostola* Diakonoff, 1959

三角褐斑小卷蛾 *Semnostola tristrigma* Sun & Li, 2023

分布：云南（西双版纳），台湾。

原小卷蛾属 *Sillybiphora* Kuznetzov, 1964

微凹原小卷蛾 *Sillybiphora pauliprotuberans* Zhang & Wang, 2007

分布：云南（丽江）。

尾小卷蛾属 *Sorolopha* Lower, 1901

青尾小卷蛾 *Sorolopha agana* (Falkovitsh, 1966)

分布：云南（普洱），贵州，四川，江西，浙江，广西，海南；斯里兰卡。

樟尾小卷蛾 *Sorolopha archimedias* (Meyrick, 1912)

分布：云南（德宏、西双版纳），湖北，浙江，广西，广东，海南，香港；菲律宾，孟加拉国，斯里兰卡，印度，印度尼西亚，越南。

耳基尾小卷蛾 *Sorolopha auribasis* Diakonoff, 1973

分布：云南（德宏、西双版纳），海南，西藏；巴布亚新几内亚。

束尾小卷蛾 *Sorolopha bathysema* Diakonoff, 1973

分布：云南（西双版纳）；巴布亚新几内亚。

黄兰尾小卷蛾 *Sorolopha camarotis* (Meyrick, 1936)

分布：云南（保山、普洱、德宏、西双版纳），江西；印度。

指尾小卷蛾 *Sorolopha dactyloidea* Yu & Li, 2009

分布：云南。

羽尾小卷蛾 *Sorolopha diakonoff* Diakonoff, 1973

分布：云南。

锈尾小卷蛾 *Sorolopha ferruginosa* Kawabe, 1989

分布：云南（保山、普洱、西双版纳），贵州，广西，福建，广东；泰国。

草尾小卷蛾 *Sorolopha herbifera* (Meyrick, 1909)

分布：云南（保山、普洱、西双版纳），广西，福建，广东；澳大利亚。

仿尾小卷蛾 *Sorolopha identaeolochloca* Yu, 2009

分布：云南（保山、普洱），贵州，西藏。

卡氏尾小卷蛾 *Sorolopha karsholti* Kawabe, 1989

分布：云南（保山）；泰国。

丽尾小卷蛾 *Sorolopha liochlora* (Meyrick, 1914)

分布：云南，海南；印度。

叶尾小卷蛾 *Sorolopha phyllochlora* (Meyrick, 1905)

分布：云南（德宏、西双版纳），广东，海南；斯里兰卡，印度。

台尾小卷蛾 *Sorolopha plinthograpta* (Meyrick, 1931)

分布：云南（普洱、西双版纳），江西，广东，台湾；俄罗斯，韩国，日本，泰国，印度尼西亚。

铅绿青尾小卷蛾 *Sorolopha plumboviridis* (Diakonoff, 1973)

分布：云南（普洱、德宏），台湾；印度尼西亚。

绿尾小卷蛾 *Sorolopha rubescens* Diakonoff, 1973

分布：云南（西双版纳），广西；印度尼西亚。

半尾小卷蛾 *Sorolopha semiculta* (Meyrick, 1909)

分布：云南（西双版纳），重庆，广西，台湾；斯里兰卡，印度。

单棘尾小卷蛾 *Sorolopha singularis* Zhao, Bai & Yu, 2017

分布：云南（西双版纳），西藏，广西，海南。

黑斑尾小卷蛾 *Sorolopha stygiaula* (Meyrick, 1933)

分布：云南（保山），江西，广东，台湾；俄罗斯，韩国，日本，泰国，印度尼西亚。

半心尾小卷蛾 *Sorolopha suthepensis* Patibhakyothin, 2015

分布：云南（保山），西藏，广西；泰国。

细尾小卷蛾 *Sorolopha tenuirurus* Liu & Bai, 1982

分布：云南（保山、普洱、大理、红河、西双版纳），西藏，四川；泰国。

窄纹卷蛾属 *Stenodes* Guenée, 1845

双带窄纹卷蛾 *Stenodes hedemanniana* (Snellen, 1883)

分布：云南，黑龙江，山西，陕西，北京，江苏，安徽。

沙果窄纹卷蛾 *Stenodes jaculana* (Snellen, 1883)

分布：云南，黑龙江，吉林，内蒙古，陕西，山东，江苏，安徽。

维小卷蛾属 *Sycacantha* Diakonoff, 1959

***Sycacantha camarata* Feng & Yu, 2019**
分布：云南（德宏、普洱、西双版纳），广西，广东。

***Sycacantha decursiva* Feng & Yu, 2019**
分布：云南（普洱）。

***Sycacantha diserta* (Meyrick, 1909)**
分布：云南（德宏、普洱），海南；印度尼西亚，印度。

勐维小卷蛾 *Sycacantha inodes* (Meyrick, 1911)
分布：云南（普洱、西双版纳），广西，海南；俄罗斯，印度，越南，泰国，老挝，菲律宾，印度尼西亚，所罗门群岛，巴布亚新几内亚。

淡维小卷蛾 *Sycacantha inopinata* Diakonoff, 1973
分布：云南（普洱、西双版纳），湖南，广西，广东，海南，香港；越南，泰国，印度尼西亚。

模瓣维小卷蛾 *Sycacantha typicusivalva* Feng & Yu, 2019
分布：云南（普洱），湖南。

综卷蛾属 *Syndemis* Hibner, 1825

褐综卷蛾 *Syndemis axigera* (Diakonoff, 1941)
分布：云南（西双版纳）。

合小卷蛾属 *Syntozyga* Lower, 1901

***Syntozyga apicispinata* Yang & Yu, 2021**
分布：云南（西双版纳），西藏。

端合小卷蛾 *Syntozyga cerchnograpta* Razowski, 2014
分布：云南（普洱）；非洲。

***Syntozyga similispirographa* Yang & Yu, 2021**
分布：云南（保山、普洱）。

螺旋合小卷蛾 *Syntozyga spirographa* (Diakonoff, 1968)
分布：云南（普洱、保山、德宏、西双版纳），贵州，重庆，宁夏，广西，福建，海南，广东，台湾；菲律宾。

球斑卷蛾属 *Terthreutis* Meyrick, 1918

球斑卷蛾 *Terthreutis sphaerocosma* Meyrick, 1918
分布：云南（昆明、德宏），湖南；印度。

黄斑卷蛾 *Terthreutis xanthocyela* (Meyrick, 1938)
分布：云南（丽江），西藏，甘肃。

缨小卷蛾属 *Thysanocrepis* Diakonoff, 1966

云缨小卷蛾 *Thysanocrepis erossota* (Meyrick, 1911)
分布：云南（西双版纳）。

丽翅卷蛾属 *Trophocosta* Razowski, 1964

蓝丽翅卷蛾 *Trophocosta cyanoxantha* (Meyrick, 1907)
分布：云南（玉溪），贵州，福建；韩国，印度，尼泊尔，斯里兰卡。

乌卡小卷蛾属 *Ukamenia* Oku, 1980

乌卡小卷蛾 *Ukamenia sapporensis* Mastsumura, 1931
分布：云南（西双版纳、怒江），贵州，四川，陕西，江西，浙江，广西，海南；日本。

齿卷蛾属 *Ulodemis* Meyrick, 1907

多齿卷蛾 *Ulodemis trigrapha* (Meyrick, 1907)
分布：云南（临沧、德宏、普洱、西双版纳），四川，广西，福建，广东，海南；泰国，印度，尼泊尔，不丹。

草螟科 Crambidae

缨须禾螟属 *Acropentias* Meyrick, 1890

金黄缨须禾螟 *Acropentias aureus* (Butler, 1878)
分布：云南，黑龙江，浙江，广西，福建，台湾，海南；俄罗斯，日本，韩国。

丽野螟属 *Agathodes* Guenée, 1854

华丽野螟 *Agathodes ostentalis* (Geyer, 1837)
分布：云南（玉溪、丽江、保山），四川，西藏，重庆，浙江，广西，福建，台湾，广东，海南；印度，尼泊尔，缅甸，越南，斯里兰卡，菲律宾，印度尼西亚，澳大利亚，非洲。

野绢野螟属 *Agrioglypta* Meyrick, 1932

盾纹野绢野螟 *Agrioglypta itysalis* (Walker, 1859)
分布：云南（红河），台湾，海南；印度，越南，斯里兰卡，菲律宾，印度尼西亚，澳大利亚。

版纳野绢野螟 *Agrioglypta zelimalis* (Walker, 1859)
分布：云南（大理、文山、德宏、西双版纳），西藏，海南；印度，越南，斯里兰卡，印度尼西亚。

田草螟属 *Agriphila* Hübner, 1825

茎结田草螟 *Agriphila geniculea* Haworth, 1811
分布：云南；日本，欧洲。

角须野螟属 *Agrotera* Schrank, 1802

基斑角须野螟 *Agrotera basinotata* Hampson, 1891
分布：云南，海南，台湾；日本，印度，缅甸，澳大利亚。

亮丽角须野螟 *Agrotera flavibasalis* (Guenée, 1854)
分布：云南，海南，香港。

白桦角须野螟 *Agrotera nemoralis* (Scopoli, 1763)
分布：云南（普洱、玉溪、红河、西双版纳），重庆，四川，贵州，黑龙江，陕西，北京，天津，河北，山东，河南，甘肃，江苏，安徽，浙江，广西，福建，台湾；俄罗斯，朝鲜，日本，欧洲。

褐角须野螟 *Agrotera scissalis* (Walker, 1866)
分布：云南（西双版纳），江西，湖南，台湾，广东，海南；印度，缅甸，斯里兰卡，印度尼西亚。

腹刺野螟属 *Anamalaia* Munroe & Mutuura, 1969

尖突腹刺野螟 *Anamalaia acerisella* Li, 2018
分布：云南（西双版纳），广西，福建，海南。

棘趾野螟属 *Anania* Hübner, 1823

褐翅棘趾野螟 *Anania albeoverbascalis* Yamanaka, 1966
分布：云南（丽江），西藏；日本。

夏枯草棘趾野螟 *Anania hortulata* (Linnaeus, 1758)
分布：云南，贵州，四川，北京，河北，河南，宁夏，青海，陕西，山西，甘肃，江苏，广东，海南。

双齿柔野螟 *Anania teneralis* (Caradja, 1939)
分布：云南，四川，吉林，新疆，河北，山西，内蒙古，陕西，青海，江西。

元参棘趾野螟 *Anania verbascalis* (Denis & Schiffermuller, 1775)
分布：云南，四川，贵州，陕西，青海，天津，河北，山西，河南，湖南，福建，广东；朝鲜，日本，印度，斯里兰卡，西亚，俄罗斯，欧洲。

银纹狭翅草螟属 *Angustalius* Marion, 1954

类银纹狭翅草螟 *Angustalius malacelloides* Bleszynski, 1955
分布：云南（西双版纳），贵州，西藏，广东，广西，海南，台湾，香港；马来西亚，喜马拉雅山，印度，斯里兰卡，大洋洲。

巢草螟属 *Ancylolomia* Hübner, 1825

曲钩巢草螟 *Ancylolomia aduncella* Wang & Sung, 1981
分布：云南（普洱）。

双管巢草螟 *Ancylolomia bitubirosella* Amsel, 1959
分布：云南（西双版纳），福建，广东；马来西亚，菲律宾，印度，斯里兰卡，巴基斯坦，伊朗，印度尼西亚。

壳形巢草螟 *Ancylolomia carcinella* Wang & Sung, 1981
分布：云南（西双版纳），江西，海南，福建。

类壳形巢草螟 *Ancylolomia carcinelloides* Song & Chen, 2002
分布：云南（大理），河南。

金纹巢草螟 *Ancylolomia chrysographella* Kollar & Redtenbacher, 1844
分布：云南（普洱），广西，福建；印度，斯里兰卡，尼泊尔。

小钩巢草螟 *Ancylolomia hamatella* Wang & Sung, 1981
分布：云南（西双版纳）。

印度巢草螟 *Ancylolomia indica* Felder, 1875
分布：云南，广西，福建，广东，海南；缅甸，泰国，印度尼西亚，印度，斯里兰卡，阿富汗，巴基斯坦。

垂扑巢草螟 *Ancylolomia intricata* Bleszynski, 1970
分布：云南，广东，海南；印度。

稻巢草螟 *Ancylolomia japonica* Zeller, 1877
分布：云南，西藏，四川，贵州，黑龙江，辽宁，北京，天津，河北，山东，河南，陕西，甘肃，上海，江苏，浙江，江西，湖北，安徽，湖南，广西，广东，海南，福建，台湾；日本，朝鲜，泰国，印度，斯里兰卡，南非。

丽江巢草螟 *Ancylolomia likiangella* Bleszynski, 1970
分布：云南。

喜马拉雅巢草螟 *Ancylolomia locupletella* Kollar & Redtenbacher, 1844
分布：云南，西藏；印度，尼泊尔，斯里兰卡。

长突巢草螟 *Ancylolomia rotaxella* Bleszynski, 1965
分布：云南。

盾环巢草螟 *Ancylolomia unbobella* Wang & Sung, 1981
分布：云南（昆明）。

塔普拉班巢草螟 *Ancylolomia taprobanensis* **Zeller, 1863**

分布：云南；印度，斯里兰卡。

三纹野螟属 *Archernis* **Meyrick, 1886**

桅子三纹野螟 *Archernis capitalis* **(Fabricius, 1794)**

分布：云南（西双版纳），江西，广西，福建，台湾，广东，海南；印度，尼泊尔，缅甸，越南，斯里兰卡。

纹禾螟属 *Archischoenobius* **Speidel, 1984**

双金纹禾螟 *Archischoenobius pallidalis* **(South, 1901)**

分布：云南（红河），四川，湖北，广西，福建。

绿草螟属 *Arthroschista* **Hampson, 1893**

Arthroschista hilaralis **(Walker, 1859)**

分布：云南；斯里兰卡，印度，缅甸，马来西亚，印度尼西亚，文莱，太平洋岛屿，澳大利亚。

弱背野螟属 *Ategumia* **Amsel, 1956**

脂弱背野螟 *Ategumia adipalis* **(Lederer, 1863)**

分布：云南（普洱），重庆，浙江，福建，台湾，广东；日本，印度，缅甸，越南，斯里兰卡，印度尼西亚。

双突草螟属 *Bissetia* **Kapur, 1950**

角双突草螟 *Bissetia digitata* **(Song & Chen, 2004)**

分布：云南（西双版纳）。

景东双突草螟 *Bissetia jingdongensis* **(Song & Chen, 2004)**

分布：云南（普洱）。

巨双突草螟 *Bissetia magnifica* **(Song & Chen, 2004)**

分布：云南（西双版纳），江西。

圆双突草螟 *Bissetia rotunda* **(Song & Chen, 2004)**

分布：云南（西双版纳）。

尖双突草螟 *Bissetia spiculata* **(Song & Chen, 2004)**

分布：云南（西双版纳），海南。

斑翅野螟属 *Bocchoris* **Moore, 1885**

褐斑翅野螟 *Bocchoris aptalis* **(Walker, 1865)**

分布：云南，重庆，四川，贵州，河北，甘肃，浙江，湖北，广西，福建，台湾，海南；日本，印度。

白斑翅野螟 *Bocchoris inspersalis* **(Zeller, 1852)**

分布：云南（红河、普洱、大理），贵州，四川，重庆，陕西，河北，河南，甘肃，浙江，湖北，湖南，广西，福建，台湾，广东，海南，香港；日本，印度，不丹，缅甸，斯里兰卡，印度尼西亚，非洲。

缀叶野螟属 *Botyodes* **Guenée, 1854**

白杨缀叶野螟 *Botyodes asialis* **Guenée, 1854**

分布：云南（丽江、保山、普洱、红河、德宏），贵州，重庆，北京，河北，河南，甘肃，江西，湖南，福建，台湾，广东，海南；印度，尼泊尔，越南，泰国，斯里兰卡，印度尼西亚，非洲。

黄翅缀叶野螟 *Botyodes diniasalis* **(Walker, 1859)**

分布：云南（普洱），重庆，四川，辽宁，内蒙古，北京，河北，山东，河南，宁夏，甘肃，陕西，江苏，安徽，浙江，湖北，湖南，广西，福建，台湾，广东，海南；朝鲜，日本，印度，缅甸。

大黄缀叶野螟 *Botyodes principalis* **Leech, 1889**

分布：云南（文山、德宏），四川，贵州，西藏，重庆，安徽，浙江，湖北，江西，湖南，福建，台湾，广东；朝鲜，日本，印度。

帕缀叶野螟 *Botyodes patulalis* **Walker, 1865**

分布：云南（文山）。

暗野螟属 *Bradina* **Lederer, 1863**

稻暗野螟 *Bradina admixtalis* **(Walker, 1859)**

分布：云南，四川，贵州，河北，山东，江苏，浙江，湖北，江西，广西，福建，台湾，广东；日本，印度，缅甸，越南，斯里兰卡，菲律宾，马来西亚，新加坡，印度尼西亚，巴布亚新几内亚，澳大利亚，非洲。

白点暗野螟 *Bradina atopalis* **(Walker, 1858)**

分布：云南，重庆，四川，辽宁，北京，天津，河北，山东，河南，陕西，上海，浙江，湖北，广西，福建，台湾，广东；日本。

纹窗暗野螟 *Bradina diagonalis* **(Guenée, 1854)**

分布：云南（普洱、红河），西藏，福建，台湾，广东，海南；印度，缅甸，印度尼西亚。

黄褐暗野螟 *Bradina geminalis* **Caradja, 1927**

分布：云南，重庆，四川，贵州，陕西，河南，甘肃，安徽，湖北，江西，广西，福建，海南；韩国，日本。

剞背暗野螟 *Bradina megesalis* **(Walker, 1859)**

分布：云南（保山），贵州，四川，重庆，陕西，甘肃，湖北，浙江，湖南，广西，福建，广东，海南；日本。

黑顶暗野螟 *Bradina melanoperas* **Hampson, 1896**

分布：云南，四川，西藏，重庆，浙江，湖北，江西，广西，福建，台湾，广东；缅甸。

紫暗野螟 *Bradina subpurpurescens* (Warren, 1896)

分布：云南（普洱）；印度。

***Bradina ternifolia* Guo & Du, 2023**

分布：云南（保山）。

***Bradina translinealis* Hampson, 1896**

分布：云南（保山），西藏；印度，尼泊尔。

黑缘禾螟属 *Brihaspa* Moore, 1867

五点黑缘禾螟 *Brihaspa atrostigmella sinensis* Moore, 1933

分布：云南，广西，广东；印度，不丹，孟加拉国，缅甸，越南，泰国。

髓草螟属 *Calamotropha* Zeller, 1863

截髓草螟 *Calamotropha abrupta* Li & Li, 2012

分布：云南（德宏、普洱、西双版纳）。

***Calamotropha alcesta* Bleszynski, 1961**

分布：云南（普洱），海南；印度。

二刺髓草螟 *Calamotropha bicuspidata* Li, 2010

分布：云南（德宏、普洱）。

雷特髓草螟 *Calamotropha latella* (Snellen, 1890)

分布：云南（怒江、红河）；印度。

黑纹髓草螟 *Calamotropha melanosticta* (Hampson, 1896)

分布：云南（普洱、德宏、西双版纳），西藏，广东；印度，斯里兰卡。

梅氏髓草螟 *Calamotropha melli* (Caradja & Meyrick, 1933)

分布：云南（保山），贵州，四川，广西，广东，香港；印度，斯里兰卡。

***Calamotropha nigerifera* Kim, Qi, Wang & Li, 2023**

分布：云南（保山）。

黑点髓草螟 *Calamotropha nigripunctella* (Leech, 1889)

分布：云南，贵州，四川，陕西，江西，浙江，江苏，安徽，湖北，湖南，广西，福建，海南；朝鲜半岛，日本。

冈野髓草螟 *Calamotropha okanoi* Bleszynski, 1961

分布：云南，四川，贵州，西藏，黑龙江，吉林，辽宁，陕西，甘肃，江苏，江西，安徽，湖北，湖南，广西，福建；日本，朝鲜半岛。

黄纹髓草螟 *Calamotropha paludella* (Hübner, 1824)

分布：云南，四川，贵州，辽宁，黑龙江，新疆，内蒙古，陕西，宁夏，北京，山东，天津，河北，江苏，上海，浙江，安徽，江西，湖北，湖南，广西，福建，台湾；朝鲜，日本，印度，阿富汗，印度尼西亚，中亚，欧洲，非洲，澳大利亚。

瑞丽髓草螟 *Calamotropha ruilensis* Li, 2010

分布：云南（德宏）。

锯齿髓草螟 *Calamotropha sawtoothella* Song & Chen, 2002

分布：云南（红河），湖北。

毛髓草螟 *Calamotropha shichito* (Marumo, 1931)

分布：云南，安徽，湖北，江苏，浙江，海南；日本。

黑三棱髓草螟 *Calamotropha subfamulella* (Caradja & Meyrick, 1936)

分布：云南，江西，江苏，安徽，浙江，湖北。

单髓草螟 *Calamotropha unispinea* Li & Li, 2012

分布：云南（德宏、普洱），海南。

曲角野螟属 *Camptomastix* Warren, 1892

长须曲角野螟 *Camptomastix hisbonalis* (Walker, 1859)

分布：云南（普洱、大理、丽江），四川，贵州，西藏，重庆，陕西，天津，山东，河南，甘肃，浙江，湖北，江西，湖南，福建，台湾，广东，海南，香港；日本，印度，马来西亚，印度尼西亚。

灰野螟属 *Cangetta* Moore, 1886

白斑灰野螟 *Cangetta hartoghialis* (Snellen, 1872)

分布：云南，贵州，江西，广西，福建，台湾，广东；日本，斯里兰卡。

胭翅野螟属 *Carminibotys* Munroe & Mutuura, 1971

胭翅野螟 *Carminibotys carminalis* (Caradja, 1925)

分布：云南，贵州，河南，浙江，广西，广东；日本。

边螟属 *Catagela* Walker, 1863

褐边螟 *Catagela adjurella* Walker, 1863

分布：云南，山东，河南，江苏，安徽，浙江，湖北，湖南，广东，海南；印度，斯里兰卡。

红纹边螟 *Catagela rubelineola* Wang & Song, 1979

分布：西南地区。

目草螟属 *Catoptria* Hübner, 1825

潘多拉目草螟 *Catoptria pandora* Bleszynski, 1965

分布：云南。

冥后目草螟 *Catoptria persephone* Bleszynski, 1965

分布：云南，吉林，黑龙江，湖南；日本。

褐顶野螟属 *Charitoprepes* Warren, 1896

***Charitoprepes aciculate* Huang & Du, 2023**

分布：云南（西双版纳），海南。

亮褐顶野螟 *Charitoprepes lubricosa* Warren, 1896

分布：云南（西双版纳），四川，重庆，湖北，江苏，上海，浙江，福建，广东，台湾；印度，日本，韩国。

禾草螟属 *Chilo* Zincken, 1817

台湾禾草螟 *Chilo auricilius* Dudgeon, 1905

分布：云南（西双版纳），江西，浙江，广西，广东，福建，台湾，香港；缅甸，印度，菲律宾，斯里兰卡，尼泊尔，巴基斯坦，泰国，印度尼西亚。

斯里兰禾草螟 *Chilo ceylonicus* Hampson, 1896

分布：云南，广西，海南；越南，斯里兰卡。

二点禾草螟 *Chilo infuscatellus* Snellen, 1890

分布：云南，四川，吉林，辽宁，内蒙古，山西，陕西，宁夏，甘肃，河北，河南，山东，江西，广西，福建，海南，广东，台湾；朝鲜，缅甸，印度，阿富汗，越南，巴基斯坦，马来西亚，斯里兰卡，菲律宾，印度尼西亚，中亚，非洲，欧洲。

轴禾草螟 *Chilo polychrysa* Meyrick, 1932

分布：云南，福建，广东，海南；印度，泰国，印度尼西亚，马来群岛。

蔗茎禾草螟 *Chilo sacchariphagus stramineella* Caradja, 1926

分布：云南（西双版纳），四川，北京，天津，河北，山东，河南，江西，上海，江苏，浙江，安徽，湖北，湖南，福建，广东，台湾；越南，印度尼西亚，菲律宾，印度，斯里兰卡，巴基斯坦，埃及。

二化螟 *Chilo suppressalis* (Walker, 1863)

分布：云南，四川，贵州，辽宁，黑龙江，河南，陕西，山东，天津，河北，浙江，安徽，江西，湖北，江苏，湖南，广西，福建，广东，台湾；日本，朝鲜，印度，菲律宾，印度尼西亚，非洲，欧洲。

金草螟属 *Chrysoteuchia* Hübner, 1825

黑斑金草螟 *Chrysoteuchia atrosignata* (Zeller, 1877)

分布：云南（大理、丽江、保山），四川，贵州，黑龙江，山西，河北，山东，河南，陕西，甘肃，江西，浙江，江苏，安徽，湖北，湖南，广西，福建；朝鲜，日本。

雪山金草螟 *Chrysoteuchia daisetsuzana* Matsumura, 1927

分布：云南；日本。

双纹金草螟 *Chrysoteuchia diplogramma* Zeller, 1863

分布：云南，四川，辽宁，黑龙江，江苏，浙江，湖北，湖南，福建；日本，俄罗斯。

无斑金草螟 *Chrysoteuchia funebrella* Caradja, 1937

分布：云南。

弯刺金草螟 *Chrysoteuchia gonoxes* Bleszynski, 1962

分布：云南（大理）；缅甸。

伪双纹金草螟 *Chrysoteuchia pseudodiplogramma* Okano, 1962

分布：云南，黑龙江；日本，俄罗斯。

云南金草螟 *Chrysoteuchia yuennanellus* Caradja, 1937

分布：云南。

镰翅野螟属 *Circobotys* Butler, 1879

横线镰翅野螟 *Circobotys heterogenalis* (Bremer, 1864)

分布：云南（昆明、昭通），山东，江西，福建；朝鲜，日本，俄罗斯。

离暗镰翅野螟 *Circobotys obscuralis* (South, 1901)

分布：云南，四川。

***Circobotys serratilinearis* Wang, 2018**

分布：云南（丽江）。

黄缘野螟属 *Cirrhochrista* Lederer, 1863

圆斑黄缘野螟 *Cirrhochrista brizoalis* (Walker, 1859)

分布：云南（普洱、红河、西双版纳），西藏，四川，贵州，重庆，浙江，湖北，广西，福建，台湾，广东，香港；朝鲜，日本，印度，菲律宾，印度尼西亚，澳大利亚。

白条草螟属 *Classeya* Bleszynski, 1960

***Classeya hexacornutella* Song & Chen, 2002**

分布：云南。

六角白条草螟 *Classeya hexagona* Song & Chen, 2002

分布：云南（昆明）。

多角白条草螟 *Classeya preissneri* Bleszynski, 1964

分布：云南（丽江），西藏。

纵卷叶野螟属 *Cnaphalocrocis* Lederer, 1863

稻纵卷叶野螟 *Cnaphalocrocis medinalis* (Guenée, 1854)

分布：云南（普洱），重庆，四川，西藏，黑龙江，吉林，辽宁，内蒙古，北京，天津，河北，山西，山东，河南，陕西，青海，江苏，上海，浙江，湖北，江西，湖南，广西，福建，台湾，广东，海南；朝鲜，日本，印度，缅甸，越南，泰国，菲律宾，马来西亚，印度尼西亚，澳大利亚，巴布亚新几内亚，非洲。

多斑野螟属 *Conogethes* Meyrick, 1884

显纹多斑野螟 *Conogethes clioalis* (Walker, 1859)

分布：云南（西双版纳）；印度尼西亚。

小多斑野螟 *Conogethes diminutiva* Warren, 1896

分布：云南（文山、西双版纳)，四川，广西，海南；印度，澳大利亚。

双点多斑野螟 *Conogethes evaxalis* (Walker, 1859)

分布：云南（德宏、红河、保山、怒江、西双版纳），海南，西藏；印度，印度尼西亚，巴布亚新几内亚。

橙缘多斑野螟 *Conogethes macrostidza* (Hampson, 1912)

分布：云南（西双版纳）；缅甸。

拟桃多斑野螟 *Conogethes parvipunctalis* Inoue & Yamanaka, 2006

分布：云南（西双版纳），贵州，广西，台湾，海南；日本，印度，尼泊尔，菲律宾，印度尼西亚。

桃多斑野螟 *Conogethes punctiferalis* (Guenée, 1854)

分布：云南（昆明、文山、红河、丽江），四川，贵州，西藏，重庆，辽宁，陕西，天津，河北，山西，山东，河南，甘肃，江苏，上海，安徽，浙江，湖北，江西，湖南，广西，福建，台湾，广东；朝鲜，韩国，日本，印度，缅甸，越南，斯里兰卡，菲律宾，新加坡，印度尼西亚，澳大利亚，巴布亚新几内亚，所罗门群岛。

锥野螟属 *Cotachena* Moore, 1885

伊锥野螟 *Cotachena histricalis* (Walker, 1859)

分布：云南（昭通），四川，西藏，重庆，陕西，甘肃，江苏，浙江，湖北，江西，湖南，福建，台湾，广东，海南；日本，印度，缅甸，斯里兰卡，菲律宾，马来西亚，印度尼西亚，巴布亚新几内亚，太平洋诸岛，澳大利亚。

毛锥野螟 *Cotachena pubescens* (Warren, 1892)

分布：云南，北京，山东，湖北，广西，福建，台湾，广东，海南；朝鲜，日本，印度，尼泊尔，马来西亚，印度尼西亚。

草螟属 *Crambus* Fabricius, 1798

双斑草螟 *Crambus bipartellus* South, 1901

分布：云南（昆明、丽江、迪庆），四川，贵州，黑龙江，河北，河南，陕西，甘肃，宁夏，浙江，江西，湖北，福建；缅甸。

***Crambus furciferalis* Caradja, 1937**

分布：云南。

崇高草螟 *Crambus magnificus* Bleszynski, 1956

分布：云南，四川，西藏，辽宁，黑龙江，内蒙古。

叉纹草螟 *Crambus narcissus* Bleszynski, 1961

分布：云南（丽江），西藏，四川，贵州，江西，安徽，湖南，浙江，湖北，广西，台湾；印度。

黑纹草螟 *Crambus nigriscriptellus* South, 1901

分布：云南，四川，陕西，甘肃，河南，天津，浙江，江苏，江西，安徽，湖北，湖南，广西，福建。

雪翅草螟 *Crambus nivellus* (Kollar, [1844])

分布：云南（丽江），西藏，四川，江苏，上海，湖北，福建；印度，尼泊尔。

银光草螟 *Crambus perlellus* (Scopoli, 1763)

分布：云南，西藏，四川，黑龙江，吉林，新疆，河北，甘肃，青海，宁夏，内蒙古，山西，江西；日本，欧洲，非洲。

树草螟 *Crambus silvellus* (Hübner, [1813])

分布：云南，黑龙江，甘肃，广东；日本，欧洲。

细条草螟 *Crambus virgatellus* Wileman, 1911

分布：云南（大理），贵州，四川，河南，江西，浙江，安徽，湖北，广西，福建；朝鲜，日本。

棕翅野螟属 *Crocidolomia* Zeller, 1852

甘蓝缀翅野螟 *Crocidolomia pavonana* (Fabricius, 1794)

分布：云南，四川，广东，广西，海南，台湾，香港；日本，缅甸，泰国，马来西亚，印度尼西亚，文莱，菲律宾，印度，斯里兰卡，伊朗，丹麦，南非，澳大利亚，巴布亚新几内亚。

棕带缨翅野螟 *Crocidolomia suffusalis* (Hampson, 1891)

分布：云南（西双版纳），广西，海南，台湾；泰国，马来西亚，印度尼西亚，文莱，菲律宾，印度，斯里兰卡，澳大利亚，巴布亚新几内亚。

绒野螟属 *Crocidophora* Lederer, 1863

绒野螟 *Crocidophora fasciata* (Moore, 1888)

分布：云南（红河）。

弯茎野螟属 *Crypsiptya* Meyrick, 1894

竹弯茎野螟 *Crypsiptya coclesalis* (Walker, 1859)

分布：云南（大理、楚雄、丽江、西双版纳），四川，贵州，北京，河南，上海，江苏，浙江，湖北，广西，广东，台湾；日本，缅甸，马来西亚，印度尼西亚，印度。

卡拉草螟属 *Culladia* Moore, 1886

褐卡拉草螟 *Culladia achroella* Mabile, 1899

分布：云南（昆明）；非洲。

齿线卡拉草螟 *Culladia dentilinealis* Hampson, 1919

分布：云南（西双版纳）；印度，尼泊尔。

叉卡拉草螟 *Culladia furcata* Li, 2010

分布：云南（西双版纳），广西，海南，香港。

郑氏卡拉草螟 *Culladia zhengi* Li & Li, 2011

分布：云南（德宏、西双版纳），广西，海南，香港。

丝野螟属 *Cydalima* Lederer, 1863

黄杨丝野螟 *Cydalima perspectalis* (Walker, 1859)

分布：云南（丽江），四川，西藏，陕西，江苏，浙江，湖北，湖南，广东；朝鲜，日本，印度。

晒膜螟属 *Cymoriza* Guenée, 1854

台晒膜螟 *Cymoriza taiwanalis* Shibuya, 1928

分布：云南（红河）。

达苔螟属 *Dasyscopa* Meyrick, 1894

弯角达苔螟 *Dasyscopa curvicornis* Li, 2010

分布：云南（德宏），贵州。

绢野螟属 *Diaphania* Hübner, 1818

绿翅绢野螟 *Diaphania angustalis* (Snellen, 1895)

分布：云南（德宏、大理、普洱、红河、临沧、保山、西双版纳），四川，广东；印度尼西亚。

黄环绢野螟 *Diaphania annulata* (Fabricius, 1794)

分布：云南（昆明、玉溪、西双版纳），四川，江苏，浙江，福建，台湾，广东；日本，印度，斯里兰卡，菲律宾，新加坡，印度尼西亚，澳大利亚。

海绿绢野螟 *Diaphania glauculalis* (Guenée, 1854)

分布：云南（西双版纳），广东；日本，越南，印度，斯里兰卡，印度尼西亚，新加坡，菲律宾。

瓜绢野螟 *Diaphania indica* (Saunders, 1851)

分布：云南（普洱、大理、西双版纳），四川，贵州，重庆，天津，山东，河南，甘肃，江苏，安徽，浙江，湖北，江西，湖南，广西，福建，台湾，广东；朝鲜，日本，印度，越南，泰国，印度尼西亚，中东，欧洲，澳大利亚，非洲。

赭缘绢野螟 *Diaphania lacustralis* (Moore, 1867)

分布：云南（玉溪、曲靖、昭通、保山、红河、西双版纳），四川；印度。

宽缘绢野螟 *Diaphania laticostalis* (Guenée, 1854)

分布：云南（德宏、西双版纳）；印度，缅甸，越南，斯里兰卡，菲律宾，印度尼西亚。

白蜡绢野螟 *Diaphania nigropunctalis* (Bremer, 1864)

分布：云南（昆明、文山、红河、大理、丽江、迪庆、德宏、西双版纳），贵州，四川，黑龙江，吉林，辽宁，陕西，江苏，浙江，福建，台湾；朝鲜，日本，越南，印度，斯里兰卡，菲律宾，印度尼西亚。

黄杨绢野螟 *Diaphania perspectalis* (Walker, 1859)

分布：云南（丽江），重庆，四川，西藏，陕西，天津，河南，青海，江苏，上海，安徽，浙江，湖北，湖南，福建，广东；朝鲜，日本，印度。

纹翅野螟属 *Diasemia* Hübner, 1825

褐纹翅野螟 *Diasemia accalis* (Walker, 1859)

分布：云南（普洱、昭通、红河、德宏、西双版纳），西藏，重庆，四川，贵州，河北，山东，河南，江苏，上海，安徽，浙江，湖北，湖南，广西，福建，台湾，广东，香港；朝鲜，日本，印度，缅甸。

目斑纹翅野螟 *Diasemia distinctalis* Leech, 1889

分布：云南（大理、临沧），浙江。

白纹翅野螟 *Diasemia reticularis* Linnaeus, 1761

分布：云南，重庆，四川，黑龙江，青海，陕西，江苏，上海，浙江，福建，台湾，广东；朝鲜，日本，印度，斯里兰卡，欧洲。

拟纹野螟属 *Diasemiopsis* Munroe, 1957

黄条拟纹野螟 *Diasemiopsis ramburialis* (Duponchel, 1834)

分布：云南，西藏，台湾；印度，斯里兰卡，印度尼西亚，欧洲，大洋洲。

蛀野螟属 *Dichocrocis* Lederer, 1863

***Dichocrocis pandamalis* Walker, 1859**

分布：云南（西双版纳），湖南，广西；印度尼西亚。

虎纹蛀野螟 *Dichocrocis tigrina* Moore, 1886

分布：云南（昭通、德宏、西双版纳），台湾，广东；印度，斯里兰卡，印度尼西亚。

细突野螟属 *Ecpyrrhorrhoe* Hübner, 1825

***Ecpyrrhorrhoe allochroa* Zhang & Xiang, 2022**

分布：云南（西双版纳），贵州，海南。

***Ecpyrrhorrhoe celatalis* (Walker, 1859)**

分布：云南（保山），重庆，西藏，江西，湖南，广西，广东，福建，海南；印度，斯里兰卡。

***Ecpyrrhorrhoe damastesalis* (Walker, 1859)**

分布：云南（德宏），广西，福建，广东，海南；印度，斯里兰卡，泰国，马来西亚，印度尼西亚，巴布亚新几内亚，澳大利亚。

指状细突野螟 *Ecpyrrhorrhoe digitaliformis* Zhang, Li & Wang, 2004

分布：云南（保山、普洱），重庆，贵州，河南，陕西，湖北，江西，浙江，湖南，广西，广东。

***Ecpyrrhorrhoe exigistria* Zhang & Xiang, 2022**

分布：云南（西双版纳），西藏，江西，广西，海南。

***Ecpyrrhorrhoe fimbriata* (Moore, 1886)**

分布：云南（保山），贵州，广西；斯里兰卡。

***Ecpyrrhorrhoe minnehaha* (Pryer, 1877),**

分布：云南（玉溪、保山），贵州，陕西，山西，上海，浙江，湖北，江西，湖南，广西，福建，广东，台湾；日本，朝鲜半岛。

***Ecpyrrhorrhoe obliquata* (Moore, 1888)**

分布：云南（普洱），四川，西藏，重庆，浙江，江西，湖南，广西，广东，海南；缅甸，印度，斯里兰卡。

***Ecpyrrhorrhoe rosisquama* Xiang & Zhang, 2022**

分布：云南（保山），广西。

塘水螟属 *Elophila* Hübner, 1822

纹曲塘水螟 *Elophila difflualis* (Snellen, 1880)

分布：云南（普洱、德宏、红河、西双版纳），四川，贵州，江苏，上海，浙江，江西，湖南，广西，福建，广东，海南；泰国，越南，尼泊尔，印度，日本，斯里兰卡，阿富汗，印度尼西亚，澳大利亚。

黄纹塘水螟 *Elophila fengwhanalis* (Pryer, 1877)

分布：云南（德宏），四川，黑龙江，陕西，北京，江苏，上海，安徽，浙江，湖北，江西，湖南，广西，福建；日本，朝鲜半岛。

***Elophila manilensis* (Hampson, 1917)**

分布：云南（普洱、西双版纳），贵州，江西，广西，福建，广东；泰国，缅甸，印度，马来西亚，印度尼西亚，菲律宾。

斑塘水螟 *Elophila nigralbalis* (Caradja, 1925)

分布：云南（红河、西双版纳），四川，贵州，北京，江苏，上海，浙江，湖北，湖南，福建，台湾，广东，海南；泰国，越南，日本。

无囊突塘水螟 *Elophila nuda* Chen, Wu & Xue, 2010

分布：云南（昆明）。

勒氏塘水螟 *Elophila roesleri* Speidel, 1984

分布：云南（昆明），四川，广西。

褐萍塘水螟 *Elophila turbata* (Butler, 1881)

分布：云南（德宏、西双版纳），贵州，四川，辽宁，陕西，北京，江苏，上海，安徽，浙江，湖北，江西，湖南，广西，广东，福建，台湾；日本，朝鲜，俄罗斯。

斑水螟属 *Eoophyla* Swinhoe, 1900

***Eoophyla clarusa* Chen & Wu, 2019**

分布：云南（临沧），广西，江西。

突斑水螟 *Eoophyla gibbosalis* (Guenée, 1854)

分布：云南（西双版纳），台湾；印度，印度尼西亚，菲律宾，巴布亚新几内亚。

海斑水螟 *Eoophyla halialis* (Walker, 1859)

分布：云南（临沧、文山），四川，西藏，浙江，湖北，江西，湖南，广西，广东，海南；越南，印度，尼泊尔，阿富汗，非洲。

***Eoophyla leiokellula* Chen & Wu, 2019**

分布：云南（红河）。

勐仑斑水螟 *Eoophyla menglensis* Li & An, 1995

分布：云南（西双版纳），甘肃，湖南，广西，广东，海南。

***Eoophyla minisigna* Chen & Wu, 2019**

分布：云南（临沧、德宏、西双版纳），广西，江西。

长鞭斑水螟 *Eoophyla nigripilosa* Yoshiyasu, 1987

分布：云南（西双版纳），广东，福建；泰国，印度。

赭斑水螟 *Eoophyla ochripicta* (Moore, 1887)

分布：云南（西双版纳），广东；泰国，印度。

丽斑水螟 *Eoophyla peribocalis* (Walker, 1859)

分布：云南（文山），四川，河南，浙江；越南，印度，斯里兰卡，中东。

离斑水螟 *Eoophyla sejunctalis* (Snellen, 1876)

分布：云南（西双版纳），广西，海南；泰国，印度，斯里兰卡。

单斑水螟指名亚种 *Eoophyla simplicialis simplicialis* (Snellen, 1876)

分布：云南（西双版纳），广东，福建；泰国，印度尼西亚。

Eoophyla tenuisa Chen & Wu, 2019

分布：云南（临沧、西双版纳）。

表螟属 *Epidauria* Rebel, 1901

素表螟 *Epidauria subcostella* Hampson, 1918

分布：云南。

拱翅野螟属 *Epipagis* Hübner, 1825

网拱翅野螟 *Epipagis cancellalis* (Zeller, 1852)

分布：云南（昆明、玉溪、红河、西双版纳），浙江，福建，台湾，广东，海南；日本，印度，缅甸，泰国，斯里兰卡，印度尼西亚，澳大利亚，非洲。

翎翅野螟属 *Epiparbattia* Caradja, 1925

竹芯翎翅野螟 *Epiparbattia gloriosalis* Caradja, 1925

分布：云南（昆明、楚雄、丽江），四川，湖北，福建，广东；印度。

疏毛翎翅野螟 *Epiparbattia oligotricha* Zhang & Li, 2005

分布：云南（红河），贵州。

狭水螟属 *Eristena* Warren, 1896

Eristena curvula Chen, Song & Wu, 2007

分布：云南（德宏），江西。

微狭水螟 *Eristena minutale* (Caradja, 1932)

分布：云南（德宏），四川，江西，广西，广东，福建。

艾尔螟属 *Erpis* Walker, 1863

Erpis macularis Walker, 1863

分布：云南（红河）；印度尼西亚，马来西亚，文莱。

大草螟属 *Eschata* Walker, 1856

短翅大草螟 *Eschata aida* Bleszynski, 1970

分布：云南（临沧、西双版纳），广西，海南；印度，孟加拉国。

竹黄腹大草螟 *Eschata miranda* Bleszynski, 1965

分布：云南（临沧、西双版纳），四川，江西，浙江，江苏，安徽，广西，福建，广东，台湾；印度，菲律宾。

上海大草螟 *Eschata shanghaiensis* Wang & Sung, 1981

分布：云南，上海，江西，福建。

史氏大草螟 *Eschata smithi* Bleszynski, 1970

分布：云南；泰国。

角突大草螟 *Eschata tricornia* Song & Chen, 2003

分布：云南。

截突大草螟 *Eschata truncate* Song & Chen, 2003

分布：云南。

丽草螟属 *Euchromius* Guenée, 1845

白丽草螟 *Euchromius nivalis* (Caradja, 1937)

分布：云南，四川。

窄翅野螟属 *Euclasta* Lederer, 1855

横带窄翅野螟 *Euclasta defamatalis* (Walker, 1859)

分布：云南（德宏），四川，江苏，浙江，广西，福建，广东，台湾；印度，斯里兰卡，缅甸，尼泊尔，阿富汗。

优苔螟属 *Eudonia* Billberg, 1820

六环优苔螟 *Eudonia hexamera* Li, 2010

分布：云南（保山、大理）。

丽江优苔螟 *Eudonia lijiangensis* Li, 2010

分布：云南（丽江）。

大颚优苔螟 *Eudonia magna* Li, 2010

分布：云南（丽江），西藏，四川，河南，陕西，甘肃，宁夏，浙江，湖北。

长茎优苔螟 *Eudonia puellaris* Sasaki, 1991

分布：云南（丽江、大理），四川，贵州，辽宁，陕西，甘肃，天津，河北，河南，江苏，浙江，湖北，福建，台湾；日本，俄罗斯。

西藏优苔螟 *Eudonia tibetalis* Caradja, 1937

分布：云南（丽江），四川，西藏，青海。

中甸优苔螟 *Eudonia zhongdianensis* Li, 2010

分布：云南（迪庆）。

叉环野螟属 *Eumorphobotys* Munroe & Mutuura, 1969

弯突双叉端环野螟 *Eumorphobotys concavuncus* Chen & Zhang, 2018

分布：云南（保山），贵州，广西。

黄翅叉环野螟 *Eumorphobotys eumorphalis* (Caradja, 1925)

分布：云南，四川，贵州，河南，江苏，浙江，安徽，江西，湖南，广西，福建，广东。

郝氏双叉端环野螟 *Eumorphobotys horakae* Chen & Zhang, 2018

分布：云南（保山），贵州，四川。

秀野螟属 *Eurrhypara* Hübner, 1825

夏枯草秀野螟 *Eurrhypara hortulata* (Linnaeus, 1758)

分布：云南，吉林，山西，河南，陕西，甘肃，青海，江苏，广东；欧洲。

展须野螟属 *Eurrhyparodes* Snellen, 1880

叶展须野螟 *Eurrhyparodes bracteolalis* (Zeller, 1852)

分布：云南（红河），四川，贵州，重庆，陕西，山西，河南，江苏，上海，安徽，浙江，湖北，湖南，广西，福建，台湾，广东；日本，印度，缅甸，泰国，斯里兰卡，印度尼西亚，澳大利亚。

柚木野螟属 *Eutectona* Wang & Sung, 1980

柚木野螟 *Eutectona machoeralis* (Walker, 1859)

分布：云南（德宏），广西，广东，海南，台湾；印度，斯里兰卡，缅甸，印度尼西亚，马来西亚，澳大利亚。

薄翅野螟属 *Evergestis* Hübner, 1825

茴香薄翅野螟 *Evergestis extimalis* (Scopoli, 1763)

分布：云南，四川，西藏，辽宁，吉林，黑龙江，新疆，北京，河北，山西，内蒙古，陕西，青海，宁夏，上海，江苏，山东，广东；韩国，日本，欧洲。

十字花科薄翅野螟 *Evergestis forficalis* (Linnaeus, 1758)

分布：云南（丽江），四川，黑龙江，华北，华东，华中，广西，广东；日本，缅甸，印度，斯里兰卡，印度尼西亚，澳大利亚，欧洲，非洲。

双斑薄翅野螟 *Evergestis junctalis* (Warren, 1892)

分布：云南，四川，黑龙江，北京，天津，河北，河南，陕西，甘肃，宁夏，湖北；韩国，日本，俄罗斯。

巨东方薄翅野螟 *Evergestis orientalis gigantea* Caradja, 1939

分布：云南，西藏。

拟莱薄翅野螟 *Evergestis tonkinalis* Leraut, 2012

分布：云南（大理、丽江），四川，贵州，北京，天津，山西，甘肃，湖北；越南，印度。

丝角野螟属 *Filodes* Guenée, 1854

黄脊丝角野螟 *Filodes fulvidorsalis* (Geyer, 1832)

分布：云南（普洱、大理、西双版纳），四川，广东；印度，越南，斯里兰卡，印度尼西亚。

洁草螟属 *Gargela* Walker, 1864

励腊洁草螟 *Gargela menglensis* Li, 2010

分布：云南（西双版纳）。

Gargela polyacantha Li, 2019

分布：云南（西双版纳），贵州。

孤刺洁草螟 *Gargela renatusalis* (Walker, 1859)

分布：云南，四川，贵州，江西，湖北，湖南，广西，福建，广东，台湾；缅甸，马来西亚，巴布亚新几内亚，文莱，斯里兰卡。

微草螟属 *Glaucocharis* Meyrick, 1938

栗色微草螟 *Glaucocharis castaneus* Song & Chen, 2002

分布：云南，四川，江西，广西。

钳形微草螟 *Glaucocharis chelatella* Wang & Sung, 1988

分布：云南，陕西。

外裂微草螟 *Glaucocharis exsectella* Christoph, 1881

分布：云南，辽宁，吉林，黑龙江，浙江，湖南，福建，广东；日本，俄罗斯。

叉形微草螟 *Glaucocharis furculella* Wang & Sung, 1988

分布：云南（曲靖）。

大刺微草螟 *Glaucocharis grandispinata* Li, 2010

分布：云南（保山，大理）。

蜜舌微草螟 *Glaucocharis melistoma* (Meyrick, 1931)

分布：云南（大理），四川，贵州，浙江，湖北，湖南，广西。

褐色微草螟 *Glaucocharis ochronella* Wang & Sung, 1988

分布：云南。

曲靖微草螟 *Glaucocharis qujingella* Wang & Sung, 1988

分布：云南，福建。

枝微草螟 *Glaucocharis ramona* Bleszynski, 1965

分布：云南，四川。

肾形微草螟 *Glaucocharis reniella* Wang & Sung, 1988

分布：云南（大理），四川，贵州，河南，湖北，江西，湖南，广西，福建，海南。

玫瑰微草螟 *Glaucocharis rosanna* (Bleszynski, 1965)

分布：云南，贵州，湖北，浙江，广东。

亚白线微草螟 *Glaucocharis subalbilinealis* (Bleszynski, 1965)

分布：云南（丽江），四川，贵州，陕西，河南，江西，江苏，安徽，浙江，湖北，湖南，广西，福建，广东，香港。

三齿微草螟 *Glaucocharis tridentata* Li & Li, 2012

分布：云南（昆明），贵州，江西，浙江，湖北。

绢丝野螟属 *Glyphodes* Guenée, 1854

三斑绢丝野螟 *Glyphodes actorionalis* Walker, 1859

分布：云南（西双版纳），四川，贵州，江苏，江西，广西，福建，台湾，广东；朝鲜，日本，印度，越南，斯里兰卡，菲律宾，印度尼西亚，澳大利亚，非洲。

二斑绢丝野螟 *Glyphodes bicolor* (Swainson, [1821])

分布：云南（德宏、大理、普洱、红河、临沧、保山、西双版纳），贵州，广西，广东，海南；印度，缅甸，越南，泰国，斯里兰卡，菲律宾，印度尼西亚，澳大利亚，非洲。

双点绢丝野螟 *Glyphodes bivitralis* Guenée, 1854

分布：云南，四川，江苏，福建，台湾，广东，海南；印度，越南，斯里兰卡，菲律宾，印度尼西亚，北美洲，澳大利亚。

黄翅绢丝野螟 *Glyphodes caesalis* Walker, 1859

分布：云南（普洱、德宏、西双版纳），广西，福建，广东；印度，缅甸，越南，斯里兰卡，菲律宾，新加坡，印度尼西亚。

亮斑绢丝野螟 *Glyphodes canthusalis* Walker, 1859

分布：云南（德宏、红河、西双版纳），贵州，西藏，广西，台湾，广东，海南；印度，缅甸，菲律宾，马来西亚，印度尼西亚，澳大利亚。

齿纹绢丝野螟 *Glyphodes crithealis* (Walker, 1859)

分布：云南（玉溪、大理、西双版纳），四川，贵州，浙江，湖南，福建，台湾，广东，海南；印度，越南。

台湾绢丝野螟 *Glyphodes formosanus* (Shibuya, 1928)

分布：云南，四川，河南，陕西，甘肃，湖北，福建，台湾；日本。

海绿绢丝野螟 *Glyphodes glauculalis* (Guenée, 1854)

分布：云南（西双版纳），广东，海南；日本，印度，越南，斯里兰卡，菲律宾，新加坡，印度尼西亚，萨摩亚群岛，俾斯麦群岛。

赭缘绢丝野螟 *Glyphodes lacustralis* Moore, 1867

分布：云南（玉溪、曲靖、昭通、保山、西双版纳），重庆，四川；印度。

角突绢丝野螟 *Glyphodes negatalis* (Walker, 1859)

分布：云南（普洱），四川，重庆，台湾，广东，海南；日本，印度，斯里兰卡，印度尼西亚，澳大利亚，非洲。

齿斑绢丝野螟 *Glyphodes onychinalis* (Guenée, 1854)

分布：云南（普洱、德宏、西双版纳），四川，贵州，西藏，重庆，河南，安徽，浙江，湖北，湖南，福建，台湾，广东，海南；朝鲜，日本，印度，缅甸，越南，斯里兰卡，印度尼西亚，澳大利亚，非洲。

白斑卢螟 *Glyphodes pulverulentalis* Hampson, 1896

分布：云南（红河）。

桑绢丝野螟 *Glyphodes pyloalis* Walker, 1859

分布：云南（德宏、普洱、大理、西双版纳），重庆，四川，贵州，黑龙江，吉林，辽宁，陕西，北京，天津，河北，河南，甘肃，江苏，上海，安徽，浙江，湖北，广西，福建，台湾，广东；朝鲜，日本，印度，缅甸，泰国，越南，斯里兰卡，印度尼西亚，澳大利亚，北美洲。

四斑绢丝野螟 *Glyphodes quadrimaculalis* (Bremer & Grey, 1853)

分布：云南（昭通、大理、保山、怒江、临沧、德宏），重庆，四川，贵州，黑龙江，吉林，辽宁，西藏，陕西，天津，河北，山西，山东，河南，宁夏，甘肃，青海，浙江，湖北，江西，湖南，福建，台湾，广东；俄罗斯，朝鲜，日本，印度，印度尼西亚。

棕带绢丝野螟 *Glyphodes stolalis* Guenée, 1854

分布：云南（楚雄、西双版纳），贵州，湖南，广东，海南，广西，台湾；印度，越南，尼泊尔，斯里兰卡，菲律宾，印度尼西亚，斐济，澳大利亚，非洲。

条纹绢丝野螟 *Glyphodes strialis* (Wang, 1963)

分布：云南（红河、西双版纳），重庆，贵州，广西，海南。

犁角野螟属 *Goniorhynchus* Hampson, 1896

黑缘犁角野螟 *Goniorhynchus butyrosa* (Butler, 1879)

分布：云南（丽江），重庆，四川，贵州，河北，河南，江苏，安徽，浙江，湖北，江西，湖南，广西，福建，台湾，广东；日本，印度，越南。

黄犁角野螟 *Goniorhynchus marginalis* Warren, 1896

分布：云南（大理），四川，贵州，西藏，重庆，河南，甘肃，浙江，福建；日本，印度。

靓斑野螟属 *Haliotigris* Warren, 1896

子弹靓斑野螟 *Haliotigris cometa* Warren, 1896

分布：云南（怒江、保山、红河），西藏；印度。

褐环野螟属 *Haritalodes* Warren, 1890

棉褐环野螟 *Haritalodes derogata* (Fabricius, 1775)

分布：云南（普洱、大理、西双版纳），四川，贵州，西藏，重庆，陕西，内蒙古，北京，天津，河北，山西，山东，河南，甘肃，江苏，上海，安徽，浙江，湖北，江西，湖南，广西，福建，台湾，广东；朝鲜，日本，印度，缅甸，越南，泰国，菲律宾，新加坡，印度尼西亚，澳大利亚，非洲，美国（夏威夷），南美洲。

黑翅野螟属 *Heliothela* Guenée, 1854

白点黑翅野螟 *Heliothela wulfeniana* (Scopoli, 1763)

分布：云南（楚雄），四川，北京，江苏，浙江。

红齿螟属 *Hemiscopis* Warren, 1890

深红齿螟 *Hemiscopis sanguinea* Bänziger, 1987

分布：云南，广西，海南，香港；日本，泰国，马来西亚。

黄齿螟属 *Heortia* Lederer, 1863

黑纹黄齿螟 *Heortia vitessoides* (Moore, 1885)

分布：云南（西双版纳），广西，广东，海南，香港；斯里兰卡，印度。

切叶野螟属 *Herpetogramma* Lederer, 1863

黑点切叶野螟 *Herpetogramma basalis* (Walker, 1866)

分布：云南，广西。

双凸切叶野螟 *Herpetogramma biconvexa* Wan, Lu & Du, 2019

分布：云南（大理），四川，西藏。

水稻切叶野螟 *Herpetogramma licarsisalis* (Walker, 1859)

分布：云南（普洱、大理），西藏，四川，贵州，重庆，山西，江苏，上海，安徽，浙江，湖北，江西，湖南，广西，福建，台湾，广东；朝鲜，日本，印度，越南，斯里兰卡，马来西亚，印度尼西亚，澳大利亚，西亚，非洲。

葡萄切叶野螟 *Herpetogramma luctuosalis* (Guenée, 1854)

分布：云南（昭通、普洱、文山、红河、德宏、临沧、西双版纳），重庆，四川，贵州，黑龙江，吉林，陕西，河北，山西，河南，甘肃，江苏，浙江，湖北，湖南，福建，台湾，广东，海南；俄罗斯，朝鲜，日本，印度，不丹，尼泊尔，越南，斯里兰卡，印度尼西亚，欧洲，非洲。

大切叶野螟 *Herpetogramma magna* (Butler, 1879)

分布：云南（丽江、保山），贵州，四川，重庆，辽宁，吉林，天津，陕西，湖北，湖南，台湾；韩国，日本，印度，斯里兰卡。

褐翅切叶野螟 *Herpetogramma rudis* (Warren, 1892)

分布：云南（文山），四川，贵州，西藏，重庆，陕西，河南，安徽，浙江，湖北，湖南，广西，福建；日本，印度。

饰纹切叶野螟 *Herpetogramma stultalis* (Walker, 1859)

分布：云南，贵州，西藏；巴布亚新几内亚。

烟翅野螟属 *Heterocnephes* Lederer, 1863

云纹烟翅野螟 *Heterocnephes lymphatalis* (Swinhoe, 1889)

分布：云南（红河、德宏），贵州，西藏，广西，广东；印度，缅甸，越南，印度尼西亚。

长距野螟属 *Hyalobathra* Meyrick, 1885

黄翅长距野螟 *Hyalobathra filalis* (Guenée, 1854)

分布：云南（红河、玉溪、西双版纳），台湾，广东；越南，缅甸，印度，斯里兰卡，菲律宾，印度尼西亚，澳大利亚，非洲。

赭翅长距野螟 *Hyalobathra coenostolalis* Snellen, 1880

分布：云南（红河、西双版纳），四川，福建，台湾，广东；缅甸，印度，印度尼西亚，澳大利亚。

颚带长距野螟 *Hyalobathra illectalis* **(Walker, 1859)**

分布：云南，浙江，广东，台湾；日本，印度，斯里兰卡，缅甸，马来西亚，新加坡，菲律宾，巴布亚新几内亚，澳大利亚，斐济。

红翅长距野螟 *Hyalobathra miniosalis* **(Guenée, 1854)**

分布：云南（西双版纳），海南；缅甸，印度尼西亚，印度，斯里兰卡，澳大利亚，巴布亚新几内亚。

小叉长距野螟 *Hyalobathra opheltesalis* **(Walker, 1859)**

分布：云南，广西，广东；印度，缅甸，印度尼西亚。

双纹齿螟属 *Hydrorybina* Hampson, 1896

赤双纹齿螟 *Hydrorybina pryeri* **(Butler, 1881)**

分布：云南（德宏），贵州，广西，广东，海南；日本。

红缘野螟属 *Isocentris* Meyrick, 1887

黄翅红缘野螟 *Isocentris filalis* **(Guenée, 1854)**

分布：云南，广东，台湾；印度，斯里兰卡，缅甸，越南，日本，柬埔寨，印度尼西亚，马来西亚，菲律宾，巴布亚新几内亚，澳大利亚，非洲。

蚀叶野螟属 *Lamprosema* Hübner, 1823

黑点蚀叶野螟 *Lamprosema commixta* **(Butler, 1879)**

分布：云南（红河），四川，贵州，西藏，重庆，陕西，天津，北京，山西，河南，甘肃，安徽，浙江，湖北，湖南，广西，福建，台湾，广东，海南；日本，印度，越南，斯里兰卡，马来西亚，印度尼西亚。

紫褐蚀叶野螟 *Lamprosema inouei* **(Yamanaka, 1980)**

分布：云南，重庆，四川，江西；日本。

脉禾螟属 *Leechia* South, 1901

波纹柄脉禾螟 *Leechia sinuosalis* **South, 1901**

分布：云南，西藏，新疆，青海，内蒙古。

边野螟属 *Limbobotys* Munroe & Mutuura, 1970

扇翅边野螟 *Limbobotys ptytophora* **(Hampson, 1896)**

分布：云南，广东，海南；印度，缅甸，印度尼西亚。

Loxoneptera Hampson, 1896

Loxoneptera albicostalis **Swinhoe, 1906**

分布：云南（德宏）；印度尼西亚，马来西亚。

Loxoneptera carnealis **(Swinhoe, 1895)**

分布：云南（保山、西双版纳），贵州，广东；印度。

Loxoneptera crassiuncata **Chen & Zhang, 2021**

分布：云南（西双版纳）。

Loxoneptera hampsoni **Chen & Zhang, 2021**

分布：云南（西双版纳），西藏，海南；印度。

Loxoneptera rectacerosa **Chen & Zhang, 2021**

分布：云南（西双版纳）。

Loxoneptera triangularis **Chen & Zhang, 2021**

分布：云南（西双版纳）。

锥额野螟属 *Loxostege* Hübner, 1825

卡氏锥额野螟 *Loxostege caradjana* **(Popescu-Gorj, 1991)**

分布：云南，四川。

须野螟属 *Mabra* Moore, 1885

象须野螟 *Mabra elephantophila* **Bänziger, 1985**

分布：云南，四川；泰国。

刷须野螟属 *Marasmia* Lederer, 1863

宽缘刷须野螟 *Marasmia latimarginata* **(Hampson, 1891)**

分布：云南，福建，海南；印度。

水稻刷须野螟 *Marasmia poeyalis* **(Boisduval, 1833)**

分布：云南，重庆，四川，贵州，浙江，福建，台湾，广东，海南；印度，缅甸，泰国，斯里兰卡，印度尼西亚，澳大利亚，非洲。

缘刷须野螟 *Marasmia stereogona* **(Meyrick, 1886)**

分布：云南，贵州，台湾，广东；日本，俄罗斯，印度，太平洋诸岛。

豆荚野螟属 *Maruca* Walker, 1859

细纹豆荚野螟 *Maruca amboinalis* **(Felder & Rogenhofer, [1874])**

分布：云南，福建，台湾，广东；日本，印度，越南，印度尼西亚。

豆荚野螟 *Maruca vitrata* **(Fabricius, 1787)**

分布：云南（普洱），四川，贵州，西藏，重庆，陕西，内蒙古，北京，天津，河北，山西，山东，河南，甘肃，江苏，上海，安徽，浙江，湖北，江西，湖南，广西，福建，台湾，广东，海南；朝鲜，日本，印度，斯里兰卡，欧洲，澳大利亚，美国（夏威夷），非洲。

伸喙野螟属 *Mecyna* Doubleday, 1849

大黄伸喙野螟 ***Mecyna flavalis*** (Denis & Schiffermuller, 1775)

分布：云南；欧洲，澳大利亚。

五斑伸喙野螟 ***Mecyna quinquigera*** (Moore, 1888)

分布：云南，湖北，江西，广西，福建，台湾，广东，海南；日本，印度。

杨芦伸喙野螟 ***Mecyna tricolor*** (Butler, 1879)

分布：云南，四川，贵州，重庆，黑龙江，北京，河北，山西，山东，河南，甘肃，陕西，浙江，湖北，湖南，福建，台湾，广东；朝鲜，日本。

梳角野螟属 *Meroctena* Lederer, 1863

短梳角野螟 ***Meroctena tullalis*** (Walker, 1859)

分布：云南（红河），广东，海南；印度，越南，斯里兰卡，菲律宾，印度尼西亚。

带草螟属 *Metaeuchromius* Bleszynski, 1960

黄色带草螟 ***Metaeuchromius fulvusalis*** Song & Chen, 2002

分布：云南（西双版纳），贵州，四川，甘肃，江西，浙江，安徽，湖北，湖南，广西，福建，广东，海南。

膨基带草螟 ***Metaeuchromius inflatus*** Schouten, 1997

分布：云南（昆明、西双版纳）；尼泊尔。

云南带草螟 ***Metaeuchromius yuennanensis*** (Caradja, 1937)

分布：云南（昆明、德宏、大理、丽江、曲靖），四川，浙江；日本。

纹野螟属 *Metoeca* Warren, 1896

污斑纹野螟 ***Metoeca foedalis*** (Guenée, 1854)

分布：云南，西藏，四川，贵州，重庆，山东，河南，安徽，浙江，湖北，江西，广西，福建，广东，海南；日本，斯里兰卡，菲律宾，印度尼西亚，美国，澳大利亚，非洲。

小苔螟属 *Micraglossa* Warren, 1891

环刺小苔螟 ***Micraglossa annulslipinata*** Li, 2010

分布：云南（丽江），四川，贵州，陕西，上海，浙江，安徽，湖南，广西，香港；越南。

硫黄小苔螟 ***Micraglossa flavidalis*** Hampson, 1907

分布：云南（大理），四川，陕西，甘肃，河南，湖北，湖南，福建，广东。

金黄小苔螟 ***Micraglossa scoparialis*** Warren, 1891

分布：云南（大理），西藏，贵州，四川，陕西，湖北，广东；印度，巴基斯坦，越南，尼泊尔。

菜野螟属 *Mimudea* Warren, 1892

菜野螟 ***Mimudea forficalis*** Linnaeus, 1758

分布：云南，四川，黑龙江，内蒙古，河南，河北，山东，山西，陕西，江苏，广东；朝鲜，日本，印度，俄罗斯，欧洲，北美洲。

沟胫野螟属 *Mutuuraia* Munroe, 1976

黄斑沟胫野螟 ***Mutuuraia flavimacularis*** Zhang, Li & Song, 2002

分布：云南（丽江）。

紫菀沟胫野螟 ***Mutuuraia terrealis*** (Treitschke, 1829)

分布：云南（丽江），四川，河北，内蒙古，湖北，青海；日本，欧洲。

四斑野螟属 *Nagiella* Munroe, 1976

白四斑野螟 ***Nagiella hortulatoides*** Munroe, 1976

分布：云南（红河）；缅甸。

Nagiella inferior (Hampson, 1899)

分布：云南（红河、西双版纳），西藏，四川，贵州，重庆，辽宁，甘肃，陕西，山西，河南，湖北，浙江，江苏，江西，广西，广东，海南，福建，台湾；日本，韩国，印度，俄罗斯。

四斑野螟 ***Nagiella quadrimaculalis*** Kollar & Redtenbacher, 1844

分布：云南（临沧、文山、迪庆、丽江、红河、大理、普洱、西双版纳），西藏，四川，贵州，重庆，黑龙江，辽宁，甘肃，陕西，山西，河南，山东，河北，湖北，江西，浙江，湖南，广西，福建，广东，海南，台湾；朝鲜，韩国，日本，印度尼西亚，马来西亚，印度，尼泊尔，俄罗斯。

叶野螟属 *Nausinoe* Hübner, 1825

茉莉叶野螟 ***Nausinoe geometralis*** (Guenée, 1854)

分布：云南，广西，福建，台湾，广东，海南；印度，缅甸，斯里兰卡，菲律宾，印度尼西亚，澳大利亚，非洲。

云纹叶野螟 ***Nausinoe perspectata*** (Fabricius, 1775)

分布：云南（普洱、德宏、西双版纳），广西，福建，台湾，广东，海南；印度，缅甸，斯里兰卡，印度尼西亚，澳大利亚，美洲。

脉纹野螟属 *Nevrina* Guenée, 1854

脉纹野螟 *Nevrina procopia* (Stoll, 1781)

分布：云南（临沧、西双版纳），台湾，广东；日本，印度，斯里兰卡，马来西亚，菲律宾，印度尼西亚。

牧野螟属 *Nomophila* Hübner, 1825

麦牧野螟 *Nomophila noctuella* (Denis & Schiffermuller, 1775)

分布：云南（昆明、楚雄、丽江、玉溪、德宏、大理、保山），西藏，贵州，重庆，陕西，内蒙古，北京，天津，河北，山东，河南，宁夏，青海，江苏，浙江，湖北，广西，福建，台湾，广东；俄罗斯，日本，印度，欧洲，北美洲。

须野螟属 *Nosophora* Lederer, 1863

尖须须野螟 *Nosophora althealis* Walker, 1859

分布：云南（西双版纳）。

宽带须野螟 *Nosophora euryterminalis* (Hampson, 1918)

分布：云南，重庆，四川，贵州，湖北，江西，广西，福建，台湾；日本。

金翅须野螟 *Nosophora fulvalis* Hampson, 1899

分布：云南（德宏）；印度尼西亚。

叉刺须野螟 *Nosophora furcilla* Zeng, 2021

分布：云南（普洱）。

斑点须野螟 *Nosophora maculalis* (Leech, 1889)

分布：云南（丽江），西藏，四川，贵州，重庆，黑龙江，甘肃，浙江，湖北，湖南，福建，台湾，广东；日本。

宁波须野螟 *Nosophora ningpoalis* (Leech, 1889)

分布：云南（文山、红河），四川，贵州，重庆，江苏，安徽，浙江，湖北，湖南，福建，广东；印度。

茶须野螟 *Nosophora semitritalis* (Lederer, 1863)

分布：云南（保山），四川，贵州，重庆，山西，河南，甘肃，安徽，浙江，湖北，江西，湖南，福建，台湾，广东，海南；日本，印度，缅甸，菲律宾，印度尼西亚。

台黑须野螟 *Nosophora taihokualis* Strand, 1918

分布：云南，贵州，江西，湖南，广西，海南，广东，福建，台湾；印度尼西亚。

大卷叶野螟属 *Notarcha* Meyrick, 1884

扶桑大卷叶野螟 *Notarcha quaternalis* (Zeller, 1852)

分布：云南（西双版纳），四川，贵州，陕西，北京，河北，甘肃，湖北，福建，台湾，广东，海南；印度，缅甸，斯里兰卡，印度尼西亚，澳大利亚，非洲。

目水螟属 *Nymphicula* Snellen, 1880

浅目水螟 *Nymphicula blandialis* (Walker, 1859)

分布：云南，贵州，河南，江苏，浙江，广西，福建，广东；朝鲜，日本，马来西亚，印度尼西亚，印度，斯里兰卡，斐济，非洲。

短纹目水螟 *Nymphicula junctalis* (Hampson, 1891)

分布：云南，贵州，浙江，湖北，福建，广西，安徽；日本，印度。

帕目水螟 *Nymphicula patnalis* (Felder & Rogenhofer, 1875)

分布：云南，贵州，江苏，浙江，湖北，湖南，广西，广东；朝鲜，日本，印度尼西亚，印度。

直缘目水螟 *Nymphicula saigusai* Yoshiyasu, 1980

分布：云南（大理），四川；日本。

啮叶野螟属 *Omiodes* Guenée, 1854

花生啮叶野螟 *Omiodes diemenalis* (Guenée, 1854)

分布：云南（西双版纳），四川，江苏，浙江，广西，台湾，广东，海南；印度，越南，印度尼西亚，北非，南美洲。

豆啮叶野螟 *Omiodes indicata* (Fabricius, 1775)

分布：云南，重庆，四川，贵州，陕西，内蒙古，河北，河南，甘肃，青海，江苏，上海，浙江，湖北，江西，湖南，福建，台湾，广东；日本，印度，越南，斯里兰卡，新加坡，非洲，美洲。

白鹿啮叶野螟 *Omiodes palliventralis* (Snellen, 1890)

分布：云南，江西，福建，广东；印度，菲律宾，印度尼西亚。

三纹啮叶野螟 *Omiodes tristrialis* (Bremer, 1864)

分布：云南，四川，贵州，重庆，河北，山东，河南，甘肃，江苏，上海，安徽，浙江，湖北，江西，湖南，广西，福建，台湾，广东，海南；俄罗斯，朝鲜，日本，印度，缅甸，印度尼西亚。

蠹野螟属 *Omphisa* Moore, 1886

甘薯蠹野螟 *Omphisa anastomosalis* (Guenée, 1854)

分布：云南，广西，福建，台湾，广东，海南；缅甸，印度，斯里兰卡，菲律宾，印度尼西亚，澳大利亚，非洲，美洲。

竹虫 *Omphisa fuscidentalis* (Hampson, 1896)
（注：分子研究表明，本物种属的归属有待进一步厘定）
分布：云南（玉溪、德宏、保山、临沧、普洱、红河、文山、西双版纳）；缅甸，泰国。

楸螟 *Omphisa plagialis* (Wileman, 1911)
分布：云南（昭通），四川，辽宁，河北，山东，河南，陕西，江苏，浙江，湖北；朝鲜，日本。

黑顶蠹野螟 *Omphisa repetitalis* Snellen, 1890
分布：云南（玉溪、红河、临沧、西双版纳）；印度，巴布亚新几内亚。

钝额野螟属 *Opsibotys* Warren, 1890

黄缘钝额野螟 *Opsibotys flavidecoralis* Munroe & Mutuura, 1969
分布：云南（丽江）。

细纹野螟属 *Oronomis* Munroe & Mutuura, 1968

黄缘细纹野螟 *Oronomis xanthothysana* (Hampson, 1899)
分布：云南（丽江），四川，江西，湖北，广西；印度，缅甸。

秆野螟属 *Ostrinia* Hübner, [1824-25]

亚洲玉米螟 *Ostrinia furnacalis* (Guenée, 1854)
分布：广布于全国各玉米种植区；朝鲜，日本，俄罗斯，菲律宾，印度，斯里兰卡，马来西亚，越南，新加坡，印度尼西亚，缅甸，密克罗尼西亚，巴布亚新几内亚，澳大利亚。

酸模秆野螟 *Ostrinia palustralism* (Hübner, 1796)
分布：云南（西北部），黑龙江，河北，上海，江苏，浙江；朝鲜，日本，欧洲。

款冬玉米螟 *Ostrinia scapulalis* (Walker, 1859)
分布：云南，西藏，贵州，吉林，新疆，天津，河北，河南，陕西，上海，江苏，浙江，湖北，湖南，广西，福建，台湾；朝鲜，日本，印度，俄罗斯。

豆秆野螟 *Ostrinia zealis* (Guenée, 1854)
分布：云南，四川，黑龙江，河北，内蒙古，陕西，甘肃，山东，江苏，浙江，湖北，湖南，广东，福建，台湾；日本，印度，俄罗斯。

尖须野螟属 *Pagyda* Walker, 1859

接骨木尖须野螟 *Pagyda amphisalis* (Walker, 1859)
分布：云南，四川，贵州，福建，广东，台湾；朝鲜，日本，印度。

弯指尖须野螟 *Pagyda arbiter* (Butler, 1879)
分布：云南（普洱），贵州，重庆，浙江，广西，福建，台湾；日本。

赤纹尖须野螟 *Pagyda auroralis* (Moore, 1888)
分布：云南（普洱），四川，贵州，甘肃，江西，浙江，湖南，广西，福建，广东，海南，台湾；日本，缅甸，印度，印度尼西亚。

博尖须野螟 *Pagyda botydalis* (Snellen, 1880[1892])
分布：云南（西双版纳），海南，台湾；缅甸，印度，印度尼西亚，马来西亚，斯里兰卡，日本，澳大利亚。

黄尖须野螟 *Pagyda lustralis* Snellen, 1890
分布：云南（德宏），江苏，江西，福建，广东，海南，香港，台湾；缅甸，日本，印度。

平等瓣尖须野螟 *Pagyda parallelivalva* Li, 2019
分布：云南（普洱、西双版纳），西藏，广西，广东，海南。

黑环尖须野螟 *Pagyda salvalis* Walker, 1859
分布：云南，浙江，广西，广东；日本，越南，缅甸，泰国，马来西亚，印度尼西亚，菲律宾，印度，斯里兰卡，南非，巴布亚新几内亚，澳大利亚。

绢须野螟属 *Palpita* Hübner, [1808]

尖角绢须野螟 *Palpita asiaticalis* Inoue, 1994
分布：云南（玉溪、大理），贵州，台湾；越南，泰国，印度，尼泊尔。

黄环绢须野螟 *Palpita celsalis* (Fabricius, 1794)
分布：云南（昆明、玉溪、西双版纳），四川，西藏，重庆，陕西，江苏，浙江，湖北，江西，湖南，福建，台湾，广东；日本，印度，越南，斯里兰卡，菲律宾，新加坡，印度尼西亚，澳大利亚。

弯囊绢须野螟 *Palpita hypohomalia* Inoue, 1996
分布：云南（普洱），四川，贵州，重庆，河南，广西，台湾，广东，海南。

半环绢须野螟 *Palpita kiminensis* Kirti & Rose, 1992
分布：云南（玉溪），海南；印度，尼泊尔，缅甸，泰国，越南，印度尼西亚，澳大利亚。

龙金绢须野螟 *Palpita munroei* Inoue, 1996
分布：云南，贵州，浙江，湖南，广西，福建，广东，香港；日本，越南，泰国，印度尼西亚，印度，尼泊尔，菲律宾。

白蜡绢须野螟 Palpita nigropunctalis (Bremer, 1864)

分布：云南（昆明、普洱、丽江、文山、红河、大理、迪庆、西双版纳），四川，贵州，西藏，重庆，黑龙江，吉林，辽宁，河北，山西，河南，陕西，甘肃，青海，江苏，浙江，湖北，福建，台湾，广东，海南；朝鲜，日本，印度，越南，斯里兰卡，菲律宾，印度尼西亚。

短叉绢须野螟 Palpita pajnii Kirti & Rose, 1992

分布：云南（西双版纳），贵州，广西，海南，台湾；越南，泰国，马来西亚，印度尼西亚，菲律宾，印度，尼泊尔，澳大利亚，巴布亚新几内亚。

小绢须野螟 Palpita parvifraferna Inoue, 1999

分布：云南（普洱），四川，贵州，重庆，河南，湖北，江西，广西，福建，广东，香港。

端刺绢须野螟 Palpita perunionalis Inoue, 1994

分布：云南（大理、玉溪、丽江、西双版纳），贵州；印度，尼泊尔，越南，泰国。

白绢须野螟 Palpita vitrealis (Rossi, 1794)

分布：云南（文山）。

弓翅禾螟属 Panalipa Moore, 1888

赭色弓翅禾螟 Panalipa immeritalis Walker, 1859

分布：西南地区。

波水螟属 Paracymoriza Warren, 1890

华南波水螟 Paracymoriza laminalis (Hampson, 1901)

分布：云南，四川，贵州，甘肃，浙江，湖北，江西，湖南，广西，福建，广东，海南，台湾。

洁波水螟 Paracymoriza prodigalis (Leech, 1889)

分布：云南（临沧），四川，贵州，甘肃，河北，北京，山西，山东，河南，江苏，浙江，湖北，江西，湖南，广西，福建，广东，台湾；朝鲜，日本。

拟波水螟 Paracymoriza pseudovagalis Chen, Song & Wu, 2007

分布：云南（临沧），江西，福建；日本。

Paracymoriza truncata Chen, Song & Wu, 2007

分布：云南（西双版纳），广西，海南。

黄褐波水螟 Paracymoriza vagalis (Walker, 1866)

分布：云南（临沧、玉溪、西双版纳），四川，贵州，浙江，江西，湖南，广西，福建，广东，海南；缅甸，越南，泰国，印度，印度尼西亚。

云南波水螟 Paracymoriza yuennanensis (Caradja, 1937)

分布：云南（楚雄、丽江、大理），四川。

拱背野螟属 Paranomis Munroe & Mutuura, 1968

指突拱背野螟 Paranomis denticosta Munroe & Mutuura, 1968

分布：云南（丽江）。

筒水螟属 Parapoynx Hübner, 1825

小筒水螟 Parapoynx diminutalis Snellen, 1880

分布：云南（红河、西双版纳），贵州，四川，河北，陕西，山东，河南，浙江，湖北，江西，湖南，广西，福建，台湾，广东，海南；越南，斯里兰卡，印度，印度尼西亚，菲律宾，澳大利亚，北非，美洲。

弗筒水螟 Parapoynx fulguralis (Caradja, 1934)

分布：云南，四川。

丽江筒水螟 Parapoynx likiangalis (Caradja, 1937)

分布：云南。

波缘带纹水螟蛾 Parapoynx stagnalis (Zeller, 1852)

分布：云南（西双版纳），江西，广西，福建，台湾，广东，海南；缅甸，越南，斯里兰卡，印度，印度尼西亚，菲律宾，澳大利亚，欧洲，非洲，美洲。

黄带纹水螟 Parapoynx villidalis (Walker, 1859)

分布：云南（临沧、西双版纳），台湾，海南；泰国，斯里兰卡，印度，印度尼西亚，斐济，澳大利亚。

稻筒水冥 Parapoynx vittalis (Bremer, 1864)

分布：云南（西双版纳），四川，黑龙江，辽宁，甘肃，北京，陕西，山东，江苏，安徽，浙江，湖北，江西，湖南，广西，台湾；韩国，日本，俄罗斯，北美洲。

褶缘野螟属 Paratalanta Meyrick, 1890

环褶缘野螟 Paratalanta annaluta Zhang & Li, 2014

分布：云南（丽江、大理），湖北。

台湾褶缘野螟 Paratalanta taiwanensis Yamanaka, 1972

分布：云南，四川，甘肃，湖北，台湾；日本，俄罗斯。

乌苏里褶缘野螟 Paratalanta ussurialis (Bremer, 1864)

分布：云南（丽江、大理、昭通、西双版纳），四川，贵州，黑龙江，吉林，福建，河南，湖北，陕西，宁夏，台湾；朝鲜半岛，日本，俄罗斯。

黑带野螟属 *Parbattia* Moore, 1888

白翅黑带野螟 *Parbattia latifascialis* South, 1901

分布：云南（丽江），西藏，四川，青海，甘肃。

绿野螟属 *Parotis* Hübner, 1831

绿翅野螟 *Parotis angustalis* (Snellen, 1895)

分布：云南（大理、普洱、红河、临沧、保山、西双版纳），四川，贵州，西藏，重庆，湖北，广东，海南，广西；印度，印度尼西亚。

尼尔绿野螟 *Parotis athysanota* (Hampson, 1912)

分布：云南（德宏），台湾；印度，斯里兰卡，新加坡，斐济，巴布亚新几内亚。

尾簇绿野螟 *Parotis chlorochroalis* (Hampson, 1912)

分布：云南；非洲。

淡绿翅野螟 *Parotis confinis* (Hampson, 1899)

分布：云南（文山），台湾；澳大利亚。

深绿翅野螟 *Parotis fallacialis* (Snellen, 1890)

分布：云南（红河），广西，海南；印度。

海绿野螟 *Parotis hilaralis* (Walker, 1859)

分布：云南（怒江、德宏、临沧），西藏，广西，海南；印度，斯里兰卡，印度尼西亚。

褐缘绿野螟 *Parotis marginata* (Hampson, 1893)

分布：云南（红河、文山、德宏、大理、怒江、普洱、西双版纳），西藏，四川，贵州，重庆，湖北，台湾，广东，海南；日本，印度，越南，泰国，斯里兰卡，马来西亚，新加坡，印度尼西亚，巴布亚新几内亚，俾斯麦群岛，所罗门群岛。

缨翅绿野螟 *Parotis marinata* (Fabricius, 1784)

分布：云南（怒江、德宏、红河、西双版纳），西藏，台湾，广东；日本，印度，斯里兰卡，菲律宾，马来西亚，新加坡，印度尼西亚，巴布亚新几内亚，东帝汶，澳大利亚。

墨绿翅野螟 *Parotis nilgirica* (Hampson, 1896)

分布：云南，西藏，四川，重庆，广西；印度。

同缘绿野螟 *Parotis ogasawarensis* (Shibuya, 1929)

分布：云南（文山、西双版纳），台湾，海南；日本。

蓝翅野螟 *Parotis tricoloralis* (Pagenstecher, 1888)

分布：云南（西双版纳）；印度尼西亚。

扇野螟属 *Patania* Moore, 1888

菱钢扇野螟 *Patania accipitralis* Walker, 1866

分布：云南（普洱），贵州，四川，重庆，山西，湖北，湖南，广西，广东，海南；马来西亚。

枇杷扇野螟 *Patania balteata* (Fabricius, 1798)

分布：云南（玉溪、文山、丽江、西双版纳），贵州，四川，西藏，陕西，甘肃，浙江，江西，河南，湖北，湖南，广西，福建，广东，台湾；朝鲜，韩国，日本，印度，缅甸，越南，斯里兰卡，尼泊尔，印度尼西亚，澳大利亚，欧洲，非洲。

双斑扇野螟 *Patania bipunctalis* (Warren, 1888)

分布：云南；印度。

褐斑扇野螟 *Patania characteristica* (Warren, 1896)

分布：云南（普洱）；日本。

凹纹扇野螟 *Patania concatenalis* Walker, 1865

分布：云南（德宏、红河、普洱、西双版纳），广西，广东，海南；印度，尼泊尔。

橙缘扇野螟 *Patania costalis* Moore, 1888

分布：云南（红河、怒江、文山），四川，西藏，台湾；印度。

二斑扇野螟 *Patania deficiens* (Moore, 1887)

分布：云南（怒江），西藏，四川，贵州，重庆，河南，浙江，江西，湖北，广西，福建，广东，台湾；日本，缅甸，印度尼西亚，印度，尼泊尔，斯里兰卡。

暗纹扇野螟 *Patania definita* Butler, 1889

分布：云南（文山、西双版纳），西藏，四川，贵州，重庆，甘肃，广西，广东，福建；印度，尼泊尔。

三纹扇野螟 *Patania harutai* Inoue, 1955

分布：云南（红河、西双版纳），四川，贵州，重庆，黑龙江，辽宁，青海，山东，湖北，江西，海南，福建；韩国，日本，尼泊尔。

暗黑扇野螟 *Patania holophaealis* Hampson, 1912

分布：云南（西双版纳），贵州，海南。

四目扇野螟 *Patania inferior* (Hampson, 1899)

分布：云南（昭通、大理、红河、西双版纳），西藏，四川，贵州，重庆，辽宁，甘肃，陕西，山西，河南，湖北，江苏，浙江，江西，广西，福建，海南，台湾；韩国，日本，印度，俄罗斯。

紫褐扇野螟 *Patania iopasalis* (Walker, 1859)

分布：云南，西藏，四川，贵州，重庆，河北，浙江，湖北，广西，广东，福建，海南，台湾；日本，印度，缅甸，斯里兰卡，印度尼西亚，马来西亚，加罗林群岛，萨摩亚，巴布亚新几内亚，澳大利亚，南美洲。

窗斑扇野螟 *Patania mundalis* (South, 1901)

分布：云南（保山、普洱），四川，重庆，陕西，甘肃，河南，湖北，广西，福建，台湾。

橙黑扇野螟 *Patania nigriflava* **(Swinhoe, 1894)**

分布：云南（保山、普洱、怒江、西双版纳），西藏；印度，尼泊尔。

橙纹扇野螟 *Patania nigrilineatis* **(Walker, [1865])**

分布：云南（大理、德宏、西双版纳），广西，广东，海南，台湾；印度，柬埔寨，斯里兰卡，印度尼西亚。

浓紫扇野螟 *Patania obfuscalis* **(Yamanaka, 1998)**

分布：云南（怒江、临沧、文山、普洱、保山、红河、西双版纳），四川，贵州，重庆，陕西，甘肃，安徽，湖北，浙江，海南，香港；尼泊尔。

白纹扇野螟 *Patania orissusalis* **(Walker, 1859)**

分布：云南（文山、西双版纳），西藏，台湾，广东；印度，斯里兰卡，印度尼西亚，越南，柬埔寨，缅甸，巴布亚新几内亚。

甘薯扇野螟 *Patania plagiatalis* **(Walker, 1859)**

分布：云南，西藏，福建，广东，广西，海南；日本，印度，斯里兰卡，马来西亚。

栅纹扇野螟 *Patania punctimarginalis* **(Hampson, 1896)**

分布：云南，重庆，湖北，海南，台湾，香港；韩国，日本，印度尼西亚。

四斑扇野螟 *Patania quadrimaculalis* **(Kollar & Redtenbacher, 1844)**

分布：云南，西藏，四川，贵州，重庆，黑龙江，辽宁，河北，山西，山东，河南，甘肃，浙江，湖北，江西，湖南，福建，广东，海南，台湾；朝鲜，韩国，日本，印度尼西亚，印度，尼泊尔，俄罗斯。

豆扇野螟 *Patania ruralis* **(Scopoli, 1763)**

分布：云南，西藏，四川，贵州，重庆，吉林，新疆，河北，山西，陕西，甘肃，浙江，广西，台湾；朝鲜，韩国，日本，印度，印度尼西亚，欧洲。

淡黄扇野螟 *Patania sabinusalis* **Walker, 1859**

分布：云南（文山、西双版纳），四川，贵州，重庆，陕西，湖北，浙江，广西，广东，台湾；印度尼西亚，印度，不丹，马来西亚，文莱，巴布亚新几内亚，所罗门群岛，斐济。

褐缘扇野螟 *Patania sellalis* **Guenée, 1854**

分布：云南（西双版纳），贵州，西藏，广东，海南，台湾；马来西亚，缅甸，印度尼西亚，印度，孟加拉国，斯里兰卡，巴布亚新几内亚。

Patania semivialis Moore, 1888

分布：云南（保山、文山、红河），西藏，贵州；印度。

宽缘扇野螟 *Patania scinisalis* **Walker, 1859**

分布：云南（西双版纳），四川，西藏，重庆，江西，浙江，广西，广东，海南，福建，台湾；日本，印度。

灰褐扇野螟 *Patania verecunda* **Warren, 1896**

分布：云南（红河、保山），贵州，广西；印度，斯里兰卡，尼泊尔。

褐纹禾螟属 *Patissa* **Moore, 1886**

黄褐纹禾螟 *Patissa fulvosparsa* **(Butler, 1881)**

分布：云南，山东，江西，台湾，广东，海南；日本，韩国，印度，印度尼西亚。

茎草螟属 *Pediasia* **Hübner, 1825**

扬子茎草螟 *Pediasia yangtseellus* **Caradja, 1939**

分布：云南（丽江），四川，西藏。

云斑野螟属 *Perinephela* **Hübner，1823**

矛纹云斑野螟 *Perinephela lancealis* **([Denis & Schiffermuller], 1775)**

分布：云南，四川，陕西，甘肃，浙江，福建，广东，台湾；日本，欧洲。

阔齿螟属 *Platynoorda* **Munroe, 1977**

近黑阔齿螟 *Platynoorda paratrivittalis* **Snellen, 1890**

分布：云南（玉溪、西双版纳）。

波纹野螟属 *Polygrammodes* **Guenée, 1854**

油桐波纹野螟 *Polygrammodes sabelialis* **(Guenée, 1854)**

分布：云南，江西，福建，台湾，广东，广西；日本，印度，缅甸，斯里兰卡，新加坡，非洲。

曲胫波纹野螟 *Polygrammodes thoosalis* **(Walker, 1859)**

分布：云南（保山、昭通），西藏，台湾，广东，海南；印度，缅甸，菲律宾，马来西亚，印度尼西亚，非洲。

斑野螟属 *Polythlipta* **Lederer, 1863**

宽角斑野螟 *Polythlipta divaricata* **Moore, [1886]**

分布：云南（普洱）；斯里兰卡。

大白斑野螟 *Polythlipta liquidalis* **Leech, 1889**

分布：云南（昭通），重庆，四川，贵州，陕西，河南，江苏，浙江，湖北，湖南，广西，福建，广东，海南；朝鲜，日本。

肿额野螟属 Prooedema Hampson, 1896

肿额野螟 Prooedema inscisalis (Walker, 1865)

分布：云南（红河、临沧），广西，广东，海南；印度，缅甸，越南，泰国，斯里兰卡，菲律宾，马来西亚，文莱，印度尼西亚，澳大利亚，巴布亚新几内亚，所罗门群岛。

狭翅野螟属 Prophantis Warren, 1896

咖啡浆果狭翅螟 Prophantis octoguttalis (Felder & Rogenhofer, 1875)

分布：云南（西双版纳），四川，台湾，广东；日本，印度，越南，斯里兰卡，马来西亚，印度尼西亚，澳大利亚，非洲。

脊环野螟属 Proteurrhypara Munroe & Mutuura, 1969

西方脊环野螟 Proteurrhypara occidentalis Munroe & Mutuura, 1969

分布：云南（丽江）。

银草螟属 Pseudargyria Okano, 1962

黄纹银草螟 Pseudargyria interruptella (Walker, 1866)

分布：云南，贵州，四川，陕西，甘肃，河南，河北，天津，山东，浙江，江苏，安徽，江西，湖北，湖南，广西，广东，海南，福建，台湾；朝鲜，日本。

雪莲银草螟 Pseudargyria nivalis (Caradja, 1937)

分布：云南（大理），四川。

平行银草螟 Pseudargyria parallelus Zeller, 1867

分布：云南（德宏、保山、大理），四川，西藏；印度，缅甸。

拟白条草螟属 Pseudoclasseya Bleszynski, 1964

弯刺拟白条草螟 Pseudoclasseya inopinata Bassi, 1989

分布：云南。

小拟白条草螟 Pseudoclasseya miunta Bassi, 1989

分布：云南。

奇拟白条草螟 Pseudoclasseya mirabillis Bassi, 1989

分布：云南。

曲拟白条草螟 Pseudoclasseya sinuosellus South, 1901

分布：云南（丽江、保山），四川。

小齿螟属 Pseudonoorda Munroe, 1974

黑点小齿螟 Pseudonoorda nigropunctalis (Hampson, 1899)

分布：云南，江西，广西，海南；泰国，马来西亚，新加坡，文莱。

拟尖须野螟属 Pseudopagyda Slamka, 2013

锐角拟尖须野螟 Pseudopagyda acutangulata (Swinhoe, 1901)

分布：云南（保山），贵州，重庆，浙江，江西，湖北，海南；印度，泰国，马来西亚。

Pseudopagyda homoculorum (Bnziger, 1995)

分布：云南（德宏、西双版纳），广西；泰国，欧洲。

卷野螟属 Pycnarmon Lederer, 1863

泡桐卷野螟 Pycnarmon cribrata (Fabricius, 1794)

分布：云南（丽江），四川，贵州，重庆，辽宁，北京，河北，河南，陕西，安徽，浙江，湖北，江西，湖南，广西，福建，台湾，广东；朝鲜，日本，印度，缅甸，越南，斯里兰卡，印度尼西亚，非洲。

乳翅卷野螟 Pycnarmon lactiferalis (Walker, 1859)

分布：云南（德宏、西双版纳），四川，贵州，重庆，黑龙江，吉林，陕西，河北，河南，甘肃，浙江，湖北，福建，台湾，广东；朝鲜，日本，印度，缅甸，斯里兰卡，印度尼西亚。

双环卷野螟 Pycnarmon meritalis (Walker, 1859)

分布：云南（普洱、大理），四川，贵州，陕西，河北，甘肃，江苏，浙江，湖北，福建，台湾，广东；朝鲜，日本，印度，泰国，斯里兰卡，印度尼西亚，澳大利亚。

黑野螟属 Pygospila Guenée, 1854

迷翅野螟 Pygospila minoralis Caradja, 1937

分布：云南，广州。

白斑黑野螟 Pygospila tyres (Cramer, 1780)

分布：云南（大理、保山、红河、文山、临沧、德宏、西双版纳），四川，贵州，重庆，甘肃，浙江，福建，台湾，广东，海南；日本，印度，缅甸，越南，斯里兰卡，菲律宾，印度尼西亚，澳大利亚，非洲。

滇黑野螟 Pygospila yuennanensis Caradja, 1937

分布：云南。

角翅野螟属 *Pyradena* Munroe, 1958

角翅野螟 *Pyradena mirifica* (Caradja, 1931)
分布：云南（普洱），四川，贵州，重庆，陕西，北京，山东，河南，湖北，广西，福建，广东。

野螟属 *Pyrausta* Schrank, 1802

雅美野螟 *Pyrausta elegantalis* (Caradja, 1937)
分布：云南，西藏。

圆突野螟 *Pyrausta genialis* South, 1901
分布：云南，四川，广东，甘肃。

蚪纹野螟 *Pyrausta mutuurai* Inoue, 1982
分布：云南，四川，内蒙古，河南，浙江，福建；朝鲜，日本。

后白野螟 *Pyrausta postalbalis* South, 1901
分布：云南，四川。

滴斑野螟 *Pyrausta quadrimaculalis* South, 1901
分布：云南（迪庆），四川。

印度野螟 *Pyrausta sikkima* Moore, 1888
分布：云南（迪庆），四川，湖北；印度。

褐翅野螟 *Pyrausta simplicealis* (Bremer, 1864)
分布：云南（丽江）。

黄纹紫野螟 *Pyrausta tithonialis* (Zeller, 1872)
分布：云南（丽江），黑龙江；日本，俄罗斯。

钝额禾螟属 *Ramila* Moore, 1868

橙缘钝额禾螟 *Ramila acciusalis* Walker, 1859
分布：云南（保山），西藏，江西，福建，海南；印度，斯里兰卡，马来西亚。

褐缘钝额禾螟 *Ramila marginella* Moore, 1867
分布：云南，广西；印度。

紫翅野螟属 *Rehimena* Walker, 1865

黄斑紫翅野螟 *Rehimena phrynealis* (Walker, 1859)
分布：云南（普洱、红河、大理、西双版纳），重庆，北京，天津，河北，河南，江苏，安徽，浙江，湖北，湖南，广西，台湾，广东，海南；韩国，马来西亚，印度尼西亚，澳大利亚。

狭斑紫翅野螟 *Rehimena surusalis* (Walker, 1859)
分布：云南，浙江，湖北，台湾，广东，海南；日本，斯里兰卡，印度尼西亚。

蓝黑野螟属 *Rhagoba* Moore, 1888

八斑蓝黑野螟 *Rhagoba octomaculalis* (Moore, 1867)
分布：云南，西藏，广西；印度。

细草螟属 *Roxita* Bleszynski, 1963

云南细草螟 *Roxita yunnanella* Sung & Chen, 2002
分布：云南（红河）。

脊斑野螟属 *Salebria* Zeller, 1846

云南脊斑野螟 *Salebria yuennanella* Caradja, 1937
分布：云南。

禾螟属 *Schoenobius* Duponchel, 1836

铜色大禾螟 *Schoenobius dodatellus* Walker, 1864
分布：云南；日本，印度，缅甸，斯里兰卡。

白禾螟属 *Scirpophaga* Treitschke, 1832

钩突白禾螟 *Scirpophaga adunctella* Chen, Song & Wu, 2006
分布：云南，西藏。

红尾白禾螟 *Scirpophaga excerptallis* (Walker, 1863)
分布：西南，华中，华南。

黄背白禾螟 *Scirpophaga flavidorsalis* (Hampson, 1919)
分布：云南；印度，不丹，孟加拉国，泰国，马来西亚，印度尼西亚，菲律宾，巴布亚新几内亚，澳大利亚。

纯白禾螟 *Scirpophaga fusciflua* Hampson, 1893
分布：西南，华中，华南。

稻雪禾螟 *Scirpophaga gilviberbis* Zeller, 1863
分布：西南，华中，华南。

三化螟 *Scirpophaga incertulas* Walker, 1863
分布：云南，贵州，四川，北京，河南，陕西，江苏，安徽，浙江，湖北，江西，湖南，广西，福建，台湾，广东，海南，香港；日本，阿富汗，印度，尼泊尔，孟加拉国，缅甸，越南，泰国，斯里兰卡，马来西亚，新加坡，印度尼西亚，菲律宾。

卡西白禾螟 *Scirpophaga khasis* Lewvanich, 1981
分布：云南；印度。

纹白禾螟 *Scirpophaga lineata* (Butler, 1879)
分布：云南，江西，海南；日本，印度，马来西亚，印度尼西亚。

舌白禾螟 *Scirpophaga linguatella* Chen & Wu, 2006
分布：云南。

大白禾螟 *Scirpophaga magnella* Joannis, 1930
分布：云南，四川，西藏，浙江，湖南，广西，广东，海南，香港；伊朗，阿富汗，巴基斯坦，印度，尼泊尔，孟加拉国，缅甸，泰国，越南。

黄尾白禾螟 Scirpophaga nivella (Fabricius, 1794)

分布：云南，河南，上海，江苏，浙江，江西，广西，福建，台湾，广东，海南，香港；印度，尼泊尔，孟加拉国，斯里兰卡，缅甸，泰国，越南，马来西亚，新加坡，菲律宾，印度尼西亚，东帝汶，巴布亚新几内亚，澳大利亚，斐济。

纯白禾螟 Scirpophaga praelata (Scopoli, 1763)

分布：云南，黑龙江，内蒙古，北京，河北，河南，江苏，安徽，湖南，福建，台湾；俄罗斯，日本，中东，欧洲，澳大利亚。

宽突白禾螟 Scirpophaga tongyaii Lewvanich, 1981

分布：云南，海南；印度，缅甸，泰国。

圆突白禾螟 Scirpophaga virginia Schultze, 1908

分布：云南，黑龙江，北京，山东，河南，陕西，上海，江苏，安徽，湖北，江西，湖南，广西，福建，台湾；日本，孟加拉国，越南，泰国，斯里兰卡，马来西亚，新加坡，印度尼西亚，菲律宾。

赭白禾螟 Scirpophaga whalleyi Lewvanich, 1981

分布：云南；印度，斯里兰卡。

荸荠白禾螟 Scirpophaga xanthopygata Schawerda, 1922

分布：云南，黑龙江，内蒙古，北京，甘肃，上海，江苏，安徽，浙江，江西，湖南，广西，福建，台湾，广东，海南；俄罗斯，日本，韩国，越南。

苔螟属 Scoparia Haworth, 1811

阿富汗苔螟 Scoparia afghanorum Leraut, 1985

分布：云南（丽江），四川，陕西；阿富汗。

囊刺苔螟 Scoparia congestalis Walker, 1859

分布：云南（昆明、丽江、德宏、保山、大理、普洱），四川，贵州，西藏，河南，陕西，甘肃，天津，上海，江苏，浙江，安徽，江西，湖北，湖南，广西，福建，广东，台湾，香港；韩国，巴基斯坦，日本，俄罗斯，斯里兰卡，北美洲。

刺苔螟 Scoparia spinata Inoue, 1982

分布：云南（昆明、丽江），西藏，四川，河北，河南，浙江，湖南；泰国。

小刺苔螟 Scoparia paulispinata Li, 2010

分布：云南（丽江），甘肃。

世涛苔螟 Scoparia staudingeralis Mablille, 1869

分布：云南（丽江）；欧洲，北美洲。

绒野螟属 Sinibotys Munroe & Mutuura, 1969

竹绒野螟 Sinibotys evenoralis (Walker, 1859)

分布：云南（昭通），江苏，浙江，台湾，广东；

朝鲜，日本，缅甸。

楸蠹野螟属 Sinomphisa Munroe, 1958

楸蠹野螟 Sinomphisa plagialis (Wileman, 1911)

分布：云南（昭通），四川，贵州，重庆，辽宁，北京，天津，河北，山东，河南，陕西，江苏，上海，安徽，浙江，湖北，福建；朝鲜，日本。

双突野螟属 Sitochroa Hübner, 1825

伞双突野螟 Sitochroa palealis ([Denis & Schiffermuller], 1775)

分布：云南，黑龙江，新疆，北京，河北，山西，陕西，江苏，湖北，广东；朝鲜，印度，欧洲，俄罗斯。

尖双突野螟 Sitochroa verticalis (Linnaeus, 1758)

分布：云南，西藏，四川，辽宁，黑龙江，新疆，天津，河北，山西，内蒙古，山东，陕西，甘肃，青海，宁夏，江苏；朝鲜，日本，印度，俄罗斯，欧洲。

Spinosuncus Chen, Zhang & Li, 2018

Spinosuncus aureolalis (Lederer, 1863)

分布：云南，广西；泰国，印度。

Spinosuncus praepandalis (Snellen, 1890)

分布：云南（大理），西藏，四川，贵州，重庆，湖北；印度。

青野螟属 Spoladea Guenée, 1854

甜菜青野螟 Spoladea recurvalis (Fabricius, 1775)

分布：云南（昆明、昭通、普洱、丽江、大理、红河、保山、德宏、西双版纳），四川，贵州，西藏，重庆，黑龙江，吉林，辽宁，内蒙古，陕西，北京，天津，河北，山西，山东，河南，甘肃，青海，安徽，浙江，湖北，江西，湖南，广西，福建，台湾，广东，海南；朝鲜，日本，印度，不丹，尼泊尔，缅甸，越南，泰国，斯里兰卡，菲律宾，印度尼西亚，欧洲，美洲，澳大利亚，非洲。

狭野螟属 Stenia Guenéer, 1845

三环狭野螟 Stenia charonialis (Walker, 1859)

分布：云南（大理），四川，贵州，西藏，重庆，黑龙江，天津，河北，山东，河南，甘肃，江苏，上海，安徽，浙江，湖北，湖南，广西，福建，台湾，广东，海南；俄罗斯，朝鲜，韩国，日本。

卷叶野螟属 Syllepte Hübner, 1823

棉卷叶野螟 Syllepte derogata (Fabricius, 1775)

分布：云南（昆明、大理、西双版纳、丽江），四川，陕西，华北，华东，华中；朝鲜，日本，越南，缅甸，泰国，印度，菲律宾，新加坡，印度尼西亚，非洲，美洲。

咖什卷叶野螟 Syllepte gastralis (Walker, 1865)
分布：云南，西藏，广西；印度，尼泊尔。

棕缘卷叶野螟 Syllepte fuscomarginalis (Leech, 1889)
分布：西南，华中，华南；韩国，日本，印度，尼泊尔，斯里兰卡。

亚卷叶野螟 Syllepte pseudovialis Hampson, 1912
分布：云南（普洱、西双版纳），贵州，西藏；印度，不丹，斯里兰卡，马来西亚。

台湾卷叶野螟 Syllepte taiwanalis Shibuya, 1928
分布：云南（大理、丽江），四川，贵州，重庆，河南，甘肃，安徽，浙江，湖北，江西，湖南，福建，台湾，广东，海南；日本。

环角野螟属 Syngamia Guenée, 1854

火红环角野螟 Syngamia floridalis (Zeller, 1852)
分布：云南（德宏、西双版纳），贵州，浙江，湖南，广西，福建，台湾，广东，海南；日本，印度，缅甸，斯里兰卡，印度尼西亚，斐济，非洲。

蓝水螟属 Talanga Moore, 1885

六斑蓝水螟 Talanga sexpunctalis (Moore, 1877)
分布：云南（德宏）。

果蛀野螟属 Thliptoceras Warren, 1890

锯突果蛀野螟 Thliptoceras anthropophilum Bänziger, 1987
分布：云南（西双版纳）；泰国。

Thliptoceras gladialis (Leech, 1889)
分布：云南，广西，福建，台湾。

咖啡浆果蛀野螟 Thliptoceras octoguttata (Felder & Rogenhoffer, 1875)
分布：云南（德宏、西双版纳），四川，台湾，广东；日本，越南，印度，斯里兰卡，马来西亚，印度尼西亚，澳大利亚，非洲。

须歧野螟属 Trichophysetis Meyrick, 1884

双纹须歧野螟 Trichophysetis cretacea (Butler, 1879)
分布：云南，四川，黑龙江，山东，江苏，浙江，湖北，福建，广东，海南；俄罗斯，日本，澳大利亚。

红缘须歧野螟 Trichophysetis rufbterminalis (Christoph, 1881)
分布：云南（普洱），重庆，四川，贵州，陕西，

河北，山西，河南，安徽，浙江，湖北，湖南，广西，福建，台湾，广东；俄罗斯，日本，印度。

栉野螟属 Tylostega Meyrick, 1894

月角栉野螟 Tylostega luniformis Du & Li, 2008
分布：云南，西藏，四川。

梳角栉野螟 Tylostega pectinata Du & Li, 2008
分布：云南，重庆，四川，贵州，山西，河南，甘肃，安徽，湖北，广西，福建。

锯角栉野螟 Tylostega serrata Du & Li, 2008
分布：云南（怒江），贵州，甘肃，河南，广西，浙江。

带突栉野螟 Tylostega vittiformis Liu & Wang, 2019
分布：云南（西双版纳）。

黑纹野螟属 Tyspanodes Warren, 1891

黄黑纹野螟 Tyspanodes hypsalis Warren, 1891
分布：云南（昭通），重庆，四川，贵州，陕西，河北，河南，甘肃，江苏，上海，安徽，浙江，湖北，江西，湖南，广西，福建，台湾，广东，海南；朝鲜，日本，印度。

橙黑纹野螟 Tyspanodes striata (Butler, 1879)
分布：云南（昭通、大理），重庆，四川，贵州，陕西，山西，山东，河南，甘肃，江苏，浙江，湖北，江西，湖南，广西，福建，台湾，广东；朝鲜，日本。

缨突野螟属 Udea Guenée, 1845

Udea accolalis (Zeller, 1867)
分布：云南（丽江），贵州，河南，江苏，湖北，台湾，广东；日本，印度，斯里兰卡，澳大利亚。

锈黄缨突野螟 Udea ferrugalis (Hübner, 1796)
分布：云南，重庆，四川，贵州，陕西，天津，河北，山东，河南，甘肃，青海，江苏，上海，浙江，湖北，湖南，广西，福建，台湾，广东；日本，印度，斯里兰卡，欧洲，非洲。

疑脂野螟 Udea incertalis (Caradja, 1937)
分布：云南，西藏。

粗缨突野螟 Udea lugubralis (Leech, 1889)
分布：云南，四川，贵州，陕西，河南，浙江，湖北，湖南，福建；俄罗斯，朝鲜，日本。

圆斑缨突野螟 Udea orbicentralis (Christoph, 1881)
分布：云南（迪庆），甘肃；俄罗斯，日本。

夏脂野螟 Udea schaeferi (Caradja, 1937)
分布：云南。

Udea subplanalis (Caradja, 1937)
分布：云南。

伸喙野螟属 *Uresiphita* Hübner, [1825]
黄伸喙野螟 *Uresiphita gilvata* (Fabricius, 1794)
分布：云南（丽江、普洱），新疆，北京，河北，内蒙古，青海，陕西；印度，巴基斯坦，斯里兰卡，欧洲。

螟蛾科 Pyralidae

峰斑螟属 *Acrobasis* Zeller, 1839
曲小峰斑螟 *Acrobasis curvella* (Ragonot, 1893)
分布：云南（丽江、大理），四川，贵州，辽宁，黑龙江，北京，天津，河北，山西，内蒙古，江西，山东，河南，甘肃，青海，宁夏；俄罗斯。
果荚峰斑螟 *Acrobasis hollandella* (Ragonot, 1893)
分布：云南，广东；韩国，日本。
白条峰斑螟 *Acrobasis injunctella* (Christoph, 1881)
分布：云南，贵州，辽宁，黑龙江，陕西，宁夏，北京，天津，河北，山西，内蒙古，山东，河南，上海，江苏，江西，湖北，广东；朝鲜，日本，俄罗斯。
井上峰斑螟 *Acrobasis inouei* Ren, 2012
分布：云南，四川，贵州，辽宁，陕西，宁夏，北京，天津，河北，河南，浙江，福建，广东；日本，朝鲜。
秀峰斑螟 *Acrobasis obrutella* (Christoph，1881)
分布：云南，四川，贵州，辽宁，北京，天津，河北，陕西，甘肃，浙江，安徽，福建，江西，山东，河南，湖北，湖南，广西，广东，海南，台湾；韩国，日本，俄罗斯（西伯利亚），印度尼西亚。
污鳞峰斑螟 *Acrobasis squalidella* Christoph，1881
分布：云南（西双版纳），四川，贵州，辽宁，黑龙江，陕西，甘肃，山东，河南，浙江，安徽，江西，湖北，湖南，广西，福建，广东，海南；朝鲜，日本，俄罗斯。

艾迪螟属 *Addyme* Walker, 1863
马鞭草艾迪螟 *Addyme confusalis* Yamanaka, 2006
分布：云南，贵州，四川，重庆，陕西，甘肃，天津，河北，河南，浙江，安徽，江西，湖北，湖南，广西，福建，广东，海南；日本。
长背带斑螟 *Addyme longicosta* (Du, Song & Wu, 2007)
分布：云南，西藏，贵州，四川，湖北，江西，浙江，湖南，广西，福建，海南；日本，缅甸，马来西亚，印度尼西亚，菲律宾，印度，斯里兰卡。

缟螟属 *Aglossa* Latreille, 1796
米缟螟 *Aglossa dimidiata* Haworth, 1809
分布：云南，四川，贵州，黑龙江，新疆，青海，内蒙古，河北，山东，山西，江苏，浙江，湖南，湖北，安徽，福建，广东；日本，印度，缅甸。

曲斑螟属 *Ancylosis* Zeller, 1839
斑曲斑螟 *Ancylosis maculifera* Staudinger, 1870
分布：云南，新疆，河北，山西，内蒙古，台湾；欧洲。

拟峰斑螟属 *Anabasis* Heinrich, 1956
棕黄拟峰斑螟 *Anabasis fusciflavida* Du, Song & Wu, 2005
分布：云南（玉溪、丽江、西双版纳），贵州，四川，黑龙江，吉林，辽宁，北京，甘肃，宁夏，河北，河南，陕西，天津，湖北，湖南，广西，广东，海南。
墨脱拟峰斑螟 *Anabasis medogia* Li & Ren, 2010
分布：云南（红河、西双版纳），西藏。
郑氏拟峰斑螟 *Anabasis zhengi* Li & Li, 2011
分布：云南（红河）。

香鳞斑螟属 *Androconia* Wang, Chen & Wu, 2017
***Androconia morulusa* Wang, Chen & Wu, 2017**
分布：云南（西双版纳），广西。

蠹果斑螟属 *Anonaepestis* Ragonot, 1894
孟国荔枝斑螟 *Anonaepestis bengalella* Ragonot, 1894
分布：云南（西双版纳）；泰国，不丹，孟加拉国，印度尼西亚，新加坡，印度，斯里兰卡。

合丛螟属 *Arcanusa* Wang, Chen & Wu, 2017
闭环合丛螟 *Arcanusa apexiarcanusa* Wang, Chen & Wu, 2017
分布：云南（红河、西双版纳）。
波纹合丛螟 *Arcanusa sinuosa* (Moore, 1888)
分布：云南（红河、西双版纳），广西，福建，海南；不丹，印度。

厚须螟属 *Arctioblepsis* Felder, 1862
黑脉厚须螟 *Arctioblepsis rubida* Felder & Felder, 1862
分布：云南（文山、红河），四川，河南，湖北，江西，浙江，湖南，广西，福建，广东，海南，台湾；孟加拉国，印度，斯里兰卡。

蛀果斑螟属 *Assara* Walker, 1863

蛇菰蛀果斑螟 *Assara balanophorae* Sasaki & Tanaka, 2004

分布：云南（德宏、红河、保山、西双版纳），陕西，甘肃，江西，广西，福建；日本。

黑松蛀果斑螟 *Assara funerella* (Ragonot, 1901)

分布：云南，贵州，甘肃，浙江，河北，湖北，广西；日本，韩国。

丽江蛀果斑螟 *Assara incredibilis* Roesler, 1973

分布：云南，河北，湖北。

井上蛀果斑螟 *Assara inouei* Yanmanaka, 1994

分布：云南（红河），贵州，甘肃，湖北；日本。

斯螟属 *Bostra* Walker, 1863

枪叶螟 *Bostra indicator* (Walker, 1863)

分布：云南（保山），北京，广东。

垂须螟属 *Cataprosopus* Butler, 1881

黑斑垂须螟 *Cataprosopus monstrosus* Butler, 1881

分布：云南（丽江），四川；日本。

旗斑螟属 *Cathyalia* Ragonot, 1888

黄旗斑螟 *Cathyalia fulvella* Ragonot, 1888

分布：云南（西双版纳），海南，香港；印度，印度尼西亚。

白背旗斑螟 *Cathyalia pallicostella* Roesler & Küppers, 1981

分布：云南（西双版纳），海南，香港。

栉角斑螟属 *Ceroprepes* Zeller, 1867

黑基栉角斑螟 *Ceroprepes atribasilaris* Du, Song & Yang, 2005

分布：云南，四川，西藏，广西，福建。

贵州栉角斑螟 *Ceroprepes guizhouensis* Du, Li & Wang, 2002

分布：云南，贵州，浙江，广西，广东。

点斑螟属 *Citripestis* Ragonot, 1893

杧果点斑螟 *Citripestis eutraphera* (Meyrick, 1933)

分布：云南（德宏），广西，海南。

毛丛螟属 *Coenodomus* Walsingham, 1888

点褐毛丛螟 *Coenodomus aglossalis* Warren, 1896

分布：云南（红河、西双版纳），四川，浙江，江西，湖南，广西，福建，台湾，广东，海南；印度，不丹。

黄带毛丛螟 *Coenodomus dudgeoni* Hampsom, 1896

分布：云南，广西，福建，台湾，广东；不丹。

宽基毛丛螟 *Coenodomus pachycaulosa* Wang, Chen & Wu, 2017

分布：云南（西双版纳），海南，广东。

大斑毛丛螟 *Coenodomus rotundinidus* Hampson, 1891

分布：云南（曲靖、德宏），广西；印度。

繁点毛丛螟 *Coenodomus stigmas* Wang, Chen & Wu, 2017

分布：云南（保山）。

带斑螟属 *Coleothrix* Ragonot, 1888

***Coleothrix longicosta* Du, Song & Wu, 2007**

分布：云南（曲靖、德宏、红河、西双版纳），四川，贵州，浙江，湖北，江西，湖南，广西，福建；日本，缅甸，印度，斯里兰卡，印度尼西亚，马来西亚，菲律宾。

库林螟属 *Curena* Walker, 1866

缘点库林螟 *Curena costipunctata* Shibuya, 1928

分布：云南（丽江），台湾。

帝斑螟属 *Didia* Ragonot, 1893

丘突帝斑螟 *Didia indra* Roesler & Küppers, 1981

分布：云南（西双版纳），贵州，湖北，广东，广西；印度尼西亚。

梢斑螟属 *Dioryctria* Zeller, 1846

冷杉梢斑螟 *Dioryctria abietella* (Denis & Schiffermüller, 1775)

分布：云南（昆明、玉溪、曲靖、昭通、红河、大理、丽江），西藏，黑龙江，辽宁，陕西；日本，欧洲。

昆明松斑螟 *Dioryctria kunmingnella* (Wang & Song, 1985)

分布：云南（昆明），浙江，河南。

微红梢斑螟 *Dioryctria rubella* Hampson, 1901

分布：云南（昆明、玉溪、曲靖、楚雄、丽江、保山），四川，黑龙江，辽宁，北京，山东，陕西，江西，湖南，广西，广东；菲律宾，欧洲。

云南梢斑螟 *Dioryctria yuennanella* Caradja, 1937

分布：云南（昆明、大理、丽江、曲靖、玉溪、昭通）。

叉斑螟属 *Dusungwua* Kemal, Kızıldaý & Koçak, 2020

曲纹叉斑螟 *Dusungwua karenkolla* (Shibuya, 1928)

分布：云南，四川，贵州，山西，陕西，甘肃，浙江，安徽，河南，湖北，湖南，广西，福建，台湾；韩国。

拟双色叉斑螟 *Dusungwua paradichromella* (Yamanaka, 1980)

分布：云南，四川，贵州，陕西，甘肃，北京，天津，山东，河南，浙江，安徽，湖北，湖南，广东；日本。

拟四角叉斑螟 *Dusungwua similiquadrangula* Ren & Li, 2020

分布：云南（西双版纳）。

外髓斑螟属 *Ectomyelois* Heinrich, 1956

双栉外髓斑螟 *Ectomyelois bipectinalis* Ren & Yang, 2016

分布：云南（德宏、西双版纳），甘肃，广西，福建，海南。

***Ectomyelois ceratoniae* (Zeller, 1839)**

分布：云南（普洱、西双版纳），广西，广东，海南，台湾；日本，印度，斯里兰卡，中东，非洲，欧洲，北美洲。

黑脉外髓斑螟 *Ectomyelois furvivena* Ren & Yang, 2016

分布：云南（德宏、保山、西双版纳），甘肃。

歧角螟属 *Endotricha* Zeller, 1847

纹歧角螟 *Endotricha icelusalis* (Walker, 1859)

分布：云南，四川，黑龙江，新疆，陕西，甘肃，河南，江苏，江西，浙江，湖北，湖南，广西，福建，广东；日本，印度，欧洲。

***Endotricha loricata* Moore, 1888**

分布：云南（西双版纳）；印度，巴基斯坦。

***Endotricha lunulata* Wang & Li, 2005**

分布：云南（红河），海南。

黄基歧角螟 *Endotricha luteobasalis* Caradja, 1935

分布：云南（红河），贵州，浙江，广东，海南。

宽黄带歧角螟 *Endotricha luteogrisalis* Hampson, 1896

分布：云南，江西，福建，海南；印度。

玫歧角螟 *Endotricha minialis* (Fabricius, 1794)

分布：云南（昭通），北京，河北，台湾；日本，印度尼西亚。

***Endotricha minutiptera* Li, 2009**

分布：云南（西双版纳）；印度，巴基斯坦。

榄绿歧角螟 *Endotricha olivacealis* (Bremer, 1864)

分布：云南，四川，西藏，贵州，陕西，北京，天津，河北，浙江，福建，山东，河南，湖南，湖北，

广西，广东，海南，台湾；俄罗斯，朝鲜，日本，缅甸，尼泊尔，印度，印度尼西亚。

瓦伦歧角螟 *Endotricha valentis* Kirpichnikova, 2003

分布：云南（玉溪）；俄罗斯。

毛斑螟属 *Enosima* Ragonot, 1901

黄褐角斑螟 *Enosima leucotaeniella* (Ragonot, 1888)

分布：云南（德宏），北京，辽宁，内蒙古，天津，河北，山东，湖北，陕西；韩国，日本。

栗斑螟属 *Epicrocis* Zeller, 1848

银纹栗斑螟 *Epicrocis hilarella* (Ragonot, 1888)

分布：云南（楚雄），广西，海南，香港，陕西，台湾；缅甸，印度，印度尼西亚，日本，斯里兰卡。

亮斑栗斑螟 *Epicrocis maculata* Li & Li, 2020

分布：云南（楚雄）。

弧栗斑螟 *Epicrocis oegnusalis* (Walker, 1859)

分布：云南（西双版纳、普洱），上海，福建，广东，香港，台湾；孟加拉国，缅甸，印度，印度尼西亚，巴布亚新几内亚，菲律宾，新加坡，斯里兰卡，泰国，澳大利亚，非洲。

***Epicrocis pramaoyensis* Bae & Qi, 2015**

分布：云南（普洱、西双版纳）；柬埔寨。

齿纹丛螟属 *Epilepia* Janse, 1931

长齿纹丛螟 *Epilepia longaduncata* Rong & Li, 2017

分布：云南（保山、文山、西双版纳），四川，贵州，重庆，辽宁，陕西，甘肃，河南，江西，浙江，安徽，湖北，湖南，广西，福建，广东。

果螟属 *Ethopia* Walker, 1864

黄褐果螟 *Ethopia flavibrunnea* Song & Wu, 2007

分布：云南（西双版纳），海南。

雕斑螟属 *Glyptoteles* Zeller, 1848

红鳞雕斑螟 *Glyptoteles proalatirubens* Ren & Li, 2023

分布：云南（德宏、西双版纳），广西，海南。

桂斑螟属 *Gunungia* Roesler & Küppers, 1981

凹头桂斑螟 *Gunungia capitirecava* Ren & Li, 2007

分布：云南（德宏、西双版纳），贵州，浙江，广西，广东，海南。

红斑螟属 *Gunungodes* Roesler & Küppers, 1981

***Gunungodes ilsa* Roesler & Küppers, 1981**

分布：云南。

郑氏红斑螟 *Gunungodes zhengi* Liu & Li, 2011

分布：云南（西双版纳），贵州，江西，广西，广东。

双纹螟属 *Herculia* Walker, 1859

双线双纹螟 ***Herculia bilinealis*** South, 1901

分布：云南（丽江），湖北。

同斑螟属 *Homoeosoma* Curtis, 1833

白条同斑螟 ***Homoeosoma albostrigellum*** Roesler, 1966

分布：云南（丽江），西藏。

大同斑螟 ***Homoeosoma largella*** Caradja, 1937

分布：云南。

Homoeosoma longivittella Ragonot, 1888

分布：云南。

蛀斑螟属 *Hypsispyla* Ragonot, 1888

麻楝蛀斑螟 ***Hypsispyla robusta*** (Moore, 1886)

分布：云南（普洱、西双版纳），广东；印度，斯里兰卡，新加坡，印度尼西亚，非洲。

巢螟属 *Hypsopygia* Hübner, 1825

灰巢螟 ***Hypsopygia glaucinalis*** (Linnaeus, 1758)

分布：云南（丽江），黑龙江，吉林，辽宁，江苏，湖北；朝鲜，日本，欧洲。

蜂巢螟 ***Hypsopygia mauritalis*** (Boisduval, 1833)

分布：云南（西双版纳），河北，浙江，江西，湖南，台湾，广东；日本，缅甸，印度，印度尼西亚。

褐巢螟 ***Hypsopygia regina*** (Butler, 1879)

分布：云南（普洱、保山），四川，浙江，台湾，广东；日本，印度。

锚斑螟属 *Indomyrlaea* Roesler & Küppers, 1979

版纳锚斑螟 ***Indomyrlaea bannensis*** Ren & Li, 2015

分布：云南（西双版纳），海南。

黑锚斑螟 ***Indomyrlaea nigra*** Ren & Li, 2015

分布：云南（保山）。

弯须锚斑螟 ***Indomyrlaea sinuapalpa*** Ren & Li, 2015

分布：云南（普洱）。

Indomyrlaea sutasoma Roesler & Küppers, 1979

分布：云南（西双版纳），西藏；缅甸，印度尼西亚，印度，斯里兰卡。

沟须丛螟属 *Lamida* Walker, 1859

暗纹沟须丛螟 ***Lamida obscura*** (Moore, 1888)

分布：云南（红河），四川，西藏，内蒙古，陕西，青海，浙江，江西，湖北，湖南，广西，广东，福建，台湾，海南；不丹，印度，日本。

鳞丛螟属 *Lepidogma* Meyrick, 1890

黑基鳞丛螟 ***Lepidogma melanobasis*** Hampson, 1906

分布：云南，西藏，四川，北京，天津，河南，陕西，甘肃，江苏，浙江，湖北，江西，湖南，广西，福建，台湾，海南；日本。

玉黑鳞丛螟 ***Lepidogma melanolopha*** Hampson, 1912

分布：云南（丽江），陕西，台湾；斯里兰卡。

彩丛螟属 *Lista* Walker, 1859

Lista angustusa Wang, Chen & Wu, 2017

分布：云南（保山），江西，浙江，广西，福建，广东。

菲彩丛螟 ***Lista ficki*** (Chiristoph, 1881)

分布：云南（保山、红河），四川，重庆，黑龙江，辽宁，陕西，山西，天津，甘肃，河北，河南，湖北，江西，浙江，广西，广东，海南，台湾；印度，日本，韩国，尼泊尔，菲律宾，俄罗斯。

Lista furcellata Li & Rong, 2021

分布：云南（丽江、保山）。

哈彩丛螟 ***Lista haraldusalis*** (Walker, 1859)

分布：云南（普洱、保山、迪庆、红河、昭通、楚雄、西双版纳），西藏，贵州，四川，吉林，辽宁，黑龙江，河南，北京，福建，甘肃，河北，陕西，山西，天津，湖北，江苏，江西，安徽，浙江，广西，广东，海南；印度，印度尼西亚，日本，马来西亚，尼泊尔。

锈纹彩丛螟 ***Lista insulsalis*** (Lederer, 1863)

分布：云南（大理、德宏、昭通、普洱、文山、楚雄、丽江、红河、西双版纳），贵州，四川，重庆，新疆，天津，陕西，山西，甘肃，河北，河南，湖北，安徽，江苏，江西，湖南，广西，广东，海南，福建，台湾，浙江；印度，印度尼西亚，韩国，缅甸，俄罗斯，斯里兰卡。

Lista longifundamena Wang, Chen & Wu, 2017

分布：云南（普洱），福建，海南，广东。

勐海彩丛螟 ***Lista menghaiensis*** Wang, Chen & Wu, 2017

分布：云南（普洱、保山、怒江、西双版纳），四川，江西，天津，广西，福建，广东，海南。

勐腊彩丛螟 *Lista menglaensis* **Wang, Chen & Wu, 2019**

分布：云南（德宏、西双版纳），广西，广东。

Lista monticola **Yamanaka, 2000**

分布：云南（德宏），西藏；尼泊尔。

长尾彩丛螟 *Lista plinthochroa* **(West, 1931)**

分布：云南（红河），四川，甘肃，江西，福建，海南，台湾，广东；菲律宾。

Lista serrata **Li & Rong, 2021**

分布：云南（西双版纳）。

四川彩丛螟 *Lista sichuanensis* **Wang, Chen & Wu, 2017**

分布：云南（昆明、大理、保山），河北，天津，海南。

云南彩丛螟 *Lista yunnanensis* **Li & Rong, 2021**

分布：云南（保山）。

缀叶丛螟属 *Locastra* Walker, 1859

长突缀叶丛螟 *Locastra crassipennis* **Walker, 1857**

分布：云南（西双版纳），四川，浙江，江西，湖南，广西，福建，广东；印度。

缀叶丛螟 *Locastra muscosalis* **(Walker, 1866)**

分布：云南（昆明、德宏、保山、大理、丽江、临沧、文山、红河、西双版纳），西藏，贵州，四川，辽宁，陕西，天津，北京，河北，河南，甘肃，江苏，上海，湖北，江西，浙江，湖南，广西，福建，广东，海南，香港；日本，印度，斯里兰卡。

Locastra viridis **Rong & Li, 2017**

分布：云南（文山、普洱），广西，河南，湖北。

拟柽斑螟属 *Merulempista* Roesler, 1967

指拟柽斑螟 *Merulempista digitata* **Li & Ren, 2011**

分布：云南，新疆，甘肃。

栉拟柽斑螟 *Merulempista pectinata* **Liu & Li, 2022**

分布：云南，广东，海南。

红翅拟柽斑螟 *Merulempista rubriptera* **Li & Ren, 2011**

分布：云南，新疆，甘肃，内蒙古。

Merulempista similirubriptera **Liu & Li, 2022**

分布：云南，海南，广东。

凹缘斑螟属 *Mesciniodes* Hampson, 1901

闪烁凹缘斑螟 *Mesciniodes micans* **(Hampson, 1896)**

分布：云南（红河、普洱、西双版纳），江西，广西，福建，广东，海南，台湾，香港；印度尼西亚。

亮泽斑螟属 *Metallostichodes* Roesler, 1967

半茎亮泽斑螟 *Metallostichodes hemicautella* **(Hampson, 1899)**

分布：云南（西双版纳），福建，海南；斯里兰卡，印度尼西亚。

Minooa Yamanaka, 1996

Minooa acantha **Qi, 2016**

分布：云南（西双版纳），广西，海南；越南。

Minooa carinata **Qi, Bae & Li, 2020**

分布：云南（德宏）；柬埔寨，老挝。

云斑螟属 *Nephopterix* Hübner, 1825

艾胶云斑螟 *Nephopterix eugraphella* **Ragonot, 1888**

分布：云南（西双版纳），海南，香港。

白丛螟属 *Noctuides* Staudinger, 1892

黑缘白丛螟 *Noctuides melanophia* **Staudinger, 1892**

分布：云南，西藏，贵州，四川，河南，陕西，江苏，上海，安徽，浙江，江西，湖南，广西，福建，台湾，广东，海南；印度，不丹，日本，印度尼西亚，斯里兰卡。

夜斑螟属 *Nyctegretis* Zeller, 1848

三角夜斑螟 *Nyctegretis triangulella* **Ragonot, 1901**

分布：云南，黑龙江，河北，天津，甘肃，安徽，浙江，湖南；日本，欧洲。

云翅斑螟属 *Oncocera* Stephens, 1829

聚红翅斑螟 *Oncocera polygraphella* **de Joannis, 1927**

分布：云南（西双版纳）。

红云翅斑螟 *Oncocera semirubella* **(Scopoli, 1763)**

分布：云南（大理），东北，华北，华东，华南；日本，俄罗斯，印度，欧洲。

瘤丛螟属 *Orthaga* Walker, 1859

栗叶瘤丛螟 *Orthaga achatina* **(Butler, 1878)**

分布：云南（昆明、楚雄、保山），四川，贵州，西藏，辽宁，北京，河北，河南，陕西，甘肃，江苏，浙江，江西，湖北，湖南，广西，福建，台湾，广东，香港；朝鲜，印度，日本。

黄绿瘤丛螟 *Orthaga aenescens* **Moore, 1888**

分布：云南（西双版纳），西藏，四川，甘肃，安徽，广西，福建，广东，海南；印度。

盐麸木瘤丛螟 *Orthaga euadrusalis* Walker, 1859

分布：云南，西藏，四川，辽宁，河南，陕西，甘肃，江苏，浙江，湖北，江西，湖南，广西，福建，台湾，广东，海南；朝鲜，印度，日本，斯里兰卡。

橄绿瘤丛螟 *Orthaga olivacea* (Warren, 1891)

分布：云南（西双版纳），贵州，四川，北京，河北，河南，陕西，江苏，安徽，浙江，湖北，江西，湖南，广西，福建，台湾，广东；印度，日本。

樟叶瘤丛螟 *Orthaga onerata* (Butler, 1879)

分布：云南，西藏，贵州，辽宁，北京，天津，河南，陕西，甘肃，江苏，浙江，湖北，江西，湖南，广西，福建，台湾，海南；朝鲜，印度，日本。

直纹螟属 *Orthopygia* Ragonot, 1891

灰直纹螟 *Orthopygia glaucinalis* (Linneaus, 1758)

分布：云南（大理），四川，贵州，辽宁，吉林，黑龙江，北京，天津，河北，内蒙古，山东，河南，陕西，甘肃，青海，江苏，江西，浙江，福建，湖北，湖南，广东，海南，台湾；朝鲜，日本，欧洲。

双点螟属 *Orybina* Snellen, 1895

金双点螟 *Orybina flaviplaga* (Walker, 1863)

分布：云南（保山、西双版纳），贵州，四川，甘肃，河北，河南，湖北，安徽，江苏，浙江，江西，湖南，广西，广东，台湾；不丹，文莱，印度，印度尼西亚，马来西亚，缅甸，尼泊尔。

赫双点螟 *Orybina hoenei* Caradja, 1935

分布：云南（大理），河北，河南，安徽，江西，浙江，湖南，广西，福建，广东，海南。

Orybina kobesi Roesler, 1984

分布：云南（西双版纳），湖北；文莱，印度，印度尼西亚，缅甸，马来西亚，尼泊尔，泰国。

紫双点螟 *Orybina plangonalis* (Walker, 1859)

分布：云南（普洱、保山、昭通、丽江、文山），贵州，四川，陕西，河南，湖北，江西，浙江，广西，广东，台湾；不丹，印度，缅甸，泰国。

普洱双点螟 *Orybina puerensis* Qi, Sun & Li, 2017

布：云南（普洱）。

艳双点螟 *Orybina regalis* (Leech, 1889)

分布：云南（普洱、红河），贵州，四川，北京，河北，山西，河南，湖北，江苏，江西，浙江，湖南，广西，海南；日本，韩国。

拟类斑螟属 *Pararotruda* Roesler, 1965

刺拟类斑螟 *Pararotruda nesiotica* (Rebel, 1911)

分布：云南（德宏、红河、西双版纳），贵州，广西，福建，广东，海南，台湾，香港；欧洲。

长颚螟属 *Peucela* Ragonot, 1891

Peucela nigra Qi & Li, 2020

分布：云南（大理）。

橄榄长颚螟 *Peucela olivalis* (Caradja, 1927)

分布：云南（普洱），四川，浙江，湖南，广西，福建，海南。

多刺斑螟属 *Polyocha* Zeller, 1848

短多刺斑螟 *Polyocha diversella* (Hampson, 1899)

分布：云南，贵州，四川，天津，河北，山东，河南，江苏，安徽，江西，湖北，湖南，广西，福建，海南；日本，印度。

长多刺斑螟 *Polyocha rusticana* Sasaki, 2012

分布：云南，甘肃；日本。

拟果斑螟属 *Pseudocadra* Roesler, 1965

拟果斑螟 *Pseudocadra cuprotaeniella* (Christoph, 1881)

分布：云南（丽江）。

伪丛螟属 *Pseudocera* Walker, 1863

红伪丛螟 *Pseudocera rubrescens* (Hampson, 1903)

分布：云南（普洱），贵州，湖南，海南；印度。

膨须斑螟属 *Pseudodavara* Roesler & Küppers, 1979

眼斑膨须斑螟 *Pseudodavara haemaphoralis* (Hampson, 1908)

分布：云南，湖北，广西，广东，海南，香港；缅甸，马来西亚，印度尼西亚，菲律宾，印度，斯里兰卡。

簇斑螟属 *Psorosa* Zeller, 1846

菱颚簇斑螟 *Psorosa decolorella* (Yamanaka, 1986)

分布：云南（昆明），四川，辽宁，河南；日本。

螟蛾属 *Pyralis* Linnaeus, 1758

紫斑谷螟 *Pyralis farinalis* (Linnaeus, 1775)

分布：云南，西藏，四川，黑龙江，新疆，河北，山东，陕西，宁夏，江苏，浙江，江西，湖南，广西，广东，台湾；日本，朝鲜，俄罗斯，印度，缅甸，中东，欧洲。

金黄螟 *Pyralis regalis* (Denis & Schiffermuller, 1775)

分布：云南（昭通），四川，贵州，辽宁，吉林，黑龙江，陕西，甘肃，北京，天津，河北，山西，山东，河南，江西，湖北，湖南，广东，海南，福建，台湾；朝鲜，日本，俄罗斯，印度，欧洲。

短须螟属 *Sacada* Walker, 1862

邻短须螟 *Sacada contigua* South, 1901

分布：云南（丽江），四川。

缨须螟属 *Stemmatophora* Guenée, 1854

缘斑缨须螟 *Stemmatophora valida* (Butler, 1879)

分布：云南，四川，河南，江苏，浙江，江西，湖北，湖南，福建，广东，海南，台湾；日本，印度。

黄带缨须螟 *Stemmatophora centralis* Shibuya, 1928

分布：云南（大理）。

纹丛螟属 *Stericta* Lederer, 1863

红缘纹丛螟 *Stericta asopialis* (Snellen, 1890)

分布：云南，四川，贵州，重庆，北京，天津，河北，河南，陕西，山西，安徽，浙江，湖北，广西，福建；印度，不丹，日本。

垂斑纹丛螟 *Stericta flavopuncta* Inoue & Sasaki, 1995

分布：云南，四川，贵州，北京，河北，河南，陕西，甘肃，湖北，湖南，广西；俄罗斯，日本。

哈氏纹丛螟 *Stericta hampsoni* Wang, Chen & Wu, 2018

分布：云南（昆明、丽江、西双版纳），陕西。

柯基纹丛螟 *Stericta kogii* Inoue & Sasaki, 1995

分布：云南，四川，贵州，黑龙江，吉林，辽宁，内蒙古，北京，天津，河北，山东，山西，河南，陕西，甘肃，浙江，湖北，广西，福建，海南；俄罗斯，日本。

黑基纹丛螟 *Stericta melanobasis* (Hampson, 1906)

分布：云南，西藏，贵州，四川，北京，天津，河南，陕西，甘肃，上海，浙江，湖北，江西，湖南，广西，福建，台湾，海南；日本。

台螟属 *Taiwanastrapometis* Shibuya, 1928

菊池台螟 *Taiwanastrapometis kikuchii* Shibuya, 1928

分布：云南，四川，湖北，广西，台湾；日本。

枯叶螟属 *Tamraca* Moore, 1887

枯叶螟 *Tamraca torridalis* (Lederer, 1863)

分布：云南，西藏，陕西，江苏，浙江，江西，湖北，湖南，广西，广东，海南，台湾；日本，缅甸，斯里兰卡，印度，印度尼西亚。

肩螟属 *Tegulifera* Saalmüller, 1880

华肩螟 *Tegulifera sinensis* (Caradja, 1925)

分布：云南，西藏，四川，贵州，江苏，浙江，江西，广西，福建，广东，海南。

网丛螟属 *Teliphasa* Moore, 1888

白带网丛螟 *Teliphasa albifusa* (Hampson, 1896)

分布：云南（西双版纳），四川，河北，河南，山西，天津，湖北，浙江，湖南，广西，福建，台湾；日本，韩国，印度。

阿米网丛螟 *Teliphasa amica* (Butler, 1879)

分布：云南，四川，河北，河南，湖北，江西，山东，天津，浙江，广西，福建，台湾；韩国，日本。

大豆网丛螟 *Teliphasa elegans* (Butler, 1881)

分布：云南，贵州，四川，重庆，内蒙古，北京，天津，河北，河南，陕西，甘肃，安徽，湖北，湖南，广西，福建；日本。

灰背网丛螟 *Teliphasa erythrina* Li, 2016

分布：云南（红河、西双版纳），西藏。

长钩网丛螟 *Teliphasa hamata* Li, 2016

分布：云南（昆明、文山、大理、保山），西藏，广西，福建。

褐绿网丛螟 *Teliphasa nubilosa* Moore, 1888

分布：云南（普洱、大理、保山、西双版纳），西藏，贵州，四川，陕西，甘肃，河南，湖北，江西，浙江，广西，福建，海南，台湾；印度。

白腹网丛螟 *Teliphasa sakishimensis* Inoue & Yamanaka, 1975

分布：云南，四川，青海，江西，广西，台湾；日本。

拟带网丛螟 *Teliphasa similalbifusa* Li, 2016

分布：云南（西双版纳），湖南，广西，海南。

多棘网丛螟 *Teliphasa spinosa* Li, 2016

分布：云南（保山），西藏，广西。

棘丛螟属 *Termioptycha* Meyrick, 1889

白叉棘丛螟 *Termioptycha albifurcalis* (Hampson, 1916)

分布：云南（西双版纳），海南，台湾；印度，斯里兰卡，泰国，马来西亚。

叉棘丛螟 *Termioptycha cornutitrifurca* **Rong, Wang & Li, 2017**

分布：云南（西双版纳），台湾。

长棒棘丛螟 *Termioptycha longiclavata* **Rong, Wang & Li, 2017**

分布：云南（保山），四川。

麻楝棘丛螟 *Termioptycha margarita* **(Butler, 1879)**

分布：云南（保山），贵州，四川，重庆，陕西，山西，天津，北京，河北，河南，湖北，浙江，安徽，江西，湖南，广西，福建，广东，海南，台湾；日本，韩国，马来西亚，印度尼西亚，印度，不丹，俄罗斯。

Thiallela Walker, 1863

Thiallela celadontis **Yang & Ren, 2018**

分布：云南（普洱）。

Thiallela epicrociella **(Strand, 1918)**

分布：云南（西双版纳），广西，广东，海南，台湾。

Thiallela ligeralis **(Walker, 1863)**

分布：云南（普洱、德宏），海南；印度，斯里兰卡，缅甸，马来西亚，印度尼西亚，巴布亚新几内亚，澳大利亚，斐济。

Thiallela sulciflagella **Yang & Ren, 2018**

分布：云南（西双版纳），广西，海南。

囊斑螟属 *Thylacoptila* Meyrick, 1885

圆囊斑螟 *Thylacoptila paurosema* **Meyrick, 1885**

分布：云南（西双版纳），海南，香港。

硕螟属 *Toccolosida* Walker, 1863

朱硕螟 *Toccolosida rubriceps* **Walker, 1863**

分布：云南（临沧、保山、红河、文山、西双版纳），四川，江苏，浙江，安徽，江西，湖北，湖南，福建，台湾，广东；韩国，印度，不丹，印度尼西亚。

窝丛螟属 *Trichotophysa* Warren, 1896

金翅窝丛螟 *Trichotophysa jucundalis* **(Walker, 1865)**

分布：云南，西藏，四川，河南，浙江，湖北，江西，广西，福建；印度，不丹，日本，斯里兰卡。

黄螟属 *Vitessa* Moore, 1858

黄螟 *Vitessa suradeva* **Moore, [1860]**

分布：云南（昆明、临沧、德宏、红河、西双版纳），广东；印度，缅甸，斯里兰卡，印度尼西亚。

Vietnamodes Leraut, 2017

Vietnamodes adelinae **Leraut, 2017**

分布：云南（德宏、西双版纳）；越南。

Vietnamodes dogueti **Leraut, 2017**

分布：云南（西双版纳），广西，海南；越南。

绕斑螟属 *Volobilis* Walker, 1863

黄绿绕斑螟 *Volobilis chloropterella* **(Hampson, 1896)**

分布：云南（西双版纳），海南，台湾。

弓缘残翅螟属 *Xenomilia* Warren, 1896

弓缘残翅螟 *Xenomilia humeralis* **(Warren, 1896)**

分布：云南（红河），四川，贵州，浙江，湖北，广西，海南；印度，泰国，不丹。

纤蛾科 Roeslerstammiidae

眼玫蛾属 *Agriothera* Meyrick, 1907

杜英眼玫蛾 *Agriothera elaeocarpophaga* **Moriuti, 1978**

分布：云南（普洱、西双版纳），广西，海南，台湾；日本，印度。

微毛眼玫蛾 *Agriothera microtricha* **Zheng, Qi & Li, 2020**

分布：云南（保山）。

一色眼玫蛾 *Agriothera issikii* **Moriuti, 1978**

分布：云南（保山），广西，广东，台湾。

Agriothera quadrativalva **Zheng, Qi & Li, 2020**

分布：云南（保山），西藏。

特印纤蛾属 *Telethera* Meyrick, 1913

Telethera declivimarginata **Zheng, Qi & Li, 2020**

分布：云南（保山）。

斑蛾科 Zygaenidae

亚斑蛾属 *Achelura* Kirby, 1892

双带亚斑蛾 *Achelura bifasciata* **(Hope, 1841)**

分布：云南（保山）；印度，尼泊尔。

云南亚斑蛾 *Achelura yunnanensis* **Horie & Xue, 1999**

分布：云南（昆明）。

透翅锦斑蛾属 *Agalope* Walker, 1854

Agalope aurelia **Oberthür, 1923**

分布：云南（迪庆、怒江）。

黄基透翅锦斑蛾 *Agalope davidi* **(Oberthür, 1884)**

分布：云南（昭通），四川。

郝氏透翅锦斑蛾 *Agalope haoi* **Huang, 2022**

分布：云南（迪庆）。

亮透翅锦斑蛾 *Agalope lucia* **Oberthür, 1923**

分布：云南（迪庆、怒江）。

蒋晴透翅锦斑蛾 *Agalope jianqingi* Huang, 2022
分布：云南（怒江）；印度，尼泊尔，缅甸。

釉锦斑蛾属 *Amesia* Duncan, 1841

红斑釉锦斑蛾 *Amesia aliris* (Doubleday, 1847)
分布：云南（普洱）；印度。

釉锦斑蛾 *Amesia sanguiflua* (Drury, 1773)
分布：云南（红河、德宏），广西，台湾；印度，缅甸。

旭锦斑蛾属 *Campylotes* Westwood, 1839

马尾松旭锦斑蛾 *Campylotes desgodinsi* (Oberthür, 1884)
分布：云南，贵州，四川，西藏，河南。

黄肩旭锦斑蛾 *Campylotes histrionicus* Westwood, 1839
分布：云南（昆明、文山），贵州；印度，阿富汗。

黄纹旭锦斑蛾 *Campylotes pratti* Leech, 1890
分布：云南（红河、文山）。

红肩旭锦斑蛾 *Campylotes romanovi* Leech, 1898
分布：云南，贵州，四川。

脉锦斑蛾属 *Chalcosia* Hübner, 1819

蓝缘锦斑蛾 *Chalcosia azurmarginata* Wang, 1985
分布：云南（文山）。

绿脉锦斑蛾 *Chalcosia pectinicornis* (Linaeus, 1758)
分布：云南（文山）。

白带锦斑蛾 *Chalcosia remota* (Walker, 1854)
分布：云南（迪庆），江苏，广西，广东，台湾；日本。

海南锦斑蛾 *Chalcosia suffusa hainana* Jordan, 1907
分布：云南（红河），广东，海南。

小斑蛾属 *Chrysartona* Swinhoe, 1854

绿颈小斑蛾 *Chrysartona stipata* (Walker, 1854)
分布：云南（文山）。

茎锦斑蛾属 *Corma* Walker, [1865]

黄腹茎锦斑蛾 *Corma zelica* (Doubleday, 1847)
分布：云南（西双版纳）；印度。

圆锦斑蛾属 *Cyclosia* Hübner, 1820

蓝紫锦斑蛾 *Cyclosia midama* (Herrich-Schäffer, [1853])
分布：云南（红河）。

豹点锦斑蛾 *Cyclosia panthona* (Stoll, [1780])
分布：云南（红河、德宏、西双版纳），广东；印度，越南，缅甸，斯里兰卡。

蝶形圆锦斑蛾 *Cyclosia papilionaris* (Drury, 1773)
分布：云南（德宏、普洱），广西，广东；越南，印度尼西亚。

拖尾锦斑蛾属 *Elcysma* Butler, 1881

华西拖尾锦斑蛾 *Elcysma delavayi* Oberthür, 1891
分布：云南（怒江），四川，重庆，福建。

李拖尾锦斑蛾 *Elcysma westwoodii* (Vollenhoven, 1863)
分布：云南（红河，迪庆、大理），黑龙江，吉林，辽宁；印度。

庆锦斑蛾属 *Erasmia* Hope, 1841

华庆锦斑蛾 *Erasmia pulchella chinensis* Jordan, 1907
分布：云南。

柄脉锦斑蛾属 *Eterusia* Hope, 1841

茶柄脉锦斑蛾 *Eterusia aedea* (Linnaeus, 1763)
分布：云南（文山、德宏、红河），贵州，四川，江苏，浙江，安徽，江西，湖南，广西，台湾；日本，印度，斯里兰卡。

榄绿柄脉锦斑蛾 *Eterusia repleta urania* Schous, 1890
分布：云南（临沧、保山、西双版纳）；印度，缅甸。

闰锦斑蛾属 *Gynautocera* Guérin-Méneville, 1831

闰锦斑蛾 *Gynautocera papilionaria* Guerin-Méneville, 1831
分布：云南（文山、临沧、德宏），广东；印度，越南，泰国。

木萤斑蛾属 *Histia* Hübner, [1820]

重阳木萤斑蛾 *Histia flabellicornis* (Fabricius, 1775)
分布：云南（红河、文山），江苏，湖北，广西，福建，台湾，广东；印度，缅甸，印度尼西亚，日本。

鹿斑蛾属 *Illiberis* Walker, 1854

Illiberis banmauka Efetov, 2014
分布：云南（西双版纳）；缅甸。

哈巴鹿斑蛾 *Illiberis habaensis* Mollet, 2015
分布：云南（丽江、迪庆）。

鹿斑蛾 *Illiberis yuennanensis* Alberti, 1951
分布：云南。

黄锦斑蛾属 *Neoherpa* Tremewan, 1973
黄锦斑蛾 *Neoherpa venosa* (Walker, 1854)
分布：云南（昭通、大理、丽江）；印度。
黑脉黄锦斑蛾 *Neoherpa venosa sinica* Oberthür, 1981
分布：云南（红河、大理）。

乳翅锦斑蛾属 *Philopator* Moore, [1866]
乳翅锦斑蛾 *Philopator basimaculata* Moore, [1866]
分布：云南（保山）；印度。
三线乳翅锦斑蛾 *Philopator rotunda* Hampson, 1896
分布：云南（大理、保山）；印度。

带锦斑蛾属 *Pidorus* Walker, 1854
黄点带锦斑蛾 *Pidorus albifascia* (Moore, 1879)
分布：云南（红河、文山、曲靖）；印度，缅甸，越南。
萱草带锦斑蛾 *Pidorus gemina* (Walker, 1854)
分布：云南（德宏），广东；印度。
野茶带锦斑蛾 *Pidorus glaucopis* (Drury, 1773)
分布：云南（文山、德宏、红河），广西，台湾，广东；朝鲜，印度。

褐锦斑蛾属 *Soritia* Walker, 1854
茶六斑褐锦斑蛾 *Soritia pulchella sexpunctata* Hering, 1922
分布：云南（文山、保山），贵州；印度，缅甸。

毛斑蛾科 Phaudidae

榕蛾属 *Phauda* Walker, 1854
朱红榕蛾 *Phauda flammans* (Walker, 1854)
分布：云南，广东，福建，台湾。

蚕蛾科 Bombycidae

家蚕蛾属 *Bombyx* Linnaeus, 1758
家蚕蛾 *Bombyx mori* (Linnaeus, 1758)
分布：全国广布；印度。

垂耳蚕蛾属 *Gunda* Walker, 1862
垂耳蚕蛾 *Gunda sikima* Moore, 1879
分布：云南（西双版纳）；印度，斯里兰卡。

褐白蚕蛾属 *Ocinara* Walker, 1856
黑点白蚕蛾 *Ocinara apicalis* (Walker, 1862)
分布：云南（普洱、西双版纳），香港；印度，印度尼西亚，马来西亚，文莱。
褐斑白蚕蛾 *Ocinara brunnea* Wileman, 1911
分布：云南（丽江、迪庆），江西，福建，广东。
闪赭蚕蛾 *Ocinara nitida* Chu & Wang, 1993
分布：云南（丽江、西双版纳），江西。
双点白蚕蛾 *Ocinara signifera* Walker, 1862
分布：云南（普洱、西双版纳），海南；印度，印度尼西亚。
四点灰蚕蛾 *Ocinara tetrapuncta* Chu & Wang, 1993
分布：云南（西双版纳）。

桑蟥属 *Rondotia* Moore, 1885
桑蟥 *Rondotia menciana* Moore, 1885
分布：云南，四川，河北，河南，山东，山西，陕西，甘肃，安徽，江苏，湖北，浙江，湖南，广西，江西，福建，广东，海南；印度，朝鲜。

野蚕蛾属 *Theophila* Moore, 1862
白弧野蚕蛾 *Theophila aibicurva* Chu & Wang, 1993
分布：云南（西双版纳），湖北。
野蚕蛾 *Theophila mandarina* (Moore, 1872)
分布：云南，西藏，四川，黑龙江，吉林，辽林，内蒙古，河北，河南，山东，山西，陕西，安徽，浙江，江西，江苏，湖北，湖南，广西，广东，台湾；朝鲜，日本。
直线野蚕蛾 *Theophila religiosa* Helfer, 1837
分布：云南（德宏）。
赭野蚕蛾 *Theophila ostruma* Chu & Wang, 1993
分布：云南（西双版纳）。

桦蛾科 Endromidae

茶桦蛾属 *Andraca* Walker, 1865
阿婆茶桦蛾 *Andraca apodecta* Swinhoe, 1907
分布：云南（楚雄、迪庆），江西，陕西，广西，福建；菲律宾，越南，老挝，泰国，印度尼西亚。
茶桦蛾 *Andraca bipunctata* Walker, 1865
分布：云南（保山、玉溪、临沧、大理），贵州，四川，浙江，安徽，湖北，江西，湖南，广西，福建，广东，海南，台湾；印度，印度尼西亚。

隐斑桑桦蛾 *Andraca gracilis* **Butler, 1885**
分布：云南（文山、大理、昆明），江西，福建。

伯三线茶桦蛾 *Andraca henosa* **Chu & Wang, 1993**
分布：云南（大理、昭通）。

三线茶桦蛾 *Andraca trilochoides* **Moore, 1865**
分布：云南（玉溪、红河、大理、保山、迪庆、怒江、普洱、昭通），四川，西藏，安徽，江西，湖北，福建，海南；越南，缅甸，泰国，印度，尼泊尔。

拟钩桦蛾属 *Comparmustilia* **Wang & Zolotuhin, 2015**

拟钩桦蛾 *Comparmustilia sphingiformis* **(Moore, 1879)**
分布：云南（楚雄、大理、临沧、普洱、怒江、红河、西双版纳），西藏，四川，贵州，重庆，江西，湖南，广西，福建，广东；印度，尼泊尔，缅甸，泰国，越南，马来西亚。

直缘拟钩桦蛾 *Comparmustilia semiravida* **(Yang, 1995)**
分布：云南（楚雄、怒江），四川，重庆，浙江，江西，湖南，广西，福建，广东，海南。

忍冬桦蛾属 *Mirina* **Staudinger, 1892**

芬泽尔忍冬桦蛾 *Mirina fenzeli* **Mell, 1938**
分布：云南（迪庆），四川，甘肃。

钩桦蛾属 *Mustilia* **Walker, 1865**

厄钩桦蛾 *Mustilia attacina* **Zolotuhin, 2007**
分布：云南（大理、迪庆），四川，湖北，广西。

咔钩桦蛾 *Mustilia castanea* **Moore, 1879**
分布：云南（迪庆），四川；印度，尼泊尔，不丹。

Mustilia craptalis **Zolotuhin, 2007**
分布：云南；越南。

钩桦蛾 *Mustilia falcipennis* **Walker, 1865**
分布：云南（大理、丽江、怒江、红河、曲靖），西藏，四川，湖北，江西，湖南，广西，广东，海南；印度，尼泊尔，不丹。

秃顶钩桦蛾 *Mustilia glabrata* **Yang, 1995**
分布：云南（大理、普洱），四川，西藏，贵州，陕西，广西；泰国，越南，缅甸。

一点钩翅桦蛾 *Mustilia hepatica* **(Moore, 1879)**
分布：云南（丽江、迪庆、大理、文山、西双版纳），江西，广西，福建，海南；印度。

Mustilia lobata **Zolotuhin, 2007**
分布：云南（大理、保山、普洱），四川，贵州，

广西；缅甸，泰国，越南。

Mustilia sabriformis **Zolotuhin, 2007**
分布：云南（大理），四川。

钩翅赭桦蛾 *Mustilia sphangiformis* **Moore, 1879**
分布：云南（丽江、迪庆、文山、红河、保山、大理、玉溪、西双版纳），四川，西藏，广西，福建；印度。

赭钩桦蛾 *Mustilia sphingiformis* **Moore, 1879**
分布：云南，福建；印度，尼泊尔，缅甸，泰国，越南，马来西亚。

波纹钩桦蛾 *Mustilia undulosa* **Yang & Mao, 1995**
分布：云南（大理、丽江、迪庆），四川，重庆，陕西，湖北，湖南，广西。

如钩桦蛾属 *Mustilizans* **Yang, 1995**

安德如钩桦蛾 *Mustilizans andracoides* **Zolotuhin, 2007**
分布：云南（丽江、迪庆），西藏，四川，青海。

Mustilizans dierli refugialis **Zolotuhin, 2007**
分布：云南（普洱、迪庆、西双版纳），陕西，海南。

赫帕如钩桦蛾 *Mustilizans hepatica* **(Moore, 1879)**
分布：云南（大理、普洱、红河、临沧、怒江、迪庆、西双版纳），西藏，贵州，江西，湖南，广西，福建，广东，海南；印度，越南，老挝，泰国，巴基斯坦，尼泊尔，马来西亚。

勒菩如钩桦蛾 *Mustilizans lepusa* **Zolotuhin, 2007**
分布：云南（保山、怒江），四川，广东，海南；越南。

辛氏如钩桦蛾 *Mustilizans sinjaevi* **Zolotuhin, 2007**
分布：云南（大理、丽江、临沧），西藏，四川，海南；越南。

齿翅桦蛾属 *Oberthueria* **Kirby, 1892**

多齿翅蚕蛾 *Oberthueria caeca* **(Oberthür, 1880)**
分布：云南（昆明、丽江、昭通、西双版纳），四川，黑龙江，辽宁，浙江，福建。

伦齿翅桦蛾 *Oberthueria lunwan* **Zolotuhin & Wang, 2013**
分布：云南（大理、保山）；缅甸。

窗桦蛾属 *Prismosticta* **Butler, 1880**

窗桦蛾 *Prismosticta fenestrata* **Butler, 1880**
分布：云南（大理、怒江），西藏，湖南，浙江，福建，广东，台湾；尼泊尔，印度。

透点桦蛾 *Prismosticta hyalinata* Butler, 1885
分布：云南（丽江），浙江，福建；日本。

Promustilia Zolotuhin, 2007
异钩桦蛾 *Promustilia andracoides* (Zolotuhin, 2007)
分布：云南（迪庆），西藏，青海。

拟茶桦蛾属 *Pseudandraca* Miyata, 1970
贡山拟茶桦蛾 *Pseudandraca gongshanensis* (Wang, Zeng & Wang, 2011)
分布：云南（怒江），四川。

宽黑腰茶蚕蛾 *Pseudandraca gracilis* (Butler, 1885)
分布：云南（迪庆、丽江、大理）；日本。

黄斑拟茶桦蛾 *Pseudandraca flavamaculata* (Yang, 1995)
分布：云南（大理），四川，江西，浙江，湖南，广西，福建，广东；越南。

瑟桦蛾属 *Sesquiluna* Forbes, 1955
福氏瑟桦蛾 *Sesquiluna forbesi* Zolotuhin & Witt, 2009
分布：云南（大理），四川，广西；越南，泰国。

冬桦蛾属 *Smerkata* Zolotuhin, 2007
泰国冬桦蛾 *Smerkata brechlini* (Zolotuhin, 2007)
分布：云南（普洱），海南；泰国。

云南冬桦蛾 *Smerkata craptalis* (Zolotuhin, 2007)
分布：云南（丽江）；越南。

斯桦蛾属 *Theophoba* Fletcher & Nye, 1982
垂桦蚕蛾 *Theophoba pendulans* Mell, 1958
分布：云南（大理），上海，广西，广东；缅甸，泰国。

大蚕蛾科 Saturniidae

尾大蚕蛾属 *Actias* Leach, 1815
弯尾大蚕蛾 *Actias angulocaudata* (Naumann & Bouyer, 1998)
分布：云南（楚雄，大理），四川，重庆，陕西，湖北，广西。

短尾大蚕蛾 *Actias artemis artemis* Bremer & Grey, 1853
分布：云南，黑龙江，吉林，福建；俄罗斯。

云南尾大蚕蛾 *Actias chrisbrechlinae* (Brechlin, 2007)
分布：云南（昆明、曲靖、大理、丽江）。

长尾大蚕蛾 *Actias dubernardi* (Oberthür, 1897)
分布：云南（保山、迪庆、丽江、大理、昆明、昭通、曲靖），华东，华中，华北；缅甸，越南。

巨尾大蚕蛾 *Actias maenas isis* South, 1933
分布：云南（德宏、普洱、红河、文山、西双版纳）。

拟华尾大蚕蛾 *Actias parasinensis* (Brechlin, 2009)
分布：云南（德宏、普洱、红河、西双版纳），西藏；缅甸，老挝，越南，印度，不丹。

红尾大蚕蛾 *Actias rhodopneuma* (Röber 1925)
分布：云南（怒江、德宏、普洱、红河、文山、曲靖、西双版纳），广西，福建；缅甸，老挝，越南，泰国。

青尾大蚕蛾 *Actias selene* (Hübner, 1807)
分布：云南（丽江、迪庆、怒江、德宏、普洱、红河、文山、西双版纳），西藏，广西；印度，尼泊尔，不丹，越南，老挝，泰国，缅甸，马来西亚。

绿尾大蚕蛾 *Actias selene ningpoana* Felder, 1862
分布：云南（昆明、昭通、曲靖、文山、红河、丽江、西双版纳），西藏，四川，河北，河南，浙江，江西，湖北，湖南，广西，福建，广东，台湾。

华尾大蚕蛾 *Actias sinensis* (Walker, 1855)
分布：云南（文山、丽江），江西，广西，福建。

乌氏尾大蚕蛾 *Actias uljanae* (Brechlin, 2007)
分布：云南（文山），江西，湖南，广西，广东。

温氏尾大蚕蛾 *Actias winbrechlini* (Brechlin, 2007)
分布：云南（迪庆、保山、怒江）。

丁目大蚕蛾属 *Aglia* Ochsenheimer, 1810
云南丁目大蚕蛾 *Aglia vanschaycki* Brechlin, 2015
分布：云南（迪庆、普洱），贵州。

柞蚕蛾属 *Antheraea* Hübner, 1819
钩翅柞蚕蛾 *Antheraea assamensis* Helfer, 1837
分布：云南（保山、迪庆、德宏、临沧、普洱、红河、文山、西双版纳），贵州，西藏，四川，广西，广东；印度，不丹，尼泊尔，越南，缅甸，泰国。

明眸大蚕 *Antheraea crypta* Chu & Wang, 1993
分布：云南。

明目柞蚕蛾 *Antheraea frithi* (Moore, 1859)
分布：云南（迪庆、丽江、保山、玉溪、德宏、普洱、红河、文山、西双版纳），华东，华中，华南；越南，老挝，缅甸，泰国，印度，不丹。

赫氏柞蚕蛾 *Antheraea helferi* (Moore, 1859)
分布：云南（德宏、普洱、西双版纳），广西；印度，越南，老挝，缅甸，泰国，马来西亚，印度尼西亚。

云南柞蚕蛾 *Antheraea knyvetti* Hampson, 1893

分布：云南（迪庆、怒江、德宏、普洱、西双版纳）；越南，缅甸，不丹。

柞蚕云南亚种 *Antheraea pernyi yunnanensis* Chu & Wang, 1993

分布：云南（迪庆、德宏、红河）。

***Antheraea platessa* Rothschild, 1903**

分布：云南（西双版纳）。

罗氏目大蚕蛾 *Antheraea roylei* Moore, 1859

分布：云南（红河）。

半目柞蚕蛾 *Antheraea yamamai* (Guérin-Méneville, 1861)

分布：云南（曲靖、文山、红河、德宏、西双版纳），除西北外全国其他大部分地区均有分布；越南，俄罗斯，朝鲜半岛，日本，欧洲。

冬青巨蚕蛾属 *Archaeoattacus* Watson, 1914

冬青天蚕蛾 *Archaeoattacus edwardsii* (White, 1859)

分布：云南（红河、文山、普洱），西藏。

马来冬青巨蚕蛾 *Archaeoattacus malayanus* (Kurosawa & Kishida, 1984)

分布：云南（保山、怒江、德宏、临沧、普洱、红河、西双版纳），西藏；老挝，越南，缅甸，泰国。

巨蚕蛾属 *Attacus* Linnaeus, 1767

乌桕巨蚕蛾 *Attacus atlas* (Linnaeus, 1758)

分布：云南（玉溪、德宏、普洱、红河、文山、西双版纳），西藏，贵州，四川，华南，华东；印度，巴基斯坦，中南半岛，印度尼西亚，巴布亚新几内亚。

目大蚕蛾属 *Caligula* Aurivillius, 1879

银杏大蚕蛾 *Caligula japonica* Moore, 1862

分布：云南（德宏、保山、文山），四川，广西。

月目大蚕蛾 *Caligula zeleika* (Hope, 1843)

分布：云南（玉溪、保山、红河、大理、西双版纳），四川；印度。

点目大蚕蛾属 *Cricula* Walker, 1855

点目大蚕蛾 *Cricula andrei* Jordan, 1909

分布：云南（昆明、玉溪、大理、丽江、迪庆、德宏、普洱、红河、文山、西双版纳），四川，西藏，广西，广东，海南；印度，中南半岛。

棕目大蚕蛾 *Cricula flavoglena* Chu & Wang, 1993

分布：云南（昭通）。

乔丹点目大蚕蛾 *Cricula jordani* (Bryk, 1944)

分布：云南（德宏、普洱）；中南半岛。

小字点目大蚕蛾 *Cricula trifenestrata* (Helfer, 1837)

分布：云南（昆明、迪庆、德宏、普洱、保山、西双版纳、红河、文山），西藏，贵州，四川，华南，华东；印度，中南半岛，印度尼西亚，菲律宾。

树大蚕蛾属 *Lemaireia* Nassig & Holloway, 1988

达普罗树大蚕蛾 *Lemaireia daparo* Jiang, Wang, Miu & Guo, 2021

分布：云南（昆明、大理、曲靖），四川。

树大蚕蛾 *Lemaireia loepoides* (Butler, 1880)

分布：云南（玉溪、德宏、大理、西双版纳）；印度尼西亚，马来西亚，文莱。

黄翅树大蚕蛾 *Lemaireia luteopeplus* (Nässig & Holloway, 1988)

分布：云南（大理、保山、德宏、普洱、红河、文山、西双版纳）；印度，缅甸，越南，老挝，泰国。

豹大蚕蛾属 *Loepa* Moore, 1860

藤豹大蚕蛾 *Loepa anthera* Jordan, 1911

分布：云南（昆明、昭通、丽江、红河），四川，西藏，广西，福建，广东，海南；印度，中南半岛。

目豹大蚕蛾 *Loepa damartis* Jordan, 1911

分布：云南（文山、红河）。

白瞳豹大蚕蛾 *Loepa diffundata* (Naumann, Nässig & Löffler, 2008)

分布：云南（昆明、大理、迪庆、保山、怒江、德宏、普洱、红河、文山、西双版纳），西藏，贵州，四川，广西；缅甸，老挝，越南，泰国。

长翅豹大蚕蛾 *Loepa elongata* (Naumann, Löffler & Nässig, 2012)

分布：云南（丽江、迪庆），四川。

克钦豹大蚕蛾 *Loepa kachinica* Naumann & Löffler, 2012

分布：云南（怒江）；缅甸。

黄豹大蚕蛾 *Loepa katinka* (Westwood, 1848)

分布：云南（怒江、德宏、普洱、迪庆、文山），西藏，四川，宁夏，河北，安徽，浙江，江西，广西，福建，广东，海南；缅甸，印度，不丹，尼泊尔。

粤豹大蚕蛾 *Loepa kuangtungensis* (Mell, 1938)

分布：云南（昭通，曲靖），四川，贵州，华中，华南，华东；越南。

米氏豹大蚕蛾 *Loepa miranda* (Moore, 1865)

分布：云南（怒江，德宏，普洱）；缅甸，印度，尼泊尔。

红豹大蚕蛾 *Loepa oberthuri* (Leech, 1890)

分布：云南（昭通、曲靖、临沧），四川，贵州，华中，华南；越南，印度。

东部米氏豹大蚕蛾 *Loepa orientomiranda* (Brechlin & Kitsching, 2010)

分布：云南（红河，文山）；越南，泰国。

锡金豹大蚕蛾 *Loepa sikkima* (Moore, 1866)

分布：云南（德宏、临沧、普洱、红河、文山、西双版纳），西藏，广西；缅甸，越南，印度。

云南豹大蚕蛾 *Loepa yunnana* (Mell, 1939)

分布：云南（丽江、大理）。

透目大蚕蛾属 *Rhodinia* Staudinger, 1892

紫线透目大蚕蛾 *Rhodinia broschi* Brechlin, 2001

分布：云南（昆明、玉溪、迪庆、普洱、临沧）。

线透目大蚕蛾 *Rhodinia davidi* Oberthür, 1886

分布：云南（迪庆），四川，贵州，陕西，湖北。

云越透目大蚕蛾 *Rhodinia newara* (Moore, 1872)

分布：云南（昆明、玉溪、德宏、临沧、红河、文山），贵州；缅甸，越南，印度。

鸦目大蚕蛾属 *Salassa* Moore, 1859

罗拉鸦目大蚕蛾 *Salassa lola* (Westwood, 1847)

分布：云南（迪庆、怒江、文山、红河），四川，西藏；印度，尼泊尔，不丹。

大鸦目大蚕蛾 *Salassa megastica* Swinhoe, 1894

分布：云南（德宏），西藏；印度，缅甸。

滇缅鸦目大蚕蛾 *Salassa mesosa* (Jordan, 1910)

分布：云南（昆明、玉溪、德宏、临沧、红河、文山），贵州；印度，越南，缅甸，泰国。

青鸦目大蚕蛾 *Salassa olivacea* (Oberthür, 1890)

分布：云南（丽江、迪庆、怒江），四川，西藏；印度，缅甸。

猫目大蚕蛾 *Salassa thespis* (Leech, 1890)

分布：云南（红河、迪庆、大理、保山、怒江），四川，西藏，陕西，湖北，福建。

樗蚕蛾属 *Samia* Hübner, 1819

寇丽樗蚕蛾 *Samia canningi* (Hutton, 1860)

分布：云南（昆明、玉溪、曲靖、大理、丽江、迪庆、保山、德宏、普洱、红河、文山、临沧、西双版纳），四川，贵州；印度，巴基斯坦，缅甸，越南，老挝，泰国，马来西亚。

樗蚕 *Samia cynthia cynthia* Drury, 1773

分布：云南（文山、红河、曲靖、迪庆），西藏，贵州，四川，吉林，辽宁，甘肃，河南，河北，山东，山西，陕西，江苏，安徽，浙江，江西，湖北，湖南，广西，福建，广东，海南，台湾；日本，朝鲜。

细带樗蚕 *Samia cynthia insularis* Vollenhofen, 1862

分布：云南，浙江，广东。

角斑樗蚕 *Samia cynthia watsoni* Oberthiur, 1914

分布：云南，四川，江苏，广西，福建，广东，海南。

王氏樗天蚕蛾 *Samia piperata* Motschulsky, 1858

分布：云南（红河）。

珠大蚕蛾属 *Saturnia* Schrank, 1802

黄目樟蚕蛾 *Saturnia anna* Moore, 1865

分布：云南（文山、红河、怒江、保山），四川，西藏，广西，广东，海南；印度。

华西黄珠大蚕蛾 *Saturnia bieti* (Oberthür, 1886)

分布：云南（迪庆、怒江），四川；缅甸

核桃珠大蚕蛾 *Saturnia cachara* (Moore, 1872)

分布：云南（昆明、玉溪、保山、迪庆、德宏、普洱、红河、文山、西双版纳），广西；印度，缅甸，越南，老挝，泰国。

中南樟蚕蛾 *Saturnia centralis* (Naumann & Löffler 2005)

分布：云南（保山、德宏、临沧、普洱、红河、西双版纳），四川；缅甸。

滇西黄珠大蚕蛾 *Saturnia diversa* (Bryk, 1944)

分布：云南（保山、德宏、怒江、迪庆）；缅甸，印度。

月目珠大蚕蛾 *Saturnia lesoudieri* (Le Moult, 1933)

分布：云南（昆明、曲靖、玉溪、大理、保山、迪庆、德宏、普洱、红河、文山），广西；印度，缅甸，越南，泰国。

渲黑樟蚕蛾 *Saturnia luctifera* (Jordan, 1911)

分布：云南（迪庆），四川，重庆，陕西。

南亚樟蚕蛾 *Saturnia pinratanai* (Lampe, 1989)

分布：云南（西双版纳）；老挝，泰国。

樟蚕蛾 *Saturnia pyretorum* (Westwood, 1847)

分布：云南（红河、文山），华东，华中；越南。

后目珠大蚕蛾 *Saturnia simla* (Westwood, 1847)

分布：云南（迪庆、怒江、德宏、普洱、红河、文山、西双版纳），四川，重庆，江西，湖南，广西，广东，海南；印度，巴基斯坦，越南。

中华黄珠大蚕蛾 *Saturnia sinanna* **(Naumann & Nässig, 2010)**

分布：云南（昆明、大理、丽江、曲靖、玉溪、红河、文山），四川；越南。

藏珠大蚕蛾 *Saturnia thibeta* (Westwood, 1853)

分布：云南（迪庆、德宏、普洱、西双版纳），四川，重庆，华北，华中，华东；印度，缅甸，泰国，马来西亚。

华缅大蚕蛾属 *Sinobirma* Bryk, 1944

华缅大蚕蛾 *Sinobirma malaisei* **Bryk, 1944**

分布：云南（德宏）；缅甸。

克钦华缅大蚕蛾 *Sinobirma myanmarensis* **Naumann, Nässig & Rougerie, 2012**

分布：云南（怒江）；缅甸。

网目大蚕蛾属 *Solus* Watson, 1913

网目大蚕蛾 *Solus drepanoides* **(Moore, 1866)**

分布：云南（迪庆，保山，怒江），西藏；印度。

窗斑网目大蚕蛾 *Solus parvifenestratus* **(Bryck, 1944)**

分布：云南（怒江、红河、文山），西藏，四川；越南。

枯叶蛾科 Lasiocampidae

李枯叶蛾属 *Amurilla* Aurivillius, 1902

紫李枯叶蛾 *Amurilla subpurpurea* **(Butler, 1881)**

分布：云南，黑龙江，甘肃，陕西，河南；俄罗斯，日本，韩国，印度，尼泊尔，越南。

昏李枯叶蛾 *Amurilla subpurpurea obscurior* **Zolotuhin & Witt, 2000**

分布：云南（玉溪）；越南。

明枯叶蛾属 *Argonestis* Zolotuhin, 1995

明枯叶蛾 *Argonestis flammans* **(Hampson, [1893])**

分布：云南（红河）；印度，尼泊尔，泰国，越南。

线枯叶蛾属 *Arguda* Moore, 1879

双线枯叶蛾 *Arguda decurtata* **Moore, 1879**

分布：云南（怒江），西藏，浙江，福建，江西，湖南；尼泊尔，印度，越南，泰国。

维线枯叶蛾 *Arguda viettei* de Lajonquière, 1977

分布：云南（临沧、丽江）；印度尼西亚。

三线枯叶蛾 *Arguda vinata* **(Moore, 1865)**

分布：云南（丽江、迪庆），四川，西藏，福建，江西，河南，湖北，广西，陕西；尼泊尔，印度，越南。

温枯叶蛾属 *Baodera* Zolotuhin, 1992

三纹温枯叶蛾 *Baodera khasiana* **(Moore, 1879)**

发布：云南（普洱）；印度，不丹，尼泊尔，缅甸。

柳毛虫属 *Bhima* Moore, 1888

柳毛虫 *Bhima rotundipennis* de Joannis, 1930

分布：云南（丽江），四川。

李柳毛虫 *Bhima undulosa* **(Walker, 1855)**

分布：云南（丽江、迪庆），西藏；印度，尼泊尔。

冥枯叶蛾属 *Celeberolebeda* Zolotuhin, 1995

冥枯叶蛾 *Celeberolebeda styx* **Zolotuhin, 1995**

发布：云南，广东；越南，泰国，缅甸。

斑枯叶蛾属 *Cosmeptera* de Lajonquière, 1979

纹斑枯叶蛾 *Cosmeptera hampsoni* **(Leech, 1899)**

分布：云南（迪庆、丽江），四川。

匀色斑枯叶蛾 *Cosmeptera monstrosa* **Zolotuhin & Witt, 2000**

分布：云南，广西；越南。

云斑枯叶蛾 *Cosmeptera monstrosa yunnanensis* **Wu & Liu, 2006**

分布：云南（红河）。

棕斑枯叶蛾 *Cosmeptera ornata* de Lajonquière, 1979

分布：云南（丽江、文山），四川，陕西。

长斑枯叶蛾 *Cosmeptera pretiosa* de Lajonquière, 1979

分布：云南（丽江）。

小枯叶蛾属 *Cosmotriche* Hübner, [1820]

松小枯叶蛾 *Cosmotriche inexperta* **(Leech, 1899)**

分布：云南，浙江，江西，福建。

昆明小枯叶蛾 *Cosmotriche inexperta kunmingensis* **Hou, 1984**

分布：云南（昆明），四川。

丽江小毛虫 *Cosmotriche likiangica* **Daniel, 1953**

分布：云南（丽江），四川。

杉小枯叶蛾 *Cosmotriche lobulina* (**[Denis et Schiffermüller], 1775**)

分布：云南，四川，西藏，黑龙江，吉林，辽宁，内蒙古，河北，山西；俄罗斯，日本，朝鲜，蒙古国。

打箭小枯叶蛾 *Cosmotriche lobulina monbeigi* (**Gaede, 1932**)

分布：云南（丽江），四川，西藏。

杉小毛虫 *Cosmotriche lunigera* (**Esper, 1783**)

分布：云南（丽江），四川，西藏，黑龙江；欧洲，俄罗斯，日本，朝鲜。

黑斑小枯叶蛾 *Cosmotriche maculosa* **de Lajonquière, 1974**

分布：云南（丽江、迪庆），四川。

打箭小毛虫 *Cosmotriche monbigi* **Gaede, 1932**

分布：云南（丽江），四川。

蓝灰小枯叶蛾 *Cosmotriche monotona* (**Daniel, 1953**)

分布：云南，四川，甘肃，陕西，青海，河南，湖北。

丽江小枯叶蛾 *Cosmotriche monotona likiangica* (**Daniel, 1953**)

分布：云南（昆明、大理、丽江、昭通），四川。

高山小枯叶蛾 *Cosmotriche saxosimilis* **de Lajonquière, 1974**

分布：云南（丽江、曲靖、大理、临沧、迪庆），西藏。

金黄枯叶蛾属 *Crinocraspeda* **Hampson, [1893] 1892**

金黄枯叶蛾 *Crinocraspeda torrida* (**Moore, 1879**)

分布：云南（昭通），贵州，四川，上海，湖南，广东；印度，泰国，越南。

松毛虫属 *Dendrolimus* **Germar, 1812**

云龙松毛虫 *Dendrolimus aelytus* **Zolotuhin, 2002**

分布：云南（大理）。

高山松毛虫 *Dendrolimus angulata* **Gaede, 1932**

分布：云南（昆明、曲靖、大理、丽江、迪庆），四川，西藏，甘肃，湖南，广西，福建；越南。

白缘云毛虫 *Dendrolimus clarilimbata* (**Lajonquière, 1973**)

分布：云南（丽江、大理），四川。

油杉松毛虫 *Dendrolimus evelyniana* **Hou & Wang, 1992**

分布：云南（楚雄）。

云南松毛虫 *Dendrolimus grisea* (**Moore, 1879**)

分布：云南（昆明、玉溪、普洱、红河、保山、临沧、德宏、文山），贵州，四川，陕西，浙江，江西，湖南，福建，海南；印度，泰国，越南。

吉松毛虫 *Dendrolimus kikuchii* **Matsumura, 1927**

分布：云南，四川，贵州，甘肃，河南，安徽，浙江，江西，湖北，湖南，广西，福建，广东，海南，台湾；越南。

思茅松毛虫 *Dendrolimus kikuchii kikuchii* **Matsumura, 1927**

分布：云南（昆明、玉溪、曲靖、红河、普洱、临沧、文山、丽江），贵州，四川，甘肃，河南，浙江，江西，安徽，湖北，湖南，广西，福建，广东，台湾；越南。

中途云毛虫 *Dendrolimus modesta* (**Lajonquière, 1973**)

分布：云南（丽江、迪庆）。

双波松毛虫 *Dendrolimus monticola* **de Lajonquière, 1973**

分布：云南（丽江、大理、迪庆），四川，西藏；印度。

马尾松毛虫 *Dendrolimus punctatus punctatus* (**Walker, 1855**)

分布：云南，贵州，四川，陕西，江苏，浙江，安徽，江西，湖北，湖南，广西，广东，福建，海南，台湾；越南。

德昌松毛虫 *Dendrolimus punctatus tehchangensis* **Tsai & Liu, 1964**

分布：云南（昆明、曲靖、楚雄、保山、迪庆），四川，甘肃。

文山松毛虫 *Dendrolimus punctatus wenshanensis* **Tsai & Liu, 1964**

分布：云南（昆明、文山、红河、玉溪、曲靖、昭通），贵州，广西。

丽江松毛虫 *Dendrolimus rex* **de Lajonquière, 1973**

分布：云南（昆明、丽江、曲靖、昭通、迪庆），西藏，四川。

火地松毛虫 *Dendrolimus rubripennis* **Hou, 1986**

分布：云南，西藏，陕西。

剑纹云毛虫 *Dendrolimus sagittifera* (Gaede, 1932)
分布：云南（丽江），四川。

云南云毛虫 *Dendrolimus yunnanensis* (Lajonquière, 1973)
分布：云南（丽江、迪庆），四川。

翅枯叶蛾属 *Eteinopla* de Lajonquière, 1979

紫翅枯叶蛾 *Eteinopla narcissus* Zolotuhin, 1995
分布：云南（普洱），陕西，甘肃，湖北，广西；泰国，越南，缅甸。

斑斜枯叶蛾 *Eteinopla obscura* Lajonquière, 1979
分布：云南，四川。

灰翅枯叶蛾 *Eteinopla signata* (Moore, 1879)
分布：云南（德宏、迪庆、西双版纳），西藏，福建，广西；印度，尼泊尔，越南，马来半岛。

纹枯叶蛾属 *Euthrix* Meigen, 1830

显纹枯叶蛾 *Euthrix decisa* (Walker, 1855)
分布：云南，四川，西藏；尼泊尔。

斜纹枯叶蛾 *Euthrix diversifasciata* Gaede, 1932
分布：云南，四川，江西，福建。

狸纹枯叶蛾 *Euthrix fox* Zolotuhin & Witt, 2000
分布：云南（红河、文山），广西，四川；越南，泰国。

韩纹枯叶蛾 *Euthrix hani* (de Lajonquière, 1978)
分布：云南（怒江、大理、丽江），四川，江西，福建；印度。

黄纹枯叶蛾 *Euthrix imitatrix* (de Lajonquière, 1978)
分布：云南，广西，广东，海南；越南，泰国，缅甸。

云纹枯叶蛾 *Euthrix imitatrix thrix* Zolotuhin, 2001
分布：云南（怒江、临沧）。

明纹枯叶蛾 *Euthrix improvisa* (de Lajonquière, 1978)
分布：云南（昆明、红河、文山、德宏、丽江），西藏，四川，广西；泰国，越南。

双色纹枯叶蛾 *Euthrix inobtrusa* (Walker, 1860)
分布：云南（大理、保山、临沧、西双版纳），四川，贵州，江西，湖南，福建；印度，尼泊尔，不丹，越南，泰国，印度尼西亚，马来西亚。

赛纹枯叶蛾 *Euthrix isocyma* (Hampson, 1893)
分布：云南（大理、丽江、临沧、文山、西双版纳），四川，西藏，贵州，湖南，广西，福建，广东，海南；印度，尼泊尔，越南。

竹纹枯叶蛾 *Euthrix laeta* (Walker, 1855)
分布：云南（文山、大理、迪庆、西双版纳），四川，黑龙江，陕西，甘肃，河北，山西，河南，江苏，浙江，安徽，江西，湖北，广西，福建，广东，海南，台湾；俄罗斯，朝鲜，日本，印度，斯里兰卡，尼泊尔，越南，泰国，马来西亚，印度尼西亚。

谢纹枯叶蛾 *Euthrix sherpai* Zolotuhin, 2001
分布：云南（西双版纳）；泰国，老挝。

白纹枯叶蛾 *Euthrix tsini* (de Lajonquière, 1978)
分布：云南（临沧），福建，广西。

新纹枯叶蛾 *Euthrix turpellus* Zolotuhin & Wu, 2008
分布：云南。

褐枯叶蛾属 *Gastropacha* Ochsenheimer, 1810

橘褐枯叶蛾 *Gastropacha pardale* (Walker, 1855)
分布：云南，四川，浙江，江西，湖北，湖南，广西，广东，海南，台湾；巴基斯坦，印度，泰国，越南，马来西亚，印度尼西亚。

橘褐枯叶蛾大陆亚种 *Gastropacha pardale sinensis* Tams, 1935
分布：云南（大理），四川，浙江，江西，湖北，湖南，广西，福建，广东，海南。

菲褐枯叶蛾 *Gastropacha philippinensis* Tams, 1935
分布：云南，四川，西藏，浙江，湖北，福建；巴基斯坦，印度，尼泊尔，泰国，越南，缅甸，菲律宾，印度尼西亚。

石梓褐枯叶蛾 *Gastropacha philippinensis swanni* Tams, 1935
分布：云南（保山），四川，西藏，浙江，福建，湖北；印度。

杨褐枯叶蛾 *Gastropacha populifolia* (Esper, 1784)
分布：云南，四川，黑龙江，辽宁，内蒙古，河北，北京，山西，山东，河南，陕西，甘肃，青海，安徽，江苏，江西，湖北，湖南，广西；俄罗斯，日本，朝鲜，欧洲。

杨褐枯叶蛾云南亚种 *Gastropacha populifolia mephisto* Zolotuhin, 2005
分布：云南（昆明、大理、丽江）。

烟黑枯叶蛾 *Gastropacha populifolia fumosa* Lajonquière, 1973
分布：云南（丽江、迪庆）。

李褐枯叶蛾 *Gastropacha quercifolia* (Linnaeus, 1758)

分布：云南，四川，贵州，西藏，黑龙江，辽宁，吉林，新疆，内蒙古，河北，北京，山西，山东，河南，宁夏，甘肃，青海，安徽，浙江，江西，湖南，湖北，广西，广东，福建；俄罗斯，日本，朝鲜，欧洲。

北李褐枯叶蛾 *Gastropacha quercifolia cerridifolia* Felder & Felder, 1862

分布：云南（大理），辽宁，吉林，黑龙江，新疆，北京，河北，山西，内蒙古，安徽，山东，河南，甘肃，宁夏，青海，湖北；俄罗斯，朝鲜，日本。

赤李褐枯叶蛾 *Gastropacha quercifolia lucens* Mell, 1939

分布：云南（除西部地区外），贵州，四川，西藏，陕西，甘肃，浙江，安徽，江西，湖北，湖南，广西，福建，广东。

棕李褐枯叶蛾 *Gastropacha quercifolia mekongensis* de Lajonquière, 1976

分布：云南（迪庆、丽江、保山），西藏，四川。

藏李褐枯叶蛾 *Gastropacha quercifolia thibetana* Lajonquière, 1973

分布：云南（迪庆），四川。

锡金褐枯叶蛾 *Gastropacha sikkima* Moore, 1879

分布：云南（迪庆、丽江），西藏，福建；印度，尼泊尔，巴基斯坦，不丹。

云县褐枯叶蛾 *Gastropacha yunxianensis* Hou & Wang, 1992

分布：云南（临沧、大理）。

白枯叶蛾属 *Kosala* Moore, 1879

二白枯叶蛾 *Kosala rufa* Hampson, 1892

分布：云南（大理）；印度，越南。

杂枯叶蛾属 *Kunugia* Nagano, 1917

棕色杂枯叶蛾 *Kunugia ampla* (Walker, 1855)

分布：云南（昆明、保山、德宏、西双版纳）；印度，缅甸，斯里兰卡，菲律宾。

褐色杂枯叶蛾 *Kunugia brunnea* (Wileman, 1915)

分布：云南（迪庆、丽江、临沧），河南，广西，福建，台湾；尼泊尔，越南，泰国。

褐色杂枯叶蛾指名亚种 *Kunugia brunnea brunnea* (Wileman, 1915)

分布：云南（迪庆、丽江、临沧），广西，福建，台湾。

缅甸杂枯叶蛾 *Kunugia burmensis* (Gaede, 1932)

分布：云南（丽江、大理），四川；越南，缅甸。

斜纹杂枯叶蛾 *Kunugia divaricata* (Moore, 1884)

分布：云南（曲靖），广西，福建；印度，尼泊尔，越南，泰国，缅甸，马来西亚，新加坡。

东川杂枯叶蛾 *Kunugia dongchuanensis* (Tsai & Hou, 1983)

分布：云南（昆明）。

花斑杂枯叶蛾 *Kunugia florimaculata* (Tsai & Hou, 1983)

分布：云南（临沧、西双版纳）；印度，泰国，马来西亚，新加坡，缅甸，印度尼西亚。

耀杂枯叶蛾 *Kunugia fulgens* (Moore, 1879)

分布：云南，四川，西藏；印度，尼泊尔，泰国，越南。

剑川杂枯叶蛾 *Kunugia fulgens jianchuanensis* (Tsai & Hou, 1976)

分布：云南（大理），四川，西藏。

黄斑杂枯叶蛾 *Kunugia gilirmaculata* (Hou, 1984)

分布：云南（临沧）。

云南杂枯叶蛾 *Kunugia latipennis* (Walker, 1855)

分布：云南（昆明、普洱、临沧、大理、保山、德宏、玉溪、红河、曲靖），四川，贵州，浙江，湖北，福建；印度，缅甸，斯里兰卡，印度尼西亚。

永德杂枯叶蛾 *Kunugia lemeepauli* (Lemee & Tams, 1950)

分布：云南（临沧）；印度，越南。

直纹杂枯叶蛾 *Kunugia lineata* (Moore, 1879)

分布：云南（文山、保山），贵州，四川，西藏，陕西，甘肃，江西，湖南，广西，福建，广东；印度。

长翅杂枯叶蛾 *Kunugia placida* (Moore, 1879)

分布：云南，四川，海南；印度，泰国，越南，马来西亚，缅甸，新加坡。

汤姆杂枯叶蛾 *Kunugia tamsi* (de Lajonquière, 1973)

分布：云南，四川，河南，陕西，福建。

打箭杂枯叶蛾 *Kunugia tamsi tamsi* (de Lajonquière, 1973)

分布：云南（丽江、昭通），四川。

波纹杂枯叶蛾 *Kunugia undans* (Walker, 1855)

分布：云南，西藏，贵州，四川，黑龙江，吉林，辽宁，内蒙古，河北，北京，山西，陕西，河南，甘肃，江苏，浙江，安徽，湖北，湖南，广西，福建，广东，台湾。

波纹杂枯叶蛾指名亚种 *Kunugia undans undans* **(Walker, 1855)**

分布：云南（德宏、西双版纳），西藏，贵州，四川，陕西，河南，江苏，浙江，安徽，湖北，广西，福建，广东，台湾；巴基斯坦，印度。

狐杂枯叶蛾 *Kunugia vulpina* **(Moore, 1879)**

分布：云南，四川，湖北；印度，越南。

峨眉杂枯叶蛾 *Kunugia vulpina omeiensis* **(Tsai & Liu, 1964)**

分布：云南，四川，湖北。

西昌杂枯叶蛾 *Kunugia xichangensis* **(Tsai & Liu, 1962)**

分布：云南（昆明、迪庆、丽江、红河），四川，贵州，陕西，湖南，广西。

大枯叶蛾属 *Lebeda* Walker, 1855

著大枯叶蛾 *Lebeda nobilis* **Walker, 1855**

分布：云南，西藏，贵州，河南，陕西，安徽，江苏，浙江，江西，湖北，湖南，广西，福建，广东；印度，尼泊尔，泰国。

著大枯叶蛾指名亚种 *Lebeda nobilis nobilis* **Walker, 1855**

分布：云南（德宏、文山），西藏，贵州，广西，广东，台湾；印度，尼泊尔，泰国，越南。

柔枯叶蛾属 *Lenodora* Moore, [1883]

眼柔枯叶蛾 *Lenodora oculata* **Zolotuhin, 2001**

分布：云南（大理）；越南，缅甸。

幕枯叶蛾属 *Malacosoma* Hübner, [1820]

棕色幕枯叶蛾 *Malacosoma dentata* **Mell, 1938**

分布：云南（迪庆、怒江），四川，浙江，江西，湖南，广西，福建，广东；越南。

高山幕枯叶蛾 *Malacosoma insignis* **de Lajonquière, 1972**

分布：云南（迪庆），四川，西藏，青海。

尖枯叶蛾属 *Metanastria* Hübner, [1820]

凹缘尖枯叶蛾 *Metanastria asteria* **Zolotuhin, 2005**

分布：云南；泰国，马来西亚。

巾斑尖枯叶蛾 *Metanastria capucina* **Zolotuhin & Witt, 2000**

分布：云南（普洱、西双版纳）；越南。

细斑尖枯叶蛾 *Metanastria gemella* **de Lajonquière, 1979**

分布：云南（西双版纳），广西，福建，广东，海南；印度，尼泊尔，越南，泰国，马来西亚，印度

尼西亚。

大斑尖枯叶蛾 *Metanastria hyrtaca* **(Cramer, 1782)**

分布：云南（迪庆、普洱、文山、西双版纳），四川，甘肃，江西，湖北，湖南，广西，福建，广东，台湾；印度，尼泊尔，斯里兰卡，越南，缅甸，泰国，菲律宾，马来西亚，印度尼西亚。

紫枯叶蛾属 *Micropacha* Roepke, 1953

吉紫枯叶蛾 *Micropacha gejra* **Zolotuhin, 2000**

分布：云南（西双版纳），四川，浙江，江西，广西，福建，广东；越南。

褐紫枯叶蛾 *Micropacha zojka* **Zolotuhin, 2000**

分布：云南（西双版纳），广西，福建；越南，马来半岛，印度尼西亚。

苹枯叶蛾属 *Odonestis* Germar, 1812

灰线苹枯叶蛾 *Odonestis bheroba* **(Moore, 1858)**

分布：云南，四川，广西，福建，海南，台湾；印度，尼泊尔，泰国，越南，缅甸。

灰线苹枯叶蛾指名亚种 *Odonestis bheroba bheroba* **(Moore, 1858)**

分布：云南（临沧），四川，广西，福建，海南；印度，尼泊尔，越南，泰国。

竖线苹枯叶蛾 *Odonestis erectilinea* **(Swinhoe, 1904)**

分布：云南（西双版纳）；泰国，缅甸，马来西亚，新加坡，印度尼西亚。

苹枯叶蛾 *Odonestis pruni* **(Linnaeus, 1758)**

分布：云南（迪庆），四川，辽宁，黑龙江，北京，山西，内蒙古，山东，河南，陕西，甘肃，浙江，安徽，江西，湖北，湖南，广西，福建；朝鲜，日本，欧洲。

痣枯叶蛾属 *Odontocraspis* Swinhoe, 1894

长斑痣枯叶蛾 *Odontocraspis collieri* **Zolotuhin, 2000**

分布：云南（怒江、丽江），福建，江西；越南。

小斑痣枯叶蛾 *Odontocraspis hasora* **Swinhoe, 1894**

分布：云南（大理、丽江），江西，湖北，广西，福建，广东，海南；缅甸，印度，越南，泰国，马来西亚，印度尼西亚。

云枯叶蛾属 *Pachypasoides* Matsumura, 1927

双斑云枯叶蛾 *Pachypasoides bimaculata* **(Tsai & Hou, 1980)**

分布：云南（普洱）。

白缘云枯叶蛾 *Pachypasoides clarilimbata* (de Lajonquière, 1973)

分布：云南（昆明、丽江、曲靖），四川。

中途云枯叶蛾 *Pachypasoides modesta* (de Lajonquière, 1973)

分布：云南（丽江、迪庆、保山），四川。

剑纹云枯叶蛾 *Pachypasoides sagitifera* (Gaede, 1932)

分布：云南，西藏，四川，青海。

剑纹云枯叶蛾指名亚种 *Pachypasoides sagitifera sagittifera* (Gaede, 1932)

分布：云南（丽江），四川。

云南云枯叶蛾 *Pachypasoides yunnanensis* (de Lajonquière, 1973)

分布：云南（丽江、迪庆、怒江、保山、普洱），四川。

滇枯叶蛾属 *Paradoxopla* de Lajonquière, 1976

曲滇枯叶蛾指名亚种 *Paradoxopla sinuata sinuata* (Moore, 1879)

分布：云南（丽江、临沧、迪庆），四川。

栎枯叶蛾属 *Paralebeda* Aurivillius, 1894

栎枯叶蛾 *Paralebeda femorata* (Ménétriés, 1855)

分布：云南（迪庆），四川，贵州，辽宁，黑龙江，北京，陕西，甘肃，浙江，江西，山东，河南，湖北，湖南，广西，台湾；俄罗斯，朝鲜，蒙古国，印度，不丹，尼泊尔，巴基斯坦，越南。

栎枯叶蛾指名亚种 *Paralebeda femorata femorata* (Ménétriés, 1855)

分布：云南（迪庆），四川，贵州，辽宁，黑龙江，北京，山东，河南，陕西，甘肃，浙江，江西，湖北，湖南，广西；俄罗斯，朝鲜，蒙古国。

松栎枯叶蛾 *Paralebeda plagifera* (Walker, 1855)

分布：云南（迪庆、文山、红河、德宏），西藏，四川，陕西，浙江，江西，广西，福建，广东，海南；印度，印度尼西亚，越南，老挝，柬埔寨。

杨枯叶蛾属 *Poecilocampa* Stephens, 1828

迪庆杨枯叶蛾 *Poecilocampa deqina* Saldaitis & Pekarsky, 2015

分布：云南（迪庆）。

黑枯叶蛾属 *Pyrosis* Oberthur, 1880

三角黑枯叶蛾 *Pyrosis fulviplaga* (de Joannis, 1929)

分布：云南，陕西，山西，江苏，湖南；印度，尼泊尔，越南。

宽缘黑枯叶蛾 *Pyrosis potanini* Alphéraky, 1895

分布：云南（迪庆），四川。

柳黑枯叶蛾 *Pyrosis rotundipennis* (de Joannis, 1930)

分布：云南（昆明、大理、丽江、迪庆、普洱、临沧、曲靖、玉溪、文山、红河），四川，江西；越南。

角枯叶蛾属 *Radhica* Moore, 1879

绿角枯叶蛾 *Radhica elisabethae* de Lajonquière, 1977

分布：云南（西双版纳）；印度，缅甸，越南，泰国，菲律宾，马来西亚，印度尼西亚。

光枯叶蛾属 *Somadasys* Gaede, 1932

新光枯叶蛾 *Somadasys saturatus* Zolotuhin, 2001

分布：云南（大理、怒江），四川，湖北，河南。

胸枯叶蛾属 *Streblote* Hübner, [1820]

棕胸枯叶蛾 *Streblote gniflua* (Moore, [1883])

分布：云南（玉溪、红河）；印度，尼泊尔，斯里兰卡，越南。

巨枯叶蛾属 *Suana* Walker, 1855

木麻黄巨枯叶蛾 *Suana concolor* Walker, 1855

分布：云南（玉溪、红河、德宏、西双版纳），四川，江西，湖南，广西，福建，广东；印度，斯里兰卡，越南，缅甸，泰国，菲律宾，马来西亚，印度尼西亚。

痕枯叶蛾属 *Syrastrena* Moore, 1884

雅痕枯叶蛾 *Syrastrena dorca* Zolotuhin, 2005

分布：云南，福建，江西，海南。

苏痕枯叶蛾 *Syrastrena sumatrana* Tams, 1935

分布：云南，四川，安徽，浙江，江西，湖南，广西，广东，福建，台湾；马来西亚，印度尼西亚。

无痕枯叶蛾 *Syrastrena sumatrana sinensis* de Lajonquière, 1973

分布：云南（丽江），四川，浙江，福建，江西，湖南，广东，广西。

拟痕枯叶蛾属 *Syrastrenopsis* Grunberg, 1914

云拟痕枯叶蛾 *Syrastrenopsis imperiatus* Zolotuhin, 2001

分布：云南（迪庆）。

刻缘枯叶蛾属 *Takanea* Nagano, 1917

刻缘枯叶蛾 *Takanea excisa* (**Wileman, 1910**)

分布：云南，四川，西藏，陕西，甘肃，河南，福建，台湾。

大陆刻缘枯叶蛾 *Takanea excisa yangtsei* **de Lajonquière, 1973**

分布：云南（丽江、迪庆、大理），四川，西藏，陕西，河南，甘肃，福建。

黄枯叶蛾属 *Trabala* Walker, 1856

栗黄枯叶蛾 *Trabala vishnou* (**Lefebvre, 1827**)

分布：云南，四川，贵州，内蒙古，北京，山西，河南，陕西，甘肃，江苏，浙江，安徽，江西，湖南，广西，福建，台湾；巴基斯坦，斯里兰卡，印度，尼泊尔，泰国，越南，缅甸，柬埔寨，马来西亚。

栗黄枯叶蛾指名亚种 *Trabala vishnou vishnou* (**Lefebvre, 1827**)

分布：云南（丽江、迪庆、西双版纳），西藏，四川，贵州，江苏，浙江，安徽，江西，湖北，湖南，广西，福建；巴基斯坦，斯里兰卡，印度，尼泊尔，泰国，越南，马来西亚。

箩纹蛾科 Brahmaeidae

箩纹蛾属 *Brahmaea* Walker, 1855

青球箩纹蛾 *Brahmaea hearseyi* (**White, 1861**)

分布：云南（昭通、临沧、红河、文山），四川，贵州，湖北，湖南，江苏，浙江，安徽，江西，广东；印度，缅甸，印度尼西亚，马来西亚，文莱。

枯球箩纹蛾 *Brahmaea wallichii* (**Gray, 1831**)

分布：云南（昆明、保山），贵州，四川，湖北，浙江，江西，福建，台湾；印度。

尺蛾科 Geometridae

矶尺蛾属 *Abaciscus* Butler, 1889

橘斑矶尺蛾 *Abaciscus costimacula* (**Wileman, 1912**)

分布：云南，贵州，四川，浙江，湖北，江西，湖南，广西，福建，台湾，广东，海南。

红矶尺蛾 *Abaciscus stellifera* (**Warren, 1896**)

分布：云南（保山）；印度，尼泊尔。

矶尺蛾 *Abaciscus tristis* **Butler, 1889**

分布：云南，四川，广西，浙江，湖南，福建，台湾，广东，海南；印度，尼泊尔，印度尼西亚，马来西亚，文莱。

秦岭矶尺蛾 *Abaciscus tsinlingensis* (**Wehrli, 1943**)

分布：云南，陕西。

纹尺蛾属 *Abraxaphantes* Warren, 1894

琴纹尺蛾 *Abraxaphantes perampla* (**Swinhoe, 1890**)

分布：云南（文山）。

金星尺蛾属 *Abraxas* Leach, 1815

云南松金星尺蛾 *Abraxas epipercna* **Wehrli, 1931**

分布：云南，四川。

铁金星尺蛾 *Abraxas martaria* **Guenée, 1857**

分布：云南（文山、红河）。

Abraxas proicteriodes **Wehrli, 1931**

分布：云南（大理）。

丝棉木金星尺蛾 *Abraxas suspecta* (**Warren, 1894**)

分布：云南（文山、红河）。

榛金星尺蛾 *Abraxas sylvata* (**Scopoli, 1763**)

分布：云南（文山）。

扭金星尺蛾 *Abraxas tortuosaria* **Leech, 1897**

分布：云南，四川。

沼尺蛾属 *Acasis* Duponchel, 1845

沼尺蛾 *Acasis viretata* **Hübner, 1799**

分布：云南，台湾，四川；日本，俄罗斯，印度，缅甸，欧洲。

沼尺蛾喜马拉雅亚种 *Acasis viretata himalayica* **Prout, 1958**

分布：云南（保山），四川，西藏；印度，缅甸。

虹尺蛾属 *Acolutha* Warren, 1894

虹尺蛾中国亚种 *Acolutha pictaria imbecilla* **Warren, 1905**

分布：云南（保山、红河），四川，浙江，福建，台湾，海南。

艳青尺蛾属 *Agathia* Guenée, [1858]

纳艳青尺蛾 *Agathia antitheta* **Prout, 1932**

分布：云南（红河、保山），西藏，四川，湖北，广西；印度，尼泊尔，越南。

萝藦艳青尺蛾 *Agathia carissima* **Butler, 1878**

分布：云南（迪庆），四川，黑龙江，吉林，辽宁，内蒙古，北京，山西，河南，陕西，甘肃，浙江，湖北，湖南；俄罗斯，日本，朝鲜半岛，印度。

大艳青尺蛾 *Agathia codina* **Swinhoe, 1892**

分布：云南，海南；印度，越南，泰国，马来西亚。

大艳青尺蛾指名亚种 *Agathia codina codina* Swinhoe, 1892

分布：云南（西双版纳），海南；印度，越南，泰国。

短尾艳青尺蛾 *Agathia diversiformis* Warren, 1894

分布：云南（德宏），台湾，海南；印度，泰国。

宝艳青尺蛾 *Agathia gemma* Swinhoe, 1892

分布：云南（保山），四川；印度，尼泊尔，越南，泰国。

丰艳青尺蛾 *Agathia quinaria* Moore, 1868

分布：云南（西双版纳、迪庆），广西；印度。

美艳青尺蛾 *Agathia siren* Prout, 1932

分布：云南，西藏。

异序尺蛾属 *Agnibesa* Moore, 1888

异序尺蛾 *Agnibesa pictaria* (Moore, 1868)

分布：云南，四川，西藏，陕西，甘肃；印度，尼泊尔。

异序尺蛾短斑亚种 *Agnibesa pictaria brevibasis* Prout, 1938

分布：云南（丽江、保山），四川，西藏，陕西，甘肃。

带异序尺蛾 *Agnibesa plumbeolineata* (Hampson, 1895)

分布：云南（保山）；印度。

点线异序尺蛾 *Agnibesa punctilinearia* (Leech, 1897)

分布：云南（丽江、保山、大理），四川。

银白异序尺蛾 *Agnibesa recurvilineata* Moore, 1888

分布：云南，四川，西藏，湖北；尼泊尔，印度。

银白异序尺蛾峨眉亚种 *Agnibesa recurvilineata meroplyta* Prout, 1938

分布：云南（丽江），四川，西藏，湖北。

鹿尺蛾属 *Alcis* Curtis, 1826

鹿尺蛾 *Alcis admissaria* Guenée, 1858

分布：云南（丽江），四川，西藏，甘肃；印度，不丹，喜马拉雅山西北部。

白斑鹿尺蛾 *Alcis albifera* (Moore, 1888)

分布：云南（保山），四川，西藏；印度，尼泊尔，泰国。

白线鹿尺蛾 *Alcis albilinea* Sato, 1993

分布：云南（德宏），四川，湖北，湖南；印度。

天鹿尺蛾 *Alcis arisema* Prout, 1934

分布：云南（丽江、迪庆），贵州，四川，西藏，甘肃，湖北；缅甸，尼泊尔。

华丽鹿尺蛾 *Alcis decussata* (Moore, 1868)

分布：云南（保山），西藏；日本，印度，尼泊尔，泰国。

淡网斑鹿尺蛾 *Alcis maculata prodictyota* (Wehrli, 1924)

分布：云南（丽江），四川。

显鹿尺蛾 *Alcis nobilis* (Alphéraky, 1892)

分布：云南，四川，西藏，甘肃，湖北，湖南。

胜鹿尺蛾 *Alcis opisagna* (Wehrli, 1943)

分布：云南（丽江），西藏，广西。

啄鹿尺蛾 *Alcis perspicuata* (Moore, 1868)

分布：云南（保山、大理），青海，福建；印度，尼泊尔。

马鹿尺蛾 *Alcis postcandida* (Wehrli, 1924)

分布：云南（保山），广西，江西，湖南，福建，广东。

方鹿尺蛾 *Alcis quadrifera* Walker, (1866)

分布：云南（保山），四川，西藏；印度，尼泊尔。

红缘鹿尺蛾 *Alcis rufomarginata* Moore, 1868

分布：云南（保山），西藏；印度，尼泊尔。

革鹿尺蛾 *Alcis scortea* (Bastelberger, 1909)

分布：云南（保山），四川，湖南，广西，福建，台湾。

半白鹿尺蛾 *Alcis semialba* (Moore, 1888)

分布：云南（保山），四川，陕西，湖北，江西，广西，福建；印度，尼泊尔，泰国。

中国鹿尺蛾 *Alcis sinadmissa* (Wehrli, 1943)

分布：云南（保山），四川，西藏。

瓦鹿尺蛾 *Alcis variegata* (Moore, 1888)

分布：云南（保山），青海，台湾，广东；印度，缅甸，越南，老挝，泰国，印度尼西亚，马来西亚，新加坡。

雅鹿尺蛾 *Alcis venustularia* (Walker, 1866)

分布：云南（丽江），四川；印度。

鲁尺蛾属 *Amblychia* Guenée, 1858

白珠鲁尺蛾 *Amblychia angeronaria* Guenée, 1858

分布：云南（西双版纳），西藏，贵州，四川，浙江，湖南，广西，福建，台湾，海南；日本，印度，越南，泰国，马来西亚，印度尼西亚，巴布亚新几内亚。

阴鲁尺蛾 *Amblychia insueta* (Bufler, 1878)

分布：云南（红河、丽江、西双版纳），贵州，四川，西藏，甘肃，江西，湖南，广西，福建，海南；
日本。

帷尺蛾属 *Amnesicoma* Warren, 1895

邻帷尺蛾 *Amnesicoma vicina* Djakonov, 1936
分布：云南，甘肃。

掌尺蛾属 *Amraica* Moore, 1888

大斑掌尺蛾 *Amraica asahinai* (Inoue, 1964)
分布：云南（保山、西双版纳），贵州，四川，西
藏，江西，湖南，广西，台湾，海南；日本，尼泊
尔，缅甸，越南。

小掌尺蛾 *Amraica ferrolavata* (Walker, 1863)
分布：云南（德宏、西双版纳），广西；印度，尼
泊尔，越南，泰国。

单掌尺蛾 *Amraica solivagaria* (Walker, 1866)
分布：云南（保山）；泰国，菲律宾，马来西亚，
文莱，印度尼西亚。

掌尺蛾 *Amraica superans* (Butler, 1878)
分布：云南（昭通），东北，华中，台湾；日本，
朝鲜。

宽带尺蛾属 *Anonychia* Warren, 1893

灰宽带尺蛾 *Anonychia grisea* (Butler, 1883)
分布：云南（怒江），西藏；印度。

安尺蛾属 *Anticlea* Stephens, 1831

安尺蛾 *Anticlea canaliculata* Warren, 1896
分布：云南（大理），四川，西藏，台湾；印度。

斑星尺蛾属 *Antipercnia* Inoue, 1992

拟柿星尺蛾 *Antipercnia albinigrata* (Warren, 1896)
分布：云南（红河）。

川匀点尺蛾 *Antipercnia belluaria sifanica* (Wehrli, 1939)
分布：云南（迪庆、大理、怒江、丽江、文山、红
河），四川。

蟹尺蛾属 *Antitrygodes* Warren, 1895

楔纹蟹尺蛾 *Antitrygodes cuneilinea* (Walker, 1863)
分布：云南（红河）；泰国，缅甸，印度，斯里兰
卡，马来西亚。

墨绿蟹尺蛾台湾亚种 *Antitrygodes divisaria perturbata* Prout, 1914
分布：云南（西双版纳），福建，广西，广东，海
南，台湾；日本。

迭翅尺蛾属 *Anydrelia* Prout, 1938

细线迭翅尺蛾 *Anydrelia distorta* (Hampson, 1895)
分布：云南（保山），四川，西藏；印度，尼泊尔。

绿荷尺蛾属 *Aporandria* Warren, 1894

绿荷尺蛾 *Aporandria specularia* (Guenée, 1858)
分布：云南（西双版纳），海南；印度，不丹，越
南，泰国，柬埔寨，斯里兰卡，菲律宾，马来西亚，
新加坡，文莱，印度尼西亚。

银绿尺蛾属 *Argyrocosma* Turner, 1910

银绿尺蛾 *Argyrocosma inductaria* (Guenée, 1858)
分布：云南（德宏），台湾，海南；印度，尼泊尔，
缅甸，斯里兰卡，菲律宾，马来西亚，印度尼西亚。

弥尺蛾属 *Arichanna* Moore, 1868

隐斑染弥尺蛾 *Arichanna antiplasta tatsienlua* Wehrli, 1929
分布：云南（迪庆），四川，西藏。

亚枝弥尺蛾 *Arichanna aphanes* Wehrli, 1933
分布：云南，四川。

断弥尺蛾 *Arichanna divisaria* (Leech, 1897)
分布：云南，四川。

宽弥尺蛾 *Arichanna exsoletaria* (Leech, 1897)
分布：云南（丽江），四川。

黄斑弥尺蛾 *Arichanna flavomacularia* Leech, 1897
分布：云南（迪庆、丽江），四川，陕西。

滇沙弥尺蛾 *Arichanna furcifera epiphanes* Wehrli, 1933
分布：云南（怒江），广西

星弥尺蛾 *Arichanna geniphora* Wehrli, 1939
分布：云南（迪庆、丽江、大理）。

喜马拉雅弥尺蛾 *Arichanna himalayensis* Inoue, 1970
分布：云南（丽江、迪庆），西藏；尼泊尔。

灰星尺蛾 *Arichanna jaguarinaria* Oberthür, 1881
分布：云南，贵州，陕西。

黑卷弥尺蛾 *Arichanna leucocirra anthracia* Wehrli, 1939
分布：云南（迪庆），四川。

白棒弥尺蛾 *Arichanna leucorhabdos* Wehrli, 1937
分布：云南（迪庆），四川，广西。

珠弥尺蛾 *Arichanna pergracilis* Wehrli, 1933
分布：云南（丽江，大理）。

密纹弥尺蛾 *Arichanna plagifera* (Walker, 1866)

分布：云南（怒江），西藏；印度，缅甸，尼泊尔。

西南弥尺蛾 *Arichanna sinica* **Wehrli, 1933**

分布：云南（迪庆、丽江、大理），四川。

天全弥尺蛾 *Arichanna tientsuena* **Wehrli, 1933**

分布：云南（迪庆、丽江、大理），四川，西藏；缅甸，印度。

金叉弥尺蛾 *Arichanna tramesata eucosme* **Wehrli, 1939**

分布：云南（大理、怒江），四川，西藏。

造桥虫属 *Ascotis* Hübner, 1825

大造桥虫 *Ascotis selenaria* (Denis & Schiffermüller, 1775)

分布：云南（昆明、保山、丽江、昭通、楚雄、普洱、德宏、文山、西双版纳），贵州，四川，西藏，重庆，黑龙江，吉林，辽宁，内蒙古，北京，河北，山西，陕西，甘肃，新疆，江苏，安徽，浙江，湖北，江西，湖南，广西，福建，台湾，广东，海南，香港；俄罗斯，日本，朝鲜半岛，印度，斯里兰卡，欧洲，非洲。

白尺蛾属 *Asthena* Hübner, 1825

大白尺蛾 *Asthena albidaria* (Leech, 1897)

分布：云南（丽江），四川，湖北。

麻白尺蛾 *Asthena albosignata* (Moore, 1888)

分布：云南（怒江，丽江），西藏；印度，克什米尔地区。

直纹白尺蛾 *Asthena tchratchraria* (Oberthür, 1893)

分布：云南（丽江），四川；缅甸。

窝尺蛾属 *Atopophysa* Warren, 1894

窝尺蛾 *Atopophysa indistincta* (Butler, 1889)

分布：云南（丽江），四川，西藏，湖北，湖南；印度，尼泊尔。

娴尺蛾属 *Auaxa* Walker, 1860

娴尺蛾 *Auaxa cesadaria* **Walker, 1860**

分布：云南（丽江），西藏，四川，宁夏；日本，朝鲜，印度。

丽斑尺蛾属 *Berta* Walker, 1863

突尾丽斑尺蛾 *Berta annulifera* (Warren, 1896)

分布：云南（红河），四川；印度，马来西亚，新加坡，文莱。

峰丽斑尺蛾 *Berta apopempta* **Prout, 1935**

分布：云南（保山、德宏），四川，西藏。

丽斑尺蛾 *Berta chrysolineata* **Walker, 1863**

分布：云南；东洋界至澳大利亚热带地区。

丽斑尺蛾海南亚种 *Berta chrysolineata hainanensis* **Prout, 1934**

分布：云南（文山），广东，海南；印度，印度尼西亚。

鹰尺蛾属 *Biston* Leech, 1815

黄鹰尺蛾 *Biston bengaliaria* (Guenée, 1858)

分布：云南（玉溪、德宏、西双版纳），西藏；印度，孟加拉国，泰国。

桦尺蛾 *Biston betularia* (Linnaeus, 1758)

分布：云南（大理、丽江、迪庆），四川，西藏，黑龙江，吉林，辽宁，新疆，内蒙古，北京，河北，山西，山东，河南，陕西，宁夏，甘肃，青海，福建；俄罗斯，蒙古国，日本，朝鲜半岛，尼泊尔，中亚，欧洲，北美洲。

双云突峰尺蛾 *Biston comitata* **Warren, 1899**

分布：云南（昆明、德宏、保山、迪庆），黑龙江，吉林，辽宁，湖北，福建；日本，俄罗斯，朝鲜。

白鹰尺蛾 *Biston contectaria* (Walker, 1863)

分布：云南（保山、怒江、临沧），广东；印度，尼泊尔。

无缘鹰尺蛾 *Biston emarginaria* **Leech, 1897**

分布：云南，四川。

麻鹰尺蛾 *Biston erilda satura* **Wehrli, 1941**

分布：云南（丽江、迪庆、大理），西藏，四川，陕西，浙江。

鹰翅尺蛾 *Biston falcata* (Warren, 1893)

分布：云南（昆明、丽江、迪庆），四川，西藏，陕西，宁夏，甘肃，浙江，台湾，广东；印度，尼泊尔。

油茶尺蛾 *Biston marginata* **Shiraki, 1913**

分布：云南，重庆，浙江，江西，湖南，广西，广东，福建，台湾；日本，越南。

圆突鹰尺蛾 *Biston mediolata* **Jiang, Xue & Han, 2011**

分布：云南（文山）。

木橑尺蛾 *Biston panterinaria* (Bremer & Grey, 1855)

分布：云南（保山、昭通），贵州，四川，西藏，辽宁，北京，河北，山西，山东，河南，陕西，宁夏，甘肃，安徽，浙江，湖北，江西，湖南，广西，福建，广东，海南；印度，尼泊尔，越南，泰国。

双云尺蛾 *Biston regalis* (Moore, 1888)

分布：云南（保山、曲靖、西双版纳），四川，辽宁，河南，陕西，甘肃，浙江，湖北，江西，湖南，福建，台湾，广东，海南；俄罗斯，日本，朝鲜半岛，印度，尼泊尔，菲律宾，巴基斯坦，美国。

油桐尺蛾 *Biston suppressaria* (Guenée, 1858)

分布：云南（玉溪、保山、红河、德宏、临沧、西双版纳），西藏，贵州，四川，重庆，河南，陕西，江苏，安徽，浙江，湖北，江西，湖南，广西，福建，广东，海南，香港；印度，缅甸，尼泊尔。

藏鹰尺蛾 *Biston thibetaria* (Oberthür, 1886)

分布：云南（丽江、曲靖、楚雄、临沧），贵州，四川，西藏，河南，浙江，湖北，湖南，广西，福建。

小鹰尺蛾 *Biston thoracicaria* (Oberthür, 1884)

分布：云南（丽江），北京，河北，山东，河南，陕西，甘肃，江苏，浙江，湖北；俄罗斯，日本，朝鲜半岛。

卜尺蛾属 *Brabira* Moore, 1888

阿卜尺蛾 *Brabira atkinsonii* Moore, 1888

分布：云南（红河），四川；印度，尼泊尔。

阴卜尺蛾 *Brabira operosa* Prout, 1958

分布：云南（丽江）；印度。

Buzura Walker, 1863

云尺蛾 *Buzura thibetaria* Oberthür, 1886

分布：云南（迪庆、丽江、文山），贵州，四川，华中，浙江。

毛纹尺蛾属 *Callabraxas* Butler, 1880

毛纹尺蛾 *Callabraxas amanda* Butler, 1880

分布：云南（保山）；印度，尼泊尔。

双弓尺蛾属 *Calleremites* Warren, 1894

双弓尺蛾 *Calleremites subornata* Warren, 1894

分布：云南（临沧）；印度。

蛊尺蛾属 *Calicha* Moore, 1888

灰金蛊尺蛾 *Calicha griseoviridata* (Wileman, 1911)

分布：云南（昆明、丽江），福建，台湾。

金蛊尺蛾 *Calicha nooraria* (Bremer, 1864)

分布：云南，四川，黑龙江，陕西，甘肃，浙江，湖

南，广西，福建，广东；俄罗斯，日本，朝鲜半岛。

卡勒尺蛾属 *Calletaera* Warren, 1895

齿卡勒尺蛾 *Calletaera dentata* Jiang, Xue & Han, 2014

分布：云南（保山、红河、西双版纳），西藏，江西，湖南，广西，广东，福建。

斜纹点尺蛾 *Calletaera obliquata* (Moore, 1888)

分布：云南（保山、红河），西藏，台湾；印度，尼泊尔。

圆角卡勒尺蛾 *Calletaera rotundicornuta* Jiang, Xue & Han, 2014

分布：云南（文山），广西。

灰青尺蛾属 *Campaea* Lamarck, 1816

叉线青尺蛾 *Campaea dehaliaria* Wehrli, 1936

分布：云南（昆明、丽江），四川，西藏，内蒙古；尼泊尔。

双角尺蛾属 *Carige* Walker, 1862

双角尺蛾指名亚种 *Carige cruciplaga cruciplaga* (Walk, 1861)

分布：云南（临沧、大理）。

双角尺蛾连斑亚种 *Carige cruciplaga debrunneata* Prout, 1936

分布：云南（昭通），四川，湖北，湖南，江西，福建。

长柄尺蛾属 *Cataclysme* Hübner, 1825

康长柄尺蛾 *Cataclysme conturbata* (Walker, 1863)

分布：云南，西藏，甘肃；印度，喜马拉雅山西北部地区。

黑长柄尺蛾 *Cataclysme murina* Prout, 1916

分布：云南（昆明、怒江、迪庆、大理、保山），西藏。

泂纹尺蛾属 *Chartographa* Gumppenberg, 1887

常春藤泂纹尺蛾川滇亚种 *Chartographa composiilata apothetica* (Prout, 1940)

分布：云南，四川。

云南松泂纹尺蛾 *Chartographa fabiolaria* (Oberthür, 1884)

分布：云南（丽江），贵州，四川，北京，甘肃，浙江，江西，湖北，湖南，广西；朝鲜。

青灰泂纹尺蛾 *Chartographa liva* Xue, 1990

分布：云南。

葡萄洄纹尺蛾长阳亚种 *Chartographa ludovicaria praemutans* (Prout, 1937)

分布：云南，四川，陕西，甘肃，湖北，湖南。

尾尺蛾属 *Chiasmia* Hübner, 1823

橄榄绿尾尺蛾 *Chiasmia defixaria* (Walker, 1861)

分布：云南（文山）。

白带尾尺蛾 *Chiasmia eleonora* (Cramer, 1780)

分布：云南（文山）。

短尾尺蛾 *Chiasmia elvirata* (Guenée, 1857)

分布：云南（文山）。

四黑斑尾尺蛾 *Chiasmia intermediaria* (Leech, 1897)

分布：云南（文山）。

黑双尾尺蛾 *Chiasmia monticolaria notia* (Wehrli, 1940)

分布：云南（文山）。

仿锈腰尺蛾属 *Chlorissa* Stephens, 1831

翠仿锈腰尺蛾 *Chlorissa aquamarina* (Hampson, 1895)

分布：云南（保山、大理、德宏），西藏，湖南，台湾，广东，海南；印度，马来西亚，文莱。

黄边仿锈腰青尺蛾 *Chlorissa distinctaria* (Walker, 1866)

分布：云南，西藏，四川，甘肃，湖南，广西；印度，不丹，尼泊尔。

黄边仿锈腰青尺蛾指名亚种 *Chlorissa distinctaria distinctaria* (Walker, 1866)

分布：云南（红河、保山、德宏），西藏，四川，甘肃，湖南，广西；印度，不丹，尼泊尔。

沧尺蛾属 *Chloroclystis* Hübner, 1825

突鳞沧尺蛾 *Chloroclystis papillosa* (Warren, 1896)

分布：云南（保山），海南；印度。

红绿沧尺蛾 *Chloroclystis rubroviridis* (Warren, 1896)

分布：云南（保山），湖南；印度，尼泊尔。

四眼绿尺蛾属 *Chlorodontopera* Warren, 1893

四眼绿尺蛾 *Chlorodontopera discospilata* (Moore, 1868)

分布：云南（保山），西藏，湖南，福建，台湾，海南；印度，尼泊尔，缅甸。

绿雕尺蛾属 *Chloroglyphica* Warren, 1894

绿雕尺蛾 *Chloroglyphica glaucochrista* (Prout, 1916)

分布：云南（丽江），西藏，四川，陕西，甘肃，

湖北，广东。

瓷尺蛾属 *Chlororithra* Butler, 1889

瓷尺蛾 *Chlororithra fea* Butler, 1889

分布：云南（保山、丽江、迪庆），西藏，四川，甘肃；印度，不丹，尼泊尔，巴基斯坦，缅甸。

堇瓷尺蛾 *Chlororithra missioniaria* Oberthür, 1916

分布：云南（丽江），北京，河南。

绿镰尺蛾属 *Chlorozancla* Prout, 1912

绿镰尺蛾 *Chlorozancla falcatus* (Hampson, 1895)

分布：云南（西双版纳），海南；印度，越南。

隐叶尺蛾属 *Chrioloba* Prout, 1958

长阳隐叶尺蛾 *Chrioloba apicata* Prout, 1914

分布：云南，四川，湖北，湖南。

灰隐叶尺蛾 *Chrioloba cinerea* Butler, 1880

分布：云南（保山），四川，西藏；印度，缅甸，尼泊尔。

方尺蛾属 *Chorodna* Walker, 1860

默方尺蛾 *Chorodna corticaria* (Leech, 1897)

分布：云南（昆明、保山、临沧、红河），四川，西藏，陕西，甘肃，浙江，湖北，湖南，广西，福建，台湾。

宏方尺蛾 *Chorodna creataria* (Guenée, 1858)

分布：云南（德宏、红河），四川，西藏，甘肃，浙江，湖北，湖南，广西，福建，台湾，海南，香港；印度，尼泊尔，泰国。

魔方尺蛾 *Chorodna erebusaria* Walker, 1860

分布：云南（德宏、保山）；印度，尼泊尔。

带方尺蛾 *Chorodna fulgurita* (Walker, 1860)

分布：云南（怒江），广西；印度，尼泊尔，泰国，印度尼西亚。

Chorodna lignyodes (Wehrli, 1941)

分布：云南（曲靖、昭通、大理）。

皂方尺蛾 *Chorodna mauraria* (Guenée, 1858)

分布：云南（保山、德宏、红河）；印度，尼泊尔，缅甸。

霉纸尺蛾 *Chorodna metaphaearia* (Walker, 1863)

分布：云南（红河、文山、德宏、西双版纳），广西；印度，尼泊尔。

豹纹方尺蛾 *Chorodna moorei* (Thierry-Mieg, 1899)

分布：云南（红河、文山、西双版纳），西藏，广西，台湾，广东，海南；印度，尼泊尔。

黄斑方尺蛾 *Chorodna ochreimacula* **Prout, 1914**

分布：云南（德宏、文山、西双版纳），贵州，广西，江西，湖南，福建，台湾，海南，香港。

纹方尺蛾 *Chorodna strixaria* **(Guenée, 1858)**

分布：云南（红河），海南，广西；印度，斯里兰卡，菲律宾，印度尼西亚，巴布亚新几内亚。

伏方尺蛾 *Chorodna vulpinaria* **Moore, 1868**

分布：云南（丽江、迪庆），四川，西藏，广东；印度，尼泊尔。斯里兰卡，菲律宾，马来西亚，印度尼西亚。

锯尺蛾属 *Cleora* Curtis, 1825

锯霜尺蛾 *Cleora contiguata* **(Moore, [1868])**

分布：云南（红河）。

黑腰尺蛾 *Cleora fraterna* **(Moore, 1888)**

分布：云南（文山）。

黑霜尺蛾 *Cleora injectaria* **(Walker, 1860)**

分布：云南（西双版纳），海南，香港；日本，印度，尼泊尔，缅甸，泰国，斯里兰卡，马来西亚，印度尼西亚，斐济，巴布亚新几内亚。

肖霜尺蛾 *Cleora pupillata* **(Walker, 1860)**

分布：云南（西双版纳）；菲律宾，马来西亚，印度尼西亚。

瑞霜尺蛾 *Cleora repulsaria* **(Walker, 1860)**

分布：云南（保山、临沧、西双版纳），贵州，四川，上海，江苏，浙江，江西，湖南，广西，台湾，广东，海南，香港，重庆；日本，朝鲜半岛，缅甸，越南，泰国，菲律宾。

银花尺蛾属 *Coenolarentia* Aubert, 1959

银花尺蛾 *Coenolarentia argentiplumbea* **(Hampson, 1903)**

分布：云南（迪庆），四川，西藏；印度，不丹，克什米尔地区。

绿尺蛾属 *Comibaena* Hübner, 1823

顶绿尺蛾 *Comibaena apicipicta* **Prout, 1912**

分布：云南（丽江），西藏，福建。

尖绿尺蛾 *Comibaena attenuata* **(Warren, 1896)**

分布：云南，海南；柬埔寨，菲律宾，马来西亚，新加坡，文莱，印度尼西亚。

尖绿尺蛾指名亚种 *Comibaena attenuata attenuata* **(Warren, 1896)**

分布：云南（普洱、西双版纳），西藏，海南；柬埔寨，菲律宾，马来西亚，新加坡，文莱，印度尼

西亚。

黄斑绿尺蛾 *Comibaena auromaculata* **Han, Galsworthy & Xue, 2012**

分布：云南（丽江）。

俏绿尺蛾 *Comibaena bellula* **Han, Galsworthy & Xue, 2012**

分布：云南（丽江）。

盔绿尺蛾 *Comibaena cassidara* **(Guenée, 1858)**

分布：云南，福建，海南，台湾；印度，尼泊尔，巴基斯坦，斯里兰卡，菲律宾，马来西亚，印度尼西亚，新加坡。

新绿尺蛾 *Comibaena cenocraspis* **Prout, 1926**

分布：云南，四川；印度，缅甸。

双线绿尺蛾 *Comibaena dubernardi* **(Oberthur, 1916)**

分布：云南（丽江）。

莲丝尺蛾 *Comibaena falcipennis* **(Yazaki, 1991)**

分布：云南，四川，广西，台湾。

暗绿尺蛾 *Comibaena fuscidorsata* **Prout, 1912**

分布：云南（文山、德宏、临沧、保山、西双版纳），海南，台湾；印度。

弱绿尺蛾 *Comibaena hypolampes* **Prout, 1918**

分布：云南（德钦、丽江），西藏。

紫斑绿尺蛾 *Comibaena nigromacularia* **(Leech, 1897)**

分布：云南，四川，黑龙江，北京，河南，陕西，甘肃，安徽，浙江，湖北，江西，湖南，广西，福建，台湾；俄罗斯，日本，朝鲜半岛。

饰纹绿尺蛾 *Comibaena ornataria* **(Leech, 1897)**

分布：云南（丽江），四川。

云纹绿尺蛾四川亚种 *Comibaena pictipennis superornataria* **(Oberthür, 1916)**

分布：云南（怒江、保山），西藏，四川，湖南。

肾纹绿尺蛾 *Comibaena procumbaria* **(Pryer, 1877)**

分布：云南（红河），四川，北京，河北，山西，山东，河南，甘肃，上海，浙江，湖北，江西，湖南，广西，福建，台湾，广东，香港；日本，朝鲜半岛。

亚长纹绿尺蛾 *Comibaena signifera* **(Warren, 1893)**

分布：云南，四川，西藏，浙江，福建，广西；缅甸。

亚长纹绿尺蛾中国亚种 *Comibaena signifera subargentaria* **(Oberthür, 1916)**

分布：云南（保山、德宏），四川，浙江，福建，广西。

洁绿尺蛾 *Comibaena striataria* **(Leech, 1897)**

分布：云南（丽江），四川，陕西。

镶纹绿尺蛾 Comibaena subhyalina (Warren, 1899)

分布：云南（大理、保山），西藏，四川，湖北，海南，广西；印度，尼泊尔，巴基斯坦。

亚肾纹绿尺蛾 Comibaena subprocumbaria (Oberthür, 1916)

分布：云南（西双版纳），西藏，四川，北京，河北，河南，甘肃，江苏，浙江，湖北，江西，湖南，广西，福建，海南。

淋绿尺蛾 Comibaena swanni Prout, 1926

分布：云南（昆明、丽江、保山、普洱、德宏、西双版纳），四川，福建，广西；缅甸。

亚四目绿尺蛾属 Comostola Meyrick, 1888

银亚四目绿尺蛾 Comostola chlorargyra (Walker, 1861)

分布：云南（西双版纳），海南；马来西亚，新加坡，印度尼西亚，巴布亚新几内亚。

染亚四目绿尺蛾 Comostola christinaria (Oberthür, 1916)

分布：云南，西藏。

鲜亚四目绿尺蛾 Comostola dyakaria (Walker, 1861)

分布：云南（红河），广西；印度，喜马拉雅东北部地区，菲律宾，马来西亚，印度尼西亚。

红斑亚四目绿尺蛾 Comostola laesaria (Walker, 1861)

分布：云南（保山、西双版纳），台湾，海南；印度，斯里兰卡，马来西亚，新加坡，文莱，印度尼西亚，巴布亚新几内亚，澳大利亚。

点线亚四目绿尺蛾 Comostola maculata (Moore, 1868)

分布：云南（保山），四川，西藏；印度，尼泊尔，缅甸，喜马拉雅地区。

绵亚四目绿尺蛾 Comostola ovifera (Warren, 1893)

分布：云南，四川，西藏。

绵亚四目绿尺蛾四川亚种 Comostola ovifera szechuanensis Prout, 1934

分布：云南（迪庆），四川。

亚四目绿尺蛾 Comostola subtiliaria (Bremer, 1864)

分布：云南（德宏、临沧），四川，河南，陕西，甘肃，青海，上海，浙江，江西，广西，福建，广东；俄罗斯，日本，印度，印度尼西亚。

红缘亚四目绿尺蛾 Comostola turgescens (Prout, 1917)

分布：云南（西双版纳），海南；印度，喜马拉雅东北部，马来西亚，文莱，印度尼西亚。

维亚四目绿尺蛾 Comostola virago Prout, 1926

分布：云南（保山、红河、西双版纳），西藏，四川，广西；印度，缅甸。

宙尺蛾属 Coremecis Holloway, 1994

黑斑宙尺蛾 Coremecis nigrovittata (Moore, 1868)

分布：云南（保山、德宏、文山、西双版纳），西藏，湖北，湖南，广西，福建，广东，香港；印度，尼泊尔，泰国，越南。

虚幽尺蛾属 Ctenognophos Prout, 1915

黑虚幽尺蛾 Ctenognophos dolosaria (Leech, 1897)

分布：云南；土耳其。

长虚幽尺蛾 Ctenognophos incolraia (Leech, 1897)

分布：云南，贵州，四川，陕西，湖北，湖南，福建。

虚幽尺蛾 Ctenognophos ventraria (Guenée, 1858)

分布：云南，西藏；印度，孟加拉国。

虚幽尺蛾云南亚种 Ctenognophos ventraria tsekuna Wehrli, 1953

分布：云南，西藏；印度。

摩尺蛾属 Cusiala Moore, 1887

摩尺蛾 Cusiala stipitaria (Oberthür, 1880)

分布：云南（红河），四川，吉林，北京，河南，陕西，甘肃，湖北，海南，台湾；俄罗斯，日本，朝鲜半岛。

环点绿尺蛾属 Cyclothea Prout, 1912

环点绿尺蛾 Cyclothea disjuncta (Walker, 1861)

分布：云南（西双版纳），海南；印度，斯里兰卡，马来西亚，印度尼西亚。

达尺蛾属 Dalima Moore, 1868

达尺蛾 Dalima apicata Moore, 1868

分布：云南（保山、红河、迪庆、临沧），四川，西藏，浙江，湖北，湖南，福建，广东；印度。

双达尺蛾 Dalima columbinaria Leech, 1897

分布：云南（保山），四川。

壮达尺蛾 Dalima lucens (Warren, 1893)

分布：云南（怒江），四川；印度。

金纹达尺蛾 Dalima metachromata (Walker, 1862)

分布：云南（红河、保山、西双版纳），广西，海南；印度，尼泊尔。

银丝达尺蛾 *Dalima schistacearia* Moore, 1868
分布：云南（迪庆、保山、文山），四川，西藏，广西，海南；印度。

三线达尺蛾 *Dalima truncataria* (Moore, 1868)
分布：云南（保山），西藏，四川，湖北，湖南；印度，尼泊尔。

易达尺蛾 *Dalima variaria* Leech, 1897
分布：云南（迪庆、保山），四川，广西，浙江，湖北，湖南，福建，海南。

蛮尺蛾属 *Darisa* Moore, 1888

歧蛮尺蛾 *Darisa differens* Warren, 1897
分布：云南（保山），四川，陕西，甘肃，湖北，广东。

拟固线蛮尺蛾 *Darisa missionaria* (Prout, 1926)
分布：云南（保山、德宏），贵州，四川，福建，浙江；越南，泰国。

尖齿蛮尺蛾 *Darisa mucidaria* Walker, (1866)
分布：云南（保山）；印度，尼泊尔，越南，泰国。

灰尺蛾属 *Deileptenia* Hübner, 1825

枞灰尺蛾 *Deileptenia ribeata* (Clerck, 1759)
分布：云南（保山），黑龙江；日本，朝鲜。

双冠尺蛾属 *Dilophodes* Warren, 1894

双冠尺蛾 *Dilophodes elegans* (Bufler, 1878)
分布：云南（保山），贵州，四川，湖北，湖南，广西，福建，台湾，广东；日本，印度，缅甸，马来西亚。

峰尺蛾属 *Dindica* Moore, 1888

橄榄峰尺蛾 *Dindica olivacea* Inoue, 1990
分布：云南（西双版纳），香港；印度，泰国，菲律宾，马来西亚，印度尼西亚。

赭点峰尺蛾 *Dindica para* Swinhoe, 1891
分布：云南，西藏，四川，河南，陕西，甘肃，浙江，湖北，江西，湖南，广西，福建，海南；印度，不丹，尼泊尔，泰国，马来西亚。

赭点峰尺蛾指名亚种 *Dindica para para* Swinhoe, 1891
分布：云南（红河），西藏，四川，河南，陕西，甘肃，浙江，湖北，江西，湖南，广西，福建，海南；印度，不丹，尼泊尔，泰国，马来西亚。

宽带峰尺蛾 *Dindica polyphaenaria* (Guenée, 1858)
分布：云南（西双版纳），四川，贵州，浙江，湖北，江西，湖南，福建，广西，海南，台湾；印度，不丹，尼泊尔，越南，泰国，马来西亚，印度尼西亚。

涡尺蛾属 *Dindicodes* Prout, 1912

白尖涡尺蛾 *Dindicodes apicalis* (Moore, 1888)
分布：云南，西藏，四川，湖南，广西；印度，尼泊尔，泰国。

白尖涡尺蛾指名亚种 *Dindicodes apicalis apicalis* (Moore, 1888)
分布：云南（德宏、西双版纳），西藏，广西；印度，尼泊尔，泰国。

豹涡尺蛾 *Dindicodes davidaria* (Poujade, 1895)
分布：云南（红河）。

丽涡尺蛾 *Dindicodes ectoxantha* (Wehrli, 1933)
分布：云南（保山、红河）；越南。

赞涡尺蛾 *Dindicodes euclidiaria* (Oberthür, 1913)
分布：云南（丽江），四川。

狮涡尺蛾 *Dindicodes leopardinata* (Moore, 1868)
分布：云南（迪庆、丽江、大理），四川，西藏，吉林，海南；印度，不丹，尼泊尔。

砂涡尺蛾 *Dindicodes vigil* (Prout, 1926)
分布：云南（丽江、迪庆），四川，陕西，湖南；缅甸。

盘雕尺蛾属 *Discoglypha* Warren, 1896

盘雕尺蛾 *Discoglypha aureifloris* Warren, 1896
分布：云南（西双版纳），广西，广东；印度。

微花盘雕尺蛾 *Discoglypha parvifloris* Prout, 1917
分布：云南（保山），西藏，四川，广西，福建；印度，越南。

点缘盘雕尺蛾 *Discoglypha punctimargo* (Hampson, 1895)
分布：云南（普洱），西藏，广西，海南；印度。

瞳盘雕尺蛾 *Discoglypha pupula* Xian & Jiang, 2022
分布：云南（红河），广西。

盗尺蛾属 *Docirava* Walker, 1863

斜线盗尺蛾 *Docirava aequilineata* Walker, 1863
分布：云南；印度。

粉红盗尺蛾 *Docirava affinis* Warren, 1894
分布：云南（红河），四川；缅甸，印度。

褐盗尺蛾 *Docirava brunnearia* Leech, 1897
分布：云南，四川。

玉带盗尺蛾 *Docirava fulgurata* Guenée, 1857
分布：云南，西藏；印度，喜马拉雅西北部地区。

渎青尺蛾属 *Dooabia* Warren, 1894

渎青尺蛾 *Dooabia viridata* (Moore, 1868)
分布：云南，台湾；印度。

杜尺蛾属 *Duliophyle* Warren, 1894

黑杜尺蛾 *Duliophyle incongrua* Sterneck, 1928
分布：云南（丽江），四川，西藏，陕西，甘肃，湖北。

豹尺蛾属 *Dysphania* Hübner, 1819

豹尺蛾 *Dysphania militaris* (Linnaeus, 1758)
分布：云南，江西，广西，广东，福建，海南，香港；印度，缅甸，越南，泰国，马来西亚，印度尼西亚。

豹尺蛾指名亚种 *Dysphania militaris militaris* (Linnaeus, 1758)
分布：云南（普洱、德宏、曲靖、临沧、保山、红河、西双版纳），江西，广西，广东，福建，香港；印度，缅甸，越南，泰国，马来西亚，印度尼西亚。

盈豹尺蛾 *Dysphania subrepleta* (Walker, 1854)
分布：云南，广西，海南；印度，缅甸，泰国，斯里兰卡，马来西亚。

盈豹尺蛾缅甸亚种 *Dysphania subrepleta excubitor* (Moore, 1879)
分布：云南（迪庆、西双版纳），广西；印度，缅甸。

涤尺蛾属 *Dysstroma* Hübner, 1825

灰涤尺蛾指名亚种 *Dysstroma cinereata cinereata* (Moore, 1868)
分布：云南（怒江、德宏），四川，湖南，江西，台湾；印度，缅甸，不丹。

舒涤尺蛾西藏亚种 *Dysstroma citrata tibetana* Heydemann, 1929
分布：云南（大理），西藏，甘肃，青海。

齿纹涤尺蛾 *Dysstroma dentifera* (Warren, 1896)
分布：云南（昭通、丽江），四川，西藏，北京，福建；印度，缅甸，尼泊尔。

黄涤尺蛾 *Dysstroma flavifusa* (Warren, 1896)
分布：云南（怒江），四川，西藏；印度，缅甸，不丹。

闲涤尺蛾 *Dysstroma incolorata* Heydemann, 1929
分布：云南（迪庆），西藏，青海；印度。

双月涤尺蛾 *Dysstroma subapicaria* (Moore, 1868)
分布：云南（昭通），西藏，湖北，湖南；印度，缅甸，不丹，尼泊尔。

双月涤尺蛾中国亚种 *Dysstroma truncata sinensis* Heydemann, 1929
分布：云南（怒江、迪庆），四川，西藏，甘肃，青海。

霞青尺蛾属 *Ecchloropsis* Prout, 1938

霞青尺蛾 *Ecchloropsis xenophyes* Prout, 1938
分布：云南（丽江），四川。

折线尺蛾属 *Ecliptopera* Warren, 1895

黄折线尺蛾 *Ecliptopera albogilva* Prout, 1931
分布：云南（迪庆、丽江），四川。

双弓折线尺蛾 *Ecliptopera delecta* (Butler, 1880)
分布：云南，台湾，海南；印度。

文脉折线尺蛾 *Ecliptopera dimita* (Prout, 1938)
分布：云南（大理），四川，西藏，甘肃，湖南。

昏暗折线尺蛾德钦亚种 *Ecliptopera obscurata dubernardi* Prout, 1940
分布：云南（保山、红河），四川。

白花折线尺蛾 *Ecliptopera postpallida* (Prout, 1938)
分布：云南（迪庆），四川，西藏；尼泊尔，克什米尔地区。

屈折线尺蛾 *Ecliptopera substituta* (Walker, 1866)
分布：云南（怒江），西藏；印度，不丹，尼泊尔。

焰尺蛾属 *Electrophaes* Prout, 1923

嘉焰尺蛾 *Electrophaes aggrediens* Prout, 1940
分布：云南（怒江），四川。

紫焰尺蛾 *Electrophaes albipunctaria* (Leech, 1897)
分布：云南，四川。

标焰尺蛾 *Electrophaes cyria* Prout, 1940
分布：云南（迪庆）。

娟焰尺蛾 *Electrophaes ephoria* Prout, 1940
分布：云南（迪庆）。

明焰尺蛾 *Electrophaes euryleuca* Prout, 1940
分布：云南（迪庆）。

宏焰尺蛾 *Electrophaes fervidaria* (Leech, 1897)
分布：云南（大理），四川，甘肃，湖北，湖南，台湾。

金纹焰尺蛾指名亚种 *Electrophaes fulgidaria fulgidaria* (Leech, 1897)
分布：云南（怒江、大理、丽江），四川，西藏；印度。

阔焰尺蛾 *Electrophaes tsermosaria* (Oberthür, 1894)

分布：云南（德宏），四川，西藏，湖北，湖南。

中齿焰尺蛾 *Electrophaes zaphenges* Prout, 1940

分布：云南（红河），西藏，湖南，江西，福建，台湾，广西；印度。

尬尺蛾属 *Emmesomia* Warren, 1896

双线尬尺蛾 *Emmesomia bilinearia* Leech, 1897

分布：云南，四川。

石尺蛾属 *Entephria* Hübner, 1825

灰石尺蛾四川亚种 *Entephria poliotaria orientata* Aubert, 1959

分布：云南（迪庆），四川，西藏。

灰石尺蛾西藏亚种 *Entephria poliotaria tibetaria* Aubert, 1959

分布：云南（迪庆），西藏；尼泊尔。

后叶尺蛾属 *Epilobophora* Inoue, 1943

伟后叶尺蛾 *Epilobophora vivida* Xue, 1992

分布：云南（迪庆）。

京尺蛾属 *Epipristis* Meyrick, 1888

小京尺蛾 *Epipristis minimaria* (Guenée, 1858)

分布：云南，海南；印度，不丹，缅甸，斯里兰卡，印度尼西亚。

翼尺蛾属 *Episothalma* Swinhoe, 1893

密翼尺蛾 *Episothalma cognataria* Swinhoe, 1903

分布：云南（西双版纳）；泰国。

尖翼尺蛾 *Episothalma cuspidata* Xue & Wang, 2009

分布：云南（文山），海南。

伪翼尺蛾 *Episothalma ocellata* (Swinhoe, 1893)

分布：云南（保山）；印度。

绿翼尺蛾 *Episothalma robustaria* (Guenée, 1858)

分布：云南（临沧、普洱、德宏、文山、西双版纳），贵州，海南；印度，孟加拉国，缅甸，越南，马来西亚，印度尼西亚。

洲尺蛾属 *Epirrhoe* Hübner, 1825

白眉洲尺蛾指名亚种 *Epirrhoe brephos brephos* (Oberthür, 1884)

分布：云南（丽江），四川，西藏，甘肃，湖北。

白眉洲尺蛾细白眉亚种 *Epirrhoe brephos ischna* (Prout, 1938)

分布：云南（迪庆），四川。

拟长翅尺蛾属 *Epobeidia* Wehri, 1939

烟拟长翅尺蛾 *Epobeidia fumosa* (Warren, 1893)

分布：云南（保山、怒江）；印度。

梭拟长翅尺蛾指名亚种 *Epobeidia lucifera lucifera* (Swinhoe, 1893)

分布：云南（大理、丽江、迪庆、红河、保山、怒江），西藏；印度，尼泊尔。

树形尺蛾属 *Erebomorpha* Elwes, 1899

树形尺蛾 *Erebomorpha fulguraria* Walker, 1860

分布：云南（红河、文山、德宏、昭通、大理、保山、丽江），四川，西藏，河南，陕西，甘肃，浙江，湖北，江西，湖南，广西，福建，台湾；日本，印度，尼泊尔，朝鲜，俄罗斯。

祉尺蛾属 *Eucosmabraxas* Prout, 1937

拟长翅祉尺蛾 *Eucosmabraxas pseudolargetaui* (Wehrli, 1933)

分布：云南，四川。

彩青尺蛾属 *Eucyclodes* Warren, 1894

美彩青尺蛾 *Eucyclodes aphrodite* (Prout, 1933)

分布：云南（昆明、红河、大理、曲靖、迪庆），四川，重庆，河南，陕西，甘肃，上海，江苏，湖北，江西，湖南，广西。

金银彩青尺蛾 *Eucyclodes augustaria* (Oberthür, 1916)

分布：云南（曲靖），西藏，四川，湖北，湖南，福建，广西。

枯斑翠尺蛾 *Eucyclodes difficta* (Walker, 1861)

分布：云南（丽江、西双版纳），四川，重庆，黑龙江，吉林，辽宁，内蒙古，北京，河北，河南，陕西，甘肃，上海，江苏，安徽，浙江，湖北，江西，湖南，福建，台湾；俄罗斯，日本，朝鲜半岛。

羽彩青尺蛾 *Eucyclodes discipennata* (Walker, 1861)

分布：云南（德宏），西藏；印度，越南，老挝，马来西亚，印度尼西亚。

弯彩青尺蛾 *Eucyclodes infracta* (Wileman, 1911)

分布：云南（保山），四川，浙江，广西，福建，海南，香港；日本，朝鲜半岛。

珊彩青尺蛾 *Eucyclodes lalashana* (Inoue, 1986)

分布：云南（大理），四川，台湾。

镶边彩青尺蛾 *Eucyclodes sanguilineata* (Moore, 1868)

分布：云南（德宏），西藏，湖南，广西，福建，广东；印度，尼泊尔，越南。

半彩青尺蛾 *Eucyclodes semialba* (Walker, 1861)

分布：云南（西双版纳），四川，湖北，广西，广东，海南，香港；印度，缅甸，泰国，越南，柬埔寨，斯里兰卡，马来西亚，新加坡，印度尼西亚。

纹尺蛾属 *Eulithis* Hübner, 1821

灰云纹尺蛾 *Eulithis pulchraria* (Leech, 1897)

分布：云南（昆明），四川。

游尺蛾属 *Euphyia* Hübner, 1825

束带游尺蛾 *Euphyia azonaria* (Oberthür, 1893)

分布：云南（丽江、大理、迪庆、怒江）。

双突游尺蛾暗褐亚种 *Euphyia ochreata brunneimixta* (Thierry-Mieg, 1915)

分布：云南（保山、昭通、大理、迪庆），四川，华中；印度。

易游尺蛾 *Euphyia variegata* (Moore, 1868)

分布：云南（大理、迪庆），四川，西藏；印度，不丹。

小花尺蛾属 *Eupithecia* Curtis, 1825

云杉球果尺蛾 *Eupithecia abietaria* (Goeze, 1781)

分布：云南，四川，新疆，青海；日本，欧洲。

***Eupithecia anickae* Mironov & Šumpich, 2022**

分布：云南（丽江）。

***Eupithecia balintzsolti* Vojnits, 1988**

分布：云南；尼泊尔，泰国，老挝，越南。

北小花尺蛾 *Eupithecia bohatschi* Staudinger, 1897

分布：云南，四川，西藏，黑龙江，内蒙古，山西，甘肃；俄罗斯，蒙古国，韩国。

***Eupithecia butvilai* Mironov & Šumpich, 2022**

分布：云南（怒江）。

西小花尺蛾 *Eupithecia cichisa* Prout, 1939

分布：云南，四川，陕西，北京，江西，湖南，江苏，浙江，台湾。

埃布小花尺蛾 *Eupithecia ebriosa* Vojnits, 1979

分布：云南，四川，西藏，甘肃，江西；日本，印度。

杰小花尺蛾 *Eupithecia eximia* Vojnits & de Laever, 1978

分布：云南，四川，西藏，青海。

***Eupithecia fericlava* Mironov & Šumpich, 2022**

分布：云南（怒江）。

***Eupithecia florianii* Mironov & Šumpich, 2022**

分布：云南（怒江）。

***Eupithecia fossaria* Šumpich & Mironov, 2022**

分布：云南（怒江）。

***Eupithecia fulvidorsata* Mironov & Galsworthy, 2006**

分布：云南，陕西。

顶小花尺蛾 *Eupithecia horrida* Vojnits, 1980

分布：云南。

***Eupithecia impavida* Vojnits, 1979**

分布：云南，西藏，四川，甘肃，陕西，河南，湖北，湖南；尼泊尔，巴基斯坦，日本。

***Eupithecia lasciva* Vojnits, 1980**

分布：云南，西藏，四川，青海，甘肃，山西，陕西。

***Eupithecia leucenthesis* Prout, 1926**

分布：云南，西藏，四川；缅甸，尼泊尔。

丽江小花尺蛾 *Eupithecia likiangi* Vojnits, 1976

分布：云南，西藏；印度，尼泊尔。

***Eupithecia lucigera* Butler, 1889**

分布：云南，四川；尼泊尔，印度。

奥第小花尺蛾 *Eupithecia otiosa* Vojnits, 1981

分布：云南，四川，西藏，青海，甘肃，山西，陕西。

***Eupithecia oxycedrata* (Rambur, 1833)**

分布：云南（红河）；欧洲。

***Eupithecia pannosa* Mironov & Galsworthy, 2008**

分布：云南（怒江）；印度，巴基斯坦，尼泊尔，泰国，越南。

***Eupithecia peregovitsi* Mironov & Galsworthy, 2009**

分布：云南（怒江），越南。

佩林小花尺蛾 *Eupithecia perendina* Vojnits, 1980

分布：云南（迪庆），四川。

富小花尺蛾 *Eupithecia phulchokiana* Herbulot, 1984

分布：云南（红河）；尼泊尔，泰国，印度。

拼小花尺蛾 *Eupithecia pimpinellata* (Hübner, [1813])

分布：云南，西藏，四川；缅甸，尼泊尔。

***Eupithecia prochazkai* Mironov & Šumpich, 2022**

分布：云南（怒江）。

处弗小花尺蛾 *Eupithecia refertissima* Vojnits, 1984

分布：云南，四川，西藏。

***Eupithecia robiginascens* Prout, 1926**

分布：云南，四川，西藏，甘肃；尼泊尔，印度，不丹，缅甸。

华小花尺蛾 *Eupithecia sinicaria* Leech, 1897

分布：云南，四川，西藏，甘肃，青海，陕西；缅甸。

劫小花尺蛾 *Eupithecia sinuosaria* (Eversmann, 1848)

分布：云南，西藏，四川，新疆，甘肃，内蒙古，山西，河北，青海；俄罗斯，韩国，日本。

淡小花尺蛾 *Eupithecia subfuscata* (Haworth, 1809)

分布：云南，四川，新疆，西藏，黑龙江，甘肃，内蒙古，北京，山西，陕西；欧洲，中亚，蒙古国，韩国，日本，北美洲。

***Eupithecia ultrix* Mironov & Galsworthy, 2004**

分布：云南，四川。

***Eupithecia ustata* Moore, 1888**

分布：云南，西藏，四川；巴基斯坦，印度。

***Eupithecia voraria* Mironov & Šumpich, 2022**

分布：云南。

丰翅尺蛾属 *Euryobeidia* Fletcher, 1979

银丰翅尺蛾 *Euryobeidia languidata* (Walker, 1862)

分布：云南，四川，陕西，甘肃，江西，广西，福建，台湾，海南；日本，印度，尼泊尔。

褥尺蛾属 *Eustroma* Hübner, 1825

黑斑褥尺蛾 *Eustroma aerosa* (Butler, 1878)

分布：云南，四川，北京，河北，陕西，甘肃，湖南，福建；日本，朝鲜，俄罗斯。

橘翅褥尺蛾 *Eustroma aurantiaria* (Moore, 1868)

分布：云南（怒江）；印度。

冰褥尺蛾 *Eustroma aurigena* (Butler, 1880)

分布：云南；尼泊尔，克什米尔地区。

漫褥尺蛾 *Eustroma hampsoni* Prout, 1958

分布：云南（怒江）；印度。

旷褥尺蛾 *Eustroma inextricata* (Walker, 1866)

分布：云南（怒江），四川，北京，台湾；日本，朝鲜，俄罗斯，印度北部，缅甸。

网褥尺蛾 *Eustroma reticulata* (Denis & Schiffermuller, 1775)

分布：云南，四川，黑龙江，内蒙古，甘肃，湖北；日本，朝鲜，俄罗斯，欧洲。

滨尺蛾属 *Exangerona* Wehrli, 1936

焦点滨尺蛾 *Exangerona prattiaria* (Leech, 1891)

分布：云南（迪庆），四川，华中；日本。

片尺蛾属 *Fascellina* Walker, 1860

紫片尺蛾 *Fascellina chromataria* Walker, 1860

分布：云南（临沧、德宏、西双版纳），四川，吉林，河南，陕西，甘肃，江苏，安徽，浙江，湖北，江西，湖南，广西，福建，台湾，广东，海南，香港；日本，韩国，印度，不丹，缅甸，越南，斯里兰卡，印度尼西亚。

素片尺蛾 *Fascellina inornata* Warren, 1893

分布：云南（保山），海南，广西，台湾；印度，尼泊尔，泰国。

灰绿片尺蛾 *Fascellina plagiata* (Walker, 1866)

分布：云南（保山、大理、德宏、临沧、红河、西双版纳），贵州，四川，重庆，河南，青海，安徽，浙江，湖北，江西，湖南，广西，福建，广东，台湾，海南，香港；印度，尼泊尔，缅甸，马来西亚。

黑片尺蛾 *Fascellina porphyreofusa* Hampson, 1895

分布：云南（保山），广西，海南。

铅尺蛾属 *Gagitodes* Warren, 1893

高足铅尺蛾 *Gagitodes costinotaria* (Leech, 1897)

分布：云南（丽江），四川，西藏，甘肃，青海。

方铅尺蛾 *Gagitodes fractifasciaria* (Leech, 1897)

分布：云南（丽江），四川。

铅尺蛾 *Gagitodes plumbeata* (Moore, 1888)

分布：云南（怒江，红河），四川，西藏；印度。

层铅尺蛾 *Gagitodes schistacea* (Moore, 1888)

分布：云南（怒江）；印度，缅甸。

枯叶尺蛾属 *Gandaritis* Moore, 1868

枯叶尺蛾 *Gandaritis flavata* Moore, 1868

分布：云南；印度。

枯叶尺蛾维西亚种 *Gandaritis flavata postscripta* Prout, 1941

分布：云南（迪庆）。

黑枯叶尺蛾 *Gandaritis nigroagnes* Xue, 1999

分布：云南（保山）。

中国枯叶尺蛾指名亚种 *Gandaritis sinicaria sinicaria* Leech, 1897

分布：云南，四川，陕西，甘肃，安徽，浙江，湖北，湖南，广西，江西，福建，台湾；印度。

巫尺蛾属 *Garaeus* Moore, [1868]

异色巫尺蛾 *Garaeus discolor* (Warren, 1893)

分布：云南，四川，湖北，台湾，广东；日本，印度。

聚斑巫尺蛾 *Garaeus marmorataria synnephes* (Wehrli, 1940)

分布：云南，四川。

毛腹尺蛾属 *Gasterocome* Warren, 1894

齿带毛腹尺蛾 *Gasterocome pannosaria* (Moore, 1868)

分布：云南（保山），四川，西藏，甘肃，青海，湖北，湖南，广西，福建，台湾，广东，香港；印度，尼泊尔，菲律宾，印度尼西亚，马来西亚，文莱。

青尺蛾属 *Geometra* Linnaeus, 1758

白脉青尺蛾 *Geometra albovenaria* Bremer, 1864

分布：云南，四川，黑龙江，吉林，内蒙古，北京，山西，河南，陕西，甘肃，湖北，湖南；俄罗斯，日本，朝鲜半岛。

白脉青尺蛾四川亚种 *Geometra albovenaria latirigua* (Prout, 1932)

分布：云南（丽江、迪庆），四川，陕西，甘肃，湖北，湖南。

宽线青尺蛾 *Geometra euryagyia* (Prout, 1922)

分布：云南（大理），河南，陕西，甘肃。

草绿尺蛾 *Geometra fragilis* (Oberthür, 1916)

分布：云南（丽江、迪庆），四川，西藏，吉林。

曲白带青尺蛾 *Geometra glaucaria* Ménétriès, 1858

分布：云南，四川，黑龙江，吉林，辽宁，内蒙古，北京，山西，河南，陕西，甘肃，湖北；俄罗斯，日本，朝鲜半岛。

蛙青尺蛾 *Geometra rana* (Oberthür, 1916)

分布：云南（保山）。

默青尺蛾 *Geometra sigaria* (Oberthür, 1916)

分布：云南。

曲线青尺蛾 *Geometra sinoisaria* Oberthür, 1916

分布：云南（丽江、迪庆），四川。

云青尺蛾 *Geometra symaria* Oberthür, 1916

分布：云南（丽江、曲靖），四川，河南，陕西，甘肃，湖北。

直脉青尺蛾 *Geometra valida* Felder & Rogenhofer, 1875

分布：云南（迪庆、怒江），四川，贵州，黑龙江，吉林，辽宁，内蒙古，北京，山西，山东，河南，陕西，宁夏，甘肃，上海，浙江，湖北，江西，湖南，广西，福建；俄罗斯，日本，朝鲜半岛。

幽尺蛾属 *Gnophos* Treitschke, 1825

四川雕幽尺蛾 *Gnophos albidior superba* (Prout, 1915)

分布：云南，四川，西藏，陕西，甘肃，湖北，湖南。

锯幽尺蛾 *Gnophos serratilinea* Sterneck, 1928

分布：云南，北京，河北，甘肃。

伴幽尺蛾 *Gnophos reverdini* Wehrli, 1945

分布：云南。

怪叶尺蛾属 *Goniopteroloba* Hampson, 1895

怪叶尺蛾 *Goniopteroloba zalska* Swinhoe, 1894

分布：云南（保山）；印度。

历尺蛾属 *Hastina* Moore, 1888

白尖历尺蛾 *Hastina stenozona* Prout, 1926

分布：云南（保山、大理），四川，湖北；印度，缅甸。

黑历尺蛾印度亚种 *Hastina subfalcaria caeruleolineata* Moore, 1888

分布：云南（保山），台湾；印度。

无缰青尺蛾属 *Hemistola* Warren, 1893

异瓣无缰青尺蛾 *Hemistola asymmetra* Han & Xue, 2009

分布：云南（保山），四川。

引无缰青尺蛾 *Hemistola detracta* (Walker, 1861)

分布：云南；印度，克什米尔地区。

巧无缰青尺蛾 *Hemistola euethes* Prout, 1934

分布：云南（保山、怒江），四川，陕西。

黄缘无缰青尺蛾 *Hemistola flavifimbria* Han & Xue, 2009

分布：云南（丽江），四川

暗无缰青尺蛾 *Hemistola fuscimargo* Prout, 1916

分布：云南（保山），四川；印度，缅甸。

饰无缰青尺蛾 *Hemistola ornata* Yazaki, 1994

分布：云南（保山），西藏；尼泊尔。

点尾无缰青尺蛾 *Hemistola parallelaria* (Leech, 1897)

分布：云南（丽江、曲靖、保山），西藏，四川，陕西，甘肃，湖南。

源无缰青尺蛾 *Hemistola periphanes* Prout, 1935

分布：云南，四川。

红缘无缰青尺蛾 *Hemistola rubrimargo* Warren, 1893

分布：云南（保山、普洱），西藏，湖北，湖南；印度，尼泊尔。

斯氏无缰青尺蛾 *Hemistola stueningi* Han & Xue, 2009

分布：云南。

简无缰青尺蛾 *Hemistola unicolor* (Thierry-Mieg, 1915)
分布：云南（丽江），四川。

翠缘无缰青尺蛾 *Hemistola viridimargo* Han & Xue, 2009
分布：云南（丽江），四川。

锈腰尺蛾属 *Hemithea* Duponchel, 1829

奇锈腰尺蛾 *Hemithea krakenaria* Holloway, 1996
分布：云南（保山），四川，河南，浙江，广西，福建；马来西亚。

青颜锈腰尺蛾 *Hemithea marina* (Butler, 1878)
分布：云南（保山），四川，湖南，福建，台湾，香港；日本，朝鲜半岛，斯里兰卡，菲律宾，马来西亚，印度尼西亚。

点锈腰尺蛾 *Hemithea stictochila* Prout, 1935
分布：云南；日本。

始青尺蛾属 *Herochroma* Swinhoe, 1893

冠始青尺蛾指名亚种 *Herochroma cristata cristata* (Warren, 1894)
分布：云南（文山），四川，广西，海南，台湾；印度，不丹，尼泊尔，越南，泰国，印度尼西亚。

始青尺蛾 *Herochroma baba* Swinhoe, 1893
分布：云南（红河、保山），江西；印度。

巨始青尺蛾 *Herochroma mansfieldi* (Prout, 1939)
分布：云南，湖北，广东。

赭点始青尺蛾 *Herochroma ochreipicta* (Swinhoe, 1905)
分布：云南，海南，广西，福建，台湾；印度，尼泊尔，越南。

宏始青尺蛾 *Herochroma perspicillata* Han & Xue, 2003
分布：云南（红河），广东。

夕始青尺蛾 *Herochroma sinapiaria* (Poujade, 1895)
分布：云南，四川，西藏，陕西，湖南。

克始青尺蛾 *Herochroma yazakii* Inoue, 1999
分布：云南（保山），四川，重庆；印度，尼泊尔，泰国。

隐尺蛾属 *Heterolocha* Lederer, 1853

玲隐尺蛾 *Heterolocha aristonaria* (Walker, 1860)
分布：云南（文山）。

雾隐尺蛾 *Heterolocha elaiodes* Wehrli, 1937
分布：云南（怒江）。

紫线隐尺蛾 *Heterolocha falconaria* (Walker, 1866)
分布：云南（大理、怒江），西藏；印度，尼泊尔。

异翅尺蛾属 *Heterophleps* Herrich-Schaffer, 1854

尖突异翅尺蛾 *Heterophleps acutangulata* Xue, 1990
分布：云南。

脉异翅尺蛾 *Heterophleps clarivenata* Wehrli, 1931
分布：云南（怒江）。

黄异翅尺蛾 *Heterophleps fusca* Wehrli, 1931
分布：云南，四川，浙江，湖北，湖南；日本，越南。

黄异翅尺蛾中国亚种 *Heterophleps fusca sinraria* Wehrli, 1931
分布：云南（红河、丽江、文山、保山、西双版纳），四川，浙江，湖北，湖南。

淡异翅尺蛾 *Heterophleps grisearia* Leech, 1897
分布：云南（怒江），四川。

Heterophleps inusitata Li, Jiang & Han, 2012
分布：云南（保山）。

云纹异翅尺蛾 *Heterophleps nubilata* Prout, 1916
分布：云南（怒江），西藏。

灰褐异翅尺蛾 *Heterophleps sinuosaria* Leech, 1897
分布：云南（红河、丽江、大理、昭通、怒江、保山），四川，西藏，福建。

奇带尺蛾属 *Heterothera* Inoue, 1943

奇带尺蛾 *Heterothera postalbida* (Wileman, 1911)
分布：云南（丽江），四川，陕西，甘肃，上海，浙江，湖南；日本，朝鲜，俄罗斯。

苔尺蛾属 *Hirasa* Moore, 1888

铜苔尺蛾 *Hirasa aereus* (Butler, 1880)
分布：云南，四川，黑龙江，山西，陕西，湖南，广西；印度。

粗苔尺蛾 *Hirasa austeraria* (Leech, 1897)
分布：云南（大理、丽江、昭通、德宏），四川，陕西，甘肃，浙江，湖北，湖南。

褐苔尺蛾 *Hirasa contubernalis* Moore, 1888
分布：云南，四川；印度。

滑苔尺蛾指名亚种 *Hirasa lichenea lichenea* (Oberthür, 1886)
分布：云南（丽江），四川。

滑苔尺蛾西藏亚种 *Hirasa lichenea synola* Wehrli, 1953
分布：云南（丽江），西藏。

暗绿苔尺蛾 *Hirasa muscosaria* (Walker, 1866)

分布：云南，四川，西藏，浙江，湖北，湖南；印度，尼泊尔。

贫苔尺蛾 *Hirasa pauperodes* Wehrli, 1953

分布：云南。

前苔尺蛾云南亚种 *Hirasa provocans likiangina* Wehrli, 1953

分布：云南（丽江、迪庆）。

前苔尺蛾指名亚种 *Hirasa provocans provocans* Wehrli, 1953

分布：云南，四川，西藏。

书苔尺蛾指名亚种 *Hirasa scripturaria scripturaria* (Walker, 1866)

分布：云南（保山、怒江），四川，西藏；印度，不丹，缅甸。

界尺蛾属 *Horisme* Hibner, 1825

短带界尺蛾 *Horisme brevifasciaria* (Leech, 1897)

分布：云南，四川，北京，山东。

黄脉界尺蛾 *Horisme flavovenata* (Leech, 1897)

分布：云南（红河），四川，湖北。

勤界尺蛾 *Horisme impigra* Prout, 1938

分布：云南，四川，西藏。

莹尺蛾属 *Hyalinetta* Swinhoe, 1894

斑弓莹尺蛾 *Hyalinetta circumflexa* (Kollar, [1844])

分布：云南（丽江），四川，华南；印度，尼泊尔，克什米尔地区。

水尺蛾属 *Hydrelia* Hübner, 1825

橘色水尺蛾 *Hydrelia aurantiaca* Hampson, 1901

分布：云南（保山），西藏；尼泊尔。

双色水尺蛾锈双色亚种 *Hydrelia bicolorata ferruginaria* (Moore, 1868)

分布：云南（红河，保山），四川，西藏；印度。

双弓水尺蛾 *Hydrelia conspicuaria* (Leech, 1897)

分布：云南（丽江），四川。

叉斑水尺蛾 *Hydrelia latsaria* (Oberthür, 1893)

分布：云南（丽江、大理、迪庆），四川。

饰水尺蛾 *Hydrelia ornata* (Moore, 1868)

分布：云南（保山），四川；印度，尼泊尔。

小洲水尺蛾 *Hydrelia parvularia* (Leech, 1897)

分布：云南（迪庆），四川，西藏。

孔雀水尺蛾 *Hydrelia pavonica* Xue, 1999

分布：云南（红河，怒江）。

赤尖水尺蛾 *Hydrelia sanguiniplaga* Swinhoe, 1902

分布：云南（丽江、保山），四川，陕西，甘肃，湖北；缅甸。

直线水尺蛾 *Hydrelia sericea* (Butler, 1880)

分布：云南（红河、怒江、保山），西藏；尼泊尔，克什米尔地区，喜马拉雅山东北部地区。

亚水尺蛾 *Hydrelia subobliquaria* (Moore, 1868)

分布：云南（怒江），西藏；越南，尼泊尔，印度。

涅尺蛾属 *Hydriomena* Hübner, 1825

叉涅尺蛾 *Hydriomena furcata* (Thunberg, 1784)

分布：云南（丽江），四川，西藏，新疆，山西，甘肃，青海；日本，俄罗斯，欧洲，北美洲。

蚀尺蛾属 *Hypochrosis* Guenée, 1857

绿蚀尺蛾 *Hypochrosis hyadaria* Guenée, 1857

分布：云南（文山）。

尘尺蛾属 *Hypomecis* Hübner, 1821

近尘尺蛾 *Hypomecis approxinaria* Leech, 1897

分布：云南。

金星尘尺蛾 *Hypomecis fasciata* (Swinhoe, 1894)

分布：云南（保山），四川，西藏；印度，尼泊尔。

金斑尘尺蛾 *Hypomecis fulvosparsa* (Hampson, 1895)

分布：云南（保山）；印度，尼泊尔。

临沧尘尺蛾 *Hypomecis glochinophora* Prout, 1925

分布：云南（临沧）；马来半岛，印度尼西亚。

长突尘尺蛾 *Hypomecis inftraria* Walker, 1860

分布：云南，四川，广西，海南；印度，泰国。

滇尘尺蛾 *Hypomecis lioptilaria* Swinhoe, 1903

分布：云南。

镰尘尺蛾 *Hypomecis lunifera* (Butler, 1878)

分布：云南（怒江、曲靖）。

齿纹尘尺蛾 *Hypomecis percnioides* (Wehrfi, 1943)

分布：云南（丽江），四川，河南，陕西，湖北，浙江，广西，福建，台湾。

怒尘尺蛾 *Hypomecis phantomaria niveisi* Wehrli, 1943

分布：云南（丽江）。

尘尺蛾 *Hypomecis punctinalis* (Scopoli, 1763)

分布：云南，贵州，四川，西藏，黑龙江，吉林，内蒙古，北京，山东，河南，陕西，宁夏，甘肃，安徽，浙江，湖北，湖南，广西，福建，台湾，广东；俄罗斯，日本，朝鲜半岛，欧洲。

栎尘尺蛾 *Hypomecis roboraria* (Denis & Schiffermüller, 1775)

分布：云南（大理、迪庆）。

转尘尺蛾 *Hypomecis transcissa* Walker, 1860

分布：云南（红河、德宏、西双版纳），浙江，广西，广东，海南；印度，尼泊尔，孟加拉国，印度尼西亚。

钩翅尺蛾属 *Hyposidra* Guenée, 1858

董钩翅尺蛾 *Hyposidra altiviolescens* Holloway, 1994

分布：云南（西双版纳），海南；印度尼西亚，马来西亚，文莱。

钩翅尺蛾 *Hyposidra aqullaria* (Walker, 1862)

分布：云南（西双版纳），贵州，四川，西藏，重庆，陕西，甘肃，浙江，湖北，江西，湖南，广西，福建，台湾，广东，海南；印度，马来西亚，印度尼西亚。

剑钩翅尺蛾 *Hyposidra infixaria* (Walker, 1860)

分布：云南（西双版纳），浙江，江西，广西，福建，台湾，海南，香港；印度，缅甸，泰国，马来西亚，印度尼西亚。

大钩翅尺蛾 *Hyposidra talaca* (Walker, 1860)

分布：云南（德宏、西双版纳），贵州，江西，广西，福建，台湾，广东，海南，香港；日本，印度，尼泊尔，缅甸，斯里兰卡，菲律宾，印度尼西亚，澳大利亚，巴布亚新几内亚。

杯尺蛾属 *Hysterura* Warren, 1895

新杯尺蛾 *Hysterura neomultifaria* Xue, 1999

分布：云南，西藏。

双联杯尺蛾指名亚种 *Hysterura protagma protagma* Prout, 1940

分布：云南（丽江）；印度。

盈杯尺蛾 *Hysterura vacillans* Prout, 1940

分布：云南（红河），四川，西藏。

介青尺蛾属 *Idiochlora* Warren, 1896

乌苏介青尺蛾 *Idiochlora ussuriaria* (Bremer, 1864)

分布：云南，四川，河南，浙江，台湾；俄罗斯，日本，朝鲜半岛。

乌苏介青尺蛾四川亚种 *Idiochlora ussuriaria mundaria* (Leech, 1897)

分布：云南（丽江），四川，河南，台湾。

辐射尺蛾属 *Iotaphora* Warren, 1894

青辐射尺蛾 *Iotaphora admirabilis* (Oberthür, 1884)

分布：云南（丽江），四川，黑龙江，吉林，辽宁，北京，山西，河南，陕西，甘肃，浙江，湖北，江西，湖南，广西，福建；俄罗斯，越南。

黄辐射尺蛾 *Iotaphora iridicolor* (Butler, 1880)

分布：云南（红河、德宏、保山、迪庆），四川，西藏，黑龙江，山西；印度，尼泊尔，缅甸，越南。

用克尺蛾属 *Jankowskia* Oberthür, 1884

小用克尺蛾 *Jankowskia fuscaria* (Leech, 1891)

分布：云南（怒江、丽江），贵州，四川，重庆，河南，甘肃，安徽，浙江，湖北，江西，湖南，广西，福建，广东，海南；日本，朝鲜半岛，泰国。

突尾尺蛾属 *Jodis* Hübner, [1823]

藕色突尾尺蛾 *Jodis argutaria* (Walker, 1866)

分布：云南（保山、怒江、迪庆、大理、丽江、红河、西双版纳），西藏，四川，陕西，甘肃，浙江，湖北，湖南，台湾；日本，印度。

迁突尾尺蛾 *Jodis ctila* (Prout, 1926)

分布：云南（保山），西藏；印度，缅甸。

怡突尾尺蛾 *Jodis delicatula* (Warren, 1896)

分布：云南（保山）；印度，尼泊尔。

虹突尾尺蛾 *Jodis iridescens* (Warren, 1896)

分布：云南（丽江、德宏），四川，广东；印度。

奇突尾尺蛾 *Jodis irregularis* (Warren, 1894)

分布：云南（保山），四川，陕西；印度，不丹，缅甸。

雪脉突尾尺蛾 *Jodis niveovenata* (Oberthür, 1916)

分布：云南（丽江），四川。

璃尺蛾属 *Krananda* Moore, 1868

橄璃尺蛾 *Krananda oliveomarginata* Swinhoe, 1894

分布：云南（红河、保山、西双版纳），四川，西藏，甘肃，浙江，湖北，江西，湖南，广西，福建，台湾，广东，海南；印度，尼泊尔，越南，泰国，缅甸，新加坡，印度尼西亚，马来西亚，文莱。

直璃尺蛾 *Krananda orthotmeta* Prout, 1926

分布：云南（保山），西藏，广西；缅甸，越南。

珍璃尺蛾 *Krananda peristena* Wehrli, 1938

分布：云南（丽江），四川，甘肃，湖北，湖南，尼泊尔。

玻璃尺蛾 *Krananda semihyalina* Moore, [1868]

分布：云南（红河、文山）。

库尺蛾属 *Kuldscha* Alphéraky, 1883

隐库尺蛾 **Kuldscha arcana Xue, 1991**

分布：云南。

网尺蛾属 *Laciniodes* Warren, 1894

隐网尺蛾 **Laciniodes conditaria (Leech, 1897)**

分布：云南（丽江），四川。

淡网尺蛾四川亚种 **Laciniodes denigrata abiens Prout, 1938**

分布：云南（迪庆、丽江），四川，内蒙古，青海，西藏。

网尺蛾 **Laciniodes plurilinearia (Moore, 1868)**

分布：云南（丽江、怒江、红河、大理、保山、西双版纳），四川，西藏，甘肃，湖北，湖南；印度，缅甸，尼泊尔。

假隐网尺蛾四川亚种 **Laciniodes pseudoconditaria abiens Prout, 1938**

分布：云南（大理、丽江），四川，西藏，内蒙古，北京，山西，甘肃，青海。

匀网尺蛾 **Laciniodes stenorhabda Wehrli, 1931**

分布：云南（玉溪、丽江、迪庆），四川，西藏，黑龙江，福建。

丽翅尺蛾属 *Lampropteryx* Stephens, 1831

举剑丽翅尺蛾 **Lampropteryx albigirata (Kollar, 1844)**

分布：云南（怒江），西藏；俄罗斯，印度，尼泊尔，缅甸，克什米尔地区。

犀丽翅尺蛾指名亚种 **Lampropteryx producta producta Prout, 1922**

分布：云南（丽江、红河），四川，西藏。

叉丽翅尺蛾 **Lampropteryx producta Prout, 1922**

分布：云南，四川，西藏，甘肃，青海。

圆丽翅尺蛾 **Lampropteryx rotundaria (Leech, 1897)**

分布：云南（丽江），四川，西藏。

四川丽翅尺蛾 **Lampropteryx szechuana Wehrli, 1931**

分布：云南（红河），四川。

白蛮尺蛾属 *Lassaba* Moore, 1888

白蛮尺蛾 **Lassaba albidaria (Walker, 1866)**

分布：云南（保山），四川，西藏，陕西，甘肃，青海，湖北，湖南，广西，福建，广东，海南；印度，尼泊尔，缅甸，泰国。

黄白蛮尺蛾 **Lassaba anepsia (Wehrli, 1941)**

分布：云南，西藏；印度，尼泊尔。

康白蛮尺蛾 **Lassaba contaminata Moore, 1888**

分布：云南（丽江），四川，西藏；印度，尼泊尔。

暗白蛮尺蛾 **Lassaba livida (Warren, 1893)**

分布：云南（怒江、保山）；印度。

铅白蛮尺蛾 **Lassaba pelia Wehrli, 1941**

分布：云南（丽江、保山），四川。

叉脉尺蛾属 *Leptostegna* Christoph, 1881

亚叉脉尺蛾 **Leptostegna asiatica Warren, 1893**

分布：云南（丽江），四川，西藏，山东，河南，山西，甘肃，湖北，湖南，广西；印度。

巨青尺蛾属 *Limbatochlamys* Rothschild, 1894

小巨青尺蛾 **Limbatochlamys parvisis Han & Xue, 2005**

分布：云南（大理、丽江、迪庆）。

中国巨青尺蛾 **Limbatochlamys rosthorni Rothschild, 1894**

分布：云南（丽江、迪庆、保山、红河、大理、昭通），四川，贵州，重庆，陕西，甘肃，上海，江苏，浙江，湖北，江西，湖南，广西，福建。

镶纹绿尺蛾属 *Linguisaccus* Han, Galsworthy & Xue, 2012

镶纹绿尺蛾 **Linguisaccus subhyalina (Warren, 1899)**

分布：云南，四川，西藏，广西，湖北；印度，尼泊尔，巴基斯坦。

拟叶尺蛾属 *Lobophorodes* Hampson, 1903

锯拟叶尺蛾 **Lobophorodes odontodes Xue, 1999**

分布：云南（保山）。

波纹拟叶尺蛾 **Lobophorodes undulans Hampson, 1903**

分布：云南，西藏；尼泊尔。

冠尺蛾属 *Lophophelma* Prout, 1912

屏边冠尺蛾 **Lophophelma pingbiana (Chu, 1981)**

分布：云南（红河）。

芦青尺蛾属 *Louisproutia* Wehrli, 1932

褪色芦青尺蛾 **Louisproutia pallescens Wehrli, 1932**

分布：云南，西藏，四川，山西，陕西，湖南。

斜尺蛾属 *Loxaspilates* Warren, 1893

双斜尺蛾 **Loxaspilates duplicata Sterneck, 1928**

分布：云南，四川。

亚斜尺蛾 **Loxaspilates fixseni (Alphéraky, 1892)**

分布：云南，四川，西藏，陕西，甘肃，青海，湖北。

尖翅斜尺蛾 *Loxaspilates obliquaria* (Moore, 1868)

分布：云南（迪庆），四川，西藏；印度，阿富汗，喜马拉雅山。

辉尺蛾属 *Luxiaria* Walker, 1860

锐辉尺蛾 *Luxiaria acutaria* (Snellen, 1877)

分布：云南（保山、丽江、德宏），西藏，重庆，四川，甘肃，江西，湖北，浙江，湖南，广西，香港，广东，福建，海南，台湾；日本，朝鲜半岛，俄罗斯，尼泊尔，印度，印度尼西亚，。

棕带辉尺蛾 *Luxiaria amasa* (Butler, 1878)

分布：云南（保山、普洱、丽江），西藏，四川，广西，海南；印度，印度尼西亚。

俄辉尺蛾 *Luxiaria emphatica* Prout, 1925

分布：云南（保山、西双版纳），西藏，江西，广西，广东，海南，香港，台湾；印度。

双斑钩尺蛾(辉尺蛾)*Luxiaria mitorrhaphes* Prout, 1925

分布：云南（昆明、红河、普洱、保山、丽江、西双版纳），贵州，四川，重庆，西藏，吉林，北京，河南，陕西，甘肃，青海，江苏，浙江，湖北，江西，湖南，广西，福建，广东，海南，台湾；日本，印度，缅甸，尼泊尔，不丹，印度尼西亚。

特辉尺蛾 *Luxiaria tephrosaria* (Moore, 1868)

分布：云南（保山），西藏。

大历尺蛾属 *Macrohastina* Inoue, 1982

历尺蛾 *Macrohastina azela stenozona* (Prout, 1926)

分布：云南（大理），四川；印度，缅甸。

红带大历尺蛾 *Macrohastina gemmifera* (Moore, 1868)

分布：云南（红河、西双版纳），湖南，福建；印度，尼泊尔。

尖尾尺蛾属 *Maxates* Moore, [1887]

疑尖尾尺蛾 *Maxates ambigua* (Butler, 1878)

分布：云南（丽江），江苏，浙江，湖南，福建，台湾，广东；日本，朝鲜半岛。

吉尖尾尺蛾 *Maxates auspicata* (Prout, 1917)

分布：云南（德宏、保山），江西，海南；印度。

鞭尖尾尺蛾 *Maxates flagellaria* (Poujade, 1895)

分布：云南（丽江），四川，陕西。

悦尖尾尺蛾 *Maxates macariata* (Walker, 1863)

分布：云南（普洱、西双版纳）；印度，孟加拉国。

缨尖尾尺蛾 *Maxates vinosifimbria* (Prout, 1935)

分布：云南（丽江），西藏。

弭尺蛾属 *Menophra* Moore, 1887

茶褐弭尺蛾 *Menophra anaplagiata* Sato, 1984

分布：云南（文山）。

黑岛尺蛾属 *Melanthia* Duponchel, 1829

凸纹黑岛尺蛾 *Melanthia dentistrigata* (Warren, 1893)

分布：云南（丽江、迪庆），西藏；尼泊尔，印度。

莓尺蛾属 *Mesoleuca* Hübner, 1825

双斑莓尺蛾 *Mesoleuca bimacularia* (Leech, 1897)

分布：云南（迪庆），四川，西藏。

豆纹尺蛾属 *Metallolophia* Warren, 1895

紫砂豆纹尺蛾 *Metallolophia albescens* Inoue, 1992

分布：云南（昭通），浙江，湖南，广东；越南。

豆纹尺蛾 *Metallolophia arenaria* (Leech, 1889)

分布：云南（昭通、西双版纳），四川，浙江，江西，湖南，广西，福建，台湾；缅甸，越南。

饰粉垂耳尺蛾 *Metallolophia ornataria* (Moore, 1888)

分布：云南（丽江、保山、临沧），四川，西藏，湖北，湖南；印度，尼泊尔，泰国。

异尺蛾属 *Metaterpna* Yazaki, 1992

巴塘异尺蛾 *Metaterpna batangensis* Han & Stüning, 2016

分布：云南（丽江），四川。

粉斑异尺蛾 *Metaterpna thyatiraria* (Oberthür, 1913)

分布：云南（丽江、迪庆），四川，陕西，甘肃。

小长翅尺蛾属 *Microbeidia* Inoue, 2003

红小长翅尺蛾 *Microbeidia epiphleba* (Wehrli, 1936)

分布：云南（丽江），西藏。

灰小长翅尺蛾 *Microbeidia rongaria* (Oberthür, 1893)

分布：云南，四川，西藏。

小盅尺蛾属 *Microcalicha* Sato, 1981

烟小盅尺蛾 *Microcalicha fumosaria* (Leech, 1891)

分布：云南（保山），四川，广东，台湾；日本，朝鲜半岛。

凸翅小盅尺蛾 *Microcalicha melanosticta* (Hampson, 1895)

分布：云南（保山），四川，山东，河南，陕西，甘肃，浙江，湖北，湖南，广西，福建，台湾，广东，海南；印度，缅甸。

岔绿尺蛾属 *Mixochlora* Warren, 1897

三岔绿尺蛾 *Mixochlora vittata* (Moore, 1868)

分布：云南，四川，江苏，浙江，湖北，江西，湖南，福建，台湾，广东，海南；日本，印度，不丹，尼泊尔，泰国，菲律宾，马来西亚，印度尼西亚。

毛角尺蛾属 *Myrioblephara* Warren, 1893

双弓毛角尺蛾 *Myrioblephara duplexa* (Moore, 1888)

分布：云南（保山），四川，西藏，广西；印度，尼泊尔。

嵌毛角尺蛾 *Myrioblephara embolochroma* (Prout, 1927)

分布：云南（保山），甘肃，湖北；缅甸，泰国。

格毛角尺蛾 *Myrioblephara marmorata* (Moore, 1868)

分布：云南（保山）；印度，尼泊尔。

贞尺蛾属 *Naxa* Walker, 1856

女贞尺蛾 *Naxa seriaria* (Motschulsky, 1866)

分布：云南（文山）。

玷尺蛾属 *Naxidia* Hampson, 1895

小玷尺蛾 *Naxidia glaphyra* Wehrli, 1931

分布：云南（丽江），四川；印度。

珂尺蛾属 *Nebula* Bruand, 1846

铜珂尺蛾 *Nebula cupreata* (Moore, 1868)

分布：云南（怒江）；印度，不丹，尼泊尔。

幽珂尺蛾 *Nebula erebearia* (Leech, 1897)

分布：云南（丽江、大理、迪庆），四川。

***Neochloroglyphica* Han & Skou, 2019**

***Neochloroglyphica perbella* Han & Skou, 2019**

分布：云南（丽江、迪庆）。

新青尺蛾属 *Neohipparchus* Inoue, 1944

波线新青尺蛾 *Neohipparchus glaucochrista grearia* (Oberthür, 1916)

分布：云南（丽江），西藏。

银底新青尺蛾 *Neohipparchus hypoleuca* (Hampson, 1903)

分布：云南，四川，湖南，广东，海南；缅甸。

斑新青尺蛾 *Neohipparchus maculata* (Warren, 1897)

分布：云南（西双版纳）；印度。

双线新青尺蛾 *Neohipparchus vallata* (Butler, 1878)

分布：云南（保山），四川，西藏，山西，陕西，甘肃，江苏，浙江，湖北，江西，湖南，福建，台湾；日本，朝鲜半岛，印度，尼泊尔，越南。

类叉新青尺蛾 *Neohipparchus verjucodumnaria* (Oberthür, 1916)

分布：云南。

长翅尺蛾属 *Obeidia* Walker, 1862

灰斑长翅尺蛾 *Obeidia idaria* (Oberthür, 1893)

分布：云南，西藏。

云长翅尺蛾 *Obeidia lucifera semifumosa* Prout, 1925

分布：云南（迪庆、丽江）；印度。

择长翅尺蛾 *Obeidia tigrata leopardaria* (Oberthür, 1881)

分布：云南（昭通）。

虎纹长翅尺蛾指名亚种 *Obeidia tigrata tigrata* (Guenée, [1858])

分布：云南（红河）。

贡尺蛾属 *Odontopera* Stephens, 1831

锐贡尺蛾指名亚种 *Odontopera acutaria acutaria* (Leech, 1897)

分布：云南（丽江），四川，西藏，湖北。

单角银心尺蛾 *Odontopera albiguttulata* Bastelberger, 1909

分布：云南（红河）。

茶贡尺蛾 *Odontopera bilinearia coryphodes* (Wehrli, 1940)

分布：云南，贵州，西藏。

月青尺蛾属 *Oenospila* Swinhoe, 1892

纹月青尺蛾 *Oenospila strix* (Butler, 1889)

分布：云南（西双版纳）；印度。

四星尺蛾属 *Ophthalmitis* Fletcher, 1979

核桃四星尺蛾 *Ophthalmitis albosignaria* (Bremer & Grey, 1853)

分布：云南（文山、西双版纳），四川，黑龙江，吉林，辽宁，内蒙古，北京，河南，陕西，甘肃，江苏，安徽，浙江，湖北，江西，湖南，广西，福建，台湾；俄罗斯，日本，朝鲜半岛。

带四星尺蛾 *Ophthalmitis cordularia* (Swinhoe, 1893)

分布：云南（保山），四川，重庆，河南，陕西，宁夏，湖北，江西，湖南，广西，台湾；印度，尼泊尔。

锯纹四星尺蛾 *Ophthalmitis herbidaria* (Guenée, 1858)

分布：云南（保山、德宏、红河、文山），四川，陕西，上海，浙江，湖北，江西，湖南，福建，台湾，海南，香港；印度，尼泊尔。

四星尺蛾 *Ophthalmitis irrorataria* (Bremer & Grey, 1853)

分布：云南（保山、迪庆、丽江），四川，黑龙江，吉林，北京，河北，陕西，宁夏，甘肃，浙江，湖北，江西，湖南，广西，福建，广东；俄罗斯，日本，朝鲜半岛，印度。

钻四星尺蛾 *Ophthalmitis pertusaria* (Felder & Rogenhofer, 1875)

分布：云南（保山、西双版纳），西藏，浙江，湖北，湖南，广西，福建，广东，海南；印度，尼泊尔，泰国。

中华四星尺蛾 *Ophthalmitis sinensium* (Oberthür, 1913)

分布：云南（临沧、怒江），四川，西藏，河南，甘肃，安徽，浙江，湖北，湖南，广西，台湾，广东；印度，越南，泰国。

黄四星尺蛾 *Ophthalmitis xanthypochlora* (Wehrli, 1924)

分布：云南（保山、临沧），西藏，湖南，广东；泰国。

黄尺蛾属 *Opisthograptis* Hübner, 1823

素黄尺蛾 *Opisthograptis inornataria* (Leech, 1897)

分布：云南（丽江），四川，西藏。

骐黄尺蛾 *Opisthograptis moelleri* Warren, 1893

分布：云南（丽江、红河、大理、怒江），四川，西藏，甘肃，湖北，湖南；印度。

焦斑黄尺蛾 *Opisthograptis rumiformis* (Hampson, 1902)

分布：云南（丽江），四川，西藏，甘肃。

三齿黄尺蛾 *Opisthograptis tridentifera* (Moore, 1888)

分布：云南（丽江、迪庆、怒江），四川，西藏，陕西，宁夏，甘肃，青海，湖北；印度，尼泊尔。

三斑黄尺蛾丽江亚种 *Opisthograptis trimacularia lidjanga* Wehrli, 1940

分布：云南（丽江、迪庆），四川，西藏，宁夏，甘肃，青海。

三斑黄尺蛾指名亚种 *Opisthograptis trimacularia trimacularia* (Leech, 1897)

分布：云南（丽江）。

滇黄尺蛾指名亚种 *Opisthograptis tsekuna tsekuna* Wehrli, 1940

分布：云南（普洱）。

滇黄尺蛾丽江亚种 *Opisthograptis tsekuna praecordata* Wehrli, 1940

分布：云南（丽江），四川，重庆，陕西，甘肃，湖北。

须姬尺蛾属 *Organopoda* Hampson, 1893

深盘须姬尺蛾 *Organopoda atrisparsaria* Wehrli, 1924

分布：云南（临沧、怒江、保山），西藏，四川，重庆，河南，陕西，甘肃，江苏，上海，浙江，湖北，江西，湖南，广西，福建，台湾；日本，朝鲜半岛，菲律宾，斯里兰卡，印度，印度尼西亚。

短须姬尺蛾 *Organopoda brevipalpis* Prout, 1926

分布：云南（保山、丽江），四川，广西，江西；缅甸。

绿萍尺蛾属 *Ornithospila* Warren, 1894

绿萍尺蛾 *Ornithospila esmeralda* (Hampson, 1895)

分布：云南（德宏、临沧、普洱）；印度，尼泊尔，缅甸，越南，菲律宾，马来西亚，新加坡，印度尼西亚。

点绿萍尺蛾 *Ornithospila lineata* (Moore, 1872)

分布：云南（红河）；印度，尼泊尔，缅甸，越南，泰国，柬埔寨，斯里兰卡，马来西亚，印度尼西亚。

翠绿萍尺蛾 *Ornithospila submonstrans* (Walker, 1861)

分布：云南（红河、西双版纳），海南；菲律宾，马来西亚，新加坡，文莱，印度尼西亚。

斑翠尺蛾属 *Orothalassodes* Holloway, 1996

弧斑翠尺蛾 *Orothalassodes falsaria* (Prout, 1912)

分布：云南，台湾，海南；印度。

斑翠尺蛾 *Orothalassodes hypocrites* (Prout, 1912)

分布：云南，海南，香港；印度，越南，泰国，马来西亚，新加坡，印度尼西亚。

丽斑翠尺蛾 *Orothalassodes pervulgatus* Inoue, 2005

分布：云南，四川，西藏，广西，台湾，海南；印度，尼泊尔，巴基斯坦，越南，泰国，菲律宾。

直短尺蛾属 *Orthobrachia* Warren, 1895

宽带直短尺蛾 *Orthobrachia latifasciata* (Moore, 1888)

分布：云南（怒江），四川，西藏。

泛尺蛾属 *Orthonama* Hübner, 1825

泛尺蛾 *Orthonama obstipata* Fabricius, 1794

分布：世界广布（澳大利亚除外）。

尾尺蛾属 *Ourapteryx* Leach, 1814

叉尾尺蛾 *Ourapteryx brachycera* Wehrli, 1939

分布：云南。

雪尾尺蛾 *Ourapteryx ebuleata* (Guenée, 1857)

分布：云南（文山）。

波尾尺蛾 *Ourapteryx persica* (Leech, 1891)

分布：云南，内蒙古，新疆；俄罗斯，日本。

接骨木尾尺蛾 *Ourapteryx sambucaria* (Linnaeus, 1758)

分布：云南，东北；俄罗斯，蒙古国，日本，伊朗，西欧。

垂耳尺蛾属 *Pachyodes* Guenée, 1857

粉垂耳尺蛾 *Pachyodes haemataria* Herrich-Schaffer, 1854

分布：云南（丽江），广东；印度。

狮垂耳尺蛾 *Pachyodes leopardinata* Inoue, 1982

分布：云南（丽江、迪庆），西藏；印度，不丹。

砂垂耳尺蛾 *Pachyodes vigil* Prout, 1926

分布：云南（丽江）；缅甸。

古波尺蛾属 *Palaeomystis* Warren, 1893

古波尺蛾 *Palaeomystis falcataria* Moore, 1868

分布：云南，四川，西藏，北京，甘肃，台湾；印度。

泯尺蛾属 *Palpoctenidia* Prout, 1930

紫红泯尺蛾指名亚种 *Palpoctenidia phoenicosoma phoenicosoma* (Swinhoe, 1895)

分布：云南（怒江、丽江、保山），西藏，湖南，台湾，广东，海南；印度。

苇尺蛾属 *Pamphlebia* Warren, 1897

红缘苇尺蛾 *Pamphlebia rubrolimbraria* (Guenée, 1858)

分布：云南（西双版纳），广西，台湾，海南；日本，印度，斯里兰卡，菲律宾，马来西亚，文莱，印度尼西亚，巴布亚新几内亚，澳大利亚。

拟毛腹尺蛾属 *Paradarisa* Warren, 1894

灰绿拟毛腹尺蛾 *Paradarisa chloauges* Prout, 1927

分布：云南（保山），四川，湖南，广西，福建，台湾，海南；日本，缅甸。

康拟毛腹尺蛾 *Paradarisa comparataria* (Walker, 1866)

分布：云南（曲靖、大理）。

副锯翅青尺蛾属 *Paramaxates* Warren, 1894

克什副锯翅青尺蛾 *Paramaxates khasiana* Warren, 1894

分布：云南（保山）；印度，泰国。

漫副锯翅青尺蛾 *Paramaxates vagata* (Walker, 1861)

分布：云南（保山、西双版纳），福建，海南，广东，广西；印度，孟加拉国。

巨星尺蛾属 *Parapercnia* Wehrli, 1939

巨星尺蛾 *Parapercnia giraffata* (Guenée, 1858)

分布：云南（文山）。

叉突尺蛾属 *Pareustroma* Sterneck, 1928

网斑叉突尺蛾西南亚种 *Pareustroma fissisignis chrysoprasis* (Oberthür, 1884)

分布：云南（怒江、保山），四川。

狭长翅尺蛾属 *Parobeidia* Wehrli, 1939

狭长翅尺蛾 *Parobeidia gigantearia* (Leech, 1897)

分布：云南（保山），贵州，四川。

海绿尺蛾属 *Pelagodes* Holloway, 1996

海绿尺蛾 *Pelagodes antiquadraria* (Inoue, 1976)

分布：云南，西藏，浙江，江西，湖南，广西，福建，台湾，广东，海南；日本，印度，不丹，泰国。

弧海绿尺蛾 *Pelagodes falsaria* (Prout, 1912)

分布：云南，台湾，海南；印度，不丹，斯里兰卡，马来西亚，印度尼西亚。

苏海绿尺蛾 *Pelagodes paraveraria* Han & Xue, 2011

分布：云南（西双版纳）。

圣海绿尺蛾 *Pelagodes semengok* Holloway, 1996

分布：云南，西藏，广西，台湾，海南；菲律宾，马来西亚，印度尼西亚。

钩海绿尺蛾 *Pelagodes sinuspinae* Han & Xue, 2011

分布：云南（西双版纳）。

羽带尺蛾属 *Pennithera* Viidalepp, 1980

仁羽带尺蛾 *Pennithera comis* (Butler, 1879)
分布：云南，四川；日本，俄罗斯。

匀点尺蛾属 *Percnia* Haldeman, 1842

灰点尺蛾 *Percnia grisearia* Leech, 1897
分布：云南（文山、红河、大理），四川，河北，山西，河南，安徽，台湾；日本。

小点尺蛾 *Percnia maculata* Moore, 1867
分布：云南（红河、文山）。

烟胡麻斑尺蛾 *Percnia suffusa* Wileman, 1914
分布：云南（文山）。

周尺蛾属 *Perizoma* Hübner, 1825

点周尺蛾 *Perizoma lacteiguttata* Warren, 1893
分布：云南（大理、保山）；尼泊尔，印度。

斑周尺蛾 *Perizoma maculata* (Moore, 1888)
分布：云南（红河）；印度，缅甸。

序周尺蛾指名亚种 *Perizoma seriata seriata* (Moore, 1888)
分布：云南（怒江、丽江），四川，西藏；印度。

幅尺蛾属 *Photoscotosia* Warren, 1888

宽缘幅尺蛾 *Photoscotosia albomacularia* Leech, 1897
分布：云南（迪庆），四川。

离幅尺蛾 *Photoscotosia diochoticha* Xue, 1988
分布：云南（迪庆、丽江）。

坚幅尺蛾 *Photoscotosia dipegaea* Prout, 1940
分布：云南（迪庆）。

柔幅尺蛾 *Photoscotosia eudiosa* Xue, 1988
分布：云南（迪庆）。

中带幅尺蛾 *Photoscotosia fasciaria* Leech, 1897
分布：云南（迪庆），四川，西藏，青海。

黑幅尺蛾指名亚种 *Photoscotosia funebris funebris* **Warren, 1895**
分布：云南（迪庆），四川，甘肃，青海。

橘斑幅尺蛾指名亚种 *Photoscotosia miniosata miniosata* (Walker, 1862)
分布：云南（昭通、德宏、保山），四川，贵州，西藏，河南，甘肃，湖南，台湾；印度，巴基斯坦。

斜斑幅尺蛾 *Photoscotosia obliquisignata* (Moore, 1868)
分布：云南（怒江）；印度。

新缘幅尺蛾 *Photoscotosia postmutata* Prout, 1914
分布：云南（迪庆），四川，西藏。

残斑幅尺蛾 *Photoscotosia propugnataria* Leech, 1897
分布：云南（丽江、迪庆），四川，西藏，陕西，台湾；印度。

直线幅尺蛾 *Photoscotosia rectilinearia* Leech, 1897
分布：云南（丽江），甘肃，四川。

丝幅尺蛾 *Photoscotosia sericata* Xue, 1988
分布：云南（大理），西藏。

黑缘幅尺蛾 *Photoscotosia tonchignearia* (Oberthür, 1894)
分布：云南（迪庆、大理），四川，西藏，甘肃，青海；印度。

剑纹幅尺蛾 *Photoscotosia velutina* Warren, 1895
分布：云南（丽江、迪庆），四川，西藏。

痕尺蛾属 *Phthonandria* Warren, 1894

桑痕尺蛾 *Phthonandria atrilineata* (Butler, 1881)
分布：云南（文山、丽江、大理），贵州，四川，陕西，华北，江苏，安徽，浙江，江西，广西，台湾，广东；日本。

妒尺蛾属 *Phthonoloba* Warren, 1893

绿带妒尺蛾 *Phthonoloba viridifasciata* Inoue, 1963
分布：云南，台湾，海南；日本。

烟尺蛾属 *Phthonosema* Warren, 1894

槭烟尺蛾 *Phthonosema invenustaria* (Leech, 1891)
分布：云南（丽江），四川，北京，山东，陕西，甘肃，湖北；俄罗斯，日本，朝鲜半岛。

锯线烟尺蛾 *Phthonosema serratilinearia* (Leech, 1897)
分布：云南（丽江），贵州，四川，吉林，辽宁，北京，陕西，甘肃，江苏，浙江，湖北，湖南，广西，福建。

苹烟尺蛾 *Phthonosema tendinosaria* (Bremer, 1864)
分布：云南（昆明、昭通、大理），四川，黑龙江，内蒙古；日本，朝鲜。

大轭尺蛾属 *Physetobasis* Hampson, 1895

束大轭尺蛾四川亚种 *Physetobasis dentifascia mandarinaria* (Leech, 1897)
分布：云南（丽江、保山），四川，山西，陕西。

翡尺蛾属 *Piercia* Janse, 1933

双色翡尺蛾 *Piercia bipartaria* (Leech, 1897)
分布：云南，四川，甘肃；缅甸。

粉尺蛾属 *Pingasa* Moore, 1887

粉尺蛾 *Pingasa alba* Swinhoe, 1891

分布：云南，四川，贵州，浙江，江西，湖南，广西，湖北，福建；日本，印度。

粉尺蛾白色亚种 *Pingasa alba albida* (Oberthür, 1913)

分布：云南（保山、红河），四川。

粉尺蛾云南亚种 *Pingasa alba yunnana* Chu, 1981

分布：云南（红河）。

青粉尺蛾 *Pingasa chlora* (Stoll, [1782])

分布：云南（普洱、大理、丽江），海南；菲律宾，印度尼西亚，澳大利亚。

直粉尺蛾 *Pingasa lariaria* (Walker, 1860)

分布：云南（西双版纳）；印度，马来西亚，印度尼西亚，巴布亚新几内亚。

红带粉尺蛾 *Pingasa rufofasciata* Moore, 1888

分布：云南（保山），四川，贵州，浙江，湖北，江西，湖南，广西，福建；印度。

黄基粉尺蛾 *Pingasa ruginaria* (Guenée, 1858)

分布：云南，海南，广西，台湾；日本，印度，非洲。

黄基粉尺蛾日本亚种 *Pingasa ruginaria pacifica* Inoue, 1964

分布：云南（西双版纳），海南，广西，台湾；琉球群岛。

九尺蛾属 *Plutodes* Guenée, 1858

黄缘丸尺蛾 *Plutodes costatus* (Butler, 1886)

分布：云南（文山、保山、怒江、德宏、红河），西藏，广西，福建，广东，海南；印度，尼泊尔。

大丸尺蛾 *Plutodes cyclaria* Guenée, 1858

分布：云南（西双版纳），海南，广西；马来西亚，印度尼西亚。

带丸尺蛾 *Plutodes exquisita* Butler, 1880

分布：云南（临沧、红河、德宏、西双版纳），西藏，福建，广东，广西；印度，尼泊尔。

狭斑丸尺蛾 *Plutodes flavescens* Butler, 1880

分布：云南（红河、文山），西藏，广西，福建，广东，海南；尼泊尔。

两点丸尺蛾 *Plutodes moultoni* Prout, 1923

分布：云南（西双版纳），海南，广西；马来西亚。

小丸尺蛾 *Plutodes philornia* Prout, 1926

分布：云南（临沧），四川，贵州，江西，广西，广东；印度。

墨丸尺蛾 *Plutodes warreni* Prout, 1923

分布：云南（怒江、保山），西藏，四川，重庆，陕西，甘肃，浙江，湖北，江西，湖南，广西，福建，广东；印度，尼泊尔。

排尺蛾属 *Pogonopygia* Warren, 1894

双排缘尺蛾 *Pogonopygia nigralbata* Warren, 1894

分布：云南（红河、文山）。

三排缘尺蛾 *Pogonopygia pavidus* (Bastelberger, 1911)

分布：云南（文山、红河）。

菩尺蛾属 *Polynesia* Swinhoe, 1892

切角菩尺蛾 *Polynesia truncapex* Swinhoe, 1892

分布：云南（保山），海南；印度，马来西亚，印度尼西亚。

虎斑尺蛾属 *Polythrena* Guenée, 1857

美虎斑尺蛾 *Polythrena miegata* Poujade, 1895

分布：云南（昭通），四川。

眼尺蛾属 *Problepsis* Lederer, 1853

白眼尺蛾 *Problepsis albidior* Warren, 1899

分布：云南（文山）。

指眼尺蛾 *Problepsis crassinotata* Prout, 1917

分布：云南（丽江），四川；印度。

黑条眼尺蛾 *Problepsis diazoma* Prout, 1938

分布：云南。

联眼尺蛾 *Problepsis subreferta* Prout, 1935

分布：云南（文山）。

朦尺蛾属 *Protonebula* Inoue, 1986

铜朦尺蛾 *Protonebula cupreata* (Moore, 1868)

分布：云南（怒江、保山），四川；印度，不丹，尼泊尔。

丝尺蛾属 *Protuliocnemis* Holloway, 1996

洁丝尺蛾 *Protuliocnemis candida* Han, Galsworthy & Xue, 2012

分布：云南（丽江），四川，广西。

伪翼尺蛾属 *Pseudepisothalma* Han, 2009

伪翼尺蛾 *Pseudepisothalma ocellata* (Swin-hoe, 1893)

分布：云南；印度。

假考尺蛾属 *Pseudocollix* Warren, 1895

假考尺蛾指名亚种 *Pseudocollix hyperythra hyperythra* (Hampson, 1895)

分布：云南（保山）；菲律宾，印度，尼泊尔，印度尼西亚，斯里兰卡。

假狐尺蛾属 *Pseudopanthera* Hübner, 1823

黄假狐尺蛾 *Pseudopanthera flavaria* (Leech, 1897)
分布：云南，四川。

白尖尺蛾属 *Pseudomiza* Butler, 1889

顶斑黄普尺蛾 *Pseudomiza aurata* Wileman, 1915
分布：云南（文山）。

赤链白尖尺蛾 *Pseudomiza cruentaria cruentaria* (Moore, 1868)
分布：云南（丽江），四川，湖北，西藏；印度。

白尖尺蛾 *Pseudomiza cruentaria flavescens* (Swinhoe, 1906)
分布：云南（怒江），四川，广西，湖北，西藏；印度。

半翅白尖尺蛾 *Pseudomiza haemonia* Wehrli, 1940
分布：云南（丽江）。

紫白尖尺蛾 *Pseudomiza obliquaria* (Leech, 1897)
分布：云南（文山）。

掩尺蛾属 *Pseudostegania* Butler, 1881

丽江掩尺蛾 *Pseudostegania lijiangensis* Xue & Stüning, 2010
分布：云南（丽江）。

草黄掩尺蛾 *Pseudostegania straminearia* (Leech, 1897)
分布：云南（保山），四川，山西，陕西。

***Pseudostegania yargongaria* (Oberthür, 1916)**
分布：云南（丽江），西藏。

皮鹿尺蛾属 *Psilalcis* Warren, 1893

白皮鹿尺蛾 *Psilalcis albibasis* (Hampson, 1895)
分布：云南（保山），台湾，广东；印度，尼泊尔，缅甸。

碎斑皮鹿尺蛾 *Psilalcis conspicuata* (Moore, 1888)
分布：云南（保山）；印度，尼泊尔。

茶担皮鹿尺蛾 *Psilalcis diorthogonia* (Wehrli, 1925)
分布：云南（保山），贵州，四川，西藏，重庆，陕西，湖北，湖南，广西，福建，台湾，广东。

大皮鹿尺蛾 *Psilalcis pallidaria* Moore, 1888
分布：云南（保山），广西；印度，尼泊尔。

碎纹尺蛾 *Psilalcis ulveraria* (Wileman, 1912)
分布：云南（文山）。

染尺蛾属 *Psilotagma* Warren, 1894

染尺蛾 *Psilotagma decorata* Warren, 1894
分布：云南，四川，河南，陕西，甘肃，湖北，湖南，广西；印度，不丹，尼泊尔。

渣尺蛾属 *Psyra* Walker, 1860

黑渣尺蛾 *Psyra angulifera* (Walker, 1866)
分布：云南（保山、临沧），四川，西藏，湖北；印度，尼泊尔。

楔渣尺蛾 *Psyra cuneata* Walker, 1860
分布：云南，四川，西藏，北京，湖北，台湾；印度，日本。

钩渣尺蛾 *Psyra dsagara* Wehrli, 1953
分布：云南，四川，湖南。

薄渣尺蛾 *Psyra gracilis* Yazaki, 1992
分布：云南（德宏）；尼泊尔。

小斑渣尺蛾 *Psyra faleipennis* Yazaki, 1994
分布：云南（保山），四川，陕西，甘肃，浙江，湖北，湖南，广西，福建；尼泊尔。

大渣尺蛾 *Psyra spurcataria* Walker, 1863
分布：云南（保山、大理），四川，西藏，台湾，广西；印度，尼泊尔。

四川渣尺蛾 *Psyra szetschwana* Wehrli, 1953
分布：云南（丽江），四川，陕西。

汝尺蛾属 *Rheumaptera* Hübner, 1822

洁斑汝尺蛾 *Rheumaptera albidia* Xue, 1995
分布：云南（丽江），四川。

白斑汝尺蛾指名亚种 *Rheumaptera albiplaga albiplaga* (Oberthür, 1886)
分布：云南（丽江），四川，西藏，甘肃，青海；印度。

黑白汝尺蛾德钦亚种 *Rheumaptera hastata consolabilis* (Prout, 1938)
分布：云南，四川。

净斑汝尺蛾 *Rheumaptera hydatoplex* (Prout, 1938)
分布：云南（丽江、迪庆），四川，西藏；缅甸。

缺距汝尺蛾 *Rheumaptera inanata* (Christoph, 1881)
分布：云南（丽江、迪庆），四川，西藏，山东，甘肃，青海；日本，俄罗斯。

复线汝尺蛾 *Rheumaptera multilinearia* (Leech, 1897)
分布：云南，四川。

巨斑汝尺蛾 *Rheumaptera nigralbata* (Warren, 1888)

分布：云南，四川，西藏；印度，尼泊尔。

皱纹汝尺蛾 *Rheumaptera pharcis* Xue, 1995

分布：云南。

铁缨汝尺蛾 *Rheumaptera sideritaria* (Oberthür, 1884)

分布：云南（丽江、迪庆），四川，西藏，甘肃。

玫尺蛾属 *Rhodometra* Meyrick, 1892

玫尺蛾 *Rhodometra sacraria* (Linnaeus, 1767)

分布：云南，四川；印度，斯里兰卡，欧洲，非洲。

红旋尺蛾属 *Rhodostrophia* Hübner, 1823

邻红旋尺蛾 *Rhodostrophia anchotera* Prout, 1935

分布：云南（丽江），四川。

白顶红旋尺蛾指名亚种 *Rhodostrophia bisinuata bisinuata* Warren, 1895

分布：云南（昆明、保山），四川，湖北。

橄榄红旋尺蛾 *Rhodostrophia olivacea* Warren, 1895

分布：云南（丽江）；印度，缅甸。

菲红旋尺蛾 *Rhodostrophia philolaches* (Oberthür, 1891)

分布：云南（迪庆），西藏，四川，青海，甘肃，宁夏。

芮瑟红旋尺蛾 *Rhodostrophia reisseri* Cui, Xue & Jiang, 2019

分布：云南（丽江）。

似红旋尺蛾 *Rhodostrophia similata* (Moore, 1888)

分布：云南（保山、德宏）；印度，缅甸。

斯氏红旋尺蛾 *Rhodostrophia stueningi* Cui, Xue & Jiang, 2019

分布：云南（丽江），四川。

云南红旋尺蛾 *Rhodostrophia yunnanaria* (Oberthür, 1923)

分布：云南（大理、丽江），四川。

绿菱尺蛾属 *Rhomborista* Warren, 1897

弯斑绿菱尺蛾 *Rhomborista devexata* (Walker, 1861)

分布：云南（保山）；印度，不丹。

孤斑绿菱尺蛾 *Rhomborista monosticta* (Wehrli, 1924)

分布：云南（文山、红河），湖南，广西，广东，香港。

佐尺蛾属 *Rikiosatoa* Inoue, 1982

洪佐尺蛾 *Rikiosatoa hoenensis* (Wehrli, 1943)

分布：云南（丽江），西藏；日本。

辰尺蛾属 *Ruttellerona* Swinhoe, 1894

笠辰尺蛾 *Ruttellerona pseudocessaria* Holloway, 1994

分布：云南（保山、西双版纳），海南，香港；印度尼西亚。

Sarcinodes Guenée, [1858]

三线沙尺蛾 *Sarcinodes aequilinearia* (Walker, 1860)

分布：云南（德宏），四川，湖南，广东，台湾；印度，尼泊尔，泰国，缅甸，印度尼西亚。

二线沙尺蛾 *Sarcinodes carnearia* Guenée, 1857

分布：云南（昆明、红河、德宏、文山、保山），广东，台湾；印度，缅甸。

里沙尺蛾 *Sarcinodes lilacina* Moore, 1888

分布：云南（保山）；印度，缅甸，泰国。

一线沙尺蛾 *Sarcinodes restitutaria* (Walker, [1863])

分布：云南（昭通、临沧），四川；印度尼西亚，马来西亚，文莱。

掷尺蛾属 *Scotopteryx* Hübner, 1825

阔掷尺蛾 *Scotopteryx eurypeda* Prout, 1937

分布：云南，四川，西藏，甘肃，福建。

庶尺蛾属 *Semiothisa* Hübner, 1818

康庶尺蛾 *Semiothisa compsogramma* (Wehrli, 1932)

分布：云南（昭通）。

吉庶尺蛾 *Semiothisa kirina* Wehrli, 1940

分布：云南（昭通）。

测庶尺蛾 *Semiothisa tsekua* Wehrli, 1932

分布：云南（大理）。

夕尺蛾属 *Sibatania* Inoue, 1944

阿里山夕尺蛾宁波亚种 *Sibatania arizana placata* (Prout, 1929)

分布：云南（昭通），四川，浙江，湖北，江西，湖南，广西，福建，台湾。

黄尾尺蛾属 *Sirinopteryx* Butler, 1883

黄尾尺蛾 *Sirinopteryx parallela* Wehrli, 1937

分布：云南（保山、大理、西双版纳），四川，西藏，陕西，甘肃，湖南，广西，广东。

点斑黄尾尺蛾 *Sirinopteryx punctifera* Wehrli, 1937

分布：云南（大理、迪庆）。

红线黄尾尺蛾 *Sirinopteryx rufilineata* Warren, 1893

分布：云南（保山、怒江），西藏；印度。

环斑绿尺蛾属 *Spaniocentra* Prout, 1912

荷氏环斑绿尺蛾 *Spaniocentra hollouayi* Inoue, 1986

分布：云南（普洱、文山），湖南，广西，台湾，海南；日本。

环斑绿尺蛾 *Spaniocentra lyra* (Swinhoe, 1892)

分布：云南（保山、红河），台湾；日本，印度，尼泊尔，喜马拉雅东北部。

暗青尺蛾属 *Sphagnodela* Warren, 1893

双波暗青尺蛾 *Sphagnodela lucida* Warren, 1893

分布：云南，西藏；印度，尼泊尔。

四斑尺蛾属 *Stamnodes* Guenée, 1857

集红四斑尺蛾 *Stamnodes lusoria* Prout, 1938

分布：云南（迪庆），四川，西藏。

大四斑尺蛾 *Stamnodes spectatissima* Prout, 1941

分布：云南，四川，西藏。

赤金尺蛾属 *Synegiodes* Swinhoe, 1892

似褐赤金尺蛾 *Synegiodes brunnearia* (Leech, 1897)

分布：云南（保山、红河），四川，浙江，湖北，湖南，广西。

宽赤金尺蛾 *Synegiodes elasmlatus* Cui, Jiang & Han, 2018

分布：云南（保山、怒江、红河）。

花赤金尺蛾 *Synegiodes histrionaria* Swinhoe, 1892

分布：云南（保山、大理、红河），西藏；印度，缅甸。

白点赤金尺蛾 *Synegiodes hyriaria* (Walker, 1866)

分布：云南，西藏；尼泊尔，印度，缅甸。

斜带赤金尺蛾 *Synegiodes obliquifascia* Prout, 1918

分布：云南（红河），西藏，贵州，江西，广西；印度。

淡红赤金尺蛾 *Synegiodes sanguinaria* (Moore, 1868)

分布：云南（保山、德宏），西藏；印度，尼泊尔。

统尺蛾属 *Sysstema* Warren, 1899

半环统尺蛾 *Sysstema semicirculata* (Moore, 1868)

分布：云南（红河、怒江、保山），四川，浙江，广西，福建；印度，尼泊尔。

盘尺蛾属 *Syzeuxis* Hampson, 1895

准圣盘尺蛾 *Syzeuxis extritonaria* Xue, 1999

分布：云南（保山）。

小花盘尺蛾 *Syzeuxis heteromeces* Prout, 1926

分布：云南（保山）；印度。

云南盘尺蛾 *Syzeuxis pavonata* Xue & Han, 2012

分布：云南（红河）。

绿盘尺蛾 *Syzeuxis tessellifimbria* Prout, 1926

分布：云南（怒江），西藏；尼泊尔，印度。

镰翅绿尺蛾属 *Tanaorhinus* Butler, 1879

斑镰翅绿尺蛾 *Tanaorhinus kina* Swinhoe, 1893

分布：云南，四川，西藏，湖北，广西，广东，台湾；印度，尼泊尔，缅甸。

斑镰翅绿尺蛾指名亚种 *Tanaorhinus kina kina* Swinhoe, 1893

分布：云南（保山、曲靖），西藏，湖北，广西；印度，尼泊尔，缅甸。

纹镰翅绿尺蛾 *Tanaorhinus luteivirgatus* Yazaki & Wang, 2004

分布：云南（丽江），广东。

镰翅绿尺蛾 *Tanaorhinus reciprocata* (Walker, 1861)

分布：云南（保山、文山、德宏），西藏，四川，贵州，河南，湖北，湖南，广西，福建，广东，海南，台湾；日本，朝鲜半岛，印度，尼泊尔。

镰翅绿尺蛾中国亚种 *Tanaorhinus reciprocata confuciaria* (Walker, 1861)

分布：云南（保山、文山、德宏），西藏，四川，贵州，河南，湖北，湖南，广西，福建，台湾，海南；日本，朝鲜半岛。

影镰翅绿尺蛾 *Tanaorhinus viridiluteata* (Walker, 1861)

分布：云南（西双版纳），西藏，吉林，北京，江西，广西，福建，台湾，海南；印度，不丹，尼泊尔，喜马拉雅山东北部，缅甸，越南，马来西亚，新加坡，印度尼西亚。

锈羽尺蛾属 *Tanaotrichia* Warren, 1893

普锈羽尺蛾 *Tanaotrichia prasonaria* (Swinhoe, 1892)

分布：云南（大理、迪庆、昭通）。

樟翠尺蛾属 *Thalassodes* Guenée, 1858

渺樟翠尺蛾 *Thalassodes immissaria* Walker, 1861

分布：云南（红河、文山），湖南，广西，海南，香港，福建，台湾；日本，印度，越南，泰国，斯里兰卡，马来西亚，印度尼西亚。

粗胫翠尺蛾 *Thalassodes immissaria intaminata* **Inoue, 1971**
分布：云南（文山）。

篷樟翠尺蛾 *Thalassodes opalina* **Butler, 1880**
分布：云南，广西，台湾，海南；印度，泰国。

樟翠尺蛾 *Thalassodes quadraria* **Guenée, 1857**
分布：云南，四川，浙江，江西，湖南，广西，福建，台湾，广东；日本，印度，泰国，印度尼西亚，马来西亚。

波翅青尺蛾属 *Thalera* **Hübner, 1823**

四点波翅青尺蛾 *Thalera lacerataria* **Graeser, 1889**
分布：云南，四川，吉林，北京，陕西，湖北；俄罗斯，日本，朝鲜半岛。

四点波翅青尺蛾西藏亚种 *Thalera lacerataria thibetica* **Prout, 1935**
分布：云南（丽江），四川。

绿波翅青尺蛾 *Thalera suavis* **(Swinhoe, 1902)**
分布：云南（大理、保山、红河、丽江、怒江、曲靖），四川；朝鲜半岛。

黑带尺蛾属 *Thera* **Stephens, 1831**

小黑带尺蛾 *Thera cyphoschema* **Prout, 1926**
分布：云南（昆明、保山、迪庆），四川，湖北；缅甸。

离黑带尺蛾 *Thera distracta* **(Sterneck, 1928)**
分布：云南（怒江），四川。

黄蝶尺蛾属 *Thinopteryx* **Butler, 1883**

黄蝶尺蛾 *Thinopteryx crocoptera* **(Kollar, [1844])**
分布：云南（昭通、大理），四川，广东，台湾；朝鲜，日本，印度。

紫线尺蛾属 *Timandra* **Duponchel, 1829**

密紫线尺蛾 *Timandra accumulata* **Cui, Xue & Jiang, 2019**
分布：云南（丽江）。

钩紫线尺蛾 *Timandra adunca* **Cui, Xue & Jiang, 2019**
分布：云南（德宏），广西，广东；越南。

赤缘紫线尺蛾 *Timandra comptaria* **Walker, 1863**
分布：云南（普洱、西双版纳），四川，重庆，黑龙江，吉林，甘肃，北京，湖北，陕西，上海，江苏，浙江，江西，湖南，广东，福建，台湾；俄罗斯，日本，朝鲜半岛，印度。

尖角紫线尺蛾 *Timandra convectaria* **Walker, 1861**
分布：云南（德宏），四川，西藏，浙江，湖北，湖南，广西，福建，海南，台湾；俄罗斯，日本，朝鲜半岛，印度，孟加拉国，越南，菲律宾。

直紫线尺蛾 *Timandra correspondens* **Hampson, 1895**
分布：云南（怒江），西藏；印度，缅甸，越南。

黄缘紫线尺蛾 *Timandra dichela* **(Prout, 1935)**
分布：云南（昭通），四川，河南，浙江，湖北，江西，湖南，福建，广东，海南，台湾；俄罗斯，日本，朝鲜半岛，印度。

稀紫线尺蛾 *Timandra oligoscia* **Prout, 1918**
分布：云南（保山、玉溪、大理），四川，西藏，甘肃，湖北，湖南，广西；缅甸。

霞边紫线尺蛾指名亚种 *Timandra recompta recompta* **(Prout, 1930)**
分布：云南（红河），黑龙江，吉林，辽宁，内蒙古，北京，河北，山东，河南，新疆，陕西，浙江，湖北，江西，湖南；俄罗斯，朝鲜半岛。

钝紫线尺蛾 *Timandra robusta* **Cui, Xue & Jiang, 2019**
分布：云南（普洱）。

修紫线尺蛾 *Timandra viminea* **Cui, Xue & Jiang, 2019**
分布：云南（保山、大理）。

缺口青尺蛾属 *Timandromorpha* **Inoue, 1944**

缺口镰青尺蛾 *Timandromorpha discolor* **(Warren, 1896)**
分布：云南，四川，浙江，福建，广东，海南，台湾；日本，印度，缅甸。

橄缺口青尺蛾 *Timandromorpha olivaria* **Han & Xue, 2004**
分布：云南（保山、大理），西藏。

Tricalcaria **Han, 2008**

Tricalcaria stueningi **Han, 2008**
分布：云南，西藏。

洱尺蛾属 *Trichopterigia* **Hampson, 1895**

哈洱尺蛾 *Trichopterigia hagna* **Prout, 1958**
分布：云南；缅甸。

暗绯洱尺蛾 *Trichopterigia illumina* **Prout, 1958**
分布：云南（迪庆），四川，西藏，甘肃。

红星洱尺蛾 *Trichopterigia miantosticta* **Prout, 1958**
分布：云南，四川，湖北。

美洱尺蛾 *Trichopterigia pulcherrima* **(Swinhoe, 1893)**
分布：云南（保山），台湾，福建，广西；印度，缅甸，菲律宾。

沟洱尺蛾滇亚种 *Trichopterigia rivularis acidnias* **Prout, 1958**
分布：云南（迪庆）。

光尺蛾属 *Triphosa* Stephens, 1829

展光尺蛾 *Triphosa expansa* **Moore, 1888**
分布：云南，四川，西藏；印度。

盛光尺蛾 *Triphosa largeteauaria* **Oberthur, 1881**
分布：云南（大理），四川，贵州，陕西。

颠光尺蛾 *Triphosa pallescens* **Warren, 1896**
分布：云南；印度，缅甸。

波纹光尺蛾 *Triphosa vashti* **Butler, 1878**
分布：云南，四川，西藏，甘肃；日本，俄罗斯。

洁尺蛾属 *Tyloptera* Christoph, 1811

缅洁尺蛾 *Tyloptera bella diecena* **Prout, 1926**
分布：云南（红河、怒江、丽江、大理、保山），四川，陕西，甘肃，浙江，湖北，湖南，福建，江西，台湾，广西；缅甸。

维尺蛾属 *Venusia* Curtis, 1839

拉维尺蛾指名亚种 *Venusia laria laria* **Oberthür, 1893**
分布：云南（丽江、保山），四川，西藏，福建。

狂维尺蛾 *Venusia maniata* **Xue, 1999**
分布：云南（丽江）。

红黑维尺蛾 *Venusia nigrifurca* **(Prout, 1927)**
分布：云南（丽江、保山），山西，甘肃，湖北；缅甸。

纤维尺蛾 *Venusia scitula* **Xue, 1999**
分布：云南（丽江），四川。

四川维尺蛾 *Venusia szechuanensis* **Wehrli, 1931**
分布：云南（迪庆），四川。

俄带尺蛾属 *Viidaleppia* Inoue, 1982

疑俄带尺蛾 *Viidaleppia incerta* **Inoue, 1986**
分布：云南（迪庆），台湾。

玉臂尺蛾属 *Xandrames* Moore, 1868

细玉臂尺蛾 *Xandrames albofasciata tromodes* **Wehrli, 1943**
分布：云南（保山、大理），四川。

黑玉臂尺蛾 *Xandrames dholaria sericea* **Butler, 1881**
分布：云南（丽江、保山），四川，陕西；日本，朝鲜。

折玉臂尺蛾 *Xandrames latiferaria* **(Walker, 1860)**
分布：云南（丽江、西双版纳），贵州，四川，西藏，陕西，浙江，湖北，江西，湖南，福建，台湾，广东，海南；日本，尼泊尔，印度，泰国，印度尼西亚，马来西亚，文莱。

潢尺蛾属 *Xanthorhoe* Hübner, 1825

花园潢尺蛾 *Xanthorhoe hortensiaria* **Graeser, 1889**
分布：云南（红河），四川，黑龙江，北京，湖南；日本，俄罗斯。

盈潢尺蛾 *Xanthorhoe saturata* **Guenée, 1857**
分布：云南（昆明、红河、德宏、临沧），四川，西藏，河南，甘肃，浙江，湖南，台湾，福建，海南，广西；日本，印度，越南。

孔尺蛾属 *Xenoclystia* Warren, 1906

墨绿孔尺蛾 *Xenoclystia nigroviridata* **(Warren, 1896)**
分布：云南（怒江）；印度，缅甸。

淡黄孔尺蛾 *Xenoclystia unijuga* **Prout, 1926**
分布：云南（怒江）；缅甸。

黑点尺蛾属 *Xenortholitha* Inoue, 1944

焦黑点尺蛾 *Xenortholitha ambustaria* **(Leech, 1897)**
分布：云南（丽江），四川，湖北。

凸黑点尺蛾 *Xenortholitha exacra* **(Wehrli, 1931)**
分布：云南（丽江、大理），四川，湖南。

折黑点尺蛾 *Xenortholitha extrastrenua* **(Wehrli, 1931)**
分布：云南（丽江、大理），四川。

迷黑点尺蛾贡嘎亚种 *Xenortholitha ignotata indecisa* **(Prout, 1937)**
分布：云南（丽江、红河），四川，西藏。

灰尾尺蛾属 *Xeropteryx* Butler, 1883

灰尾尺蛾 *Xeropteryx columbicola* **(Walker, 1860)**
分布：云南（西双版纳）；印度，菲律宾，中南半岛。

斑星尺蛾属 *Xenoplia* Warren, 1894

细匀点尺蛾 *Xenoplia foraria* **(Guenée, 1857)**
分布：云南（怒江），四川；印度，尼泊尔。

泽尺蛾属 *Zamarada* Moore, 1887

超泽尺蛾 *Zamarada excisa* **Hampson, 1891**
分布：云南（保山）；印度，缅甸，泰国，斯里兰卡。

三角尺蛾属 *Zanclopera* Warren, 1894

鹰三角尺蛾 *Zanclopera falcata* Warren, 1894

分布：云南（保山、德宏、西双版纳），四川，重庆，甘肃，浙江，湖北，江西，湖南，广西，福建，台湾，广东，海南，香港；印度，尼泊尔，缅甸，新加坡，印度尼西亚，马来西亚，文莱。

Zythos Fletcher, 1979

烤焦尺蛾 *Zythos avellanea* (Prout, 1932)

分布：云南。

凤蛾科 Epicopeiidae

阿敌蛾属 *Amana* Walker, 1855

角阿敌蛾 *Amana angulifera* Walker, 1855

分布：云南。

Burmeia Minet, 2003

***Burmeia leesi* Minet, 2003**

分布：云南（怒江），西藏；缅甸。

凤蛾属 *Epicopeia* Westwood, 1841

红头凤蛾 *Epicopeia caroli* Janet, 1909

分布：云南（怒江、西双版纳）。

浅翅凤蛾 *Epicopeia hainesii* Holland, 1899

分布：云南（文山、曲靖），湖北，四川，福建，广西，浙江。

榆凤蛾 *Epicopeia mencia* Moore, 1874

分布：云南（昭通），黑龙江，吉林，辽宁，河北，上海，浙江，湖北，江西，福建；朝鲜。

蛺蛾属 *Nossa* Kirby, 1892

虎腹黄蛺蛾 *Nossa chinensis* (Leech, 1890)

分布：云南（普洱），湖北。

斑蝶蛺蛾 *Nossa nelcinna* (Moore, 1875)

分布：云南。

虎腹敌蛾 *Nossa moori* Elwes, 1890

分布：云南（普洱），广西，海南，广东；印度。

蛺凤蛾属 *Psychostrophia* Butler, 1877

***Psychostrophia endoi* Inoue, 1992**

分布：云南（迪庆），贵州，广西；老挝。

***Psychostrophia micronymphidiaria* Huang & Wang, 2019**

分布：云南（西部、北部、西北部）。

仙蛺凤蛾 *Psychostrophia nymphidiaria* (Oberthür, 1893)

分布：云南（迪庆），四川，江西。

蛺蛾科 Epiplemidae

齿蛺蛾属 *Epiplema* Herrich-Schäffer, 1855

后两齿蛺蛾 *Epiplema suisharyonis* Strand, 1916

分布：云南（丽江），浙江，湖北，福建，台湾。

缺角蛺蛾属 *Orudiza* Walker, 1861

棕翅缺角蛺蛾 *Orudiza angulata* Chu & Wang, 1994

分布：云南（德宏），西藏。

粉蝶蛺蛾属 *Parabraxas* Leech, 1897

粉蝶蛺蛾 *Parabraxas davidi* (Oberthür, 1855)

分布：云南，四川，西藏。

燕蛾科 Uraniidae

斜线燕蛾属 *Acropteris* Geyer, 1832

斜线燕蛾 *Acropteris iphiata* (Guenée, 1857)

分布：云南（红河）；日本，朝鲜，缅甸，印度，马来西亚。

线燕蛾属 *Auzea* Walker, 1863

单线燕蛾 *Auzea arenosa* (Butler, 1880)

分布：云南（文山）。

双斜线燕蛾 *Auzea rufifrontata* Walker, 1862

分布：云南（大理、红河）；印度。

一点燕蛾属 *Micronia* Guenée, 1857

一点燕蛾 *Micronia aculeata* Guenée, 1857

分布：云南（文山、西双版纳），华南，台湾；印度，斯里兰卡，缅甸，印度尼西亚。

燕蛾属 *Nyctalemon* Dalman, 1825

大燕蛾 *Nyctalemon menoetius* Hopffer, 1856

分布：云南（昆明、西双版纳、普洱、保山、红河、文山、德宏）。

圆钩蛾科 Cyclidiidae

圆钩蛾属 *Cyclidia* Guenée, 1857

赭圆钩蛾 *Cyclidia orciferaria* Walker, 1860

分布：云南（西双版纳），四川，福建，广东，海南，华北；印度尼西亚，越南，缅甸。

丝纹圆钩蛾 *Cyclidia sericea* Warren, 1922

分布：云南（西双版纳），青海；印度尼西亚。

褐爪突圆钩蛾 *Cyclidia substigmaria brunna* Chu & Wang, 1987

分布：云南（怒江），四川，福建，浙江。

洋麻圆钩蛾 *Cyclidia substigmaria substigmaria* **Hübner, 1831**
分布：云南（怒江、昭通、红河、大理、西双版纳），四川，湖北，安徽，海南，台湾；日本，越南，缅甸，印度。

四星圆钩蛾 *Cyclidia tetraspota* **Chu & Wang, 1987**
分布：云南（西双版纳），广西，海南。

钩蛾科 Drepanidae

距钩蛾属 *Agnidra* Moore, 1868

银距钩蛾 *Agnidra argypha* **Chu & Wang, 1988**
分布：云南（红河）。

模距钩蛾 *Agnidra ataxia* **Chu & Wang, 1988**
分布：云南（保山）。

窗距钩蛾 *Agnidra fenestra* **(Leech, 1898)**
分布：云南（丽江、迪庆），四川，西藏，陕西，湖北；缅甸。

淡褐距钩蛾 *Agnidra fulvior* **Watson, 1968**
分布：云南（迪庆、怒江、丽江），湖北。

褐距钩蛾 *Agnidra furva* **Watson, 1968**
分布：云南（迪庆），黑龙江。

宏距钩蛾 *Agnidra hoenei* **Watson, 1968**
分布：云南（丽江），四川。

栎距钩蛾 *Agnidra scabiosa fixseni* **(Bryk, 1968)**
分布：云南（大理），四川，台湾；朝鲜，日本。

花距钩蛾 *Agnidra specularia* **(Walker, 1860)**
分布：云南（大理），福建；印度，不丹，斯里兰卡，越南。

云南距钩蛾 *Agnidra yunnanensis* **Chou & Xiang, 1984**
分布：云南（大理）。

紫线钩蛾属 *Albara* Walker, 1866

紫线钩蛾中国亚种 *Albara reversaria opalescens* **Warren, 1897**
分布：云南，浙江，广东，台湾；印度。

豆斑钩蛾属 *Auzata* Walker, 1862

六窗银钩蛾指名亚种 *Auzata minuta minuta* **Leech, 1898**
分布：云南（中部）。

半豆斑钩蛾 *Auzata semipavonaria* **Walker, 1862**
分布：云南（大理），四川，江西，福建；印度。

淡灰白钩蛾 *Auzata simpliciata* **Warren, 1897**
分布：云南（丽江）。

卑钩蛾属 *Betalbara* Natsumura, 1927

栎卑钩蛾 *Betalbara robusta* **Oberthür, 1916**
分布：云南（大理），四川，湖北，陕西，福建。

直缘卑钩蛾 *Betalbara violacea* **Butler, 1889**
分布：云南（大理），四川，广西，浙江，海南，台湾；印度。

丽钩蛾属 *Callidrepana* Felder, 1861

银丽钩蛾 *Callidrepana argenteola* **(Moore, 1858)**
分布：云南（迪庆），四川；日本，印度，大洋洲。

妃丽钩蛾 *Callidrepana filina* **Chou & Xiang, 1984**
分布：云南（昭通）。

豆点丽钩蛾广东亚种 *Callidrepana gemina curta* **Wstson, 1968**
分布：云南（文山）。

肾点丽钩蛾指名亚种 *Callidrepana patrana patrana* **(Moore, 1943)**
分布：云南（大理、迪庆），四川，湖北，浙江，江西，广西，福建，台湾；印度，缅甸，老挝。

枯叶钩蛾属 *Canucha* Walker, 1866

云南枯叶钩蛾 *Canucha miranda* **Warren, 1923**
分布：云南（昆明、红河、西双版纳），广东，海南，台湾；印度。

后窗枯叶钩蛾 *Canucha specularis* **(Moore, 1879)**
分布：云南（西双版纳），福建；斯里兰卡，印度，印度尼西亚。

绮钩蛾属 *Cilix* Leech, 1815

宽绮钩蛾 *Cilix patula* **Watson, 1968**
分布：云南（丽江）。

掌绮钩蛾 *Cilix tatsienluica* **Oberthür, 1916**
分布：云南（迪庆），四川，湖北，陕西，山西，河北。

晶钩蛾属 *Deroca* Walker, 1855

粉晶钩蛾 *Deroca crystalla* **Chu & Wang, 1987**
分布：云南（怒江），四川，西藏。

希晶钩蛾二裂亚种 *Deroca hidda bifida* **Watson, 1957**
分布：云南（丽江、昭通）。

斑晶钩蛾指名亚种 *Deroca inconclusa inconclusa* **(Walker, 1856)**
分布：云南（迪庆），西藏，湖北。

钳钩蛾属 *Didymana* Bryk, 1943

钳钩蛾 *Didymana bidens* (Leech, 1890)

分布：云南（怒江、大理、丽江、西双版纳），四川，广西，陕西，湖北，福建；缅甸。

褐钳钩蛾 *Didymana brunea* Chu & Wang, 1987

分布：云南（丽江）。

白钩蛾属 *Ditrigona* Moore, 1888

闪光白钩蛾 *Ditrigona candida* Wilkinson, 1968

分布：云南（丽江）。

后四白钩蛾 *Ditrigona chama* Wilkinson, 1968

分布：云南（丽江、保山），西藏，四川，陕西，甘肃，山西，湖北，浙江。

雪白钩蛾 *Ditrigona chionea* Wilkinson, 1968

分布：云南（丽江），四川，湖北，陕西。

Ditrigona concave Jiang & Han, 2022

分布：云南（普洱、迪庆）。

浓白钩蛾宽板亚种 *Ditrigona conflexaria cerodeta* Wilkinson, 1968

分布：云南（丽江）。

Ditrigona crystalla (Chu & Wang, 1987)

分布：云南（怒江、保山），四川，西藏。

单爪白钩蛾 *Ditrigona derocina* (Bryk, 1943)

分布：云南（保山、怒江），西藏，四川，重庆，湖北，湖南；缅甸，印度。

净白钩蛾 *Ditrigona diana* Wilkinson, 1968

分布：云南（保山、德宏、西双版纳），西藏，广西；印度。

黄缘白钩蛾 *Ditrigona furvicosta* (Hampson, 1912)

分布：云南（丽江、保山），西藏；印度。

Ditrigona fusca Guo & Han, 2022

分布：云南（丽江）。

室点白钩蛾 *Ditrigona idaeoides* (Hampson, 1893)

分布：云南（保山），西藏，陕西；印度。

六条白钩蛾 *Ditrigona legnichrysa* Wilkinson, 1968

分布：云南（丽江），四川，西藏，浙江。

线角白钩蛾指名亚种 *Ditrigona lineata lineata* (Leech, 1898)

分布：云南（丽江），四川。

四线白钩蛾 *Ditrigona marmorea* Wilkinson, 1968

分布：云南（丽江）；印度。

五斜线白钩蛾云南亚种 *Ditrigona obliquilinea spodia* Wilkinson, 1968

分布：云南。

五斜线白钩蛾秦藏亚种 *Ditrigona obliquilinea thibetaria* (Poujade, 1895)

分布：云南（丽江），四川，西藏，浙江，陕西，湖北，湖南。

Ditrigona parva Jiang & Han, 2022

分布：云南（保山）

宽白钩蛾 *Ditrigona platytes* Wilkinson, 1968

分布：云南（红河），四川，陕西，浙江，湖北，福建。

五纹白钩蛾云南亚种 *Ditrigona quinaria spodia* Wilkinson, 1968

分布：云南（丽江、迪庆、保山）。

尾白钩蛾 *Ditrigona regularis* Warren, 1922

分布：云南（昆明、大理、怒江、保山、德宏、玉溪），四川，西藏，广西；印度，缅甸，泰国。

异色白钩蛾 *Ditrigona sericea* (Leech, 1898)

分布：云南（昆明、保山、怒江、红河、迪庆、大理、临沧、普洱），四川，西藏，陕西；印度，缅甸。

Ditrigona sinepina Jiang & Han, 2022

分布：云南（丽江、保山）。

污白钩蛾 *Ditrigona spilota* Wilkinson, 1968

分布：云南（丽江、保山），四川。

伟白钩蛾 *Ditrigona titana* Wilkinson, 1968

分布：云南（丽江）。

三角白钩蛾 *Ditrigona triangularia* (Moore, 1867)

分布：云南（丽江、迪庆），四川，西藏，福建，台湾；缅甸，印度。

云白钩蛾 *Ditrigona typhodes* Wilkinson, 1968

分布：云南（丽江、怒江），四川；缅甸。

镰钩蛾属 *Drepana* Schrank, 1802

二点镰钩蛾指名亚种 *Drepana dispilata dispilata* Warren, 1931

分布：云南（西双版纳）。

二点镰钩蛾四川亚种 *Drepana dispilata grisearipennis* Strand, 1911

分布：云南（怒江、迪庆），四川，西藏，陕西；印度，缅甸。

二点镰钩蛾云南亚种 *Drepana dispilata rufata* Watson, 1968

分布：云南（丽江），陕西。

黑白点钩蛾 *Drepana hyalina* Moore, 1888

分布：云南（保山）。

一点镰钩蛾四川亚种 *Drepana pallida cretacea* Hampson, 1914
分布：云南（西双版纳），四川；缅甸。

平波纹蛾属 *Epipsestis* Matsumura, 1921
白盘平波纹蛾 *Epipsestis albidisca* (Warren, 1888)
分布：云南。
暗平波纹蛾 *Epipsestis nigropunctata* (Sick, 1941)
分布：云南。
丽平波纹蛾 *Epipsestis ornata* Leech, 1888
分布：云南（丽江）。
丽江平波纹蛾 *Epipsestis stueningi* Yoshimoto, 1988
分布：云南。

影波纹蛾属 *Euparyphasma* Fletcher, 1979
影波纹蛾云南亚种 *Euparyphasma albibasis cinereofusca* (Houlbert, 1921)
分布：云南。
影波纹蛾太白山亚种 *Euparyphasma albibasis guankaiyuni* László, Ronkay, Ronkay & Witt, 2007
分布：云南（迪庆），陕西，甘肃，湖北，浙江，湖南，广西，广东。
暗影波纹蛾 *Euparyphasma obscura* (Sick, 1941)
分布：云南（丽江）；越南。

篝波纹蛾属 *Gaurena* Walker, 1865
白篝波纹蛾 *Gaurena albifasciata* Gaede, 1930
分布：云南（丽江），西藏。
白篝波纹蛾丽江亚种 *Gaurena albifasciata likiangensis* Werny, 1966
分布：云南（丽江）。
银篝波纹蛾 *Gaurena argentisparsa* Hampson, 1891
分布：云南（迪庆、怒江），西藏。
金篝波纹蛾 *Gaurena aurofasciata* Hampson, 1893
分布：云南。
峨篝波纹蛾 *Gaurena delattini* Werny, 1966
分布：云南。
篝波纹蛾 *Gaurena florens* Walker, 1865
分布：云南（昆明、红河、德宏、大理、临沧、西双版纳），西藏，四川，甘肃，广西；印度，尼泊尔，不丹，缅甸，越南，泰国。
篝波纹蛾云南亚种 *Gaurena florens yuennanensis* Werny, 1966
分布：云南（丽江、怒江）。

花篝波纹蛾 *Gaurena florescens* Walker, 1865
分布：云南（保山、大理、怒江、红河、文山），四川，西藏；印度，缅甸。
石篝波纹蛾 *Gaurena gemella* Leech, 1900
分布：云南（大理、丽江、迪庆），西藏，四川，甘肃，河南，陕西，宁夏，湖北，湖南；尼泊尔。
砾篝波纹蛾 *Gaurena grisescens* Oberthür, 1893
分布：云南（丽江）。
缘篝波纹蛾 *Gaurena margaritha* Werny, 1966
分布：云南（丽江），西藏，四川。
绿篝波纹蛾 *Gaurena olivacea* Houlbert, 1921
分布：云南（迪庆、西双版纳），四川；印度，缅甸。
云篝波纹蛾 *Gaurena pretiosa* Werny, 1966
分布：云南（丽江、迪庆）。
线篝波纹蛾 *Gaurena roesleri* Werny, 1966
分布：云南。
曲篝波纹蛾指名亚种 *Gaurena sinuata sinuata* Warren, 1912
分布：云南。
波篝波纹蛾 *Gaurena watsoni* Werny, 1966
分布：云南。

华波纹蛾属 *Habrosyne* Hübner, 1821
白华波纹蛾四川亚种 *Habrosyne albipuncta angulifera* (Gaede, 1930)
分布：云南。
银海波纹蛾 *Habrosyne argenteipuncta* Hampson, [1893]
分布：云南（红河、昭通）；缅甸。
阔华波纹蛾 *Habrosyne conscripta* Warren, 1912
分布：云南（迪庆、丽江），西藏，四川，陕西；尼泊尔。
齿华波纹蛾 *Habrosyne dentata* Werny, 1966
分布：云南（丽江、迪庆），四川，陕西。
印华波纹蛾指名亚种 *Habrosyne indica indica* Moore, 1867
分布：云南（迪庆、文山），四川，西藏，黑龙江，吉林，河北，河南，陕西，浙江，湖北，江西，湖南，广西，福建，广东；日本，印度，尼泊尔，缅甸，越南，泰国。

中华波纹蛾西南亚种 *Habrosyne intermedia conscripta* **Warren, 1912**

分布：云南（大理、迪庆），四川，西藏，青海，甘肃，宁夏，陕西，湖北；印度，尼泊尔。

岩华波纹蛾 *Habrosyne pterographa* **(Poujade, 1887)**

分布：云南。

华波纹蛾 *Habrosyne pyritoides* **(Hüfnagel, 1766)**

分布：云南（保山），黑龙江，吉林，辽宁；朝鲜，日本，印度，欧洲。

银华波纹蛾印度亚种 *Habrosyne violacea argenteipuncta* **Hampson, [1893]**

分布：云南（迪庆），西藏；印度，尼泊尔，缅甸，越南。

银华波纹蛾指名亚种 *Habrosyne violacea violacea* **(Fixsen, 1887)**

分布：云南。

希波纹蛾属 *Hiroshia* László, Ronkay & Ronkay, 2001

白希波纹蛾 *Hiroshia albinigra* **László, Ronkay & Ronkay, 2001**

分布：云南（迪庆）；越南。

点波纹蛾属 *Horipsestis* Matsumura, 1933

点波纹蛾天目山亚种 *Horipsestis aenea minor* **(Sick, 1941)**

分布：云南（迪庆），四川，西藏，河南，陕西，甘肃，湖北，江西，浙江，湖南，广西，福建，海南。

素点波纹蛾 *Horipsestis kisvaczak* **László, Ronkay, Ronkay & Witt, 2007**

分布：云南（楚雄）；越南，泰国，老挝。

边波纹蛾属 *Horithyatira* Matsumura, 1933

边波纹蛾指名亚种 *Horithyatira decorata decorata* **(Moore, 1881)**

分布：云南（丽江、怒江、迪庆），西藏，四川，贵州，陕西，湖北，广西，广东，海南；尼泊尔，不丹，缅甸，印度，越南，泰国。

华边波纹蛾 *Horithyatira decorata hoenei* **Werny, 1966**

分布：云南（红河）。

亥钩蛾属 *Hyalospectra* Warren, 1906

亥钩蛾 *Hyalospectra hyalinata* **(Moore, 1867)**

分布：云南（西部）。

铜波纹蛾属 *Isopsestis* Werny, 1968

纹铜波纹蛾 *Isopsestis meyi* **László, Ronkay, Ronkay & Witt, 2007**

分布：云南（迪庆），四川；越南。

太白铜波纹蛾 *Isopsestis moorei* **László, Ronkay, Ronkay & Witt, 2007**

分布：云南（丽江），四川，陕西。

环铜波纹蛾 *Isopsestis poculiformis* **Zhuang, Owada & Wang, 2015**

分布：云南（昆明）。

大窗钩蛾属 *Macrauzata* Butler, 1889

中华玻钩蛾 *Macrauzata maxima chinensis* **Inoue, 1960**

分布：云南（大理），四川，陕西，浙江。

铃钩蛾属 *Macrocilix* Butler, 1886

丁铃钩蛾指名亚种 *Macrocilix mysticata mysticata* **(Walker, 1931)**

分布：云南（昭通）。

瓦铃钩蛾 *Macrocilix mysticata watsoni* **Inoue, 1958**

分布：云南。

眉铃钩蛾 *Macrocilix ophrysa* **Chu & Wang, 1988**

分布：云南（怒江）。

大波纹蛾属 *Macrothyatira* Marumo, 1916

滇大波纹蛾 *Macrothyatira diminuta* **(Houlbert, 1921)**

分布：云南（丽江、迪庆），四川。

瑞大波纹蛾 *Macrothyatira conspicua* **(Leech, 1900)**

分布：云南。

带大波纹蛾 *Macrothyatira fasciata* **(Houlbert, 1921)**

分布：云南（迪庆），四川，西藏，陕西，北京，河南，山西，湖北。

大波纹蛾太白山亚种 *Macrothyatira flavida tapaischana* **(Sick, 1941)**

分布：云南（丽江）。

缘大波纹蛾 *Macrothyatira flavimargo* **(Leech, 1900)**

分布：云南。

唇大波纹蛾 *Macrothyatira labiata* **(Gaede, 1930)**

分布：云南。

长波纹蛾 *Macrothyatira oblonga* **(Poujade, 1887)**

分布：云南（大理、迪庆、丽江），四川。

蚀波纹蛾 *Macrothyatira stramineata* **(Warren, 1912)**

分布：云南（丽江、怒江、迪庆、大理），四川；印度。

丽江蚀波纹蛾 *Macrothyatira stramineata likiangensis* (Sick, 1941)
分布：云南。

金大波纹蛾 *Macrothyatira subaureata* (Sick, 1941)
分布：云南（丽江），西藏；尼泊尔。

云大波纹蛾 *Macrothyatira transitans* (Houlbert, 1921)
分布：云南。

中波纹蛾属 *Mesothyatira* Werny, 1966

中波纹蛾 *Mesothyatira simplificata* (Houlbert, 1921)
分布：云南。

微钩蛾属 *Microblepsis* Warren, 1922

锚纹微钩蛾 *Microblepsis flavilinea* (Leech, 1890)
分布：云南（大理）。

小波纹蛾属 *Microthyatira* Werny, 1966

小波纹蛾 *Microthyatira decorata* (Sick, 1941)
分布：云南。

米波纹蛾属 *Mimopsestis* Matsumura, 1921

米波纹蛾中国亚种 *Mimopsestis basalis sinensis* László, Ronkay, Ronkay & Witt, 2007
分布：云南（迪庆），陕西，河南，湖北，湖南。

环米波纹蛾 *Mimopsestis circumdata* (Houlbert, 1921)
分布：云南。

滴渺波纹蛾 *Mimopsestis determinata* Bryk, 1943
分布：云南（红河、迪庆），四川；缅甸，印度。

Mimopsestis flammifera (Houlbert, 1921)
分布：云南。

花波纹蛾属 *Nemacerota* Hampson, 1893

Nemacerota alternata (Moore, 1881)
分布：云南（大理），四川，西藏；印度，缅甸。

灰花波纹蛾 *Nemacerota griseobaslis* (Sick, 1941)
分布：云南。

网波纹蛾属 *Neotogaria* Matsumura, 1931

浩网波纹蛾 *Neotogaria hoenei* (Sick, 1941)
分布：云南（丽江），广东；泰国。

网波纹蛾太白山亚种 *Neotogaria saitonis sinjaevi* László, Ronkay, Ronkay & Witt, 2007
分布：云南。

线钩蛾属 *Nordstroemia* Bryk, 1943

褐线钩蛾 *Nordstroemia agna* (Oberthür, 1931)
分布：云南（昭通）。

双斑带钩蛾 *Nordstroemia bicostata bicostata* (Hampson, 1911)
分布：云南（德宏），西藏；印度，缅甸。

缘点线钩蛾 *Nordstroemia bicostata opalescens* (Oberthür, 1916)
分布：云南（西双版纳），四川。

倍线钩蛾 *Nordstroemia duplicata* (Warren, 1922)
分布：云南，浙江；印度。

日本线钩蛾 *Nordstroemia japonica* (Moore, 1877)
分布：云南（临沧），四川；日本。

黑线钩蛾 *Nordstroemia nigra* Chu & Wang, 1988
分布：云南（西双版纳），四川。

鳞线钩蛾 *Nordstroemia undata* Watson, 1968
分布：云南（丽江）。

吉波纹蛾属 *Nothoploca* Yoshimoto, 1983

黑点吉波纹蛾东亚亚种 *Nothoploca nigripunctata zolotarenkoi* Dubatolov, 1987
分布：云南（丽江）。

山钩蛾属 *Oreta* Walker, 1855

锚山钩蛾 *Oreta ancora* Chu & Wang, 1987
分布：云南（丽江、西双版纳），四川，广西，湖北，福建。

角纹钩蛾 *Oreta cervina* Walker, 1907
分布：云南（昆明）。

大理山钩蛾 *Oreta dalia* Chu & Wang, 1987
分布：云南（大理、丽江），福建。

荚蒾山钩蛾 *Oreta eminens* Bryk, 1943
分布：云南（丽江），福建；朝鲜，日本。

展山钩蛾 *Oreta extensa* Walker, 1931
分布：云南（玉溪、迪庆）。

黄褐山钩蛾 *Oreta flavobrunnea* Watson, 1967
分布：云南（丽江、大理）。

宏山钩蛾 *Oreta hoenei* Watson, 1967
分布：云南（丽江、西双版纳），四川，陕西，山西，江西，福建，浙江。

云南宏山钩蛾 *Oreta hoenei inangulata* Watson, 1967
分布：云南，四川，重庆。

交让木山钩蛾 *Oreta insignis* (Butler, 1877)
分布：云南（昭通、西双版纳），四川，江西，广西，福建，台湾；日本。

连山钩蛾 *Oreta liensis* Watson, 1967
分布：云南（丽江、大理）。

接骨木山钩蛾 *Oreta loochooana* Swinhoe, 1902

分布：云南（文山、丽江），四川，江西，台湾；日本，朝鲜，印度尼西亚。

钝山钩蛾 *Oreta obtusa* Walker, 1855

分布：云南（丽江）。

黄带山钩蛾 *Oreta pulchripes* Butler, 1877

分布：云南（丽江、迪庆），西藏，福建；朝鲜，日本，俄罗斯。

曲突山钩蛾 *Oreta sinuata* Chu & Wang, 1987

分布：云南（红河），广西。

三棘山钩蛾 *Oreta trispina* Watson, 1967

分布：云南（大理、丽江、昭通），四川，福建，陕西，山西。

珊瑚树山钩蛾 *Oreta turpis* Butler, 1877

分布：云南（西双版纳），四川；日本，朝鲜。

网山钩蛾 *Oreta vatama acutula* Watson, 1967

分布：云南（丽江、怒江、德宏、大理），四川，西藏；印度。

闪纹山钩蛾 *Oreta zigzaga* Chu & Wang, 1987

分布：云南（怒江），四川，西藏，福建。

珍波纹蛾属 *Paragnorima* Warren, 1912

珍波纹蛾 *Paragnorima fuscescens* Hampson, [1893]

分布：云南（大理），四川，西藏；印度，尼泊尔，缅甸，越南，泰国。

赭钩蛾属 *Paralbara* Watson, 1968

赭钩蛾 *Paralbara achlyscarleta* Chu & Wang, 1987

分布：云南（西双版纳），西藏，福建。

黄颈赭钩蛾 *Paralbara muscularia* Walker, 1866

分布：云南（西双版纳、红河），四川，福建。

斑赭钩蛾 *Paralbara pallidinota* Watson, 1968

分布：云南（丽江、大理），四川。

净赭钩蛾 *Paralbara spicula* Watson, 1968

分布：云南（昆明），四川，江西，福建，广东。

异波纹蛾属 *Parapsestis* Warren, 1912

异波纹蛾指名亚种 *Parapsestis argenteopicta argenteopicta* (Oberthür, 1879)

分布：云南（丽江、迪庆），四川，吉林，黑龙江，辽宁，陕西，河北，河南，甘肃，浙江，湖北，江西，湖南；俄罗斯，日本，朝鲜半岛。

苔异波纹蛾越南亚种 *Parapsestis lichenea splendida* László, Ronkay, Ronkay & Witt, 2007

分布：云南（迪庆），西藏；缅甸，越南，泰国。

珠异波纹蛾 *Parapsestis meleagris* (Houlbert, 1921)

分布：云南（迪庆、大理），四川，黑龙江，吉林，辽宁，河北，江西。

Parapsestis naxii Zhuang, Yago, Owada & Wang, 2017

分布：云南（迪庆）。

伪异波纹蛾 *Parapsestis pseudomaculata* (Houlbert, 1921)

分布：云南（迪庆），四川，陕西，甘肃，湖北，湖南；缅甸。

塔城异波纹蛾 *Parapsestis tachengensis* Zhuang, Yago, Owada & Wang, 2017

分布：云南（迪庆）。

台异波纹蛾中华亚种 *Parapsestis tomponis almasderes* László, Ronkay, Ronkay & Witt, 2007

分布：云南（迪庆），四川，贵州，陕西，河南，甘肃，湖北，湖南，福建；越南。

三线钩蛾属 *Pseudalbara* Inoue, 1962

三线钩蛾 *Pseudalbara parvula* (Leech, 1980)

分布：云南（丽江），河北，黑龙江，四川，浙江；朝鲜，日本。

美波纹蛾属 *Psidopala* Houlbert, 1921

小点美波纹蛾 *Psidopala minutus* (Forbes, 1936)

分布：云南（迪庆），四川，广西，陕西，湖北，江西，广西。

美波纹蛾 *Psidopala opalescens* (Alphéraky, 1897)

分布：云南（丽江、迪庆），西藏，四川；缅甸。

华美波纹蛾 *Psidopala ornata* (Leech, 1900)

分布：云南（丽江、昭通），四川。

浪美波纹蛾 *Psidopala undulans* (Hampson, [1893])

分布：云南（楚雄），西藏；缅甸，印度。

山钩蛾属 *Spectroreta* Warren, 1903

透窗山钩蛾 *Spectroreta hyalodisca* (Hampson, 1896)

分布：云南（红河），四川，江西，浙江，广西；印度，缅甸，斯里兰卡，马来西亚，印度尼西亚。

金波纹蛾属 *Spica* Swinhoe, 1889

金波纹蛾 *Spica parallelangula* Alphéraky, 1893

分布：云南（大理、丽江），四川，陕西，宁夏，湖北。

锯线钩蛾属 *Strepsigonia* Warren, 1897

福建锯线钩蛾 *Strepsigonia diluta fujiena* Chu & Wang, 1987

分布：云南（西双版纳），福建。

带波纹蛾属 *Takapsestis* Matsumura, 1933

迷带波纹蛾 *Takapsestis fascinata* **Yoshimoto, 1990**

分布：云南。

太波纹蛾属 *Tethea* Ochsenheimer, 1816

Tethea aberthuri **Houlbert, 1921**

分布：云南（昭通），西藏。

白缘太波纹蛾 *Tethea albicosta* **(Moore, 1867)**

分布：云南（文山、德宏、红河、楚雄、临沧、昭通）；缅甸，印度。

宽太波纹蛾四川亚种 *Tethea ampliata punctorenalia* **(Houlbert, 1921)**

分布：云南（迪庆），四川。

宽太波纹蛾山西亚种 *Tethea ampliata shansiensis* **Werny, 1966**

分布：云南，山西。

银太波纹蛾 *Tethea brevis* **(Leech, 1900)**

分布：云南（迪庆），四川，陕西，甘肃。

粉太波纹蛾华南亚种 *Tethea consimilis aurisigna* **(Bryk, 1943)**

分布：云南（大理），海南；缅甸，泰国，越南，马来西亚。

粉太波纹蛾印度亚种 *Tethea consimilis commifera* **Warren, 1912**

分布：云南（迪庆、丽江、德宏），西藏，四川；印度，缅甸。

粉太波纹蛾 *Tethea consimilis* **Warren, 1912**

分布：云南（文山）。

Tethea fusca **Werny, 1966**

分布：云南（迪庆），四川。

长斑太波纹蛾 *Tethea longisigna* **László, Ronkay, Ronkay & Witt, 2007**

分布：云南。

藕太波纹蛾指名亚种 *Tethea oberthueri oberthueri* **(Houlbert, 1921)**

分布：云南（丽江），四川，西藏，陕西，浙江，湖北，湖南，广西，福建，海南；印度，尼泊尔，缅甸，泰国，越南，马来西亚。

Tethea pectinata **(Houlbert, 1921)**

分布：云南。

康定太波纹蛾 *Tethea punctor enalia* **(Houlbert, 1921)**

分布：云南（大理），四川，陕西。

亚太波纹蛾 *Tethea subampliata* **(Houlbert, 1921)**

分布：云南（迪庆），四川；缅甸。

波纹蛾属 *Thyatira* Ochsenheimer, 1816

波纹蛾指名亚种 *Thyatira batis batis* **Linnaeus, 1758**

分布：云南（德宏、保山、大理、丽江、迪庆），吉林，辽宁，新疆，内蒙古；日本，朝鲜，俄罗斯，欧洲。

尾钩蛾属 *Thymistada* Walker, 1865

尾钩蛾 *Thymistada nigritincta* **Warren, 1923**

分布：云南（红河）；印度，缅甸。

滇波纹蛾属 *Toxoides* Hampson, 1893

四川滇波纹蛾 *Toxoides sichuanensis* **Zhuang, Owada & Wang, 2014**

分布：云南（迪庆），四川，湖北，湖南。

滇波纹蛾 *Toxoides undulatus* **(Moore, 1867)**

分布：云南。

黄钩蛾属 *Tridrepana* Swinhoe, 1895

双斑黄钩蛾 *Tridrepana adelpha* **Swinhoe, 1905**

分布：云南（丽江），西藏；印度。

双臂黄钩蛾 *Tridrepana bifurcata* **Chen, 1985**

分布：云南（西双版纳），西藏，海南，台湾。

仲黑缘黄钩蛾 *Tridrepana crocea* **(Leech, 1888)**

分布：云南（德宏、西双版纳），四川，江西，浙江，湖北，湖南，广西，福建；日本，朝鲜。

楠三钩蛾 *Tridrepana finita* **Watson, 1957**

分布：云南（大理、丽江），四川，西藏。

双斜线黄钩蛾指名亚种 *Tridrepana flava flava* **(Moore, 1879)**

分布：云南（西双版纳），江西，广西，福建，广东，海南，台湾；印度，缅甸。

褐黄钩蛾短线亚种 *Tridrepana fulvata brevis* **Watson, 1957**

分布：云南（西双版纳），陕西，福建，广东，海南，香港；印度，缅甸。

波纹黄钩蛾 *Tridrepana hypha* **Chu & Wang, 1988**

分布：云南（怒江）。

光黄钩蛾 *Tridrepana leva* **Chu & Wang, 1988**

分布：云南（西双版纳），浙江。

斑黄钩蛾 *Tridrepana maculosa* **Watson, 1957**

分布：云南（丽江），四川。

白斑黄钩蛾 *Tridrepana marginata* **Watson, 1957**

分布：云南（丽江、德宏）。

肾斑黄钩蛾指名亚种 *Tridrepana rubromarginata rubromarginata* (Leech, 1898)

分布：云南（丽江），四川，西藏，甘肃，福建；印度。

类双斑黄钩蛾 *Tridrepana subadelpha* Song, Xue & Han, 2011

分布：云南（保山、德宏）。

伯黑缘黄钩蛾 *Tridrepana unispina* Watson, 1957

分布：云南（德宏、西双版纳、丽江），四川，重庆，江西，福建，广东，台湾；日本。

线波纹蛾属 *Wernya* Yoshimoto, 1987

线波纹蛾 *Wernya lineofracta* (Houlbert，1921)

分布：云南，四川，湖北，湖南。

四川线波纹蛾 *Wernya sechuana* Laszlo, Ronkay & Ronkay, 2001

分布：云南，四川。

纽线波纹蛾越南亚种 *Wernya thailandica pallescens* Laszlo, Ronkay & Ronkay, 2001

分布：云南；越南。

纽线波纹蛾指名亚种 *Wernya thailandica thailandica* Yoshimoto, 1987

分布：云南。

锚纹蛾科 Callidulidae

隐锚纹蛾属 *Callidula* Hübner, [1819]

隐锚纹蛾 *Callidula fasciata* (Butler, 1877)

分布：云南（丽江），广西；印度尼西亚。

锚纹蛾属 *Pterodecta* Butler, 1877

锚纹蛾 *Pterodecta felderi* (Bremer, 1864)

分布：云南（保山），西藏，四川，东北，华北，湖北，广西；日本。

缨翅蛾属 *Pterothysanus* Walker, 1854

缨翅蛾 *Pterothysanus laticilia* Butler, 1854

分布：云南（文山、普洱、西双版纳）。

木蠹蛾科 Cossidae

弧蠹蛾属 *Azygophleps* Hampson, 1892

白条弧蠹蛾 *Azygophleps albofasciata* (Moore, 1879)

分布：云南（昆明、大理、保山），贵州；印度，克什米尔地区。

孔夫子弧蠹蛾 *Azygophleps confucianus* Yakovlev, 2006

分布：云南，四川，西藏，贵州，青海。

梯弧蠹蛾 *Azygophleps scalaris* (Fabricius, 1775)

分布：云南；印度，缅甸，巴基斯坦，斯里兰卡，

泰国，越南，孟加拉国，印度尼西亚。

福冈蠹蛾属 *Butaya* Yakovlev, 2004

纤福冈蠹蛾 *Butaya gracilis* Yakovlev, 2004

分布：云南（西双版纳）。

眼木蠹蛾属 *Catopta* Staudinger, 1899

克什米尔木蠹蛾 *Catopta cashmirensis* (Moore, 1879)

分布：云南（丽江），西藏；克什米尔地区，印度，阿富汗，不丹，巴基斯坦，尼泊尔。

灰木蠹蛾 *Catopta griseotincta* Daniel, 1940

分布：云南（大理、丽江），西藏。

Chalcidica Hübner, [1820]

Chalcidica minea (Cramer, 1779)

分布：云南，广西；印度，孟加拉国，斯里兰卡，老挝，越南，柬埔寨，泰国，尼泊尔，印度尼西亚，马来西亚，菲律宾。

清迈木蠹蛾属 *Chiangmaiana* Kemal & Koçak, 2005

菩提清迈木蠹蛾 *Chiangmaiana buddhi* (Yakovlev, 2004)

分布：云南；泰国。

Chinocossus Yakovlev, 2006

黑袖木蠹蛾 *Chinocossus acronyctoides* (Moore, 1879)

分布：云南（西双版纳），湖南，江西，安徽，广西；越南，菲律宾，印度，巴基斯坦。

Chinocossus markopoloi Yakovlev, 2006

分布：云南（丽江）。

木蠹蛾属 *Cossus* Fabricius, 1794

黄胸木蠹蛾中国亚种 *Cossus cossus chinensis* Rothschild, 1912

分布：云南（昆明、丽江、昭通），四川，辽宁，陕西，甘肃，宁夏，青海，内蒙古，山东，天津，河北，河南，北京，山西，湖南，江苏，福建；日本，朝鲜，土耳其。

Cossus siniaevi Yakovlev, 2004

分布：云南，四川，陕西，甘肃，山东，湖南，福建；俄罗斯。

云南木蠹蛾 *Cossus yunnanensis* Hua, Chou, Fang & Chen, 1990

分布：云南。

漠木蠹蛾属 *Deserticossus* Yakovlev, 2006

Deserticossus tsingtauana (Bang-Haas, 1912)

分布：云南，黑龙江，吉林，辽宁，河北，山东，

山西，陕西，江苏，宁夏，甘肃，内蒙古，北京，天津，安徽；俄罗斯，蒙古国。

线角木蠹蛾属 *Holcocerus* Staudinger, 1884

丽江木蠹蛾 *Holcocerus likiangi* (Daniel, 1940)
分布：云南，广西，四川。

榆木蠹蛾 *Holcocerus vicarious* (Walker, 1865)
分布：云南（昆明），四川，黑龙江，吉林，辽宁，河北，山东，河南，江苏，陕西，山西，宁夏，内蒙古，甘肃，北京，天津，上海，安徽；俄罗斯，日本，朝鲜，越南。

西双版纳木蠹蛾 *Holcocerus xishuangbannaensis* Chou & Hua, 1986
分布：云南（西双版纳）。

***Neurozerra* Yakovlev, 2011**

黄角豹蠹蛾 *Neurozerra flavicera* (Hua, Chou, Fang & Chen, 1990)
分布：云南（西双版纳），广东。

***Orientozeuzera* Yakovlev, 2011**

***Orientozeuzera brechlini* Yakovlev, 2011**
分布：云南（怒江）。

***Panau* Schoorl, 1990**

***Panau borealis* Yakovlev, 2004**
分布：云南（西双版纳）。

副蠹蛾属 *Paracossus* Hampson, 1904

***Paracossus indradit* Yakovlev, 2009**
分布：云南（楚雄、大理）；泰国，越南。

苇蠹蛾属 *Phragmataecia* Newman, 1850

芦苇蠹蛾 *Phragmataecia castaneae* (Hübner, 1790)
分布：云南（大理），四川，黑龙江，新疆，陕西，河北，北京，上海；欧洲，印度，不丹，孟加拉国，缅甸，斯里兰卡，印度尼西亚。

广食蠹蛾属 *Polyphagozerra* Yakovlev, 2011

咖啡豹蠹蛾 *Polyphagozerra coffeae* (Nietner, 1861)
分布：云南（昆明、曲靖、文山、红河、德宏、普洱、西双版纳），西藏，四川，贵州，河南，山东，陕西，江西，浙江，江苏，湖北，湖南，广西，广东，福建，台湾；印度，斯里兰卡，印度尼西亚，巴布亚新几内亚。

***Pygmeocossus* Yakovlev, 2005**

思茅豹蠹蛾 *Pygmeocossus simao* Yakovlev, 2009
分布：云南（普洱）。

***Relluna* Schoorl, 1990**

***Relluna nurella* (Swinhoe, 1894)**
分布：云南；越南，泰国，缅甸，印度，印度尼西亚。

斯木蠹蛾属 *Streltzoviella* Yakovlev, 2006

小斯木蠹蛾 *Streltzoviella insularis* (Staudinger, 1892)
分布：云南，内蒙古，北京，河北，山东。

***Tarsozeuzera* Schoorl, 1990**

黄跗斑蠹蛾 *Tarsozeuzera fuscipars* (Hampson, 1892)
分布：云南（临沧）；印度，缅甸，越南，泰国，印度尼西亚。

***Wittocossus* Yakovlev, 2004**

***Wittocossus mokanshanesis* (Daniel, 1945)**
分布：云南（临沧），四川，贵州，湖北，浙江，江苏；泰国，越南。

斑蠹蛾属 *Xyleutes* Hübner, 1820

柚木斑木蠹蛾 *Xyleutes ceramica* (Walker, 1865)
分布：云南（西双版纳）；印度，缅甸，马来西亚，新加坡，印度尼西亚，巴布亚新几内亚，新西兰。

闪蓝斑蠹蛾 *Xyleutes mineus* (Cramer, 1777)
分布：云南（西双版纳、玉溪、临沧、保山），广西；孟加拉国，泰国，柬埔寨，印度，菲律宾，印度尼西亚，巴布亚新几内亚。

白背斑蠹蛾 *Xyleutes persona* (Le Guillou, 1841)
分布：云南（大理、德宏），四川，贵州，陕西，天津，河北，山西，山东，河南，浙江，安徽，江西，广东，福建，台湾；印度，孟加拉国，缅甸，斯里兰卡，印度尼西亚，巴布亚新几内亚。

枭斑蠹蛾 *Xyleutes strix* (Linneaus, 1758)
分布：云南（昆明、保山、红河、德宏、临沧、西双版纳），西藏，广西，台湾；孟加拉国，不丹，印度，马来西亚，印度尼西亚，菲律宾，巴布亚新几内亚。

***Yakovlelina* Kemal&Kocak, 2005**

***Yakovlelina albostriata* (Yakovlev, 2006)**
分布：云南（楚雄）。

***Yakovlelina galina* (Yakovlev, 2004)**
分布：云南；印度尼西亚。

***Zeurrora* Yakovlev, 2011**

***Zeurrora indica* (Herrich-Schaffer, [1854])**
分布：云南，海南；越南，孟加拉国，印度，马来

西亚，印度尼西亚，巴布亚新几内亚。

豹蠹蛾属 *Zeuzera* Latreille, 1804

多斑豹蠹蛾 *Zeuzera multistrigata* Moore, 1881

分布：云南，四川，西藏，贵州，重庆，辽宁，陕西，浙江，上海，湖北，江西，广西；日本，印度，孟加拉国，缅甸，越南，斯里兰卡。

凹翅豹蠹蛾 *Zeuzera postexcisa* Hampson, 1893

分布：云南（红河、临沧、西双版纳）；印度，斯里兰卡，印度尼西亚。

梨豹蠹蛾 *Zeuzera pyrina* (Linnaeus, 1761)

分布：云南（丽江、德宏、昭通），四川；印度，欧洲，非洲，美洲。

云南豹蠹蛾 *Zeuzera yuennani* Daniel, 1940

分布：云南（昆明、丽江、西双版纳），西藏，贵州，广西；越南。

拟木蠹蛾科 Metarbelidae

Stueningeria Lehmann, 2019

Stueningeria murzini Yakovlev & Zolotuhin, 2021

分布：云南（普洱、西双版纳）。

刺蛾科 Limacodidae

丽刺蛾属 *Altha* Walker, 1862

四痣丽刺蛾 *Altha adala* (Moore, 1859)

分布：云南（德宏），山东，广西；印度，缅甸，越南，泰国，马来西亚，印度尼西亚。

乳丽刺蛾暗斑亚种 *Altha lacteola melanopsis* (Strand, 1915)

分布：云南（昭通、普洱、大理、西双版纳），江西，台湾，广东；缅甸，印度，斯里兰卡，印度尼西亚。

暗斑丽刺蛾 *Altha melanopsis* Strand, 1915

分布：云南（保山、大理、普洱、西双版纳），江西，福建，台湾，海南；印度。

优刺蛾属 *Althonarosa* Kawada, 1930

优刺蛾 *Althonarosa horisyaensis* Kawada, 1930

分布：云南（德宏、西双版纳），四川，贵州，重庆，甘肃，湖北，江西，广西，广东，台湾，海南；尼泊尔，马来西亚，印度尼西亚，印度，缅甸，泰国，越南。

安琪刺蛾属 *Angelus* Hering, 1933

安琪刺蛾 *Angelus obscura* Hering, 1933

分布：云南（昆明、迪庆、曲靖、丽江、大理），

四川。

润刺蛾属 *Aphendala* Walker, 1865

灰扁刺蛾 *Aphendala cana* (Walker, 1865)

分布：云南（大理），台湾；印度，斯里兰卡。

叉茎润刺蛾 *Aphendala furcillata* Wu & Fang, 2008

分布：云南（昆明、普洱、保山、曲靖、文山、德宏、临沧、红河、大理、楚雄、西双版纳），四川，重庆；越南，泰国。

大润刺蛾 *Aphendala grandis* (Hering, 1931)

分布：云南（保山、德宏、红河、临沧、西双版纳），广西；印度。

单线润刺蛾 *Aphendala monogramma* (Hering, 1933)

分布：云南（普洱），四川，广西，湖北。

拟灰润刺蛾 *Aphendala pseudocana* Wu & Fang, 2008

分布：云南（大理）。

钩纹刺蛾属 *Atosia* Snellen, 1900

银眉刺蛾 *Atosia doenia* (Moore, 1859)

分布：云南（红河、普洱、西双版纳），江西；缅甸，越南，印度，斯里兰卡，马来西亚，印度尼西亚。

喜马钩纹刺蛾 *Atosia himalayana* Holloway, 1986

分布：云南（楚雄、大理、普洱、红河、临沧、西双版纳），四川，贵州，重庆，河南，甘肃，湖北，湖南，广西，海南；印度，尼泊尔，缅甸，越南。

弧刺蛾属 *Avatara* Solovyev & Witt, 2009

野弧刺蛾 *Avatara aperiens* (Walker, 1865)

分布：云南（红河），广西；印度，斯里兰卡。

线弧刺蛾 *Avatara basifusca* (Kawada, 1930)

分布：云南（红河、昭通），四川，重庆，陕西，河南，湖北，安徽，江西，福建，海南。

巴刺蛾属 *Barabashka* Solovyev & Witt, 2009

双线巴刺蛾 *Barabashka bilineatum* (Hering, 1931)

分布：云南（昆明），四川，重庆，贵州，湖北，陕西，浙江，江西，广西，福建，广东；越南。

斜纹巴刺蛾 *Barabashka obliqua* (Leech, 1890)

分布：云南（红河、普洱），重庆，贵州，湖北，湖南；越南。

背刺蛾属 *Belippa* Walker, 1865

风背刺蛾 *Belippa aeolus* **Solovyev & Witt, 2009**
分布：云南（大理、迪庆），西藏；越南。

背刺蛾 *Belippa horrida* **Walker, 1865**
分布：云南（昆明、迪庆、临沧、曲靖、楚雄、普洱、红河、丽江、大理、保山、西双版纳），西藏，四川，重庆，黑龙江，山东，河南，陕西，浙江，湖北，江西，湖南，广西，福建，台湾，广东，海南；日本，尼泊尔。

赭背刺蛾 *Belippa ochreata* **Yoshimoto, 1994**
分布：云南（怒江），西藏；尼泊尔。

雪背刺蛾 *Belippa thoracica* **(Moore, 1879)**
分布：云南（红河），西藏；印度，尼泊尔。

帛刺蛾属 *Birthamoides* Hering, 1931

肖帛刺蛾 *Birthamoides junctura* **(Walker, 1865)**
分布：云南（西双版纳），海南；印度，缅甸，柬埔寨，印度尼西亚，马来西亚，文莱。

斑刺蛾属 *Birthamula* Hering in Seitz, 1931

暗斑刺蛾 *Birthamula nigroapicalis* **Hering, 1931**
分布：云南（西双版纳）；印度。

锈斑刺蛾 *Birthamula rufa* **(Wileman, 1915)**
分布：云南（普洱、红河、临沧、德宏、西双版纳），西藏，湖南，广西，福建，广东，海南，台湾；印度，越南，泰国。

环刺蛾属 *Birthosea* Holloway, 1986

拟三纹环刺蛾 *Birthosea trigramma* **Wu & Fang, 2008**
分布：云南（楚雄、迪庆），四川。

蔡刺蛾属 *Caiella* Solovyev, 2014

波带蔡刺蛾 *Caiella undulata* **(Cai, 1983)**
分布：云南（丽江、大理、红河、楚雄、西双版纳），四川，重庆，甘肃，陕西，河南，湖北，安徽，广西，福建。

凯刺蛾属 *Caissa* Hering, 1931

金凯刺蛾 *Caissa aurea* **Solovyev & Witt, 2009**
分布：云南（普洱）；越南。

蔡氏凯刺蛾 *Caissa caii* **Wu & Fang, 2008**
分布：云南（迪庆），四川，陕西，湖北。

条纹凯刺蛾 *Caissa fasciatum* **(Hampson, 1893)**
布：云南（临沧、西双版纳）；印度，尼泊尔，不丹，孟加拉国。

中线凯刺蛾 *Caissa gambita* **Hering, 1931**
分布：云南（红河、普洱、西双版纳）；印度，尼泊尔。

长腹凯刺蛾 *Caissa longisaccula* **Wu & Fang, 2008**
分布：云南（昆明、昭通），四川，贵州，重庆，辽宁，北京，山东，河南，陕西，湖北，浙江，安徽，江西，湖南，广西，福建。

帕氏凯刺蛾 *Caissa parenti* **Orhant, 2000**
分布：云南（昆明、迪庆、大理、普洱、西双版纳），西藏，重庆，贵州；缅甸，越南。

云南凯刺蛾 *Caissa yunnana* **Wu, Wu & Han, 2020**
分布：云南（红河）。

线刺蛾属 *Cania* Walker, 1855

巴线刺蛾尖瓣亚种 *Cania bandura acutivalva* **Holloway, 1986**
分布：云南（西双版纳）；印度，缅甸。

双线刺蛾 *Cania bilinea* **(Walker, 1855)**
分布：云南（玉溪、临沧、红河、丽江、西双版纳），四川，湖北，江苏，浙江，江西，广西，福建，台湾，广东，海南；越南，印度，马来西亚，印度尼西亚。

多旋线刺蛾 *Cania polyhelixa* **Wu & Fang, 2009**
分布：云南（红河、西双版纳），湖北，江西，广西。

拟灰线刺蛾 *Cania pseudorobusta* **Wu & Fang, 2009**
分布：云南（红河），湖北，江西，福建。

灰双线刺蛾 *Cania robusta* **Hering, 1931**
分布：云南（楚雄、大理、丽江、普洱、西双版纳），四川，重庆，湖北，湖南，浙江，江西，广西，福建，香港；缅甸，泰国，越南，老挝，马来西亚。

泰线刺蛾 *Cania siamensis* **Tams, 1924**
分布：云南（西双版纳）；泰国。

赢双线刺蛾 *Cania victori* **Solovyev & Witt, 2009**
分布：云南（西双版纳）；越南。

西藏线刺蛾 *Cania xizangensis* **Wu & Fang, 2009**
分布：云南，西藏。

拟线刺蛾属 *Caniatta* Solovyev & Witt, 2009

光拟线刺蛾 *Caniatta levis* **Solovyev & Witt, 2009**
分布：云南（西双版纳）；越南。

Canon Solovyev, 2014

Canon punica **(Herrich-Schäffer, 1848)**
分布：云南（西双版纳）。

客刺蛾属 *Ceratonema* Hampson, [1893]

仿客刺蛾 *Ceratonema imitatrix* Hering, 1931

分布：云南（西双版纳），四川，贵州，陕西，湖北，湖南，福建，广东；韩国，印度。

基黑客刺蛾 *Ceratonema nigribasale* Hering, 1931

分布：云南（红河），西藏；缅甸。

客刺蛾 *Ceratonema retractatum* (Walker, 1865)

分布：云南（红河、保山），西藏，四川，重庆，陕西，青海，湖北，江西，湖南，福建；印度，尼泊尔。

姹刺蛾属 *Chalcocelis* Hampson, 1893

白痣姹刺蛾 *Chalcocelis dydima* Solovyev & Witt, 2009

分布：云南（德宏、西双版纳），贵州，浙江，湖北，江西，湖南，广西，福建，广东，海南；越南，泰国，缅甸，印度，新加坡，印度尼西亚，巴布亚新几内亚。

仿姹刺蛾属 *Chalcoscelides* Hering, 1931

仿姹刺蛾 *Chalcoscelides castaneipars* (Moore, 1865)

分布：云南（红河、普洱、楚雄、大理、保山、西双版纳），西藏，四川，重庆，河南，陕西，湖北，江西，湖南，广西，台湾，广东；印度，尼泊尔，缅甸，越南，印度尼西亚。

彻刺蛾属 *Cheromettia* Moore, 1883

休彻刺蛾 *Cheromettia alaceria* Solovyev & Witt, 2009

分布：云南（临沧、保山、西双版纳）；越南，泰国。

洛彻刺蛾 *Cheromettia lohor* (Moore, 1859)

分布：云南（西双版纳）；印度尼西亚。

印度尼西亚彻刺蛾 *Cheromettia sumatrensis* (Heylaerts, 1884)

分布：云南（保山）；印度尼西亚，马来西亚。

迷刺蛾属 *Chibiraga* Matsumura, 1931

迷刺蛾 *Chibiraga banghaasi* (Hering & Hopp, 1927)

分布：云南（昭通），四川，贵州，重庆，辽宁，黑龙江，湖北，河北，河南，陕西，山东，浙江，江西，福建，台湾；韩国，俄罗斯。

厚帅迷刺蛾 *Chibiraga houshuaii* Ji & Wang, 2018

分布：云南（昭通、楚雄、红河），四川，河南。

瑟茜刺蛾属 *Circeida* Solovyev, 2014

银带绿刺蛾 *Circeida argentifascia* (Cai, 1983)

分布：云南（保山）；越南。

美点瑟茜刺蛾 *Circeida eupuncta* (Cai, 1983)

分布：云南（迪庆）。

达刺蛾属 *Darna* Walker, 1862

巫达刺蛾 *Darna sybilla* (Swinhoe, 1903)

分布：云南（普洱、保山、西双版纳）；泰国，越南。

艳刺蛾属 *Demonarosa* Matsumura, 1931

艳刺蛾 *Demonarosa rufotessellata* (Moore, 1879)

分布：云南（红河、保山、普洱、临沧、迪庆、西双版纳），西藏，四川，贵州，重庆，北京，山东，河南，安徽，浙江，江西，湖南，广西，福建，台湾，广东，海南；日本，印度，尼泊尔，缅甸，泰国，越南，印度尼西亚。

爱刺蛾属 *Epsteinius* Lin, Braby & Hsu, 2020

罗氏爱刺蛾 *Epsteinius luoi* Wu, 2020

分布：云南（西双版纳）。

Euphlyctina Hering, 1931

巴氏赭刺蛾 *Euphlyctina butvilai* Solovyev & Saldaitis, 2021

分布：云南（怒江），重庆，浙江，湖南，江西，广西。

佳刺蛾属 *Euphlyctinides* Hering, 1931

铜翅佳刺蛾 *Euphlyctinides aeneola* Solovyev, 2009

分布：云南（普洱、红河、西双版纳）；泰国。

伪莱卡佳刺蛾 *Euphlyctinides pseudolaika* Wu, Solovyev & Han, 2022

分布：云南（普洱、保山）。

瑰刺蛾属 *Flavinarosa* Holloway, 1986

越瑰刺蛾 *Flavinarosa alius* Solovyev & Witt, 2009

分布：云南（普洱）；越南。

小瑰刺蛾 *Flavinarosa kozyavka* Solovyev, 2010

分布：云南（西双版纳）；泰国。

月瑰刺蛾 *Flavinarosa luna* Solovyev, 2010

分布：云南（临沧），广西，江西，湖南，福建。

纷刺蛾属 *Griseothosea* Holloway, 1986

纷刺蛾 *Griseothosea cruda* (Walker, 1862)

分布：云南（普洱）；马来西亚，印度尼西亚。

杂纹扁刺蛾 *Griseothosea mixta* (Snellen, 1900)

分布：云南。

***Griseothosea mousta* Solovyev & Saldaitis, 2021**

分布：云南（楚雄、普洱、西双版纳）；泰国，老挝。

茶纷刺蛾 *Griseothosea fasciata* (Moore, 1888)

分布：云南（大理、楚雄、德宏、普洱、丽江、西双版纳），西藏，贵州，四川，重庆，河南，陕西，浙江，湖北，江西，湖南，广西，福建，台湾，广东，海南；印度，尼泊尔，泰国，越南。

髯须纷刺蛾 *Griseothosea mousta* Solovyev & Saldaitis, 2021

分布：云南（普洱）；泰国，老挝。

污纷刺蛾 *Griseothosea sordeo* Solovyev & Witt, 2009

分布：云南（楚雄）；泰国，越南。

汉刺蛾属 *Hampsonella* Dyar, 1898

微白汉刺蛾 *Hampsonella albidula* Wu & Fang, 2009

分布：云南（大理、普洱、丽江），浙江，湖南，江西；越南。

汉刺蛾 *Hampsonella dentata* (Hampson, [1893] 1892)

分布：云南（楚雄、西双版纳），四川，重庆，陕西，甘肃，河南，河北，湖北，湖南，广西；印度。

裔刺蛾属 *Hindothosea* Holloway, 1987

裔刺蛾 *Hindothosea cervina* (Moore, 1877)

分布：云南（德宏、临沧）；印度，孟加拉国，缅甸，斯里兰卡。

长须刺蛾属 *Hyphorma* Walker, 1865

暗长须刺蛾 *Hyphorma flaviceps* (Hampson, 1910)

分布：云南（红河、德宏、普洱、保山、大理、西双版纳），贵州；印度。

长须刺蛾 *Hyphorma minax* Walker, 1865

分布：云南（昆明、红河、普洱、楚雄、大理、临沧、保山、德宏、玉溪、西双版纳），四川，重庆，河南，陕西，甘肃，浙江，湖北，江西，湖南，广西，福建，广东，海南；印度，尼泊尔，越南，柬埔寨，印度尼西亚。

漪刺蛾属 *Iraga* Matsumura, 1927

漪刺蛾 *Iraga rugosa* (Wileman, 1911)

分布：云南（普洱），贵州，四川，重庆，河南，陕西，甘肃，浙江，湖北，江西，湖南，福建，广东，海南，台湾；不丹，柬埔寨，越南，老挝。

焰刺蛾属 *Iragoides* Hering, 1931

皱焰刺蛾 *Iragoides crispa* (Swinhoe, 1890)

分布：云南（昆明、曲靖、昭通、怒江、丽江、保

山、大理、红河），西藏，四川，重庆，河南，陕西，甘肃，湖北，广西，海南；印度，尼泊尔，缅甸，越南。

别焰刺蛾 *Iragoides elongata* Hering, 1931

分布：云南（红河、临沧、保山、普洱），西藏，四川，重庆，广西，湖北；缅甸，越南。

线焰刺蛾 *Iragoides lineofusca* Wu & Fang, 2008

分布：云南（昆明），四川，陕西，河南，湖北，安徽，江西，福建，海南。

蜜焰刺蛾 *Iragoides uniformis* Hering, 1931

分布：云南（昆明、临沧、西双版纳），西藏，四川，贵州，重庆，河南，安徽，浙江，湖北，江西，湖南，广西，福建，广东，海南；越南，缅甸。

铃刺蛾属 *Kitanola* Matsumura, 1925

短颚铃刺蛾 *Kitanola brachygnatha* Wu & Fang, 2008

分布：云南（西双版纳）。

石林铃刺蛾 *Kitanola shilinensis* Wu, Solovyev & Han, 2022

分布：云南（昆明）。

针铃刺蛾 *Kitanola spina* Wu & Fang, 2008

分布：云南（昭通），四川，贵州，重庆，陕西，湖北。

绿刺蛾属 *Latoiola* Hering, 1955

银点绿刺蛾 *Latoiola albipuncta* (Holland, 1893)

分布：云南（红河）。

蛞刺蛾属 *Limacocera* Hering, 1931

阳蛞刺蛾 *Limacocera hel* Hering, 1931

分布：云南，重庆，湖南，广东，海南；越南。

泥刺蛾属 *Limacolasia* Hering, 1931

泥刺蛾 *Limacolasia dubiosa* Hering, 1931

分布：云南（保山），贵州，浙江，湖南，广西，福建，广东。

灰泥刺蛾 *Limacolasia suffusca* Solovyev & Witt, 2009

分布：云南（临沧）；越南。

织刺蛾属 *Macroplectra* Hampson, [1893]

分织刺蛾 *Macroplectra divisa* (Leech, 1890)

分布：云南（西双版纳），湖北。

枯刺蛾属 *Mahanta* Moore, 1879

条斑枯刺蛾 *Mahanta fraterna* Solovyev, 2005

分布：云南（普洱、迪庆），重庆；越南，泰国。

闪光枯刺蛾 *Mahanta kawadai* Yoshimoto, 1995

分布：云南（红河）。

枯刺蛾 *Mahanta quadrilinea* Moore, 1879

分布：云南（大理、怒江、临沧、西双版纳），四川，台湾；印度。

角斑枯刺蛾 *Mahanta svetlanae* Solovyev, 2005

分布：云南（玉溪、怒江、普洱、大理、西双版纳）；泰国。

袒娅枯刺蛾 *Mahanta tanyae* Solovyev, 2005

分布：云南（楚雄、迪庆），四川，陕西，甘肃，河南，湖北，湖南。

吉本枯刺蛾 *Mahanta yoshimotoi* Wang & Huang, 2003

分布：云南，浙江，福建，广东；泰国。

奇刺蛾属 *Matsumurides* Hering, 1931

双奇刺蛾 *Matsumurides bisuroides* (Hering, 1931)

分布：云南（西双版纳），贵州，江西，广东，广西，湖南，海南。

奇刺蛾 *Matsumurides thaumasta* (Hering, 1933)

分布：云南（楚雄、红河、西双版纳），四川，贵州，重庆，陕西，河南，湖北，江苏，江西，广西，福建；越南。

獾刺蛾属 *Melinaria* Solovyev, 2014

卡拉獾刺蛾 *Melinaria kalawensis* (Orhant, 2000)

分布：云南，四川，广西；缅甸，泰国，老挝，越南。

肖媚獾刺蛾 *Melinaria pseudorepanda* (Hering, 1933)

分布：云南（昭通、大理、红河、临沧、西双版纳），西藏，四川，重庆，陕西，甘肃，河南，湖北，湖南，浙江，江西，广东，广西，海南。

纤刺蛾属 *Microleon* Butler, 1885

滇纤刺蛾 *Microleon dianensis* Liang, Wang & Solovyev, 2022

分布：云南（迪庆、楚雄、昭通）。

银纹刺蛾属 *Miresa* Walker, 1855

叶银纹刺蛾 *Miresa bracteata* Butler, 1880

分布：云南（德宏、西双版纳）；尼泊尔，印度，马来西亚，印度尼西亚。

缅银纹刺蛾 *Miresa burmensis* Hering, 1931

分布：云南（德宏、普洱、西双版纳），广西；缅甸，越南。

越银纹刺蛾 *Miresa demangei* de Joannis, 1930

分布：云南（昆明、红河、普洱、楚雄、大理、怒江）；越南。

叉颚银纹刺蛾指名亚种 *Miresa dicrognatha dicrognatha* Wu, 2011

分布：云南（红河、临沧），四川，西藏。

闪银纹刺蛾 *Miresa fulgida* Wileman, 1910

分布：云南（普洱、红河、大理、保山、德宏、西双版纳），四川，重庆，浙江，湖北，江西，湖南，广西，福建，台湾，广东，海南；日本，越南。

迹银纹刺蛾 *Miresa kwangtungensis* Hering, 1931

分布：云南（红河、西双版纳），四川，贵州，重庆，河南，浙江，湖北，江西，广西，福建，广东，海南，重庆；越南。

多银纹刺蛾 *Miresa polargenta* Wu & Solovyev, 2011

分布：云南（临沧、大理、西双版纳），广西；越南。

露银纹刺蛾 *Miresa rorida* Solovyev & Witt, 2009

分布：云南（西双版纳）；越南。

线银纹刺蛾 *Miresa urga* Hering, 1933

分布：云南（红河、迪庆、保山、丽江、大理、昭通、普洱、西双版纳），西藏，贵州，四川，重庆，陕西，甘肃，湖北；泰国，越南。

黄刺蛾属 *Monema* Walker, 1855

粉黄刺蛾 *Monema coralina* Dudgeon, 1895

分布：云南（西双版纳），西藏；不丹，尼泊尔。

黄刺蛾 *Monema flavescens* Walker, 1855

分布：云南（文山、曲靖、大理、迪庆、西双版纳），除甘肃、宁夏、青海、新疆、西藏和贵州尚无记录外，全国其他地区均有分布；俄罗斯，日本，朝鲜半岛。

梅氏黄刺蛾 *Monema meyi* Solovyev & Witt, 2009

分布：云南（昆明、大理、迪庆、西双版纳），贵州，四川，重庆，湖北，江西，湖南，广西，福建，广东，海南；越南。

长颚黄刺蛾 *Monema tanaognatha* Wu & Pan, 2013

分布：云南（昆明、曲靖、红河），四川，重庆，陕西，甘肃，湖北，广西。

雾刺蛾属 *Mummu* Solovyev & Witt, 2009

铜雾刺蛾 *Mummu aerata* Solovyev & Witt, 2009
分布：云南（临沧），西藏；越南，泰国。

拉刺蛾属 *Nagodopsis* Matsumura, 1931

拉刺蛾 *Nagodopsis shirakiana* Matsumura, 1931
分布：云南（大理、西双版纳），台湾。

眉刺蛾属 *Narosa* Walker, 1855

波眉刺蛾 *Narosa corusca* Wileman, 1911
分布：云南（红河、西双版纳），四川，贵州，陕西，江西，湖南，广西，福建，台湾；日本。

波眉刺蛾指名亚种 *Narosa corusca corusca* Wileman, 1911
分布：云南（楚雄），西藏，台湾。

缅眉刺蛾 *Narosa erminea* Hampson, 1895
分布：云南（临沧）；缅甸，越南，老挝。

光眉刺蛾 *Narosa fulgens* (Leech, 1888)
分布：云南（楚雄、红河、西双版纳），四川，重庆，北京，山东，河南，甘肃，安徽，浙江，湖北，江西，湖南，广西，福建，台湾，海南；朝鲜，日本，越南。

黑眉刺蛾 *Narosa nigrisigna* Wileman, 1911
分布：云南（红河、临沧、普洱、西双版纳），四川，贵州，重庆，辽宁，北京，河北，山东，陕西，甘肃，江西，湖南，浙江，台湾，香港，广西，广东，海南；越南。

赭眉刺蛾 *Narosa ochracea* Hering, 1931
分布：云南（普洱、红河、临沧、西双版纳），山东，天津，湖北，上海，浙江，江西，湖南，广西，福建，广东，海南；印度，越南，泰国，马来西亚，印度尼西亚。

娜刺蛾属 *Narosoideus* Matsumura, 1911

梨娜刺蛾 *Narosoideus flavidorsalis* (Staudinger, 1887)
分布：云南（昆明、丽江、迪庆、保山、西双版纳），四川，贵州，黑龙江，吉林，辽宁，北京，河北，山东，河南，陕西，浙江，湖北，江西，湖南，广西，福建，广东；俄罗斯，朝鲜，日本。

黑晶娜刺蛾 *Narosoideus morion* Solovyev & Witt, 2009
分布：云南（昆明）；越南。

狡娜刺蛾 *Narosoideus vulpinus* (Wileman, 1911)
分布：云南（玉溪、普洱、红河、文山、临沧、西双版纳），四川，重庆，贵州，山东，河南，陕西，甘肃，浙江，湖北，江西，湖南，广西，福建，海南，台湾；泰国，越南，老挝。

维娜刺蛾 *Narosoideus witti* Solovyev & Saldaitis, 2021
分布：云南（大理），四川，重庆，陕西，江西。

新扁刺蛾属 *Neothosea* Okano & Pak, 1964

三纹新扁刺蛾 *Neothosea trigramma* (Wu & Fang, 2008)
分布：云南（昆明、丽江、迪庆、怒江、大理）。

涅刺蛾属 *Nephelimorpha* Solovyev, 2014

银纹涅刺蛾 *Nephelimorpha argentilinea* (Hampson, [1893])
分布：云南（临沧、德宏）；尼泊尔，印度，缅甸，越南，印度尼西亚。

直刺蛾属 *Orthocraspeda* Hampson, 1893

窃达刺蛾 *Orthocraspeda furva* (Wileman, 1911)
分布：云南（西双版纳），贵州，重庆，浙江，江西，湖南，广西，福建，广东，海南，台湾；尼泊尔，泰国，越南，缅甸，马来西亚，印度尼西亚。

灰直刺蛾 *Orthocraspeda sordida* Snellen, 1900
分布：云南（玉溪、西双版纳）；泰国，越南，马来西亚，印度尼西亚。

斜纹刺蛾属 *Oxyplax* Hampson, [1893]

版纳斜纹刺蛾 *Oxyplax bannaensis* Wu & Han, 2023
分布：云南（西双版纳）。

蔡氏斜纹刺蛾 *Oxyplax caii* (Holloway, 1986)
分布：云南，广东。

暗斜纹刺蛾 *Oxyplax furva* Cai, 1984
分布：云南（大理）。

维西斜纹刺蛾 *Oxyplax ochracea* (Moore, 1883)
分布：云南（迪庆）；印度，越南，老挝，泰国。

滇斜纹刺蛾 *Oxyplax yunnanensis* Cai, 1984
分布：云南（大理、保山、普洱、德宏、红河、西双版纳）。

绿刺蛾属 *Parasa* Moore, 1860

银点绿刺蛾 *Parasa albipuncta* Hampson, 1892
分布：云南（红河、西双版纳），福建；印度。

两色绿刺蛾 *Parasa bicolor* (Walker, 1855)
分布：云南（红河），四川，贵州，重庆，河南，陕西，上海，浙江，湖北，江西，江苏，湖南，广西，福建，台湾，广东；印度，缅甸，马来西亚，印度尼西亚。

宽边绿刺蛾 *Parasa canangae* Hering, 1931

分布：云南（保山、临沧），贵州，四川，重庆，湖南，广西，广东；马来西亚。

窄缘绿刺蛾 *Parasa consocia* Walker, 1865

分布：云南，四川，重庆，贵州，黑龙江，辽宁，北京，天津，河北，山东，河南，陕西，甘肃，湖北，上海，江苏，浙江，福建，江西，湖南，广西，广东，香港，台湾；日本，朝鲜半岛，俄罗斯。

胆绿刺蛾 *Parasa darma* Moore, 1859

分布：云南（临沧、西双版纳），台湾；缅甸，泰国，菲律宾，马来西亚，印度尼西亚。

甜绿刺蛾 *Parasa dulcis* Hering, 1931

分布：云南（西双版纳），广西，广东，海南；泰国，老挝。

翠绿刺蛾 *Parasa emeralda* Solovyev & Witt, 2009

分布：云南（红河、临沧），四川，河南，江西，湖北，广西，广东，海南；泰国，越南，老挝，柬埔寨。

美点绿刺蛾 *Parasa eupuncta* (Cai, 1983)

分布：云南（大理、怒江）。

妃绿刺蛾 *Parasa feina* (Cai, 1983)

分布：云南（德宏、保山、临沧、大理、西双版纳）。

黄腹绿刺蛾 *Parasa flavabdomena* (Cai, 1983)

分布：云南（红河、西双版纳）；越南。

同宗绿刺蛾 *Parasa gentiles* (Snellen, 1900)

分布：云南（西双版纳）；印度，印度尼西亚。

大绿刺蛾 *Parasa grandis* Hering, 1931

分布：云南，广东，海南。

喜马绿刺蛾 *Parasa himalepida* Holloway, 1987

分布：云南，四川，西藏，陕西，湖北，浙江，广西；尼泊尔，印度，不丹，缅甸。

透翅绿刺蛾 *Parasa hyalodesa* (Wu, 2011)

分布：云南。

嘉绿刺蛾 *Parasa jiana* (Cai, 1983)

分布：云南（西双版纳）。

锯绿刺蛾 *Parasa julikatis* Solovyev & Witt, 2009

分布：云南（西双版纳），四川，陕西，湖北，江西，湖南，广东，广西，海南；越南，泰国。

缅媚绿刺蛾 *Parasa kalawensis* Orhant, 2000

分布：云南（临沧、西双版纳），西藏，广西，海南；缅甸，泰国。

丽绿刺蛾云南亚种 *Parasa lepida lepidula* Hering, 1933

分布：云南（普洱、红河、楚雄、丽江、怒江、西双版纳），四川，重庆；泰国。

稻绿刺蛾 *Parasa oryzae* (Cai, 1983)

分布：云南（临沧、德宏、西双版纳），广西。

迹斑绿刺蛾 *Parasa pastoralis* Butler, 1885

分布：云南（文山、红河、曲靖、丽江、迪庆、临沧、西双版纳），四川，浙江，江西，湖南，广西，福建，广东；巴基斯坦，印度，缅甸，泰国，老挝，不丹，尼泊尔，越南，印度尼西亚。

肖漫绿刺蛾 *Parasa pseudostia* (Cai, 1983)

分布：云南（玉溪、临沧、保山、西双版纳）。

榴绿刺蛾 *Parasa punica* (Herrich-Sehaffer, 1848)

分布：云南（西双版纳）；印度。

媚绿刺蛾 *Parasa repanda* (Walker, 1855)

分布：云南（西双版纳），江西，福建，广东，广西；印度，越南。

中国绿刺蛾 *Parasa sinica* Moore, 1877

分布：云南（昆明、迪庆、保山），四川，重庆，黑龙江，吉林，新疆，北京，天津，河北，河南，陕西，甘肃，上海，浙江，湖北，江西，湖南，广西，福建，台湾，广东；俄罗斯，泰国，朝鲜半岛，日本。

索洛绿刺蛾 *Parasa solovyevi* Wu, 2011

分布：云南（西双版纳）。

越绿刺蛾 *Parasa stekolnikovi* Solovyev & Witt, 2009

分布：云南（红河、西双版纳）；越南。

爪绿刺蛾 *Parasa ungula* Solovyev, 2014

分布：云南（普洱、红河、临沧、西双版纳）；泰国，老挝，越南。

雪山绿刺蛾 *Parasa xueshana* (Cai, 1983)

分布：云南（迪庆）。

镇雄绿刺蛾 *Parasa zhenxiongiea* Wu & Fang, 2009

分布：云南（昭通）。

著点绿刺蛾 *Parasa zhudiana* (Cai, 1983)

分布：云南（红河）；越南。

副纹刺蛾属 *Paroxyplax* Cai, 1984

暗副纹刺蛾 *Paroxyplax fusca* Wu & Han, 2023

分布：云南（临沧）。

线副纹刺蛾 *Paroxyplax lineata* Cai, 1984
分布：云南（楚雄、大理、丽江），四川，贵州。

勐海副纹刺蛾 *Paroxyplax menghaiensis* Cai, 1984
分布：云南（普洱、西双版纳），贵州。

奕刺蛾属 *Phlossa* Walker, 1858

枣奕刺蛾 *Phlossa conjuncta* (Walker, 1855)
分布：云南（普洱、红河、文山、德宏、临沧、昭通、保山、迪庆、西双版纳），西藏，贵州，四川，重庆，黑龙江，辽宁，北京，河北，山东，河南，陕西，甘肃，江苏，上海，安徽，浙江，湖北，江西，湖南，广西，福建，台湾，广东，海南；朝鲜，日本，印度，尼泊尔，越南，泰国，缅甸，老挝。

绒刺蛾属 *Phocoderma* Butler, 1886

贝绒刺蛾 *Phocoderma betis* Druee, 1896
分布：云南（普洱、玉溪、临沧、西双版纳），贵州，四川，重庆，黑龙江，河南，陕西，甘肃，湖北，湖南，广西，海南；越南，泰国。

绒刺蛾 *Phocoderma velutina* (Kollar, [1844])
分布：云南（玉溪、文山、普洱、临沧、保山、西双版纳），四川，贵州，江西，湖南，广西，广东；印度，尼泊尔，缅甸，泰国，马来西亚，印度尼西亚。

冠刺蛾属 *Phrixolepia* Butler, 1877

井上冠刺蛾 *Phrixolepia inouei* Yoshimoto, 1993
分布：云南（昆明、楚雄），台湾。

罗氏冠刺蛾 *Phrixolepia luoi* Cai, 1986
分布：云南（临沧、普洱、西双版纳），广东；泰国。

伯冠刺蛾 *Phrixolepia majuscula* Cai, 1986
分布：云南（昆明、文山、大理、楚雄、迪庆），四川，重庆，陕西。

黑冠刺蛾 *Phrixolepia nigra* Solovyev, 2009
分布：云南（丽江），陕西。

佩刺蛾属 *Ploneta* Snellen, 1900

佩刺蛾 *Ploneta diducta* Snellen, 1900
分布：云南（西双版纳）；泰国，马来西亚，印度尼西亚，菲律宾。

波刺蛾属 *Polyphena* Solovyev, 2014

安娜波刺蛾 *Polyphena annae* Solovyev, 2014
分布：云南（红河、昭通），贵州；泰国，越南。

天堂波刺蛾 *Polyphena bana* (Cai, 1983)
分布：四川，云南，陕西，福建；越南，泰国。

伯刺蛾属 *Praesetora* Hering, 1931

白边伯刺蛾 *Praesetora albitermina* Hering, 1931
分布：云南（保山、德宏、西双版纳），西藏；印度，尼泊尔，印度尼西亚。

迷拟褐刺蛾 *Praesetora confusa* Solovyev & Witt, 2009
分布：云南（怒江）；印度，越南。

伯刺蛾 *Praesetora divergens* (Moore, 1879)
分布：云南（普洱、西双版纳）；印度，尼泊尔，越南。

温刺蛾属 *Prapata* Holloway, 1990

温刺蛾 *Prapata bisinuosa* Holloway, 1990
分布：云南（保山、普洱、临沧、西双版纳），四川，西藏，贵州，重庆，湖南；印度尼西亚。

大和田温刺蛾 *Prapata owadai* Solovyev & Witt, 2009
分布：云南（普洱、楚雄），四川，西藏，重庆，台湾；越南。

黑温刺蛾 *Prapata scotopepla* (Hampson, 1900)
分布：云南，西藏；印度，尼泊尔。

鬼刺蛾属 *Pretas* Solovyev & Witt, 2009

叉茎鬼刺蛾 *Pretas furcillata* (Wu & Fang, 2008)
分布：云南（红河、临沧、迪庆），四川，重庆；泰国，越南。

白刺蛾属 *Pseudaltha* Hering, 1931

沙坝白刺蛾 *Pseudaltha sapa* Solovyev, 2009
分布：云南（西双版纳）；越南，泰国。

细刺蛾属 *Pseudidonauton* Hering, 1931

细刺蛾 *Pseudidonauton admirabile* Herring, 1931
分布：云南（红河）；马来西亚。

知本细刺蛾 *Pseudidonauton chihpyh* Solovyev, 2009
分布：云南（红河），江西，广西，台湾。

普洱细刺蛾 *Pseudidonauton puera* Wu, Solovyev & Han, 2021
分布：云南（普洱）；越南。

拟焰刺蛾属 *Pseudiragoides* Solovyev & Witt, 2009

终拟焰刺蛾 *Pseudiragoides itsova* Solovyev & Witt, 2011
分布：云南（大理、昭通），贵州，重庆，浙江，湖南，广西，福建。

拟焰刺蛾 *Pseudiragoides spadix* Solovyev & Witt, 2009

分布：云南（大理），四川；越南。

拟凯刺蛾属 *Pseudocaissa* Solovyev, 2009

奇拟凯刺蛾 *Pseudocaissa marvelosa* (Yoshimoto, 1994)

分布：云南（楚雄、怒江），西藏；尼泊尔。

伪汉刺蛾属 *Pseudohampsonella* Solovyev & Saldaitis, 2014

银纹伪汉刺蛾 *Pseudohampsonella argenta* Solovyev & Saldaitis, 2014

分布：云南（大理、怒江）。

侯氏伪汉刺蛾 *Pseudohampsonella hoenei* Solovyev & Saldaitis, 2014

分布：云南（丽江、迪庆）。

肖刺蛾属 *Pseudonirmides* Holloway, 1986

思肖刺蛾 *Pseudonirmides cyanopasta* (Hampson, 1910)

分布：云南（西双版纳）；缅甸，泰国，越南。

仿眉刺蛾属 *Quasinarosa* Solovyev & Witt, 200

光仿眉刺蛾 *Quasinarosa fulgens* (Leech, 1888)

分布：云南（红河），四川，重庆，贵州，北京，山东，河南，甘肃，湖北，浙江，安徽，江西，湖南，广西，福建，广东，海南，台湾；日本，朝鲜，韩国，越南。

扁刺蛾属 *Quasithosea* Holloway, 1987

明脉扁刺蛾 *Quasithosea sythoffi* (Snellen, 1900)

分布：云南（临沧、怒江、西双版纳）；印度，缅甸，泰国，马来西亚，印度尼西亚。

齿刺蛾属 *Rhamnosa* Fixsen, 1887

敛纹齿刺蛾 *Rhamnosa convergens* Hering, 1931

分布：云南（大理、普洱），广东，海南；缅甸，印度。

灰齿刺蛾 *Rhamnosa uniformis* (Swinhoe, 1895)

分布：云南（昆明、丽江、保山、红河、临沧、西双版纳），西藏，贵州，四川，重庆，湖北，浙江，江西，福建，台湾，广东，海南；印度。

旭刺蛾属 *Sansarea* Solovyev & Witt, 2009

Sansarea alenae Solovyev & Saldaitis, 2021

分布：云南（怒江）。

长颚旭刺蛾 *Sansarea zeta* Solovyev & Witt, 2009

分布：云南（西双版纳）；越南。

球须刺蛾属 *Scopelodes* Westwood, 1841

双带球须刺蛾 *Scopelodes bicolor* Wu & Fang, 2009

分布：云南（临沧、红河），广西，海南。

纵带球须刺蛾 *Scopelodes contracta* Walker, 1855

分布：云南（楚雄、迪庆），四川，辽宁，北京，河北，甘肃，陕西，山东，江苏，江西，浙江，湖北，湖南，广西，广东，海南，台湾；日本，印度。

显脉球须刺蛾 *Scopelodes kwangtungensis* Hering, 1931

分布：云南（红河、怒江、保山、西双版纳），四川，贵州，重庆，西藏，陕西，甘肃，湖北，江西，湖南，浙江，福建，台湾，广东；缅甸，尼泊尔，印度，斯里兰卡，印度尼西亚。

美球须刺蛾 *Scopelodes melli* Hering, 1931

分布：云南（普洱、西双版纳），江西，广东。

灰褐球须刺蛾 *Scopelodes sericea* Butler, 1880

分布：云南（普洱、红河、临沧、西双版纳），贵州，四川，重庆，河南，甘肃，浙江，湖北，江西，广西，福建，广东，海南；印度，越南，泰国，缅甸。

黄褐球须刺蛾 *Scopelodes testacea* Butler, 1886

分布：云南（玉溪、德宏、普洱、红河、怒江、西双版纳），西藏，四川，江西，湖北，广西，广东，海南；印度，尼泊尔，越南，泰国，柬埔寨，斯里兰卡，马来西亚，印度尼西亚。

单色球须刺蛾 *Scopelodes unicolor* Westwood, 1841

分布：云南（西双版纳）；印度，缅甸，马来西亚，印度尼西亚。

小黑球须刺蛾 *Scopelodes ursina* Butler, 1886

分布：云南（昆明、德宏、丽江、保山、楚雄、普洱），四川，广西，江西，福建，广东；印度。

喜马球须刺蛾指名亚种 *Scopelodes venosa venosa* Walker, 1855

分布：云南（临沧），西藏；印度，尼泊尔，孟加拉国，缅甸。

狡球须刺蛾 *Scopelodes vulpina* Moore, 1879

分布：云南（红河、临沧），西藏，重庆，广西，海南；缅甸，泰国，越南。

褐刺蛾属 *Setora* Walker, 1855

窄斑褐刺蛾 *Setora baibarana* (Matsumura, 1931)

分布：云南（红河、普洱），四川，贵州，西藏，重庆，河南，陕西，江西，湖北，福建，海南，台湾；越南，印度，尼泊尔，缅甸。

Setora fletcheri Holloway, 1987

分布：云南（德宏、普洱、西双版纳），四川，广西；印度，孟加拉国，缅甸，泰国。

铜斑褐刺蛾 Setora nitens Walker, 1855

分布：云南（昭通、普洱、西双版纳），四川，江西，广西；印度，泰国，马来西亚，印度尼西亚，巴布亚新几内亚。

桑褐刺蛾 Setora postornata (Hampson, 1900)

分布：云南（文山、普洱、玉溪、临沧、德宏、西双版纳），四川，重庆，北京，山东，河南，河北，湖北，陕西，甘肃，江苏，上海，浙江，江西，湖南，广西，福建，广东，海南，台湾；印度，尼泊尔，越南。

索刺蛾属 Soteira Solovyev, 2014

漫绿刺蛾 Soteira ostia (Swinhoe, 1902)

分布：云南（昆明、红河、怒江、保山、临沧、西双版纳），四川，河南；印度，缅甸，泰国，老挝，越南。

普拉索刺蛾 Soteira prasina (Alphéraky, 1895)

分布：云南（昆明、怒江、大理、丽江），四川，陕西，江西，福建；缅甸，越南。

陕西索刺蛾 Soteira shaanxiensis (Cai, 1983)

分布：云南（大理、楚雄），西藏，四川，陕西，湖北，江西，福建；缅甸，越南。

鳞刺蛾属 Squamosa Bethune-Baker, 1908

短爪鳞刺蛾 Squamosa brevisunca Wu & Fang, 2009

分布：云南（临沧），广西，海南；越南。

姹鳞刺蛾 Squamosa chalcites Orhant, 2000

分布：云南（大理、迪庆、临沧、保山、红河），西藏，四川，重庆，湖北；缅甸，泰国。

眼鳞刺蛾 Squamosa ocellata (Moore, 1879)

分布：云南（红河、文山、保山、西双版纳），四川；缅甸，尼泊尔，印度。

云南鳞刺蛾 Squamosa yunnanensis Wu & Fang, 2009

分布：云南（昆明、保山、普洱、红河、临沧、德宏、西双版纳）。

条刺蛾属 Striogyia Holloway, 1986

Striogyia bifidijuxta Wu & Han, 2022

分布：云南（保山），西藏。

素刺蛾属 Susica Walker, 1855

织素刺蛾 Susica hyphorma Hering, 1931

分布：云南（红河、西双版纳、临沧），广西，广东。

素刺蛾 Susica pallida Walker, 1855

分布：云南（西双版纳、大理、临沧、保山、德宏），贵州，四川，安徽，浙江，江西，广西，福建，台湾，广东，西藏；日本，缅甸，尼泊尔，印度。

华素刺蛾 Susica sinensis Walker, 1856

分布：云南（临沧、德宏、红河、大理、西双版纳、保山），贵州，四川，甘肃，江苏，上海，安徽，浙江，湖北，江西，湖南，广西，福建，台湾，海南，重庆；越南。

华素刺蛾指名亚种 Susica sinensis sinensis Walker, 1856

分布：云南，贵州，四川，重庆，甘肃，江苏，上海，安徽，浙江，湖北，江西，湖南，广西，福建，海南；越南。

坦刺蛾属 Tanvia Solovyev & Witt, 2009

越坦刺蛾 Tanvia zolotuhini Solovyev & Witt, 2009

分布：云南（红河、临沧）；越南。

源刺蛾属 Thespea Solovyev, 2014

两色源刺蛾 Thespea bicolor (Walker, 1855)

分布：云南（临沧），广西；印度，巴基斯坦，尼泊尔，缅甸，泰国，老挝，越南。

妃源刺蛾 Thespea feina (Cai, 1983)

分布：云南（临沧、西双版纳）；缅甸，老挝。

黄腹源刺蛾 Thespea flavabdomena (Cai, 1983)

分布：云南（红河）；越南。

妍绿刺蛾 Thespea yana (Cai, 1983)

分布：云南（普洱、大理）；越南，老挝，泰国，马来西亚。

著点源刺蛾 Thespea zhudiana (Cai, 1983)

分布：云南（红河、临沧）；越南。

扁刺蛾属 Thosea Walker, 1855

一带一点扁刺蛾 Thosea asigna (van Eecke, 1929)

分布：云南（怒江、临沧、德宏、西双版纳）；马来西亚，印度尼西亚。

玛扁刺蛾 Thosea magna Hering, 1931

分布：云南（德宏、玉溪、临沧、西双版纳），西藏；印度，尼泊尔。

稀扁刺蛾 *Thosea rara* Swinhoe, 1889

分布：云南（西双版纳）；缅甸。

泰扁刺蛾 *Thosea siamica* Holloway, 1987

分布：云南（临沧、西双版纳）；泰国。

中国扁刺蛾 *Thosea sinensis* (Walker, 1855)

分布：云南（玉溪、临沧、普洱、红河、文山、迪庆、西双版纳），贵州，四川，重庆，辽宁，北京，河北，河南，陕西，甘肃，江苏，上海，浙江，湖北，江西，湖南，广西，福建，台湾，广东，海南，香港；韩国，越南，印度尼西亚，印度。

叉瓣扁刺蛾 *Thosea styx* Holloway, 1987

分布：云南（昆明、大理、文山、迪庆、保山、楚雄、临沧、西双版纳），海南；印度。

暗扁刺蛾 *Thosea unifascia* Walker, 1855

分布：云南（丽江、昆明、文山、大理、迪庆），江西，湖南，广西，福建，台湾，广东；印度，印度尼西亚。

棕扁刺蛾 *Thosea vetusinua* Holloway, 1986

分布：云南（西双版纳）；马来西亚。

鸢扁刺蛾 *Thosea vulturia* Solovyev & Witt, 2009

分布：云南（红河、普洱），贵州；越南。

小刺蛾属 *Trichogyia* Hampson, 1894

曲带小刺蛾 *Trichogyia concava* Solovyev, 2017

分布：云南（临沧），江西，台湾。

珠小刺蛾 *Trichogyia gemmia* Solovyev & Witt, 2009

分布：云南（昭通），重庆，贵州，江西，浙江，湖南，广东；越南。

黑缘小刺蛾 *Trichogyia nigrimargo* Herring, 1931

分布：云南（西双版纳），贵州，浙江；印度。

王刺蛾属 *Thronia* Solovyev, 2014

栗色王刺蛾 *Thronia badia* (Solovyev & Witt, 2009)

分布：云南（红河）；越南。

纨刺蛾属 *Vanlangia* Solovyev & Witt, 2009

栗纨刺蛾 *Vanlangia castanea* (Wileman, 1911)

分布：云南，四川，贵州，河南，湖北，浙江，安徽，江西，湖南，广西，福建，广东，海南，香港，台湾。

蜜纨刺蛾 *Vanlangia uniformis* (Hering, 1931)

分布：云南，贵州，西藏，重庆，河南，安徽，浙江，湖北，江西，湖南，福建，广东，海南；

越南。

果刺蛾属 *Vipaka* Solovyev & Witt, 2009

尼维果刺蛾 *Vipaka niveipennis* (Hering, 1931)

分布：云南（红河），西藏。

蓑蛾科 Psychidae

皑蓑蛾属 *Acanthoecia* Joannis, 1929

蜡皑蓑蛾 *Acanthoecia larminati* (Heylaerts, 1904)

分布：云南（大理），贵州，四川，江西，浙江，安徽，湖北，湖南，广西，广东，福建，海南。

桉蓑蛾属 *Acanthopsyche* Heylaerts, 1881

刺槐桉蓑蛾 *Acanthopsyche nigraplaga* (Wileman, 1911)

分布：云南，四川，重庆，贵州，辽宁，河南，山东，湖南，江苏，浙江，江西，安徽，湖北，广西，广东，台湾。

脉蓑蛾属 *Amatissa* Walker, 1862

丝脉蓑蛾 *Amatissa snelleni* (Heylaerts, 1890)

分布：云南（保山、大理、西双版纳），广西，浙江，江西，湖北，湖南，安徽，广东，海南；印度。

Brachycyttarus Hampson, [1893]

桉蓑蛾 *Brachycyttarus subteralbata* (Hampson, 1892)

分布：云南（文山），浙江，安徽，河南，湖北，湖南，广西，福建，广东。

囊蓑蛾属 *Chalioides* Swinhoe, 1892

白囊蓑蛾 *Chalioides kondonis* Kondo, 1922

分布：云南，四川，贵州，河北，河南，山西，安徽，江苏，上海，浙江，江西，湖南，湖北，广西，广东，福建，台湾。

黛蓑蛾属 *Dappula* Moore, 1883

黛蓑蛾 *Dappula tertia* (Templeton, 1847)

分布：云南（大理），贵州，四川，山东，浙江，江西，安徽，湖北，湖南，广西，福建，海南，广东；斯里兰卡。

大蓑蛾属 *Eumeta* Walker, 1855

茶蓑蛾 *Eumeta minuscula* (Butler, 1881)

分布：云南（红河、文山），四川，贵州，山西，山东，河南，浙江，江苏，安徽，江西，福建，广西，广东，湖北，湖南，台湾；日本。

大蓑蛾 *Eumeta variegatus* (Snellen, 1879)

分布：云南（昆明、普洱、丽江、保山），西藏，贵州，四川，河南，山东，江西，湖南，湖北，安徽，浙江，江苏，广西，广东，福建，台湾；日本，印度，马来西亚，斯里兰卡。

黑蓑蛾属 *Mahasena* Moore, 1877

茶褐蓑蛾 *Mahasena colona* Sonan, 1935

分布：云南，四川，贵州，江西，浙江，江苏，安徽，河南，山东，湖北，湖南，广西，广东，福建，海南，台湾。

茶墨蓑蛾 *Mahasena theivora* (Dudgeon, 1905)

分布：云南（文山），广西；印度。

透翅蛾科 Sesiidae

腊透翅蛾属 *Ravitria* Gorbunov & Arita, 2000

云南腊透翅蛾 *Ravitria yunnanensis* Gorbunov & Arita, 2001

分布：云南（迪庆）。

兴透翅蛾属 *Synanthedon* Hübner, 1819

苹果兴透翅蛾 *Synanthedon hector* (Butler, 1878)

分布：云南（大理）。

景洪兴透翅蛾 *Synanthedon jinghongensis* Yang & Wang, 1989

分布：云南（西双版纳）。

昆明兴透翅蛾 *Synanthedon kunmingensis* Yang & Wang, 1989

分布：云南（昆明）。

勐腊兴透翅蛾 *Synanthedon menglaensis* Yang & Wang, 1989

分布：云南（西双版纳）。

网蛾科 Thyrididae

二星网蛾属 *Banisis* Walker, 1864

小星网蛾 *Banisis iota* Chu & Wang, 1991

分布：云南（西双版纳）。

拱肩网蛾属 *Camptochilus* Hampson, 1914

树形拱肩网蛾 *Camptochilus aurea* Butler, 1881

分布：云南（昆明、大理、丽江、德宏），四川，西藏，北京，陕西，湖北，江西，湖南，广西，福建；日本。

黄带拱肩网蛾 *Camptochilus reticulatus* (Moore, 1892)

分布：云南（德宏、临沧、西双版纳），广西；缅甸，印度。

金盏网蛾 *Camptochilus sinuosus* Warren, 1896

分布：云南（昭通、大理），四川，湖北，湖南，广西，江西，福建，海南，台湾；印度。

三线拱肩网蛾 *Camptochilus trilineatus* Chu & Wang, 1991

分布：云南（丽江、德宏），西藏，四川，湖南，广西，福建。

后窗网蛾属 *Dysodia* Clemens, 1860

霉黄后窗网蛾 *Dysodia ignita* Walker, 1833

分布：云南（临沧），海南。

橙黄后窗网蛾 *Dysodia magnifica* Whalley, 1868

分布：云南（临沧、普洱、德宏、楚雄、西双版纳），西藏，广西，福建，广东；非洲。

后窗网蛾 *Dysodia pennitarsis* Hampson, 1906

分布：云南（昆明、西双版纳）。

蝉网蛾属 *Glanycus* Walker, 1855

蝉网蛾 *Glanycus foochowensis* Chu & Wang, 1991

分布：云南（昆明、红河、西双版纳），西藏，四川，江西，福建。

黑蝉网蛾 *Glanycus tricolor* Moore, 1879

分布：云南（玉溪、昭通、丽江、德宏），四川。

绢网蛾属 *Herdonia* Walker, 1859

绢网蛾 *Herdonia osacesalis* Walker, 1859

分布：云南（普洱、临沧），华北，华中，海南；日本，巴基斯坦，缅甸，印度。

角斑绢网蛾 *Herdonia papuensis* Warren, 1907

分布：云南，贵州，四川，河南，山东，安徽，湖北，湖南，广西，福建，江西，海南；巴布亚新几内亚。

斑网蛾属 *Herimba* Moore, 1879

Herimba sapa Owada & Pham, 2021

分布：云南。

黑线网蛾属 *Rhodoneura* Guenée, 1857

锈网蛾 *Rhodoneura acaciusalis* (Walker, 1859)

分布：云南（西双版纳）；马来西亚，印度。

中线赭网蛾 *Rhodoneura atristrigulalis* Hampson, 1869

分布：云南（红河），西藏，河北，湖北；不丹。

棒带网蛾 *Rhodoneura bacula* Chu & Wang, 1991

分布：云南（西双版纳）。

宽带褐网蛾 *Rhodoneura bullifera* (Warren, 1896)

分布：云南（红河），海南；印度。

枯网蛾 *Rhodoneura emblicalis* (Moore, 1888)

分布：云南，广东，台湾；印度。

直线网蛾 *Rhodoneura erecta* (Leech, 1889)

分布：云南（红河），四川，河南，山东，江西，广西；日本。

棕赤网蛾 *Rhodoneura fuscusa* Chu & Wang, 1991

分布：云南（西双版纳）。

混目网蛾 *Rhodoneura fuzireticula* Chu & Wang, 1991

分布：云南（丽江）。

单线银网蛾 *Rhodoneura hoenei* Gaede, 1913

分布：云南，四川，福建，江西，广东。

燻银网蛾 *Rhodoneura kirrhosa* Chu & Wang, 1992

分布：云南。

棍网蛾 *Rhodoneura lobulatus* (Moore, 1888)

分布：云南，陕西。

白眉网蛾 *Rhodoneura mediostrigata* (Warren, 1897)

分布：云南（红河），四川，广西；印度。

中褶网蛾 *Rhodoneura mollis yunnanensis* Chu & Wang, 1991

分布：云南（红河），福建。

银网蛾 *Rhodoneura reticulalis* Moore, 1888

分布：云南（红河），四川，海南；印度。

烟燻网蛾 *Rhodoneura setifera* Swinhoe, 1895

分布：云南（红河），江西；印度。

小绢网蛾 *Rhodoneura splendida* (Butler, 1887)

分布：云南（红河）；印度，澳大利亚。

褐线银网蛾 *Rhodoneura strigatula* Felder, 1859

分布：云南，四川，浙江，江西，湖南，广西，福建。

三带网蛾 *Rhodoneura taneiata* Warren, 1908

分布：云南（西双版纳），西藏；印度。

银线网蛾 *Rhodoneura yunnana* Chu & Wang, 1991

分布：云南（红河），福建。

斜线网蛾属 *Striglina* Guenée, 1877

二点斜线网蛾 *Striglina bispota* Chu & Wang, 1991

分布：云南，西藏，广西，江苏，浙江，福建，江西，湖南，海南。

大斜线网蛾 *Striglina cancellata* (Christoph, 1881)

分布：云南（红河、丽江），贵州，广西，广东，

海南。

曲线网蛾 *Striglina curvita* Chu & Wang, 1991

分布：云南，广西，湖南，江西，福建。

圈线网蛾 *Striglina hala* Chu & Wang, 1991

分布：云南（临沧）。

斜线网蛾 *Striglina scitaria* (Walker, 1862)

分布：云南（丽江），广西，广东。

瘤夜蛾科 Nolidae

巴纳瘤蛾属 *Barnanola* László, Ronkay & Witt, 2010

巴纳瘤蛾 *Barnanola atra* László, Ronkay & Witt, 2010

分布：云南（普洱）；印度尼西亚。

贝夜蛾属 *Beara* Walker, 1866

云贝夜蛾 *Beara nubiferella* Walker, 1866

分布：云南（西双版纳），广东；印度，马来西亚，印度尼西亚。

癣皮夜蛾属 *Blenina* Walker, 1857

枫杨癣皮夜蛾 *Blenina quinaria* Moore, 1882

分布：云南（保山、丽江、西双版纳），西藏，四川，陕西，江苏，浙江，安徽，江西，湖南，广西，福建，海南；日本，印度。

柿癣皮夜蛾 *Blenina senex* Butler, 1878

分布：云南（保山、昭通、文山），四川，江苏，浙江，江西，湖南，广西，福建，海南；日本，朝鲜。

赭夜蛾属 *Carea* Walker, 1856

白裙赭夜蛾 *Carea angulata* (Fabricius, 1793)

分布：云南（德宏）。

绿斑赭夜蛾 *Carea chlorostigma* Hampson, 1893

分布：云南（保山），海南；斯里兰卡，东南亚。

白缘赭夜蛾 *Carea leucocraspis* Hampson, 1905

分布：云南（德宏），广东，海南；斯里兰卡，印度尼西亚。

杂瘤蛾属 *Casminola* László, Ronkay & Witt, 2010

圆杂瘤蛾 *Casminola rubropicta* László, Ronkay & Witt, 2010

分布：云南（普洱）；泰国，越南。

刺杂瘤蛾指名亚种 *Casminola spinosa spinosa* László, Ronkay & Witt, 2010

分布：云南（普洱、西双版纳）；泰国。

红衣夜蛾属 *Clethrophora* Hampson, 1894

红衣夜蛾 *Clethrophora distincta* Leech, 1889

分布：云南（保山、迪庆），西藏，湖北，湖南，浙江，福建，台湾；日本，朝鲜，印度，印度尼西亚。

窗瘤蛾属 *Dialithoptera* Hampson, 1900

窗瘤蛾 *Dialithoptera gemmate* (Hampson, 1896)

分布：云南（西双版纳），福建；印度，泰国，尼泊尔，印度尼西亚。

玛窗瘤蛾 *Dialithoptera margaritha* László, Ronkay & Witt, 2007

分布：云南（普洱、临沧、西双版纳），广东；泰国，越南。

钻夜蛾属 *Earias* Hübner, 1816

鼎点钻夜蛾 *Earias cupreoviridis* Walker, 1862

分布：云南（保山），四川，江苏，浙江，台湾，广东，湖北，湖南，河南，西藏；日本，朝鲜，印度，印度尼西亚，非洲。

埃及钻夜蛾 *Earias insulana* (Boisduval, 1833)

分布：云南（大理），台湾，广东；印度，缅甸，泰国，菲律宾，斯里兰卡，印度尼西亚，欧洲，非洲。

翠纹钻夜蛾 *Earias vittella* (Fabricius, 1794)

分布：云南（大理），四川，贵州，湖北，江苏，浙江，江西，湖南，广西，广东，台湾；东南亚，印度，大洋洲。

旋夜蛾属 *Eligma* Hübner, 1816

旋夜蛾 *Eligma narcissus* (Cramer, 1775)

分布：云南（保山、大理、文山），四川，河北，山东，浙江，湖南，湖北，福建；日本，印度，马来西亚，菲律宾，印度尼西亚。

异皮夜蛾属 *Etanna* Walker, 1862

云南异皮夜蛾 *Etanna yunnanensis* Han, 2008

分布：云南（普洱）。

米瘤蛾属 *Evonima* Walker, 1865

暗斑米瘤蛾 *Evonima aperta* Walker, 1865

分布：云南（普洱、西双版纳），台湾；马来西亚，印度尼西亚，泰国。

澜沧米瘤蛾 *Evonima lancangensis* Han & Hu, 2019

分布：云南（临沧）。

荣氏米瘤蛾 *Evonima ronkaygabori* Han & Hu, 2019

分布：云南（普洱）。

***Evonima shajiamaensis* Han & Hu, 2018**

分布：云南（迪庆）。

淡黄米瘤蛾 *Evonima xanthoplaga* (Hampson, 1911)

分布：云南（普洱），贵州；印度，泰国。

皎夜蛾属 *Giaura* Walker, 1863

黑点皎夜蛾 *Giaura punctata* (Lucas, 1890)

分布：云南（西双版纳）；缅甸，印度，不丹，大洋洲。

Hampsonola László, Ronkay & Ronkay, 2015

***Hampsonola angustifasciata* László, Ronkay & Ronkay, 2015**

分布：云南（丽江）。

***Hampsonola stueningi* László, Ronkay & Ronkay, 2015**

分布：云南（丽江）。

***Hampsonola subbasirufa* László, Ronkay & Ronkay, 2015**

分布：云南（丽江）。

粉翠夜蛾属 *Hylophilodes* Hampson, 1912

丽粉翠夜蛾 *Hylophilodes elegans* Draudt, 1950

分布：云南（迪庆、丽江），四川。

粉翠夜蛾 *Hylophilodes orientalis* Hampson, 1894

分布：云南（保山），四川；印度。

井瘤蛾属 *Inouenola* László, Ronkay & Witt, 2010

点井瘤蛾 *Inouenola pallescens* (Wileman & West, 1929)

分布：云南（普洱、西双版纳），台湾；泰国。

蜡丽夜蛾属 *Kerala* Moore, 1811

繁蜡丽夜蛾 *Kerala multipunctata* Moore, 1882

分布：云南，山西，浙江；印度。

蜡丽夜蛾 *Kerala punctilineata* Moore, 1881

分布：云南（迪庆、怒江、大理），西藏，湖南；印度。

润皮夜蛾属 *Labanda* Walker, 1859

内润皮夜蛾 *Labanda semipars* (Walker, 1858)

分布：云南（德宏）。

绿润皮夜蛾 *Labanda viridaloides* Poole, 1989

分布：云南（红河）；印度。

斑瘤蛾属 *Manoba* Walker, 1863

邦氏斑瘤蛾 *Manoba banghaasi* (West, 1925)

分布：云南，贵州。

多斑瘤蛾指名亚种 *Manoba lativittata lativittata* (Moore, 1888)

分布：云南（普洱）；泰国，印度。

晕条斑瘤蛾 *Manoba fasciatus* (Hampson, 1894)

分布：云南（普洱）。

点列斑瘤蛾 *Manoba lilliptiana* (Inoue, 1998)

分布：云南（普洱、临沧、丽江、西双版纳）；泰国，尼泊尔。

黑斑瘤蛾 *Manoba melanota* (Hampson, 1900)

分布：云南（丽江），西藏；印度，尼泊尔，泰国。

昏暗点瘤蛾 *Manoba phaeochroa* (Hampson, 1900)

分布：云南（保山），西藏；泰国，印度。

荣氏斑瘤蛾 *Manoba ronkaylaszloi* László, Ronkay & Witt, 2010

分布：云南（普洱、西双版纳）。

亚族斑瘤蛾 *Manoba subtribei* Han & Li, 2008

分布：云南（西双版纳）；印度，泰国。

台斑瘤蛾 *Manoba tesselata* (Hampson, 1896)

分布：云南（普洱、西双版纳），台湾；泰国，印度尼西亚。

郁斑瘤蛾 *Manoba tristicta* (Hampson, 1900)

分布：云南（普洱，保山，西双版纳）；尼泊尔，泰国，印度。

洛瘤蛾属 *Meganola* Dyar, 1898

淡条洛瘤蛾 *Meganola ascripta* (Hampson, 1894)

分布：云南（普洱），台湾；印度，马来西亚，印度尼西亚，尼泊尔。

银洛瘤蛾 *Meganola argentescens* (Hampson, 1895)

分布：云南（普洱）；泰国，印度。

铁锈洛瘤蛾 *Meganola cuneifera* (Walker, 1862)

分布：云南（普洱）；泰国，越南，印度尼西亚，尼泊尔。

晕洛瘤蛾 *Meganola flexuosa* (Poujade, 1886)

分布：云南（普洱），四川；尼泊尔。

哈氏洛瘤蛾 *Meganola hackeri* László, 2020

分布：云南（普洱）。

灰洛瘤蛾 *Meganola indistincta* (Hampson, 1894)

分布：云南（普洱、保山、临沧）；泰国，印度。

景洪洛瘤蛾 *Meganola jinghongensis* (Shao, Li & Han, 2009)

分布：云南（西双版纳）。

核桃洛瘤蛾 *Meganola major* (Hampson, 1891)

分布：云南（普洱），台湾。

中洛瘤蛾 *Meganola mediana* László, Ronkay & Witt, 2010

分布：云南（普洱）；泰国。

中后洛瘤蛾 *Meganola postmediana* László, Ronkay & Witt, 2010

分布：云南（普洱），贵州；泰国

斜纹洛瘤蛾 *Meganola ruficostata* (Hampson, 1896)

分布：云南（普洱）；不丹，泰国。

曲纹洛瘤蛾 *Meganola scriptoides* Holloway, 2003

分布：云南（普洱）；泰国，印度尼西亚，马来西亚，文莱。

墨瘤蛾属 *Mokfanola* László, Ronkay & Witt, 2010

甲墨瘤蛾 *Mokfanola crustaceata* László, Ronkay & Witt, 2010

分布：云南；泰国，印度。

侏皮夜蛾属 *Nanaguna* Walker, 1863

侏皮夜蛾 *Nanaguna breviuscula* Walker, 1863

分布：云南，西藏，海南；印度，斯里兰卡，东南亚，大洋洲。

瘤蛾属 *Nola* Leach, 1815

齿点瘤蛾 *Nola astigma* Hampson, 1894

分布：云南（丽江），西藏；印度。

中带瘤蛾 *Nola atrocincta* Inoue, 1998

分布：云南（丽江、保山、普洱），贵州；泰国，尼泊尔。

杂黄绿瘤蛾 *Nola bifascialis* (Walker, 1865)

分布：云南（西双版纳）；印度尼西亚，马来西亚，文莱。

垩瘤蛾 *Nola calcicola* Holloway, 2003

分布：云南（红河）。

双线点瘤蛾 *Nola duplicilinea* (Hampson, 1900)

分布：云南（丽江、保山），西藏，贵州，广西，台湾；尼泊尔，泰国，印度，印度尼西亚，菲律宾，马来西亚，文莱。

红斑瘤蛾 *Nola erythrostigmata* Hampson, 1894

分布：云南（普洱），海南；印度，泰国，印度尼西亚，马来西亚，文莱。

弯折瘤蛾 *Nola fisheri* Holloway, 2003
分布：云南（普洱），贵州；印度尼西亚，马来西亚，文莱。

明亮点瘤蛾 *Nola lucidalis* (Walker, 1865)
分布：云南（普洱），广西，台湾；斯里兰卡，印度尼西亚，菲律宾，马来西亚，文莱。

带边瘤蛾 *Nola marginata* Hampson, 1895
分布：云南（普洱），贵州，台湾；印度尼西亚，马来西亚，文莱，缅甸。

缅瘤蛾 *Nola peguense* (Hampson, 1894)
分布：云南（普洱）；缅甸，泰国。

***Nola pinratanoides* Hu, Wang & Han, 2015**
分布：云南（丽江、保山）。

***Nola pseudendotherma* László, Ronkay & Ronkay, 2014**
分布：云南，四川，贵州，陕西，浙江；越南。

***Nola puera* Hu, Wang & Han, 2015**
分布：云南（普洱）。

稻穗瘤蛾 *Nola taeniata* Snellen, 1875
分布：云南（保山、普洱、临沧、西双版纳），江苏，浙江，江西，湖北，福建；印度，缅甸，斯里兰卡，印度尼西亚，俄罗斯，朝鲜半岛，日本，尼泊尔，菲律宾，马来西亚，文莱。

瓷瘤蛾属 *Porcellanola* László, Ronkay & Witt, 2006

高峰瓷瘤蛾 *Porcellanola gaofengensis* Hu, Wang & Han, 2014
分布：云南（楚雄）。

朗瓷瘤蛾 *Porcellanola langtangi* László, Ronkay & Witt, 2010
分布：云南（普洱、楚雄、西双版纳）；尼泊尔。

泰瓷瘤蛾 *Porcellanola thai* László, Ronkay & Witt, 2006
分布：云南（普洱），广东，海南；泰国。

饰夜蛾属 *Pseudoips* Hübner, 1822

矫饰夜蛾 *Pseudoips amarilla* (Draudt, 1850)
分布：云南（迪庆），四川。

长角皮夜蛾属 *Risoba* Moore, 1881

显长角皮夜蛾 *Risoba prominens* Moore, 1881
分布：云南（保山、丽江、红河），四川，河北，湖北，江西，湖南，广西，浙江，福建，海南；日本，印度，缅甸，马来西亚，新加坡。

子瘤蛾属 *Sarbena* Walker, 1862

条子瘤蛾 *Sarbena ustippennis* (Hampson, 1895)
分布：云南（西双版纳）；不丹，斯里兰卡，泰国。

血斑夜蛾属 *Siglophora* Butler, 1892

内黄血斑夜蛾 *Siglophora sanguinolenta* Moore, 1888
分布：云南（保山），四川，浙江；印度。

豹夜蛾属 *Sinna* Walker, 1865

胡桃豹夜蛾 *Sinna extrema* Walker, 1854
分布：云南（保山、文山），四川，黑龙江，江苏，浙江，江西，湖北；日本。

花豹夜蛾 *Sinna floralis* Hampson, 1905
分布：云南（德宏）；马来西亚，印度尼西亚。

刺瘤蛾属 *Spininola* László & Witt, 2010

***Spininola fibigeri* Hu, Wang & Han, 2012**
分布：云南（普洱），贵州。

波米瘤蛾属 *Suerkenola* László, Ronkay & Witt, 2010

拟波米瘤蛾 *Suerkenola sublongiventris* Shao & Han, 2010
分布：云南（普洱、保山）。

钟丽夜蛾属 *Tortriciforma* Hampson, 1894

钟丽夜蛾 *Tortriciforma viridipuncta* Hampson, 1894
分布：云南（保山），四川；印度。

角翅夜蛾属 *Tyana* Walker, 1866

角翅夜蛾 *Tyana callichlora* Walker, 1866
分布：云南（保山），湖南，西藏；印度。

碧角翅夜蛾 *Tyana chloroleuca* Walker, 1866
分布：云南（保山、红河），西藏，湖南，福建，广东，海南；印度，不丹。

绿角翅夜蛾 *Tyana falcata* Walker, 1866
分布：云南（保山、德宏），四川，福建，海南，西藏；印度。

一点角翅夜蛾 *Tyana monosticta* Hampson, 1912
分布：云南（丽江、迪庆、怒江），海南。

疹角翅夜蛾 *Tyana pustulifera* (Walker, 1866)
分布：云南（西双版纳），台湾，四川；印度，尼泊尔。

膜夜蛾属 *Tympanistes* Moore, 1867

云膜夜蛾 *Tympanistes yuennana* Draudt, 1950

分布：云南（保山、迪庆），四川，福建。

俊夜蛾属 *Westermannia* Hübner, 1821

俊夜蛾 *Westermannia superba* Hübner, 1823

分布：云南（德宏、文山），河南，湖南，福建，广东；日本，印度，斯里兰卡，新加坡，印度尼西亚。

黄夜蛾属 *Xanthodes* Guenée, 1852

黄夜蛾 *Xanthodes albago* (Fabricius, 1794)

分布：云南（大理），台湾，广东；印度，缅甸，斯里兰卡，欧洲，非洲。

犁纹黄夜蛾 *Xanthodes transversa* Guenée, 1852

分布：云南（保山），四川，湖北，江苏，浙江，台湾，福建，广东；日本，印度，斯里兰卡，缅甸，新加坡，印度尼西亚，菲律宾，大洋洲。

尾夜蛾科 Euteliidae

伊夜蛾属 *Anigraea* Walker, 1862

白斑伊夜蛾 *Anigraea albomaculata* Hampson, 1912

分布：云南（普洱），海南；印度尼西亚，马来西亚，文莱，印度。

深缘伊夜蛾 *Anigraea rubida* Walker, 1862

分布：云南（红河）；马来西亚。

殿尾夜蛾属 *Anuga* Guenée, 1858

月殿尾夜蛾 *Anuga lunnulata* Moore, 1867

分布：云南（保山、红河、怒江），四川，西藏，河南，陕西，浙江，湖南，福建；印度，孟加拉国。

折纹殿尾夜蛾 *Anuga multiplicans* (Walker, 1858)

分布：云南（大理、西双版纳），贵州，四川，浙江，湖南，福建，广东，海南；印度，斯里兰卡，马来西亚，新加坡。

若殿尾夜蛾 *Anuga supraconstricta* Yoshimoto, 1993

分布：云南（普洱），重庆；尼泊尔。

砧夜蛾属 *Atacira* Swinhoe, 1900

剑尾砧夜蛾 *Atacira melanephra* (Hampson, 1912)

分布：云南（普洱），重庆；印度，斯里兰卡。

横线尾夜蛾属 *Chlumetia* Walker, 1866

横线尾夜蛾 *Chlumetia transversa* (Walker, 1863)

分布：云南，广西，台湾，福建，广东，海南；印度，缅甸，斯里兰卡，菲律宾，马来西亚，新加坡，印度尼西亚。

尾夜蛾属 *Eutelia* Hübner, 1816

鹿尾夜蛾 *Eutelia adulatricoides* (Mell, 1943)

分布：云南（丽江），西藏，湖南，海南，广东；朝鲜，日本。

滑尾夜蛾 *Eutelia blandiatrix* Hampson, 1912

分布：云南（保山、丽江），四川，广西，浙江，湖南，海南。

异尾夜蛾 *Eutelia diapera* Hampson, 1912

分布：云南；不丹。

漆尾夜蛾 *Eutelia geyeri* (Felder & Rogenhofer, 1874)

分布：云南（普洱、大理、丽江），西藏，四川，陕西，江苏，浙江，江西，湖南，广西，福建；日本，印度。

白点尾夜蛾 *Eutelia stictoprocta* Hampson, 1895

分布：云南；印度。

窄蕊夜蛾属 *Gyrtona* Walker, 1912

黑褐窄蕊夜蛾 *Gyrtona ochreographa* Hampson, 1912

分布：云南；新加坡。

脊蕊夜蛾属 *Lophoptera* Guenée, 1852

长翅脊蕊夜蛾 *Lophoptera longipennis* Moore, 1882

分布：云南（保山），西藏，湖南，广西，台湾，印度。

暗裙脊蕊夜蛾 *Lophoptera squammigera* Guenée, 1852

分布：云南（昆明、保山、红河），四川，广西，印度，斯里兰卡，新加坡。

娱尾夜蛾属 *Paectes* Hübner, 1818

冠娱尾夜蛾 *Paectes cristatrix* (Guenée, 1852)

分布：云南（红河），海南；印度，印度尼西亚。

重尾夜蛾属 *Penicillaria* Guenée, 1852

宁重尾夜蛾 *Penicillaria dinawa* Bethune-Baker, 1906

分布：云南（普洱）；巴布亚新几内亚。

杧果重尾夜蛾 *Penicillaria jocosatrix* Guenée, 1852

分布：云南，湖南，广西，福建，广东，海南；印度，斯里兰卡，印度尼西亚，大洋洲。

直线重尾夜蛾 *Penicillaria meeki* Bethune-Baker, 1906

分布：云南（普洱）；马来西亚，印度尼西亚，巴布亚新几内亚，所罗门群岛，斐济，萨摩亚群岛。

红棕重尾夜蛾 *Penicillaria simplex* (Walker, 1865)

分布：云南（红河），广东，香港；巴布亚新几内亚。

蕊夜蛾属 *Stictoptera* Guenée, 1852

蕊夜蛾 *Stictoptera cuculloides* Guenée, 1852

分布：云南（保山），江西；斯里兰卡，新加坡，马来西亚，印度尼西亚。

铁蕊夜蛾 *Stictoptera ferrifera* Walker, 1864

分布：云南（保山、丽江、临沧），西藏；新加坡，菲律宾，南太平洋岛屿。

灰蕊夜蛾 *Stictoptera grisea* Moore, 1867

分布：云南，海南；印度，马来西亚，新加坡。

玉蕊夜蛾 *Stictoptera semialba* (Walker, 1864)

分布：云南（保山、丽江、红河）；印度，印度尼西亚，新加坡。

褐蕊夜蛾 *Stictoptera trajiciens* (Walker, 1857)

分布：云南（红河）；印度，斯里兰卡，新加坡，南太平洋岛屿。

浮尾夜蛾属 *Targalla* Walker, 1858

森林浮尾夜蛾 *Targalla silvicola* Watabiki & Yoshimatsu, 2014

分布：云南（红河），广西，广东，香港，台湾；越南，老挝。

橄榄绿浮尾夜蛾 *Targalla subocellata* Walker, 1863

分布：云南（普洱），海南，台湾；尼泊尔，印度尼西亚，菲律宾，巴布亚新几内亚，澳大利亚。

驼蛾科 Hyblaeidae

驼蛾属 *Hyblaea* Fabricius, 1793

二点全须驼蛾 *Hyblaea firmamentum* Guenée, 1852

分布：云南（西双版纳），广东；印度。

全须驼蛾 *Hyblaea puera* (Cramer, 1777)

分布：云南（保山），华北，江苏；日本，印度，缅甸，斯里兰卡，印度尼西亚，非洲，美洲。

夜蛾科 Noctuidae

隐金翅夜蛾属 *Abrostola* Ochsenheimer, 1816

昏隐金翅夜蛾 *Abrostola obscura* Dufay, 1958

分布：云南（保山），四川。

拟隐金翅夜蛾 *Abrostola proxima* Dufay, 1958

分布：云南（丽江、西双版纳），四川，湖南。

绮夜蛾属 *Acontia* Ochsenheimer, 1816

黄绮夜蛾 *Acontia croeata* Guenée, 1852

分布：云南（红河），台湾，海南；印度，缅甸，斯里兰卡，大洋洲。

大理石绮夜蛾 *Acontia marmoralis* (Fabrieius, 1794)

分布：云南，台湾，广东，海南；印度，缅甸，斯里兰卡，印度尼西亚，非洲。

剑纹夜蛾属 *Acronicta* Ochsenheimer, 1816

意剑纹夜蛾 *Acronicta edolatina* Draudt, 1937

分布：云南（丽江），四川，陕西。

榆剑纹夜蛾 *Acronicta hercules* (Felder & Rogenhofer, 1874)

分布：云南（迪庆、保山），黑龙江，河北，福建；俄罗斯，日本。

桃剑纹夜蛾 *Acronicta incretata* Hampson, 1909

分布：云南（昭通、楚雄、临沧、保山），四川，河北；朝鲜，日本。

合剑纹夜蛾 *Acronicta insitiva* Draudt, 1937

分布：云南。

晃剑纹夜蛾 *Acronicta leucocuspis* (Butler, 1878)

分布：云南，河北，山东；日本，朝鲜。

长剑纹夜蛾 *Acronicta longatella* Draudt, 1937

分布：云南。

桑剑纹夜蛾 *Acronicta major* Bremer, 1864

分布：云南（昆明、保山、大理、文山、丽江），四川，黑龙江，陕西，河南，湖南，湖北；日本，俄罗斯。

独剑纹夜蛾 *Acronicta regifiea* Draudt, 1937

分布：云南，西藏。

梨剑纹夜蛾 *Acronicta rumicis* (Linnaeus, 1758)

分布：云南（昆明、大理、丽江），贵州，四川，新疆，江苏，浙江，湖北，湖南，福建；日本，俄罗斯，叙利亚，土耳其，欧洲。

果剑纹夜蛾 *Acronicta strigosa* Denis & Schiffermüller, 1776

分布：云南（昆明、保山），四川，黑龙江，内蒙古，河南，福建；日本，朝鲜，俄罗斯，欧洲。

紫剑纹夜蛾 *Acronicta subpurpurea* (Matsumura, 1926)

分布：云南（丽江），浙江；日本。

承剑纹夜蛾 *Acronicta succedens* Draudt, 1937
分布：云南，湖南。

天剑纹夜蛾 *Acronicta tiena* (Püngeler, 1907)
分布：云南（迪庆），四川，新疆，青海，河北。

炫夜蛾属 *Actinotia* Hübner, 1821

间纹炫夜蛾 *Actinotia intermediata* Bremer, 1861
分布：云南（昆明、保山、红河、大理、丽江），四川，黑龙江，陕西，湖北，浙江，福建；朝鲜，日本，印度，斯里兰卡，非洲。

炫夜蛾 *Actinotia polyodon* (Clerck, 1759)
分布：云南（大理），辽宁，新疆；日本，欧洲。

烦夜蛾属 *Aedia* Hübner, 1816

黄烦夜蛾 *Aedia flavescens* (Butler, 1889)
分布：云南（怒江、大理），福建；印度。

白斑烦夜蛾 *Aedia leucomelas* (Linnaeus, 1758)
分布：云南（昆明、大理、红河、保山），四川，台湾，广东；俄罗斯，日本，印度，伊朗，欧洲。

意夜蛾属 *Aelogramma* Strand, 1910

秋意夜蛾 *Aelogramma bellissima* (Draudt, 1950)
分布：云南，西藏。

乡夜蛾属 *Agrochola* Hübner, 1821

白乡夜蛾 *Agrochola pallidilinea* Hreblay, Peregovits & Ronkay, 1999
分布：云南（迪庆）。

地夜蛾属 *Agrotis* Ochsenheimer, 1816

小剑地夜蛾 *Agrotis biconica* Kollar, 1844
分布：云南（保山、大理、玉溪、丽江），广西，福建；叙利亚，伊朗，印度，斯里兰卡，缅甸，欧洲，非洲。

巨地夜蛾 *Agrotis colossa* Gyulai & Saldaitis, 2017
分布：云南（丽江）。

皱地夜蛾 *Agrotis corticea* (Denis & Schiffermüller, 1775)
分布：云南（迪庆），四川，黑龙江，河北，青海；日本，印度，中亚，欧洲，非洲。

警纹地夜蛾 *Agrotis exclamationis* (Linnaeus, 1758)
分布：云南（丽江），西藏，黑龙江，新疆，内蒙古，青海；欧洲，俄罗斯。

小地老虎 *Agrotis ipsilon* Hüfnagel, 1766
分布：世界广布。

西地夜蛾 *Agrotis plana* Leech, 1900
分布：云南，四川。

黄地老虎 *Agrotis segetum* (Denis & Schiffermüller, 1775)
分布：云南（昆明、玉溪、大理、临沧、保山），全国其他大部分地区均有分布；日本，朝鲜，非洲，欧洲。

大地老虎 *Agrotis tokionis* Butler, 1881
分布：全国广布；日本，俄罗斯。

研夜蛾属 *Aletia* Hübner, 1821

白缘研夜蛾 *Aletia albicosta* (Moore, 1881)
分布：云南（丽江），四川，陕西，浙江；印度，斯里兰卡。

暗灰研夜蛾 *Aletia consanguis* (Guenée, 1852)
分布：云南（迪庆），四川，湖北，湖南，江苏；日本，印度，斯里兰卡，印度尼西亚，叙利亚，大洋洲，非洲。

白杖研夜蛾 *Aletia l-album* (Linnaeus, 1767)
分布：云南，甘肃，福建；印度，欧洲，非洲。

虚研夜蛾 *Aletia pseudaletiana* (Berio, 1973)
分布：云南。

贫冬夜蛾属 *Allophyes* Tams, 1942

白背贫冬夜蛾 *Allophyes albithorax* (Draudt, 1950)
分布：云南，江西，湖南。

奂夜蛾属 *Amphipoea* Billberg, 1820

亚奂夜蛾 *Amphipoea asiatica* (Burrows, 1911)
分布：云南，四川，黑龙江，新疆，山西，陕西；日本，中亚。

明奂夜蛾 *Amphipoea distincta* (Warren, 1911)
分布：云南（丽江）；中亚。

麦奂夜蛾 *Amphipoea fucosa* (Freyer, 1830)
分布：云南（昭通、丽江），黑龙江，新疆，内蒙古，河北，山西，青海，河南，湖北，湖南；日本。

北奂夜蛾 *Amphipoea ussuriensis* (Petersen, 1914)
分布：云南（迪庆），四川，辽宁；日本。

杂夜蛾属 *Amphipyra* Ochsenheimer, 1816

流杂夜蛾 *Amphipyra acheron* Draudt, 1950
分布：云南（丽江、迪庆），西藏，陕西。

斑扁身夜蛾 *Amphipyra costiplaga* Draudt, 1950
分布：云南（丽江，迪庆）。

暗杂夜蛾 *Amphipyra erebina* **Butler, 1878**

分布：云南（丽江），黑龙江，湖北；日本，朝鲜，俄罗斯。

紫黑杂夜蛾 *Amphipyra livida* (**Denis & Schiffermüller, 1775**)

分布：云南（大理），贵州，黑龙江，新疆，河南，江苏，湖北，江西；日本，朝鲜，印度，欧洲。

大红裙杂夜蛾 *Amphipyra monolitha* **Guenée, 1852**

分布：云南（保山、大理、迪庆），四川，黑龙江，辽宁，河北，河南，湖北，江西，福建，广东；日本，印度，俄罗斯，欧洲。

蔷薇杂夜蛾 *Amphipyra perflua* (**Fabricius, 1787**)

分布：云南，贵州，黑龙江，新疆，河南，江苏，湖北；日本，朝鲜，印度，欧洲。

卫翅夜蛾属 *Amyna* **Guenée, 1852**

卫翅夜蛾 *Amyna punctum* (**Fabricius, 1794**)

分布：云南（大理、迪庆），西藏，山东，江苏，浙江，台湾，福建，广东，海南；印度，缅甸，斯里兰卡，新加坡，印度尼西亚，非洲。

肾卫翅夜蛾 *Amyna renalis* (**Moore, 1882**)

分布：云南，四川，海南；印度。

钝夜蛾属 *Anacronicta* **Warren, 1909**

暗钝夜蛾 *Anacronicta caliginea* (**Butler, 1881**)

分布：云南（昆明、昭通、大理），四川，贵州，黑龙江，山西，陕西，河北，湖北，湖南，江西；日本，朝鲜，俄罗斯。

郁钝夜蛾 *Anacronicta infausta* (**Walker, 1856**)

分布：云南（昆明、玉溪、红河、丽江、大理），四川；印度，孟加拉国，缅甸。

明钝夜蛾 *Anacronicta nitida* **Butler, 1878**

分布：云南（保山、大理、临沧），贵州，四川，黑龙江，江苏、浙江，湖南，福建；日本。

葫芦夜蛾属 *Anadevidia* **Kostrowicki, 1961**

瓜夜蛾 *Anadevidia hebetata* (**Butler, 1889**)

分布：云南（丽江、保山），甘肃，陕西，河南，江西，广东；印度，俄罗斯，韩国，日本。

葫芦夜蛾 *Anadevidia peponis* (**Fabricius, 1775**)

分布：云南，北京，山东，河南，陕西，浙江，安徽，江西；日本，印度，印度尼西亚，巴布亚新几内亚，俄罗斯，大洋洲。

组夜蛾属 *Anaplectoides* **McDunnough, 1929**

黄绿组夜蛾 *Anaplectoides virens* **Butler, 1878**

分布：云南（保山、大理），黑龙江，湖北；日本，朝鲜，印度。

窄眼夜蛾属 *Anarta* **Ochsenheimer, 1816**

旋幽夜蛾 *Anarta trifolii* (**Hüfnagel, 1766**)

分布：云南（迪庆），四川，内蒙古，甘肃，陕西，宁夏；俄罗斯。

风夜蛾属 *Anartomorpha* **Aplhéraky, 1892**

白点风夜蛾 *Anartomorpha albistigma* **Chen, 1992**

分布：云南，四川。

斜额夜蛾属 *Antha* **Staudinger, 1892**

斜额夜蛾 *Antha grata* **Butler, 1881**

分布：云南（保山、丽江），贵州，黑龙江，福建；俄罗斯，朝鲜，日本，印度。

饰银纹夜蛾属 *Antocureola* **Ichinose, 1973**

饰银纹夜蛾 *Antocureola ornatissima* (**Walker, 1858**)

分布：云南（迪庆），四川，西藏，贵州，黑龙江，辽宁，吉林，新疆，北京，河北，陕西，河南，湖北，广东；日本，印度。

秀夜蛾属 *Apamea* (**Ochsenheimer, 1816**)

毁秀夜蛾 *Apamea aquila* **Donzel, 1837**

分布：云南（保山），四川，黑龙江，河北，陕西，湖北，湖南，浙江，江西；日本，俄罗斯，印度，欧洲。

华秀夜蛾 *Apamea chinensis* (**Leech, 1900**)

分布：云南，四川。

荒秀夜蛾 *Apamea lateritia* (**Hüfnagel, 1766**)

分布：云南（迪庆），黑龙江，新疆，青海；日本，俄罗斯，欧洲，美洲。

晓秀夜蛾 *Apamea schawerdae* (**Draeseke, 1928**)

分布：云南，四川，西藏，陕西。

秀夜蛾 *Apamea sordens* (**Hüfnagel, 1766**)

分布：云南，四川，黑龙江，新疆，内蒙古，甘肃，青海；日本，俄罗斯，阿富汗，中亚，欧洲。

纹秀夜蛾 *Apamea striata* **Haruta & Sugi, 1958**

分布：云南；日本。

辐射夜蛾属 *Apsarasa* **Moore, 1867**

辐射夜蛾 *Apsarasa radians* (**Westwood, 1848**)

分布：云南（临沧），台湾，福建，广东，海南；

印度。

爱丽夜蛾属 *Ariolica* Walker, 1863

中爱丽夜蛾 *Ariolica chinensis* Swinhoe, 1902

分布：云南（保山），四川。

辉夜蛾属 *Arsilonche* Lederer, 1857

辉夜蛾 *Arsilonche albovenosa* Goeze, 1781

分布：云南（玉溪），四川，贵州，新疆；欧洲。

委夜蛾属 *Athetis* Hübner, 1816

缕委夜蛾 *Athetis alsines* (Brahm, 1971)

分布：云南（丽江），黑龙江，新疆；俄罗斯，欧洲。

门斑委夜蛾 *Athetis atripuncta* (Hampson, 1910)

分布：云南（西双版纳）；斯里兰卡。

连委夜蛾 *Athetis cognata* (Moore, 1882)

分布：云南；印度。

朝线夜蛾 *Athetis coreana* Matsumura, 1926

分布：云南（临沧），浙江；日本。

楣斑线夜蛾 *Athetis costiplaga* Beth-Baker, 1906

分布：云南（文山、临沧），广东；南太平洋岛屿。

碎委夜蛾 *Athetis delecta* Moore, 1881

分布：云南（保山），西藏，江苏；印度。

叉委夜蛾 *Athetis furcatula* Han & Kononenko, 2011

分布：云南（迪庆、丽江），西藏，四川。

线委夜蛾 *Athetis lineosa* (Moore, 1881)

分布：云南（迪庆、怒江），四川，河北，河南，浙江，湖北，湖南，广西，福建，海南；日本，印度。

农委夜蛾 *Athetis nonagrica* (Walker, 1864)

分布：云南（保山），广西，海南；印度，斯里兰卡，新加坡，马来西亚，印度尼西亚，大洋洲。

白肾委夜蛾 *Athetis renalis* (Moore, 1884)

分布：云南；斯里兰卡。

甲线夜蛾 *Athetis squamata* Cope, 1862

分布：云南（西双版纳）；缅甸。

乡委夜蛾 *Athetis thoracica* (Moore, 1884)

分布：云南（红河），广西，海南；印度，斯里兰卡，新加坡，印度尼西亚，大洋洲。

灿夜蛾属 *Aucha* Walker, Walker, 1858

涤灿夜蛾 *Aucha dizyx* Draudt, 1950

分布：云南（昭通），江苏。

黑褐灿夜蛾 *Aucha pronans* Draudt, 1950

分布：云南。

天目灿夜蛾 *Aucha tienmushani* Draudt, 1950

分布：云南（迪庆），四川，浙江，湖南，福建。

杰夜蛾属 *Auchmis* Hübner, [1821] 1816

暗杰夜蛾 *Auchmis inextricata* (Moore, 1881)

分布：云南（丽江、迪庆），四川，湖南；印度。

Y 纹夜蛾属 *Autographa* Hübner, [1821]

Autographa emmetra Dufay, 1978

分布：云南（大理）。

袜纹夜蛾 *Autographa excelsa* (Kretschmar, 1862)

分布：云南（大理），四川，黑龙江，吉林，新疆，内蒙古，河北，山西，甘肃，陕西，湖北；俄罗斯，日本。

黑点银纹夜蛾 *Autographa nigrisigna* (Walk, 1857)

分布：云南（丽江），四川，北京，河北，内蒙古，山西，陕西，甘肃，青海，浙江，安徽，湖北，广西，广东；日本。

谢丽思夜蛾 *Autographa schalisema* (Hampson, 1913)

分布：云南，四川，重庆；印度，缅甸。

朽木夜蛾属 *Axylia* Hübner, 1821

阴朽木夜蛾 *Axylia opacata* Chen, 1993

分布：云南（临沧）。

朽木夜蛾 *Axylia putris* Linnaeus, 1761

分布：云南（保山、迪庆），黑龙江，新疆，山西，河北；欧洲，日本，朝鲜，印度。

干朽木夜蛾 *Axylia sicca* Guenée, 1852

分布：云南（昆明、临沧、大理、保山、普洱），四川，西藏；印度。

白面夜蛾属 *Bagada* Walker, 1858

大晕夜蛾 *Bagada magna* (Hampson, 1894)

分布：云南（普洱、保山）；不丹。

晕夜蛾 *Bagada rectivitta* (Moore, 1881)

分布：云南（普洱、保山）；不丹。

Baimistra Benedek & Volynkin & Saldaitis & Tóth, 2022

Baimistra baima (Benedek, Babics & Saldaitis, 2011)

分布：云南（迪庆）。

靛夜蛾属 *Belciana* Walker, 1862

天蝎靛夜蛾 *Belciana scorpio* **Galsworthy, 1997**
分布：云南（西双版纳），香港；越南，泰国。

毛眼夜蛾属 *Blepharita* Hampson, 1907

齐毛眼夜蛾 *Blepharita concinna* **(Leech, 1900)**
分布：云南。

德毛眼夜蛾 *Blepharita draudti* **Boursin, 1952**
分布：云南。

犹毛眼夜蛾 *Blepharita euplexina* **(Draudt, 1950)**
分布：云南。

睫冬夜蛾属 *Blepharosis* Boursin, 1964

睫冬夜蛾 *Blepharosis lama* **(Püngeler, 1900)**
分布：云南（迪庆、丽江），西藏，青海。

迟睫冬夜蛾 *Blepharosis latens* **Hreblay & Ronkay, 1998**
分布：云南，西藏。

黍睫冬夜蛾 *Blepharosis paspa* **(Püngeler, 1900)**
分布：云南（迪庆、怒江、大理），西藏，甘肃，青海；印度。

荟睫冬夜蛾 *Blepharosis poecila* **(Draudt, 1950)**
分布：云南（丽江），四川。

褐睫冬夜蛾 *Blepharosis retracta* **(Draudt, 1950)**
分布：云南，青海。

秀睫冬夜蛾 *Blepharosis retrahens* **(Draudt, 1950)**
分布：云南（大理），西藏，青海；印度。

斑夜蛾属 *Borbotana* Walker, 1858

斑夜蛾 *Borbotana nivifascia* **Walker, 1858**
分布：云南（红河、西双版纳）；印度，马来西亚。

柳冬夜蛾属 *Brachylomia* Hampson, 1906

偶柳冬夜蛾 *Brachylomia pygmaea* **Draudt, 1950**
分布：云南（迪庆），四川。

苔藓夜蛾属 *Bryophila* Treitschke, 1825

褐藓夜蛾 *Bryophila brunneola* **Draudt, 1950**
分布：云南（丽江），四川。

布冬夜蛾属 *Bryopolia* Boursin, 1954

离布冬夜蛾 *Bryopolia extrita* **Staudinger, 1888**
分布：云南（保山），新疆，青海；蒙古国，俄罗斯。

冶冬夜蛾属 *Callierges* Hampson, 1906

德冶冬夜蛾 *Callierges draesekei* **Draudt, 1950**
分布：云南，西藏。

卡里夜蛾属 *Calliocloa* Draudt, 1950

梯卡里夜蛾 *Calliocloa trapezoides* **Draudt, 1950**
分布：云南（丽江），四川。

散纹夜蛾属 *Callopistria* Hübner, 1816

白线散纹夜蛾 *Callopistria albolineola* **Graeser, 1889**
分布：云南（大理、丽江），黑龙江，河北；俄罗斯，日本。

白斑散纹夜蛾 *Callopistria albomacula* **Leech, 1900**
分布：云南（普洱、大理、临沧），四川，广东。

顶点散纹夜蛾 *Callopistria apicalis* **(Walker, 1855)**
分布：云南；印度，斯里兰卡，印度尼西亚，马来西亚，文莱。

散纹夜蛾 *Callopistria juventina* **(Stoll, 1782)**
分布：云南（丽江），四川，黑龙江，江苏，湖北，湖南，浙江，江西；日本，俄罗斯，印度，欧洲。

迈散纹夜蛾 *Callopistria maillardi* **(Guenée, 1862)**
分布：云南（红河、文山）；印度，斯里兰卡，印度尼西亚，非洲。

暗角散纹夜蛾 *Callopistria phaeogona* **Hampson, 1908**
分布：云南（红河）。

红棕散纹夜蛾 *Callopistria placodoides* **(Guenée, 1852)**
分布：云南（西双版纳），浙江，湖南，福建，海南；印度，马来西亚，印度尼西亚。

嵌白散纹夜蛾 *Callopistria quadralba* **(Draudt, 1950)**
分布：云南（迪庆），四川。

红晕散纹夜蛾 *Callopistria repleta* **Walker, 1858**
分布：云南（保山、玉溪、大理、丽江、迪庆、红河、文山），四川，黑龙江，山西，陕西，河南，浙江，湖北，湖南，广西，福建，海南；俄罗斯，日本，朝鲜，印度。

顶夜蛾属 *Callyna* Guenée, 1852

黄斑顶夜蛾 *Callyna jugaria* **Walker, 1858**
分布：云南，海南；印度，斯里兰卡。

一点顶夜蛾 *Callyna monoleuca* **Walker, 1858**
分布：云南（保山）；印度，斯里兰卡，缅甸、印度尼西亚。

顶夜蛾 *Callyna siderea* **Guenée, 1852**
分布：云南，广西，广东；印度，尼泊尔，孟加拉国，斯里兰卡。

翎夜蛾属 *Cerapteryx* Curtis, 1833

复翎夜蛾 *Cerapteryx poecila* Draudt, 1950

分布：云南。

陌夜蛾属 *Chandata* Moore, 1882

美陌夜蛾 *Chandata bella* (Butler, 1881)

分布：云南（怒江），黑龙江；日本，俄罗斯。

皙夜蛾属 *Chasmina* Walker, 1856

曲缘皙夜蛾 *Chasmina candida* (Walker, 1865)

分布：云南，台湾，广东，海南；缅甸，柬埔寨。

细须皙夜蛾 *Chasmina graeilipalpis* Warren, 1912

分布：云南，福建；印度。

龟虎蛾属 *Chelonomorpha* Motschulsky, 1861

龟虎蛾 *Chelonomorpha japana* Motschulsky, 1860

分布：云南（文山），湖南，福建，广东；日本。

满绿金翅夜蛾属 *Chlorochrysia* Ronkay, Ronkay & Behounek, 2008

满绿金翅夜蛾 *Chlorochrysia hampsoni* (Leech, 1900)

分布：云南，西藏，四川，陕西。

银辉夜蛾属 *Chrysodeixis* Hübner, [1821]

白银辉夜蛾 *Chrysodeixis albescens* Chou & Lu, 1979

分布：云南（大理）。

俏尔斯夜蛾 *Chrysodeixis chalcites* (Esper, 1789)

分布：云南（保山、西双版纳），四川，陕西，新疆，河南，山东，安徽，江苏，浙江，江西，广西，广东，海南；日本，朝鲜，俄罗斯，印度，阿富汗，中东，欧洲，非洲。

明银辉夜蛾 *Chrysodeixis illuminata* (Warren, 1913)

分布：云南（丽江），海南。

小裸纹夜蛾 *Chrysodeixis minutus* Dufay, 1970

分布：云南（红河）。

台湾银纹夜蛾 *Chrysodeixis taiwani* Dufay, 1974

分布：云南（红河），四川，湖南，江西，广西，广东，台湾；尼泊尔，不丹，日本。

奥夜蛾属 *Chrysonicara* Draudt, 1927

奥夜蛾 *Chrysonicara aureus* (Bang-Haas, 1927)

分布：云南。

衍夜蛾属 *Chytobrya* Draudt, 1950

衍夜蛾 *Chytobrya bryophiloides* Draudt, 1950

分布：云南（迪庆），四川，甘肃，山西。

流夜蛾属 *Chytonix* Grote, 1874

白斑流夜蛾 *Chytonix albipuncta* (Hampson, 1892)

分布：云南（丽江、迪庆）；印度。

黑斑流夜蛾 *Chytonix albonotata* (Staudinger, 1894)

分布：云南，四川，黑龙江；日本。

葎草流夜蛾 *Chytonix segregata* Butler, 1878

分布：云南（红河），黑龙江，河北；俄罗斯，朝鲜，日本。

飘夜蛾属 *Clethrorasa* Hampson, 1910

飘夜蛾 *Clethrorasa pilcheri* Hampson, 1896

分布：云南（保山），湖南；印度。

点夜蛾属 *Condica* Walker, 1856

白斑星夜蛾 *Condica albomaculata* (Moore, 1867)

分布：云南（迪庆），西藏；印度。

楚点夜蛾 *Condica dolorosa* (Walker, 1865)

分布：云南，湖南，福建，广东，海南；印度，斯里兰卡，菲律宾，斐济。

易点夜蛾 *Condica illecta* (Walker, 1865)

分布：云南，海南；印度，印度尼西亚，马来西亚，文莱。

侃夜蛾属 *Conisania* Hampson, 1905

白肾侃夜蛾 *Conisania leuconephra* (Draudt, 1950)

分布：云南，四川。

峦冬夜蛾属 *Conistra* Hübner, 1821

白马峦冬夜蛾 *Conistra baima* Benedek, Babics & Saldaitis, 2013

分布：云南（迪庆）。

褐峦冬夜蛾丽江亚种 *Conistra castaneofasciata punctillum* Draudt, 1950

分布：云南，陕西。

澜沧峦冬夜蛾 *Conistra lancangi* Benedek, Babics & Saldaitis, 2013

分布：云南（迪庆）。

中甸峦冬夜蛾 *Conistra zhongdiana* Benedek, Babics & Saldaitis, 2013

分布：云南（迪庆）。

康夜蛾属 *Conservula* Grote, 1874

印度康夜蛾 *Conservula indica* (**Moore, 1867**)

分布：云南（玉溪、昭通、文山、大理、怒江、丽江），四川，西藏，福建，海南；印度，孟加拉国。

中华康夜蛾 *Conservula sinensis* **Hampson, 1908**

分布：云南（保山、丽江），湖北。

兜夜蛾属 *Cosmia* Ochsenheimer, 1816

黄缨兜夜蛾 *Cosmia flavifimbra* (**Hampson, 1910**)

分布：云南（大理、迪庆），西藏；印度，克什米尔地区。

凡兜夜蛾 *Cosmia moderata* (**Staudinger, 1888**)

分布：云南（迪庆），河南，黑龙江；俄罗斯。

首夜蛾属 *Craniophora* Snellen, 1867

条首夜蛾 *Craniophora fasciata* (**Moore, 1884**)

分布：云南，四川，湖北，广东，海南；日本，印度，缅甸，印度尼西亚，斯里兰卡。

女贞首夜蛾暗翅亚种 *Craniophora ligustri gigantea* **Draudt, 1937**

分布：云南（丽江、迪庆），陕西。

分首夜蛾 *Craniophora jactans* **Draudt, 1937**

分布：云南，四川，湖北，浙江；日本，朝鲜，印度，缅甸。

女贞首夜蛾 *Craniophora ligustri* **Schiffermailer, 1775**

分布：云南（昆明、大理、丽江），黑龙江，河北；俄罗斯，日本。

浊首夜蛾 *Craniophora obscura* **Leech, 1900**

分布：云南，贵州，陕西，山东。

同首夜蛾 *Craniophora simillima* **Draudt, 1950**

分布：云南（迪庆、丽江、怒江），四川。

苔藓夜蛾属 *Cryphia* Hübner, 1818

褐藓夜蛾 *Cryphia brunneola* (**Draudt, 1950**)

分布：云南。

梳状夜蛾属 *Ctenoplusia* Dufay, 1970

银纹夜蛾 *Ctenoplusia agnata* (**Staudinger, 1892**)

分布：云南（昆明、红河、文山），贵州，四川，黑龙江，辽宁，吉林，内蒙古，北京，河北，山东，河南，陕西，山西，江苏，浙江，江西，安徽，湖北，广西，福建，广东；朝鲜，日本，俄罗斯。

白条夜蛾 *Ctenoplusia albostriata* (**Bremer & Grey, 1853**)

分布：云南（红河、大理、保山、丽江、西双版纳），贵州，吉林，北京，甘肃，陕西，山西，山东，湖北，浙江，江西，广东，广西，海南；印度，俄罗斯，日本，韩国，巴布亚新几内亚，澳大利亚。

叉梳状夜蛾 *Ctenoplusia furcifera* (**Walker, [1858]**)

分布：云南（西双版纳），西藏，四川，广东，广西；印度，巴基斯坦。

云南银纹夜蛾 *Ctenoplusia kosemponensis* (**Strand, 1920**)

分布：云南（普洱、西双版纳），四川，台湾。

缘梳状夜蛾 *Ctenoplusia limbirena* (**Guenée, 1852**)

分布：云南（保山、文山、红河），台湾；印度，南非，阿拉伯半岛，巴布亚新几内亚。

变梳状夜蛾 *Ctenoplusia mutans* (**Walker, 1865**)

分布：云南，贵州，浙江，广西，广东，台湾；印度。

温梳状夜蛾 *Ctenoplusia placida* (**Moore, [1884]**)

分布：云南（昆明、楚雄、丽江、西双版纳）；印度，巴基斯坦，日本。

混银纹夜蛾 *Ctenoplusia tarassota* (**Hampson, 1913**)

分布：云南（大理、怒江、红河），西藏，贵州，广西，四川；印度，喜马拉雅山东北部，印度尼西亚。

冬夜蛾属 *Cucullia* Schrank, 1802

挠划冬夜蛾 *Cucullia naruensis* **Staudinger, 1879**

分布：云南（保山），新疆，内蒙古；蒙古国，俄罗斯。

华冬夜蛾 *Cucullia sinopsis* **Boursin, 1942**

分布：云南，四川；俄罗斯。

棱夜蛾属 *Cytocanis* Hampson, 1908

肾棱夜蛾 *Cytocanis cerocalina* **Draudt, 1950**

分布：云南，四川。

剑冬夜蛾属 *Daseuplexia* Hampson, 1906

引剑冬夜蛾 *Daseuplexia lagenifera* (**Moore, 1882**)

分布：云南；印度。

香格里拉剑冬夜蛾 *Daseuplexia shangrilai* **Benedek & Baics, 2011**

分布：云南，西藏。

绵冬夜蛾属 *Dasypolia* Guenée, 1852

卡洛塔绵冬夜蛾 **Dasypolia** *carlotta* **Floriani, Benedek, Behounek & Saldaitis, 2011**
分布：云南（迪庆），西藏，四川。

艾琳绵冬夜蛾 **Dasypolia** *irene* **Floriani, Benedek & Saldaitis, 2011**
分布：云南（迪庆）。

***Dasypolia sigute* Saldaitis & Benedek, 2014**
分布：云南（迪庆）。

俚夜蛾属 *Deltote* Reichenbah, Leipzig, 1817

华俚夜蛾 **Deltote** *mandarina* **(Leech, 1900)**
分布：云南（大理）。

白缘俚夜蛾 **Deltote** *walonga* **Han & Konnenko, 2015**
分布：云南（丽江）。

金弧夜蛾属 *Diachrysia* Hübner, [1821]

紫金翅夜蛾 **Diachrysia** *chryson* **(Esper, 1789)**
分布：云南（大理、昭通），黑龙江，吉林，新疆，浙江，江西，安徽；朝鲜，日本，俄罗斯（东部地区），欧洲。

中金弧夜蛾 **Diachrysia** *intermixta* **Warren, 1913**
分布：云南（保山、红河、德宏、普洱），四川，河北，陕西，福建；印度，越南，印度尼西亚。

金弧夜蛾 **Diachrysia** *orichalcea* **Hübner, 1790**
分布：云南（大理），四川，陕西，江苏，广西，广东；日本，印度，斯里兰卡，阿富汗，非洲，欧洲。

韦氏金弧夜蛾 **Diachrysia** *witti* **Ronkay, Ronkay & Behounek, 2008**
分布：云南，四川，吉林，河北，陕西；日本，俄罗斯。

歹夜蛾属 *Diarsia* Hübner, 1821

元歹夜蛾 **Diarsia** *acharista* **Boursin, 1954**
分布：云南（丽江、迪庆），西藏。

明歹夜蛾 **Diarsia** *albipennis* **(Butler, 1889)**
分布：云南，陕西，江西，福建。

基点歹夜蛾 **Diarsia** *basistriga* **(Moore, 1867)**
分布：云南（丽江），四川，西藏，湖北。

灰歹夜蛾 **Diarsia** *canescens* **(Butler, 1878)**
分布：云南（迪庆、怒江），四川，黑龙江，新疆，内蒙古，青海，河北，河南，湖北，江西；日本，朝鲜，俄罗斯，印度，缅甸，欧洲。

紫褐歹夜蛾 **Diarsia** *cervina* **Moore, 1867**
分布：云南（保山），西藏；印度。

红棕歹夜蛾 **Diarsia** *chalcea* **Boursin, 1954**
分布：云南（丽江、迪庆），四川，西藏。

郁歹夜蛾 **Diarsia** *claudia* **Boursin, 1963**
分布：云南，四川，西藏。

歹夜蛾西南亚种 **Diarsia** *dahlii tibetica* **Boursin, 1954**
分布：云南，四川。

分歹夜蛾 **Diarsia** *deparca* **(Butler, 1879)**
分布：云南，四川，西藏。

异歹夜蛾 **Diarsia** *dichroa* **Boursin, 1954**
分布：云南（丽江、迪庆），西藏。

褐歹夜蛾 **Diarsia** *erubescens* **(Butler, 1880)**
分布：云南，西藏，四川，福建。

幽歹夜蛾 **Diarsia** *erythropsis* **Boursin, 1954**
分布：云南（丽江），西藏。

范歹夜蛾 **Diarsia** *fannyi* **(Corti & Draudt, 1933)**
分布：云南，四川，西藏，青海。

黄褐歹夜蛾 **Diarsia** *flavibrunnea* **(Leech, 1900)**
分布：云南（丽江），四川。

盗歹夜蛾 **Diarsia** *hoenei* **Boursin, 1954**
分布：云南（怒江），四川。

艺歹夜蛾 **Diarsia** *hypographa* **Boursin, 1954**
分布：云南，陕西。

新歹夜蛾 **Diarsia** *mandarinella* **(Hampson, 1903)**
分布：云南（迪庆），四川，西藏。

暗歹夜蛾 **Diarsia** *nebula* **(Leech, 1900)**
分布：云南（丽江、迪庆），四川，陕西。

黑点歹夜蛾 **Diarsia** *nigrosigna* **(Moore, 1881)**
分布：云南（丽江、迪庆），西藏，四川，湖南；日本，印度。

端歹夜蛾 **Diarsia** *orophila* **Boursin, 1954**
分布：云南（迪庆）。

皮歹夜蛾 **Diarsia** *pseudacharista* **Boursin, 1954**
分布：云南（丽江、迪庆、大理）。

赭尾歹夜蛾 **Diarsia** *ruficauda* **(Warren, 1909)**
分布：云南（丽江、迪庆），四川，江西，江苏，浙江，湖南，福建。

赭黄歹夜蛾 **Diarsia** *stictica* **(Poujade, 1887)**
分布：云南（丽江、迪庆），四川，西藏，甘肃，宁夏，湖南；日本，印度，斯里兰卡。

蛮歹夜蛾 *Diarsia torva* **(Corti & Draudt, 1933)**
分布：云南，四川。

Dicerogastra Fletcher, 1961
Dicerogastra euxoides **Ronkay, Gyulai & Ronkay, 2017**
分布：云南（迪庆），四川。

分狼夜蛾属 *Dichagyris* Lederer, 1857
Dichagyris ellapsa **(Corti, 1927)**
分布：云南，四川，陕西，青海。
Dichagyris obliqua **(Corti & Draudt, 1933)**
分布：云南，四川，青海。
Dichagyris refulgens **(Warren, 1909)**
分布：云南，四川，西藏。
衍狼夜蛾 *Dichagyris stentzi* **(Lederer, 1853)**
分布：云南（迪庆），四川，西藏，黑龙江，新疆，陕西，山西，内蒙古，青海，河北，河南；日本，印度，俄罗斯，蒙古国，中亚。
Dichagyris triangularis sinangularis **Gyulai, 2021**
分布：云南（怒江），四川，甘肃，陕西。

青夜蛾属 *Diphtherocome* Warren, 1907
白线青夜蛾 *Diphtherocome discibrunnea* **Moore, 1867**
分布：云南（保山），四川；印度。
条青夜蛾 *Diphtherocome fasciata* **Moore, 1888**
分布：云南（保山、丽江），四川，陕西；印度。
黑条青夜蛾 *Diphtherocome marmorea* **(Leech, 1900)**
分布：云南（丽江），陕西，四川。
云青夜蛾 *Diphtherocome metaphaea* **(Hampson, 1909)**
分布：云南。
饰青夜蛾 *Diphtherocome pallida* **Moore, 1867**
分布：云南（保山、迪庆、怒江、丽江、大理），四川，西藏，陕西，甘肃；印度。

寅夜蛾属 *Dipterygina* Sugi, 1954
印寅夜蛾 *Dipterygina indica* **(Moore, 1867)**
分布：云南，福建；印度。

迪琴夜蛾属 *Disepholcia* Prout, 1924
黑后夜蛾 *Disepholcia caerulea* **Butler, 1889**
分布：云南（昆明、昭通、大理），四川，西藏，黑龙江，河北，山西，陕西，湖北，浙江，江西，湖南；俄罗斯，朝鲜，日本，印度。

翅夜蛾属 *Dypterygia* Stephens, 1829
暗翅夜蛾 *Dypterygia caliginosa* **(Walker, 1858)**
分布：云南，贵州，陕西，河北，湖北，湖南，浙江，福建，海南；日本。

迪夜蛾属 *Dyrzela* Walker, 1858
甲线迪夜蛾 *Dyrzela squamata* **Warren, 1913**
分布：云南（西双版纳）；缅甸。
大斑迪夜蛾 *Dyrzela tumidimacula* **Warren, 1913**
分布：云南；马来西亚，印度尼西亚。

清夜蛾属 *Enargia* Hübner, 1821
暗清夜蛾 *Enargia fuliginosa* **(Draudt, 1950)**
分布：云南，四川。

彩虎蛾属 *Episteme* Hübner, 1820
鹿彩虎蛾 *Episteme adulatrix* **(Kollar, [1844])**
分布：云南（德宏）。
别彩虎蛾 *Episteme distincta* **(Butler, 1875)**
分布：云南（西双版纳），四川，湖南，福建；孟加拉国，印度，缅甸。
选彩虎蛾 *Episteme lectrix* **(Linnaeus, 1764)**
分布：云南，四川，贵州，湖北，浙江，江西，台湾。
明彩虎蛾 *Episteme macrosema* **(Jordan, 1912)**
分布：云南；缅甸。
老彩虎蛾 *Episteme vetula* **(Geyer, 1832)**
分布：云南（红河）；印度，缅甸，柬埔寨，马来西亚，印度尼西亚，菲律宾。

冥夜蛾属 *Erebophasma* Boursin, 1963
缀白冥夜蛾 *Erebophasma subvittata* **(Corti, 1928)**
分布：云南（丽江），四川。

珠纹夜蛾属 *Erythroplusia* Ichinose, 1962
滴纹夜蛾 *Erythroplusia pyropia* **(Butler, 1879)**
分布：云南（西双版纳），四川，陕西，江西，广西，广东；印度，巴基斯坦，日本。
珠纹夜蛾 *Erythroplusia rutilifrons* **(Walker, 1858)**
分布：云南（迪庆、红河），四川，贵州，吉林，辽宁，陕西，浙江，江西，广西；印度，尼泊尔，不丹，日本，朝鲜半岛，俄罗斯。

茹夜蛾属 *Estimata* Kozhantschikov, 1928
赫茹夜蛾 *Estimata herizioides* **(Corti & Draudt, 1933)**
分布：云南，四川。
云茹夜蛾 *Estimata yunnana* **Chen, 1991**
分布：云南。

猎夜蛾属 *Eublemma* Hübner, 1821

紫胶猎夜蛾 *Eublemma amabilis* Moore, 1887

分布：云南（普洱），广西；印度，斯里兰卡，新加坡。

迴猎夜蛾 *Eublemma anachoresis* (Wallengren, 1863)

分布：云南（普洱），广西；印度，斯里兰卡，印度尼西亚，大洋洲，非洲。

涡猎夜蛾 *Eublemma cochylioides* (Guenée, 1852)

分布：云南（普洱），台湾；印度，斯里兰卡，印度尼西亚，大洋洲，非洲。

希夜蛾属 *Eucarta* Lederer, 1857

希夜蛾 *Eucarta amethystina* (Hübner, 1803)

分布：云南（文山）。

锦夜蛾属 *Euplexia* Stephens, 1829

黄尘锦夜蛾 *Euplexia aurigera* (Walker, 1858)

分布：云南（大理），西藏；印度。

十日锦夜蛾 *Euplexia gemmifera* Walker, 1857

分布：云南（保山、大理、丽江），四川，浙江；印度。

丽江锦夜蛾 *Euplexia likianga* Kononenko, 1996

分布：云南。

文锦夜蛾 *Euplexia literata* (Moore, 1882)

分布：云南（丽江、迪庆、怒江），四川，江苏，浙江，湖北，湖南，江西，海南；日本，印度。

锦夜蛾 *Euplexia lucipara* (Linnaeus, 1758)

分布：云南（昆明、昭通），四川，黑龙江，河南，湖北；日本，俄罗斯，欧洲，美洲。

杂色锦夜蛾 *Euplexia multicolor* Warren, 1912

分布：云南（保山），广东；印度，斯里兰卡，新加坡，大洋洲。

完肾锦夜蛾 *Euplexia nigrina* Draudt, 1950

分布：云南，西藏。

褐肾锦夜蛾 *Euplexia semifascia* (Walker, 1865)

分布：云南（迪庆，丽江），四川，西藏；印度。

穗锦夜蛾 *Euplexia spica* Gyulai & Ronkay, 2018

分布：云南（迪庆），西藏，四川，甘肃，湖南。

绣锦夜蛾 *Euplexia picturata* Leech, 1900

分布：云南，四川。

犹冬夜蛾属 *Eupsilia* Hübner, 1821

酒犹冬夜蛾 *Eupsilia ale* Benedek, Babics & Saldaitis, 2013

分布：云南（迪庆）。

槲犹冬夜蛾 *Eupsilia transversa* Hüfnagel, 1766

分布：云南（保山），黑龙江，吉林，新疆；土耳其，欧洲。

Eurypterocrania Kiss, 2017

***Eurypterocrania jactans* (Draudt, 1937)**

分布：云南（丽江）。

文夜蛾属 *Eustrotia* Hübner, 1821

峦文夜蛾 *Eustrotia semiannulata* Warren, 1913

分布：云南（红河）；印度，缅甸。

云文夜蛾 *Eustrotia yunnana* Chen & He, 2008

分布：云南；印度，缅甸。

切夜蛾属 *Euxoa* Hübner, 1824

白边切夜蛾 *Euxoa oberthuri* (Leech, 1900)

分布：云南（文山、迪庆），西藏，四川，黑龙江，吉林，内蒙古，河北；日本，朝鲜，俄罗斯。

逐虎蛾属 *Exsula* Jordan, 1896

蔚逐虎蛾 *Exsula victrix* (Westwood, 1848)

分布：云南（德宏、大理、文山、怒江），贵州，四川；印度，尼泊尔，缅甸。

遗夜蛾属 *Fagitana* Walker, 1865

宏遗夜蛾 *Fagitana gigantea* Draudt, 1950

分布：云南（丽江），广西。

棕夜蛾属 *Feliniopsis* Roepke, 1938

斑陌夜蛾 *Feliniopsis siderifera* (Moore, 1881)

分布：云南（丽江），江西；印度，斯里兰卡，印度尼西亚，非洲。

构夜蛾属 *Gortyna* Ochsenheimer, 1816

健构夜蛾 *Gortyna fortis* Butler, 1878

分布：云南（保山），黑龙江；日本。

***Gortyna joannisi* (Boursin, 1928)**

分布：云南（大理）。

黑脉邪夜蛾属 *Gyrospilara* Kononenko, 1989

黑脉巫夜蛾 *Gyrospilara formosa* (Graeser, [1889])

分布：云南（迪庆、西双版纳），西藏，黑龙江，陕西；俄罗斯。

盗夜蛾属 *Hadena* Schrank, 1802

齿斑盗夜蛾 *Hadena dealbata* (Staudinger, 1893)

分布：云南，四川；日本，外高加索地区。

皎盗夜蛾 *Hadena eximia* (Staudinger, 1895)
分布：云南，西藏，四川，青海；印度。
褐绿盗夜蛾 *Hadena persparcata* (Draudt, 1950)
分布：云南（迪庆），四川。

蓬夜蛾属 *Haderonia* Staudinger, 1896
中华蓬夜蛾 *Haderonia chinensis* (Draudt, 1950)
分布：云南（迪庆、丽江），西藏，四川，山西。
植灰蓬夜蛾 *Haderonia culta* (Moore, 1881)
分布：云南，四川，西藏；印度。
灰蓬夜蛾 *Haderonia griseifusa* (Draudt, 1950)
分布：云南，四川。
晦夜蛾 *Haderonia miserabilis* (Alphéraky, 1892)
分布：云南（迪庆），青海。
棕翅蓬夜蛾 *Haderonia praecipua* (Staudinger, 1895)
分布：云南，四川，西藏，山西，青海。

阴夜蛾属 *Hadula* Staudinger, 1889
棕翅阴夜蛾 *Hadula praecipua* Staudinger, 1895
分布：云南（丽江），四川，山西，青海。

哈首夜蛾属 *Harmandicrania* Kiss, 2017
黑点哈首夜蛾 *Harmandicrania harmandi* (Poujade, 1898)
分布：云南（丽江），四川，湖北；日本，朝鲜，俄罗斯，印度。
中华哈首夜蛾 *Harmandicrania sinoandi* Kiss, 2017
分布：云南（丽江），四川。

棕粗线夜蛾属 *Harutaeographa* Yoshimoto, 1993
Harutaeographa brumosa Yoshimoto, 1994
分布：云南。
Harutaeographa monimalis (Draudt, 1950)
分布：云南（大理）。
灰棕粗线夜蛾 *Harutaeographa pallida* Yoshimoto, 1993
分布：云南（大理）；尼泊尔，印度。
Harutaeographa stangelmaieri Ronkay, Ronkay, Gyulai & Hacker, 2010
分布：云南。

铃夜蛾属 *Helicoverpa* Hardwick, 1865
棉铃虫 *Helicoverpa armigera* (Hübner, 1808)
分布：世界广布。
烟实夜蛾 *Helicoverpa assulta* (Guenée, 1852)
分布：全国广布；日本，朝鲜，印度，缅甸，斯里兰卡，印度尼西亚，非洲。

网夜蛾属 *Heliophobus* Boisduval, 1828
Heliophobus bulcsui Simonyi, 2015
分布：云南（迪庆），西藏，青海，甘肃。
角网夜蛾 *Heliophobus dissectus* Walker, 1865
分布：云南（保山、红河），湖南，浙江，福建，海南；日本，菲律宾，印度，斯里兰卡。
织网夜蛾 *Heliophobus texturata* Alphéraky, 1892
分布：云南（保山、迪庆），四川，西藏，青海，内蒙古。

实夜蛾属 *Heliothis* Ochsenheimer, 1816
实夜蛾 *Heliothis viriplaca* (Hüfnagel, 1766)
分布：云南，西藏，黑龙江，新疆，河北，江苏；日本，印度，缅甸，叙利亚，欧洲。

狭翅夜蛾属 *Hermonassa* Walker, 1865
煤褐狭翅夜蛾 *Hermonassa anthracina* Boursin, 1967
分布：云南（迪庆、丽江），四川，西藏；尼泊尔，印度。
朋狭翅夜蛾 *Hermonassa clava* (Leech, 1900)
分布：云南，四川。
通狭翅夜蛾 *Hermonassa diaphana* Boursin, 1967
分布：云南（丽江、迪庆），四川。
二色狭翅夜蛾 *Hermonassa dichroma* Boursin, 1967
分布：云南（迪庆、丽江、怒江），西藏。
织狭翅夜蛾 *Hermonassa dictyodes* Boursin, 1967
分布：云南（丽江），西藏。
网狭翅夜蛾 *Hermonassa dictyota* Boursin, 1967
分布：云南（丽江、迪庆）。
环狭翅夜蛾 *Hermonassa dispila* Boursin, 1967
分布：云南（丽江、迪庆），西藏。
伊狭翅夜蛾 *Hermonassa ellenae* Boursin, 1967
分布：云南（怒江、迪庆），四川，甘肃。
条狭翅夜蛾 *Hermonassa fasciata* Chen, 1985
分布：云南（大理）。
铭狭翅夜蛾 *Hermonassa finitima* Warren, 1909
分布：云南（怒江），西藏。
盗狭翅夜蛾 *Hermonassa hoenei* Boursin, 1967
分布：云南，陕西。
维狭翅夜蛾 *Hermonassa hypoleuca* Boursin, 1967
分布：云南，西藏。

茵狭翅夜蛾 *Hermonassa incisa* **Moore, 1882**
分布：云南（怒江），西藏；印度。

连纹狭翅夜蛾 *Hermonassa juncta* **Chen, 1993**
分布：云南。

矛狭翅夜蛾 *Hermonassa lanceola* **Moore, 1867**
分布：云南（大理），西藏；印度。

月狭翅夜蛾 *Hermonassa lunata* **Moore, 1882**
分布：云南（迪庆），西藏；印度。

囊狭翅夜蛾 *Hermonassa marsypiophora* **Boursin, 1967**
分布：云南（丽江、迪庆），西藏。

暗狭翅夜蛾 *Hermonassa obscura* **Chen, 1985**
分布：云南（迪庆）。

霉狭翅夜蛾 *Hermonassa olivascens* **Chen, 1985**
分布：云南（丽江）。

昏狭翅夜蛾 *Hermonassa orphnina* **Boursin, 1967**
分布：云南（丽江、保山），山东。

淡狭翅夜蛾 *Hermonassa pallidula* **(Leech, 1900)**
分布：云南（迪庆、丽江），西藏，四川，青海。

利狭翅夜蛾 *Hermonassa penna* **Chen, 1985**
分布：云南（大理）。

星狭翅夜蛾 *Hermonassa planeta* **Chen, 1993**
分布：云南。

罗狭翅夜蛾 *Hermonassa roesleri* **Boursin, 1967**
分布：云南，西藏。

赤褐狭翅夜蛾 *Hermonassa rufa* **Boursin, 1968**
分布：云南（迪庆），西藏；克什米尔地区，不丹，尼泊尔，印度。

斑狭翅夜蛾 *Hermonassa stigmatica* **Warren, 1912**
分布：云南（丽江、迪庆），四川，西藏；不丹，印度。

黄绿狭翅夜蛾 *Hermonassa xanthochlora* **Boursin, 1967**
分布：云南（迪庆），四川，西藏，陕西，山东，浙江。

陵夜蛾属 *Hoplotarache* Hampson, 1910

白缘陵夜蛾 *Hoplotarache binominata* **(Butler, 1892)**
分布：云南；印度。

蒙陵夜蛾 *Hoplotarache deceptrix* **Warren, 1913**
分布：云南（保山、普洱），广西；印度。

帚夜蛾属 *Hypopteridia* Warren, 1913

帚夜蛾 *Hypopteridia reversa* **(Moore, 1887)**
分布：云南（西双版纳），广西，广东，福建；印度，斯里兰卡，大洋洲。

艺夜蛾属 *Hyssia* Guenée, 1852

哈艺夜蛾 *Hyssia hadulina* **Draudt, 1959**
分布：云南，四川，西藏。

格艺夜蛾 *Hyssia tessellum* **Draudt, 1950**
分布：云南（丽江、迪庆）。

雅夜蛾属 *Iambia* Walker, 1863

桂雅夜蛾 *Iambia guangxiana* **Chen, 1999**
分布：云南，山东，湖北；日本，印度，不丹，非洲。

和雅夜蛾 *Iambia harmonica* **(Hampson, 1902)**
分布：云南（丽江）；印度。

贯雅夜蛾 *Iambia transversa* **(Moore, 1882)**
分布：云南（西双版纳），湖北，山东；印度，不丹，非洲。

翅夜蛾属 *Ilattia* Walker, 1859

坑翅夜蛾 *Ilattia octo* **(Guenée, 1852)**
分布：云南（昆明、大理、西双版纳），河北，山西，江苏，福建，湖南；世界其他地区广布。

逸色夜蛾属 *Ipimorpha* Hübner, 1821

逸色夜蛾 *Ipimorpha retusa* **(Linnaeus, 1761)**
分布：云南（迪庆），四川，黑龙江，新疆，青海；日本，俄罗斯（东部地区），欧洲。

杨逸色夜蛾 *Ipimorpha subtusa* **(Denis & Schiffermüller, 1775)**
分布：云南（迪庆），四川，黑龙江，新疆，陕西；俄罗斯，日本，欧洲。

Irene Saldaitis & Benedek, 2017

Irene litanga **Saldaitis & Benedek, 2017**
分布：云南（迪庆），西藏。

绿夜蛾属 *Isochlora* Staudinger, 1882

黄衣绿夜蛾 *Isochlora straminea* **(Leech, 1900)**
分布：云南，四川，西藏。

驳夜蛾属 *Karana* Moore, 1882

驳夜蛾 *Karana decorata* **Moore, 1882**
分布：云南（保山），西藏，四川，浙江，福建；印度。

安夜蛾属 *Lacanobia* Billberg, 1820

Lacanobia hreblayi **Behounek, Han & Kononenko, 2015**
分布：云南（丽江）。

Lacanobia kitokia Gyulai, Ronkay & Saldaitis, 2011
分布：云南（迪庆），四川，青海。

拉西夜蛾属 *Lasianobia* Hampson, 1905
Lasianobia pensottii Saldaitis, Floriani, Ivinskis & Babics, 2013
分布：云南（迪庆）。

毡夜蛾属 *Lasiplexia* Hampson, 1908
铜光毡夜蛾 *Lasiplexia cupreomicans* Draudt, 1950
分布：云南（大理、迪庆、丽江、怒江），湖南。

德夜蛾属 *Lepidodelta* Viette, 1967
间纹德夜蛾 *Lepidodelta intermedia* Bremer, 1864
分布：云南（昆明、大理、丽江），四川，黑龙江，陕西，湖北，湖南，浙江；日本，朝鲜，印度，斯里兰卡，非洲。

粘夜蛾属 *Leucania* Ochsenheimer, 1816
苏粘夜蛾 *Leucania celebensis* (Tams, 1935)
分布：云南（普洱、临沧、德宏），贵州，台湾；日本，印度，斯里兰卡，尼泊尔，马来西亚，印度尼西亚，菲律宾，巴布亚新几内亚。
间纹粘夜蛾 *Leucania compta* Moore, 1881
分布：云南；日本，印度，斯里兰卡，缅甸，新加坡，印度尼西亚，马来西亚，文莱。
晦寡夜蛾 *Leucania dasycnema* (Turner, 1912)
分布：云南（西双版纳），四川；印度。
伊粘夜蛾 *Leucania ineana* Snellen, 1880
分布：云南（临沧）；印度，尼泊尔，泰国，越南，印度尼西亚，菲律宾。
仿劳粘夜蛾 *Leucania insecuta* Walker, 1865
分布：云南（红河），福建，河北，上海，江苏；日本。
白杖粘夜蛾 *Leucania lalbum* (Linnaeus, 1767)
分布：云南（丽江），甘肃；印度，欧洲，非洲。
点线粘夜蛾 *Leucania lineatissima* Warren, 1912
分布：云南（保山），四川，湖南；印度。
白点粘夜蛾 *Leucania loreyi* (Duponchel, 1827)
分布：云南（丽江），华中，华东，华南；日本，韩国，中亚，欧洲，印度，斯里兰卡，尼泊尔，泰国，越南，马来西亚，印度尼西亚，菲律宾。
中粘夜蛾 *Leucania mesotrostella* (Draudt, 1950)
分布：云南，西藏。
庸粘夜蛾 *Leucania mesotrostina* (Draudt, 1950)
分布：云南，陕西。

黑痣粘夜蛾 *Leucania nigristriga* Hreblay, Legrain & Yoshimatsu, 1998
分布：云南（普洱）；印度，泰国，越南。
灰黄粘夜蛾 *Leucania ossicolor* (Warren, 1912)
分布：云南；印度。
模粘夜蛾 *Leucania pallens* Linnaeus, 1758
分布：云南（保山、文山），黑龙江，新疆，宁夏，青海；蒙古国，美洲，欧洲。
瘠粘夜蛾 *Leucania pallidior* Chen, 1982
分布：云南（丽江），四川，湖南。
淡脉粘夜蛾 *Leucania roseilinea* Walker, 1862
分布：云南（普洱、西双版纳），四川，江苏，江西，湖南，福建，广东，海南，台湾；日本，印度。
绯红粘夜蛾 *Leucania roseorufa* (Joannis, 1928)
分布：云南（保山、临沧），山东，浙江，湖南；尼泊尔，印度，泰国，老挝，越南。
赭点粘夜蛾 *Leucania semiusta* Hampson, 1891
分布：云南；印度。
同纹粘夜蛾 *Leucania simillima* Walker, 1862
分布：云南（西双版纳），台湾；日本，印度，斯里兰卡，尼泊尔，马来西亚，印度尼西亚，菲律宾，巴布亚新几内亚。
禽粘夜蛾 *Leucania tangula* Felder & Rogenhofer, 1874
分布：云南（西双版纳），福建；印度，斯里兰卡。
白脉粘夜蛾 *Leucania venalba* (Moore, 1867)
分布：云南（丽江、西双版纳），河北，湖北，福建，海南，台湾；斯里兰卡，尼泊尔，缅甸，柬埔寨，越南，马来西亚，新加坡，印度尼西亚，菲律宾。
玉粘夜蛾 *Leucania yu* Guenée, 1852
分布：云南（普洱、西双版纳），广东，台湾；日本，印度，斯里兰卡，尼泊尔，越南，马来西亚，新加坡，印度尼西亚，巴布亚新几内亚，所罗门群岛，斐济，澳大利亚。
云粘夜蛾 *Leucania yunnana* Chen, 1999
分布：云南。

俚夜蛾属 *Lithacodia* Hübner, 1818
黑斑俚夜蛾 *Lithacodia melanostigma* (Hampson, 1894)
分布：云南（红河）；印度，印度尼西亚。

石冬夜蛾属 *Lithophane* Hübner, 1821
灰石冬夜蛾 *Lithophane griseobrunnea* Hreblay & Ronkay, 1999
分布：云南（大理）；尼泊尔。

微夜蛾属 *Lophomilia* Warren, 1913

座黄微夜蛾 *Lophomilia flaviplaga* (Warren, 1912)

分布：云南（保山），贵州，江西；朝鲜半岛，日本，俄罗斯。

嚎微夜蛾 *Lophomilia hoenei* (Berio, 1977)

分布：云南（迪庆、丽江），四川。

小冠微夜蛾 *Lophomilia polybapta* (Butler, 1879)

分布：云南（大理、普洱），江苏，辽宁；朝鲜半岛，日本，俄罗斯。

日微夜蛾 *Lophomilia takao* Sugi, 1962

分布：云南（普洱）；日本，韩国。

峨夜蛾属 *Lophotyna* Hampson, 1908

峨夜蛾 *Lophotyna albosignata* (Moore, 1881)

分布：云南，山东；印度。

银锭夜蛾属 *Macdunnoughia* Kostrowicki, 1961

银绽夜蛾 *Macdunnoughia crassisigna* (Warren, 1913)

分布：云南（大理），西藏，贵州，四川，黑龙江，辽宁，吉林，新疆，内蒙古，北京，甘肃，陕西，山西，河南，浙江，湖北，河北，广东；日本，印度，韩国。

淡银纹夜蛾 *Macdunnoughia purissima* (Butler, 1878)

分布：云南（大理），四川，贵州，重庆，北京，山东，吉林，陕西，河南，江苏，湖北，浙江，安徽，江西，广西，广东；日本，朝鲜半岛，印度。

方淡银纹夜蛾 *Macdunnoughia tetragona* (Walker, [1858])

分布：云南（昆明），西藏，吉林，甘肃，陕西，湖北；印度，巴基斯坦。

幻夜蛾属 *Magusa* Walker, 1857

尖纹幻夜蛾 *Magusa apiciplaga* Warren, 1912

分布：云南（保山、大理），广东。

昏色幻夜蛾 *Magusa tenebrosa* (Moore, 1867)

分布：云南（昆明、玉溪、大理、保山、德宏），湖南，广东；新加坡，印度，斯里兰卡，大洋洲。

瑙夜蛾属 *Maliattha* Walker, 1863

大斑瑙夜蛾 *Maliattha lattivita* (Moore, 1881)

分布：云南；印度，斯里兰卡。

斜带瑙夜蛾 *Maliattha quadripartita* (Walker, 1865)

分布：云南（红河）；缅甸，印度。

甘蓝夜蛾属 *Mamestra* Ochsenheimer, 1816

甘蓝夜蛾 *Mamestra brassicae* Linnaeus, 1758

分布：云南（昆明、迪庆），四川，西藏，黑龙江，吉林，辽宁，内蒙古，华北，陕西，浙江，湖北；俄罗斯，日本，印度，欧洲。

Marcinistra Benedek, Volynkin, Saldaitis & Tóth, 2022

Marcinistra leichina Benedek, Volynkin, Saldaitis & Tóth, 2022

分布：云南（迪庆），四川。

巨冬夜蛾属 *Meganephria* Hübner, 1820

白背巨冬夜蛾 *Meganephria albithorax* Draudt, 1950

分布：云南（丽江），江西，湖南。

乌夜蛾属 *Melanchra* Hübner, 1820

乌夜蛾 *Melanchra persicariae* (Linnaeus, 1761)

分布：云南（昆明、迪庆），四川，黑龙江，河北，山西；俄罗斯（东部地区），日本，欧洲。

拟毛眼夜蛾属 *Mniotype* Franclemont, 1941

焦拟毛眼夜蛾 *Mniotype adusta* Esper, 1790

分布：云南（丽江），西藏，黑龙江，新疆，青海；土耳其，欧洲。

疑拟毛眼夜蛾阿弥亚种 *Mniotype dubiosa amitayus* Volynkin & Han, 2014

分布：云南（迪庆），西藏，四川，宁夏，陕西，甘肃，青海；缅甸，欧洲。

西藏拟毛眼夜蛾 *Mniotype krisztina* Hreblay & Ronkay, 1998

分布：云南（迪庆），西藏。

缤夜蛾属 *Moma* Hübner, 1820

缤夜蛾 *Moma alpium* (Osbeck, 1778)

分布：云南（怒江、保山、德宏），四川，黑龙江，湖北，江西，福建；日本，朝鲜，欧洲。

黄颈缤夜蛾 *Moma fulvicollis* de Lattin, 1949

分布：云南（丽江），四川，黑龙江，河北；日本。

蒙夜蛾属 *Monostola* Alphéraky, 1892

蒙夜蛾 *Monostola asiatica* Alphéraky, 1892

分布：云南（迪庆），西藏，甘肃，青海。

莫夜蛾属 *Mormo* Ochsenheimer, 1816

暗莫夜蛾 *Mormo phaeochroa* Hampson, 1908

分布：云南，四川。

脉莫夜蛾 *Mormo venata* (Hampson, 1908)
分布：云南（迪庆），四川，湖南。

宿夜蛾属 *Mudaria* Moore, 1893

鳞宿夜蛾 *Mudaria leprosticta* (Hampson, 1907)
分布：云南（昭通），广东；新加坡，斯里兰卡，印度尼西亚。

秘夜蛾属 *Mythimna* Ochsenheimer, 1816

白边秘夜蛾 *Mythimna albomarginata* (Wileman & South, 1920)
分布：云南（保山、西双版纳），西藏，台湾，海南；尼泊尔，泰国，不丹，老挝，越南，马来西亚，印度尼西亚，菲律宾。

黑斑秘夜蛾 *Mythimna anthracoscelis* Boursin, 1962
分布：云南，四川；尼泊尔，泰国。

双色秘夜蛾 *Mythimna bicolorata* (Plante, 1922)
分布：云南（普洱、保山），西藏，贵州，浙江，广东；印度，尼泊尔，泰国。

双贯秘夜蛾 *Mythimna binigrata* (Warren, 1912)
分布：云南（保山）；印度，泰国。

白领秘夜蛾 *Mythimna bistrigata* (Moore, 1881)
分布：云南（丽江、迪庆、临沧），台湾；印度，泰国，巴基斯坦，尼泊尔。

清迈秘夜蛾 *Mythimna chiangmai* Hreblay & Yoshimatsu, 1998
分布：云南（德宏、西双版纳）；老挝，越南，泰国。

普秘夜蛾 *Mythimna communis* Yoshimatsu, 1999
分布：云南。

角线秘夜蛾 *Mythimna conigera* (Denis & Schiffermüller, 1775)
分布：云南（丽江、大理），西藏，黑龙江，内蒙古，山西，河北。

暗灰秘夜蛾 *Mythimna coonsanguis* (Guenée, 1852)
分布：云南（昆明、保山、西双版纳），贵州，广东，湖北；巴基斯坦，印度，斯里兰卡，尼泊尔，越南，印度尼西亚，非洲。

斜线秘夜蛾 *Mythimna cuneilinea* Draudt, 1950
分布：云南。

十点秘夜蛾 *Mythimna decisissima* (Walker, 1865)
分布：云南（保山、普洱、德宏、西双版纳），西藏，四川，广西，湖南，福建，海南，台湾；日本，印度，斯里兰卡，缅甸，新加坡，印度尼西亚。

德秘夜蛾 *Mythimna dharma* (Moore, 1881)
分布：云南（普洱、德宏、保山、西双版纳），广西，浙江，福建；印度，尼泊尔，泰国，老挝。

铁线秘夜蛾 *Mythimna discilinea* Draudt, 1950
分布：云南（丽江、迪庆），甘肃，陕西，宁夏。

离秘夜蛾 *Mythimna distincta* Moore, 1881
分布：云南（普洱、临沧、西双版纳），西藏，贵州，四川，陕西，江西，湖南，福建；印度，尼泊尔，泰国，越南，老挝。

恩秘夜蛾 *Mythimna ensata* Yoshimatsu, 1998
分布：云南（昆明、丽江）。

诗秘夜蛾 *Mythimna epieixelus* (Rothschild, 1920)
分布：云南（普洱、保山、德宏、西双版纳），贵州，台湾；泰国，马来西亚，印度尼西亚。

黑线秘夜蛾 *Mythimna ferrilinea* (Leech, 1900)
分布：云南（保山），四川；尼泊尔，越南。

黄斑秘夜蛾 *Mythimna flavostigma* (Bremer, 1861)
分布：云南（迪庆），重庆，黑龙江，辽宁，江苏，上海，浙江，湖南，福建，江西；俄罗斯，日本，朝鲜，韩国。

黄缘秘夜蛾 *Mythimna foranea* (Draudt, 1950)
分布：云南（昆明）。

美秘夜蛾 *Mythimna formosana* (Butler, 1880)
分布：云南（普洱、德宏），广西，海南，台湾；日本，印度，斯里兰卡，泰国，老挝，菲律宾，柬埔寨，越南，马来西亚，印度尼西亚，巴布亚新几内亚，澳大利亚。

弗秘夜蛾 *Mythimna franclemonti* Calora, 1966
分布：云南（保山）；菲律宾，印度尼西亚，巴布亚新几内亚。

胞寡夜蛾 *Mythimna fraterna* (Moore, 1888)
分布：云南（迪庆），四川，西藏；印度。

冰秘夜蛾 *Mythimna glaciata* Yoshimoto, 1998
分布：云南。

尼秘夜蛾 *Mythimna godavariensis* (Yoshimoto, 1992)
分布：云南（保山）；印度，尼泊尔，泰国。

宏秘夜蛾 *Mythimna grandis* Butler, 1878
分布：云南（迪庆），黑龙江，辽宁，浙江，湖南；朝鲜，日本。

细纹秘夜蛾 *Mythimna hacker* Hreblay & Yoshimatsu, 1996
分布：云南（普洱、保山），贵州；印度，尼泊尔，泰国。

汉秘夜蛾 *Mythimna hamifera* (Walker, 1862)

分布：云南（普洱、保山、德宏），西藏；日本，印度，尼泊尔，泰国，斯里兰卡，缅甸，越南，马来西亚，印度尼西亚，菲律宾，巴布亚新几内亚。

焰秘夜蛾 *Mythimna ignifera* Hreblay, 1998

分布：云南（普洱）；印度，越南，泰国。

迷秘夜蛾 *Mythimna ignorata* Hreblay & Yoshimatsu, 1998

分布：云南（普洱）；泰国。

洲秘夜蛾 *Mythimna insularis* (Butler, 1880)

分布：云南，湖南，广西，广东，海南，台湾；巴基斯坦，印度，菲律宾，印度尼西亚。

金粗秘夜蛾 *Mythimna intertexta* (Chang, 1991)

分布：云南（保山、德宏），台湾；印度，尼泊尔，泰国，印度尼西亚。

缅秘夜蛾 *Mythimna kamaitiana* Berio, 1973

分布：云南（保山）；尼泊尔，缅甸，越南。

疏秘夜蛾 *Mythimna laxa* Hreblay & Yoshimatsu, 1996

分布：云南（保山），西藏；印度，越南，泰国，尼泊尔。

勒秘夜蛾 *Mythimna legraini* (Plante, 1992)

分布：云南（保山）；印度，越南，泰国。

线秘夜蛾 *Mythimna lineatipes* (Moore, 1881)

分布：云南（德宏），西藏，贵州，湖北，湖南，青海；印度，尼泊尔，巴基斯坦，韩国，日本。

浸秘夜蛾 *Mythimna manopi* Hreblay, 1998

分布：云南（保山），贵州；尼泊尔，泰国。

间秘夜蛾 *Mythimna mesotrosta* (Püngeler, 1900)

分布：云南（迪庆），西藏，四川，青海，甘肃，陕西。

温秘夜蛾 *Mythimna modesta* (Moore, 1881)

分布：云南（保山），浙江；印度，尼泊尔，缅甸。

慕秘夜蛾 *Mythimna moorei* (Swinhoe, 1902)

分布：云南（普洱、德宏），湖南，福建，台湾；印度，巴基斯坦，尼泊尔，孟加拉国，泰国，老挝，越南，菲律宾，马来西亚，印度尼西亚，澳大利亚。

莫秘夜蛾 *Mythimna moriutii* Yoshimatsu & Hreblay, 1996

分布：云南（普洱、德宏），贵州；泰国。

瑙秘夜蛾 *Mythimna naumanni* Yoshimatsu & Hreblay, 1998

分布：云南（丽江）。

虚秘夜蛾 *Mythimna nepos* (Leech, 1900)

分布：云南（普洱、临沧、德宏），广西，浙江；尼泊尔，泰国，缅甸，越南，印度尼西亚。

黑纹秘夜蛾 *Mythimna nigrilinea* (Leech, 1889)

分布：云南（保山、临沧、德宏），贵州，广西，湖南；日本，韩国，巴基斯坦，印度，斯里兰卡，尼泊尔，老挝，菲律宾，印度尼西亚，澳大利亚。

晦秘夜蛾 *Mythimna obscura* (Moore, 1882)

分布：云南（普洱、临沧、德宏、西双版纳），西藏，贵州，四川；巴基斯坦，印度，尼泊尔，泰国，印度尼西亚，巴布亚新几内亚。

帕秘夜蛾 *Mythimna pakdala* (Calora, 1966)

分布：云南；菲律宾，印度尼西亚，巴布亚新几内亚。

白缘秘夜蛾 *Mythimna pallidicosta* (Hampson, 1894)

分布：云南（普洱、西双版纳），四川，陕西，浙江，台湾；日本，印度，斯里兰卡，尼泊尔，马来西亚，印度尼西亚，菲律宾。

贴秘夜蛾 *Mythimna pastea* (Hampson, 1905)

分布：云南（普洱、保山），贵州；印度，尼泊尔，泰国，越南。

柔秘夜蛾 *Mythimna placida* Butler, 1878

分布：云南（保山），四川，江苏，浙江，湖北，湖南，广西，海南；日本，韩国，朝鲜，俄罗斯。

雾秘夜蛾 *Mythimna perirrorata* (Warren, 1913)

分布：云南（普洱、德宏）；印度，尼泊尔，泰国。

白钩秘夜蛾 *Mythimna proxima* (Leech, 1900)

分布：云南（保山、迪庆），四川，西藏，辽宁，北京，河南，山东，河北，宁夏；韩国。

艳秘夜蛾 *Mythimna pulchra* (Snellen, [1886])

分布：云南（普洱、西双版纳），贵州，台湾；泰国，老挝，马来西亚，印度尼西亚，菲律宾。

辐研夜蛾 *Mythimna radiata* (Bremer, 1861)

分布：云南（红河）。

回秘夜蛾 *Mythimna reversa* (Moore, 1884)

分布：云南（普洱、德宏、西双版纳），广西，广东，福建；印度，缅甸，尼泊尔，斯里兰卡，泰国，老挝，越南，马来西亚，印度尼西亚，巴布亚新几内亚，菲律宾，所罗门群岛。

红秘夜蛾 *Mythimna rubida* Hreblay, Legrain & Yoshimatsu, 1996

分布：云南，西藏，四川，青海；印度，缅甸，尼泊尔。

雏秘夜蛾 *Mythimna rudis* (Moore, 1888)

分布：云南（保山）；印度，斯里兰卡，尼泊尔。

分秘夜蛾 *Mythimna separata* (Walker, 1865)

分布：除新疆外全国广布；日本，朝鲜半岛，俄罗斯，阿富汗，巴基斯坦，印度，斯里兰卡，尼泊尔，泰国，老挝，越南，马来西亚，印度尼西亚，菲律宾，巴布亚新几内亚，斐济，澳大利亚，新西兰。

黄焰秘夜蛾 *Mythimna siamensis* Hreblay, 1998

分布：云南（保山），贵州；泰国，越南。

符文秘夜蛾 *Mythimna sigma* (Draudt, 1950)

分布：云南，陕西。

类线秘夜蛾 *Mythimna simmilissima* Hreblay & Yoshimatsu, 1996

分布：云南（普洱、保山），贵州；尼泊尔，印度，泰国，印度尼西亚。

单秘夜蛾 *Mythimna simplex* (Leech, 1889)

分布：云南（普洱、德宏、西双版纳），贵州，湖北，江西，广东，台湾；日本，俄罗斯，印度，泰国，印度尼西亚。

中华秘夜蛾 *Mythimna sinensis* Hampson, 1909

分布：云南（迪庆）。

曲秘夜蛾 *Mythimna sinuosa* (Moore, 1882)

分布：云南（保山），四川，浙江，福建，广东，台湾；巴基斯坦，印度，尼泊尔，越南。

斯秘夜蛾 *Mythimna snelleni* Hreblay, 1996

分布：云南（普洱），浙江，湖南，广东，台湾；日本，巴基斯坦，印度，尼泊尔，泰国，印度尼西亚。

丽秘夜蛾 *Mythimna speciosa* (Yoshimatsu, 1991)

分布：云南（保山），西藏；印度，尼泊尔，泰国。

顿秘夜蛾 *Mythimna stolida* (Leech, 1882)

分布：云南（普洱），重庆，贵州，北京，上海，浙江，福建，广东，台湾；俄罗斯，韩国，日本，印度尼西亚，澳大利亚。

弧线秘夜蛾 *Mythimna striatella* (Draudt, 1950)

分布：云南（丽江），四川。

禽秘夜蛾 *Mythimna tangala* (Felder & Rogenhorfer, 1874)

分布：云南，福建，广东，台湾；斯里兰卡，印度，越南。

格秘夜蛾 *Mythimna tessellum* (Draudt, 1950)

分布：云南（丽江）。

泰秘夜蛾 *Mythimna thailandica* Hreblay, 1998

分布：云南（西双版纳）；泰国。

棕点秘夜蛾 *Mythimna transversata* (Draudt, 1950)

分布：云南（丽江、保山），西藏。

锥秘夜蛾 *Mythimna tricorna* Hreblay, Legrain & Yoshimatsu, 1998

分布：云南（普洱）；印度，泰国，缅甸，越南，菲律宾，印度尼西亚。

戟秘夜蛾 *Mythimna tricuspis* (Draudt, 1950)

分布：云南（丽江）。

秘夜蛾 *Mythimna turca* (Linnaeus, 1761)

分布：云南（昆明、昭通），四川，黑龙江，陕西，浙江，江西，湖北，湖南；俄罗斯，日本，欧洲。

波秘夜蛾 *Mythimna undina* (Draudt, 1950)

分布：云南，湖北，湖南，浙江；尼泊尔，泰国。

滇秘夜蛾 *Mythimna yuennana* (Draudt, 1950)

分布：云南，西藏，四川，青海，浙江。

孔雀夜蛾属 *Nacna* Fletcher, 1961

绿孔雀夜蛾 *Nacna malachites* Oberthür, 1881

分布：云南（保山、大理、红河），四川，黑龙江，辽宁，山西，河南；日本，印度。

色孔雀夜蛾 *Nacna prasinaria* Walker, 1865

分布：云南（保山、大理、临沧、德宏、西双版纳），四川；印度。

螟蛉夜蛾属 *Naranga* Moore, 1881

稻螟蛉夜蛾 *Naranga aenescens* Moore, 1881

分布：云南，河北，陕西，江苏，江西，湖南，广西，台湾，福建；日本，朝鲜，缅甸，印度尼西亚。

络夜蛾属 *Neurois* Hampson, 1903

络夜蛾 *Neurois nigroviridis* Walker, 1865

分布：云南（保山、昆明、大理），四川，西藏；印度。

尼夜蛾属 *Niaboma* Nye, 1975

尼夜蛾 *Niaboma xena* Staudinger, 1896

分布：云南（迪庆），西藏，青海。

乏夜蛾属 *Niphonyx* Sugi, 1982

乏夜蛾 *Niphonyx segregata* (Butler, 1878)

分布：云南，黑龙江，河北，河南，福建；日本，朝鲜。

狼夜蛾属 *Ochropleura* Hübner, 1821

红棕狼夜蛾 *Ochropleura ellapsa* Corti, 1927

分布：云南（保山、大理、迪庆），四川，河南。

土狼夜蛾 *Ochropleura geochroides* **Boursin, 1963**
分布：云南（怒江），甘肃，青海。

斜纹狼夜蛾 *Ochropleura obliqua* (**Corti & Draudt, 1933**)
分布：云南，四川。

狼夜蛾 *Ochropleura plecta* (**Linnaeus, 1761**)
分布：云南（大理），西藏，黑龙江，青海，新疆；日本，朝鲜，印度，斯里兰卡，欧洲，北美洲。

夕狼夜蛾 *Ochropleura refulgens* (**Warren, 1909**)
分布：云南（迪庆），西藏，四川，河北，甘肃，陕西，浙江；印度，克什米尔地区。

基角狼夜蛾 *Ochropleura triangularis* **Moore, 1867**
分布：云南，西藏，四川，甘肃；日本，印度，克什米尔地区。

矢夜蛾属 *Odontestra* **Hampson, 1905**

矢夜蛾 *Odontestra atuntseana* **Draudt, 1950**
分布：云南。

白矢夜蛾 *Odontestra potanini* (**Alphéraky, 1895**)
分布：云南（丽江、迪庆、怒江），四川；印度。

雍夜蛾属 *Oederemia* **Hampson, 1908**

白点雍夜蛾 *Oederemia esox* **Draudt, 1950**
分布：云南，陕西，江苏，浙江，湖南。

小雍夜蛾 *Oederemia nanata* **Draudt, 1950**
分布：云南，福建。

禾夜蛾属 *Oligia* **Hübner, 1821**

克禾夜蛾 *Oligia khasiana* (**Hampson, 1894**)
分布：云南，陕西，江苏，浙江；不丹，印度。

竹笋禾夜蛾 *Oligia vulgaris* (**Butler, 1886**)
分布：云南（大理），江苏，浙江，湖北，湖南，福建，江西；日本。

霉裙剑夜蛾属 *Olivenebula* **Kishida & Yoshimoto, 1977**

霉裙剑夜蛾 *Olivenebula oberthuri* (**Staudinger, 1892**)
分布：云南（昭通），四川，黑龙江，陕西，河南，湖北；朝鲜。

激夜蛾属 *Oroplexia* **Hampson, 1852**

双激夜蛾 *Oroplexia euplexina* (**Draudt, 1950**)
分布：云南，西藏。

折线激夜蛾 *Oroplexia retrahens* (**Walker, 1857**)
分布：云南（丽江、迪庆），西藏；印度，斯里兰卡，克什米尔地区。

胖夜蛾属 *Orthogonia* **Felder, 1863**

白斑胖夜蛾 *Orthogonia canimacula* **Warren, 1911**
分布：云南（昆明），四川，浙江。

胖夜蛾 *Orthogonia sera* **Feider & Felder, 1862**
分布：云南（丽江），四川，浙江，江西；日本。

巧夜蛾属 *Oruza* **Walker, 1861**

漾巧夜蛾 *Oruza vacillans* **Walker, 1862**
分布：云南（西双版纳）；缅甸，印度，斯里兰卡，新加坡，印度尼西亚。

银钩夜蛾属 *Panchrysia* **Hübner, [1821]**

艳银钩夜蛾 *Panchrysia ornata* (**Bremer, 1864**)
分布：云南（大理、德宏），黑龙江，青海，新疆；蒙古国。

西藏银钩夜蛾 *Panchrysia tibetensis* **Chou & Lu, 1982**
分布：云南（昆明），西藏。

小眼夜蛾属 *Panolis* **Hübner, 1821**

东小眼夜蛾 *Panolis exquisita* **Draudt, 1950**
分布：云南（昭通），浙江，福建。

波小眼夜蛾 *Panolis pinicortex* **Draudt, 1950**
分布：云南（昆明、丽江），湖南。

寻甸小眼夜蛾 *Panolis xundian* **An, Owada, Wang & Wang, 2019**
分布：云南（昆明、丽江）。

毛夜蛾属 *Panthea* **Hübner, 1820**

盗毛夜蛾 *Panthea honei* **Draudt, 1950**
分布：云南（丽江）。

罗氏毛夜蛾 *Panthea roberti* **de Joannis, 1928**
分布：云南（丽江），西藏，四川；越南，泰国。

Pantheaforma **Behounek, Han & Kononenko, 2015**

Pantheaforma ihlei **Behounek, Han & Kononenko, 2015**
分布：云南（红河、保山、普洱、迪庆）；缅甸，泰国。

Pardoxia **Vives-Moreno & González-Prada, 1981**

焦条黄夜蛾 *Pardoxia graellsii* (**Feisthamel, 1837**)
分布：云南（大理），湖北，福建，台湾，广东；日本，印度，缅甸，欧洲，非洲。

径夜蛾属 *Pareuplexia* Warren, 1911

铅色径夜蛾 *Pareuplexia chalybeata* Moore, 1867
分布：云南（保山、丽江），四川，西藏；印度，孟加拉国。

暗径夜蛾 *Pareuplexia erythriris* Hampson, 1908
分布：云南（丽江），西藏，山东；印度。

疆夜蛾属 *Peridroma* Hübner, 1821

疆夜蛾 *Peridroma saucia* (Hübner, 1827)
分布：云南（昆明、文山、大理、迪庆、保山、怒江），西藏，四川，甘肃，宁夏；亚洲西部，欧洲，非洲，美洲。

星夜蛾属 *Perigea* Guenée, 1852

楚星夜蛾 *Perigea dolorosa* Walker, 1858
分布：云南（保山、红河、大理），江西，广东；印度，斯里兰卡，菲律宾，斐济。

肾星夜蛾 *Perigea leucospila* Walker, 1865
分布：云南（红河）；印度。

晕星夜蛾 *Perigea magna* (Hampson, 1894)
分布：云南（普洱、保山、红河），西藏；不丹，印度。

云星夜蛾 *Perigea polimera* Hampson, 1908
分布：云南（保山、德宏、西双版纳），四川，湖北，广东；印度。

暗端星夜蛾 *Perigea rectivitta* (Moore, 1881)
分布：云南（普洱、保山），海南；印度，不丹。

三圈星夜蛾 *Perigea tricycla* Guenée, 1852
分布：云南（保山），四川；印度，孟加拉国。

罕夜蛾属 *Perissandria* Warren, 1909

甲罕夜蛾 *Perissandria adornata* (Corti & Draudt, 1933)
分布：云南，四川，西藏。

罕夜蛾 *Perissandria argillacea* (Alphéraky, 1892)
分布：云南（丽江），西藏，四川，青海。

点罕夜蛾 *Perissandria diopsis* Boursin, 1963
分布：云南（迪庆），四川，西藏。

小罕夜蛾指名亚种 *Perissandria dizyx dizyx* (Püngeler, 1906)
分布：云南（迪庆），四川，西藏，青海，山西，湖北，浙江。

衫夜蛾属 *Phlogophora* Treitschke, 1825

白斑锦夜蛾 *Phlogophora albovittata* Moore, 1867
分布：云南（保山、曲靖、普洱、大理），四川，浙江，湖南，福建，海南；俄罗斯，日本，印度，欧洲，美洲。

昌衫夜蛾 *Phlogophora beata* (Draudt, 1950)
分布：云南。

布氏衫夜蛾 *Phlogophora butvili* Gyulai & Saldaitis, 2019
分布：云南（怒江）。

竺衫夜蛾 *Phlogophora costalis* Moore, 1882
分布：云南（保山、红河）；印度。

黑缘衫夜蛾 *Phlogophora fuscomarginata* Leech, 1900
分布：云南（丽江），四川。

鼠褐衫夜蛾 *Phlogophora meticulodina* (Draudt, 1950)
分布：云南（丽江），西藏。

紫褐衫夜蛾 *Phlogophora subpurpurea* Leech, 1900
分布：云南（丽江），四川，西藏，陕西，甘肃；印度。

夕夜蛾属 *Plagideicta* Warren, 1914

斑夕夜蛾 *Plagideicta leprosa* Hampson, 1898
分布：云南（保山），四川；印度。

夕夜蛾 *Plagideicta leprosticta* Hampson, 1907
分布：云南（昭通），广东；斯里兰卡，新加坡，印度尼西亚。

扁金翅夜蛾属 *Platoplusia* Ronkay, Ronkay & Behounek, 2008

Platoplusia florianii Saldaitis & Volynkin, 2023
分布：云南（迪庆）。

平夜蛾属 *Platyprosopa* Warren, 1913

平夜蛾 *Platyprosopa nigrostrigata* (Bethune-Baker, 1906)
分布：云南；巴布亚新几内亚。

闪金夜蛾属 *Plusidia* Butler, 1879

皇后闪金夜蛾 *Plusidia imperatrix* Draudt, 1950
分布：云南（大理），陕西。

灰夜蛾属 *Polia* Ochsenheimer, 1816

白环灰夜蛾 *Polia albomixta* Draudt, 1950
分布：云南，甘肃。

市灰夜蛾 *Polia atrax* Draudt, 1950
分布：云南，西藏。

黄灰夜蛾 *Polia confusa* (Leech, 1900)
分布：云南，四川，西藏。

冷灰夜蛾 *Polia ferrisparsa* (Hampson, 1895)
分布：云南，四川，西藏。

Polia ignorata (Hreblay, 1996)

分布：云南，四川，甘肃。

冥灰夜蛾 **Polia mortua (Staudinger, 1888)**

分布：云南（迪庆、丽江、保山），四川，西藏，贵州，黑龙江，内蒙古，甘肃；印度。

绿灰夜蛾 **Polia scotochlora Kollar, 1844**

分布：云南（迪庆），四川，西藏；克什米尔地区，印度。

Polia subviolacea subviolacea (Leech, 1900)

分布：云南，四川。

云灰夜蛾 **Polia yuennana Draudt, 1950**

分布：云南，四川。

印铜夜蛾属 **Polychrysia** Hübner, [1821]

印铜夜蛾 **Polychrysia esmeralda (Oberthür, 1880)**

分布：云南，四川，吉林，辽宁，内蒙古，河北，青海；韩国，俄罗斯，北美洲。

亚闪金夜蛾 **Polychrysia imperatrix (Draudt, 1950)**

分布：云南，黑龙江，青海，甘肃，陕西；不丹，缅甸。

展冬夜蛾属 **Polymixis** Hübner, 1820

砖褐展冬夜蛾 **Polymixis albirena (Boursin, 1944)**

分布：云南（迪庆），四川。

完巨冬夜蛾 **Polymixis draudti (Boursin, 1952)**

分布：云南（迪庆）。

褐毛冬夜蛾 **Polymixis magnirena (Alphéraky, 1892)**

分布：云南（迪庆），西藏，甘肃，青海。

Polymixis quarta Saldaitis, Benedek & Babics, 2015

分布：云南（迪庆），四川。

裙剑夜蛾属 **Polyphaenis** Boisduval, 1840

霉裙剑夜蛾 **Polyphaenis oberthuri Staudinger, 1892**

分布：云南（大理），四川，黑龙江，新疆，陕西，河南，湖北，福建；朝鲜，俄罗斯。

绿影裙剑夜蛾 **Polyphaenis subviridis (Butler, 1878)**

分布：云南（丽江），江苏，浙江，湖北，湖南，江西；日本。

绿鹰冬夜蛾属 **Potnyctycia** Hreblay & Ronkay, 1998

Potnyctycia laerkeae Benedek, Babics & Saldaitis, 2013

分布：云南（大理）。

普夜蛾属 **Prospalta** Walker, 1858

比星普夜蛾 **Prospalta contigua Leech, 1990**

分布：云南（保山），四川，陕西；印度。

肾星普夜蛾 **Prospalta leucospila Walker, 1858**

分布：云南（保山、红河）；印度，马来西亚。

卫星普夜蛾 **Prospalta stellata Moore, 1882**

分布：云南（保山、西双版纳）；印度。

文夜蛾属 **Pseudeustrotia** Warren in Seitz, 1913

内白文夜蛾 **Pseudeustrotia semialba (Hampson, 1894)**

分布：云南（大理），广西；缅甸，印度。

焰夜蛾属 **Pyrrhia** Hübner, 1817

绦焰夜蛾 **Pyrrhia stupenda Draudt, 1950**

分布：云南。

瑞夜蛾属 **Raddea** Alphéraky, 1892

狭环瑞夜蛾 **Raddea carriei Boursin, 1963**

分布：云南，四川，西藏，陕西。

翰瑞夜蛾 **Raddea hoenei Boursin, 1963**

分布：云南（丽江、迪庆），四川，西藏。

莽夜蛾属 **Raphia** Hübner, 1821

鸦莽夜蛾 **Raphia corax Draudt, 1950**

分布：云南，西藏。

锐夜蛾属 **Rhabinogana** Draudt, 1950

锐夜蛾 **Rhabinogana albistriga Draudt, 1950**

分布：云南（迪庆），四川。

长缘夜蛾属 **Rhynchaglaea** Hampson, 1906

Rhynchaglaea discoidea Hreblay, Peregovits & Ronkay, 1999

分布：云南（大理）。

修虎蛾属 **Sarbanissa** Walker, 1865

高山修虎蛾 **Sarbanissa bala (Moore, 1865)**

分布：云南（红河），西藏；印度，尼泊尔，缅甸，泰国。

黄修虎蛾 **Sarbanissa flavida (Leech, 1890)**

分布：云南（红河、昭通、德宏），四川，西藏，湖北，湖南。

Sarbanissa gentilis Kishida Eda & Wang, 2018

分布：云南（怒江）。

黑星修虎蛾 **Sarbanissa insocia Walker, 1865**

分布：云南（迪庆、大理、保山、怒江），西藏；

印度，尼泊尔，泰国。

羽修虎蛾 *Sarbanissa longipennis* **(Walker, 1865)**
分布：云南（怒江、临沧、保山、红河）；印度，孟加拉国，缅甸，泰国，越南。

小修虎蛾 *Sarbanissa mandarina* **(Leech, 1890)**
分布：云南（昆明、昭通、迪庆、文山），四川，湖北。

Sarbanissa pseudassimilis **Wei, Kishida & Wang, 2021**
分布：云南（怒江）。

酥修虎蛾 *Sarbanissa subalda* **Leech, 1890**
分布：云南（文山、德宏）。

白云修虎蛾 *Sarbanissa transiens* **(Walker, 1855)**
分布：云南（怒江、德宏、普洱），湖南，广西，广东；印度，尼泊尔，越南，缅甸，马来西亚，印度尼西亚。

艳修虎蛾 *Sarbanissa venusta* **(Leech, [1889])**
分布：云南（迪庆），四川，江苏，湖北，浙江，湖南；朝鲜。

云南艳修虎蛾 *Sarbanissa yunnana* **(Mell, 1936)**
分布：云南（迪庆）。

幻夜蛾属 *Sasunaga* **Moore, 1881**

纹幻夜蛾 *Sasunaga basiplaga* **Warren, 1912**
分布：云南（保山）、西藏；印度、巴布亚新几内亚。

幻夜蛾 *Sasunaga tenebrosa* **(Moore, 1867)**
分布：云南，广西，湖南，福建，广东，海南；印度，斯里兰卡，新加坡，大洋洲。

黑银纹夜蛾属 *Sclerogenia* **Ichinose, 1973**

黑银纹夜蛾 *Sclerogenia jessica* **(Butler, 1878)**
分布：云南（昆明），四川，西藏，山东，陕西，湖北，浙江，江西，广东；印度，日本，韩国。

钞夜蛾属 *Scriptoplusia* **Ronkay, 1987**

河口弧翅夜蛾 *Scriptoplusia nigriluna* **(Walker, [1858])**
分布：云南（红河）。

豪虎蛾属 *Scrobigera* **Jordan, 1909**

白边豪虎蛾 *Scrobigera albomarginata* **(Moore, 1872)**
分布：云南（西双版纳）；印度，缅甸，老挝。

豪虎蛾 *Scrobigera amatrix* **(Westwood, 1890)**
分布：云南（文山）。

神豪虎蛾 *Scrobigera vulcania* **(Butler, 1875)**
分布：云南（红河）；缅甸。

蛀茎夜蛾属 *Sesamia* **Guenée, 1852**

蔗蛀茎夜蛾 *Sesamia uniformis* **(Dudgeon, 1905)**
分布：云南；印度。

寡夜蛾属 *Sideridis* **Hübner, 1821**

喉灰夜蛾 *Sideridis rivularis* **Fabricius, 1775**
分布：云南（迪庆），四川，黑龙江，河北，浙江；日本，土耳其，欧洲。

白缘寡夜蛾 *Sideridis turbida* **Esper, 1790**
分布：云南（丽江），四川，陕西，浙江；印度，斯里兰卡。

刀夜蛾属 *Simyra* **Ochsenheimer, 1816**

辉刀夜蛾 *Simyra albovenosa* **(Goeze, 1781)**
分布：云南（玉溪），四川，贵州，新疆；欧洲。

扇夜蛾属 *Sineugraphe* **Boursin, 1948**

夹扇夜蛾 *Sineugraphe rhytidoprocta* **Boursin, 1954**
分布：云南（丽江），四川，浙江。

暗扇夜蛾 *Sineugraphe scotina* **Chen, 1986**
分布：云南（迪庆）。

后扇夜蛾 *Sineugraphe stolidoprocta* **Boursin, 1954**
分布：云南（迪庆、丽江），陕西，甘肃，浙江。

昭夜蛾属 *Sinognorisma* **Varga & Ronkay, 1987**

沟纹昭夜蛾 *Sinognorisma gothica* **Boursin, 1954**
分布：云南（丽江、怒江），四川。

睨夜蛾属 *Smilepholcia* **Prout, 1924**

睨夜蛾 *Smilepholcia luteifascia* **Hampson, 1894**
分布：云南（保山、红河），河南；印度。

明夜蛾属 *Sphragifera* **Staudinger, 1892**

斑明夜蛾 *Sphragifera maculata* **Hampson, 1894**
分布：云南（保山），四川；缅甸。

丹日明夜蛾 *Sphragifera sigillata* **Ménétriés, 1859**
分布：云南（保山、怒江、文山），四川，黑龙江，辽宁，河南，陕西，浙江，福建；俄罗斯，日本，朝鲜。

灰翅夜蛾属 *Spodoptera* **Guenée, 1852**

甜菜夜蛾 *Spodoptera exigua* **(Hübner, 1808)**
分布：云南，华北，华东，华中，华南；日本，印度，缅甸，亚洲西部，大洋洲，欧洲，非洲。

草地贪夜蛾 *Spodoptera frugiperda* Smith, 1797

分布：云南（外来入侵物种），广东；美洲。

棉灰翅夜蛾 *Spodoptera littoralis* (Boisduval, 1833)

分布：云南（丽江、保山、临沧、德宏），江苏，浙江，湖南，广东；日本，中东，非洲及亚洲的热带、亚热带地区。

斜纹夜蛾 *Spodoptera litura* Fabricius, 1775

分布：云南（保山、临沧、德宏、丽江）；非洲，亚洲。

灰翅夜蛾 *Spodoptera mauritia* (Boisduval, 1833)

分布：云南（昆明、大理、德宏），山东，江苏，浙江，湖南，广西，福建，广东，海南；印度，缅甸，泰国，马来西亚，大洋洲，非洲。

兰纹夜蛾属 *Stenoloba* Staudinger, 1892

Stenoloba acontioides Han & Kononenko, 2018

分布：云南（普洱）。

尖瓣兰纹夜蛾 *Stenoloba acutivalva* Han & Kononenko, 2009

分布：云南（普洱），广西。

Stenoloba albipicta Kononenko & Ronkay, 2001

分布：云南。

白条兰纹夜蛾 *Stenoloba albistriata* Kononenko & Ronkay, 2000

分布：云南（保山）。

非匀兰纹夜蛾 *Stenoloba asymmetrica* Han & Kononenko, 2018

分布：云南。

褐兰纹夜蛾 *Stenoloba brunneola* (Draudt, 1950)

分布：云南。

棕兰纹夜蛾 *Stenoloba brunnescens* Kononenko & Ronkay, 2000

分布：云南（普洱），越南。

交兰纹夜蛾 *Stenoloba confusa* (Leech, 1889)

分布：云南，四川，浙江，湖南，广西，福建；日本。

巾兰纹夜蛾 *Stenoloba cucullata* Han & Kononenko, 2018

分布：云南（普洱）。

高黎贡兰纹夜蛾 *Stenoloba gaoligonga* Han & Kononenko, 2018

分布：云南（保山），西藏。

灰兰纹夜蛾 *Stenoloba glaucescens* (Hampson, 1894)

分布：云南（保山），西藏。

草兰纹夜蛾 *Stenoloba herbacea* Saldaitis & Volynkin, 2020

分布：云南（怒江）。

华西兰纹夜蛾 *Stenoloba huanxipoa* Han & Kononenko, 2018

分布：云南（保山），西藏；印度。

简兰纹夜蛾 *Stenoloba jankowskii* (Oberthir, 1884)

分布：云南（楚雄、丽江、迪庆、大理、怒江），四川，黑龙江，浙江；日本，俄罗斯。

李兰纹夜蛾 *Stenoloba likianga* Kononenko & Ronkay, 2000

分布：云南。

马内拉兰纹夜蛾 *Stenoloba marinela* Han, Kononenko & Behounek, 2011

分布：云南。

墨脱兰纹夜蛾 *Stenoloba motuoensis* Han & Lu, 2007

分布：云南（临沧），福建；越南。

青兰纹夜蛾 *Stenoloba nora* Kononenko & Ronkay, 2001

分布：云南（临沧），福建。

赭兰纹夜蛾 *Stenoloba ochraceola* Han & Kononenko, 2018

分布：云南（保山）。

Stenoloba plumbeobrunnea Han & Kononenko, 2018

分布：云南（保山）。

铅兰纹夜蛾 *Stenoloba plumbeoculata* Pekarsky, Dvořák & G. Ronkay, 2013

分布：云南（临沧），四川，广东。

Stenoloba plumbeoviridis Han & Kononenko, 2018

分布：云南（保山）。

铅棕兰纹夜蛾 *Stenoloba pontezi* Saldaitis & Volynkin, 2020

分布：云南（怒江）。

暗兰纹夜蛾 *Stenoloba pulla* Ronkay, 2001

分布：云南（保山）；越南。

直线兰纹夜蛾 *Stenoloba rectilinea* Yoshimoto, 1992

分布：云南（普洱）；尼泊尔。

直链兰纹夜蛾 *Stenoloba rectilinoides* Han & Kononenko, 2018

分布：云南（普洱）。

白葡萄兰纹夜蛾 *Stenoloba solaris* Pekarsky & Saldaitis, 2013

分布：云南（丽江、迪庆）。

绿基兰纹夜蛾 *Stenoloba uncata* Han & Kononenko, 2018

分布：云南（德宏）。

Stenoloba viridibasis Han & Kononenko, 2009

分布：云南。

云兰纹夜蛾 *Stenoloba yunley* Han & Kononenko, 2009

分布：云南。

金粉斑夜蛾属 *Stigmoctenoplusia* Behounek, Ronkay & Ronkay, 2010

金粉斑夜蛾 *Stigmoctenoplusia aeneofusa* (Hampson, 1894)

分布：云南（西双版纳），四川，江西，福建，海南；印度，不丹。

窄弧夜蛾属 *Strotihypera* Kononenko & Han, 2011

Strotihypera macroplaga (Hampson, 1898)

分布：云南（昆明、普洱、保山、楚雄、西双版纳）。

羽窄弧夜蛾 *Strotihypera plumbeotincta* Han & Kononenko, 2015

分布：云南（保山）。

浅赭窄弧夜蛾 *Strotihypera semiochrea* (Hampson, 1898)

分布：云南（普洱、临沧、保山、西双版纳），贵州。

梦夜蛾属 *Subleuconycta* Kozhantschikov, 1950

梦夜蛾 *Subleuconycta palshkovi* (Filipjev, 1937)

分布：云南，黑龙江，河北，江苏，浙江，湖南，江西；日本，俄罗斯。

卷绮夜蛾属 *Swinhoea* Hampson, 1894

甘薯卷绮夜蛾 *Swinhoea vegeta* (Swinhoe, 1885)

分布：云南（大理），贵州，广西，福建，广东，海南；印度，缅甸，斯里兰卡。

司冬夜蛾属 *Sydiva* Moore, 1882

丽司冬夜蛾 *Sydiva versicolora* Moore, 1882

分布：云南。

集冬夜蛾属 *Sympistis* Hübner, [1823]

白毛集冬夜蛾 *Sympistis daishi* (Alphéraky, 1892)

分布：云南（迪庆），四川。

踏夜蛾属 *Tambana* Moore, 1882

Tambana glauca (Hampson, 1898)

分布：云南（西双版纳）；越南，印度，缅甸，泰国。

难鉴踏夜蛾 *Tambana indeterminata* Behounk, Han & Kononenko, 2015

分布：云南（红河流域），西藏；印度，泰国。

劳拉踏夜蛾 *Tambana laura* Behounk, Han & Kononenko, 2015

分布：云南（普洱、大理），四川；缅甸。

湄公踏夜蛾 *Tambana mekonga* Behounk, Han & Kononenko, 2015

分布：云南（红河流域），四川。

内白斑踏夜蛾 *Tambana similina* Kononenko, 2004

分布：云南（丽江、迪庆），四川，重庆。

黄踏夜蛾 *Tambana subflava* (Wileman, 1911)

分布：云南（红河），四川，陕西，江西，广东，台湾；印度，越南，泰国，尼泊尔。

曲翼冬夜蛾属 *Teratoglaea* Sugi, 1958

曲翼冬夜蛾 *Teratoglaea pacifica* Sugi 1958

分布：云南（大理），黑龙江；日本。

纶夜蛾属 *Thalatha* Walker, 1862

纶夜蛾 *Thalatha sinens* (Walker, 1857)

分布：云南，四川，福建；印度，缅甸。

金杂翅夜蛾属 *Thysanoplusia* Ichinose, 1973

中金翅夜蛾 *Thysanoplusia intermixta* (Warren, 1913)

分布：云南，西藏，四川，贵州，吉林，陕西，河南，湖北，浙江，广西，福建，广东，台湾；印度，尼泊尔，不丹，俄罗斯，日本，朝鲜，英国。

长纹金杂翅夜蛾 *Thysanoplusia lectula* (Walker, 1858)

分布：云南（保山、西双版纳），广东；印度，日本。

拟中金翅夜蛾 *Thysanoplusia orichalcea* (Fabricius, 1775)

分布：云南（昆明、大理、西双版纳），西藏，四川，贵州，陕西，广东；印度，伊朗，非洲，欧洲。

网纹夜蛾 *Thysanoplusia reticulata* (Moore, 1882)

分布：云南（保山、红河），广东，广西，海南；印度。

秋冬夜蛾属 *Tiliacea* Tutt, 1896

安秋冬夜蛾 *Tiliacea annamaria* Benedek & Babics, 2016

分布：云南（迪庆）。

橙秋冬夜蛾 *Tiliacea aurantiago* (Draudt, 1950)

分布：云南（丽江），四川，陕西。

日本秋冬夜蛾丽江亚种 *Tiliacea japonago likianago* (Draudt, 1950)

分布：云南（丽江），四川。

掌夜蛾属 *Tiracola* Moore, 1881

掌夜蛾 *Tiracola plagiata* (Walker, 1857)

分布：云南（昆明、普洱、大理、临沧、保山、文山、红河、西双版纳），四川，浙江，湖南，台湾；印度，斯里兰卡，印度尼西亚，大洋洲，美洲。

陌夜蛾属 *Trachea* Ochsenheimer, 1816

白肾陌夜蛾 *Trachea albidisca* Moore, 1867

分布：云南（保山、大理、丽江），四川；印度。

亚陌夜蛾 *Trachea askoldis* Oberthür, 1880

分布：云南（保山），四川，黑龙江，新疆，湖北；俄罗斯，日本，印度。

黄尘陌夜蛾 *Trachea aurigera* (Walker, 1858)

分布：云南（大理），西藏；印度。

白斑陌夜蛾 *Trachea auriplena* Walker, 1857

分布：云南（保山、大理、文山），四川，浙江，江西，湖北，湖南，福建；朝鲜，日本，印度，斯里兰卡。

矛陌夜蛾 *Trachea hastata* (Moore, 1882)

分布：云南，陕西；印度。

文陌夜蛾 *Trachea literata* Moore, 1881

分布：云南（保山、丽江），四川；印度。

黑点陌夜蛾 *Trachea melanospila* Kollar, [1844]

分布：云南（迪庆、丽江、大理），四川，黑龙江，河北，湖北；俄罗斯，印度。

白点陌夜蛾 *Trachea microspila* Hampson, 1908

分布：云南（丽江），西藏，四川，青海；印度。

星陌夜蛾 *Trachea stellifera* Moore, 1882

分布：云南（保山），四川；印度。

纷陌夜蛾 *Trachea tokiensis* (Butler, 1881)

分布：云南，青海，海南。

遮夜蛾属 *Trichestra* Hampson, 1905

中华遮夜蛾 *Trichestra chinensis* Draudt, 1950

分布：云南（丽江、迪庆），四川，山西。

粉斑夜蛾属 *Trichoplusia* McDunnough, 1944

长纹夜蛾 *Trichoplusia lectula* Chou & Lu, 1979

分布：云南（西双版纳）。

粉斑夜蛾 *Trichoplusia ni* (Hübner, [1803])

分布：云南（保山、大理），贵州，广西，北京，内蒙古，甘肃，山东，山西，河南，陕西，江苏，浙江，安徽，江西，湖北，广东，台湾；朝鲜，日本，印度，叙利亚，美洲，非洲，欧洲。

耻冬夜蛾属 *Trichoridia* Hampson, 1906

锯耻冬夜蛾 *Trichoridia dentata* (Hampson, 1894)

分布：云南（迪庆、怒江），四川，西藏；不丹。

黄耻冬夜蛾 *Trichoridia flavicans* Draudt, 1950

分布：云南。

汉耻冬夜蛾 *Trichoridia hampsoni* (Leech, 1900)

分布：云南，西藏。

黑耻冬夜蛾 *Trichoridia leuconephra* Draudt, 1950

分布：云南。

Trichoridia rienkdejongi Gaal-Haszle, Lödl, Ronkay & Ronkay, 2022

分布：云南。

镶夜蛾属 *Trichosea* Grote, 1875

镶夜蛾 *Trichosea champa* Moore, 1879

分布：云南（保山、丽江），黑龙江，河南，陕西，湖北，湖南，福建；日本，印度，俄罗斯，叙利亚，非洲，欧洲，美洲。

阴镶夜蛾 *Trichosea funebris* Berio, 1973

分布：云南（保山）；缅甸。

后夜蛾属 *Trisuloides* Butler, 1881

洁后夜蛾 *Trisuloides bella* Mell, 1935

分布：云南（高黎贡山），浙江，湖南。

淡色后夜蛾 *Trisuloides catocalina* Moore, 1883

分布：云南（保山、临沧、红河、西双版纳）；印度，印度尼西亚。

污后夜蛾 *Trisuloides contaminata* Draudt, 1937

分布：云南，陕西，山东，浙江，湖南。

角后夜蛾 *Trisuloides cornelia* Staudinger, 1888

分布：云南（保山、临沧、丽江、西双版纳），黑龙江，辽宁；俄罗斯。

后夜蛾 *Trisuloides sericea* Butler, 1881

分布：云南（昆明、楚雄、文山、保山、丽江），广西，湖北，福建；印度。

黄后夜蛾 *Trisuloides subfava* Wileman, 1911

分布：云南（保山、昭通），四川，台湾。

异后夜蛾 *Trisuloides variegata* Moore, 1879

分布：云南（保山），西藏；印度。

张后夜蛾 *Trisuloides zhangi* Chen, 1994
分布：云南（保山），四川。

泰夜蛾属 *Tycracona* Moore, 1882

泰夜蛾 *Tycracona obliqua* Moore, 1882
分布：云南（保山、红河），海南；不丹，印度。

鹰冬夜蛾属 *Valeria* Stephens, 1829

刚鹰冬夜蛾 *Valeria muscosula* Draudt, 1950
分布：云南。

准鹰冬夜蛾属 *Valeriodes* Warren, 1913

高准鹰冬夜蛾 *Valeriodes heterocampa* (Moore, 1882)
分布：云南（丽江），四川，西藏；印度。

青准鹰冬夜蛾 *Valeriodes icamba* (Swinhoe, 1893)
分布：云南（丽江），四川，西藏；印度。

Victrix Staudinger, 1879

Victrix acronictoides Han & Kononenko, 2017
分布：云南（保山）。

Victrix bryophiloides Draudt, 1950
分布：云南。

Victrix nanata (Draudt, 1950)
分布：云南。

Victrix superior (Draudt, 1950)
分布：云南（丽江）。

美冬夜蛾属 *Xanthia* Ochsenheimer, 1816

云美冬夜蛾 *Xanthia yunnana* Chen, 1999
分布：云南（大理）。

角后夜蛾属 *Xanthomantis* Warren, 1909

污角后夜蛾 *Xanthomantis contaminata* (Draudt, 1937)
分布：云南（大理），四川，陕西；俄罗斯，朝鲜。

路夜蛾属 *Xenotrachea* Sugi, 1958

路夜蛾 *Xenotrachea albidisca* (Moore, 1867)
分布：云南，四川，广西，海南；印度。

秦路夜蛾 *Xenotrachea tsinlinga* (Draudt, 1950)
分布：云南（丽江），陕西。

鲁夜蛾属 *Xestia* Hübner, 1818

丑鲁夜蛾 *Xestia bdelygma* (Boursin, 1963)
分布：云南（丽江），西藏，青海。

色鲁夜蛾 *Xestia brunneago* (Staudinger, 1895)
分布：云南（迪庆），青海。

外鲁夜蛾 *Xestia bryocharis* (Boursin, 1963)
分布：云南（迪庆、丽江、怒江），四川，西藏。

八字地老虎 *Xestia c-nigrum* Linnaeus, 1758
分布：全国广布；日本，朝鲜，俄罗斯，美洲，欧洲，亚洲中部和北部。

贫鲁夜蛾 *Xestia destituta* (Leech, 1900)
分布：云南，四川。

内灰鲁夜蛾 *Xestia diagrapha* (Boursin, 1963)
分布：云南（迪庆、丽江），四川，西藏，陕西。

展鲁夜蛾 *Xestia effundens* Corti, 1927
分布：云南（丽江），四川。

淡黄鲁夜蛾 *Xestia flavicans* (Chen, 1988)
分布：云南（怒江）。

褐纹鲁夜蛾 *Xestia fuscostigma* (Bremer, 1861)
分布：云南（迪庆），黑龙江；日本。

连鲁夜蛾 *Xestia junctura* (Moore, 1881)
分布：云南（文山），西藏。

盗鲁夜蛾 *Xestia hoenei* (Boursin, 1962)
分布：云南，四川，山西，江西，黑龙江。

大三角鲁夜蛾 *Xestia kollari* (Lederer, 1853)
分布：云南（大理、丽江），黑龙江，新疆，湖南，江西，内蒙古，河北。

Xestia lanceolata Gyulai, 2018
分布：云南（迪庆）。

镶边鲁夜蛾 *Xestia mandarina* (Leech, 1900)
分布：云南（迪庆、丽江），西藏。

霉鲁夜蛾 *Xestia olivascens* (Hampson, 1894)
分布：云南。

左鲁夜蛾 *Xestia pachyceras* (Boursin, 1963)
分布：云南（丽江）。

袭鲁夜蛾 *Xestia patricia* (Staudinger, 1895)
分布：云南（迪庆、丽江），西藏，青海。

眉斑鲁夜蛾 *Xestia patricioides* (Chen, 1986)
分布：云南（迪庆）。

表鲁夜蛾 *Xestia perornata* (Boursin, 1963)
分布：云南（迪庆），西藏。

效鹰鲁夜蛾 *Xestia pseudaccipiter* (Boursin, 1948)
分布：云南（迪庆），四川，西藏，陕西，山西。

棕肾鲁夜蛾 *Xestia renalis* Moore, 1867
分布：云南（丽江、迪庆、怒江），四川，西藏，湖南。

单鲁夜蛾 *Xestia vidua* Staudinger, 1892
分布：云南（保山），四川，黑龙江，江西。

藏夜蛾属 *Xizanga* Behounek, Han & Kononenko, 2012

***Xizanga mysterica* Behounek, Han & Kononenko, 2012**

分布：云南（红河）。

木冬夜蛾属 *Xylena* Ochsenheimer, 1816

木冬夜蛾 *Xylena exsoleta* (Linnaeus, 1758)

分布：云南；印度，欧洲。

丽木冬夜蛾 *Xylena formosa* (Butler, 1878)

分布：云南（迪庆），江苏；日本。

花夜蛾属 *Yepcalphis* Nye, 1975

花夜蛾 *Yepcalphis dilectissima* (Walker, 1858)

分布：云南（大理），湖南，福建，广东；缅甸，斯里兰卡，新加坡，马来西亚，南太平洋诸岛。

隐纹夜蛾属 *Zonoplusia* Chou & Lu, 1979

隐纹夜蛾 *Zonoplusia ochreata* (Walker, 1865)

分布：云南（保山、普洱、西双版纳），四川，贵州，陕西，湖南，福建，广东，广西，海南；日本，韩国，菲律宾，印度，澳大利亚，欧洲。

裳夜蛾科 Erebidae

Aberrasine Volynkin & Huang, 2019

异美苔蛾 *Aberrasine aberrans* (Butler, 1877)

分布：云南（德宏）。

阿墩美苔蛾 *Aberrasine atuntseensis* (Daniel, 1951)

分布：云南（迪庆）。

阿夜蛾属 *Achaea* Hübner, 1816

飞扬阿夜蛾 *Achaea janata* (Linnaeus, 1758)

分布：云南（保山、红河），山东，湖北，湖南，广西，台湾，福建，广东；日本，印度，缅甸，大洋洲。

人心果阿夜蛾 *Achaea serva* (Fabricius, 1775)

分布：云南（保山、大理），福建，广东，海南；印度，缅甸，印度尼西亚，新加坡，大洋洲，非洲。

疖夜蛾属 *Adrapsa* Walker, 1859

疖夜蛾 *Adrapsa ablualis* Walker, 1859

分布：云南（西双版纳），海南；日本，印度，斯里兰卡，马来西亚。

白肾疖夜蛾 *Adrapsa albirenalis* (Moore, 1867)

分布：云南（普洱）；印度。

辉苔蛾属 *Adrepsa* Moore, 1879

辉苔蛾 *Adrepsa stilboides* Moore, 1879

分布：云南（昆明、大理、迪庆），四川；印度。

枯叶夜蛾属 *Adris* Moore, 1881

枯叶夜蛾 *Adris tyrannus* Guenée, 1852

分布：云南（迪庆、丽江），四川，辽宁，河北，山东，湖北，江苏，浙江，广西，台湾；日本，印度。

安拟灯蛾属 *Agape* Felder, 1874

黄绿安拟灯蛾 *Agape chloropyga* (Walker, 1854)

分布：云南（德宏）。

大丽灯蛾属 *Aglaomorpha* Kôda, 1987

大丽灯蛾 *Aglaomorpha histrio* (Walker, 1855)

分布：云南（昭通、曲靖、保山、大理、丽江），贵州，四川，吉林，安徽，江苏，浙江，江西，湖北，湖南，广西，福建，台湾；朝鲜，俄罗斯，日本。

色纹大丽灯蛾 *Aglaomorpha plagiata* (Walker, 1855)

分布：云南（红河、文山、德宏、临沧、西双版纳、普洱），西藏，广西；尼泊尔，印度，克什米尔地区。

滴苔蛾属 *Agrisius* Walker, 1855

煤色滴苔蛾 *Agrisius fuliginosus* Moore, 1872

分布：云南（楚雄、临沧、普洱、文山、西双版纳）；印度，尼泊尔，缅甸，泰国，老挝，越南。

滴苔蛾 *Agrisius guttivitta* (Walker, 1755)

分布：云南（红河、大理、保山），西藏，四川，陕西，浙江，安徽，江西，湖北，湖南，广西，广东，海南，台湾；印度，斯里兰卡，尼泊尔，缅甸，越南，菲律宾，印度尼西亚，巴布亚新几内亚。

肖滴苔蛾 *Agrisius similis* Fang, 1991

分布：云南（红河、大理）；越南。

瓦滴苔蛾 *Agrisius witti* Volynkin & Saldaitis, 2022

分布：云南（怒江）。

华苔蛾属 *Agylla* Moore, 1878

阿华苔蛾 *Agylla analimacula* Daniel, 1953

分布：云南（迪庆）。

异色华苔蛾 *Agylla beema* (Moore, 1865)

分布：云南（丽江、大理、红河），西藏；印度。

褐华苔蛾 *Agylla fusca* Fang, 1990

分布：云南（丽江），西藏。

峭华苔蛾 *Agylla stotzneri* Draeseke, 1926

分布：云南（大理、丽江），四川。

略暗华苔蛾 *Agylla subinfuscata* Draeseke, 1926

分布：云南（丽江），陕西。

玉龙华苔蛾 *Agylla yuennanica* Daniel, 1953

分布：云南（丽江），陕西。

缘灯蛾属 *Aloa* Walker, 1855

红缘灯蛾 *Aloa lactinea* (Cramer, 1777)

分布：云南（昆明、玉溪、曲靖、楚雄、保山、大理、丽江、红河、文山、德宏、临沧、普洱、昭通、怒江、迪庆、西双版纳），四川，西藏，辽宁，河北，陕西，山西，山东，河南，安徽，江苏，浙江，福建，江西，湖北，湖南，广西，广东，海南，台湾；尼泊尔，缅甸，印度，越南，日本，朝鲜，斯里兰卡，印度尼西亚。

粉灯蛾属 *Alphaea* Walker, 1855

Alphaea alfreda Volynkin & Saldaitis, 2019

分布：云南（怒江）；缅甸。

网斑粉灯蛾 *Alphaea anopunctata* (Oberthür, 1911)

分布：云南（昆明、玉溪、曲靖、楚雄、保山、大理、丽江、红河、文山、临沧、普洱、德宏、昭通、怒江、迪庆、西双版纳），四川。

Alphaea dellabrunai Saldaitis & Ivinskis, 2008

分布：云南（怒江）。

红粉灯蛾 *Alphaea hongfenna* Fang, 1983

分布：云南（保山、大理、丽江、临沧、普洱、玉溪、怒江、迪庆），西藏。

橘脉粉灯蛾 *Alphaea imbuta* (Walker, 1855)

分布：云南（玉溪、德宏、临沧、普洱、红河、西双版纳）；喜马拉雅地区，印度，尼泊尔。

雅粉灯蛾 *Alphaea khasiana* (Rothschild, 1910)

分布：云南（昆明、临沧、普洱、玉溪、红河、文山、德宏、西双版纳）；印度。

鹿蛾属 *Amata* Fabricius, 1807

白角鹿蛾 *Amata acrospila* (Felder, 1869)

分布：云南（大理、红河、曲靖），四川，贵州，湖北，江苏，浙江，江西，广西，福建。

丫鹿蛾 *Amata atkinsoni* (Moore, 1871)

分布：云南（昆明、曲靖、昭通、迪庆、普洱、楚雄、红河、文山）。

环鹿蛾 *Amata cingulata* (Weber, 1801)

分布：云南，福建，广东，海南，香港；印度，泰国。

梳鹿蛾 *Amata compta* Walker, 1869

分布：云南（红河）；印度。

蜀鹿蛾 *Amata davidi* (Poujade, 1885)

分布：云南（玉溪、保山、怒江、红河、文山、临沧、普洱、西双版纳），四川，甘肃，陕西，湖南，湖北。

宽带鹿蛾 *Amata dichotoma* (Leech, 1898)

分布：云南（文山、红河），四川，西藏，湖北，江西，广西，海南。

分鹿蛾 *Amata divisa* Walker, 1854

分布：云南（玉溪、文山、普洱、大理、保山、红河、德宏、西双版纳），贵州，河南，江西，湖南，福建，广东；印度，缅甸，泰国。

黄颈鹿蛾 *Amata edwardsii* (Butler, 1876)

分布：云南（曲靖、文山），上海，浙江，福建，台湾。

广鹿蛾 *Amata emma* Butler, 1876

分布：云南，贵州，四川，河北，陕西，山东，江苏，浙江，江西，湖北，湖南，广西，福建，广东，台湾；印度，缅甸，日本。

窗鹿蛾 *Amata fenestrata* Drury, 1773

分布：云南（昆明、玉溪、文山、红河、普洱），广西，广东，海南；日本，菲律宾。

火鹿蛾 *Amata fervida* (Walker, 1854)

分布：云南（西双版纳），广西；缅甸，柬埔寨。

橙斑鹿蛾 *Amata flava* (Wileman, 1910)

分布：云南（普洱），四川，贵州，西藏，河南，湖北，江西，浙江，上海，福建，台湾。

双环鹿蛾 *Amata frotuneri* (de I'Orza, 1859)

分布：云南，四川，西藏，贵州，河南，湖北，台湾。

蕾鹿蛾 *Amata germana* Felder, 1862

分布：云南（昆明、玉溪、红河、普洱、临沧、西双版纳），四川，华中，华南，华东；日本，印度尼西亚。

黄体鹿蛾 *Amata grotei* (Moore, 1871)

分布：云南，广西，广东，香港；缅甸。

掌鹿蛾 *Amata handelmazzettii* (Zerny, 1931)

分布：云南，四川。

明鹿蛾 *Amata lucerna* (Wileman, 1910)

分布：云南（红河、丽江、文山、大理），四川，西藏，河南，湖北，台湾。

黄带鹿蛾 *Amata luteifascia* Hampson, 1892

分布：云南（红河、普洱、西双版纳），广西，海南；印度。

牧鹿蛾 *Amata pascus* (Leech, 1889)

分布：云南（昆明、曲靖、红河、大理），西藏，四川，贵州，河南，甘肃，陕西，湖北，湖南，江苏，浙江，江西，广西，福建。

泼鹿蛾 *Amata persimilis* Leech, 1898

分布：云南，四川，湖南，福建，台湾。

普鹿蛾 *Amata pryeri* (Hampson, 1898)

分布：云南（西双版纳）；印度尼西亚。

四带鹿蛾 *Amata quadrifascia* (Hampson, [1893])

分布：云南（红河、保山、临沧）；缅甸。

中华鹿蛾 *Amata sinensis* Rothschild, 1910

分布：云南（文山），四川，贵州，河南，湖北，湖南，福建。

广亮鹿蛾 *Amata sladeni* (Moore, 1871)

分布：云南（临沧、红河、保山、西双版纳）；缅甸，泰国，越南。

南鹿蛾 *Amata sperbius* (Fabricius, 1787)

分布：云南（曲靖、红河、普洱、西双版纳），广西，广东；印度，缅甸，不丹，泰国，日本。

玻鹿蛾 *Amata vitrea* (Walker, 1856)

分布：云南（西双版纳）；印度，缅甸。

汕鹿蛾迪庆亚种 *Amata xanthoma atunseensis* Obraztsov, 1966

分布：云南（迪庆）。

滇鹿蛾 *Amata yunnanensis* Rothschild, 1911

分布：云南（大理）；缅甸。

玫灯蛾属 *Amerila* Walker, 1855

闪光玫灯蛾 *Amerila astrea* (Drury, 1773)

分布：云南（昆明、玉溪、曲靖、楚雄、保山、大理、丽江、红河、文山、临沧、普洱、德宏、昭通、怒江、迪庆、西双版纳），西藏，四川，湖南，广西，广东，海南，台湾；印度，缅甸，斯里兰卡，印度尼西亚，尼泊尔，越南，菲律宾，巴布亚新几内亚，非洲。

毛玫灯蛾 *Amerila omissa* (Rothschild, 1910)

分布：云南（红河、文山、保山、大理、丽江、临沧、普洱、玉溪、德宏、西双版纳）；印度，印度尼西亚，马来西亚，文莱。

瘤灯蛾属 *Ammatho* Walker, 1855

端黑美苔蛾 *Ammatho terminifusca* (Daniel, 1955)

分布：云南（文山）。

武春生美苔蛾 *Ammatho wuchunshengi* Huang, Volynkin & Wang, 2020

分布：云南（红河）。

阿毒蛾属 *Amphekes* Collenette, 1936

阿毒蛾 *Amphekes gymna* (Collenette, 1936)

分布：云南（丽江）。

乱纹夜蛾属 *Anisoneura* Guenée, 1852

树皮乱纹夜蛾 *Anisoneura aluco* Fabricius, 1775

分布：云南（文山、红河、保山、丽江），西藏，四川，福建，海南；印度，缅甸，新加坡，越南，马来西亚。

乱纹夜蛾 *Anisoneura salebrosa* Guenée, 1852

分布：云南（文山）。

谷夜蛾属 *Anoba* Walker, 1858

裂斑谷夜蛾 *Anoba polyspila* (Walker, 1865)

分布：云南（西双版纳），四川，广西；缅甸，印度，巴基斯坦，印度尼西亚。

桥夜蛾属 *Anomis* Hübner, 1852

小造桥夜蛾 *Anomis flava* (Fabricius, 1775)

分布：云南（昆明、大理、怒江），除西北外全国各棉区均有分布；亚洲其他地区，欧洲，非洲。

超桥夜蛾 *Anomis fulvida* Guenée, 1852

分布：云南（保山、大理、德宏、文山、西双版纳），四川，山东，福建，浙江，江西，广东；印度，斯里兰卡，缅甸，印度尼西亚，大洋洲，美洲。

中角关桥夜蛾 *Anomis mesogona* (Walker, 1857)

分布：云南（文山），黑龙江，河北，浙江，湖北，湖南；朝鲜，日本，印度，马来西亚。

黄麻桥夜蛾 *Anomis sabulifera* (Guenée, 1852)

分布：云南（丽江），浙江，广东；日本，印度，大洋洲，非洲。

浮夜蛾属 *Anoratha* Moore, 1867

薄翅浮夜蛾 *Anoratha costalis* Moore, 1867

分布：云南（丽江），湖北；印度。

干煞夜蛾属 *Anticarsia* Hübner, 1818

干煞夜蛾 *Anticarsia irrorata* Holloway, 1979

分布：云南，浙江，湖南，福建，广东，海南；日本，印度，南太平洋岛屿，非洲。

安钮夜蛾属 *Anua* Walker, 1858

同安钮夜蛾 *Anua indiscriminata* (Hampson, 1893)

分布：云南（怒江、德宏），广西，广东；印度，斯里兰卡，越南，菲律宾。

清苔蛾属 *Apistosia* Hübner, 1818

点清苔蛾 *Apistosia subnigra* Leech, 1899

分布：云南（昭通），四川，陕西，浙江，福建，湖北，湖南。

纤翅夜蛾属 *Araeopteron* Hamspon, 1893

灰褐纤翅夜蛾 *Araeopteron canescens* (Walker，[1866]1865)

分布：云南（西双版纳），海南；马来西亚，澳大利亚。

封夜蛾属 *Arcte* Kollar, 1844

苎麻夜蛾 *Arcte coerula* Guenée, 1852

分布：云南（保山、文山、德宏、红河、丽江），四川，河北，江西，湖北，广东；日本，印度，斯里兰卡，太平洋南部岛屿。

***Arctelene* Kirti & Gill, 2008**

***Arctelene rubricosa* (Moore, 1878)**

分布：云南；印度。

白毒蛾属 *Arctornis* Germar, 1810

茶白毒蛾 *Arctornis alba* (Bremer, 1861)

分布：云南，四川，贵州，辽宁，吉林，黑龙江，河北，江苏，浙江，安徽，福建，江西，山东，河南，湖北，湖南，广东，广西，陕西，台湾；朝鲜，日本，俄罗斯。

点白毒蛾 *Arctornis ceconimena* (Collenette, 1936)

分布：云南（丽江），四川。

轻白毒蛾 *Arctornis cloanges* (Collenette, 1936)

分布：云南（丽江），四川。

绢白毒蛾 *Arctornis gelasphora* (Collenette, 1936)

分布：云南（昆明、丽江、迪庆）。

白毒蛾 *Arctornis l-nigrum* (Müller, 1764)

分布：云南，四川，辽宁，吉林，黑龙江，陕西，河北，江苏，浙江，安徽，福建，山东，河南，湖北，湖南；朝鲜，日本，俄罗斯，欧洲。

莹白毒蛾 *Arctornis xanthochila* Collenette, 1936

分布：云南（丽江），四川，广西，福建。

格灯蛾属 *Areas* Walker, 1855

乳白格灯蛾 *Areas galactina* (Hoeven, 1840)

分布：云南（昆明、玉溪、曲靖、楚雄、保山、大理、丽江、红河、文山、临沧、普洱、德宏、怒江、迪庆、西双版纳），四川，西藏，湖南，广西；印度，印度尼西亚。

黄条斑灯蛾 *Areas imperialis* (Kollar, 1844)

分布：云南（昆明）。

散灯蛾属 *Argina* Hübner, [1819]1896

星散灯蛾 *Argina cribraria* (Clerck, 1764)

分布：云南（昆明、玉溪、曲靖、楚雄、保山、大理、丽江、红河、文山、临沧、普洱、德宏、西双版纳），浙江，广东，海南，台湾；印度，斯里兰卡，缅甸，毛里求斯，澳大利亚。

银灯蛾属 *Argyarctia* Koda, 1988

腹黄银灯蛾 *Argyarctia flava* Fang, 1994

分布：云南（德宏）。

黯毒蛾属 *Arna* Walker, 1855

乌桕黄毒蛾 *Arna bipunctapex* (Hampson, 1891)

分布：云南（丽江、红河、文山），四川，西藏，陕西，河南，上海，江苏，浙江，湖北，江西，湖南，福建，台湾；新加坡，印度。

色毒蛾属 *Aroa* Walker, 1855

蔗色毒蛾 *Aroa ochripicta* (Moore, 1879)

分布：云南（西双版纳），广东，台湾，香港；马来西亚，印度。

褐色毒蛾 *Aroa postfusca* (Gaede, 1932)

分布：云南（昆明）。

墨色毒蛾 *Aroa scytodes* (Collenette, 1932)

分布：云南（西双版纳）；越南，马来西亚。

珀色毒蛾 *Aroa substrigosa* (Walker, 1855)

分布：云南（昭通、保山、德宏、西双版纳），四川，福建，江西，湖北，湖南，广东，广西，海南；越南，印度。

滇色毒蛾 *Aroa yunnana* (Chao, 1986)

分布：云南（昆明）。

阿尔毒蛾属 *Artaxa* Walker, 1855

半带黄毒蛾 *Artaxa digramma* Boisduval, [1844]

分布：云南（红河）。

关夜蛾属 *Artena* Walker, 1858

斜线关夜蛾 *Artena dotata* (Fabricius, 1794)

分布：云南（文山、红河、普洱、保山、丽江、怒江、西双版纳），四川，贵州，陕西，河南，江苏，浙江，湖北，湖南，江西，福建，广东，海南，广西；日本，韩国，印度，尼泊尔，泰国，缅甸，斯里兰卡，新加坡，印度尼西亚，菲律宾。

Asiapistosia Dubatolov & Kishida, 2012

前痣土苔蛾 *Asiapistosia stigma* (Fang, 2000)

分布：云南（西双版纳），广西，海南；印度尼西亚，马来西亚，文莱，印度，非洲。

艳苔蛾属 *Asura* Walker, 1854

条纹艳苔蛾 *Asura srigipennis* (Herrich-Schäffer, 1855)

分布：云南，四川，西藏，广西，陕西，江苏，浙江，江西，湖北，湖南，福建，广东，海南，台湾；印度，印度尼西亚。

拟灯蛾属 *Asota* Hübner, 1819

窄楔斑拟灯蛾 *Asota canaraica* Moore, 1878

分布：云南（大理、昭通、红河、西双版纳），福建，广东；印度。

一点拟灯蛾 *Asota caricae* (Fabricius, 1775)

分布：云南（昆明、楚雄、大理、昭通、普洱、文山、红河、德宏、临沧、丽江、西双版纳），四川，西藏，广西，广东，台湾，海南；印度，尼泊尔，斯里兰卡，菲律宾，澳大利亚，印度尼西亚。

橙拟灯蛾 *Asota egens* (Walker, 1854)

分布：云南（西双版纳），广西，海南，台湾；日本，印度，缅甸，新加坡，泰国，马来西亚，印度尼西亚，巴布亚新几内亚。

榕拟灯蛾 *Asota ficus* (Fabricius, 1775)

分布：云南（昆明、大理、保山、丽江、西双版纳），四川，广西，广东，海南，福建，台湾；斯里兰卡，印度，泰国，尼泊尔。

圆端拟灯蛾 *Asota heliconia* (Linnaeus, 1758)

分布：云南（文山）。

方斑拟灯蛾 *Asota plaginota* Butler, 1875

分布：云南（大理、普洱、西双版纳），四川，西藏，广西，江西，湖南，广东，海南；印度，不丹，尼泊尔，斯里兰卡，马来西亚。

楔斑拟灯蛾 *Asota paliura* Swinhoe, 1894

分布：云南（昆明、大理、昭通、迪庆），四川，西藏，贵州，陕西，湖北，湖南，广西，海南。

长斑拟灯蛾中印亚种 *Asota plana lacteata* (Butler, 1881) 1854

分布：云南（红河、玉溪、普洱、德宏），西藏，贵州，广西，海南，台湾，广东；印度，不丹，日本。

延斑拟灯蛾 *Asota producta* (Butler, 1875)

分布：云南（红河、文山、西双版纳），海南；印度，尼泊尔，缅甸，斯里兰卡，印度尼西亚，马来西亚。

扭拟灯蛾 *Asota tortuosa* Moore, 1872

分布：云南（文山、红河、德宏、临沧、大理、保山），四川，湖北，湖南，广西；印度，尼泊尔。

绣苔蛾属 *Asuridia* Hampson, 1900

金平绣苔蛾 *Asuridia jinpingica* Fang, 1986

分布：云南（红河）。

射绣苔蛾 *Asuridia nigriradiata* Hampson, 1896

分布：云南（西双版纳），湖南，广西；不丹。

滇绣苔蛾 *Asuridia yuennanica* Daniel, 1951

分布：云南（丽江）。

盾夜蛾属 *Athyrma* Hübner, 1816

黑斑盾夜蛾 *Athyrma chinensis* Warren, 1907

分布：云南（保山），江西。

枭盾夜蛾 *Athyrma chinensis* (Warren, 1832)

分布：云南，广西；印度尼西亚。

颠夜蛾属 *Attatha* Moore, 1878

颠夜蛾 *Attatha regalis* (Moore, 1872)

分布：云南（临沧），广东，海南；印度，斯里兰卡，缅甸，菲律宾。

宇夜蛾属 *Avatha* Walker, 1858

枭宇夜蛾 *Avatha bubo* Hübner, 1832

分布：云南（保山、大理），江西；印度，斯里兰卡。

蕈宇裳蛾 *Avatha chinensis* (Warren, 1913)

分布：云南，江西，海南，台湾；尼泊尔，越南。

墨宇裳蛾 *Avatha pulcherrima* Butler, 1892

分布：云南（红河）；泰国，马来西亚，越南，菲律宾，印度（安达曼群岛），印度尼西亚，巴布亚新几内亚。

爆夜蛾属 *Badiza* Walker, 1864

爆夜蛾 *Badiza ereboides* Walker, 1864

分布：云南（保山、红河）；印度。

印夜蛾属 *Bamra* Moore, 1882

洁印夜蛾 *Bamra mundata* (Walker, 1858)

分布：云南，广东；印度，斯里兰卡，东南亚。

孔灯蛾属 *Baroa* Moore, 1878

孔灯蛾 *Baroa punctivaga* (Walker, 1855)

分布：云南（德宏、临沧、普洱、红河、保山、大理、丽江、西双版纳）；印度，越南，印度尼西亚。

淡色孔灯蛾 *Baroa vatala* Swinhoe, 1894

分布：云南（德宏、临沧、普洱、红河、西双版纳），江西，湖北，湖南，广西，广东，海南；印度，不丹，越南。

巴美苔蛾属 *Barsine* Walker, 1854

附巴美苔蛾 *Barsine asotoida* Volynkin & Černý, 2018

分布：云南（保山）；缅甸。

Barsine bigamica Černý & Pinratana, 2009

分布：云南。

仿砾巴美苔蛾 *Barsine cornicornutata* Holloway, 1982

分布：云南（西双版纳）；印度尼西亚，马来西亚。

道巴美苔蛾 *Barsine dao* Volynkin, Černý & Huang, 2019

分布：云南（怒江、红河）；越南。

缺巴美苔蛾 *Barsine defecta* Walker, 1854

分布：云南（怒江），西藏；尼泊尔，印度，缅甸。

中黄巴美苔蛾 *Barsine eccentropis* Meyrick, 1894

分布：云南（西双版纳），广西，海南；缅甸，印度。

俊巴美苔蛾 *Barsine euprepioides* Walker, 1862

分布：云南（西双版纳）；印度，缅甸，马来西亚，印度尼西亚，菲律宾。

方承莱巴美苔蛾 *Barsine fangchenglaiae* Huang, Volynkin, Černý & Wang, 2019

分布：云南（迪庆、大理、保山、红河），四川，西藏；泰国，缅甸。

焰蓝苔蛾 *Barsine flammealis* Moore, 1878

分布：云南（大理、保山、红河、怒江），西藏；尼泊尔，印度，泰国，越南。

雅蓝苔蛾指名亚种 *Barsine gratissima gratissima* (de Joannis, 1930)

分布：云南（高黎贡山），西藏；泰国，越南，老挝。

Barsine kampoli Černý in Černý & Pinratana, 2009

分布：云南。

斯美苔蛾 *Barsine linga spilosomoides* (Moore, 1878)

分布：云南（丽江），四川，浙江，江西；印度。

丽巴美苔蛾 *Barsine mactans* Butler, 1877

分布：云南（保山）；印度，泰国。

历巴美苔蛾 *Barsine mesomene* Volynkin, Černý & Huang, 2019

分布：云南；泰国，缅甸，老挝，越南。

暗白巴美苔蛾 *Barsine nigralba* (Hampson, 1894)

分布：云南（保山、德宏），四川；泰国，缅甸，老挝，越南。

专巴美苔蛾 *Barsine specialis* (Fang, 1991)

分布：云南（丽江）。

黄白巴美苔蛾 *Barsine perpallida* (Hampson, 1900)

分布：云南（红河、丽江），西藏；印度，尼泊尔。

普氏巴美苔蛾 *Barsine pretiosa* Moore, 1879

分布：云南（玉溪、迪庆、丽江、保山、怒江、西双版纳），西藏，四川；缅甸，不丹，尼泊尔，印度。

朱巴苔蛾 *Barsine pulchra* (Butler, 1877)

分布：云南（迪庆），四川，东北，北京，山东，河南，江苏，浙江，湖北，江西，福建；朝鲜，日本。

Barsine ruficollis (Fang, 1991)

分布：云南（大理、怒江）。

云南巴美苔蛾 *Barsine yuennanensis* (Daniel, 1952)

分布：云南（丽江）；泰国。

斑艳苔蛾属 *Barsura* Volynkin, Dubatolov & Kishida, 2017

Barsura clandestina Volynkin, Dubatolov & Kishida, 2017

分布：云南（丽江），四川。

Barsura nubifascia (Walker, [1865])

分布：云南（丽江），四川，西藏；印度。

蒙斑艳苔蛾 *Barsura obscura* Volynkin, Dubatolov & Kishida, 2017

分布：云南（丽江），四川，西藏。

巾裳蛾属 *Bastilla* Swinhoe, 1918

锐巾裳蛾 *Bastilla acuta* (Moore, 1883)

分布：云南，台湾，广东；印度，泰国，马来西亚，菲律宾，印度尼西亚。

规巾裳蛾 *Bastilla amygdalis* (Moore, 1885)

分布：云南，台湾，广东，海南；印度，尼泊尔，斯里兰卡，泰国，印度尼西亚。

月牙巾夜蛾 *Bastilla analis* (Guenée, 1852)

分布：云南（保山、红河、德宏、迪庆），广东；印度，斯里兰卡，缅甸，印度尼西亚。

弓巾裳蛾 *Bastilla arcuata* (Moore, 1877)

分布：云南（临沧、迪庆、保山、红河），重庆，浙江，广西，福建，广东，海南，台湾；日本，朝鲜，印度，斯里兰卡，印度尼西亚。

无肾巾裳蛾 *Bastilla crameri* (Moore, 1885)

分布：云南（保山、红河、文山、德宏），贵州，湖北，福建，广东，海南；印度，尼泊尔，斯里兰卡，泰国，越南，阿富汗，缅甸，印度尼西亚。

宽巾裳蛾 *Bastilla fulvotaenia* (Guenée, 1852)

分布：云南（德宏），浙江，台湾，福建，广东，海南；日本，印度，缅甸，斯里兰卡，孟加拉国，马来西亚，印度尼西亚，新加坡。

隐巾裳蛾 *Bastilla joviana* (Stoll, 1782)

分布：云南（红河、德宏），江苏，台湾，广东，海南；印度，缅甸，老挝，越南，泰国，斐济，印度尼西亚，菲律宾，大洋洲。

霉巾裳蛾 *Bastilla maturata* (Walker, 1858)

分布：云南（保山、昭通、文山），四川，贵州，山东，河南，江苏，浙江，江西，广西，福建，台湾，广东，海南；日本，朝鲜，韩国，印度，尼泊尔，泰国，越南，马来西亚。

熟巾裳蛾 *Bastilla maturescens* (Walker, 1858)

分布：云南（临沧），广东；印度，孟加拉国，泰国，越南，印度尼西亚，菲律宾。

肾巾裳蛾 *Bastilla praetermissa* (Warren, 1913)

分布：云南（文山），四川，浙江，江西，湖南，广西，福建，台湾，广东；印度，斯里兰卡，尼泊尔，缅甸，泰国，越南，印度尼西亚。

冷靛夜蛾属 *Belciades* Kozhantschikov, 1950

冷靛夜蛾 *Belciades niveola* Motschulsky, 1866

分布：云南（保山），河北，黑龙江，吉林；日本。

丽小夜蛾属 *Bellulia* Fibiger, 2008

圣丽小夜蛾 *Bellulia bibella* Fibiger, 2011

分布：云南（普洱、临沧）。

滇南小夜蛾 *Bellulia diannana* Han & Kononenko, 2021

分布：云南（普洱）；柬埔寨。

七月丽小夜蛾 *Bellulia jiaxuanae* Han & Kononenko, 2021

分布：云南（保山）。

雅丽小夜蛾 *Bellulia jiayiae* Han & Kononenko, 2021

分布：云南（保山）。

荫丽小夜蛾 *Bellulia suffusa* Fibiger, 2008

分布：云南（普洱）；泰国。

拟胸须夜蛾属 *Bertula* Walker, 1859

锯拟胸须夜蛾 *Bertula dentilinea* (Hampson, 1895)

分布：云南（昆明），四川，福建，海南；印度。

缨苔蛾属 *Bitecta* Heylaerts, 1891

缨苔蛾 *Bitecta murina* Heylaerts, 1891

分布：云南（红河）；印度尼西亚，马来西亚，文莱。

尖须夜蛾属 *Bleptina* Guenée, 1854

白纹尖须夜蛾 *Bleptina albovenata* Leech, 1900

分布：云南（保山），四川，西藏。

畸夜蛾属 *Bocula* Guenée, 1852

黄畸夜蛾 *Bocula pallens* (Moore, 1882)

分布：云南，福建

齿斑畸夜蛾 *Bocula quadrilineata* Walker, 1858

分布：云南（保山、德宏），四川，浙江，福建；印度，南太平洋岛屿。

卜夜蛾属 *Bomolocha* Hübner, 1816

满卜夜蛾 *Bomolocha mandarina* Leech, 1900

分布：云南（保山、丽江），西藏，四川，浙江，湖北，湖南，福建；日本。

缩卜夜蛾 *Bomolocha obductalis* Walker, 1858

分布：云南（保山、迪庆、文山），西藏，四川，新疆，河南，福建；印度。

张卜夜蛾 *Bomolocha rhombalis* Guenée, 1854

分布：云南（保山），西藏，四川，河南，江苏，浙江，湖南，广西，福建；印度，缅甸。

污卜夜蛾 *Bomolocha squalida* Butler, 1879

分布：云南（保山），四川，湖南，福建，江西；日本，朝鲜。

短栉夜蛾属 *Brevipecten* Hampson, 1894

胞短栉夜蛾 *Brevipecten consanguis* Leech, 1900

分布：云南（玉溪、临沧），四川，山东，江苏，湖北，湖南，广西，福建，海南。

健夜蛾属 *Brithys* Hübner, 1821

健夜蛾 *Brithys pancratii* (Cyrillo, 1787)

分布：云南，江西。

土苔蛾属 *Brunia* Moore, 1878

安土苔蛾 *Brunia antica* (Walker, 1854)

分布：云南（普洱、西双版纳），广西，广东，海南，台湾；印度，印度尼西亚，斯里兰卡，非洲。

端褐土苔蛾 *Brunia apicalis* (Walker, 1862)

分布：云南（普洱、西双版纳），广西，海南；印度尼西亚，马来西亚，文莱，印度，非洲。

布裳蛾属 *Buzara* Walker, [1865]

昂布裳蛾 *Buzara onelia* (Guenée, 1852)

分布：云南（临沧），广西，台湾，广东，海南；日本，印度，尼泊尔，孟加拉国，斯里兰卡，泰国，老挝，越南，菲律宾，印度尼西亚。

新鹿蛾属 *Caeneressa* Obraztsov, 1957

白额新鹿蛾 *Caeneressa albifrons* (Moore, 1878)

分布：云南（西双版纳）；缅甸。

清新鹿蛾指名亚种 *Caeneressa diaphana diaphana* **Lu, Chen & Wu, 2012**

分布：云南（文山、大理、迪庆、西双版纳），四川，台湾；印度，缅甸，尼泊尔，印度尼西亚。

丹腹新鹿蛾 *Caeneressa fouqueti* (de Joannis, 1912)

分布：云南（红河、西双版纳）；越南。

黑新鹿蛾 *Caeneressa melaena* (Walker, 1854)

分布：云南；印度，缅甸，尼泊尔。

泥新鹿蛾 *Caeneressa newara* (Moore, 1879)

分布：云南（西双版纳）；印度。

晦新鹿蛾 *Caeneressa obsoleta* (Leech, 1898)

分布：云南（保山），浙江，福建，湖南。

红带新鹿蛾 *Caeneressa rubrozonata rubrozonta* (Poujade, 1886)

分布：云南（昭通），四川，安徽，台湾；印度，缅甸，尼泊尔，印度尼西亚。

锯新鹿蛾 *Caeneressa serrata* (Hampson, 1912)

分布：云南；印度。

胡夜蛾属 *Calesia* Guenée, 1852

胡夜蛾 *Calesia dasypterus* (Kollar, 1844)

分布：云南（临沧、西双版纳），广西，广东，海南；缅甸，斯里兰卡，印度。

红腹秃胡夜蛾 *Calesia haemorrhoa* Guenée, 1852

分布：云南（玉溪、红河、大理），广东；印度，斯里兰卡，缅甸。

伴秃胡夜蛾 *Calesia stillifera* Felder, 1874

分布：云南（红河）。

丽灯蛾属 *Callindra* Röber, 1925

明丽灯蛾 *Callindra arginalis* (Hampson, 1894)

分布：云南（玉溪、红河、文山、保山、大理、丽江、临沧、普洱），广西；缅甸，印度。

仿首丽灯蛾 *Callindra equitalis* (Kollar, [1844])

分布：云南（昆明、玉溪、昭通、曲靖、楚雄、保山、大理、丽江、红河、文山、临沧、普洱、德宏、西双版纳），四川，西藏，陕西；印度，缅甸，克什米尔地区。

滇姬丽灯蛾 *Callindra lenzeni* (Daniel, 1943)

分布：云南（昆明、昭通、曲靖、红河、文山、德宏、临沧、普洱、怒江、迪庆、丽江、西双版纳）。

灰丽灯蛾 *Callindra nyctemerata* (Moore, 1879)

分布：云南（昆明、玉溪、曲靖、楚雄、保山、大理、丽江、红河、文山、临沧、普洱、德宏、怒江、迪庆、西双版纳），西藏；印度。

首丽灯蛾 *Callindra principalis* (Kollar, [1844])

分布：云南（昆明、玉溪、曲靖、楚雄、保山、大理、丽江、红河、文山、临沧、普洱、德宏、昭通、怒江、迪庆、西双版纳），四川，西藏，黑龙江，陕西，浙江，江西；缅甸，印度，喜马拉雅地区，克什米尔地区，尼泊尔。

黄腹丽灯蛾 *Callindra similis* (Moore, 1879)

分布：云南（昆明、玉溪、曲靖、楚雄、红河、文山、大理、怒江），四川，西藏；印度，尼泊尔。

丽毒蛾属 *Calliteara* Butler, 1881

杉丽毒蛾 *Calliteara abietis* (Schiffermüller & Denis, 1776)

分布：云南（高黎贡山），内蒙古，黑龙江；俄罗斯，欧洲。

白丽毒蛾 *Calliteara albescens* (Moore, 1879)

分布：云南（红河、保山）；印度。

点丽毒蛾 *Calliteara angulata* Hampson, 1895

分布：云南（丽江），江苏，浙江，湖北，江西，湖南，广西，福建，广东；印度，缅甸。

安丽毒蛾 *Calliteara anophoeta* (Collenette, 1936)

分布：云南（丽江、大理、迪庆），四川。

双结丽毒蛾 *Calliteara cinctata* (Moore, 1879)

分布：云南（丽江）；印度。

火丽毒蛾 *Calliteara complicata* (Walker, 1865)

分布：云南（迪庆、大理、丽江），四川，西藏，陕西，湖北，广西；印度。

连丽毒蛾 *Calliteara conjuncta* (Wileman, 1911)

分布：云南（昭通），四川，辽宁，吉林，黑龙江，北京，河北，内蒙古，安徽，福建，江西，山东，河南，湖北，湖南，陕西；朝鲜，日本，俄罗斯。

织结丽毒蛾 *Calliteara contexta* (Chao, 1986)

分布：云南（丽江、迪庆），四川，台湾。

线丽毒蛾 *Calliteara grotei* (Moore, 1859)

分布：云南（丽江），四川，浙江，福建，湖北，湖南，广东，广西，台湾；印度。

缨丽毒蛾 *Calliteara hoenei* (Collenette, 1936)

分布：云南（丽江、迪庆）。

无忧花丽毒蛾 *Calliteara horsfieldi* (Saunders, 1851)

分布：云南，贵州，江苏，浙江，江西，湖北，湖南，广西，福建；新加坡，印度，斯里兰卡，印度尼西亚。

雪丽毒蛾 *Calliteara leucomene* (Collenette, 1938)

分布：云南（丽江）。

白斑丽毒蛾 *Calliteara nox* (Collenette, 1938)

分布：云南（高黎贡山），福建，湖南。

晰结丽毒蛾 *Calliteara oxygnatha* (Collenette, 1936)

分布：云南（丽江、德钦、迪庆），四川，陕西。

褐结丽毒蛾 *Calliteara postfusca* (Swinhoe, 1895)

分布：云南，四川，江西，湖北，湖南，广西，福建，台湾；印度。

瑞丽毒蛾 *Calliteara strigata* (Moore, 1879)

分布：云南（丽江、迪庆、大理），西藏，陕西，湖北，湖南，广西，福建；印度。

刻丽毒蛾 *Calliteara taiwana* (Wileman, 1910)

分布：云南（丽江），浙江，四川，陕西，台湾；日本。

大丽毒蛾 *Calliteara thwaitesi* (Moore, 1883)

分布：云南，广西，广东；印度，斯里兰卡。

异丽毒蛾 *Calliteara varia* (Walker, 1855)

分布：云南（怒江、丽江）；印度。

卧龙丽毒蛾 *Calliteara wolongensis* (Chao, 1986)

分布：云南（文山）。

虎丽灯蛾属 *Calpenia* Moore, 1872

黄条虎丽灯蛾 *Calpenia khasiana* Moore, 1878

分布：云南（红河、怒江）；缅甸，印度。

虎丽灯蛾 *Calpenia saundersi* Moore, 1872

分布：云南（怒江、迪庆、丽江、红河、文山）。

华虎丽灯蛾 *Calpenia zerenaria* Oberthiir, 1886

分布：云南（丽江、昭通），西藏，四川，湖北，湖南。

壶夜蛾属 *Calyptra* Ochsenheimer, 1816

两色壶夜蛾 *Calyptra bicolor* Moore, 1883

分布：云南（保山），四川，西藏；印度。

疖角壶夜蛾 *Calyptra minuticornis* Guenée, 1852

分布：云南（保山、红河、文山），浙江，福建，广东；印度，斯里兰卡，印度尼西亚。

平嘴壶夜蛾 *Calyptra lata* Butler, 1881

分布：云南（保山、怒江），黑龙江，河北，山东，福建；日本，朝鲜。

壶夜蛾 *Calyptra thalictri* Borkhausen, 1790

分布：云南（保山、迪庆），四川，黑龙江，辽宁，新疆，山东，河南，河北，浙江，福建；日本，朝鲜，欧洲。

花布灯蛾属 *Camptoloma* Felder, 1874

二点花布灯蛾 *Camptoloma binotatum* Butler, 1881

分布：云南（保山）；印度。

花布灯蛾 *Camptoloma interiorata* (Walker, 1864)

分布：云南（玉溪、保山），四川，山西，河北，辽宁，黑龙江，江苏，浙江，安徽，江西，山东，河南，湖北，湖南，广西，福建，广东，陕西；日本。

窗毒蛾属 *Carriola* Swinhoe, 1922

夜窗毒蛾 *Carriola comma* (Hutton, 1865)

分布：云南（西双版纳），广东。

华窗毒蛾 *Carriola seminsula* (Strand, 1915)

分布：云南（西双版纳），广东，香港。

客夜蛾属 *Catephia* Ochsenheimer, 1816

白斑客夜蛾 *Catephia albomacula* (Draeseke, 1928)

分布：云南，四川，浙江，湖南。

黄衣客夜蛾 *Catephia flavescens* Butler, 1889

分布：云南，福建。

裳夜蛾属 *Catocala* Schrank, 1802

布光裳夜蛾 *Catocala butleri* (Leech, 1990)

分布：云南（保山、丽江），西藏，贵州，四川，福建。

栎光裳夜蛾 *Catocala dissimilis* (Bremer, 1864)

分布：云南（大理），黑龙江，陕西，河南，湖北；日本，俄罗斯。

茂裳夜蛾 *Catocala doerriesi* Staudinger, 1888

分布：云南（迪庆），四川，黑龙江，陕西，河南，湖北；俄罗斯，日本，朝鲜半岛。

柳裳夜蛾 *Catocala electa* Vieweg, 1790

分布：云南（保山），黑龙江，新疆，山东，河南，湖北；日本，朝鲜，欧洲。

意光裳夜蛾 *Catocala ella* Butler, 1877

分布：云南（文山）。

缟裳夜蛾云南亚种 *Catocala fraxini yunnanensis* Mell, 1936

分布：云南（丽江）。

幻裳蛾 *Catocala inconstans* Butler, 1889

分布：云南（迪庆），四川，西藏；日本，朝鲜半岛。

雍光裳夜蛾 *Catocala jonasii* (Butler, 1877)

分布：云南；日本。

黄褐裳蛾 *Catocala infasciata* (Mell, 1936)

分布：云南（迪庆）。

***Catocala intacta shangbentaitai* Ishizuka, 2021**

分布：云南，贵州，江西，湖北，福建，广东。

拉裳蛾 *Catocala largeteaui* Oberthür, 1881

分布：云南（迪庆），四川，黑龙江，甘肃，陕西，广东；俄罗斯。

拉光裳夜蛾云南亚种 *Catocala largeteaui yunnana* Mell, 1936

分布：云南（文山）。

黄绢裳蛾 *Catocala lehmanni* Speidel, Ivinskis & Saldaitis, 2008

分布：云南（迪庆），四川。

穆光裳夜蛾 *Catocala musmi* Hampson, 1913

分布：云南；朝鲜。

娜裳蛾 *Catocala nagioides* Wileman, 1924

分布：云南（大理、丽江、迪庆），黑龙江，台湾；日本，朝鲜半岛。

裳夜蛾丽江亚种 *Catocala nupta likiangensis* Mell, 1936

分布：云南，丽江。

奥裳夜蛾 *Catocala obseena* Alphéraky, 1895

分布：云南，河北，四川；朝鲜。

鸥裳夜蛾 *Catocala patala* Felder & Rogenhofer, 1874

分布：云南（迪庆），黑龙江，宁夏，浙江，江西；日本，印度。

圣光裳夜蛾 *Catocala sancta* Butler, 1885

分布：云南（大理），黑龙江；日本。

棘裳蛾 *Catocala sponsalis* Walker, 1858

分布：云南（迪庆）；印度，尼泊尔，缅甸，泰国，越南。

帷裳夜蛾 *Catocala tapestrina* Moore, 1882

分布：云南；印度。

贝鹿蛾属 *Ceryx* Wallengren, 1863

透明贝鹿蛾 *Ceryx hyalina* (Moore, 1879)

分布：云南（西双版纳），广西；印度，缅甸。

三角夜蛾属 *Chalciope* Hübner, 1823

短带三角夜蛾 *Chalciope hyppasia* Cramer, 1780

分布：云南（德宏、文山），四川，湖北，江西，广西，广东，福建，台湾；缅甸，印度，斯里兰卡，菲律宾，印度尼西亚，大洋洲，非洲。

斜带三角夜蛾 *Chalciope mygdon* (Cramer, 1777)

分布：云南（大理、德宏、丽江），四川，湖北，浙江，江西，湖南，广西，福建，台湾，广东，海南；日本，印度，尼泊尔，斯里兰卡，缅甸，泰国，越南，马来西亚，新加坡，印度尼西亚，菲律宾，西亚，欧洲，大洋洲，非洲。

地苔蛾属 *Chamaita* Walker, 1862

毛地苔蛾 *Chamaita hirta* Wileman, 1911

分布：云南，台湾。

冉地苔蛾 *Chamaita ranruna* Matsumura, 1927

分布：云南，四川，江西，湖南，福建，海南，台湾；日本。

地苔蛾 *Chamaita trichopteroides* Walker, 1862

分布：云南（保山、西双版纳），四川，海南；印度尼西亚，马来西亚，文莱，印度。

祁夜蛾属 *Chilkasa* Swinhoe, 1885

裙带裳夜蛾 *Chilkasa falcata* Swinhoe, 1855

分布：云南（文山）。

华苔蛾属 *Chinasa* Dubatolov, Volynkin & Kishida, 2018

肋土苔蛾 *Chinasa costalis* (Moore, 1878)

分布：云南（红河），四川，华北；印度，缅甸。

白雪灯蛾属 *Chionarctia* Kôda, 1988

白雪灯蛾 *Chionarctia nivea* (Ménétriès, 1859)

分布：云南（昭通、曲靖、保山、大理、丽江、临沧、普洱、玉溪），四川，黑龙江，吉林，辽宁，河北，内蒙古，陕西，河南，山东，浙江，江西，湖北，湖南，广西，福建；日本，朝鲜。

洁白雪灯蛾 *Chionarctia purum* (Leech, 1899)

分布：云南（昭通、丽江、迪庆），贵州，四川，陕西。

闪光苔蛾属 *Chrysaeglia* Butler, 1877

闪光苔蛾 *Chrysaeglia magnifica* (Walker, 1862)

分布：云南（德宏），四川，西藏，湖南，广西，台湾；尼泊尔，印度，印度尼西亚，马来西亚，文莱。

纯夜蛾属 *Chrysopera* Hampson, 1894

纯夜蛾 *Chrysopera combinans* Walker, 1858

分布：云南（保山），四川，广东；印度，斯里兰卡。

金苔蛾属 *Chrysorabdia* Butler, 1877

尖带金苔蛾 *Chrysorabdia acutivitta* Fang, 1986

分布：云南（大理）。

绿斑金苔蛾 *Chrysorabdia bivitta* Walker, 1856

分布：云南（保山），西藏，贵州，四川；印度，尼泊尔，不丹。

均带金苔蛾 *Chrysorabdia equivitta* Fang, 1986

分布：云南（丽江），四川，陕西。

黑胸金苔蛾 *Chrysorabdia nigrithorax* Fang, 1986

分布：云南（怒江），西藏。

客来夜蛾属 *Chrysorithrum* Butler, 1878

客来夜蛾 *Chrysorithrum amata* (Bremer & Grey, 1853)

分布：云南（迪庆、丽江），黑龙江，辽宁，内蒙古，河北，陕西，山东，河南，浙江，福建；日本，朝鲜。

疑客来夜蛾 *Chrysorithrum duda* Saldaitis & Ivinskis, 2014

分布：云南（迪庆）。

筱客来夜蛾 *Chrysorithrum flavomaculata* (Bremer, 1861)

分布：云南（丽江、怒江），黑龙江，内蒙古，河北，陕西，浙江；日本。

丘苔蛾属 *Churinga* Moore, 1878

线角丘苔蛾 *Churinga filiforms* Fang, 1990

分布：云南（丽江、怒江、玉溪、红河）。

丝丘苔蛾 *Churinga metaxantha* Hampson, 1895

分布：云南（德宏、红河）；不丹，尼泊尔。

红额丘苔蛾 *Churinga rufifrons* Moore, 1878

分布：云南（昭通、玉溪、大理），广西，台湾。

胸须夜蛾属 *Cidariplura* Butler, 1879

褐胸须夜蛾 *Cidariplura brontesalis* (Walker, 1859)

分布：云南（西双版纳）；印度，马来西亚，印度尼西亚。

陈氏胸须夜蛾 *Cidariplura chenyxi* Zhang & Han, 2016

分布：云南（临沧、普洱），贵州，安徽。

黄带胸须夜蛾 *Cidariplura duplicifascia* (Hampson, 1895)

分布：云南（红河）；印度。

南宁胸须夜蛾 *Cidariplura nanling* Wu, Owada & Wang, 2019

分布：云南（昆明），广东。

肾毒蛾属 *Cifuna* Walker, 1855

双带肾毒蛾 *Cifuna biundulans* (Hampson, 1897)

分布：云南（临沧）；印度。

白粉肾毒蛾 *Cifuna glauca* (Chao, 1987)

分布：云南（西双版纳）。

肾毒蛾 *Cifuna locuples* (Walker, 1855)

分布：云南（迪庆），西藏，四川，贵州，辽宁，吉林，黑龙江，陕西，甘肃，青海，宁夏，河北，山西，内蒙古，江苏，浙江，安徽，江西，山东，河南，湖北，湖南，广西，福建，广东；朝鲜，日本，越南，印度，俄罗斯。

点翅毒蛾属 *Cispia* Walker, 1855

白点翅毒蛾 *Cispia cretacea* (Chao, 1984)

分布：云南（西双版纳），海南。

灰点翅毒蛾 *Cispia griseola* (Chao, 1987)

分布：云南（高黎贡山），西藏。

月纹点翅毒蛾 *Cispia lunata* (Chao, 1984)

分布：云南（西双版纳），西藏。

镶带点翅毒蛾 *Cispia punctifascia* (Walker, 1855)

分布：云南（西双版纳）；印度尼西亚，印度，斯里兰卡。

望夜蛾属 *Clytie* Hübner, 1816

塞望夜蛾 *Clytie syriaca* Bugnion, 1837

分布：云南（保山、红河），新疆，内蒙古；亚洲西部。

Collita Moore, 1878

灰土苔蛾 *Collita griseola* (Hübner, 1827)

分布：云南（昆明、大理、德宏、保山），四川，西藏，黑龙江，吉林，辽宁，北京，山西，甘肃，陕西，山东，安徽，浙江，江西，湖南，广西，福建；日本，朝鲜，印度，尼泊尔，欧洲。

孔夜蛾属 *Corgatha* Walker, 1859

白纹孔夜蛾 *Corgatha costipicta* Hampson, 1895

分布：云南；印度。

双线孔夜蛾 *Corgatha diplochorda* Hampson, 1907

分布：云南，四川；印度。

褐孔夜蛾 *Corgatha semipardata* (Walker, 1862)

分布：云南，广东，海南；斯里兰卡，南太平洋岛屿。

灰灯蛾属 *Creatonotos* (Hübner, 1819)

黑条灰灯蛾 *Creatonotos gangis* (Linnaens, 1763)

分布：云南（昆明、玉溪、曲靖、楚雄、保山、大理、丽江、红河、文山、临沧、普洱、德宏、怒江、迪庆、西双版纳），西藏，贵州，四川，辽宁，河南，湖北，安徽，江苏，浙江，江西，湖南，广西，福建，广东，海南，台湾；印度，尼泊尔，缅甸，越南，新加坡，马来西亚，巴基斯坦，斯里兰卡，印度尼西亚，澳大利亚。

八点灰灯蛾 *Creatonotos transiens* (Walker, 1855)

分布：云南（昆明、玉溪、曲靖、楚雄、保山、大理、丽江、红河、文山、临沧、普洱、德宏、西双版纳、昭通、怒江、迪庆），四川，西藏，山西，陕西，华东，华中，华南；印度，菲律宾。

雪苔蛾属 *Cyana* Walker, 1854

路雪苔蛾 *Cyana adita* (Moore, 1859)

分布：云南（怒江、红河、昭通），四川，西藏，陕西，湖北，福建，广东；印度，尼泊尔，巴基斯坦，泰国，越南。

白玫雪苔蛾 *Cyana alborosea* Walker, 1865

分布：云南（德宏、普洱、西双版纳），西藏，江西，广西，海南，广东，福建，香港；不丹，印度，缅甸，越南，新加坡，印度尼西亚。

秧雪苔蛾 *Cyana arama* (Moore, 1859)

分布：云南（玉溪、楚雄），西藏；印度。

宝林雪苔蛾 *Cyana baolini* Fang, 1992

分布：云南（西双版纳）。

迷雪苔蛾 *Cyana bellissima* (Moore, 1878)

分布：云南（普洱、德宏、文山），西藏，广西；印度，尼泊尔，泰国，缅甸，老挝，越南。

彩雪苔蛾 *Cyana bianca* (Walker, 1856)

分布：云南（红河）；印度，缅甸。

***Cyana britomartis* Singh & Volynkin, 2020**

分布：云南，四川；印度，尼泊尔。

白雪苔蛾 *Cyana candida* (Felder, 1874)

分布：云南（昆明），西藏；印度。

猩红雪苔蛾 *Cyana coccinea* (Moore, 1878)

分布：云南（保山、德宏），广东，海南；印度，缅甸。

缘缨雪苔蛾 *Cyana costifimbria* Walker, 1862

分布：云南（西双版纳）；印度尼西亚，马来西亚，文莱。

粗线雪苔蛾 *Cyana crassa* Fang, 1992

分布：云南（丽江）。

美雪苔蛾 *Cyana distincta* Rothschild, 1912

分布：云南（大理、保山、德宏、红河），四川，西藏，福建；缅甸。

美雪苔蛾黄色亚种 *Cyana distincta babui* Kishida, 1993

分布：云南（德宏）；尼泊尔。

华雪苔蛾 *Cyana divakara* Moore, 1865

分布：云南（丽江、大理、怒江、迪庆），四川，西藏；印度，尼泊尔。

黄雪苔蛾指名亚种 *Cyana dohertyi dohertyi* (Elwes, 1890)

分布：云南（大理）；印度，尼泊尔，泰国，越南。

***Cyana dohertyi mertsana* Volynkin & Černý, 2019**

分布：西南地区；泰国，越南。

丽雪苔蛾 *Cyana dudgeoni* Hampson, 1895

分布：云南（西双版纳）；印度。

羚雪苔蛾 *Cyana gazella* (Moore, 1872)

分布：云南；印度，尼泊尔，泰国，越南。

凝雪苔蛾指名亚种 *Cyana gelida gelida* (Walker, 1854)

分布：云南（保山）；印度，巴基斯坦，孟加拉国。

细纹雪苔蛾 *Cyana gracilis* Fang, 1992

分布：云南（迪庆）。

点滴雪苔蛾 *Cyana guttifera* (Walker, 1856)

分布：云南（昆明、保山），西藏，广西，海南；印度，不丹，泰国，越南。

优雪苔蛾 *Cyana hamata* Walker, 1854

分布：云南（玉溪、昭通、大理），四川，贵州，陕西，河南，江苏，浙江，湖北，江西，湖南，广西，福建，广东，海南，台湾；日本，朝鲜。

姬黄雪苔蛾 *Cyana harterti* Elwes, 1890

分布：云南（西双版纳），广东，海南，香港；印度，新加坡，越南。

荷雪苔蛾 *Cyana honei* (Daniel, 1953)

分布：云南（德宏、普洱、保山、丽江、西双版纳），四川。

印中雪苔蛾 *Cyana indosinica* Volynkin & Černý, 2018

分布：云南（普洱）；泰国，越南，老挝，柬埔寨。

中雪苔蛾 *Cyana intercomma* Černý, 2009

分布：云南（保山、西双版纳）；泰国，老挝，柬埔寨，马来西亚。

橘红雪苔蛾 *Cyana interrogationis* (Poujade, 1886)

分布：云南（怒江），四川，陕西，江苏，浙江，江西，湖南，福建，广东。

橙黑雪苔蛾 *Cyana javanica* (Butler, 1877)

分布：云南（红河）；缅甸，新加坡，印度尼西亚。

云参雪苔蛾 *Cyana khasiana* Hampson, 1897

分布：云南，四川；印度，泰国，越南。

拉达雪苔蛾 *Cyana lada* Volynkin, Černý & Saldaitis, 2019

分布：云南（怒江）；越南。

丽江雪苔蛾 *Cyana likiangensis* (Daniel, 1953)

分布：云南（丽江）。

Cyana meiomena Volynkin, Saldaitis & Müller, 2022

分布：云南（迪庆）；越南。

箭雪苔蛾 *Cyana moelleri* (Elwes, 1890)

分布：西南地区；印度，尼泊尔，泰国，越南。

斜线雪苔蛾 *Cyana obliquilineata* (Hampson, 1900)

分布：云南（西双版纳）；印度，柬埔寨。

红黑雪苔蛾 *Cyana perornata* (Walker, 1854)

分布：云南（红河、西双版纳）；印度，尼泊尔，泰国，越南，孟加拉国，柬埔寨，印度尼西亚。

明雪苔蛾 *Cyana phaedra* Leech, 1889

分布：云南（昭通），四川，陕西，浙江，江西，湖北，湖南。

阴雪苔蛾指名亚种 *Cyana puella puella* (Drury, 1773)

分布：云南（红河）；印度，巴基斯坦，尼泊尔，非洲。

血红雪苔蛾 *Cyana sanguinea* Bremer & Grey, 1852

分布：云南（丽江、大理），四川，广西，北京，黑龙江，辽宁，河北，山西，陕西，河南，湖北，湖南，台湾；日本。

符雪苔蛾 *Cyana signa* (Walker, 1854)

分布：云南（红河、大理），西藏，福建；印度，缅甸，泰国。

锡金雪苔蛾 *Cyana sikkimensis* (Elwes, 1890)

分布：云南（丽江、迪庆），四川，西藏；尼泊尔，印度。

短棒雪苔蛾 *Cyana subalba* (Wileman, 1910)

分布：云南（文山）。

Cyana triapotamia Volynkin, Saldaitis & Müller, 2022

分布：云南（大理）；缅甸。

三叶雪苔蛾 *Cyana trilobata* Fang, 1992

分布：云南，西藏；印度，不丹，泰国，越南。

Cyana watsoni Hampson, 1897

分布：云南；印度，缅甸。

眸夜蛾属 *Cyclodes* Guenée, 1852

眸夜蛾 *Cyclodes omma* (Hoeven, 1840)

分布：云南；印度，斯里兰卡，印度尼西亚。

鳞斑圆苔蛾属 *Cyclomilta* Hampson, 1900

鳞斑圆苔蛾 *Cyclomilta melanolepia* Dudgeon, 1899

分布：云南（普洱）；印度。

环苔蛾属 *Cyclosiella* Hampson, 1900

环苔蛾 *Cyclosiella dulcicula* Swinhoe, 1890

分布：云南（西双版纳）；印度，斯里兰卡，缅甸，印度尼西亚，马来西亚，文莱。

斑蕊夜蛾属 *Cymatophoropsis* Hampson, 1894

三斑蕊夜蛾 *Cymatophoropsis trimaculata* (Bremer, 1861)

分布：云南（大理、丽江、保山、文山），黑龙江，河北，山东，湖南，广西，福建；日本，朝鲜。

大斑蕊夜蛾 *Cymatophoropsis unca* (Houlbert, 1921)

分布：云南，西藏，四川，浙江，湖北，江西；日本，朝鲜。

Cyme Felder, 1861

俊艳苔蛾 *Cyme euprepioides interserta* (**Moore, 1878**)

分布：云南（红河、德宏、西双版纳）；印度，缅甸。

炬夜蛾属 *Daddala* Walker, 1865

短炬夜蛾 *Daddala brevicauda* **Wileman & South, 1921**

分布：云南（保山、怒江）；印度，尼泊尔，不丹，泰国，越南，老挝，马来西亚，菲律宾，印度尼西亚，大洋洲。

光炬夜蛾 *Daddala lucilla* **Butler, 1881**

分布：云南（红河、临沧、保山），西藏，广西，福建，台湾，广东，海南；日本，印度，缅甸，泰国，马来西亚，印度尼西亚，菲律宾，巴布亚新几内亚。

丹苔蛾属 *Danielithosia* Dubatolov & Kishida, 2012

小土苔蛾 *Danielithosia milina* (**Fang, 1982**)

分布：云南（迪庆）。

露毒蛾属 *Daplasa* Moore, 1879

黑瘤露毒蛾 *Daplasa melanoma* (**Collenette, 1938**)

分布：云南（丽江），四川。

Daplasa nivisala **Pang, Rindoš, Kishida & Wang, 2019**

分布：云南（迪庆）。

露毒蛾 *Daplasa irrorata* **Moore, 1879**

分布：云南（丽江、迪庆、红河、怒江），四川，西藏，贵州，江苏，安徽，浙江，江西，湖北，湖南，广西，福建，广东；印度。

茸毒蛾属 *Dasychira* Hübner, 1809

涅茸毒蛾 *Dasychira anophoeta* **Collenette, 1935**

分布：云南（丽江）。

茶茸毒蛾 *Dasychira baibarana* (**Matsumura, 1927**)

分布：云南（高黎贡山），浙江，广西，广东，福建。

铅茸毒蛾 *Dasychira chekiangensis* (**Collenette, 1938**)

分布：云南（高黎贡山），广东，浙江。

角茸毒蛾 *Dasychira cyrteschata* **Collenette, 1939**

分布：云南（丽江），西藏。

环茸毒蛾 *Dasychira dudgeoni* (**Swinhoe, 1907**)

分布：云南，江苏，浙江，湖北，湖南，广西，福建，广东，海南，台湾；印度，印度尼西亚。

丽江茸毒蛾 *Dasychira feminula likiangensis* (**Collenette, 1935**)

分布：云南（高黎贡山、大理）。

白纹茸毒蛾 *Dasychira flavimacula* (**Moore, 1865**)

分布：云南（迪庆、丽江），四川，西藏，陕西；印度。

椭斑茸毒蛾 *Dasychira fusiformis* (**Walker, 1855**)

分布：云南，四川；印度，斯里兰卡。

蔚茸毒蛾 *Dasychira glaucinoptera* (**Collenette, 1934**)

分布：云南（丽江），四川，西藏，陕西，甘肃，浙江，福建。

缨茸毒蛾 *Dasychira hoenei* **Collenette, 1935**

分布：云南（丽江）。

结茸毒蛾 *Dasychira lunulata* (**Butler, 1877**)

分布：云南（高黎贡山、文山），黑龙江，吉林，陕西；日本，朝鲜，俄罗斯。

沁茸毒蛾 *Dasychira mendosa* (**Hübner, 1823**)

分布：云南，广东，海南，台湾；缅甸，印度尼西亚，印度，斯里兰卡，澳大利亚。

纵线茸毒蛾 *Dasychira olearia* (**Swinhoe, 1885**)

分布：云南（红河），福建；印度。

沙茸毒蛾 *Dasychira orimba* (**Swinhoe, 1894**)

分布：云南（保山），广东，海南；印度。

晰结茸毒蛾 *Dasychira oxygnatha* **Collenette, 1936**

分布：云南（迪庆）。

赭茸毒蛾 *Dasychira pilodes* (**Collenette, 1936**)

分布：云南（丽江、迪庆），四川。

平带茸毒蛾 *Dasychira planozona* (**Collenette, 1936**)

分布：云南（丽江、曲靖、迪庆），四川，陕西。

楔茸毒蛾 *Dasychira polysphena* (**Collenette, 1936**)

分布：云南（丽江）。

纹茸毒蛾 *Dasychira simiolus* (**Collenette, 1936**)

分布：云南（丽江、大理、德宏），四川，广西。

绚茸毒蛾 *Dasychira strigata* (**Aurivillius, 1925**)

分布：云南；印度。

台茸毒蛾食栎亚种 *Dasychira taiwana aurifera* **Scriba, 1919**

分布：云南，西藏，四川，陕西；日本。

台茸毒蛾指名亚种 *Dasychira taiwana taiwana* (**Wileman, 1910**)

分布：云南（高黎贡山），江苏，台湾，广东。

暗茸毒蛾 *Dasychira tenebrosa* **Walker, 1865**

分布：云南（丽江），四川，西藏，陕西，台湾；印度。

大茸毒蛾 *Dasychira thwaitesi* (Moore, 1883)

分布：云南（高黎贡山），广西，广东。

丝茸毒蛾 *Dasychira tristis* Heylaerts, 1892

分布：云南（大理），西藏；马来西亚。

Defreinarctia Dubatolov & Kishida, 2005

滇西污灯蛾 *Defreinarctia dianxi* (Fang & Cao, 1984)

分布：云南（昆明、玉溪、曲靖、楚雄、保山、大理、丽江、临沧、普洱）。

Delineatia Volynkin & Huang, 2019

黑缘美苔蛾 *Delineatia delineata* (Walker, 1854)

分布：云南（昭通），四川，甘肃，江苏，浙江，江西，湖北，湖南，广西，福建，广东，香港，台湾。

两色夜蛾属 *Dichromia* Boisduval & Guenée, 1854

窄带两色夜蛾 *Dichromia occatus* (Moore, 1882)

分布：云南（普洱、西双版纳），河北，台湾；日本，朝鲜半岛，印度，缅甸，老挝，菲律宾，印度尼西亚。

姊两色夜蛾 *Dichromia quadralis* Walker, 1858

分布：云南（保山、昆明、德宏、红河）；日本，印度，缅甸。

马蹄两色夜蛾 *Dichromia sagitta* (Fabricius, 1775)

分布：云南（昆明、德宏、保山、文山、普洱、西双版纳），西藏，贵州，辽宁，湖南，广西，福建，广东，海南，台湾；日本，朝鲜，韩国，越南，缅甸，印度，斯里兰卡，巴基斯坦。

两色夜蛾 *Dichromia trigonalis* Guenée, 1854

分布：云南，西藏，贵州，四川，山东，河南，浙江，江西，福建；日本，朝鲜，印度。

狄苔蛾属 *Diduga* Moore, 1887

Diduga albicosta Hampson, 1891

分布：云南。

Diduga allodubatolovi Bayarsaikhan, Li & Bae, 2020

分布：云南。

黄缘狄苔蛾 *Diduga flavicostata* (Snellen, 1879)

分布：云南（西双版纳），广西，江西；缅甸，斯里兰卡，印度尼西亚。

木樨狄苔蛾 *Diduga luteogibbosa* Bayarsaikhan, Li & Bae, 2020

分布：云南。

Diduga scalprata Bayarsaikhan, Li & Bae, 2020

分布：云南。

尺夜蛾属 *Dierna* Walker, 1858

斜尺夜蛾 *Dierna strigata* Moore, 1867

分布：云南（保山、文山、德宏），湖南，福建，海南，江西；印度，孟加拉国。

微拟灯蛾属 *Digama* Moore, 1860

微拟灯蛾 *Digama hearseyana* (Moore, 1860)

分布：云南（红河、玉溪），广西；印度，斯里兰卡，尼泊尔。

双衲夜蛾属 *Dinumma* Walker, 1858

曲带双衲夜蛾 *Dinumma deponens* Walker, 1858

分布：云南，山东，河南，江苏，浙江，湖南，江西，广西，福建，广东；日本，朝鲜，印度。

狄夜蛾属 *Diomea* Walker, 1859

星狄夜蛾 *Diomea cremata* (Butler, 1878)

分布：云南（西双版纳），黑龙江，河北；日本，朝鲜，印度。

白纹狄夜蛾 *Diomea discisigna* Sugi, 1963

分布：云南；日本。

角苔蛾属 *Disasuridia* Fang, 1991

赤角苔蛾 *Disasuridia rubida* Fang, 1991

分布：云南（普洱）。

朵苔蛾属 *Dolgoma* Moore, 1878

筛土苔蛾 *Dolgoma cribrata* (Staudinger, 1887)

分布：云南（丽江、红河、西双版纳），四川，西藏，黑龙江，吉林，陕西，湖北；日本，朝鲜。

欧朵苔蛾 *Dolgoma oblitterans* (Felder, 1868)

分布：云南（丽江、昭通、红河、西双版纳），西藏，四川，海南；印度，斯里兰卡，印度尼西亚，非洲。

矩朵苔蛾 *Dolgoma rectoides* Dubatolov, 2012

分布：云南（普洱、西双版纳）；越南。

黄土苔蛾 *Dolgoma xanthocraspis* (Hampson, 1900)

分布：云南（丽江、迪庆、怒江），山西，陕西，湖北，福建；印度。

扇毒蛾属 *Dura* Moore, 1879

扇毒蛾 *Dura alba* (Moore, 1879)

分布：云南（西双版纳），台湾；菲律宾，印度。

巾夜蛾属 *Dysgonia* Hübner, 1823

耆巾夜蛾 *Dysgonia senex* Walker, 1858

分布：云南（保山），广东；大洋洲。

白肾夜蛾属 *Edessena* Walker, 1858

白肾夜蛾 *Edessena gentiusalis* Walker, 1858

分布：云南（保山、临沧），西藏，四川，河北，湖南，海南，福建；日本。

钩白肾夜蛾 *Edessena hamada* Felder & Rogenhofer, 1874

分布：云南（文山、保山、昭通、大理、临沧），四川，吉林，辽宁，黑龙江，河北，江西，湖南，福建；日本，俄罗斯，朝鲜半岛。

土苔蛾属 *Eilema* Hübner, 1819

日土苔蛾 *Eilema japonica* (Leech, [1889])

分布：云南（丽江），四川，山西，陕西，北京，浙江；日本，朝鲜。

贺土苔蛾 *Eilema hoenei* (Daniel, 1954)

分布：云南（昆明、丽江）。

粉鳞土苔蛾同色亚种 *Eilema moorei concolor* (Daniel, 1954)

分布：云南（大理、丽江），四川。

柠土苔蛾 *Eilema nigripes* (Hampson, 1900)

分布：云南（丽江），四川；印度。

蜀土苔蛾 *Eilema szetchuana* (Sterneck, 1938)

分布：云南（昆明、保山、德宏），四川，陕西，山东，福建。

卷土苔蛾 *Eilema totricoides* (Walker, 1862)

分布：云南，西藏；印度尼西亚，马来西亚。

单土苔蛾 *Eilema uniformeola* (Daniel, 1954)

分布：云南（丽江、迪庆），西藏，四川，甘肃。

眵目夜蛾属 *Entomogramma* Guenée, 1852

眵目夜蛾 *Entomogramma fautrix* Guenée, 1852

分布：云南（保山、西双版纳），广西，广东，福建，海南；印度，缅甸，越南，孟加拉国。

梳角眵目夜蛾 *Entomogramma torsa* Guenée, 1852

分布：云南（玉溪、红河、曲靖、普洱、大理、保山），广东；印度，斯里兰卡，印度尼西亚，斐济。

东灯蛾属 *Eospilarctia* Kôda, 1988

赤污灯蛾 *Eospilarctia erythrophleps* (Hampson, 1894)

分布：云南（德宏、临沧、普洱、红河、保山、怒江、文山、大理、丽江、玉溪、西双版纳）；印度。

方氏东灯蛾 *Eospilarctia fangchenglaiae* Dubatolov, Kishida & Wang, 2008

分布：云南，四川，广东，浙江，江西，陕西，湖北，海南；越南。

肖褐带东灯蛾 *Eospilarctia jordansi* (Daniel, 1943)

分布：云南（昆明、玉溪、曲靖、楚雄、保山、大理、丽江、红河、文山、临沧、普洱、德宏、怒江、迪庆、西双版纳）。

褐带东灯蛾 *Eospilarctia lewisii* (Butler, 1855)

分布：云南（昆明、昭通、迪庆、丽江、大理、怒江、文山、红河），四川，陕西，浙江，湖北，湖南，广西；日本。

马氏东灯蛾 *Eospilarctia maciai* Saldaitis, Ivinskis, Witt & Pekarsky, 2012

分布：云南（大理）。

赭褐带东灯蛾 *Eospilarctia nehallenia* (Oberthür, 1911)

分布：云南（昭通、曲靖、保山、大理、丽江），四川，陕西，台湾。

峨眉东灯蛾 *Eospilarctia pauper* (Oberthür, 1911)

分布：云南（大理、丽江、保山、临沧、普洱、玉溪、昭通、曲靖），四川，湖北。

大理东灯蛾 *Eospilarctia taliensis* (Rothschild, 1933)

分布：云南，四川，陕西。

滇褐带东灯蛾 *Eospilarctia yunnanica* (Daniel, 1943)

分布：云南（昆明、玉溪、曲靖、楚雄、保山、大理、丽江、红河、文山、临沧、普洱、德宏、怒江、迪庆、西双版纳），四川。

黄臀灯蛾属 *Epatolmis* Butler, 1877

黄臀灯蛾 *Epatolmis caesarea* (Goeze, 1781)

分布：云南，四川，辽宁，吉林，黑龙江，陕西，山东，山西，河北，内蒙古，江苏，江西，湖南；日本，俄罗斯（东部地区），土耳其，欧洲。

篦夜蛾属 *Episparis* Walker, 1857

麟篦夜蛾 *Episparis costistriga* (Walker, 1864)

分布：云南（西双版纳），海南；印度，马来西亚。

白线篦夜蛾 *Episparis liturata* (Fabricius, 1787)

分布：云南（西双版纳），浙江，江西；印度，缅甸，斯里兰卡，印度尼西亚。

耳夜蛾属 *Ercheia* Walker, 1857

曲耳夜蛾 *Ercheia cyllaria* Cramer, 1779

分布：云南（文山、红河、保山、德宏、大理、西双版纳），台湾，广东，海南，广西；印度，尼泊尔，孟加拉国，缅甸，斯里兰卡，泰国，越南，马来西亚，印度尼西亚，菲律宾，新加坡，大洋洲。

放线曲耳夜蛾 *Ercheia multilinea* Swinhoe, 1902

分布：云南（红河）。

雪耳夜蛾 *Ercheia niveostrigata* Warren, 1913

分布：云南（文山、保山），四川，江苏，浙江，湖南，福建；日本。

阴耳夜蛾 *Ercheia umbrosa* Butler, 1881

分布：云南（保山、红河），贵州，四川，江西，广西，广东，海南；日本，朝鲜，印度，泰国，越南。

目夜蛾属 *Erebus* Latrielle, 1810

空目夜蛾 *Erebus aerosa* Swinhoe, 1900

分布：云南（文山、保山、西双版纳）；印度尼西亚。

玉边目夜蛾 *Erebus albicinctus* kollar, 1844

分布：云南（昆明、保山），贵州，四川，台湾；印度，缅甸。

羊目夜蛾 *Erebus caprimulgus* (Fabricius, 1775)

分布：云南（红河、保山），广东，海南，台湾；印度，尼泊尔，孟加拉国，缅甸，泰国，越南。

目夜蛾 *Erebus crepuscularis* (Linnaeus, 1852)

分布：云南（昭通、德宏），四川，浙江，湖北，江西，湖南，广西，福建，广东，海南；日本，印度，缅甸，斯里兰卡，印度尼西亚，新加坡。

魔目夜蛾 *Erebus ephesperis* (Hübner, 1827)

分布：云南（文山、德宏）。

玉线目夜蛾 *Erebus gemmans* Guenée, 1852

分布：云南（保山、西双版纳），四川，福建，广东，台湾；印度，不丹，尼泊尔，泰国，缅甸，孟加拉国，印度尼西亚，马来西亚，文莱。

闪目夜蛾 *Erebus glaucopis* Walker, 1858

分布：云南（保山、大理），贵州，广西；印度，尼泊尔，孟加拉国，泰国。

眉目夜蛾 *Erebus hieroglyphica* (Drury, 1773)

分布：云南（红河、临沧、西双版纳），广东，海南；印度，缅甸，斯里兰卡，菲律宾，印度尼西亚，新加坡。

卷裳魔目夜蛾 *Erebus macrops* (Linnaeus, 1768)

分布：云南（保山、普洱、丽江、文山），四川，江西，福建，海南，广东；日本，印度，尼泊尔，缅甸，斯里兰卡，印度尼西亚，马来西亚，文莱。

波目夜蛾 *Erebus orion* (Hampson, 1913)

分布：云南（红河）；印度尼西亚。

毛目夜蛾 *Erebus pilosa* Leech, 1900

分布：云南（保山），四川，湖北，江西。

春鹿蛾属 *Eressa* Walker, 1854

春鹿蛾 *Eressa confinis* (Walker, 1854)

分布：云南（昆明、大理、普洱、德宏、临沧、红河、文山、西双版纳），西藏，广西，广东，海南，台湾；印度，不丹，斯里兰卡，缅甸。

小边春鹿蛾 *Eressa microchilus* (Hampson, [1893])

分布：云南（西双版纳），湖北；缅甸。

多点春鹿蛾 *Eressa multigutta* (Walker, 1854)

分布：云南（普洱、保山、丽江、怒江、临沧、迪庆），四川，西藏，贵州，新疆，甘肃，湖南，湖北；印度，尼泊尔，缅甸。

蜂春鹿蛾 *Eressa vespa* Hampson, 1898

分布：云南（普洱），广西，广东，台湾；缅甸，印度，不丹，斯里兰卡。

南夜蛾属 *Ericeia* Walker, 1857

暗带南夜蛾 *Ericeia eriophora* Guenée, 1852

分布：云南（保山、大理、普洱），台湾，广东，海南；印度，斯里兰卡，泰国，老挝，越南，马来西亚，印度尼西亚，菲律宾。

伯南夜蛾 *Ericeia fraterna* Moore, 1885

分布：云南（迪庆、红河），山东，湖南，广东；缅甸，印度，斯里兰卡，菲律宾，日本。

中南夜蛾 *Ericeia inangulata* Guenée, 1852

分布：云南（保山、红河、普洱），西藏，湖南，广西，福建，台湾，海南；日本，印度，斯里兰卡，巴基斯坦，缅甸，孟加拉国，泰国，越南，印度尼西亚，菲律宾，澳大利亚，非洲。

断线南夜蛾 *Ericeia pertendens* Walker, 1858

分布：云南（保山、普洱、文山），广东，海南；斯里兰卡，印度尼西亚。

Esmasura Volynkin & Huang, 2019

褐脉艳苔蛾 *Esmasura esmia* (Swinhoe, 1894)

分布：云南（丽江），四川，浙江，江西，湖北，湖南；缅甸。

厚裳蛾属 *Erygia* Guenée, 1852

厚裳蛾 *Erygia apicalis* Guenée, 1852
分布：云南（普洱），四川，湖南，福建，台湾，广东，海南；日本，朝鲜，韩国，印度，尼泊尔，泰国，越南，印度尼西亚，菲律宾，澳大利亚。

彩鹿蛾属 *Euchromia* Hübner, 1819

丰彩鹿蛾 *Euchromia polymena* (Linnaeus, 1758)
分布：云南（西双版纳），广东，台湾；缅甸，菲律宾，印度，新加坡，泰国，马来西亚，印度尼西亚。

艳叶夜蛾属 *Eudocima* Billberg, 1820

黄褐艳叶夜蛾 *Eudocima aurantia* Moore, 1877
分布：云南（保山、德宏、红河）；印度，斯里兰卡，缅甸。

暗艳叶夜蛾 *Eudocima cajeta* Cramer, 1775
分布：云南（保山），海南；印度，斯里兰卡，印度尼西亚，中南半岛。

镶艳叶夜蛾 *Eudocima homaena* Hübner, 1823
分布：云南（保山），广西，台湾，海南；印度，缅甸，菲律宾，马来西亚。

斑艳叶夜蛾 *Eudocima hypermnestra* (Cramer, 1780)
分布：云南（红河），广西，广东，海南；印度，缅甸，斯里兰卡。

凡艳叶夜蛾 *Eudocima phalonia* (Linnaeus, 1763)
分布：云南（德宏、文山、红河、保山、普洱、临沧），四川，黑龙江，山东，江苏，浙江，湖南，广西，台湾，福建，广东，海南；日本，朝鲜，大洋洲，非洲。

艳叶夜蛾 *Eudocima salaminia* Cramer, 1777
分布：云南（保山、红河、西双版纳），广西，浙江，江西，台湾，广东；印度，大洋洲，非洲。

枯艳叶夜蛾 *Eudocima tyrannus* Guenée, 1852
分布：云南（红河、保山、迪庆、丽江），四川，辽宁，河北，山东，湖北，江苏，浙江，广西，台湾，福建，海南；日本，印度。

良苔蛾属 *Eugoa* Walker, 1857

双点良苔蛾 *Eugoa bipunctata* Walker, 1862
分布：云南，海南，台湾；印度，斯里兰卡，缅甸，印度尼西亚。

灰良苔蛾 *Eugoa grisea* Butler, 1877
分布：云南（普洱、西双版纳），西藏，四川，浙江，福建，江西，湖南，广西，台湾；日本，朝鲜。

暗良苔蛾 *Eugoa hampsoni* Holloway, 2001
分布：云南（西双版纳），广西，江西；印度尼西亚，马来西亚，文莱。

后缨良苔蛾 *Eugoa humerana* Walker, 1863
分布：云南（红河）；马来西亚。

谷良苔蛾 *Eugoa tineoides* Walker, 1862
分布：云南，江西；印度尼西亚，文莱，马来西亚。

新丽灯蛾属 *Euleechia* Dyar, 1900

新丽灯蛾 *Euleechia bieti* (Oberthür, 1883)
分布：云南（昭通），四川，湖北，浙江，陕西，山西，甘肃。

黑脉新丽灯蛾 *Euleechia miranda* (Oberthür, 1894)
分布：云南（昭通、曲靖、保山、大理、丽江、德宏、临沧、普洱、红河、怒江、迪庆、西双版纳），四川，西藏。

钩新丽灯蛾 *Euleechia pratti* (Leech, 1890)
分布：云南（昭通），四川，浙江，江西，湖北。

黄毒蛾属 *Euproctis* Hübner, 1819

白点黄毒蛾 *Euproctis albopunctata* (Hampson, 1892)
分布：云南，西藏，广西，海南；印度。

脉黄毒蛾 *Euproctis albovenosa* (Semper, 1899)
分布：云南（保山），江西，福建，海南；菲律宾。

双波带黄毒蛾 *Euproctis bisinuata* (Chao, 1984)
分布：云南（西双版纳）。

头黄毒蛾 *Euproctis brachychlaena* (Collenette, 1936)
分布：云南（丽江），四川。

柳棕黄毒蛾 *Euproctis cacaina* Chao, 1984
分布：云南（保山）。

丽黄毒蛾 *Euproctis callichlaena* (Collenette, 1936)
分布：云南（丽江），四川。

渗黄毒蛾 *Euproctis callipotama* (Collenette, 1932)
分布：云南（西双版纳），广东，广西；马来西亚。

洁黄毒蛾 *Euproctis catapasta* Collenette, 1951
分布：云南（红河、保山），西藏，四川；缅甸，印度。

藏黄毒蛾 *Euproctis chrysosoma* Collenette, 1939
分布：云南（红河、丽江），四川，西藏。

白黄毒蛾 *Euproctis collenettei* (Chao, 1994)
分布：云南（迪庆、保山、丽江），四川，陕西，甘肃。

霉黄毒蛾 *Euproctis conistica* Collenette, 1936
分布：云南（丽江），西藏。

乳斑黄毒蛾 *Euproctis crememaculata* (Chao, 1984)
分布：云南（临沧）。

菱带黄毒蛾 *Euproctis croceola* (Strand, 1918)
分布：云南（红河）。

蓖麻黄毒蛾 *Euproctis cryptosticta* Collenette, 1934
分布：云南（保山），江西，广西，广东。

白霜黄毒蛾 *Euproctis dealbata* (Chao, 1986)
分布：云南（德宏）。

弧星黄毒蛾 *Euproctis decussata* (Moore, 1877)
分布：云南，四川，广西，广东；印度，斯里兰卡。

指黄毒蛾 *Euproctis digitata* (Chao, 1983)
分布：云南（普洱）。

双弓黄毒蛾 *Euproctis diploxutha* (Collenette, 1939)
分布：云南（保山），江苏，浙江，江西，湖北，湖南，广西，福建，广东，海南。

弥黄毒蛾 *Euproctis dispersa* (Moore, 1879)
分布：云南（高黎贡山），西藏；印度。

饰黄毒蛾 *Euproctis divisa* (Walker, 1855)
分布：云南（保山、德宏、文山），四川，西藏；尼泊尔，印度。

闪电黄毒蛾 *Euproctis electrophaes* (Collenette, 1936)
分布：云南（丽江、迪庆）。

折带黄毒蛾 *Euproctis flava* (Bremer, 1861)
分布：云南（文山），四川，贵州，辽宁，吉林，黑龙江，河北，山西，内蒙古，陕西，甘肃，山东，河南，江苏，浙江，安徽，江西，湖北，湖南，广西，福建，广东；朝鲜，日本，俄罗斯。

岩黄毒蛾 *Euproctis flavotriangulata* (Gaede, 1932)
分布：云南，四川，陕西，北京，浙江，湖南，福建。

缘点黄毒蛾 *Euproctis fraterna* Moore, 1883
分布：云南（保山），湖南，广西，广东；印度，斯里兰卡。

熏黄毒蛾 *Euproctis fumea* (Chao, 1984)
分布：云南（大理）。

暗黄毒蛾 *Euproctis gilva* (Chao, 1983)
分布：云南（红河）。

火黄毒蛾 *Euproctis glaphyra* (Collenette, 1936)
分布：云南（丽江），四川。

瘢黄毒蛾 *Euproctis hagna* (Collenette, 1938)
分布：云南（红河）；印度。

棕黄毒蛾 *Euproctis helvola* (Chao, 1983)
分布：云南（文山）。

霞黄毒蛾 *Euproctis hemicyclia* (Collenette, 1930)
分布：云南（西双版纳）；印度尼西亚。

污黄毒蛾 *Euproctis hunanensis* Collenette, 1938
分布：云南，贵州，广西，湖北，江西，湖南，福建，广东。

网带黄毒蛾 *Euproctis inconcisa* (Walker, 1865)
分布：云南（高黎贡山），西藏；印度。

景东黄毒蛾 *Euproctis jingdongensis* (Chao, 1983)
分布：云南（普洱、西双版纳）。

染黄毒蛾 *Euproctis kala* (Moore, 1859)
分布：云南（临沧、西双版纳）；印度尼西亚。

油桐黄毒蛾 *Euproctis latifascia* (Walker, 1855)
分布：云南，广西；越南，尼泊尔，印度。

白脉黄毒蛾 *Euproctis leucorhabda* (Collenette, 1939)
分布：云南（西双版纳）；菲律宾。

积带黄毒蛾 *Euproctis leucozona* (Collenette, 1938)
分布：云南（迪庆、丽江），四川，西藏，陕西。

红尾黄毒蛾 *Euproctis lunata* (Walker, 1855)
分布：云南，四川；缅甸，印度，斯里兰卡，巴基斯坦，印度尼西亚。

褐黄毒蛾 *Euproctis magna* (Swinhoe, 1891)
分布：云南（保山、文山），四川，贵州，福建，江西，湖南，广西，广东，台湾；印度。

圆斑黄毒蛾 *Euproctis marginata* (Moore, 1879)
分布：云南（迪庆、丽江、德宏、红河），西藏，湖南，广西，广东；印度。

黑线黄毒蛾 *Euproctis melanoma* (Collenette, 1938)
分布：云南（迪庆、丽江）。

梯带黄毒蛾 *Euproctis montis* (Leech, 1890)
分布：云南（丽江），四川，西藏，江苏，浙江，江西，湖北，湖南，广西，福建，广东。

两色黄毒蛾 *Euproctis nigrifulva* (Gaede, 1932)
分布：云南（丽江、迪庆）。

椰棕黄毒蛾 *Euproctis ochrilineata* (Gaede, 1932)
分布：云南（迪庆、保山）。

波黄毒蛾 *Euproctis olivata* (Hampson, 1879)
分布：云南（西双版纳）；印度。

夹竹桃黄毒蛾 *Euproctis oreosaura* (Swinhoe, 1894)
分布：云南（西双版纳）；印度，印度尼西亚。

影带黄毒蛾 *Euproctis percnogaster* Collenette, 1938
分布：云南（临沧），西藏，广西；印度。

锈黄毒蛾 *Euproctis plagiata* **(Walker, 1855)**
分布：云南（丽江、德宏、保山、文山、西双版纳），西藏，广西，福建，广东；尼泊尔，马来西亚。

漫星黄毒蛾 *Euproctis plana* **(Walker, 1865)**
分布：云南（昆明、迪庆、丽江、西双版纳），河南，浙江，安徽，江西，湖北，湖南，广西，福建，广东；印度尼西亚。

眼黄毒蛾 *Euproctis praecurrens* **(Walker, 1865)**
分布：云南（西双版纳）；马来西亚。

茶黄毒蛾 *Euproctis pseudoconspersa* **(Strand, 1914)**
分布：云南（文山），西藏，四川，贵州，陕西，甘肃，江苏，浙江，安徽，江西，湖北，湖南，广西，福建，广东，台湾；日本。

镶带黄毒蛾 *Euproctis punctifascia* **(Walker, 1855)**
分布：云南，西藏；印度尼西亚，印度，斯里兰卡。

焰黄毒蛾 *Euproctis pyraustis* **(Meyrick, 1891)**
分布：云南（保山）；大洋洲。

络黄毒蛾 *Euproctis reticulata* **(Chao, 1986)**
分布：云南（普洱、德宏）。

洒黄毒蛾 *Euproctis schaliphora* **Collenette, 1936**
分布：云南（丽江），西藏。

半纹黄毒蛾 *Euproctis semivitta* **(Moore, 1879)**
分布：云南（西双版纳）；印度。

河星黄毒蛾 *Euproctis staudingeri* **(Leech, 1889)**
分布：云南（高黎贡山、丽江、红河、德宏），西藏，江西，广西，湖南，福建；日本。

二点黄毒蛾 *Euproctis stenosacea* **(Collenette, 1951)**
分布：云南（临沧、西双版纳）；尼泊尔，印度。

迹带黄毒蛾 *Euproctis subfasciata* **(Walker, 1865)**
分布：云南（保山），广西，广东；印度，越南。

淡黄毒蛾 *Euproctis tanaocera* **(Collenette, 1939)**
分布：云南（普洱），四川。

三叉黄毒蛾 *Euproctis tridens* **(Collenette, 1939)**
分布：云南（迪庆、丽江），湖南。

三点黄毒蛾 *Euproctis tristicta* **(Collenette, 1939)**
分布：云南（临沧、丽江、西双版纳）；越南。

匀黄毒蛾 *Euproctis uniformis* **(Moore, 1879)**
分布：云南（临沧、西双版纳），广东。

瑞星黄毒蛾 *Euproctis varia* **Walker, 1855**
分布：云南（丽江、普洱、大理、曲靖），四川，西藏，广东；印度。

幻带黄毒蛾 *Euproctis varians* **(Walker, 1855)**
分布：云南，四川，河北，陕西，山西，山东，河南，上海，江苏，浙江，安徽，福建，江西，湖北，湖南，广西，广东，台湾；马来西亚，印度。

宽带黄毒蛾 *Euproctis yunnana* **Collenette, 1939**
分布：云南（普洱）。

云南松黄毒蛾 *Euproctis yunnanpina* **(Chao, 1984)**
分布：云南（玉溪），广西。

甸夜蛾属 *Eurogramma* **Hampson, 1926**

甸夜蛾 *Eurogramma obliquilineata* **Leech, 1900**
分布：云南（保山），四川。

Fangarctia **Dubatolov, 2003**

终条污灯蛾 *Fangarctia zhongtaio* **(Fang & Cao, 1984)**
分布：云南（昆明、玉溪、曲靖、楚雄、保山、大理、丽江、红河、文山、临沧、普洱、昭通）。

Floridasura **Volynkin, 2019**

三色艳苔蛾 *Floridasura tricolor* **(Wileman, 1910)**
分布：云南（保山），四川，广西，海南，台湾。

符夜蛾属 *Fodina* **Guenée, 1852**

符夜蛾 *Fodina oriolus* **Guenée, 1852**
分布：云南（临沧、西双版纳），海南；印度，巴基斯坦。

泊符夜蛾 *Fodina pallula* **Guenée, 1852**
分布：云南，海南。

Fossia **Volynkin, Ivanova & Huang, 2019**
Fossia punicea kachina **(Volynkin & Černý, 2018)**
分布：云南（大理）；缅甸。

棒小夜蛾属 *Fustis* **Fibiger, 2010**

S 棒小夜蛾 *Fustis s-forma* **Fibiger, 2010**
分布：云南（西双版纳）；泰国。

曲苔蛾属 *Gampola* **Moore, 1878**

曲苔蛾 *Gampola fasciata* **Moore, 1878**
分布：云南，福建；斯里兰卡。

华曲苔蛾 *Gampola sinica* **Dubatolov, Kishida & Wang, 2012**
分布：云南（普洱、西双版纳），广东。

甘苔蛾属 *Garudinia* **Moore, 1882**

双极甘苔蛾 *Garudinia biplagiata* **Hampson, 1896**
分布：云南（西双版纳、普洱）；印度，缅甸，泰国，马来西亚，新加坡。

卵形甘苔蛾 *Garudinia ovata* Zhao, Wu & Han, 2023
分布：云南（西双版纳）。

Garudinia pseudolatana Holloway, 2001
分布：云南（西双版纳）；印度，马来西亚。

同甘苔蛾 *Garudinia simulana* Walker, 1863
分布：云南（西双版纳）；印度尼西亚，文莱，马来西亚。

荷苔蛾属 *Ghoria* Moore, 1878

银荷苔蛾 *Ghoria albocinerea* Moore, 1878
分布：云南（丽江、大理、怒江、昭通、玉溪），四川，陕西，湖北，湖南，广西；印度。

头褐荷苔蛾 *Ghoria collitoides* Butler, 1885
分布：云南（昆明、曲靖、丽江，大理），四川，黑龙江，吉林，辽宁，陕西，湖北，湖南，台湾；日本。

长荷苔蛾 *Ghoria longivesica* Volynkin, Saldaitis & Černý, 2020
分布：云南（大理）；泰国。

光荷苔蛾 *Ghoria lucida* Fang, 1990
分布：云南（红河）。

Ghoria mubupa Volynkin, Saldaitis & Černý, 2020
分布：云南（丽江、迪庆）。

幼荷苔蛾 *Ghoria parvula* Fang, 1990
分布：云南，四川，湖北，湖南。

后灰荷苔蛾 *Ghoria postfusca* Hampson, 1894
分布：云南（怒江），西藏；印度，尼泊尔。

土黄荷苔蛾 *Ghoria yuennanica* Daniel, 1952
分布：云南，四川，陕西。

荣夜蛾属 *Gloriana* Kirby, 1897

荣夜蛾 *Gloriana ornata* Moore, 1882
分布：云南（保山、红河）；印度。

象夜蛾属 *Grammodes* Guenée, 1852

象夜蛾 *Grammodes geometrica* (Fabricius, 1775)
分布：云南（丽江），四川，浙江，湖北，湖南，台湾，广东；缅甸，印度，斯里兰卡，伊朗，土耳其，新加坡，印度尼西亚，大洋洲，欧洲，非洲。

曲线象夜蛾 *Grammodes stolida* (Fabricius, 1913)
分布：云南（大理），四川，福建；印度，缅甸，亚洲西部，欧洲，非洲。

哈夜蛾属 *Hamodes* Guenée, 1852

斜线哈夜蛾 *Hamodes butleri* (1eech, 1900)
分布：云南（昆明、大理、红河、德宏、丽江、迪

庆），西藏，四川，湖南，福建，海南；泰国。

哈夜蛾 *Hamodes propitia* Boisduval, 1832
分布：云南（保山、红河），台湾，广东，海南；印度，尼泊尔，孟加拉国，泰国，老挝，缅甸，印度尼西亚，菲律宾，巴布亚新几内亚。

Hampsonascia Volynkin, 2019

齿美苔蛾 *Hampsonascia dentifascia* (Hampson, 1894)
分布：云南（西双版纳），福建，广西；印度，缅甸。

日苔蛾属 *Heliorabdia* Hampson, 1911

台日苔蛾 *Heliorabdia taiwana* Wileman, 1910
分布：云南（丽江），福建，台湾。

明苔蛾属 *Hemipsilia* Hampson, 1900

半明苔蛾 *Hemipsilia grahami* Schaus, 1924
分布：云南（怒江），四川，陕西，浙江，福建，海南。

紫苔蛾属 *Hemonia* alker, 1863

紫苔蛾 *Hemonia orbiferana* Walker, 1863
分布：云南（红河），广东，海南；印度，不丹，斯里兰卡。

长须夜蛾属 *Herminia* Latreille, 1802

中影长须夜蛾 *Herminia kurokoi* Owada, 1987
分布：云南（西双版纳），台湾；日本，斯里兰卡，印度尼西亚，马来西亚，文莱。

栎长须夜蛾 *Herminia nemoralis* (Fabricius, 1775)
分布：云南，四川，内蒙古；日本，欧洲。

双分苔蛾属 *Hesudra* Moore, 1878

双分华苔蛾 *Hesudra bisecta* (Rothschild, 1912)
分布：云南（红河），江西；印度尼西亚，马来西亚，文莱。

双分苔蛾 *Hesudra divisa* Moore, 1878
分布：云南，福建，江西，湖南，广东，台湾；印度，印度尼西亚，马来西亚，文莱。

黑脉毒蛾属 *Himala* Moore, 1879

黑脉毒蛾 *Himala argentea* (Walker, 1855)
分布：云南，四川；印度。

木夜蛾属 *Hulodes* Guenée, 1852

木夜蛾 *Hulodes caranea* Cramer, 1780
分布：云南（保山、临沧、德宏、丽江、西双版纳），

湖南，广西，广东；印度，斯里兰卡，缅甸，印度尼西亚。

悦木夜蛾 *Hulodes hilaris* Prout, 1921

分布：云南；巴布亚新几内亚。

亥夜蛾属 *Hydrillodes* Guenée, 1854

英翅亥夜蛾 *Hydrillodes abavalis* (Walker, 1859)

分布：云南（红河），西藏，海南；印度，斯里兰卡，印度尼西亚，马来西亚。

曲斑亥夜蛾 *Hydrillodes gravatalis* (Walker, [1859] 1858)

分布：云南（西双版纳），台湾；印度，斯里兰卡，印度尼西亚，马来西亚，文莱。

普须亥夜蛾 *Hydrillodes lentalis* Guenée, 1854

分布：云南（红河）。

印亥夜蛾 *Hydrillodes nilgirialis* Hampson, 1895

分布：云南（普洱、西双版纳），台湾；印度，越南，泰国。

髯须夜蛾属 *Hypena* Schrank, 1802

曲口髯须夜蛾 *Hypena abducalis* Walker, 1859

分布：云南（丽江），四川，西藏，河北，江西，湖南，福建；日本，印度，巴基斯坦，印度尼西亚。

阿髯须夜蛾 *Hypena abjectalis* Walker, [1859]

分布：云南；菲律宾，印度尼西亚。

双色髯须夜蛾 *Hypena bicoloralis* Graeser, 1888

分布：云南（保山、普洱），贵州，黑龙江，吉林，湖北；朝鲜半岛，日本，俄罗斯。

天蓝髯须夜蛾 *Hypena caeruleanotata* Holloway, 2008

分布：云南（普洱、西双版纳）；印度尼西亚。

晰髯须夜蛾 *Hypena cidarioides* Moore, 1882

分布：云南（怒江、普洱），贵州；印度，泰国。

凡髯须夜蛾 *Hypena cognata* Moore, 1887

分布：云南（西双版纳）；印度，斯里兰卡。

仪长须夜蛾 *Hypena fumidalis* Zeller, 1852

分布：云南（西双版纳）；缅甸，斯里兰卡，印度，大洋洲，非洲。

紫灰髯须夜蛾 *Hypena ineisa* Leech, 1900

分布：云南，四川，广西；缅甸，印度。

肯髯须夜蛾 *Hypena kengkalis* Bremer, 1864

分布：云南（丽江），吉林，湖北，河北；朝鲜半岛，俄罗斯，日本。

拉髯须夜蛾 *Hypena labatalis* Walker, [1859]

分布：云南（普洱、临沧、西双版纳）；印度，斯里兰卡，印度尼西亚。

印度髯须夜蛾 *Hypena laceratalis* Walker, [1859]

分布：云南（丽江、保山），香港；印度，非洲。

异髯须夜蛾 *Hypena lignealis* Walker, 1866

分布：云南（普洱），四川；日本，斯里兰卡。

长髯须夜蛾 *Hypena longipennis* Walker, 1865

分布：云南（怒江、普洱），台湾；泰国，印度。

印线髯须夜蛾 *Hypena masurialis* Guenée, 1854

分布：云南（丽江、保山），台湾；日本，印度。

大斑髯须夜蛾 *Hypena narratalis* Walker, 1859

分布：云南，四川，西藏，浙江，山东。

赭黄髯须夜蛾 *Hypena obesalis* Treitsehke, 1829

分布：云南（丽江），黑龙江，新疆，河北；欧洲。

裴髯须夜蛾 *Hypena perspicua* (Leech, 1990)

分布：云南（普洱、西双版纳），四川，湖北；日本，泰国。

棕髯须夜蛾 *Hypena phecomalis* Swinhoe, 1905

分布：云南（西双版纳、普洱）。

髯须夜蛾 *Hypena proboscidalis* (Linnaeus, 1758)

分布：云南（大理），西藏，黑龙江，吉林，新疆，湖北，台湾；朝鲜半岛，日本，俄罗斯，印度，欧洲，非洲。

子髯须夜蛾 *Hypena quadralis* Walker, 1859

分布：云南，西藏，河南；日本，印度，缅甸。

沟长须夜蛾 *Hypena rivuligera* Butler, 1881

分布：云南（迪庆）；日本，印度。

界髯须夜蛾 *Hypena satsumalis* Leech, 1889

分布：云南，安徽；日本。

拟威髯须夜蛾 *Hypena subvittalis* Walker，[1866] 1865

分布：云南（临沧、普洱），台湾；印度，澳大利亚，马达加斯加。

豆髯须夜蛾 *Hypena tristalis* Iederer, 1853

分布：云南（临沧），西藏，黑龙江，新疆，内蒙古，河北，山西，湖北，福建；日本，俄罗斯，朝鲜半岛。

齐髯须夜蛾 *Hypena zilla* Butler, 1879

分布：云南（普洱），黑龙江，辽宁，湖北；朝鲜半岛，日本，俄罗斯。

朋闪裳蛾属 *Hypersypnoides* Berio, 1954

白点朋闪夜蛾 *Hypersypnoides astrigera* (Butler, 1885)

分布：云南，四川，浙江，福建，江西，海南；日本。

后朋闪夜蛾 *Hypersypnoides catocaloides* (Moore, 1867)
分布：云南；孟加拉国。

点缘朋闪夜蛾 *Hypersypnoides marginata* (Leech, 1900)
分布：云南，四川，台湾；印度。

暗斑朋闪夜蛾 *Hypersypnoides plaga* (Leech, 1900)
分布：云南，四川。

粉点朋闪夜蛾 *Hypersypnoides punctosa* (Walker, 1865)
分布：云南，湖南，福建，海南；日本，印度。

乌朋闪裳蛾 *Hypersypnoides umbrosa* (Butler, 1881)
分布：云南（红河），四川，湖南，台湾，广东，广西；印度，尼泊尔，泰国。

佳苔蛾属 *Hypeugoa* Leech, 1899

黄灰佳苔蛾 *Hypeugoa flavogrisea* Leech, 1899
分布：云南（丽江），西藏，四川，贵州，甘肃，河北，山西，陕西，山东，河南，江西，江苏，浙江，湖北，湖南，广西。

鹰夜蛾属 *Hypocala* Guenée, 1852

鹰夜蛾 *Hypocala deflorata* (Fabricius, 1794)
分布：云南（红河）。

柿梢鹰夜蛾 *Hypocala moorei* Butler, 1881
分布：云南（保山、大理、丽江、文山），贵州，四川，河北，广东；日本，印度，泰国。

苹梢鹰夜蛾 *Hypocala subsatura* Guenée, 1852
分布：云南（保山、楚雄、丽江、迪庆、红河、文山、西双版纳），西藏，辽宁，内蒙古，甘肃，浙江，河北，江苏，台湾，广东，福建，河南；日本，印度，孟加拉国。

红褐鹰夜蛾 *Hypocala violacea* Butler, 1879
分布：云南（保山、文山、红河），台湾；印度，巴布亚新几内亚。

变色裳蛾属 *Hypopyra* Guenée, 1852

朴变色裳蛾 *Hypopyra feniseca* Guenée, 1852
分布：云南（昆明、丽江、保山、普洱、西双版纳），四川，贵州，江西，江苏，浙江，福建，广东，海南；印度，印度尼西亚。

南变色夜蛾 *Hypopyra meridionalis* (Hampson, 1913)
分布：云南；斯里兰卡。

镶变色夜蛾 *Hypopyra unistrigata* Guenée, 1952
分布：云南，广东；印度，缅甸，孟加拉国。

变色裳蛾 *Hypopyra vespertilio* (Fabricius, 1787)
分布：云南（昆明、丽江、玉溪、红河、普洱、西双版纳），山东，江苏，浙江，江西，福建，广东，海南；日本，韩国，印度，尼泊尔，斯里兰卡，缅甸，泰国，越南，马来西亚，印度尼西亚，菲律宾。

沟翅夜蛾属 *Hypospila* Guenée, 1852

沟翅夜蛾 *Hypospila bolinoides* Guenée, 1852
分布：云南（昆明、丽江），西藏，山东，湖南，广东，海南；日本，韩国，印度，斯里兰卡，泰国，越南，马来西亚，印度尼西亚，澳大利亚。

标沟翅夜蛾 *Hypospila signipalpis* (Walker, 1858)
分布：云南（昆明），湖南，广东；印度，斯里兰卡，马来西亚。

极夜蛾属 *Idia* Hübner, 1813

橙斑极夜蛾 *Idia calvaria* Denis & Schiffermüller, 1775
分布：云南（保山），河北，黑龙江；欧洲，伊朗。

分苔蛾属 *Idopterum* Hampson, 1894

椭圆分苔蛾 *Idopterum ovale* Hampson, 1894
分布：云南（保山）；缅甸。

棕毒蛾属 *Ilema* Moore, (1860)

针棕毒蛾 *Ilema acerosa* (Chao, 1986)
分布：云南（迪庆、丽江），四川，西藏。

银缘棕毒蛾 *Ilema argentimarginata* (Chao, 1986)
分布：云南（丽江），西藏。

栗棕毒蛾 *Ilema badia* (Chao, 1986)
分布：云南。

铜棕毒蛾 *Ilema bhana* (Moore, 1865)
分布：云南（丽江），四川，西藏，福建，广东，广西，海南；印度。

皱棕毒蛾 *Ilema caperata* (Chao, 1986)
分布：云南（昆明）。

霉棕毒蛾 *Ilema catocaloides* (Leech, 1899)
分布：云南（昆明），四川，湖北，湖南。

绿棕毒蛾 *Ilema chloroptera* (Hampson, 1892)
分布：云南（大理），四川；印度。

棕毒蛾 *Ilema costalis* (Walker, 1855)
分布：云南（西双版纳），广西，广东；缅甸，印度尼西亚。

角棕毒蛾 *Ilema cyrteschata* (Collenette, 1939)
分布：云南（丽江、迪庆），西藏。

苔棕毒蛾 *Ilema eurydice* **(Butler, 1885)**

分布：云南（大理），四川，陕西，江西，广西，福建，广东。

柔棕毒蛾 *Ilema feminula* **(Hampson, 1891)**

分布：云南（大理、丽江、迪庆、昭通），四川，陕西，江苏，浙江，江西，湖北，湖南，福建；印度。

黄棕毒蛾 *Ilema glandacea* **(Chao, 1986)**

分布：云南（丽江）。

可棕毒蛾 *Ilema inclusa* **(Walker, 1856)**

分布：云南（昆明），广东，广西，香港；印度，马来西亚，印度尼西亚，菲律宾。

三斑棕毒蛾 *Ilema nachiensis* **(Marumo, 1917)**

分布：云南（迪庆、大理），湖北，湖南，广东，广西，台湾；日本。

爪哇棕毒蛾 *Ilema preangerensis* **(Heylaerts, 1892)**

分布：云南（西双版纳），西藏；印度尼西亚。

锦棕毒蛾 *Ilema psolobalia* **(Collenette, 1936)**

分布：云南（丽江）。

半圆棕毒蛾 *Ilema semicirculosa* **(Gaede, 1932)**

分布：云南（丽江、大理），四川。

暗棕毒蛾 *Ilema tenebrosa* **(Walker, 1865)**

分布：云南（丽江、怒江），西藏，陕西，浙江，福建，台湾；印度。

美毒蛾属 *Imaida* Toxopeus, 1948

线美毒蛾云南亚种 *Imaida lineata yunnanensis* **Chao, 1984**

分布：云南（临沧）。

中华美毒蛾 *Imaida sinensis* **(Chao, 1984)**

分布：云南（西双版纳），海南。

锯纹毒蛾属 *Imaus* Moore, 1879

锯纹毒蛾 *Imaus mundus* **(Walker, 1855)**

分布：云南（红河）；缅甸，印度，印度尼西亚。

Indiania Kirti, Singh & Joshi, 2014

中黄美苔蛾 *Indiania eccentropis* **(Meyrick, 1894)**

分布：云南（普洱），广西，广东；印度，缅甸。

蓝条夜蛾属 *Ischyja* Hübner, 1816

窄蓝条夜蛾 *Ischyja ferrifracta* **Walker, 1865**

分布：云南（昆明、大理、丽江、红河、德宏、保山、西双版纳），浙江，湖南，广西，广东，海南；印度，缅甸、斯里兰卡，菲律宾，印度尼西亚。

蓝条夜蛾 *Ischyja manlia* **Cramer, 1766**

分布：云南（保山、昆明、红河、大理、丽江、西双版纳），山东，浙江，湖南，广西，福建，广东，海南；印度，缅甸，斯里兰卡，印度尼西亚、菲律宾。

黄足毒蛾属 *Ivela* Swinhoe, 1903

黄足毒蛾 *Ivela auripes* **(Butler, 1877)**

分布：云南（保山），四川，陕西，江西；朝鲜，日本。

峨山黄足毒蛾 *Ivela eshanensis* **(Chao, 1983)**

分布：云南（玉溪），四川，福建。

辉毒蛾属 *Kanchia* Moore, 1883

鳞辉毒蛾 *Kanchia lepida* **(Chao, 1987)**

分布：云南（西双版纳）。

辉毒蛾 *Kanchia subvitrea* **(Walker, 1865)**

分布：云南（普洱、丽江），四川，贵州，广东，台湾，香港；越南，印度，斯里兰卡。

卡苔蛾属 *Katha* Moore, 1878

额黑土苔蛾 *Katha conformis* **(Walker, 1854)**

分布：云南（丽江），贵州，四川，山西，浙江，福建，江西，湖北，湖南，广西；印度，不丹，日本。

豹纹灯蛾属 *Kishidaria* Dubatolov, 2004

黄条豹纹灯蛾 *Kishidaria khasiana* **(Moore, 1879)**

分布：云南（保山、大理、丽江、红河、文山、临沧、普洱、玉溪、德宏、西双版纳）。

华豹纹灯蛾 *Kishidaria zerenaria* **(Oberthür, 1886)**

分布：云南（昆明、玉溪、昭通、曲靖、楚雄、保山、大理、丽江、红河、文山、临沧、普洱、德宏、怒江、迪庆、西双版纳）。

黑门毒蛾属 *Kuromondokuga* Kishida, 2010

叉黑门毒蛾 *Kuromondokuga separata* **(Leech, 1890)**

分布：云南（迪庆、文山），四川。

戟夜蛾属 *Lacera* Guenée, 1852

戟夜蛾 *Lacera alope* **Cramer, 1870**

分布：云南（保山、文山），四川，浙江，湖南，福建，海南；日本，印度，斯里兰卡，缅甸，非洲。

斑戟夜蛾 *Lacera procellosa* **Butler, 1877**

分布：云南，西藏，四川，湖南，广西，台湾，广东，海南；日本，朝鲜，韩国，印度，斯里兰卡，菲律宾。

素毒蛾属 *Laelia* Stephens, 1827

黄素毒蛾 *Laelia anamesa* (Collenette, 1934)

分布：云南（西双版纳、丽江、大理），四川，江苏，浙江，湖北，湖南，福建，广东。

褐素毒蛾 *Laelia atestacea* (Hampson, 1892)

分布：云南（临沧），广西，广东；越南，印度。

素毒蛾 *Laelia coenosa* (Hübner, 1804)

分布：云南，辽宁，吉林，黑龙江，山西，内蒙古，河北，陕西，山东，河南，江苏，浙江，安徽，江西，湖北，湖南，广西，福建，广东，台湾；朝鲜，日本，越南，俄罗斯，欧洲。

勒夜蛾属 *Laspeyria* Germar, 1810

勒夜蛾 *Laspeyria flexula* (Denis & Schiffermuller, 1775)

分布：云南（丽江），黑龙江，河北；欧洲。

望灯蛾属 *Lemyra* Walker, 1856

伪姬白望灯蛾 *Lemyra anormala* (Daniel, 1943)

分布：云南，西藏，贵州，四川；缅甸。

双斑污灯蛾 *Lemyra biseriatus* (Moore, 1877)

分布：云南（德宏）。

双带望灯蛾 *Lemyra burmanica* (Rothschild, 1910)

分布：云南（临沧、普洱、玉溪、保山、大理、丽江、西双版纳），西藏，四川，湖南，广西，广东；缅甸。

缘斑望灯蛾 *Lemyra costimacula* (Leech, 1899)

分布：云南（临沧、普洱、玉溪、保山、大理、丽江、红河、文山、昭通、曲靖）。

弱望灯蛾 *Lemyra diluta* Thomas, 1990

分布：云南（大理、红河、保山、西双版纳），四川，湖北，湖南，福建；越南。

火焰望灯蛾 *Lemyra flammeola* (Moore, 1877)

分布：云南（曲靖、丽江、迪庆），山东，江西，浙江，福建，湖南；日本。

金望灯蛾 *Lemyra flavalis* (Moore, 1865)

分布：云南（大理、德宏、临沧、普洱、红河、西双版纳），西藏；尼泊尔，印度，不丹，缅甸。

荣望灯蛾 *Lemyra gloria* Fang, 1993

分布：云南（红河）。

异淡黄望灯蛾 *Lemyra heringi* (Daniel, 1943)

分布：云南（保山、大理、丽江、临沧、普洱、玉溪、德宏、西双版纳、红河、昭通、曲靖、怒江、

迪庆）。

淡黄望灯蛾 *Lemyra jankowskii* (Oberthür, 1880)

分布：云南（保山、大理、丽江、临沧、普洱、玉溪、德宏、红河、怒江、迪庆、西双版纳），四川，西藏，黑龙江，辽宁，河北，山西，陕西，江苏，浙江。

Lemyra kaikarisi Saldaitis, Volynkin & Duda, 2019

分布：云南（怒江）；缅甸。

斑带望灯蛾 *Lemyra maculifascia* (Walker, 1855)

分布：云南（玉溪、保山、大理、丽江、临沧、普洱、德宏、红河、西双版纳），山东；印度尼西亚，菲律宾，澳大利亚。

棱角望灯蛾 *Lemyra melanosoma* (Hampson, 1894)

分布：云南（昆明、保山、大理、丽江、临沧、普洱、玉溪），四川，西藏，陕西，湖北，湖南；巴基斯坦，印度，缅甸，泰国。

梅尔望灯蛾 *Lemyra melli* (Daniel, 1943)

分布：云南（红河、文山、德宏、临沧、普洱、怒江、迪庆、丽江、西双版纳），四川，西藏，甘肃，山西，陕西，浙江，江西，湖北，湖南，广西；缅甸。

多条望灯蛾 *Lemyra multivittata* (Moore, 1865)

分布：云南（怒江、德宏、临沧、普洱、红河、文山、西双版纳），西藏；缅甸，尼泊尔，印度。

白望灯蛾 *Lemyra neglecta* (Rothschild, 1910)

分布：云南（昆明、玉溪、曲靖、楚雄、保山、大理、丽江、红河、文山、临沧、普洱、德宏、怒江、迪庆、西双版纳）。

失斑污灯蛾 *Lemyra nigrifrons* (Walker, 1865)

分布：云南（昆明、玉溪、曲靖、楚雄、红河、文山、临沧、普洱、怒江、迪庆、丽江），四川，福建；印度。

斜线望灯蛾 *Lemyra obliquivitta* (Moore, 1879)

分布：云南（保山、大理、丽江、临沧、普洱、玉溪、德宏、红河、昭通、曲靖、怒江、迪庆、西双版纳），西藏，四川，浙江，湖南；尼泊尔，印度。

Lemyra persephone Saldaitis, Volynkin & Dubatolov, 2020

分布：云南（怒江）。

褐点望灯蛾 *Lemyra phasma* (Leech, 1899)

分布：云南（昆明、玉溪、曲靖、楚雄、保山、大理、丽江、红河、文山、临沧、普洱、德宏、怒江、迪庆、西双版纳），西藏，贵州，四川，湖北，湖南。

茸望灯蛾 *Lemyra pilosa* (Rothschild, 1910)

分布：云南（保山、大理、丽江、临沧、普洱、玉溪）；印度。

柔望灯蛾 *Lemyra pilosoides* (Daniel, 1943)

分布：云南（怒江、迪庆、丽江、德宏、临沧、普洱、红河、西双版纳），四川。

点线望灯蛾 *Lemyra punctilinea* (Moore, 1879)

分布：云南（丽江），西藏，四川，陕西；尼泊尔，巴基斯坦，印度，克什米尔地区。

姬白望灯蛾 *Lemyra rhodophila* (Walker, [1865])

分布：云南（昆明、玉溪、曲靖、楚雄、红河、文山、临沧、普洱、怒江、迪庆、丽江），四川，陕西，浙江，福建，江西，湖北，湖南；日本，缅甸，印度。

斜带污灯蛾 *Lemyra rubitincta punctilinea* (Moore, 1865)

分布：云南（丽江、德宏），陕西；印度。

纯望灯蛾 *Lemyra sincera* Fang, 1993

分布：云南（怒江）。

点望灯蛾黄色亚种 *Lemyra stigmata aurantiaca* (Rothschild, 1914)

分布：云南（保山、大理、丽江、红河、文山、临沧、普洱、玉溪、德宏、昭通、曲靖、怒江、迪庆、西双版纳）。

点望灯蛾 *Lemyra stigmata* (Moore, 1865)

分布：云南（红河、文山、丽江、迪庆、大理、保山、德宏），西藏，四川，陕西，湖北，台湾；尼泊尔，缅甸，印度，巴基斯坦。

樟木望灯蛾 *Lemyra zhangmuna* (Fang, 1982)

分布：云南（怒江、保山），西藏。

雪毒蛾属 *Leucoma* Hübner, 1828

杨雪毒蛾 *Leucoma candida* (Staudinger, 1892)

分布：云南（丽江），四川，西藏，辽宁，吉林，黑龙江，陕西，青海，甘肃，河北，山西，山东，河南，江苏，浙江，安徽，江西，湖北，湖南，福建；朝鲜，日本，蒙古国，俄罗斯。

黑檐雪毒蛾 *Leucoma costalis* (Moore, 1879)

分布：云南（丽江），四川，西藏；印度。

黑跗雪毒蛾 *Leucoma melanoscela* (Collenette, 1934)

分布：云南，浙江，江西，广东。

黑额雪毒蛾 *Leucoma niveata* (Walker, 1865)

分布：云南（普洱），台湾；印度尼西亚。

黄跗雪毒蛾 *Leucoma ochripes* (Moore, 1879)

分布：云南，西藏，四川，广西，广东；印度，缅甸。

灯苔蛾属 *Lithosarctia* Daniel, 1954

灯苔蛾 *Lithosarctia honei* Daniel, 1954

分布：云南（丽江）。

苔蛾属 *Lithosia* Fabricius, 1798

阿墩土苔蛾 *Lithosia atuntseica* Daniel, 1954

分布：云南（迪庆）。

丽江土苔蛾 *Lithosia likiangica* (Daniel, 1954)

分布：云南（丽江）。

四点苔蛾丽江亚种 *Lithosia quadra yuennanensis* (Daniel, 1953)

分布：云南（丽江）。

丛毒蛾属 *Locharna* Moore, 1879

黄黑丛毒蛾 *Locharna flavopica* (Chao, 1985)

分布：云南（西双版纳），浙江，湖北，湖南。

漆黑丛毒蛾 *Locharna pica* (Chao, 1985)

分布：云南（西双版纳），浙江，福建，广西。

丛毒蛾 *Locharna strigipennis* (Moore, 1879)

分布：云南（丽江、文山），西藏，四川，贵州，江苏，安徽，浙江，江西，湖北，湖南，广西，福建，广东，台湾；缅甸，马来西亚，斯里兰卡，印度。

Longarsine Huang & Volynkin, 2021

Longarsine longstriga (Fang, 1991)

分布：云南，陕西，湖北，湖南，广东。

曲夜蛾属 *Loxioda* Warren, 1913

曲夜蛾 *Loxioda similis* Moore, 1882

分布：云南（保山），四川；印度。

立夜蛾属 *Lycimna* Walker, 1860

立夜蛾 *Lycimna polymesata* Walker, 1860

分布：云南（保山），江西，海南；印度，缅甸，孟加拉国。

影夜蛾属 *Lygephila* Billberg, 1820

黑缘影夜蛾 *Lygephila nigricostata* (Graeser, 1890)

分布：云南（丽江、保山），四川，西藏，黑龙江，新疆，内蒙古，河北，陕西；俄罗斯，日本。

直影夜蛾 *Lygephila recta* (Bremer, 1864)

分布：云南，四川，黑龙江，湖南，江西，福建；日本，朝鲜。

蚕豆影夜蛾 *Lygephila viciae* (Hübner, 1822)

分布：云南，黑龙江，新疆，内蒙古，河北，山西，陕西，山东，浙江；韩国，日本，蒙古国，中亚，欧洲。

盲裳夜蛾属 *Lygniodes* Guenée, 1852

底白盲裳夜蛾 *Lygniodes hypoleuca* Guenée, 1852
分布：云南（保山），四川，广西，台湾，广东，海南；印度，孟加拉国，泰国，越南。

毒蛾属 *Lymantria* Hübner, 1819

褐顶毒蛾 *Lymantria apicebrunnea* (Gaede, 1932)
分布：云南（红河、文山、迪庆），四川。

银纹毒蛾 *Lymantria argyrochroa* (Collenette, 1936)
分布：云南（丽江、大理），贵州，四川，黑龙江，吉林，辽宁，河北，山西，陕西，河南，江苏，安徽，浙江，湖北，江西，湖南，广西，台湾；日本，印度。

汇毒蛾 *Lymantria bivittata* (Moore, 1879)
分布：云南（保山、西双版纳）；印度。

绯毒蛾 *Lymantria celebesa* (Collenette, 1947)
分布：云南（西双版纳）；印度。

络毒蛾 *Lymantria concolor* Walker, 1855
分布：云南（迪庆、文山、红河、德宏），四川，西藏，陕西，浙江，湖南，台湾；越南，印度。

舞毒蛾 *Lymantria dispar* (Linnaeus, 1758)
分布：云南，黑龙江，吉林，辽宁，新疆，内蒙古，宁夏，甘肃，青海，河北，山西，陕西，山东，河南。

条毒蛾 *Lymantria dissoluta* (Swinhoe, 1903)
分布：云南，四川，江苏，浙江，安徽，江西，湖北，湖南，广西，福建，广东，台湾，香港。

剑毒蛾 *Lymantria elassa* (Collenette, 1938)
分布：云南，四川，江西，湖南，广东。

烟毒蛾 *Lymantria fumida* (Butler, 1877)
分布：云南，贵州，台湾；日本。

庆毒蛾 *Lymantria ganara* (Moore, 1859)
分布：云南（西双版纳）；缅甸，印度尼西亚。

杧果毒蛾 *Lymantria marginata* (Walker, 1855)
分布：云南（怒江、迪庆、文山），四川，贵州，浙江，福建，广东，广西，湖北，江西，湖南，陕西；印度。

栎毒蛾 *Lymantria mathura* (Moore, 1865)
分布：云南（丽江、迪庆、文山、德宏），四川，贵州，辽宁，吉林，黑龙江，陕西，河北，山西，山东，河南，湖北，江苏，浙江，安徽，江西，湖

南，广西，广东，台湾；朝鲜，日本，印度。

模毒蛾 *Lymantria monacha* (Linnaeus, 1758)
分布：云南（文山）。

模毒蛾云南亚种 *Lymantria monacha yunnanensis* Collenette, 1933
分布：云南（迪庆、丽江），四川。

枫毒蛾 *Lymantria nebulosa* (Wileman, 1910)
分布：云南（高黎贡山），湖北，江苏，浙江，江西，湖南，台湾。

白尾毒蛾 *Lymantria orestera* (Collenette, 1932)
分布：云南（保山、西双版纳），台湾；印度。

粉红毒蛾 *Lymantria punicea* Chao, 1984
分布：云南（丽江）。

铅毒蛾 *Lymantria plumbalia* (Hampson, 1895)
分布：云南（西双版纳、德宏）；缅甸。

灰翅毒蛾 *Lymantria polioptera* (Collenette, 1934)
分布：云南（迪庆、曲靖），四川，广西，广东。

粉红毒蛾 *Lymantria punicea* (Chao, 1984)
分布：云南（德宏）。

虹毒蛾 *Lymantria serva* (Fabricius, 1793)
分布：云南（丽江、迪庆），四川，陕西，江西，湖北，湖南，广西，福建，广东，台湾；菲律宾，马来西亚，印度。

油杉毒蛾 *Lymantria servula* (Collenette, 1936)
分布：云南（丽江、迪庆），四川。

纭毒蛾 *Lymantria similis* (Moore, 1879)
分布：云南（大理、西双版纳），湖北；不丹，印度，缅甸，印度尼西亚。

珊毒蛾 *Lymantria viola* (Swinhoe, 1889)
分布：云南（大理、红河、文山、西双版纳），湖北，湖南，广西，福建，广东，海南；印度。

漫苔蛾属 *Macaduma* Walker, 1866

承莱漫苔蛾 *Macaduma chenglaiae* Zhao, Bucsek & Han, 2022
分布：云南（西双版纳）；越南，柬埔寨。

黄连山漫苔蛾 *Macaduma huanglianshana* Zhao, Bucsek & Han, 2022
分布：云南（红河）。

Macaduma micra Dubatolov & Bucsek, 2016
分布：云南（西双版纳）；柬埔寨，越南。

Macohasa Dubatolov, Volynkin & Kishida, 2018

五点土苔蛾 *Macohasa orientalis* (Hampson, 1905)
分布：云南（西双版纳）；新加坡。

玛苔蛾属 *Macotasa* Moore, 1878

缘斑玛苔蛾 ***Macotasa nedoshivinae*** **Dubatolov, 2012**

分布：云南（普洱、西双版纳）；越南，柬埔寨。

卷玛苔蛾 ***Macotasa tortricoides*** **Walker, 1862**

分布：云南（红河、德宏、临沧、西双版纳），西藏，广西，广东，海南；印度，印度尼西亚。

网苔蛾属 *Macrobrochis* Herrich-Schäffer, 1855

白闪网苔蛾 ***Macrobrochis alba*** **Fang, 1990**

分布：云南（丽江、大理）。

双色网苔蛾 ***Macrobrochis bicolor*** **Fang, 1990**

分布：云南（红河、丽江）。

巨网苔蛾 ***Macrobrochis gigas*** **(Walker, 1854)**

分布：云南（德宏、临沧、普洱、文山、红河、保山、大理、丽江、西双版纳），西藏；印度，不丹，尼泊尔，孟加拉国。

微闪网苔蛾 ***Macrobrochis nigra*** **Daniel, 1952**

分布：云南，四川，陕西，湖北。

深脉网苔蛾 ***Macrobrochis prasena*** **Moore, 1859**

分布：云南（保山），四川；印度，尼泊尔。

乌闪网苔蛾 ***Macrobrochis staudingeri*** **(Alphéraky, 1897)**

分布：云南（丽江、楚雄），四川，黑龙江，吉林，辽宁，陕西，河南，江西，湖北，湖南，福建，台湾；朝鲜，日本，尼泊尔。

Mangina Kaleka & Kirti, 2001

纹散灯蛾 ***Mangina argus*** **(Kolar, 1844)**

分布：云南（保山、大理、丽江、红河、文山、临沧、普洱、玉溪、德宏、西双版纳），西藏，贵州，四川，浙江，江西，江苏，湖北，湖南，广西，福建，广东，台湾；斯里兰卡，印度，缅甸，克什米尔地区。

Manulea Wallengren, 1863

Manulea diaforetica **Volynkin, Saldaitis & Huang, 2022**

分布：云南（丽江）。

Manulea salweena **Volynkin, Saldaitis & Huang, 2022**

分布：云南（怒江）。

乌土苔蛾 ***Manulea ussurica*** **(Daniel, 1954)**

分布：云南（丽江），黑龙江，辽宁，山西，河北，甘肃，陕西，山东，浙江，江苏，湖北，湖南；朝鲜。

月毒蛾属 *Mardara* Walker, 1865

初月毒蛾 ***Mardara albostriata*** **(Hampson, 1892)**

分布：云南（保山、西双版纳）；印度。

月毒蛾 ***Mardara calligramma*** **(Walker, 1865)**

分布：云南（德宏、高黎贡山）；印度。

圆月毒蛾 ***Mardara irrorata*** **(Moore, 1879)**

分布：云南（西双版纳），西藏；印度。

蚀月毒蛾 ***Mardara plagidotata*** **(Walker, 1862)**

分布：云南（普洱、保山）；印度。

云月毒蛾 ***Mardara yunnana*** **(Collenette, 1951)**

分布：云南（丽江、迪庆）。

薄夜蛾属 *Mecodina* Guenée, 1852

缘斑薄夜蛾 ***Mecodina costimacula*** **Leech, 1900**

分布：云南，四川，海南。

毛眼毒蛾属 *Medama* Matsumura, 1931

毛眼毒蛾 ***Medama diplaga*** **(Hampson, 1910)**

分布：云南（西双版纳），福建，四川，台湾；印度。

峨眉毛眼毒蛾 ***Medama emeiensis*** **(Chao, 1980)**

分布：云南（丽江），四川。

Micrarsine Huang & Volynkin, 2021

黄脉艳苔蛾 ***Micrarsine flavivenosa*** **(Moore, 1878)**

分布：云南（红河），四川；印度，不丹。

丫纹维摩艳苔蛾 ***Micrarsine y-nigrum*** **(Dubatolov & Bucsek, 2013)**

分布：云南，四川，西藏；越南。

Micronola Amsel, 1935

Micronola jiangchenga **Han & Kononenko, 2021**

分布：云南（普洱）。

美苔蛾属 *Miltochrista* Hübner, 1819

泰灿苔蛾 ***Miltochrista acteola*** **(Swinboe, 1903)**

分布：云南（普洱）；泰国。

Miltochrista adelfika **Volynkin, Singh, Černý, Kirti & Datta, 2020**

分布：云南（普洱）；泰国，印度，缅甸，老挝，越南。

尖纺艳苔蛾 ***Miltochrista apicalis*** **(Walker, 1854)**

分布：云南（红河）；缅甸，新加坡。

似绣苔蛾 ***Miltochrista atuntseica*** **(Daniel, 1951)**

分布：云南（迪庆）。

金黄美苔蛾 ***Miltochrista auritiformis*** **(Černý, 2009)**

分布：云南（红河）；泰国，越南。

芦艳苔蛾 *Miltochrista calamaria* (Moore, 1888)

分布：云南（西双版纳），西藏，四川，浙江，福建；印度，缅甸，印度尼西亚。

黑轴美苔蛾 *Miltochrista cardinalis* Hampson, 1900

分布：云南（红河、西双版纳）；印度。

连纹美苔蛾 *Miltochrista conjunctana* (Walker, 1866)

分布：云南（昭通、西双版纳），西藏，广西；印度，尼泊尔。

俏美苔蛾 *Miltochrista convexa* Wileman, 1910

分布：云南，四川，江西，湖南，福建，广东，海南，台湾。

仿砵美苔蛾 *Miltochrista cornicornutata* Holloway, 1982

分布：云南；印度尼西亚，马来西亚。

十字美苔蛾 *Miltochrista cruciata* Walker, 1862

分布：云南，四川；印度，印度尼西亚。

黄心美苔蛾 *Miltochrista cuneonotata* Walker, 1855

分布：云南；印度，尼泊尔，马来西亚，菲律宾，斯里兰卡，新加坡。

Miltochrista dankana Volynkin, Singh, Černý, Kirti & Datta, 2022

分布：云南（怒江）；印度，缅甸。

粗艳苔蛾 *Miltochrista dasara* (Moore, [1860])

分布：云南（丽江），四川，西藏，陕西，浙江，江西，湖北，湖南，广西，福建，海南；缅甸，印度，印度尼西亚。

松美苔蛾 *Miltochrista defecta* Walker, 1854

分布：云南（德宏、大理），贵州，广西；尼泊尔。

齿带美苔蛾 *Miltochrista dentifascia* Hampson, 1894

分布：云南，西藏，江西，海南，台湾；缅甸，印度。

董氏美苔蛾 *Miltochrista dongi* Huang & Volynkin, 2021

分布：云南。

中黄美苔蛾 *Miltochrista eccentropis* Meyrick, 1894

分布：云南，广西，海南；印度，缅甸。

曲美苔蛾 *Miltochrista flexuosa* Leech, 1899

分布：云南（昭通），四川，陕西，浙江，湖北，湖南，福建。

微黄美苔蛾 *Miltochrista gilva* Daniel, 1951

分布：云南（丽江、楚雄），四川。

全白美苔蛾 *Miltochrista hololeuca* Hampson, 1895

分布：云南（怒江、曲靖）；不丹。

Miltochrista idiomorfa Volynkin, Singh, Černý, Kirti & Datta, 2022

分布：云南（普洱）；印度，尼泊尔，缅甸。

康美苔蛾 *Miltochrista karenkonis* Matsumura, 1930

分布：云南，四川，台湾。

丽江艳苔蛾 *Miltochrista likiangensis* (Daniel, 1952)

分布：云南（丽江、迪庆）。

线美苔蛾 *Miltochrista linga* Moore, 1859

分布：云南（普洱、德宏、西双版纳）；印度，尼泊尔。

全轴美苔蛾 *Miltochrista longstriga* Fang, 1991

分布：云南，陕西，湖北，湖南。

黑带美苔蛾 *Miltochrista maculifascia* Hampson, 1894

分布：云南（普洱、西双版纳），广西；缅甸。

静艳苔蛾 *Miltochrista modesta* (Leech, 1899)

分布：云南（文山、丽江、迪庆），四川，贵州。

暗白美苔蛾 *Miltochrista nigralba* Hampson, 1894

分布：云南（西双版纳），四川；缅甸。

怒江美苔蛾 *Miltochrista nujiangia* Volynkin, Černý & Huang, 2022

分布：云南（怒江）。

阴美苔蛾 *Miltochrista obsoleta* (Moore, 1878)

分布：云南（西双版纳），台湾；印度。

东方美苔蛾 *Miltochrista orientalis* Daniel, 1951

分布：云南（大理、怒江），四川，西藏，黑龙江，吉林，辽宁，陕西，浙江，湖北，江西，广西，福建，广东，海南，台湾；尼泊尔。

黄边美苔蛾 *Miltochrista pallida* Bremer, 1864

分布：云南（丽江），四川，黑龙江，辽宁，陕西，河北，北京，山东，江苏，安徽，浙江，江西，湖北，湖南，广西，福建，台湾；朝鲜，日本。

后黑美苔蛾 *Miltochrista postnigra* Hampson, 1894

分布：云南，西藏，海南；印度。

砵美苔蛾 *Miltochrista pulchra* Butler, 1877

分布：云南（迪庆），四川，黑龙江，吉林，辽宁，河北，陕西，山东，浙江，江西，湖北，广西，福建；朝鲜，日本。

微红美苔蛾 *Miltochrista punicea* Moore, 1878

分布：云南，西藏；缅甸，印度。

射美苔蛾 *Miltochrista radians* Moore, 1878

分布：云南，海南；印度，印度尼西亚。

红颈美苔蛾 *Miltochrista ruficollis* Fang, 1991

分布：云南（怒江）。

端点艳苔蛾 *Miltochrista rubricosa* (Moore, 1878)

分布：云南（丽江），四川；印度，克什米尔地区，斯里兰卡。

丹美苔蛾 *Miltochrista sanguinea* Moore, 1877

分布：云南，上海，浙江，江苏。

殊美苔蛾 *Miltochrista specialis* Fang, 1991

分布：云南（丽江）。

优美苔蛾 *Miltochrista striata* Bremer & Grey, 1851

分布：云南（文山、昆明、昭通、西双版纳），四川，广西，黑龙江，吉林，辽宁，河北，山东，甘肃，陕西，江苏，浙江，江西，湖北，湖南，福建，广东，海南；日本。

Miltochrista taragmena Volynkin & Huang, 2022

分布：云南（丽江）。

纤美苔蛾 *Miltochrista tenella* Fang, 1991

分布：云南（西双版纳），广西。

Miltochrista terminata (Moore, 1878)

分布：云南，西藏，广西；印度。

华西美苔蛾 *Miltochrista tibeta* Daniel, 1951

分布：云南（丽江、迪庆），四川。

安美苔蛾 *Miltochrista tuta* Fang, 1991

分布：云南（西双版纳）。

波纹艳苔蛾 *Miltochrista undulosa* (Walker, 1854)

分布：云南（德宏、红河），广西，福建，广东，台湾；印度，不丹，缅甸。

异变美苔蛾 *Miltochrista variata* Daniel, 1951

分布：云南（丽江、大理），四川。

西河美苔蛾 *Miltochrista xihe* Volynkin & Huang, 2021

分布：云南，四川。

之美苔蛾 *Miltochrista ziczac* (Walker, 1856)

分布：云南（昭通），四川，陕西，山西，江苏，浙江，福建，湖北，江西，河南，湖南，广西，广东，台湾。

Mimachrostia Sugi, 1982

Mimachrostia fasciata (Sugi, 1982)

分布：云南（普洱）；日本。

Miniodes Guenée, 1852

饰黾夜蛾 *Miniodes ornata* Moore, 1879

分布：云南（保山）；印度。

线苔蛾属 *Mithuna* Moore, 1878

暗脉线苔蛾 *Mithuna fuscivena* Hampson, 1896

分布：云南（西双版纳）；斯里兰卡，印度尼西亚，马来西亚，文莱。

四线苔蛾 *Mithuna quadriplaga* Moore, 1878

分布：云南（红河），四川，浙江，江西，广西，福建，海南；尼泊尔，印度，不丹。

毛胫夜蛾属 *Mocis* Hübner, 1816

奸毛胫夜蛾 *Mocis dolosa* Butler, 1880

分布：云南（大理、丽江），河北，江苏，浙江，福建，台湾；日本。

实毛胫夜蛾 *Mocis frugalis* (Fabricius, 1775)

分布：云南（文山、德宏、西双版纳），广西，福建，广东，海南，台湾；印度，尼泊尔，巴基斯坦，斯里兰卡，缅甸，泰国，老挝，越南，马来西亚，印度尼西亚，菲律宾，大洋洲。

宽毛胫夜蛾 *Mocis laxa* Walker, 1858

分布：云南（文山、高黎贡山、玉溪、临沧），河南，浙江，湖北，湖南，江西；印度。

毛胫夜蛾 *Mocis undata* Fabricius, 1775

分布：云南（保山、昭通、文山、临沧、迪庆、德宏），贵州，河北，山东，河南，江苏，浙江，江西，湖南，台湾，福建，广东；日本，印度，斯里兰卡，缅甸，新加坡，菲律宾，印度尼西亚，非洲。

穆瓦灯蛾属 *Murzinowatsonia* Dubatolov, 2003

爱斯小灯蛾 *Murzinowatsonia x-album* (Oberthür, 1911)

分布：云南（丽江、迪庆），四川。

纳达夜蛾属 *Naarda* Walker, 1866

双斑纳达夜蛾 *Naarda bipunctata* Tóth & Ronkay, 2014

分布：云南（普洱）；泰国。

蛇颈纳达夜蛾 *Naarda caputcobrus* Han, 2022

分布：云南（普洱）。

霍颈纳达夜蛾 *Naarda hoenei* Tóth & Ronkay, 2015

分布：云南（丽江）。

吉纳达夜蛾 *Naarda kinabaluensis* Holloway, 2008

分布：云南（普洱）；印度尼西亚。

老挝纳达夜蛾 *Naarda laoana* Tóth & Ronkay, 2015

分布：云南（红河）；老挝。

桑纳达夜蛾 *Naarda sonibacsi* **Tóth & Ronkay, 2015**
分布：云南（普洱）；尼泊尔。

稻色纳达夜蛾 *Naarda straminea* **Tóth, 2019**
分布：云南（普洱）；泰国。

尺夜蛾属 *Naganoella* Sugi, 1982

红尺夜蛾 *Naganoella timandra* (Alphéraky, 1897)
分布：云南（德宏）。

南灯蛾属 *Nannoarctia* Koda, 1988

斜带南灯蛾 *Nannoarctia obliquifascia* (Hampson, 1894)
分布：云南（保山、大理、丽江、红河、文山、临沧、普洱、玉溪、德宏、西双版纳），广西，海南；印度，尼泊尔，缅甸，越南，印度尼西亚。

纺苔蛾属 *Neasura* Hampson, 1900

黑尾纺苔蛾 *Neasura nigroanalis* Matsumura, 1927
分布：云南（德宏），湖南，广东，海南，台湾。

鳞苔蛾属 *Neoblavia* Hampson, 1900

鳞苔蛾 *Neoblavia scoteola* Hampson, 1900
分布：云南（西双版纳），四川，江西，海南，台湾；印度。

闪拟灯蛾属 *Neochera* Hübner,[1819]

铅闪拟灯蛾 *Neochera dominia* (Cramer, [1780])
分布：云南（玉溪、红河、文山、西双版纳），广西，广东，海南；印度，马来西亚，缅甸，泰国，印度尼西亚，菲律宾。

黄闪拟灯蛾 *Neochera inops* (Walker, 1854)
分布：云南（西双版纳、德宏），广西，海南；缅甸，印度，马来西亚，文莱，菲律宾，印度尼西亚。

赭毒蛾属 *Neorgyia* Bethune-Baker, 1908

赭毒蛾 *Neorgyia ochracea* (Bethune-Baker, 1908)
分布：云南（大理、红河）；大洋洲。

Nephelomilta Hampson, 1900

锈斑雪苔蛾 *Nephelomilta effracta* (Walker, 1854)
分布：云南（西双版纳），四川，福建，广西；尼泊尔，印度，缅甸。

长翅丽灯蛾属 *Nikaea* Moore, 1879

长翅丽灯蛾 *Nikaea longipennis* (Walker, 1855)
分布：云南（昆明、保山、大理、丽江、德宏、临沧、普洱、红河、昭通、曲靖、怒江、迪庆、西双版纳），四川，陕西，浙江，江西，湖北，湖南，福建，台湾；日本，印度。

奋苔蛾属 *Nishada* Moore, 1878

裙带奋苔蛾 *Nishada chilomorpha* Snellen, 1877
分布：云南（西双版纳），台湾；印度，菲律宾，柬埔寨，泰国，马来西亚，印度尼西亚。

雾点奋苔蛾 *Nishada nodicornis* (Walker, 1862)
分布：云南，广西，江西，福建，海南；印度尼西亚，马来西亚，文莱。

圆翼奋苔蛾 *Nishada rotundipennis* Walker, 1862
分布：云南（红河、西双版纳）；印度尼西亚，文莱，马来西亚。

疤夜蛾属 *Nodaria* Guenée, 1854

黑点疤夜蛾 *Nodaria similis* Moore, 1882
分布：云南（保山），四川，西藏；印度，克什米尔地区。

悲疤夜蛾 *Nodaria tristis* (Butler, 1879)
分布：云南（普洱），浙江，湖南；日本。

光苔蛾属 *Nudaria* Haworth, 1809

扁光苔蛾 *Nudaria fasciata* Moore, 1878
分布：云南（保山）；泰国，印度。

珍光苔蛾 *Nudaria margaritacea* Walker, 1864
分布：云南，西藏；印度。

点光苔蛾 *Nudaria phallustortens* Holloway, 2001
分布：云南（普洱、西双版纳）；印度尼西亚，马来西亚。

云彩苔蛾属 *Nudina* Staudinger, 1887

云彩苔蛾 *Nudina artaxidia* Butler, 1881
分布：云南（丽江），黑龙江，吉林，辽宁，河北，山西，陕西，甘肃，湖南，广东，台湾；日本，朝鲜。

斜带毒蛾属 *Numenes* Moore, 1855

白斜带毒蛾 *Numenes albofascia* (Leech, 1888)
分布：云南（文山、昭通），陕西，甘肃，浙江，湖北，湖南，福建；朝鲜，日本。

珠灰斜带毒蛾 *Numenes grisa* (Chao, 1983)
分布：云南（玉溪、保山、大理、临沧、西双版纳）。

黑斜带毒蛾 *Numenes insignis* Moore, [1860]
分布：云南（文山）。

幽斜带毒蛾 Numenes patrana Moore, 1859

分布：云南（丽江、德宏），西藏，台湾；印度。

斜带毒蛾 Numenes silettis Walker, 1855

分布：云南（西双版纳），西藏，广西，广东；越南，缅甸，印度尼西亚，印度，菲律宾，孟加拉国。

蝶灯蛾属 Nyctemera Hübner, 1820

粉蝶灯蛾 Nyctemera adversata (Schaller, 1788)

分布：云南（昆明、玉溪、曲靖、楚雄、保山、大理、丽江、红河、文山、临沧、普洱、德宏、昭通），西藏，四川，北京，内蒙古，河南，浙江，江苏，江西，湖北，湖南，广西，福建，广东，海南，台湾；日本，印度，尼泊尔，马来西亚，印度尼西亚。

直蝶灯蛾 Nyctemera aretata(Walker, 1856)

分布：云南（昆明、玉溪、曲靖、楚雄、红河、文山、临沧、普洱、德宏、昭通、怒江、迪庆、丽江、西双版纳），西藏，台湾；尼泊尔，印度，印度尼西亚，菲律宾。

角蝶灯蛾 Nyctemera carissima (Swinhoe, 1891)

分布：云南（临沧、普洱、保山、玉溪、红河、文山），西藏，广西，福建，广东，海南；印度。

空蝶灯蛾 Nyctemera cenis (Cramer, 1777)

分布：云南（红河、文山、保山、大理、丽江），西藏，浙江，台湾；印度。

毛胫蝶灯蛾 Nyctemera coleta (Cramer, 1781)

分布：云南（德宏、临沧、普洱、红河、西双版纳），广西，广东，海南，台湾；印度，缅甸，斯里兰卡，印度尼西亚，马来西亚。

蝶灯蛾 Nyctemera lacticinia (Cramer, 1777)

分布：云南（德宏），广西，海南，台湾；缅甸，斯里兰卡，印度，印度尼西亚，日本，马来西亚。

花蝶灯蛾 Nyctemera varians (Walker, 1854)

分布：云南（德宏、临沧、普洱、红河、保山、大理、丽江、西双版纳），西藏，广西；缅甸，印度。

靓毒蛾属 Nygmia Hübner, 1822

黑褐靓毒蛾 Nygmia atereta (Collenette, 1932)

分布：云南（文山、昭通、保山），西藏，贵州，甘肃，浙江，河南，江西，安徽，湖北，湖南，广西，福建，台湾，广东；马来西亚。

奥苔蛾属 Oeonistis Hübner, [1819]

英奥苔蛾 Oeonistis entella (Cramer, [1779])

分布：云南（西双版纳），广东，台湾；斯里兰卡，印度。

瞳裳蛾属 Ommatophora Guenée, 1852

瞳裳蛾 Ommatophora luminosa (Cramer, 1780)

分布：云南（文山、红河），台湾，广东，海南；印度，缅甸，泰国，越南，马来西亚，印度尼西亚，菲律宾，文莱。

落叶夜蛾属 Ophideres Boisduval, 1832

落叶夜蛾 Ophideres fullonica (Linnaeus, 1767)

分布：云南（普洱、保山），四川，黑龙江，江苏，浙江，湖南，广西，台湾，广东；朝鲜，日本，东南亚，大洋洲，非洲。

斑落叶夜蛾 Ophideres hypermnestra (Stoll, 1780)

分布：云南（丽江），广西，广东；缅甸，印度，斯里兰卡。

赘夜蛾属 Ophisma Guenée, 1852

赘夜蛾 Ophisma gravata Guenée, 1852

分布：云南（临沧），江苏，浙江，湖南，江西，福建，广东，海南；印度，尼泊尔，斯里兰卡，缅甸，泰国，越南，马来西亚，新加坡，印度尼西亚。

安钮夜蛾属 Ophiusa Ochsenheimer, 1816

同安钮夜蛾 Ophiusa disjungens Walker, 1858

分布：云南（保山、怒江、德宏），广西，广东；印度，斯里兰卡，菲律宾，越南。

灰安钮裳蛾 Ophiusa olista Swinhoe, 1893

分布：云南（迪庆），台湾，广东；日本，韩国，印度，尼泊尔，泰国，越南，菲律宾。

青安钮夜蛾 Ophiusa tirhaca Cramer, 1777

分布：云南（昆明、保山、文山、德宏、丽江），贵州，四川，湖北，江苏，浙江，江西，广西，广东，海南；叙利亚，土耳其，印度，斯里兰卡，菲律宾，欧洲，非洲。

直安钮夜蛾 Ophiusa trapezium Guenée, 1852。

分布：云南（保山），西藏，广西，台湾，广东，海南；日本，印度，尼泊尔，斯里兰卡，孟加拉国，泰国，越南，新加坡，印度尼西亚，菲律宾。

橘安钮夜蛾 Ophiusa triphaenoides Walker, 1858

分布：云南（文山、大理、丽江、怒江、保山、德宏），浙江，江西，广西，广东，台湾，福建，海南；印度，缅甸，斯里兰卡，马来西亚，菲律宾，新加坡，印度尼西亚，大洋洲，非洲。

嘴壶夜蛾属 *Oraesia* Guenée, 1852

嘴壶夜蛾 *Oraesia emarginata* Fabricius, 1794

分布：云南（保山、临沧、普洱），山东，江苏，浙江，广西，福建，海南，台湾，广东；朝鲜，日本，印度。

乌嘴壶夜蛾 *Oraesia excavata* Butler, 1878

分布：云南（保山、文山、红河、临沧、德宏），山东，江苏，浙江，湖南，广西，福建，台湾，广东；朝鲜，日本。

后黄嘴壶夜蛾 *Oraesia rectistria* Guenée, 1852

分布：云南；日本，印度。

古毒蛾属 *Orgyia* Ochsenheimer, 1810

弯古毒蛾 *Orgyia curva* (Chao, 1993)

分布：云南（昆明）。

棉古毒蛾 *Orgyia postica* (Walker, 1855)

分布：云南（玉溪、西双版纳），广西，福建，广东，台湾；缅甸，印度尼西亚，菲律宾，印度，斯里兰卡，大洋洲。

丝古毒蛾 *Orgyia tristis* (Heylaerts, 1892)

分布：云南，西藏；印度尼西亚，印度。

直带夜蛾属 *Orthozona* Hampson, 1895

直带夜蛾 *Orthozona quadrilineata* Moore, 1882

分布：云南（保山、丽江），湖南；印度。

缺角夜蛾属 *Ortopla* Walker, [1859] 1858

琳赛缺角夜蛾 *Ortopla lindsayi* (Hampson, 1891)

分布：云南（临沧、红河）；印度，尼泊尔，泰国，老挝，越南。

长突缺角夜蛾 *Ortopla longiuncus* Behounek, Han & Kononenko, 2013

分布：云南，广西，海南；尼泊尔，泰国，老挝，越南，印度。

***Ortopla relinquenda* (Walker, 1858)**

分布：云南（普洱、西双版纳），四川；印度，缅甸，越南，印度尼西亚。

绵苔蛾属 *Ovipennis* Hampson, 1900

排绵苔蛾 *Ovipennis milani* (Černý, 2009)

分布：云南（普洱、保山、怒江），西藏；越南，泰国。

烟影艳苔蛾 *Ovipennis nebulosa* (Moore, 1878)

分布：云南（怒江）；印度。

翅尖苔蛾属 *Oxacme* Hampson, 1894

翅尖苔蛾 *Oxacme dissimilis* Hampson, 1894

分布：云南，四川；印度。

白翅尖苔蛾 *Oxacme marginata* Hampson, 1896

分布：云南，四川，江西，广西，福建；印度，缅甸。

奥胸须夜蛾属 *Oxaenanus* Swinhoe, 1900

云南奥胸须夜蛾 *Oxaenanus scopigeralis* (Moore, 1867)

分布：云南；印度，泰国，马来西亚。

利翅夜蛾属 *Oxygonitis* Hampson, 1893

利翅夜蛾 *Oxygonitis sericeata* Hampson, 1893

分布：云南（保山），广东；印度，斯里兰卡。

佩夜蛾属 *Oxyodes* Guenée, 1852

佩夜蛾 *Oxyodes scrobiculata* Fabricius, 1775

分布：云南（保山、德宏、红河、文山），湖南，广西，福建，广东，海南，台湾；印度，斯里兰卡，缅甸，印度尼西亚，西亚，欧洲，非洲。

潘苔蛾属 *Padenia* Moore, 1882

尖带潘苔蛾 *Padenia acutifascia* de Joannis, 1928

分布：云南（西双版纳）；越南。

横斑潘苔蛾 *Padenia transversa* Walker, 1854

分布：云南（德宏、西双版纳）；斯里兰卡，印度尼西亚。

蟠夜蛾属 *Pandesma* Guenée, 1852

蟠夜蛾 *Pandesma quenavadi* Guenée, 1852

分布：云南（西双版纳）；印度，孟加拉国。

眉夜蛾属 *Pangrapta* Hübner, 1818

饰眉夜蛾 *Pangrapta ornata* Leech, 1900

分布：云南（保山），浙江，湖北。

鳞眉夜蛾 *Pangrapta squamea* (Leech, 1900)

分布：云南（昭通），河南，湖北，浙江。

浓眉夜蛾 *Pangrapta trimantesalis* (Walker, 1859)

分布：云南（丽江），江苏，浙江，福建；日本，朝鲜，印度，孟加拉国。

淡眉夜蛾 *Pangrapta umbrosa* (Leech, 1900)

分布：云南（保山、丽江），陕西，浙江，湖北，江西，海南；日本。

竹毒蛾属 *Pantana* Butler, 1879

黄腹竹毒蛾 *Pantana bicolor* (Walker, 1855)

分布：云南（红河、怒江），四川，西藏；缅甸，新加坡，印度。

金平竹毒蛾 *Pantana jinpingensis* (Chao, 1982)

分布：云南（红河），广西。

暗竹毒蛾 *Pantana pluto* (Leech, 1890)

分布：云南，四川，贵州，浙江，江西，湖北，湖南，广西，福建，广东。

竹毒蛾 *Pantana visum* (Hübner, 1825)

分布：云南，四川，广西，广东，海南，台湾，香港；越南，缅甸，印度尼西亚，印度。

顶弯苔蛾属 *Parabitecta* Hering, 1926

顶弯苔蛾 *Parabitecta flava* Hering, 1926

分布：云南（昭通），四川，浙江，福建，湖北。

Paradoxica Fibiger, 2011

Paradoxica proxima Fibiger, 2011

分布：云南（怒江）；越南。

副苔蛾属 *Paralithosia* Daniel, 1954

副苔蛾 *Paralithosia honei* Daniel, 1954

分布：云南（丽江），四川。

织裳蛾属 *Parallelia* Hübner, 1818

玫瑰织裳蛾 *Parallelia arctotaenia* (Guenée, 1852)

分布：云南（文山、红河、丽江、迪庆），四川，贵州，河北，江苏，浙江，湖北，江西，广西，福建，台湾，广东；日本，朝鲜，韩国，印度，斯里兰卡，孟加拉国，缅甸，泰国，越南，斐济，澳大利亚。

石榴织裳蛾 *Parallelia stuposa* (Fabricius, 1794)

分布：云南（大理、迪庆、文山），四川，河北，山东，江苏，浙江，湖北，江西，福建，台湾，广东，海南；日本，朝鲜，韩国，印度，尼泊尔，斯里兰卡，泰国，越南，菲律宾，印度尼西亚。

泥苔蛾属 *Pelosia* Hübner, 1827

边黄泥苔蛾 *Pelosia hoenei* (Daniel, 1954)

分布：云南，四川。

泥苔蛾 *Pelosia muscerda* Hüfnagel, 1768

分布：云南（红河），四川，黑龙江，吉林，浙江，江西，江苏，湖南，广西，福建，海南，台湾；日本，欧洲。

枝泥苔蛾 *Pelosia ramosula* (Staudinger, 1887)

分布：云南（丽江），黑龙江，江苏，福建，广东。

修夜蛾属 *Perciana* Walker, 1865

修夜蛾 *Perciana marmorea* Walker, 1865

分布：云南（丽江），湖南，台湾；印度。

透翅毒蛾属 *Perina* Walker, 1854

榕透翅毒蛾 *Perina nuda* (Fabricius, 1787)

分布：云南，四川，浙江，江西，湖南，福建，广东，台湾。

暗苔蛾属 *Phaeosia* Hampson, 1900

东方暗苔蛾 *Phaeosia orientalis* Hampson, 1905

分布：云南，福建；新加坡，印度尼西亚，马来西亚，文莱。

拟叶夜蛾属 *Phyllodes* Boisduval, 1832

套环拟叶夜蛾 *Phyllodes consobrina* Westwood, 1848

分布：云南，广东，海南；印度，孟加拉国。

黄带拟叶夜蛾 *Phyllodes eyndhovii* Vollenhoven, 1858

分布：云南（保山、红河），四川，广东；印度，印度尼西亚。

羽毒蛾属 *Pida* Walker, 1865

羽毒蛾 *Pida apicalis* (Walker, 1865)

分布：云南（大理、保山、德宏），广西；尼泊尔，印度。

滇羽毒蛾 *Pida dianensis* (Chao, 1985)

分布：云南（保山、丽江），四川。

白纹羽毒蛾 *Pida postalba* (Wileman, 1910)

分布：云南（大理、保山、德宏、丽江、迪庆），台湾。

襟裳蛾属 *Pindara* Moore, [1885]

失襟裳蛾 *Pindara illibata* (Fabricius, 1775)

分布：云南（昆明、保山、普洱、怒江），湖北，广西，广东，海南；印度，缅甸，斯里兰卡，新加坡。

宽夜蛾属 *Platyja* Hübner, 1816

宽夜蛾 *Platyja umminia* Cramer, 1780

分布：云南（保山、德宏、丽江），湖南，福建，广东，海南；印度，印度尼西亚，南太平洋诸岛。

卷裙夜蛾属 *Plecoptera* Guenée, 1852

黑肾卷裙夜蛾 *Plecoptera oculata* (Moore, 1882)

分布：云南，广西；不丹，印度，孟加拉国。

肖金夜蛾属 *Plusiodonta* Guenée, 1852

暗肖金夜蛾 *Plusiodonta coelonota* (Kollar, 1844)

分布：云南（大理），华东；缅甸，印度，斯里兰卡，印度尼西亚。

灰苔蛾属 *Poliosia* Hampson, 1900

棕灰苔蛾 *Poliosia brunnea* (Moore, 1878)

分布：云南（红河、西双版纳），四川，福建，海南；印度。

紫线灰苔蛾 *Poliosia cubitifera* (Hampson, 1894)

分布：云南（红河、西双版纳），四川，西藏；印度。

莓灰苔蛾 *Poliosia fragilis* (Lucas, 1890)

分布：云南（红河）；澳大利亚。

纷夜蛾属 *Polydesma* Boisduval, 1833

曲线纷夜蛾 *Polydesma boarmoides* Guenée, 1852

分布：云南，台湾，广东，海南；日本，韩国，印度，尼泊尔，缅甸，泰国，越南，菲律宾，印度尼西亚，澳大利亚，萨摩亚群岛，美国（夏威夷），法属新喀里多尼亚。

暗纹纷夜蛾 *Polydesma otiosa* Guenée, 1852

分布：云南（大理），江西，贵州；印度。

暗纷夜蛾 *Polydesma scriptilis* Guenée, 1852

分布：云南（大理），广西，贵州，江西，海南；印度，孟加拉国。

盗毒蛾属 *Porthesia* Stephens, 1829

戟盗毒蛾 *Porthesia kurosawai* (Inoue, 1956)

分布：云南（高黎贡山），四川，福建，广西，湖北。

小盗毒蛾 *Porthesia pulchella* (Chao, 1987)

分布：云南（红河、西双版纳）。

双线盗毒蛾 *Porthesia scintillans* (Walker, 1856)

分布：云南（文山），四川，陕西，浙江，湖南，广西，福建，广东，台湾；缅甸，马来西亚，新加坡，印度尼西亚，巴基斯坦，印度，斯里兰卡。

暗缘盗毒蛾 *Porthesia xanthorrhoea* (Kollar, 1842)

分布：云南（西双版纳）。

超灯蛾属 *Preparctia* Hampson, 1901

超灯蛾 *Preparctia romanovi* (Grum-Grshimailo, 1891)

分布：云南（迪庆），四川，西藏，青海，甘肃。

***Processine* Volynkon, 2019**

***Processine cruciata* (Walker, 1862)**

分布：云南（大理）；印度，印度尼西亚。

***Processuridia* Huang & Volynkin, 2022**

***Processuridia oreas* Volynkin & Huang, 2022**

分布：云南（红河）；越南。

剪毒蛾属 *Psalis* Hübner, 1823

钩茸毒蛾 *Psalis pennatula* (Fabricius, 1793)

分布：云南（丽江、楚雄、保山），西藏，四川，江西，浙江，湖南，广西，台湾，福建，广东；缅甸，印度，斯里兰卡，印度尼西亚，大洋洲，非洲。

***Pseudoadites* Singh & Kirti, 2016**

褐斑艳苔蛾 *Pseudoadites frigida* (Walker, 1854)

分布：云南（西双版纳），西藏；印度，缅甸，印度尼西亚。

洒夜蛾属 *Psimada* Walker, 1858

洒夜蛾 *Psimada quadripennis* Walker, 1858

分布：云南（红河、玉溪、临沧），广西，广东，福建，河北，海南；缅甸，印度，斯里兰卡。

枝夜蛾属 *Ramadasa* Moore, 1877

枝夜蛾 *Ramadasa pavo* Walker, 1856

分布：云南（保山），福建，海南，广东；印度，斯里兰卡。

瑰夜蛾属 *Raparna* Moore, 1882

横线瑰夜蛾 *Raparna transversa* Moore, 1882

分布：云南，湖北；朝鲜，印度。

点足毒蛾属 *Redoa* Walker, 1855

鹅点足毒蛾 *Redoa anser* (Collenette, 1938)

分布：云南（高黎贡山、丽江），四川，陕西，湖南，湖北，江西，浙江。

直角点足毒蛾 *Redoa anserella* (Collenette, 1938)

分布：云南，贵州，陕西，浙江，江西，湖北，湖南，广西，福建。

冠点足毒蛾 *Redoa crocoptera* (Collenette, 1934)

分布：云南，江西，广东。

白点足毒蛾 *Redoa cygnopsis* (Collenette, 1934)

分布：云南（红河）。

齿点足毒蛾 *Redoa dentata* (Chao, 1988)

分布：云南（西双版纳），四川。

丝点足毒蛾 *Redoa leucoscela* (Collenette, 1934)

分布：云南（高黎贡山），广东。

桨夜蛾属 *Rema* Swinhoe, 1900

桨夜蛾 *Rema costimacula* (Guenée, 1852)

分布：云南，海南；印度，印度尼西亚。

毛跗夜蛾属 *Remigia* Guenée, 1852

毛跗夜蛾 *Remigia frugalis* Fabricius, 1775
分布：云南（保山、西双版纳），广东，台湾；印度，缅甸，非洲，大洋洲。

口夜蛾属 *Rhynchina* Guenée, 1854

曲口夜蛾 *Rhynchina abducalis* Walker, 1858
分布：云南（丽江、迪庆），四川，河北，江西，湖南；日本，印度。

尖口夜蛾 *Rhynchina angustalis* (Warren, 1888)
分布：云南（红河），西藏；印度。

德钦口夜蛾 *Rhynchina deqinensis* Han, 2008
分布：云南（迪庆）。

马口夜蛾 *Rhynchina markusmayerli* Mayerl, 1998
分布：云南（迪庆），四川。

米口夜蛾 *Rhynchina michaelhaeupli* Lödl & Gaal, 1998
分布：云南（丽江）。

鲁口夜蛾 *Rhynchina rudolfmayerli* Mayerl, 1998
分布：云南（迪庆），四川，山东。

黄灯蛾属 *Rhyparia* Hübner, 1820

黄灯蛾 *Rhyparia purpurata* (Linnaeus, 1758)
分布：云南（丽江）。

浑黄灯蛾属 *Rhyparioides* Butler, 1877

肖浑黄灯蛾 *Rhyparioides amurensis* (Bremer, 1861)
分布：云南（昭通、曲靖、保山、大理、丽江、临沧、普洱、玉溪、怒江、迪庆），四川，黑龙江，吉林，辽宁，山西，河北，陕西，内蒙古，河南，山东，江苏，浙江，江西，湖北，湖南，广西，福建；日本，朝鲜。

涓夜蛾属 *Rivula* Guenée, 1845

涓夜蛾 *Rivula sericealis* (Scopoli, 1763)
分布：云南，黑龙江，江苏；欧洲，日本。

金鳞夜蛾属 *Sarobides* Hampson, 1926

金鳞夜蛾 *Sarobides inconclusa* (Walker, 1864)
分布：云南，海南；缅甸，印度，印度尼西亚，马来西亚，文莱，所罗门群岛。

珠苔蛾属 *Schistophleps* Hampson, 1891

珠苔蛾 *Schistophleps bipuncta* Hampson, 1891
分布：云南（西双版纳、普洱），四川，广西，福建，海南，台湾；日本，缅甸，泰国，印度，斯里兰卡。

层夜蛾属 *Schistorhynx* Hampson, 1898

白纹层夜蛾 *Schistorhynx lobata* Prout, 1925
分布：云南（保山），海南；马来西亚，印度尼西亚。

棘翅夜蛾属 *Scoliopteryx* Germar, 1810

棘翅夜蛾 *Scoliopteryx libatrix* Linnaeus, 1758
分布：云南（保山、丽江、迪庆），黑龙江，辽宁，陕西，河南；俄罗斯，朝鲜，日本，蒙古国，中亚，欧洲。

冠丽灯蛾属 *Sebastia* Kirby, 1892

冠丽灯蛾 *Sebastia argus* (Walker, 1862)
分布：云南（德宏、临沧、普洱、红河、保山、大理、丽江、西双版纳）；印度。

斑翅夜蛾属 *Serrodes* Guenée, 1852

铃斑翅夜蛾 *Serrodes campana* Guenée, 1852
分布：云南（保山、普洱、大理、红河、文山），四川，西藏，浙江，广西，广东，海南；印度，孟加拉国，斯里兰卡，缅甸，印度尼西亚，大洋洲，非洲。

干苔蛾属 *Siccia* Walker, 1854

斑带干苔蛾 *Siccia kuangtungensis* Daniel, 1951
分布：云南，浙江，江西，湖南，广西，福建，广东，海南。

丽江齿纹干苔蛾 *Siccia likiangensis* Daniel, 1951
分布：云南（丽江）。

点干苔蛾 *Siccia punctigera* (Leech, 1899)
分布：云南（丽江、昭通），四川，福建。

污干苔蛾 *Siccia sordida* Butler, 1877
分布：云南，西藏，四川，江苏，浙江，江西，湖北，湖南，广西，福建，广东，海南，台湾；日本，印度。

齿纹干苔蛾 *Siccia taprobanis* Walker, 1854
分布：云南（丽江），四川，西藏；印度，斯里兰卡，马来西亚。

贫夜蛾属 *Simplicia* Guenée, 1854

灰缘贫夜蛾 *Simplicia mistacalis* Guenée, 1854
分布：云南（红河、文山、保山、大理），四川，西藏，台湾，海南；日本，印度，斯里兰卡，缅甸。

曲线贫夜蛾 *Simplicia niphona* (Butler, 1878)

分布：云南（丽江），河北，华东；日本。

锯线贫夜蛾 *Simplicia robustalis* Guenée, 1854

分布：云南，海南；斯里兰卡，印度，缅甸，印度尼西亚，大洋洲。

斜线贫夜蛾 *Simplicia schaldusalis* (Walker, [1859])

分布：云南，西藏，四川，广西；斯里兰卡，新加坡，印度尼西亚。

基空贫夜蛾 *Simplicia simplicissima* Wileman & West, 1930

分布：云南（西双版纳），台湾。

华瓦灯蛾属 *Sinowatsonia* Dubatolov, 1996

西南小灯蛾 *Sinowatsonia hoenei* (Daniel, 1943)

分布：云南（保山、大理、丽江、临沧、普洱、玉溪、德宏、红河、昭通、曲靖、怒江、迪庆、西双版纳），四川，西藏。

旋目夜蛾属 *Speiredonia* Hübner, 1872

晦旋夜蛾 *Speiredonia martha* Butler, 1878

分布：云南（保山），华中，华南；日本。

旋目夜蛾 *Speiredonia retorta* Linnaeus, 1764

分布：云南（保山、丽江、大理、德宏、文山），四川，辽宁，江苏，浙江，湖北，江西，福建，广东；朝鲜，印度，缅甸，斯里兰卡，马来西亚。

污灯蛾属 *Spilarctia* Butler, 1875

净污灯蛾 *Spilarctia alba* (Bremer & Grey, 1853)

分布：云南（昆明、玉溪、曲靖、楚雄、保山、大理、丽江、红河、文山、临沧、普洱、德宏、昭通、怒江、迪庆、西双版纳），贵州，四川，吉林，陕西，山西，河北，河南，浙江，江西，湖北，湖南，广西，福建。

金缘污灯蛾 *Spilarctia aurocostata* (Oberthür, 1911)

分布：云南（昆明、玉溪、曲靖、楚雄、保山、大理、丽江、红河、文山、临沧、普洱、德宏、西双版纳、昭通、怒江、迪庆），四川，陕西。

显脉污灯蛾 *Spilarctia bisecta* (Leech, [1899])

分布：云南（昆明、玉溪、曲靖、楚雄、红河、文山、临沧、普洱），贵州，四川，浙江，江西，湖北，湖南，广西，福建；日本。

黄臀黑污灯蛾 *Spilarctia caesarea* (Goeze, 1781)

分布：云南（昭通、曲靖、德宏、临沧、普洱、红河、西双版纳），四川，黑龙江，吉林，辽宁，河北，内蒙古，山西，山东，陕西，江苏，江西，江湖

南；日本，俄罗斯，土耳其，欧洲。

黑须污灯蛾中华亚种 *Spilarctia casigneta sinica* Daniel, 1943

分布：云南（丽江），四川，湖北。

小斑污灯蛾二点亚种 *Spilarctia comma bipunctata* Daniel, 1943

分布：云南（昆明、昭通、丽江），四川。

缘斑污灯蛾 *Spilarctia contaminata* (Wileman, 1910)

分布：云南（昭通、怒江），四川。

渡口污灯蛾 *Spilarctia dukouensis* Fang, 1982

分布：云南（昆明、玉溪、曲靖、楚雄、红河、文山、大理、丽江），四川。

淡红污灯蛾 *Spilarctia gianellii* (Oberthür, 1911)

分布：云南（怒江、迪庆、丽江、德宏、临沧、普洱、红河、昭通、曲靖、西双版纳），四川，西藏。

会泽污灯蛾 *Spilarctia huizenensis* (Fang, 2000)

分布：云南（曲靖）。

昏斑污灯蛾 *Spilarctia irregularis* (Rothschild, 1910)

分布：云南（昆明、玉溪、曲靖、楚雄、德宏、临沧、西双版纳、普洱、红河、怒江、迪庆、丽江），四川，河南，湖北，湖南。

仿污白灯蛾 *Spilarctia lutea* (Hüfnagel, 1766)

分布：云南（保山、大理、丽江、红河、文山、临沧、普洱、玉溪、德宏、西双版纳）。

白污灯蛾 *Spilarctia neglecta* (Rothschild, 1910)

分布：云南（昆明），西藏；印度，缅甸。

天目污灯蛾 *Spilarctia nydia* Butler, 1875

分布：云南（德宏、临沧、普洱、红河、西双版纳），江苏，浙江，福建，江西，广东。

尘污灯蛾 *Spilarctia obliqua* (Walker, 1855)

分布：云南（昆明、玉溪、曲靖、楚雄、保山、大理、丽江、红河、文山、临沧、普洱、德宏、昭通、怒江、迪庆、西双版纳），西藏，四川，陕西，江苏，浙江，江西，广西，福建，广东，台湾；日本，朝鲜，印度，尼泊尔，缅甸，不丹，巴基斯坦。

尘污灯蛾德钦亚种 *Spilarctia obliqua pseudohampsoni* Daniel, 1943

分布：云南（迪庆）。

尘污灯蛾后黑亚种 *Spilarctia obliqua variata* Daniel, 1943

分布：云南（丽江、迪庆、红河），四川。

黑带污灯蛾 *Spilarctia quercii* (Oberthür, 1911)

分布：云南（昭通、曲靖、保山、大理、丽江），四川，山西，青海，甘肃，陕西，湖北，湖南。

强污灯蛾 *Spilarctia robusta* (Leech, 1899)

分布：云南（昆明、玉溪、曲靖、楚雄、保山、大理、丽江、红河、文山、临沧、普洱、德宏、昭通、怒江、迪庆、西双版纳），四川，山西，北京，陕西，山东，江苏，浙江，江西，湖南，湖北，福建。

红线污灯蛾 *Spilarctia rubilinea* Moore, 1865

分布：云南（文山、德宏、红河）。

浙污灯蛾 *Spilarctia sagittifera* Moore, 1888

分布：云南（红河、西双版纳），四川，浙江，安徽，湖北。

土白污灯蛾 *Spilarctia strigatula* (Walker, 1855)

分布：云南（德宏、临沧、保山、西双版纳、普洱、红河）；缅甸，印度尼西亚。

人纹污灯蛾 *Spilarctia subcarnea* (Walker, 1855)

分布：云南（红河、文山、保山、大理、丽江、德宏、临沧、普洱、昭通、曲靖、怒江、迪庆、西双版纳），西藏，贵州，四川，辽宁，吉林，黑龙江，陕西，山西，河北，内蒙古，江苏，浙江，安徽，福建，江西，山东，河南，湖北，湖南，广西，广东，台湾；日本，朝鲜，菲律宾。

黄腹污灯蛾 *Spilarctia subtestacea* (Rothschild, 1910)

分布：云南（文山）。

腾冲污灯蛾 *Spilarctia tengchongensis* Fang & Cao, 1984

分布：云南（保山）。

腹黄污灯蛾 *Spilarctia xanthogastes* (Rotschild, 1914)

分布：云南（德宏、临沧、西双版纳），西藏，陕西；印度。

雪灯蛾属 *Spilosoma* Curtis, 1825

丽江雪灯蛾 *Spilosoma likiangensis* Daniel, 1943

分布：云南（怒江、迪庆、丽江、德宏、临沧、西双版纳、普洱、红河），广西。

星白雪灯蛾 *Spilosoma lubricipeda* (Linnaeus, 1758)

分布：云南（昆明、玉溪、曲靖、楚雄、保山、大理、丽江、临沧、普洱、德宏、西双版纳、红河、昭通、怒江、迪庆），贵州，四川，黑龙江，吉林，辽宁，内蒙古，河北，陕西，江苏，浙江，安徽，湖北，江西，福建；朝鲜，日本，欧洲。

星白雪灯蛾丽江亚种 *Spilosoma lubricipeda extrema* (Daniel, 1943)

分布：云南（丽江）。

黄星雪灯蛾 *Spilosoma lubricipedum* (Linnaeus, 1758)

分布：云南，贵州，四川，广西，山西，河北，吉林，黑龙江，江苏，湖北，湖南，陕西。

点斑雪灯蛾 *Spilosoma ningyuenfui* Daniel, 1943

分布：云南（昆明、玉溪、曲靖、楚雄、保山、大理、丽江、红河、文山、临沧、普洱、德宏、昭通、怒江、迪庆、西双版纳），四川，西藏。

点斑雪灯蛾巴塘亚种 *Spilosoma ningyuenfui flava* Daniel, 1943

分布：云南（昭通）。

红星雪灯蛾 *Spilosoma punctarium* (Stoll, 1782)

分布：云南，贵州，四川，黑龙江，吉林，辽宁，北京，陕西，江苏，安徽，浙江，江西。

洁雪灯蛾 *Spilosoma pura* Leech, 1899

分布：云南（昭通、曲靖、保山、大理、丽江、怒江、迪庆），贵州，四川，吉林，辽宁，黑龙江，陕西，山西，河北，内蒙古，浙江，江西，山东，河南，湖北，湖南，广西，福建。

环夜蛾属 *Spirama* Guenée, 1852

绕环夜蛾 *Spirama helicina* Hüner, 1827

分布：云南（普洱、红河、保山、迪庆），江西，广东，海南，广西；日本，韩国，印度，尼泊尔，泰国，印度尼西亚。

环夜蛾 *Spirama retorta* (Clerck, 1759)

分布：云南（昆明、普洱、保山、红河、迪庆），四川，辽宁，山东，河南，江苏，浙江，湖北，江西，广西，福建，广东，海南；日本，朝鲜，韩国，印度，尼泊尔，斯里兰卡，孟加拉国，缅甸，泰国，越南，马来西亚。

点苔蛾属 *Stictane* Hampson, 1900

直线点苔蛾 *Stictane rectilinea* (Snellen, 1879)

分布：云南，广西，福建；新加坡，印度尼西亚。

痣苔蛾属 *Stigmatophora* Staudinger, 1881

孔痣苔蛾 *Stigmatophora confusa* Daniel, 1951

分布：云南（丽江）。

黄痣苔蛾 *Stigmatophora flava* (Bremer & Grey, 1852)

分布：云南（丽江、昭通），贵州，四川，黑龙江，吉林，辽宁，新疆，河北，山西，山东，陕西，甘肃，河南，江苏，浙江，江西，湖北，湖南，福建，台湾，广东；日本，朝鲜。

滇痣苔蛾 *Stigmatophora likiangensis* Daniel, 1951

分布：云南（丽江）。

掌痣苔蛾 *Stigmatophora palmata* (Moore, 1878)

分布：云南（德宏），四川，西藏，浙江，江西，湖北，湖南，广西，广东；印度。

玫痣苔蛾 *Stigmatophora rhodophila* Walker, 1864

分布：云南（大理），四川，黑龙江，吉林，辽宁，河北，北京，山西，陕西，山东，河南，浙江，江西，江苏，湖北，湖南，广西，福建；日本，朝鲜。

瑰痣苔蛾 *Stigmatophora roseivena* Hampson, 1894

分布：云南，江西，湖南，广西，福建，海南；缅甸。

红脉痣苔蛾 *Stigmatophora rubivena* Fang, 1991

分布：云南（丽江）。

Striatochrista Volynkin & Huang, 2023

黑带巴美苔蛾 *Striatochrista maculifascia* Hampson, 1894

分布：云南（保山），广西；缅甸。

颚苔蛾属 *Strysopha* Arora & Chaudhury, 1982

克颚苔蛾 *Strysopha klapperichi* Daniel, 1954

分布：云南（昭通），四川，浙江，福建。

黑带颚苔蛾 *Strysopha perdentata* Druce, 1899

分布：云南（西双版纳、德宏）；印度，印度尼西亚，马来西亚，文莱。

合夜蛾属 *Sympis* Guenée, 1852

合夜蛾 *Sympis rufibasis* Guenée, 1852

分布：云南（文山、德宏、保山、大理），福建，海南；印度，斯里兰卡，缅甸，印度尼西亚。

邻鹿蛾属 *Syntomoides* Hampson, [1893]

伊贝鹿蛾 *Syntomoides imaon* (Cramer, [1779])

分布：云南（普洱、红河、临沧、怒江、文山、德宏、西双版纳），西藏，广西，福建，广东，海南；印度，斯里兰卡，缅甸。

闪夜蛾属 *Sypna* Guenée, 1852

白点闪夜蛾 *Sypna astrigera* Butler, 1885

分布：云南（保山、丽江、文山），四川，江西，浙江；日本。

绿雾闪裳蛾 *Sypna chloronebula* Ronkay, Wu & Fu, 2013

分布：云南（迪庆），台湾。

粉蓝闪夜蛾 *Sypna cyanivitta* Moore, 1867

分布：云南（保山、文山），四川；印度。

巨闪夜蛾 *Sypna dubitaria* Walker, 1865

分布：云南（保山、丽江），四川，西藏；印度。

光闪夜蛾 *Sypna lucilla* Butler, 1881

分布：云南（保山、丽江、迪庆），台湾，广东；

印度，日本，缅甸。

双带闪夜蛾 *Sypna martina* Felder & Rogenhofer, 1874

分布：云南（保山），湖南；印度尼西亚。

肘闪夜蛾 *Sypna olena* Swinhoe, 1893

分布：云南（保山、丽江），四川，浙江，福建。

褐闪夜蛾 *Sypna prunosa* Moore, 1883

分布：云南（保山、文山、丽江），四川；印度。

粉点闪夜蛾 *Sypna punctosa* Walker, 1865

分布：云南（文山、保山、大理、西双版纳），湖北，湖南；印度，日本。

庶闪夜蛾 *Sypna sobrina* Leech, 1900

分布：云南（迪庆），四川，西藏，广东，广西。

析夜蛾属 *Sypnoides* Hampson, 1913

赫析夜蛾 *Sypnoides hercules* (Butler, 1881)

分布：云南（迪庆），西藏，浙江；俄罗斯，朝鲜半岛，日本，尼泊尔。

层析夜蛾 *Sypnoides missionaria* Berio, 1958

分布：云南（保山、红河），四川，湖北。

肘析夜蛾 *Sypnoides olena* (Swinhoe, 1893)

分布：云南，浙江，福建。

涂析夜蛾 *Sypnoides picta* (Butler, 1877)

分布：云南（丽江、迪庆），黑龙江，辽宁，浙江，湖南；朝鲜，日本。

褐析夜蛾 *Sypnoides prunnosa* (Moore, 1882)

分布：云南，四川，福建；印度。

单析夜蛾 *Sypnoides simplex* (Leech, 1900)

分布：云南（迪庆），陕西，湖北，湖南，浙江。

Tactusa Fibiger, 2010

***Tactusa brevis* Fibiger, 2011**

分布：云南（普洱），贵州。

***Tactusa discrepans yunnanensis* Fibiger, 2011**

分布：云南（西双版纳），贵州。

***Tactusa flexus* Fibiger, 2011**

分布：云南（普洱）。

***Tactusa pars* Fibiger, 2010**

分布：云南（普洱），贵州。

***Tactusa virga* Fibiger, 2011**

分布：云南（西双版纳）。

雀苔蛾属 *Tarika* Moore, 1878

丹尼尔雀苔蛾 *Tarika danieli* Volynkin, Saldaitis, Černý & Huang, 2023

分布：云南（丽江），四川，山东，江苏，福建。

Tarika kinha Volynkin, Saldaitis, Černý & Huang, 2023

分布：云南（怒江）；越南。

银雀苔蛾 *Tarika varana* (Moore, 1865)

分布：云南（大理、红河、丽江），四川，西藏，陕西，山东，江苏，福建；印度。

彩灯蛾属 *Tatargina* Butler, 1877

艳绣彩灯蛾 *Tatargina picta* (Walker,[1865]1864)

分布：云南（昆明、德宏、临沧、普洱、红河、文山、昭通、曲靖、西双版纳），广西，广东，海南；缅甸。

艳绣彩灯蛾东川亚种 *Tatargina picta lutea* (Rothschild, 1914)

分布：云南（昆明）。

台毒蛾属 *Teia* Walker, 1855

合台毒蛾 *Teia convergens* (Collenette, 1938)

分布：云南，内蒙古，陕西。

涡台毒蛾 *Teia turbata* (Butler, 1879)

分布：云南（西双版纳），广西，广东，海南；缅甸，印度。

图苔蛾属 *Teulisna* Walker, 1862

黑带图苔蛾 *Teulisna nebulosa* Walker, 1862

分布：云南（普洱、西双版纳）；马来西亚，印度尼西亚，文莱，印度。

异变图苔蛾 *Teulisna montanebula* Holloway, 2001

分布：云南（普洱、保山、德宏）；柬埔寨，越南，印度尼西亚，文莱，马来半岛。

方斑图苔蛾 *Teulisna plagiata* Walker, 1862

分布：云南（西双版纳），西藏；印度尼西亚，马来西亚，文莱。

突缘图苔蛾 *Teulisna protuberans* (Moore, 1878)

分布：云南（红河），西藏；印度，不丹。

齿口图苔蛾 *Teulisna submontana* Černý, 2009

分布：云南（西双版纳）；泰国。

膨图苔蛾 *Teulisna tumida* Walker, 1862

分布：云南（红河、西双版纳），广西，海南。

豆斑图苔蛾 *Teulisna uniplaga* Hampson, 1894

分布：云南（西双版纳），海南；缅甸。

Teuloma Volynkin & Singh, 2019

黑带土苔蛾 *Teuloma nebulosa* (Walker, 1862)

分布：云南（西双版纳）；马来西亚。

肖毛翅夜蛾属 *Thyas* Hübner, 1824

冕肖毛翅夜蛾 *Thyas coronata* (Fabricius, 1775)

分布：云南（红河、丽江、保山、西双版纳），西藏，广西，福建，台湾，广东，海南；日本，印度，尼泊尔，斯里兰卡，缅甸，孟加拉国，泰国，越南，马来西亚，新加坡，印度尼西亚，菲律宾，大洋洲，非洲。

肖毛翅夜蛾 *Thyas honesta* Hübner, 1824

分布：云南（保山、玉溪、昭通、红河、文山、德宏、丽江），广西；日本，印度，尼泊尔，斯里兰卡，缅甸，泰国，越南，马来西亚，新加坡，印度尼西亚，菲律宾。

庸肖毛翅夜蛾 *Thyas juno* (Dalman, 1823)

分布：云南（迪庆、红河、大理、昭通、德宏、玉溪、丽江），四川，贵州，黑龙江，辽宁，河北，山东，河南，安徽，浙江，湖北，江西，湖南，广西，福建，台湾，广东，海南；日本，韩国，印度，泰国，越南，马来西亚，菲律宾。

锈肖毛翅夜蛾 *Thyas rubida* Walker, 1862

分布：云南（保山），广东；印度，越南。

苏苔蛾属 *Thysanoptyx* Hampson, 1894

Thysanoptyx anomala Volynkin, 2021

分布：云南（怒江）。

流苏苔蛾 *Thysanoptyx fimbriata* Leech, 1890

分布：云南（红河），西藏，陕西，湖北，湖南，广西。

圆斑苏苔蛾 *Thysanoptyx signata* Walker, 1954

分布：云南（普洱、昭通），四川，浙江，福建，江西，湖北，湖南，广西。

点斑苏苔蛾 *Thysanoptyx sordida* (Butler, 1881)

分布：云南（文山）。

长斑苏苔蛾 *Thysanoptyx tetragona* Walker, 1854

分布：云南（德宏、大理），四川，西藏，浙江，福建，江西，湖南，广西，广东，海南，台湾；印度，尼泊尔，印度尼西亚。

纹苔蛾属 *Tigrioides* Butler, 1877

黑点纹苔蛾 *Tigrioides euchana* (Swinhoe, 1893)

分布：云南（普洱、大理、保山）；缅甸。

脉黑纹苔蛾 *Tigrioides leucanioides* (Walker, 1862)

分布：云南（西双版纳），西藏；新加坡，马来西亚，缅甸。

亭夜蛾属 *Tinolius* Walker, 1855

亭夜蛾 *Tinolius eburneigutta* Walker, 1855

分布：云南；印度，孟加拉国，斯里兰卡。

四星亭夜蛾 *Tinolius quadrimaeulatus* **Walker, 1864**
分布：云南（红河、西双版纳）；印度，缅甸，柬埔寨。

紫脛夜蛾属 *Toxocampa* Guenée, 1841

黑缘紫脛夜蛾 *Toxocampa nigricostata* **Graeser, 1890**
分布：云南（丽江、保山），四川，黑龙江，新疆，内蒙古，河北，陕西；日本，俄罗斯。

直紫脛夜蛾 *Toxocampa recta* (Bremer, 1864)
分布：云南（丽江），四川，江西，湖南；朝鲜，日本。

蚕豆紫脛夜蛾 *Toxocampa viciae* (Hübner, 1822)
分布：云南（丽江），四川，黑龙江，新疆，河北，山西，陕西，山东，浙江；欧洲。

分夜蛾属 *Trigonodes* Guenée, 1852

分夜蛾 *Trigonodes hyppasia* (Cramer, 1779)
分布：云南，四川，湖北，江西，广西，台湾，福建，广东，海南；日本，印度，缅甸，斯里兰卡，菲律宾，印度尼西亚，大洋洲，非洲。

优裳蛾属 *Ugia* Walker, 1858

墨优裳蛾 *Ugia mediorufa* (Hampson, 1894)
分布：云南（红河），广东，海南；印度，泰国，马来西亚，印度尼西亚。

蜗夜蛾属 *Ulotrichopus* Wallengren, 1860

斑蜗夜蛾 *Ulotrichopus macula* Hampson, 1891
分布：云南（保山），四川，台湾；印度，斯里兰卡。

星灯蛾属 *Utetheisa* Hübner, [1819]

拟三色星灯蛾指名亚种 *Utetheisa lotrix lotrix* (Cramer, 1779)
分布：云南（昆明、玉溪、曲靖、楚雄、保山、大理、丽江、文山、临沧、普洱、德宏、红河、怒江、迪庆、西双版纳），四川，西藏，广西，广东，海南，福建，台湾；日本，越南，缅甸，印度，新加坡，斯里兰卡，菲律宾，澳大利亚，新西兰。

美星灯蛾 *Utetheisa pulchelloides* Hampson, 1907
分布：云南（红河、西双版纳），四川，西藏，湖北，浙江，广西，广东，海南，福建，台湾；越南，印度，马来西亚，斯里兰卡，菲律宾，印度尼西亚，新西兰，澳大利亚。

美星灯蛾锯角亚种 *Utetheisa pulchelloides vaga* **Jordan, 1938**
分布：云南（红河、普洱、西双版纳），广东，台湾；越南，印度，马来西亚，斯里兰卡，菲律宾，印度尼西亚，新西兰，澳大利亚。

瓦苔蛾属 *Vamuna* Moore, 1878

黄黑瓦苔蛾 *Vamuna alboluteola* (Rothschild, 1912)
分布：云南（德宏）。

肖黄黑瓦苔蛾 *Vamuna albulata* (Fang, 1990)
分布：云南（大理、红河、德宏），西藏。

褐瓦苔蛾 *Vamuna fusca* Fang, 1990
分布：云南（丽江），西藏。

斑瓦苔蛾 *Vamuna maculata* Moore, 1878
分布：云南（德宏），西藏；印度。

白黑瓦苔蛾 *Vamuna remelana* (Moore, [1866])
分布：云南（怒江、保山、红河、文山），西藏，四川，湖北，江西，广西，福建，海南；印度，尼泊尔，印度尼西亚。

哨瓦苔蛾 *Vamuna stoetzneri* Draeseke, 1926
分布：云南（丽江、大理），四川。

木叶夜蛾属 *Xylophylla* Hampson, 1913

木叶夜蛾 *Xylophylla punctifascia* (Leech, 1900)
分布：云南（昆明），四川，浙江，湖北。

扎苔蛾属 *Zadadra* Moore, 1878

肋扎苔蛾 *Zadadra costalis* Moore, 1878
分布：云南（红河），广西；印度，缅甸。

褐鳞扎苔蛾 *Zadadra distorta* Moore, 1872
分布：云南（普洱、红河、丽江、西双版纳），四川，西藏，贵州，湖南，广西；尼泊尔，印度。

烟纹扎苔蛾 *Zadadra fuscistriga* Hampson, 1894
分布：云南（红河）；印度，缅甸。

铅扎苔蛾 *Zadadra plumbeomicans* Hampson, 1894
分布：云南（普洱、红河、西双版纳）；印度。

镰须夜蛾属 *Zanclognatha* Lederer, 1857

角镰须夜蛾 *Zanclognatha angulina* (Leech, 1990)
分布：云南（红河、大理），四川，湖北，湖南，福建，海南；日本，欧洲。

齐夜蛾属 *Zekelita* Walker, 1863

金齐夜蛾 *Zekelita plusioides* (Butler, 1879)
分布：云南（临沧）；日本。

筑夜蛾属 *Zurobata* Walker, 1866

漾筑夜蛾 *Zurobata vacillans* (Walker, 1864)
分布：云南。

舟蛾科 Notodontidae

垠舟蛾属 *Acmeshachia* Matsumura, 1929

双带垠舟蛾 *Acmeshachia albifascia* (Moore, 1879)

分布：云南（丽江、红河、大理），西藏，四川，重庆；印度，尼泊尔，越南。

巨垠舟蛾 *Acmeshachia gigantea* (Elwes, 1890)

分布：云南（怒江、大理、丽江、红河），浙江，江西，福建，台湾，海南；印度，泰国，越南。

奇舟蛾属 *Allata* Walker, 1863

本奇舟蛾 *Allata benderi* Dierl, 1976

分布：云南（文山、西双版纳、德宏、怒江），西藏，福建；越南，泰国，印度尼西亚，马来西亚。

倍奇舟蛾 *Allata duplius* Schintlmeister, 2007

分布：云南；印度，缅甸，泰国，老挝，越南。

伪奇舟蛾 *Allata laticostalis* (Hampson, 1900)

分布：云南（大理、丽江、德宏、普洱），四川，河南，浙江，湖北，福建，北京，河北，陕西，甘肃，山西，江西，广西；印度，巴基斯坦，越南，阿富汗。

新奇舟蛾 *Allata sikkima* (Moore, 1879)

分布：云南（大理、普洱、德宏、西双版纳），四川，贵州，甘肃，河南，山东，安徽，浙江，江西，湖南，广西，福建，广东，海南；越南，印度，马来西亚，印度尼西亚。

大齿舟蛾属 *Allodonta* Staudinger, 1887

大齿舟蛾 *Allodonta plebeja* (Oberthür, 1880)

分布：云南（昆明、昭通、文山、丽江），辽宁，北京，河南，河北，陕西，甘肃，湖北；朝鲜，俄罗斯。

暗齿舟蛾属 *Allodontoides* Matsumura, 1922

暗齿舟蛾 *Allodontoides tenebrosa* (Moore, 1866)

分布：云南，四川，台湾；印度，越南。

暗齿舟蛾台湾亚种 *Allodontoides tenebrosa furva* (Wileman, 1910)

分布：云南（西双版纳），台湾。

反掌舟蛾属 *Antiphalera* Gaede, 1930

双线反掌舟蛾 *Antiphalera bilineata* (Hampson, 1896)

分布：云南（大理），四川，重庆；尼泊尔，印度，不丹，越南。

Armiana Walker, 1862

竹箨舟蛾 *Armiana retrofusca* (de Joanning, 1907)

分布：云南，四川，河南，上海，江苏，江西，湖南，浙江，广东，福建；越南。

重舟蛾属 *Baradesa* Moore, 1883

宽带重舟蛾 *Baradesa lithosioides* Moore, 1883

分布：云南（红河、大理、迪庆），西藏；印度，尼泊尔，越南。

窄带重舟蛾 *Baradesa omissa* Rothschild, 1917

分布：云南（红河、临沧、德宏、西双版纳），浙江，广西，广东；印度，越南，马来西亚。

端重舟蛾 *Baradesa ultima* Sugi, 1992

分布：云南（怒江），西藏；尼泊尔。

须舟蛾属 *Barbarossula* Kiriakoff, 1963

紫须舟蛾 *Barbarossula peniculus* (Bryk, 1949)

分布：云南（大理），湖南；缅甸。

良舟蛾属 *Benbowia* Kiriakoff, 1967

曲良舟蛾 *Benbowia callista* Schintlmeister, 1997

分布：云南（大理、西双版纳），四川，重庆，浙江，湖北，广西，海南；印度，尼泊尔，泰国，越南。

良舟蛾 *Benbowia virescens* (Moore, 1879)

分布：云南；印度，缅甸，越南，柬埔寨，印度尼西亚，马来西亚。

箆舟蛾属 *Besaia* Walker, 1865

黄箆舟蛾 *Besaia alboflavida* (Bryk, 1949)

分布：云南（德宏）；缅甸。

顶偶舟蛾 *Besaia apicalis* Kiriakoff, 1962

分布：云南（大理），陕西；尼泊尔。

银箆舟蛾 *Besaia argenteodivisa* (Kiriakoff, 1962)

分布：云南（昭通、红河、保山、普洱、丽江），四川。

银线偶舟蛾 *Besaia argentilinea* (Cai, 1982)

分布：云南（保山），西藏；尼泊尔。

黑线箆舟蛾 *Besaia atrilinea* Schintlmeister, 2008

分布：云南（怒江）；越南，缅甸。

黑带枯舟蛾 *Besaia atrivittata* (Hampson, 1900)

分布：云南（丽江），西藏；印度。

褐箆舟蛾 *Besaia brunneisticta* (Bryk, 1949)

分布：云南；缅甸，越南。

蔡氏枯舟蛾 *Besaia caii* Schintlmeister & Fang, 2001

分布：云南（大理）。

狸偶舟蛾 *Besaia castor* (Kiriakoff, 1963)

分布：云南（丽江）。

富箆舟蛾 *Besaia dives* (Kiriakoff, 1962)

分布：云南（丽江）。

美偶舟蛾 *Besaia eupatagia* (Hampson, 1893)

分布：云南（西双版纳），西藏；印度，尼泊尔。

枯舟蛾 *Besaia frugalis* (Leech, 1898)

分布：云南（丽江），四川，浙江，陕西。

箆舟蛾 *Besaia goddrica* (Schaus, 1928)

分布：云南（怒江），四川，陕西，江苏，安徽，浙江，江西，湖南，福建，广东。

韩氏偶舟蛾 *Besaia hanae* Schintlmeister & Fang, 2001

分布：云南（大理、丽江），四川。

黎氏枯舟蛾 *Besaia leechi* Schintlmeister, 1997

分布：云南（昆明、大理），四川，西藏，广西；越南。

黑偶舟蛾 *Besaia melanius* Schintlmeister, 1997

分布：云南，四川，陕西；越南。

黑偶舟蛾指名亚种 *Besaia melanius melanius* Schintlmeister, 1997

分布：云南（大理），四川，陕西；越南。

梅箆舟蛾 *Besaia meo* Schintlmeister, 1997

分布：云南；缅甸，泰国，老挝，越南。

卵箆舟蛾 *Besaia ovatia* Schintlmeister & Fang, 2001

分布：云南（昆明），四川。

普偶舟蛾 *Besaia plusioides* (Bryk，1949)

分布：云南，四川；缅甸。

粉偶舟蛾 *Besaia pollux* (Kiriakoff, 1963)

分布：云南（丽江）。

显箆舟蛾 *Besaia prominens* (Bryk, 1949)

分布：云南（西双版纳）；缅甸。

赤箆舟蛾 *Besaia pyraloides* (Kiriakoff, 1962)

分布：云南（丽江）。

锈箆舟蛾 *Besaia rubiginea* Walker, 1865

分布：云南（怒江），西藏；印度。

星箆舟蛾 *Besaia sideridis* (Kiriakoff, 1962)

分布：云南（大理、丽江、德宏），四川。

三线箆舟蛾 *Besaia tristan* Schintlmeister, 1997

分布：云南（昆明），四川，湖北；越南。

枝邻皮舟蛾 *Besaia virgata* (Wileman, 1914)

分布：云南（普洱、西双版纳），台湾。

云南箆舟蛾 *Besaia yunnana* (Kiriakoff, 1962)

分布：云南（丽江）；越南。

株箆舟蛾 *Besaia zoe* Schintlmeister, 1997

分布：云南（怒江）；越南。

角茎舟蛾属 *Bireta* Walker, 1856

银纹角瓣舟蛾 *Bireta argentea* (Schintlmeister, 1997)

分布：云南（昆明、大理、昭通），湖南，陕西；越南。

长纹角瓣舟蛾 *Bireta aristion* (Schintlmeister, 1997)

分布：云南（红河、保山、临沧），四川；越南。

刺角瓣舟蛾 *Bireta belosa* (Wu & Fang, 2003)

分布：云南（德宏）；泰国。

多斑角瓣舟蛾 *Bireta ferrifera* (Walker, 1865)

分布：云南，西藏；印度，尼泊尔。

福角瓣舟蛾 *Bireta furax* Schintlmeister, 2008

分布：云南，四川，江西，广西，海南；越南。

福角瓣舟蛾指名亚种 *Bireta furax furax* Schintlmeister, 2008

分布：云南，四川，江西，广西，海南；越南。

角茎舟蛾 *Bireta longivitta* Walker, 1856

分布：云南，广西；越南，缅甸，泰国，老挝，印度，巴基斯坦，尼泊尔。

角茎舟蛾金黄亚种 *Bireta longivitta flaveo* Schintlmeister, 2007

分布：云南（红河、普洱、保山、怒江、西双版纳），广西。

亮角瓣舟蛾 *Bireta lucida* Schintlmeister, 2008

分布：云南；缅甸。

匀纹角瓣舟蛾 *Bireta ortharga* (Wu & Fang, 2003)

分布：云南，陕西。

鸟角瓣舟蛾 *Bireta parricidae* Schintlmeister, 2008

分布：云南。

长角瓣舟蛾 *Bireta sicarius* Schintlmeister, 2008

分布：云南。

芽舟蛾属 *Brykia* Gaede, 1930

豪斯芽舟蛾越南亚种 *Brykia horsfieldi mapalia* Schintlmeister, 1997

分布：云南（文山）；越南。

粘舟蛾属 *Calyptronotum* Roepke, 1944

粘舟蛾 *Calyptronotum singapura* (Gaede, 1930)

分布：云南（西双版纳），海南；越南，缅甸，泰国，印度尼西亚，马来西亚，菲律宾，新加坡。

灯舟蛾属 *Cerasana* Walker, 1862

灯舟蛾 *Cerasana rubripuncta* Joannis, 1900

分布：云南（红河、普洱），广西；越南，菲律宾，马来西亚。

二尾舟蛾属 *Cerura* Schrank, 1802

杨二尾舟蛾 *Cerura erminea* (Esper, 1783)

分布：云南，四川，西藏，重庆，黑龙江，吉林，辽宁，内蒙古，河北，天津，北京，山西，山东，河南，陕西，宁夏，甘肃，青海，安徽，江苏，上海，浙江，江西，湖南，湖北，福建，广东，香港，海南，澳门；朝鲜，日本，越南。

杨二尾舟蛾滇缅亚种 *Cerura erminea birmanica* (Bryk, 1949)

分布：云南，四川，甘肃。

杨二尾舟蛾大陆亚种 *Cerura erminea menciana* Moore, 1877

分布：云南，西藏，四川，重庆，贵州，黑龙江，辽宁，吉林，新疆，内蒙古，陕西，河南，天津，河北，甘肃，青海，宁夏，山西，山东，北京，江西，上海，安徽，江苏，浙江，湖北，湖南，广西，福建，澳门，广东，海南，台湾，香港。

神二尾舟蛾 *Cerura priapus* Schintlmeister, 1997

分布：云南（普洱、西双版纳），上海，浙江，江西，广西，福建，广东，香港；越南，缅甸，泰国。

白二尾舟蛾 *Cerura tattakana* Matsumura, 1927

分布：云南（玉溪、迪庆），四川，贵州，陕西，河南，江苏，浙江，湖北，湖南，台湾；日本，越南。

查舟蛾属 *Chadisra* Walker, 1862

后白查舟蛾 *Chadisra bipartia* Matsumura, 1925

分布：云南（高黎贡山），广西，广东，海南，台湾；日本，尼泊尔，印度，泰国，越南，印度尼西亚。

薇舟蛾属 *Chalepa* Kiriakoff, 1959

阿薇舟蛾 *Chalepa arcania* Schintlmeister, 2007

分布：云南；缅甸，泰国，越南。

铃薇舟蛾 *Chalepa bela* (Swinhoe, 1894)

分布：云南（普洱）；印度，越南。

蔷薇舟蛾 *Chalepa rosiora* (Schintlmeister, 1997)

分布：云南；缅甸，越南，泰国，马来西亚。

嫦舟蛾属 *Changea* Schintlmeister & Fang, 2001

嫦舟蛾 *Changea yangguifei* Schintlmeister & Fang, 2001

分布：云南（昆明、红河、普洱、昭通、大理），四川；印度。

封舟蛾属 *Cleapa* Walker, 1855

侧带封舟蛾 *Cleapa latifascia* Walker, 1855

分布：云南（大理），台湾；印度，尼泊尔，缅甸，印度尼西亚。

扇舟蛾属 *Clostera* Samouelle, 1819

白纹扇舟蛾短小亚种 *Clostera albosigma curtuloides* (Erschoff, 1870)

分布：云南（大理），陕西，甘肃，青海，山西，河南，湖北，北京，吉林，黑龙江；日本，朝鲜，俄罗斯，北美洲。

杨扇舟蛾 *Clostera anachoreta* (Denis & Schiffermüller, 1775)

分布：全国广布；日本，朝鲜，印度，斯里兰卡，印度尼西亚，欧洲。

分月扇舟蛾 *Clostera anastomosis* (Linnaeus, 1758)

分布：云南（大理、丽江、迪庆），四川，重庆，贵州，黑龙江，吉林，新疆，内蒙古，陕西，甘肃，河南，上海，安徽，河北，湖南，浙江，湖北，江苏，福建；日本，朝鲜，俄罗斯，蒙古国，欧洲。

角扇舟蛾 *Clostera angularis* (Snellen, 1895)

分布：云南（西双版纳）；越南，印度尼西亚，马来西亚。

共扇舟蛾 *Clostera costicomma* (Hampson, 1892)

分布：云南（西双版纳）；印度，巴基斯坦，越南。

短扇舟蛾 *Clostera curtuloides* (Erschoff, 1870)

分布：云南，黑龙江，吉林，北京，陕西，甘肃，山西，青海；日本，朝鲜，俄罗斯，北美洲。

影扇舟蛾 *Clostera fulgurita* (Walke, 1865)

分布：云南（丽江、西双版纳），湖北，广西，福建，广东，海南；印度，尼泊尔，缅甸，泰国，马来西亚，印度尼西亚。

玛扇舟蛾 *Clostera mahatma* (Bryk, 1949)

分布：云南，四川，西藏；印度，尼泊尔，不丹，缅甸。

柳扇舟蛾 *Clostera pallida* (Walker, 1855)

分布：云南（昆明、丽江、红河、普洱、大理、保山），四川，西藏，广西；印度，尼泊尔，泰国，缅甸，越南。

仁扇舟蛾 *Clostera restitura* (Walker, 1865)

分布：云南（大理），上海，湖南，浙江，江苏，广西，福建，广东，香港，台湾，海南；印度，越南，马来西亚，印度尼西亚。

横扇舟蛾 *Clostera transecta* (Dudgeon, 1898)

分布：云南，福建；印度，尼泊尔，缅甸，泰国，越南。

灰舟蛾属 *Cnethodonta* Staudinger, 1887

疹灰舟蛾 *Cnethodonta pustulifer* (Oberthür, 1911)

分布：云南，四川，陕西，甘肃，湖北；越南。

疹灰舟蛾白色亚种 *Cnethodonta pustulifer albescens* Schintlmeister, 1997

分布：云南（昆明、大理），四川；越南。

绿舟蛾属 *Cyphanta* Walker, 1865

褐斑绿舟蛾 *Cyphanta chortochroa* Hampson, [1893]

分布：云南（红河、文山），陕西，河南；印度，尼泊尔，越南，缅甸，泰国。

褐带绿舟蛾 *Cyphanta xanthochlora* Walker, 1865

分布：云南（大理），四川，西藏；印度，缅甸，越南。

蕊舟蛾属 *Dudusa* Walker, 1864

间蕊舟蛾 *Dudusa intermedia* Sugi, 1987

分布：云南（红河、西双版纳），四川，贵州，湖北；越南，泰国，老挝。

著蕊舟蛾 *Dudusa nobilis* Walker, 1865

分布：云南（普洱），陕西，北京，浙江，湖北，广西，海南，台湾；泰国，越南。

壮蕊舟蛾 *Dudusa obesa* Schintlmeister & Fang, 2001

分布：云南（西双版纳），四川，甘肃，河南，湖北，广西，福建。

黑蕊舟蛾 *Dudusa sphingiformis* Moore, 1872

分布：云南（文山、红河、普洱、保山、怒江），四川，贵州，陕西，甘肃，河南，内蒙古，江西，山东，北京，河北，湖北，浙江，湖南，广西，福

建；朝鲜，日本，缅甸，印度，越南。

联蕊舟蛾 *Dudusa synopla* Swinhoe, 1907

分布：云南（临沧、西双版纳），四川，北京，浙江，江西，广西，广东，海南，台湾；印度，缅甸，泰国，越南，马来西亚，新加坡，印度尼西亚。

娓舟蛾属 *Ellida* Grote, 1876

绿斑娓舟蛾 *Ellida viridimixta* Bremer, 1861

分布：云南（高黎贡山），黑龙江，吉林；日本，朝鲜，俄罗斯，越南。

上舟蛾属 *Epinotodonta* Matsumura, 1920

污灰上舟蛾 *Epinotodonta griseotincta* Kiriakoff, 1963

分布：云南（大理、丽江、迪庆），四川，重庆。

星舟蛾属 *Euhampsonia* Dyar, 1897

黄二星舟蛾 *Euhampsonia cristata* (Butler, 1877)

分布：云南（大理、迪庆、怒江、曲靖、临沧），四川，辽宁，吉林，黑龙江，陕西，河南，甘肃，山东，北京，内蒙古，河北，山西，江西，湖南，浙江，安徽，湖北，江苏，台湾，海南；日本，朝鲜，俄罗斯，缅甸。

凹缘舟蛾 *Euhampsonia niveiceps* (Walker, 1865)

分布：云南（保山、迪庆），四川，陕西，浙江，湖北；印度。

锯齿星舟蛾 *Euhampsonia serratifera* Sugi, 1994

分布：云南，四川，北京，浙江，湖北，福建，广西；泰国，越南，老挝，缅甸。

锯齿星舟蛾指名亚种 *Euhampsonia serratifera serratifera* Sugi, 1994

分布：云南（昆明、迪庆），四川，浙江，湖南，广西，福建；泰国，越南，老挝，缅甸。

辛氏星舟蛾 *Euhampsonia sinjaevi* Schintlmeister, 1997

分布：云南（昆明、迪庆、昭通、大理），四川，陕西，甘肃，湖南，湖北；越南。

优舟蛾属 *Eushachia* Matsumura, 1925

金优舟蛾 *Eushachia aurata* (Moore, 1879)

分布：云南，福建；印度，缅甸，越南。

金优舟蛾指名亚种 *Eushachia aurata aurata* (Moore, 1879)

分布：云南（昆明、保山、丽江），福建；印度，缅甸，越南。

英优舟蛾 *Eushachia midas* (Bryk, 1949)

分布：云南（丽江），四川，陕西。

褐斑优舟蛾 *Eushachia millennium* **Schintlmeister & Fang, 2001**

分布：云南（大理、怒江）。

纷舟蛾属 *Fentonia* Butler, 881

斑纷舟蛾 *Fentonia baibarana* **Matsumura, 1929**

分布：云南（临沧），四川，浙江，湖北，湖南，广西，福建，台湾，海南；越南，泰国，马来西亚，印度尼西亚。

曲纷舟蛾 *Fentonia excurvata* (Hampson, 1893)

分布：云南（昆明、丽江），四川，河南，江西，浙江，湖北，安徽，湖南，广西，福建，海南，台湾；印度，尼泊尔，越南，泰国。

洛纷舟蛾 *Fentonia notodontina* (Rothschild, 1917)

分布：云南（昆明、丽江），四川，福建；印度，缅甸，越南，泰国。

栎纷舟蛾 *Fentonia ocypete* (Bremer, 1816)

分布：云南（昆明、丽江、迪庆），四川，重庆，贵州，黑龙江，吉林，辽宁，甘肃，山西，陕西，河北，北京，湖南，浙江，江西，湖北，江苏，福建，海南；日本，朝鲜，俄罗斯，印度，新加坡。

涟纷舟蛾 *Fentonia parabolica* **Matsumura, 1925**

分布：云南（高黎贡山），甘肃，安徽，浙江，江西，湖北，湖南，广西，福建，海南，广东，台湾。

幽纷舟蛾 *Fentonia shenghua* **Schintlmeister & Fang, 2001**

分布：云南（昆明、大理、丽江），四川，重庆，湖北。

圆纷舟蛾属 *Formofentonia* Matsumura, 1925

圆纷舟蛾 *Formofentonia orbifer* (Hampson, 1892)

分布：云南，四川，江西，广西，海南，台湾；印度，马来西亚，印度尼西亚。

圆纷舟蛾指名亚种 *Formofentonia orbifer orbifer* (Hampson, 1892)

分布：云南（西双版纳），四川，江西，广西，海南，台湾；印度，马来西亚，印度尼西亚。

燕尾舟蛾属 *Furcula* Laamarck, 1816

燕尾舟蛾 *Furcula furcula* (Clerk, 1759)

分布：云南，四川，吉林，黑龙江，新疆，甘肃，陕西，北京，内蒙古，河北，湖北，浙江，上海，江苏；朝鲜，日本，俄罗斯。

燕尾舟蛾绯亚种 *Furcula furcula sangaica* (Moore, 1877)

分布：云南（丽江），四川，黑龙江，吉林，新疆，内蒙古，天津，河北，北京，甘肃，浙江，上海，湖北；朝鲜，日本，俄罗斯。

腰带燕尾舟蛾 *Furcula lanigera* (Butler, 1877)

分布：云南（昆明、丽江），西藏，黑龙江，吉林，新疆，内蒙古，河南，山东，陕西，河北，山西，宁夏，甘肃，安徽，湖北，江苏，江西；日本，朝鲜，俄罗斯。

著带燕尾舟蛾 *Furcula nicetia* (Schaus, 1928)

分布：云南（楚雄、昭通、迪庆、大理、丽江），四川，西藏；缅甸。

钩翅舟蛾属 *Gangarides* Moore, 1865

钩翅舟蛾 *Gangarides dharma* **Moore, 1865**

分布：云南（迪庆、怒江、德宏、临沧、丽江、西双版纳），四川，西藏，辽宁，北京，陕西，甘肃，河北，浙江，江西，湖北，湖南，广西，海南，香港，福建，广东；朝鲜，印度，孟加拉国，泰国，越南，缅甸。

黄钩翅舟蛾 *Gangarides flavescens* **Schintlmeister, 1997**

分布：云南（文山、高黎贡山），四川，海南；越南。

淡红钩翅舟蛾 *Gangarides rufinus* **Schintlmeister, 1997**

分布：云南（怒江、普洱、文山）；泰国，越南，缅甸。

带纹钩翅舟蛾 *Gangarides vittipalpis* (Walker, 1869)

分布：云南（普洱、西双版纳），广西，海南；印度，越南，泰国，缅甸，马来西亚。

细翅舟蛾属 *Gargetta* Walker, 1865

银边细翅舟蛾 *Gargetta nagaensis* **Hampson, 1892**

分布：云南（文山、西双版纳），湖北，江西；印度，印度尼西亚。

雪舟蛾属 *Gazalina* Walker, 1865

黑脉雪舟蛾 *Gazalina apsara* (Moore, 1859)

分布：云南（曲靖、红河、大理、丽江、迪庆），西藏，四川；印度，尼泊尔。

Gazalina basiserica **Kobayashi & Wang, 2022**

分布：云南。

三线雪舟蛾 *Gazalina chrysolopha* (Kollar, 1844)

分布：云南（昆明、红河、普洱、大理、丽江、迪庆、保山、文山），四川，西藏，贵州，重庆，甘肃，河南，陕西，湖北，湖南，广西，海南；印度，巴基斯坦，尼泊尔。

Gazalina oriens Kobayashi & Wang, 2022

分布：云南，四川，广东。

双线雪舟蛾 *Gazalina transversa* Moore, 1879

分布：云南（玉溪、保山、德宏、西双版纳），广西，广东；印度，尼泊尔。

锦舟蛾属 *Ginshachia* Matsumura, 1929

贝锦舟蛾 *Ginshachia baenzigeri* Schintlmeister, 2007

分布：云南，西藏；印度，尼泊尔，缅甸，泰国，老挝，越南。

锦舟蛾 *Ginshachia elongata* Matsumura, 1929

分布：云南（大理），台湾。

光锦舟蛾秦巴亚种 *Ginshachia phoebe shanguang* Schintlmeister & Fang, 2001

分布：云南（高黎贡山），四川，陕西，甘肃，广西。

朱氏锦舟蛾 *Ginshachia zhui* Schintlmeister & Fang, 2001

分布：云南（大理）。

谷舟蛾属 *Gluphisia* Boisduval, 1828

杨谷舟蛾 *Gluphisia crenata* (Esper, 1785)

分布：云南，四川，黑龙江，吉林，陕西，甘肃，山西，浙江，河北，江苏；日本，朝鲜，俄罗斯，欧洲，北美洲。

杨谷舟蛾细颚亚种 *Gluphisia crenata meridionalis* Kiriakoff, 1963

分布：云南（丽江、迪庆），四川，吉林，陕西，甘肃，山西，河北，湖北，浙江，江苏。

角翅舟蛾属 *Gonoclostera* Butler, 1877

金纹角翅舟蛾 *Gonoclostera argentata* (Oberthür, 1914)

分布：云南（红河、曲靖、保山、德宏、丽江、迪庆、大理、昭通），四川，重庆，北京，河北，陕西，甘肃，湖北，湖南；越南，缅甸。

方氏角翅舟蛾 *Gonoclostera fangi* Pan, Li & Han, 2010

分布：云南（丽江、普洱、怒江）。

怪舟蛾属 *Hagapteryx* Matsumura, 1920

珠怪舟蛾 *Hagapteryx margarethae* (Kiriakoff), 1963

分布：云南（丽江）。

岐怪舟蛾 *Hagapteryx mirabilior* (Oberthür, 1911)

分布：云南（大理、保山），四川，吉林，北京，陕西，甘肃，河北，浙江，湖北，江西，湖南，福建；日本，朝鲜，俄罗斯，越南。

杉怪舟蛾 *Hagapteryx sugii* Schintlmeister, 1989

分布：云南（高黎贡山、大理），四川，吉林，北京，陕西，甘肃，浙江，江西，湖北，湖南，福建；日本，朝鲜，俄罗斯，越南。

托尼怪舟蛾 *Hagapteryx tonyi* Schintlmeister & Fang, 2001

分布：云南（大理）。

枝背舟蛾属 *Harpyia* Ochsenheimer, 1810

鹿枝背舟蛾 *Harpyia longipennis* (Walker, 1855)

分布：云南，西藏，四川，湖北，台湾；印度，尼泊尔，缅甸，越南，泰国。

鹿枝背舟蛾台湾亚种 *Harpyia longipennis formosicola* (Matsumura, 1929)

分布：云南（丽江、大理），四川，湖北，台湾，海南。

鹿枝背舟蛾指名亚种 *Harpyia longipennis longipennis* (Walker, 1855)

分布：云南（怒江、文山），西藏；印度，巴基斯坦，尼泊尔，缅甸，越南，泰国。

鹿枝背舟蛾云南亚种 *Harpyia longipennis yunnanensis* Schintlmeister & Fang, 2001

分布：云南，四川，湖北，海南；越南，缅甸。

小点枝背舟蛾 *Harpyia microsticta* (Swinhoe, 1892)

分布：云南，重庆，浙江，湖北，江西，湖南，广西，福建，台湾；印度，马来西亚，印度尼西亚。

小点枝背舟蛾中国亚种 *Harpyia microsticta baibarana* (Matsumura, 1927)

分布：云南（昆明），重庆，浙江，湖北，江西，湖南，广西，福建，台湾。

栎枝背舟蛾 *Harpyia umbrosa* (Staudinger, 1892)

分布：云南（昆明、迪庆），四川，重庆，黑龙江，北京，陕西，山东，山西，浙江，湖北，江苏，江西，湖南；日本，朝鲜。

异齿舟蛾属 *Hexafrenum* Matsumura, 1925

鸟异齿舟蛾 *Hexafrenum avis* Schintlmeister & Fang, 2001

分布：云南，四川，甘肃，湖北；越南。

鸟异齿舟蛾指名亚种 *Hexafrenum avis avis* Schintlmeister & Fang, 2001

分布：云南（昆明、迪庆、丽江、西双版纳），四川，陕西，湖北。

领异齿舟蛾 *Hexafrenum collaris* (Swinhoe, 1904)

分布：云南（大理、德宏），四川，西藏；印度，不丹，尼泊尔，缅甸，泰国。

海南异齿舟蛾 *Hexafrenum hainanensis* Wu & Fang, 2004

分布：云南（高黎贡山），海南。

白颈异齿舟蛾 *Hexafrenum leucodera* (Staudinger, 1892)

分布：云南，四川，黑龙江，吉林，辽宁，北京，山西，陕西，甘肃，浙江，湖北，福建，台湾；日本，朝鲜，俄罗斯。

白颈异齿舟蛾云南亚种 *Hexafrenum leucodera yunnana* (Kiriakoff, 1963)

分布：云南（昭通、丽江、迪庆），四川。

斑异齿舟蛾 *Hexafrenum maculifer* Matsumura, 1925

分布：云南，浙江，福建；印度，越南。

斑异齿舟蛾越南亚种 *Hexafrenum maculifer kalixt* Schintlmeister, 1997

分布：云南（保山、大理、德宏）；印度，越南，泰国。

尼异齿舟蛾 *Hexafrenum pseudosikkima* Sugi, 1992

分布：云南；尼泊尔，印度，缅甸，泰国，越南。

白颈缰舟蛾 *Hexafrenum sikkima* (Moore, 1879)

分布：云南（昭通、德宏、迪庆）；印度。

单色异齿舟蛾 *Hexafrenum unicolor* (Kiriakoff, 1974)

分布：云南；印度，不丹，尼泊尔。

紫异齿舟蛾 *Hexafrenum viola* Schintlmeister, 1997

分布：云南；越南，泰国。

扁齿舟蛾属 *Hiradonta* Matsumua, 1924

黑纹扁齿舟蛾 *Hiradonta chi* (Bang-Haas, 1927)

分布：云南（高黎贡山），北京，河北，甘肃。

歌扁齿舟蛾 *Hiradonta gnoma* Kobayashi & Kishida, 2008

分布：云南；越南，泰国，老挝。

白纹扁齿舟蛾 *Hiradonta hannemanni* Schintlmeister, 1989

分布：云南（昆明、大理、普洱、迪庆、西双版纳），四川，西藏，河南，河北，北京，甘肃，陕西，浙江，湖北，江西。

同心舟蛾属 *Homocentridia* Kiriakoff, 1967

同心舟蛾 *Homocentridia concentrica* (Oberthür, 1911)

分布：云南（怒江、丽江），四川，甘肃，陕西，湖北，江西，浙江，安徽，江苏，湖南，福建。

洪舟蛾属 *Honveda* Kiriakoff, 1962

洪舟蛾 *Honveda fasciata* (Moore, 1879)

分布：云南（临沧、怒江、普洱、西双版纳），西藏；印度，缅甸。

宽纹洪舟蛾 *Honveda latifasciata* Wu & Fang, 2003

分布：云南（西双版纳）。

细纹洪舟蛾 *Honveda rallifasciata* Wu & Fang, 2003

分布：云南（德宏）；泰国。

霭舟蛾属 *Hupodonta* Butler, 1877

皮霭舟蛾 *Hupodonta corticalis* Butler, 1877

分布：云南（丽江、迪庆、保山、红河），四川，西藏，黑龙江，陕西，甘肃，浙江，湖北，湖南，福建，台湾；日本，朝鲜，俄罗斯。

木霭舟蛾 *Hupodonta lignea* Matsumura, 1919

分布：云南（大理），四川，北京，陕西，甘肃，湖南，台湾；日本。

曼霭舟蛾 *Hupodonta manyusri* Schintlmeister, 2008

分布：云南；越南。

丽霭舟蛾 *Hupodonta pulcherrima* (Moore, 1865)

分布：云南（大理），四川，西藏；印度，尼泊尔，越南。

匀霭舟蛾 *Hupodonta uniformis* Schintlmeister, 2002

分布：云南，四川，陕西。

丑舟蛾属 *Hyperaeschra* Butler, 1880

黄檀丑舟蛾 *Hyperaeschra pallida* Butler, 1880

分布：云南（德宏、临沧、保山、西双版纳），贵州，江西，广西，福建，海南；印度，尼泊尔，新加坡，菲律宾，越南。

亥齿舟蛾属 *Hyperaeschrella* Strand, 1916

双线亥齿舟蛾 *Hyperaeschrella nigribasis* (Hampson, 1892)

分布：云南（临沧、西双版纳），四川，甘肃，浙江，江西，湖北，广西，台湾；印度，尼泊尔，巴基斯坦，阿富汗，越南，泰国，缅甸。

邻二尾舟蛾属 *Kamalia* Koçak & Kemal, 2006

神邻二尾舟蛾 *Kamalia priapus* Schintlmeister, 1997

分布：云南，上海，福建，广东，香港，广西，浙江，江西，海南；越南，缅甸，泰国。

白邻二尾舟蛾 *Kamalia tattakana* (Matsumura, 1927)

分布：云南（红河）。

黎舟蛾属 *Libido* Bryk, 1949

黑点黎舟蛾 *Libido voluptuosa* Bryk, 1949

分布：云南，四川；越南，缅甸。

旋茎舟蛾属 *Liccana* Kiriakoff, 1962

旋茎舟蛾 *Liccana terminicana* (Kiriakoff, 1962)

分布：云南（丽江），江苏，浙江，福建，湖南。

润舟蛾属 *Liparopsis* Hampson, 1893

东润舟蛾 *Liparopsis postalbida* Hampson, 1893

分布：云南，浙江，湖北，江西，湖南，广西，福建，广东，海南；印度，缅甸，泰国，老挝，越南，印度尼西亚。

冠舟蛾属 *Lophocosma* Staudinger, 1887

中介冠舟蛾 *Lophocosma intermedia* Kiriakoff, 1963

分布：云南（迪庆），陕西，河南，浙江，湖北，湖南。

弯臂冠舟蛾 *Lophocosma nigrilinea* Leech, 1899

分布：云南（高黎贡山），四川，陕西，甘肃，山西，河南，浙江，湖北，台湾。

枯叶舟蛾属 *Leucolopha* Hampson, 1896

枯叶舟蛾 *Leucolopha undulifera* Hampson, 1896

分布：云南（高黎贡山），浙江，湖南；印度。

亮舟蛾属 *Megaceramis* Hampson, 1893

亮舟蛾 *Megaceramis lamprosticta* Hampson, 1893

分布：云南（大理），四川，陕西，湖南；越南，印度，尼泊尔。

魁舟蛾属 *Megashachia* Matsumura, 1929

棕魁舟蛾 *Megashachia brunnea* Cai, 1985

分布：云南（临沧、大理、普洱、西双版纳），湖南，江西，福建，海南；越南，泰国。

间掌舟蛾属 *Mesophalera* Matsumura, 1920

步间掌舟蛾 *Mesophalera bruno* Schintlmeister, 1997

分布：云南（高黎贡山），福建，台湾；越南，泰国，柬埔寨。

紫间掌舟蛾 *Mesophalera cantiana* Schaus, 1928

分布：云南（高黎贡山），四川；缅甸。

月间掌舟蛾 *Mesophalera lundbladi* Kiriakoff, 1959

分布：云南（普洱），广西，海南；越南，缅甸，泰国，老挝。

绿间掌舟蛾 *Mesophalera plagivdis* (Moore, 1879)

分布：云南；印度，斯里兰卡。

曲间掌舟蛾 *Mesophalera sigmatoides* Kiriakoff, 1963

分布：云南（高黎贡山），贵州，广西，福建，海南；越南。

裂翅舟蛾属 *Metaschalis* Hampson, 1892

裂翅舟蛾 *Metaschalis disrupta* (Moore, 1879)

分布：云南（昆明、临沧、德宏、红河），西藏，广西，海南；印度，印度尼西亚，泰国，越南，马来西亚。

心舟蛾属 *Metriaeschra* Kiriakoff, 1963

幻心舟蛾 *Metriaeschra apatela* Kiriakoff, 1963

分布：云南，四川，台湾。

幻心舟蛾指名亚种 *Metriaeschra apatela apatela* Kiriakoff, 1963

分布：云南（昆明、大理、丽江），四川。

小舟蛾属 *Micromelalopha* Nagano, 1916

内斑小舟蛾 *Micromelalopha dorsimacula* Kiriakoff, 1963

分布：云南（丽江、迪庆），陕西，甘肃。

赭小舟蛾 *Micromelalopha haemorrhoidalis* Kiriakoff, 1963

分布：云南（昭通），四川，西藏，黑龙江，吉林，河北，北京，山东，内蒙古，陕西，甘肃，河南，安徽，江苏，浙江，江西，湖北，山西，海南。

细小舟蛾 *Micromelalopha ralla* Wu & Fang, 2003

分布：云南（丽江）。

杨小舟蛾 *Micromelalopha sieversi* (Staudinger, 1892)

分布：云南（昆明、迪庆），四川，西藏，重庆，黑龙江，吉林，山西，河南，北京，山东，湖南，浙江，江西，安徽，湖北，江苏；日本，朝鲜，俄罗斯。

谷小舟蛾 *Micromelalopha sitecta* Schintlmeister, 1989

分布：云南（大理、丽江、迪庆），西藏；尼泊尔。

锯小舟蛾 *Micromelalopha troglodytodes* Kiriakoff, 1963

分布：云南，四川。

异小舟蛾 *Micromelalopha variata* Wu & Fang, 2003
分布：云南（迪庆、普洱）；缅甸。

觅舟蛾属 *Mimesisomera* Bryk, 1949

银褐觅舟蛾 *Mimesisomera aureobrunnea* Bryk, 1949
分布：云南（丽江、迪庆），四川，甘肃；缅甸。

拟皮舟蛾属 *Mimopydna* Matsumura, 1924

竹拟皮舟蛾 *Mimopydna anaemica* (Leech, 1898)
分布：云南（红河、丽江），四川，陕西，安徽，湖北，浙江，江西，湖南，福建；越南。

独拟皮舟蛾 *Mimopydna insignis* (Leech, 1898)
分布：云南（红河、曲靖、丽江），四川，湖北，浙江，江西，湖南，福建。

台拟皮舟蛾 *Mimopydna kishidai* (Schintlmeister, 1989)
分布：云南，台湾。

台拟皮舟蛾云南亚种 *Mimopydna kishidai discrepantia* Kobayashi & Wang, 2007
分布：云南。

申氏拟皮舟蛾 *Mimopydna schintlmeister* Kobayashi & Kishida, 2007
分布：云南；尼泊尔。

申氏拟皮舟蛾云南亚种 *Mimopydna schintlmeister yunnana* Kobayashi & Kishida, 2007
分布：云南。

黄拟皮舟蛾 *Mimopydna sikkima* (Moore, 1879)
分布：云南，陕西，广西，台湾；印度，缅甸，越南。

黄拟皮舟蛾指名亚种 *Mimopydna sikkima sikkima* (Moore, 1879)
分布：云南（昆明、丽江、曲靖、红河、普洱），四川，广西，陕西；尼泊尔，印度，缅甸，越南。

小蚁舟蛾属 *Miostauropus* Kiriakoff, 1963

小蚁舟蛾 *Miostauropus mioides* (Hampson, 1904)
分布：云南（丽江），西藏，福建；印度，尼泊尔，缅甸，越南。

新二尾舟蛾属 *Neocerura* Matsumura, 1929

新二尾舟蛾 *Neocerura liturata* (Walker, 1855)
分布：云南（红河、临沧、西双版纳），湖南，浙江，广东，台湾；印度，尼泊尔，缅甸，泰国，越南，菲律宾，斯里兰卡，印度尼西亚，马来西亚。

多带新二尾舟蛾 *Neocerura multifasciata* Schintlmeister, 2008
分布：云南，广西，江西。

大新二尾舟蛾 *Neocerura wisei* (Swinhoe, 1891)
分布：云南（迪庆、西双版纳），四川，江苏，浙江，湖北，广西，台湾，广东；日本，印度，斯里兰卡，印度尼西亚。

新林舟蛾属 *Neodrymonia* Matsumura, 1920

陀新林舟蛾 *Neodrymonia apicalis* (Moore, 1879)
分布：云南（大理）；印度，尼泊尔，越南。

基新林舟蛾 *Neodrymonia basalis* (Moore, 1879)
分布：云南（怒江），四川；印度，缅甸。

半新林舟蛾 *Neodrymonia comes* Schintlmeister, 1989
分布：云南，四川，湖南，广西；越南。

朝鲜新林舟蛾 *Neodrymonia coreana* Matsumura, 1922
分布：云南（昆明、楚雄、文山、玉溪、保山、迪庆、临沧、西双版纳），四川，陕西，山东，江苏，湖北，浙江，江西，湖南，广西，福建，广东，台湾；日本，朝鲜。

新林舟蛾 *Neodrymonia delia* (Leech, 1888)
分布：云南，四川，山东，浙江，江西，湖南；日本。

伊新林舟蛾 *Neodrymonia elisabethae* Holloway & Bender, 1985
分布：云南；印度，缅甸，越南，泰国，印度尼西亚，马来西亚。

灰新林舟蛾 *Neodrymonia griseus* Schintlmeister, 1997
分布：云南（大理），四川，广西；越南。

卉新林舟蛾 *Neodrymonia hui* Schintlmeister & Fang, 2001
分布：云南（大理、迪庆），四川。

普新林舟蛾 *Neodrymonia pseudobasalis* Schintlmeister, 1997
分布：云南，四川，广西，广东；越南。

拳新林舟蛾 *Neodrymonia rufa* (Yang, 1995)
分布：云南（昭通），湖南，浙江，江西，福建；越南。

端白新林舟蛾 *Neodrymonia terminalis* Kiriakoff, 1963
分布：云南（高黎贡山），湖南，广西，福建，台湾；越南。

黑点新林舟蛾 *Neodrymonia voluptuosa* (Bryk, 1949)

分布：云南（大理），四川；越南，缅甸。

云舟蛾属 *Neopheosia* Matsumura, 1920

云舟蛾 *Neopheosia fasciata* (Moore, 1888)

分布：云南（玉溪、楚雄、丽江、迪庆），四川，贵州，西藏，重庆，甘肃，内蒙古，北京，陕西，浙江，安徽，江西，湖北，湖南，广西，福建，广东，海南，台湾；印度，缅甸，泰国，越南，印度尼西亚，马来西亚，菲律宾，巴基斯坦。

白边舟蛾属 *Nerice* Walker, 1855

胜白边舟蛾 *Nerice aemulator* Schintlmeister & Fang, 2001

分布：云南（丽江），四川，西藏，青海，河南。

异帱白边舟蛾 *Nerice dispar* (Cai, 1979)

分布：云南（丽江）；越南，泰国。

色基白边舟蛾 *Nerice pictibasis* (Hampson, 1897)

分布：云南（大理），西藏；印度。

大齿白边舟蛾 *Nerice upina* (Alphéraky, 1892)

分布：云南（丽江），陕西，青海。

梭舟蛾属 *Netria* Walker, 1855

丽梭舟蛾 *Netria livoris* Schintlmeister, 2006

分布：云南；越南，泰国，老挝。

多齿梭舟蛾 *Netria multispinae* Schintlmeister, 2006

分布：云南，贵州，广西，广东，台湾；印度，尼泊尔，缅甸，泰国，越南，老挝，印度尼西亚。

多齿梭舟蛾指名亚种 *Netria multispinae multispinae* Schintlmeister, 2006

分布：云南（红河、文山），台湾；尼泊尔，印度，缅甸，泰国，越南，老挝，印度尼西亚。

梭舟蛾 *Netria viridescens* Walker, 1855

分布：云南，福建，广东；尼泊尔，越南，泰国，菲律宾，马来西亚，印度尼西亚。

梭舟蛾滇缅亚种 *Netria viridescens suffusca* Schintlmeister, 2006

分布：云南（红河、保山、西双版纳）；缅甸。

窄翅舟蛾属 *Niganda* Moore, 1879

瘦窄翅舟蛾 *Niganda cyttarosticta* (Hampson, 1895)

分布：云南（临沧）；印度。

显斑窄翅舟蛾 *Niganda donella* Schintlmeister, 2007

分布：云南（高黎贡山）；缅甸，泰国，越南，印度。

竹窄翅舟蛾 *Niganda griseicollis* (Kiriakoff, 1962)

分布：云南，四川，贵州，河南，江西，湖北，江苏，湖南，广西，广东，福建，海南；印度，尼泊尔，越南，泰国，菲律宾，缅甸。

光窄翅舟蛾 *Niganda radialis* (Gaede, 1930)

分布：云南（普洱、西双版纳），安徽，浙江，江西；印度。

窄翅舟蛾 *Niganda strigifascia* Moore, 1879

分布：云南（临沧、西双版纳），四川，吉林，浙江，江苏，广西，福建，海南；印度，不丹，印度尼西亚。

颂舟蛾属 *Odnarda* Kiriakoff, 1962

颂舟蛾 *Odnarda subserena* Kiriakoff, 1962

分布：云南，四川；缅甸。

肖齿舟蛾属 *Odontosina* Gaede, 1933

愚肖齿舟蛾 *Odontosina morosa* (Kiriakoff, 1963)

分布：云南（昆明、曲靖、红河、大理、丽江），四川，重庆。

肖齿舟蛾 *Odontosina nigronervata* Gaede, 1933

分布：云南（丽江、迪庆），陕西。

木舟蛾属 *Ortholomia* Walker, 1865

木舟蛾 *Ortholomia xylinata* Walker, 1865

分布：云南（红河）；越南，泰国，印度尼西亚，菲律宾。

敏舟蛾属 *Oxoia* Kiriakoff, 1967

宝石敏舟蛾 *Oxoia smaragdiplena* (Walker, 1862)

分布：云南；印度，缅甸，泰国，越南，老挝，菲律宾，印度尼西亚，马来西亚。

绿敏舟蛾 *Oxoia viridipicta* (Kiriakoff, 1974)

分布：云南（普洱）；印度，泰国，印度尼西亚。

刹舟蛾属 *Parachadisra* Gaede, 1930

白缘刹舟蛾 *Parachadisra atrifusa* Hampson, 1897

分布：云南（高黎贡山），陕西，浙江，湖南，广西，福建；印度，越南。

仿白边舟蛾属 *Paranerice* Kiriakoff, 1963

仿白边舟蛾 *Paranerice hoenei* Kiriakoff, 1963

分布：云南，黑龙江，吉林，辽宁，河南，北京，河北，山西，陕西，甘肃，湖北，台湾；日本，朝鲜，俄罗斯。

内斑舟蛾属 *Peridea* Stephens, 1828

卡内斑舟蛾 *Peridea clasnaumanni* Schintlmeister, 2005
分布：云南，湖南，江西。

厄内斑舟蛾 *Peridea elzet* Kiriakoff, 1963
分布：云南（昆明、昭通、丽江），四川，重庆，辽宁，北京，河北，陕西，甘肃，山西，湖南，浙江，江西，湖北，江苏，安徽，福建；朝鲜，日本，缅甸，越南。

扇内斑舟蛾 *Peridea grahami* (Schaus, 1928)
分布：云南（昭通），四川，黑龙江，吉林，北京，河北，陕西，甘肃，山西，湖北，湖南，台湾；缅甸，越南，日本，朝鲜，俄罗斯。

霍氏内斑舟蛾 *Peridea hoenei* Kiriakoff, 1963
分布：云南（丽江）。

暗内斑舟蛾 *Peridea oberthuri* Staudinger, 1892
分布：云南（高黎贡山），黑龙江，吉林，辽宁，台湾；日本，朝鲜，俄罗斯。

锡金内斑舟蛾 *Peridea moorei* (Hampson, 1893)
分布：云南，四川，西藏，湖北，湖南，广西，福建，海南；尼泊尔，印度，马来西亚，泰国，越南。

锡金内斑舟蛾指名亚种 *Peridea moorei moorei* (Hampson, 1893)
分布：云南（大理、迪庆），西藏；尼泊尔，印度，马来西亚。

纤舟蛾属 *Periergos* Kiriakoff, 1959

偶纤舟蛾 *Periergos accidentia* Schintlmeister & Fang, 2001
分布：云南（大理、保山、怒江、西双版纳）。

异纤舟蛾 *Periergos dispar* (Kiriakoff, 1962)
分布：云南（丽江），重庆，四川，河南，江苏，浙江，江西，湖北，湖南，广西，福建。

绅纤舟蛾 *Periergos genitale* Schintlmeister, 2002
分布：云南；泰国，缅甸，印度。

哈纤舟蛾 *Periergos harutai* Sugi, 1994
分布：云南（怒江），广西；印度，尼泊尔，缅甸，越南。

纵纤舟蛾 *Periergos kamadena* (Moore, 1865)
分布：云南（普洱、怒江），西藏；印度，缅甸，越南。

黄纤舟蛾 *Periergos luridus* Wu & Fang, 2003
分布：云南（昆明）；缅甸。

皮纤舟蛾 *Periergos magna* (Matsumura, 1920)
分布：云南（大理），四川，陕西，广西，福建，广东，台湾。

山纤舟蛾 *Periergos orest* Schintlmeister, 1997
分布：云南（玉溪、大理），广西；越南。

后纤舟蛾 *Periergos postruba* (Swinhoe, 1903)
分布：云南，四川；缅甸，越南，印度尼西亚。

皮舟蛾 *Periergos testacea* (Walker, 1856)
分布：云南（大理），四川，江西，福建，台湾，广西；印度，印度尼西亚。

围掌舟蛾属 *Periphalera* Kiriakoff, 1959

黑围掌舟蛾 *Periphalera melanius* Schintlmeister, 1997
分布：云南（昆明、红河、大理），重庆，陕西，湖南；越南。

棕围掌舟蛾 *Periphalera spadixa* Wu & Fang, 2003
分布：云南（昭通）；越南。

掌舟蛾属 *Phalera* Hübner, 1819

阿掌舟蛾 *Phalera abnoctans* Kobayshi & Kishida, 2006
分布：云南，四川，广东。

白斑掌舟蛾 *Phalera albizziae* Mell, 1913
分布：云南，四川，陕西，甘肃，河南，北京，山西，江苏，浙江，福建，湖北，广西，广东。

鞋掌舟蛾 *Phalera albocalceolata* (Bryk, 1949)
分布：云南（大理、怒江、丽江、保山、德宏、红河、玉溪），江苏，台湾；越南，泰国，缅甸。

宽掌舟蛾 *Phalera alpherakyi* Leech, 1898
分布：云南（丽江），四川，北京，福建，广西，浙江，陕西，湖北，河北，甘肃，山西，江苏；越南。

银掌舟蛾 *Phalera argenteolepis* Schintlmeister, 1997
分布：云南（昆明、玉溪、保山、红河、西双版纳、楚雄）；越南。

栎掌舟蛾 *Phalera assimilis* (Bremer & Grey, 1853)
分布：云南，四川，重庆，福建，湖南，浙江，陕西，山西，河南，江西，海南，辽宁，北京，广西，河北，湖北，甘肃，江苏，台湾；日本，朝鲜，俄罗斯。

栎掌舟蛾指名亚种 *Phalera assimilis assimilis* (Bremer & Grey, 1853)
分布：云南（昆明、普洱、德宏），四川，辽宁，河北，北京，河南，甘肃，山西，陕西，湖南，浙江，江西，湖北，江苏，广西，福建，海南。

短掌舟蛾 *Phalera brevisa* Wu & Fang, 2003

分布：云南（丽江）。

高粱掌舟蛾 *Phalera combusta* (Walker, 1855)

分布：云南（红河、文山、玉溪、德宏、西双版纳），湖北，山东，河北，广西，台湾；印度，印度尼西亚，菲律宾，非洲。

柯掌舟蛾 *Phalera cossioides* Walker, 1863

分布：云南（临沧、德宏、西双版纳），广西；印度，泰国，越南，老挝。

环掌舟蛾 *Phalera eminens* Schintlmeister, 1997

分布：云南（怒江）；越南，泰国，缅甸。

突掌舟蛾 *Phalera exserta* Wu & Fang, 2004

分布：云南（怒江、昭通）。

苹掌舟蛾 *Phalera flavescens* (Bremer et Grey, 1853)

分布：云南，四川，重庆，贵州，黑龙江，辽宁，河北，北京，山西，山东，陕西，甘肃，江苏，上海，浙江，江西，湖北，湖南，广西，福建，广东，海南，台湾；日本，朝鲜，俄罗斯，缅甸，泰国，越南，老挝。

苹掌舟蛾云南亚种 *Phalera flavescens alticola* Mell, 1931

分布：云南（大理、丽江、临沧、普洱、保山、德宏）；缅甸，泰国。

榆掌舟蛾 *Phalera fuscescens* Butler, 1811

分布：云南（丽江、保山、德宏、红河、怒江、迪庆），黑龙江，辽宁，内蒙古，陕西，河北，湖南，江西，浙江，江苏，福建；日本，朝鲜。

继掌舟蛾 *Phalera goniophora* Hampson, 1910

分布：云南（迪庆、丽江、普洱、保山、德宏、西双版纳），四川，江西，广西，福建；越南，印度，尼泊尔，泰国。

刺槐掌舟蛾 *Phalera grotei* Moore, 1859

分布：云南（红河、德宏、文山、西双版纳），四川，贵州，浙江，江西，海南，辽宁，山东，北京，河北，河南，安徽，江苏，湖北，湖南，广西，福建，广东；朝鲜，印度，尼泊尔，印度尼西亚，菲律宾，马来西亚，孟加拉国，缅甸，越南，澳大利亚。

壮掌舟蛾 *Phalera hadrian* Schintlmeister, 1989

分布：云南，四川，贵州，甘肃，陕西，河南，浙江，安徽，江西，湖北，湖南，广西，广东。

黄条掌舟蛾 *Phalera huangtiao* Schintlmeister & Fang, 2001

分布：云南，广西；越南，泰国，缅甸。

黄条掌舟蛾指名亚种 *Phalera huangtiao huangtiao* Schintlmeister & Fang, 2001

分布：云南（怒江），广西，广东；泰国，缅甸，越南。

爪哇掌舟蛾 *Phalera javana* Moore, 1859

分布：云南，黑龙江，吉林，辽宁；越南，泰国，缅甸，印度，马来西亚。

小掌舟蛾 *Phalera minor* Nagano, 1916

分布：云南（昆明、玉溪、丽江、楚雄、普洱），四川，陕西，甘肃，河南，北京，湖南，浙江，湖北，台湾；日本，朝鲜，越南，泰国。

欧掌舟蛾 *Phalera obtrudo* Schintlmeister, 2008

分布：云南，四川。

春掌舟蛾 *Phalera ora* Schintlmeister, 1989

分布：云南（丽江、大理、迪庆），四川，江苏。

纹掌舟蛾 *Phalera ordgara* Schaus, 1928

分布：云南（昆明、玉溪、昭通、曲靖、丽江、迪庆），四川。

珠掌舟蛾 *Phalera parivala* Moore, 1895

分布：云南（曲靖、昭通、怒江、临沧、普洱、红河、文山、德宏、西双版纳），四川，西藏，湖北，广西；印度，尼泊尔，越南，泰国。

刺桐掌舟蛾 *Phalera raya* Moore, 1859

分布：云南（保山、红河、丽江、迪庆、西双版纳），四川，江苏，浙江，江西，湖南，广西，台湾；越南，印度，印度尼西亚，澳大利亚。

伞掌舟蛾 *Phalera sangana* Moore, 1859

分布：云南（临沧、红河），四川，辽宁，河北，山东，浙江，江西，广西，广东，海南；朝鲜，印度，印度尼西亚，不丹，缅甸。

拟宽掌舟蛾 *Phalera schintlmeisteri* Wu & Fang, 2004

分布：云南（昭通、红河），四川，贵州，陕西，河南，浙江，湖北，湖南，广西，福建。

脂掌舟蛾 *Phalera sebrus* Schintlmeister, 1989

分布：云南（丽江、大理、红河），陕西，甘肃，浙江，福建，海南。

榆掌舟蛾 *Phalera takasagoensis* Matsumura, 1919

分布：云南（文山），黑龙江，辽宁，内蒙古，河北，河南，陕西，山西，甘肃，山东，安徽，江苏，浙江，江西，湖南，福建，台湾；日本，朝鲜。

灰掌舟蛾 *Phalera torpida* Walker, 1865

分布：云南，四川，江西，湖南，广西，福建，广东，海南；印度，巴基斯坦，尼泊尔，越南，泰国，老挝，缅甸，柬埔寨。

灰掌舟蛾中越亚种 *Phalera torpida maculifera* Kobayashi & Kishida, 2007

分布：云南（玉溪、红河），四川，江西，湖南，广西，福建，广东，海南；越南，老挝。

蚕舟蛾属 *Phalerodonta* Staudinger, 1892

基氏蚕舟蛾 *Phalerodonta kiriakoffi* Schintlmeister, 1985

分布：云南（丽江）。

剑舟蛾属 *Pheosia* Hübner, [1819]

佛剑舟蛾 *Pheosia buddhista* (Püngeler, 1899)

分布：云南（丽江、迪庆），西藏，四川，甘肃，青海，福建。

戈剑舟蛾 *Pheosia gelupka* Gaede, 1934

分布：云南，西藏，四川，陕西，甘肃，福建。

凤舟蛾属 *Pheosiopsis* Bryk, 1949

角凤舟蛾 *Pheosiopsis antennalis* (Bryk, 1949)

分布：云南（大理），四川，西藏，贵州，陕西；越南，缅甸，印度。

碧凤舟蛾 *Pheosiopsis birmidonta* (Bryk, 1949)

分布：云南（丽江、迪庆），四川；缅甸。

喜凤舟蛾秦岭亚种 *Pheosiopsis cinerea canescens* (Kiriakoff, 1963)

分布：云南（大理），四川，山西，陕西，甘肃，北京，湖南，浙江，湖北。

丽凤舟蛾 *Pheosiopsis formosana* Okano, 1959

分布：云南（高黎贡山），北京，台湾。

噶凤舟蛾 *Pheosiopsis gaedei* Schintlmeister, 1989

分布：云南，陕西，浙江，湖南，湖北；越南。

噶凤舟蛾越南亚种 *Pheosiopsis gaedei kuni* Schintlmeister, 2008

分布：云南；越南。

姬凤舟蛾 *Pheosiopsis gilda* Schintlmeister, 1997

分布：云南（大理），海南；越南。

平凤舟蛾 *Pheosiopsis li* Schintlmeister, 1997

分布：云南（怒江），陕西，河南；越南。

罗凤舟蛾 *Pheosiopsis lupanaria* Schintlmeister, 1997

分布：云南（红河），海南；越南。

雪花凤舟蛾 *Pheosiopsis niveipicta* Bryk, 1949

分布：云南，陕西，湖北。

努凤舟蛾 *Pheosiopsis norina* Schintlmeister, 1989

分布：云南（丽江）；越南，泰国。

悦凤舟蛾 *Pheosiopsis optata* Schintlmeister, 1997

分布：云南（大理），海南；越南。

新角凤舟蛾 *Pheosiopsis pseudoantennalis* Schintlmeister, 2008

分布：云南；缅甸，越南，印度。

荣凤舟蛾 *Pheosiopsis ronbrechlini* Schintlmeister & Fang, 2001

分布：云南（大理、丽江）。

川凤舟蛾 *Pheosiopsis sichuanensis* (Cai, 1981)

分布：云南（昆明、大理、迪庆），四川，重庆，湖北，湖南，福建；越南，泰国，老挝。

微绒凤舟蛾 *Pheosiopsis subvelutina* (Kiriakoff, 1963)

分布：云南（丽江）。

怀舟蛾属 *Phycidopsis* Hampson, 1893

怀舟蛾 *Phycidopsis albovittata* Hampson, 1893

分布：云南；日本，斯里兰卡，印度，印度尼西亚，菲律宾。

金纹舟蛾属 *Plusiogramma* Hampson, 1859

金纹舟蛾 *Plusiogramma aurisigna* Hampson, 1859

分布：云南（曲靖、大理、红河、昭通），四川，河北，湖北；越南，缅甸。

波舟蛾属 *Porsica* Walker, 1866

波舟蛾 *Porsica ingens* Walker, 1866

分布：云南，浙江，广东，香港；印度，缅甸，泰国，越南，马来西亚，印度尼西亚。

波舟蛾指名亚种 *Porsica ingens ingens* Walker, 1866

分布：云南，广东，香港，浙江；印度，越南，泰国，缅甸。

拟纷舟蛾属 *Pseudofentonia* Strand, 1912

银拟纷舟蛾 *Pseudofentonia argentifera* (Moore, 1866)

分布：云南，四川，湖南，台湾；印度，尼泊尔，缅甸，越南，印度尼西亚。

银拟纷舟蛾西南亚种 *Pseudofentonia argentifera antiflavus* Schintlmeister, 1997

分布：云南（昭通、大理、普洱），四川，湖南；

越南。

散拟纷舟蛾 *Pseudofentonia difflua* **Schintlmeister, 2007**

分布：云南，湖南；泰国。

散拟纷舟蛾指名亚种 *Pseudofentonia difflua difflua* **Schintlmeister, 2007**

分布：云南；泰国。

弱拟纷舟蛾 *Pseudofentonia diluta* (Hampson, 1910)

分布：云南（昭通、临沧、西双版纳），四川，重庆，贵州，浙江，江西，湖北，江苏，湖南，广西，福建，广东，海南，台湾；日本，缅甸，印度，尼泊尔，泰国，越南，马来西亚，印度尼西亚。

弱拟纷舟蛾大陆亚种 *Pseudofentonia diluta abraama* (Schaus, 1928)

分布：云南，四川，重庆，贵州，浙江，江西，湖北，江苏，湖南，广西，福建，广东，海南；越南。

斑拟纷舟蛾 *Pseudofentonia maculata* (Moore, 1879)

分布：云南（大理、西双版纳），福建，台湾，江西；印度，越南。

中白拟纷舟蛾 *Pseudofentonia mediopallens* **Sugi, 1989**

分布：云南（高黎贡山），浙江，江西，湖南，福建；缅甸，泰国，越南。

斜带迥舟蛾 *Pseudofentonia obliquiplaga* **Moore, 1879**

分布：云南（高黎贡山），四川，广东；印度，缅甸，印度尼西亚。

绿拟纷舟蛾 *Pseudofentonia plagiviridis* (Moore, 1879)

分布：云南；印度，尼泊尔，缅甸，越南，泰国。

绿拟纷舟蛾大型亚种 *Pseudofentonia plagiviridis maximum* **Schintlmeister, 1997**

分布：云南（红河、丽江），台湾。

黛拟纷舟蛾 *Pseudofentonia tiga* **Schintlmeister, 1997**

分布：云南（大理）；越南。

弱舟蛾属 *Pseudohoplitis* Gaede, 1930

春弱舟蛾 *Pseudohoplitis vernalis infuscata* **Gaede, 1930**

分布：云南（西双版纳）；缅甸，泰国，印度尼西亚。

仿夜舟蛾属 *Pseudosomera* Bender & Steiniger, 1984

仿夜舟蛾 *Pseudosomera noctuiformis* **Bender & Steiniger, 1984**

分布：云南，重庆，甘肃，台湾；泰国，越南，印度尼西亚。

仿夜舟蛾云雾亚种 *Pseudosomera noctuiformis yunwu* **Schintlmeister & Fang, 2001**

分布：云南（昆明、大理、保山、普洱、西双版纳），四川，重庆，甘肃；泰国。

羽舟蛾属 *Pterostoma* Germar, 1812

灰羽舟蛾 *Pterostoma griseum* (Bremer, 1861)

分布：云南（丽江、迪庆），四川，吉林，黑龙江，甘肃，北京，河北，山西，内蒙古，陕西；日本，朝鲜，俄罗斯。

灰羽舟蛾西部亚种 *Pterostoma griseum occidenta* **Schintlmeister, 2008**

分布：云南，四川，陕西，甘肃。

槐羽舟蛾 *Pterostoma sinicum* **Moore, 1877**

分布：云南（迪庆），四川，西藏，贵州，辽宁，黑龙江，陕西，甘肃，河南，山西，河北，北京，山东，浙江，江西，上海，安徽，湖北，江苏，湖南，广西，福建；日本，朝鲜，俄罗斯。

羽齿舟蛾属 *Ptilodon* Hübner, 1822

影带羽齿舟蛾 *Ptilodon amplius* **Schintlmeister & Fang, 2001**

分布：云南（大理、丽江），四川。

暗羽齿舟蛾 *Ptilodon atrofusa* (Hampson, 1892)

分布：云南（丽江）；印度，尼泊尔，泰国。

细羽齿舟蛾 *Ptilodon capucina* **Linnaeus, 1758**

分布：云南（高黎贡山），北京，吉林，黑龙江，辽宁，陕西；日本，朝鲜，西亚，欧洲。

灰羽齿舟蛾 *Ptilodon grisea* (Butler, 1885)

分布：云南，四川，北京，陕西，甘肃，山西，浙江，台湾；日本，朝鲜，俄罗斯。

灰羽齿舟蛾中国亚种 *Ptilodon grisea vladmurzini* **Schintlmeister, 2008**

分布：云南，四川，北京，浙江，陕西，甘肃，山西。

小林羽齿舟蛾 *Ptilodon kobayashii* **Schintlmeister, 2008**

分布：云南，四川。

长突羽齿舟蛾 *Ptilodon longexsertus* **Wu & Fang, 2003**

分布：云南（高黎贡山），福建。

绚羽齿舟蛾 *Ptilodon saturata* (Walker, 1865)

分布：云南（大理、迪庆），四川，西藏，吉林，北京，河北，河南，陕西，甘肃，湖北，浙江，福建；印度，尼泊尔，不丹，缅甸，越南。

严羽齿舟蛾 *Ptilodon severin* Schintlmeister, 1989
分布：云南（丽江）；泰国。

毛舟蛾属 *Ptilodontosia* Kiriakoff, 1968

毛舟蛾 *Ptilodontosia crenulata* (Hampson, 1896)
分布：云南（大理、丽江），西藏；印度，尼泊尔。

小皮舟蛾属 *Pydnella* Roepke

小皮舟蛾 *Pydnella rosacea* (Hampson, 1896)
分布：云南（红河、保山、临沧），浙江，广西，广东；印度，缅甸，印度尼西亚。

峭舟蛾属 *Rachia* Moore, 1892

羽峭舟蛾 *Rachia plumosa* Moore, 1879
分布：云南（丽江、大理、迪庆、文山、红河），西藏，陕西；印度，尼泊尔。

纹峭舟蛾 *Rachia striata* Hampson, 1892
分布：云南（大理、怒江、文山），四川，湖南；尼泊尔，印度，泰国，越南。

岩舟蛾属 *Rachiades* Kiriakoff, 1967

苔岩舟蛾 *Rachiades lichenicolor* (Oberthür, 1911)
分布：云南，四川，北京，陕西，甘肃，湖北，福建，海南，台湾。

苔岩舟蛾指名亚种 *Rachiades lichenicolor lichenicolor* (Oberthür, 1911)
分布：云南（昆明、玉溪、大理、楚雄、红河、文山、临沧、丽江、迪庆），四川，西藏，重庆，甘肃。

苔岩舟蛾南方亚种 *Rachiades lichenicolor siamensis* (Sugi, 1993)
分布：云南（西双版纳），福建，海南；泰国，越南。

枝舟蛾属 *Ramesa* Walker

豹枝舟蛾 *Ramesa albistriga* (Moore, 1879)
分布：云南（昆明、文山、大理、临沧、保山、西双版纳），四川，西藏，重庆，江西，湖南，广西，福建，广东，台湾，海南；不丹，印度，越南，印度尼西亚。

贝枝舟蛾 *Ramesa baenzigeri* Schintlmeister & Fang, 2001
分布：云南（昆明），广西，福建；越南。

不丹枝舟蛾 *Ramesa bhutanica* (Bänziger, 1988)
分布：云南（临沧、怒江），广西；不丹，印度，缅甸，尼泊尔。

圆顶枝舟蛾 *Ramesa huaykaeoensis* (Bänziger, 1988)
分布：云南；越南，泰国。

泰枝舟蛾 *Ramesa siamica* (Bänziger, 1988)
分布：云南，江西；泰国，老挝，越南。

枝舟蛾 *Ramesa tosta* Walker, 1855
分布：云南（普洱、西双版纳），上海，浙江，湖北，江苏，湖南，福建，台湾；日本，缅甸，印度，斯里兰卡。

裂舟蛾属 *Rhegmatophila* Standfuss, 1888

基裂舟蛾 *Rhegmatophila vinculum* Hering, 1936
分布：云南（迪庆），四川。

玫舟蛾属 *Rosama* Walker, 1855

球玫舟蛾 *Rosama albifasciata* (Hampson, 1892)
分布：云南；印度，越南。

金纹玫舟蛾 *Rosama auritracta* (Moore, 1865)
分布：云南（临沧、德宏、西双版纳）；印度，越南。

丽江玫舟蛾 *Rosama lijiangensis* Cai, 1979
分布：云南（昆明、昭通、丽江、迪庆），四川。

锈玫舟蛾 *Rosama ornata* (Oberthür, 1884)
分布：云南（北部），四川，黑龙江，辽宁，河北，陕西，河南，北京，上海，浙江，湖北，江苏，安徽，江西，湖南，广东，台湾；日本，朝鲜，俄罗斯。

暗玫舟蛾 *Rosama plusioides* Moore, 1879
分布：云南（大理），四川，广东；印度，尼泊尔，越南，印度尼西亚。

胞银玫舟蛾 *Rosama sororella* Bryk, 1949
分布：云南（西双版纳），四川；缅甸。

黑纹玫舟蛾 *Rosama x-magnum* Bryk, 1949
分布：云南（昆明、红河、丽江、德宏、昭通），四川；缅甸。

笋舟蛾属 *Saliocleta* Walker, 1862

光笋舟蛾 *Saliocleta argus* (Schintlmeister, 1989)
分布：云南（大理），陕西。

马来笋舟蛾 *Saliocleta malayana* (Schintlmeister, 1994)
分布：云南（大理）；越南，缅甸，马来西亚。

凹缘笋舟蛾 *Saliocleta margarethae* (Kiriakoff, 1959)
分布：云南（大理）；缅甸。

浅黄笋舟蛾 *Saliocleta postfusca* (Kiriakoff, 1962)
分布：云南，四川，浙江，湖北，江西，福建；印度，越南，泰国，缅甸。

点姬舟蛾 *Saliocleta postica* **(Moore, 1879)**

分布：云南（丽江、西双版纳）；印度。

棕斑箩舟蛾 *Saliocleta seacona* **(Swinhoe, 1916)**

分布：云南（临沧、保山），海南；越南。

枝箩舟蛾 *Saliocleta virgata* **(wileman, 1914)**

分布：云南，台湾。

申舟蛾属 *Schintlmeistera* Kemal & Koçak, 2005

罗申舟蛾 *Schintlmeistera lupanaria* **(Schintlmeister, 1997)**

分布：云南，海南；越南。

半齿舟蛾属 *Semidonta* Staudinger, 1892

大半齿舟蛾 *Semidonta basalis* **(Moore, 1865)**

分布：云南（昭通），四川，河南，陕西，甘肃，浙江，江西，湖北，湖南，广西，福建，广东，海南，台湾；印度，尼泊尔，泰国，越南。

甲仙半齿舟蛾 *Semidonta kosemponica* **(Strand, 1916)**

分布：云南（普洱、西双版纳）。

沙舟蛾属 *Shaka* Matsumura, 1920

沙舟蛾 *Shaka atrovittatus* **(Bremer, 1861)**

分布：云南（迪庆），四川，黑龙江，辽宁，吉林，北京，河北，甘肃，山西，陕西，台湾，湖南，江西；日本，朝鲜，俄罗斯。

沙舟蛾指名亚种 *Shaka atrovittatus atrovittatus* **(Bremer, 1861)**

分布：云南，四川，黑龙江，辽宁，吉林，北京，河北，甘肃，山西，陕西，江西，湖南，台湾；日本，朝鲜。

天舟蛾属 *Snellentia* Kiriakoff, 1968

天舟蛾 *Snellentia divaricata* **(Gaede, 1930)**

分布：云南（普洱、保山）；印度，印度尼西亚，马来西亚。

索舟蛾属 *Somera* Walker, 1855

绿索舟蛾瓦氏亚种 *Somera virens watsoni* Schintlmeister, 1997

分布：云南（临沧），海南；印度，尼泊尔，缅甸，越南，老挝，泰国，印度尼西亚。

棕斑索舟蛾 *Somera viridifusca* Walker, 1855

分布：云南，山东，广西，海南，台湾；印度，尼泊尔，泰国，越南，印度尼西亚，马来西亚，菲律宾。

金舟蛾属 *Spatalia* Hübner, 1819

艳金舟蛾 *Spatalia doerriesi* Graeser, 1888

分布：云南（大理），四川，黑龙江，吉林，河南，内蒙古，陕西，甘肃，湖北；日本，朝鲜，俄罗斯。

华舟蛾属 *Spatalina* Bryk, 1949

银华舟蛾 *Spatalina argentata* **(Moore, 1879)**

分布：云南（大理、迪庆、西双版纳）；越南，印度，尼泊尔。

双突华舟蛾 *Spatalina birmalina* **(Bryk, 1949)**

分布：云南（大理、昭通、西双版纳）；越南，印度，缅甸。

干华舟蛾 *Spatalina desiccata* **(Kiriakoff, 1963)**

分布：云南（红河、临沧、保山、昭通、西双版纳），四川，江西；越南，印度，缅甸，尼泊尔，老挝，泰国。

黑华舟蛾 *Spatalina melanopa* Schintlmeister, 2007

分布：云南；泰国。

超华舟蛾 *Spatalina suppleo* Schintlmeister, 2007

分布：云南；泰国。

荫华舟蛾 *Spatalina umbrosa* **(Leech, 1898)**

分布：云南（玉溪、红河、曲靖、大理、丽江、迪庆、昭通、西双版纳），四川，黑龙江，陕西，河南，广东；尼泊尔，印度，缅甸，泰国，越南。

拟蚁舟蛾属 *Stauroplitis* Gaede, 1930

双拟蚁舟蛾 *Stauroplitis accomodus* Schintlmeister & Fang, 2001

分布：云南（玉溪、临沧）；印度，泰国，老挝，缅甸。

蚁舟蛾属 *Stauropus* Germar, 1812

龙眼蚁舟蛾 *Stauropus alternus* Walker, 1855

分布：云南（西双版纳），广东，香港，台湾；印度，尼泊尔，缅甸，越南，泰国，老挝，柬埔寨，菲律宾，斯里兰卡，印度尼西亚。

茅莓蚁舟蛾 *Stauropus basalis* Moore, 1877

分布：云南，四川，贵州，重庆，陕西，甘肃，山西，北京，山东，浙江，江西，上海，河北，湖北，江苏，湖南，广西，福建，台湾；日本，朝鲜，俄罗斯，越南。

茅莓蚁舟蛾指名亚种 *Stauropus basalis basalis* Moore, 1877

分布：云南（昆明、曲靖、昭通、楚雄、红河、迪庆、大理、丽江），四川，贵州，重庆，陕西，甘肃，山西，北京，河北，山东，上海，湖北，江苏，浙江，江西，湖南，广西，福建，台湾；日本，朝鲜，俄罗斯，越南。

花蚁舟蛾 _Stauropus picteti_ Oberthür, 1911

分布：云南（高黎贡山），四川，湖南，陕西，甘肃。

锡金蚁舟蛾 _Stauropus sikkimensis_ Moore, 1865

分布：云南，四川，西藏，台湾；印度，尼泊尔，缅甸，越南。

锡金蚁舟蛾西南亚种 _Stauropus sikkimensis erdmanni_ Schintlmeister, 1989

分布：云南，四川，西藏。

台蚁舟蛾 _Stauropus teikichiana_ Matsumura, 1929

分布：云南（高黎贡山），江西，湖南，广西，福建，台湾，广东；日本，越南。

绿蚁舟蛾 _Stauropus virescens_ Moore, 1879

分布：云南（高黎贡山），四川，浙江，江西，台湾；印度，印度尼西亚。

点舟蛾属 _Stigmatophorina_ Mell, 1922

点舟蛾 _Stigmatophorina hamamelis_ Mell, 1922

分布：云南（临沧），四川，上海，安徽，浙江，湖北，江西，湖南，广西，福建，广东；泰国，越南，印度尼西亚。

胯舟蛾属 _Syntypistis_ Turner, 1907

白斑胯舟蛾 _Syntypistis comatus_ (Leech, 1898)

分布：云南（昆明、文山、临沧、德宏、怒江），四川，西藏，甘肃，江西，湖北，湖南，福建，广东，台湾；印度，缅甸，泰国，越南，马来西亚，印度尼西亚，菲律宾。

青胯舟蛾 _Syntypistis cyanea_ (Leech, 1889)

分布：云南（西双版纳），贵州，河南，江西，湖北，浙江，广西，福建，广东，台湾，海南；日本，朝鲜，越南。

防胯舟蛾 _Syntypistis defector_ (Schintlmeister, 1977)

分布：云南（玉溪）；越南。

白花胯舟蛾 _Syntypistis fasciata_ (Moore, 1879)

分布：云南（昆明、普洱、大理、保山、德宏），四川，江西，福建，广东，台湾；印度，缅甸，印度尼西亚。

主胯舟蛾 _Syntypistis jupiter_ (Schintlmeister, 1997)

分布：云南（昆明），海南；印度，越南，泰国。

葩胯舟蛾 _Syntypistis parcevirens_ (de Joannis, 1929)

分布：云南（昭通），四川，重庆，陕西，甘肃，

河南，湖北，湖南，福建；越南，缅甸。

佩胯舟蛾 _Syntypistis perdix_ (Moore, 1879)

分布：云南，浙江，湖南，广西，福建，广东，海南，台湾；印度，尼泊尔，泰国，越南。

佩胯舟蛾指名亚种 _Syntypistis perdix perdix_ (Moore, 1879)

分布：云南（保山、大理、丽江）；印度，尼泊尔，泰国，越南。

普胯舟蛾 _Syntypistis pryeri_ (Leech, 1889)

分布：云南（昭通、丽江），四川，重庆，陕西，甘肃，浙江，湖北，湖南，广西，福建，台湾；日本，朝鲜。

斯胯舟蛾 _Syntypistis spitzeri_ (Schintlmeister, 1987)

分布：云南，广西，江西；越南，缅甸，泰国。

斯胯舟蛾指名亚种 _Syntypistis spitzeri spitzeri_ (Schintlmeister, 1987)

分布：云南（红河）；越南，缅甸，泰国。

兴胯舟蛾 _Syntypistis synechochlora_ (Kiriakoff, 1963)

分布：云南，四川，福建，广东；缅甸，越南。

亚红胯舟蛾 _Syntypistis thetis_ Schintlmeister, 2008

分布：云南；越南。

荫胯舟蛾 _Syntypistis umbrosa_ (Matsumura, 1927)

分布：云南（红河、大理、普洱），四川，重庆，江苏，广西，福建，广东，海南，台湾；印度，越南，马来西亚，印度尼西亚。

威胯舟蛾 _Syntypistis witoldi_ (Schintlmeister, 1997)

分布：云南（丽江、大理）；越南，缅甸，泰国。

银斑舟蛾属 _Tarsolepis_ Butler, 1872

象银斑舟蛾 _Tarsolepis elephantorum_ Bänziger, 1988

分布：云南（红河），广西；越南，泰国。

魁舟蛾 _Tarsolepis fulgurifera_ Walker, 1858

分布：云南（红河）。

俪心银斑舟蛾 _Tarsolepis inscius_ Schintlmeister, 1997

分布：云南（红河）；越南，菲律宾。

肖剑心银斑舟蛾 _Tarsolepis japonica_ Wileman & South, 1917

分布：云南（西双版纳），贵州，浙江，湖北，广西，福建，台湾，海南，江苏；日本，韩国。

剑心银斑舟蛾 _Tarsolepis remicauda_ Butler, 1872

分布：云南（西双版纳），台湾；印度，泰国，越南，马来西亚，印度尼西亚，菲律宾，巴布亚新几

内亚。

红褐银斑舟蛾 *Tarsolepis rufobrunea* Rothschild, 1917

分布：云南（西双版纳）；印度，缅甸，泰国，越南，马来西亚。

台湾银斑舟蛾 *Tarsolepis taiwana* Wileman, 1910

分布：云南（临沧），四川，福建，台湾。

远舟蛾属 *Teleclita* Turner, 1903

中点远舟蛾 *Teleclita centristicta* (Hampson, 1898)

分布：云南；印度，尼泊尔，斯里兰卡，缅甸，越南。

灰远舟蛾 *Teleclita grisea* (Swinhoe, 1892)

分布：云南；印度，泰国。

曲线舟蛾属 *Togaritensha* Matsumura, 1929

曲线舟蛾 *Togaritensha curvilinea* Wileman, 1911

分布：云南，福建，台湾。

土舟蛾属 *Togepteryx* Matsumura, 1920

土舟蛾 *Togepteryx velutina* Oberthür, 1880

分布：云南（文山、高黎贡山），贵州，黑龙江，吉林；日本，朝鲜，俄罗斯。

角瓣舟蛾属 *Torigea* Matsumura, 1934

短纹角瓣舟蛾 *Torigea astrae* Schintlmeister & Fang, 2001

分布：云南（红河、保山、临沧），陕西。

仲角瓣舟蛾 *Torigea beta* Schintlmeister, 1989

分布：云南（高黎贡山），浙江；越南。

多斑角瓣舟蛾 *Torigea junctura* (Moore, 1879)

分布：云南（怒江），西藏；印度，尼泊尔。

拓舟蛾属 *Turnaca* Walker, 1864

印度拓舟蛾 *Turnaca indica* (Moore, 1879)

分布：云南（普洱）；印度。

美舟蛾属 *Uropyia* Staudinger, 1892

核桃美舟蛾 *Uropyia meticulodina* (Oberthür, 1884)

分布：云南（文山、迪庆、怒江），四川，贵州，辽宁，山东，吉林，黑龙江，河北，北京，陕西，甘肃，江西，江苏，浙江，湖北，湖南，广西，福建；日本，朝鲜，俄罗斯。

威舟蛾属 *Wilemanus* Nagano, 1916

梨威舟蛾 *Wilemanus bidentatus* (Wileman, 1911)

分布：云南，四川，贵州，黑龙江，辽宁，河北，北京，山西，山东，江苏，浙江，江西，湖北，湖南，广西，福建，广东；日本，朝鲜，俄罗斯。

梨威舟蛾乌苏里亚种 *Wilemanus bidentatus ussuriensis* (Püngeler, 1912)

分布：云南（玉溪、昭通、大理），四川，贵州，黑龙江，辽宁，山西，山东，北京，浙江，江西，河北，湖北，安徽，江苏，湖南，广西，福建，广东；俄罗斯，朝鲜。

赣闽威舟蛾 *Wilemanus hamata* (Cai, 1979)

分布：云南（临沧），江西，福建。

窦舟蛾属 *Zaranga* Moore, 1884

点窦舟蛾 *Zaranga citrinaria* Gaede, 1930

分布：云南，四川，陕西，甘肃，湖北。

窦舟蛾 *Zaranga pannosa* Moore, 1884

分布：云南（昆明、丽江），西藏，四川，河南，甘肃，陕西，山西，湖北，广东，台湾；朝鲜半岛，印度，巴基斯坦，尼泊尔，越南。

图库窦舟蛾 *Zaranga tukuringra* Streltzov & Yakovlev, 2007

分布：云南，四川，西藏，湖北，陕西，甘肃，山西；韩国，俄罗斯，缅甸，越南。

带蛾科 Eupterotidae

斑带蛾属 *Apha* Walker, 1855

紫斑带蛾 *Apha floralis* Butler, 1881

分布：云南（大理、丽江、迪庆），四川，西藏；印度。

褐斑带蛾 *Apha subdives* Walker, 1855

分布：云南，福建；印度。

云斑带蛾 *Apha yunnanensis* Mell, 1937

分布：云南。

***Apha zephyrus* Zolotuhin & Pugaev, 2020**

分布：云南（大理、保山），西藏，四川，江西；缅甸，越南。

线带蛾属 *Apona* Walker, 1856

云线带蛾 *Apona yunnanensis* Mell, 1929

分布：云南（昆明、丽江）。

带蛾属 *Eupterote* Hübner, 1820

中华金带蛾 *Eupterote chinensis* Leech, 1898

分布：云南（昆明、曲靖、临沧、大理、红河、德宏），四川，湖南，广西，广东。

黑条黄带蛾 *Eupterote citrina* **Walker, 1855**

分布：云南（大理、红河），西藏，四川，湖南，广西，广东；印度。

紫斑黄带蛾 *Eupterote diffusa* **Walker, 1865**

分布：云南；斯里兰卡。

双纹带蛾 *Eupterote glaucescens* **Walker, 1855**

分布：云南（临沧、德宏、保山），西藏。

金黄斑带蛾 *Eupterote hibisci* **Fabricius, 1875**

分布：云南（红河、德宏），西藏；印度，斯里兰卡。

辣木黄带蛾 *Eupterote mollifera* **Moore, 1865**

分布：云南（玉溪、昆明、楚雄、临沧、西双版纳），广西；印度。

尼黄带蛾 *Eupterote niassana* **Rothschila, 1917**

分布：云南（临沧）；印度，马来西亚，印度尼西亚。

黄褐云带蛾 *Eupterote pallida* **(Walker, 1855)**

分布：云南（普洱）；印度，马来西亚，印度尼西亚。

黄褐黄带蛾 *Eupterote testacea* **Walker, 1855**

分布：云南（昆明、红河、楚雄、大理、保山、丽江），西藏；印度。

黑斑黄带蛾 *Eupterote undata* **Blanchard, 1844**

分布：云南（红河、保山）；印度。

纹带蛾属 *Ganisa* **Walker, 1855**

灰纹带蛾 *Ganisa cyanogrisea* **Mell, 1929**

分布：云南（丽江、文山），四川，福建，浙江，江西。

斜纹带蛾 *Ganisa pandya* **Moore, 1865**

分布：云南（红河、昆明），广西，浙江。

长纹带蛾 *Ganisa postica kuangtungensis* **Mell, 1929**

分布：云南，广东。

似纹带蛾 *Ganisa similis* **(Moore, 1884)**

分布：云南（西双版纳）；印度，马来西亚，印度尼西亚。

褐带蛾属 *Palirisa* **Moore, 1884**

褐带蛾 *Palirisa cervina* **(Moore, 1865)**

分布：云南（丽江、曲靖），四川，广西；印度，缅甸。

丽江带蛾 *Palirisa cervina mosoensis* **Mell, 1937**

分布：云南（丽江、文山），四川。

线纹带蛾 *Palirisa lineosa* **Walker, 1855**

分布：云南（红河）。

波缘褐带蛾 *Palirisa rotundala* **Mell, 1930**

分布：云南（玉溪、红河、保山、临沧、西双版纳），四川，西藏。

灰褐带蛾 *Palirisa sinensis* **Rothschild, 1917**

分在：云南（丽江、文山、红河），四川，广西，陕西，广东。

光带蛾属 *Pseudojana* **Hampson, 1893**

丝光带蛾 *Pseudojana incandesceus* **Walker, 1855**

分布：云南，福建，广东。

Sarmalia **Walker, 1866**

白黄带蛾 *Sarmalia radiata* **Walker, 1866**

分布：云南（丽江、玉溪、德宏、临沧）；菲律宾。

Tagora **Walker, 1855**

二明斑带蛾 *Tagora patula* **Walker, 1855**

分布：云南（临沧）；缅甸，印度。

天蛾科 Sphingidae

鬼脸天蛾属 *Acherontia* **Laspeyres, 1809**

鬼脸天蛾 *Acherontia lachesis* **(Fabricius, 1798)**

分布：云南，四川，西藏，贵州，重庆，吉林，北京，河北，山东，陕西，湖北，河南，江苏，浙江，江西，湖南，广西，福建，台湾，广东，香港，海南；日本，印度半岛，中南半岛，印度尼西亚，巴布亚新几内亚。

芝麻鬼脸天蛾 *Acherontia styx* **Westwood, 1847**

分布：云南（昆明、德宏、普洱、文山、红河），四川，西藏，贵州，北京，河北，山西，山东，陕西，湖北，河南，安徽，江苏，浙江，上海，江西，湖南，广西，福建，台湾，广东，香港，海南；日本，朝鲜半岛，俄罗斯，印度半岛 ，中南半岛，中亚。

拟缺角天蛾属 *Acosmerycoides* **Mell, 1922**

锯线拟缺角天蛾 *Acosmerycoides harterti* **(Rothschild, 1895)**

分布：云南，四川，贵州，西藏，安徽，浙江，江西，湖北，湖南，广西，福建，广东，海南，台湾；印度，尼泊尔，不丹，缅甸，老挝，越南，泰国。

缺角天蛾属 *Acosmeryx* **Boisduval, 1875**

姬缺角天蛾 *Acosmeryx anceus* **(Stoll, 1781)**

分布：云南（保山、德宏、临沧、普洱、红河、文山、玉溪、西双版纳），贵州，西藏，浙江，江西，湖南，广西，福建，广东，香港，海南，台湾；印度，尼泊尔，不丹，老挝，越南，泰国，马来西亚，印度尼西亚，菲律宾，巴布亚新几内亚，澳大利亚。

缺角天蛾 *Acosmeryx castanea* Rothschild & Jordan, 1903

分布：云南（保山、德宏、临沧、普洱、文山、红河、西双版纳），四川，贵州，西藏，安徽，浙江，上海，江西，湖北，湖南，广西，广东，香港，福建，海南，台湾；日本，俄罗斯，印度，越南。

黄点缺角天蛾 *Acosmeryx miskini* (Murray, 1873)

分布：云南（文山、德宏），广东；澳大利亚，巴布亚新几内亚。

葡萄缺角天蛾 *Acosmeryx naga* Moore, 1858

分布：除新疆、甘肃、青海、内蒙古和宁夏外，全国其他大部分地区均有分布；巴基斯坦，尼泊尔，印度，不丹，缅甸，老挝，泰国，越南。

黄褐缺角天蛾 *Acosmeryx omissa* Rothschild & Jordan, 1903

分布：云南（德宏、红河、文山），西藏；印度，尼泊尔，不丹，缅甸，老挝，越南，泰国。

伪黄褐缺角天蛾 *Acosmeryx pseudomissa* Mell, 1922

分布：云南（红河、文山），湖南，江西，广东，海南；老挝，越南，泰国，马来西亚。

伪葡萄缺角天蛾 *Acosmeryx pseudonaga* Butler, 1881

分布：云南（德宏、临沧、普洱、红河、文山、西双版纳），西藏，贵州，广西，广东，香港，海南；印度，尼泊尔，不丹，缅甸，泰国，老挝，越南，马来西亚，印度尼西亚，菲律宾。

净面缺角天蛾 *Acosmeryx purus* Kudo, Nakao & Kitching, 2014

分布：云南（保山、德宏、红河、文山），四川，贵州，重庆，浙江，江西，湖北，湖南，广西，福建，广东，台湾；越南。

赭绒缺角天蛾 *Acosmeryx sericeus* (Walker, 1856)

分布：云南（怒江、德宏、临沧、普洱、红河、文山、西双版纳），湖南，江西，广东，海南；老挝，越南，泰国，马来西亚。

斜带缺角天蛾 *Acosmeryx shervillii* Boisduval, 1875

分布：云南（德宏、普洱、红河、文山、西双版纳），西藏，贵州，广西，海南；印度，尼泊尔，不丹，孟加拉国，中南半岛，印度尼西亚，菲律宾。

白薯天蛾属 *Agrius* Hübner, 1819

白薯天蛾 *Agrius convolvuli* (Linnaeus, 1758)

分布：全国广布；南亚，东南亚，中亚，欧洲，非洲，大洋洲。

鹰翅天蛾属 *Ambulyx* Westwood, 1847

灰带鹰翅天蛾 *Ambulyx canescens* (Walker, 1865)

分布：云南（德宏）；印度，缅甸，泰国，老挝，越南，柬埔寨，马来西亚，印度尼西亚。

华南鹰翅天蛾 *Ambulyx kuangtungensis* (Mell, 1922)

分布：云南，西藏，四川，贵州，重庆，北京，河北，陕西，甘肃，河南，湖北，江苏，浙江，江西，湖南，广西，福建，广东，台湾，海南；缅甸，泰国，老挝，越南。

连斑鹰翅天蛾 *Ambulyx latifascia* Brechlin & Haxaire, 2014

分布：云南（大理、丽江、迪庆、怒江），四川。

栎鹰翅天蛾 *Ambulyx liturata* Butler, 1875

分布：云南（德宏、怒江、临沧、普洱、红河、文山、迪庆、西双版纳），四川，贵州，西藏，安徽，浙江，湖北，江西，湖南，广西，福建，广东，香港，海南；尼泊尔，印度，不丹，缅甸，泰国，老挝，越南，柬埔寨。

杂斑鹰翅天蛾 *Ambulyx maculifera* Walker, 1866

分布：云南（德宏、普洱、文山、西双版纳），西藏，贵州；巴基斯坦，印度，尼泊尔，不丹，缅甸，越南。

摩尔鹰翅天蛾 *Ambulyx moorei* Moore, 1858

分布：云南（德宏、普洱、红河、西双版纳），西藏，贵州，广西，广东，香港，海南；斯里兰卡，印度，尼泊尔，不丹，泰国，越南，菲律宾，马来西亚，印度尼西亚。

裂斑鹰翅天蛾 *Ambulyx ochracea* Butler, 1885

分布：云南（昆明、怒江、德宏、临沧、昭通、大理、普洱、红河、文山、曲靖、西双版纳），四川，西藏，贵州，北京，河北，陕西，甘肃，河南，湖北，安徽，江苏，浙江，江西，湖南，广西，福建，台湾，广东，香港，海南；日本，朝鲜半岛，尼泊尔，印度，不丹，缅甸，泰国，老挝，越南。

核桃鹰翅天蛾 *Ambulyx schauffelbergeri* Bremer & Grey, 1853

分布：云南（保山、临沧、玉溪、昭通、大理、丽江、文山、德宏、普洱、西双版纳），西藏，四川，贵州，重庆，辽宁，北京，河北，山东，陕西，河南，湖北，江苏，上海，浙江，江西，湖南，福建，广东，海南；日本，朝鲜半岛，印度，越南。

亚洲鹰翅天蛾 *Ambulyx sericeipennis* Butler, 1875

分布：云南，西藏，四川，贵州，重庆，陕西，安徽，湖北，浙江，江西，湖南，广西，福建，广东，香港，海南，台湾；巴基斯坦，印度，尼泊尔，不丹，缅甸，老挝，泰国，越南，柬埔寨。

暹罗鹰翅天蛾 *Ambulyx siamensis* Inoue, 1991

分布：云南（西双版纳）；泰国，老挝，越南。

亚距鹰翅天蛾 *Ambulyx substrigilis* Westwood, 1847

分布：云南（德宏、文山、西双版纳），广西，海南；斯里兰卡，印度，尼泊尔，不丹，泰国，老挝，越南，马来西亚，印度尼西亚，菲律宾。

拓比鹰翅天蛾 *Ambulyx tobii* Inoue, 1976

分布：云南（昆明、丽江、迪庆、怒江、德宏、文山），西藏，四川，贵州，重庆，北京，河北，陕西，青海，河南，湖北，浙江，江西，湖南，广西，福建，广东，台湾；俄罗斯，日本，朝鲜半岛，印度，不丹，越南。

葡萄天蛾属 *Ampelophaga* Bremer & Grey, 1853

喀西葡萄天蛾 *Ampelophaga khasiana* Rothschild, 1895

分布：云南（迪庆、怒江、德宏、临沧、普洱、红河、文山、西双版纳），四川，西藏，陕西；印度，不丹，缅甸，老挝，越南。

尼珂葡萄天蛾 *Ampelophaga nikolae* Haxaire & Melichar, 2007

分布：云南（文山）。

台湾葡萄天蛾 *Ampelophaga rubiginosa myosotis* Kitching & Cadiou, 2000

分布：云南（文山、红河、德宏）。

葡萄天蛾指名亚种 *Ampelophaga rubiginosa rubiginosa* Bremer, 1853

分布：云南（红河、怒江、玉溪），西藏，四川，黑龙江，吉林，辽宁，内蒙古，河北，河南，山东，山西，陕西，宁夏，江苏，安徽，湖北，浙江，江西，福建，广东；日本，朝鲜，印度。

杧果天蛾属 *Amplypterus* Hübner, 1819

杧果天蛾 *Amplypterus panopus* (Cramer, 1779)

分布：云南（德宏、怒江、普洱、红河、文山、西双版纳），贵州，浙江，江西，湖南，广西，福建，广东，香港，海南；斯里兰卡，印度，尼泊尔，不丹，缅甸，泰国，老挝，越南，菲律宾，马来西亚，印度尼西亚。

赭带天蛾属 *Anambulyx* Rothschild & Jordan, 1903

赭带天蛾 *Anambulyx elwesi* Druce 1882

分布：云南（文山、普洱、西双版纳），海南；巴基斯坦，印度，尼泊尔，不丹，缅甸，泰国，老挝，越南。

绒绿天蛾属 *Angonyx* Boisduval, 1875

绒绿天蛾 *Angonyx testacea* (Walker, 1856)

分布：云南（怒江、德宏、普洱、红河、文山、临沧、西双版纳），贵州，湖南，广西，福建，广东，台湾，香港，海南；印度，缅甸，泰国，老挝，越南，马来西亚，印度尼西亚，菲律宾。

黄线天蛾属 *Apocalypsis* Rothschild & Jordan, 1903

黄线天蛾 *Apocalypsis velox* (Butler, 1876)

分布：云南（保山、怒江、德宏、临沧、普洱、红河），西藏，贵州，重庆，湖南；不丹，印度，缅甸，越南。

博天蛾属 *Barbourion* Clark, 1934

垒博天蛾 *Barbourion lemaii* Le Moult, 1933

分布：云南（德宏、文山），广西，广东；泰国，越南。

绿天蛾属 *Callambulyx* Rothschild & Jordan, 1903

云越绿天蛾 *Callambulyx diehli* Brechlin & Kitching, 2012

分布：云南（德宏、怒江、临沧、普洱、红河、文山、西双版纳），贵州，广西，海南，福建；中南半岛，印度尼西亚。

眼斑绿天蛾 *Callambulyx junonia* (Butler, 1881)

分布：云南（德宏、怒江、普洱、迪庆、保山、临沧、红河、文山、西双版纳），四川，贵州，重庆，陕西，湖北，湖南，海南；印度，斯里兰卡，尼泊尔，不丹，中南半岛。

闭目绿天蛾 *Callambulyx rubricosa* Walker, 1856

分布：云南（德宏、怒江、普洱、红河、文山、西双版纳），西藏，贵州，广西，广东，海南；尼泊尔，不丹，印度，缅甸，泰国，老挝，越南，印度尼西亚。

西昌绿天蛾 *Callambulyx sichangensis* Chu & Wang, 1980

分布：云南（昆明、大理、丽江、迪庆、怒江），四川，重庆。

榆绿天蛾 *Callambulyx tatarinovii* Bremer & Grey, 1853

分布：云南（文山）。

背天蛾属 *Cechenena* Rothschild & Jordan, 1903

点背天蛾 *Cechenena aegrota* (Butler, 1875)

分布：云南（临沧、普洱、西双版纳），广东，香港，广西，海南；印度，尼泊尔，不丹，孟加拉国，缅甸，老挝，越南，泰国。

斑背天蛾 *Cechenena helops* (Walker, 1856)

分布：云南（保山、德宏、临沧、普洱、西双版纳），贵州，广西，海南；印度，尼泊尔，不丹，缅甸，老挝，越南，泰国，马来西亚，印度尼西亚，菲律宾。

斑背天蛾巴布亚种 *Cechenena helops papuana* Rothschild & Jordan, 1903

分布：云南（德宏）。

背线天蛾属 *Cechetra* Zolotuhin & Ryabov, 2012

布氏背线天蛾 *Cechetra bryki* Ivshin & Krutov, 2018

分布：云南（保山、怒江、德宏），西藏；印度，尼泊尔，不丹，缅甸，越南。

条背线天蛾 *Cechetra lineosa* (Walker, 1856)

分布：云南，西藏，贵州，四川，北京，安徽，江苏，浙江，江西，湖南，广西，福建，广东，海南，香港，台湾；印度，尼泊尔，不丹，孟加拉国，中南半岛，印度尼西亚。

平背线天蛾 *Cechetra minor* (Butler, 1875)

分布：云南，西藏，贵州，四川，北京，陕西，河北，河南，安徽，江苏，浙江，江西，湖南，广西，福建，广东，海南，香港，台湾；日本，印度，尼泊尔，不丹，孟加拉国，缅甸，老挝，越南，泰国。

粗纹背线天蛾 *Cechetra scotti* (Rothschild, 1920)

分布：云南（德宏、怒江、普洱），西藏；巴基斯坦，印度，尼泊尔，不丹，老挝，越南。

泛绿背线天蛾 *Cechetra subangustata* (Rothschild, 1920)

分布：云南（怒江、德宏、普洱、红河、文山、西

双版纳），西藏，广西，海南，台湾；印度，尼泊尔，不丹，老挝，越南，泰国，马来西亚，印度尼西亚。

透翅天蛾属 *Cephonodes* Hübner, 1819

咖啡透翅天蛾 *Cephonodes hylas* Linnaeus, 1771

分布：云南（昆明、玉溪、大理、保山、普洱、红河、西双版纳），除西北和东北外全国其他大部分地区广布；日本，俄罗斯，韩国，印度半岛，中南半岛，印度尼西亚，菲律宾。

赭背天蛾属 *Cerberonoton* Zolotuhin & Ryabov, 2012

赭背天蛾 *Cerberonoton rubescens* (Butler, 1876)

分布：云南（普洱、红河、西双版纳），西藏，江西，福建，湖南，广西，广东，海南；印度，老挝，越南，泰国。

纹绿天蛾属 *Cizara* Walker, 1856

纹绿天蛾 *Cizara sculpta* (Felder, 1874)

分布：云南；印度，缅甸，泰国，老挝，越南，柬埔寨。

豆天蛾属 *Clanis* Hübner, 1819

南方豆天蛾指名亚种 *Clanis bilineata bilineata* (Walker, 1866)

分布：云南（文山），浙江，福建，广东，海南；印度。

南方豆天蛾青岛亚种 *Clanis bilineata tsingtauica* Mell, 1922

分布：全国广布；朝鲜，日本，印度。

洋槐天蛾 *Clanis deucalion* (Walker, 1856)

分布：云南（迪庆、保山、红河），四川，辽宁，江苏，浙江；印度。

阳豆天蛾 *Clanis hyperion* Cadiou & Kitching, 1990

分布：云南（德宏、保山）；泰国，印度，不丹。

浅斑豆天蛾 *Clanis titan* Rothschild & Jordan, 1903

分布：云南（怒江、德宏、普洱、西双版纳），贵州，广东；印度，尼泊尔，不丹，缅甸，泰国，越南，马来西亚。

灰斑豆天蛾 *Clanis undulosa* Moore, 1879

分布：云南（昆明、昭通、大理、丽江、迪庆、德宏、普洱、文山），四川，贵州，重庆，辽宁，吉林，北京，河北，陕西，安徽，浙江，湖北，江西，湖南，广西，福建，广东，海南；印度，尼泊尔，

不丹，缅甸，泰国，越南。

月天蛾属 *Craspedortha* Mell, 1922

山月天蛾 *Craspedortha montana* Cadiou, 2000

分布：云南（玉溪、保山、临沧）；泰国。

月天蛾 *Craspedortha porphyria* (Butler, 1876)

分布：云南（红河、文山、德宏、临沧、普洱、保山、西双版纳），四川，贵州，重庆，湖北，浙江，湖南，广西，福建，广东，海南；尼泊尔，不丹，印度，缅甸，泰国，越南，马来西亚，印度尼西亚。

齿缘天蛾属 *Cypa* Walker, 1865

褐齿缘天蛾 *Cypa decolor* (Walker, 1856)

分布：云南（怒江），海南；印度，尼泊尔，缅甸，泰国，越南，老挝，马来西亚，菲律宾，印度尼西亚。

单齿缘天蛾 *Cypa enodis* Jordan, 1931

分布：云南（昆明、玉溪、文山），四川，湖北，广西，海南；中南半岛。

均齿缘天蛾 *Cypa uniformis* Mell, 1992

分布：云南（文山），四川，江西，广西，广东，香港；老挝，越南。

枫天蛾属 *Cypoides* Matsumura, 1921

拟枫天蛾 *Cypoides parachinensis* Brechlin, 2009

分布：云南（西双版纳），西藏；缅甸，不丹，印度。

斜带天蛾属 *Dahira* Moore, 1888

斜带天蛾 *Dahira obliquifascia* (Hampson, 1910)

分布：云南（曲靖、玉溪、怒江、普洱、西双版纳），西藏，贵州，陕西，安徽，浙江，江西，湖南，广西，广东，福建，台湾；印度，尼泊尔，老挝，越南，泰国，马来西亚。

赭红斜带天蛾 *Dahira rubiginosa* Moore, 1888

分布：云南（红河、文山），贵州，安徽，浙江，江西，湖南，广西，福建，台湾，广东，香港；巴基斯坦，印度，尼泊尔，不丹，缅甸，越南。

云龙斜带天蛾 *Dahira yunlongensis* (Brechlin, 2000)

分布：云南（大理、迪庆、普洱）。

云南斜带天蛾 *Dahira yunnanfuana* (Clark, 1925)

分布：云南（昆明、丽江、迪庆、怒江、普洱），西藏，四川，重庆，陕西；尼泊尔，不丹。

白腰天蛾属 *Daphnis* Hübner, 1819

茜草白腰天蛾 *Daphnis hypothous* (Cramer, 1780)

分布：云南（怒江、德宏、普洱、保山、红河、文山、西双版纳），四川，贵州，湖南，福建，台湾，广东，香港，海南；日本，印度半岛，中南半岛，菲律宾，印度尼西亚。

粉绿白腰天蛾 *Daphnis nerii* (Linnaeus, 1758)

分布：云南（昆明、德宏、普洱、西双版纳），四川，上海，浙江，福建，广东，广西，香港，台湾，海南，湖南，江西，贵州；日本，印度半岛，中南半岛，菲律宾，印度尼西亚，中东，欧洲，非洲。

斗斑天蛾属 *Daphnusa* Walker, 1856

粉褐斗斑天蛾指名亚种 *Daphnusa ocellaris ocellaris* Walker, 1856

分布：云南。

中南斗斑天蛾 *Daphnusa sinocontinentalis* Brechlin, 2009

分布：云南（西双版纳），贵州，广西，海南；老挝，越南，缅甸，泰国。

红天蛾属 *Deilephila* Laspeyres, 1809

红天蛾 *Deilephila elpenor* (Linnaeus, 1758)

分布：除部分海岛外全国各地均有分布；俄罗斯，蒙古国，日本，朝鲜半岛，印度半岛，缅甸，越南，泰国，老挝，中东，中亚，欧洲。

星天蛾属 *Dolbina* Staudinger, 1877

小星天蛾 *Dolbina exacta* Staudinger, 1892

分布：云南（文山、红河）。

大星天蛾 *Dolbina inexacta* (Walker, 1856)

分布：云南（昆明、丽江、迪庆、怒江、普洱、文山、西双版纳），西藏，四川，贵州，重庆，陕西，湖北，浙江，江西，湖南，广西，福建，广东；日本，巴基斯坦，印度，尼泊尔，不丹，缅甸，老挝，越南，泰国，马来西亚。

拟小星天蛾 *Dolbina paraexacta* Brechlin, 2009

分布：云南（迪庆），四川，重庆，陕西，北京，湖北。

绒星天蛾 *Dolbina tancrei* Staudinger, 1887

分布：云南（昆明、红河），黑龙江，河北；日本，朝鲜。

中线天蛾属 *Elibia* Walker, 1856

带纹中线天蛾 *Elibia dolichoides* (R. Felder, 1874)

分布：云南（临沧、普洱、文山、西双版纳），西藏，贵州，广西；印度，尼泊尔，不丹，泰国，老挝，越南，马来西亚。

中线天蛾 *Elibia dolichus* **(Westwood, 1847)**

分布：云南（文山、西双版纳），广东，海南；印度，尼泊尔，不丹，孟加拉国，泰国，老挝，越南，马来西亚，印度尼西亚，菲律宾。

突角天蛾属 *Enpinanga* Rothschild & Jordan, 1903

双斑突角天蛾 *Enpinanga assamensis* **(Walker, 1856)**

分布：云南（西双版纳），广西，广东，香港，海南；斯里兰卡，尼泊尔，不丹，孟加拉国，印度，泰国，老挝，越南。

鸟嘴天蛾属 *Eupanacra* Cadiou & Holloway, 1989

绿鸟嘴天蛾 *Eupanacra busiris* **(Walker, 1856)**

分布：云南（德宏、普洱、文山、西双版纳），四川，广西，广东，香港，海南；印度，尼泊尔，不丹，缅甸，泰国，老挝，越南，马来西亚，印度尼西亚。

马来鸟嘴天蛾 *Eupanacra malayana* **(Rothschild & Jordan, 1903)**

分布：云南（西双版纳），贵州，海南；泰国，老挝，越南，马来西亚，印度尼西亚，菲律宾。

闪角鸟嘴天蛾 *Eupanacra metallica* **(Butler, 1875)**

分布：云南（怒江），西藏；印度，尼泊尔，不丹，孟加拉国，缅甸。

斜带鸟嘴天蛾 *Eupanacra mydon* **(Walker, 1856)**

分布：云南（昆明、玉溪、昭通、德宏、临沧、普洱、西双版纳），四川，重庆，贵州，浙江，江西，湖南，广西，福建，广东，香港，海南；印度，尼泊尔，不丹，孟加拉国，缅甸，泰国，老挝，越南，马来西亚。

背线鸟嘴天蛾 *Eupanacra perfecta* **(Butler, 1875)**

分布：云南（大理、丽江、迪庆、怒江、普洱），西藏；印度，不丹，缅甸，泰国，越南。

直纹鸟嘴天蛾 *Eupanacra sinuata* **(Rothschild & Jordan, 1903)**

分布：云南（德宏、临沧、文山、西双版纳），西藏；印度，尼泊尔，泰国，越南。

黄鸟嘴天蛾 *Eupanacra variolosa* **(Walker, 1856)**

分布：云南（怒江、德宏、文山、西双版纳），西藏，贵州，广西；印度，不丹，孟加拉国，泰国，老挝，越南，马来西亚，印度尼西亚。

瓦鸟嘴天蛾 *Eupanacra waloensis* **Brechlin, 2000**

分布：云南（怒江、西双版纳），贵州；印度，孟加拉国，越南，马来西亚。

赭尾天蛾属 *Eurypteryx* R. Felder, 1874

赭尾天蛾 *Eurypteryx bhaga* **(Moore, 1866)**

分布：云南（普洱、西双版纳），广西；尼泊尔，不丹，印度，老挝，越南，泰国，马来西亚，印度尼西亚。

灰天蛾属 *Griseosphinx* Cadiou & Kitching, 1990

霜灰天蛾 *Griseosphinx preechari* **Cadiou & Kitching, 1990**

分布：云南（大理、文山）；老挝，泰国，缅甸。

银斑天蛾属 *Hayesiana* Fletcher, 1982

银斑天蛾 *Hayesiana triopus* **(Westwood, 1847)**

分布：云南（普洱、西双版纳），贵州，广西，广东，福建，海南，浙江；印度，尼泊尔，不丹，泰国，老挝，越南，马来西亚。

黑边天蛾属 *Hemaris* Dalman, 1816

黑边天蛾 *Hemaris affinis* **(Bremer, 1861)**

分布：云南（曲靖），西藏，四川，重庆，黑龙江，吉林，辽宁，北京，河北，山东，青海，甘肃，陕西，湖北，江苏，浙江，上海，湖南，江西，福建，台湾，广东，香港；日本，俄罗斯，蒙古国，朝鲜半岛。

贝氏黑边天蛾 *Hemaris beresowskii* **Alphéraky, 1897**

分布：云南（丽江、迪庆），四川。

锈胸黑边天蛾 *Hemaris staudingeri* **Leech, 1890**

分布：云南（昭通），四川，贵州，重庆，陕西，湖北，湖南，江西，安徽，浙江，福建。

斜线天蛾属 *Hippotion* Hübner, 1819

Hippotion balsaminae **(Walker, 1865)**

分布：云南（德宏、玉溪），福建，台湾；日本，越南，印度，斯里兰卡，印度尼西亚，摩洛哥。

斑腹斜线天蛾 *Hippotion boerhaviae* **(Fabricius, 1775)**

分布：云南（普洱、文山），贵州，湖南，广东，香港，海南；日本，印度半岛，中南半岛，印度尼西亚，菲律宾，巴布亚新几内亚，澳大利亚，所罗门群岛。

银条斜线天蛾 *Hippotion celerio* (Linnaeus, 1758)

分布：云南（昆明、大理、保山、德宏、红河、文山、西双版纳），四川，贵州，新疆，甘肃，宁夏，湖南，广东，台湾，香港，广西；俄罗斯，日本，印度半岛，中南半岛，中亚，中东，欧洲，非洲，大洋洲。

浅斑斜线天蛾 *Hippotion echeclus* (Boisduval, 1875)

分布：云南（德宏），广西，香港，海南；日本，印度，缅甸，泰国，马来西亚，印度尼西亚，菲律宾。

后红斜线天蛾 *Hippotion rafflesii* (Moore, 1858)

分布：云南（昆明、临沧、楚雄、红河、德宏、怒江、保山、普洱），西藏，广西，广东，台湾，香港，海南；斯里兰卡，印度，尼泊尔，不丹，缅甸，越南，老挝，泰国，马来西亚，印度尼西亚，菲律宾。

茜草后红斜线天蛾 *Hippotion rosetta* (Swinhoe, 1892)

分布：云南（昆明、红河、文山），贵州，湖南，广东，台湾，香港，广西，海南；日本，印度半岛，中南半岛，印度尼西亚，菲律宾，巴布亚新几内亚，所罗门群岛。

云斑斜线天蛾 *Hippotion velox* (Fabricius, 1793)

分布：云南（德宏、红河、保山、西双版纳），四川，广西，香港，台湾，海南；日本，印度半岛，中南半岛，印度尼西亚，菲律宾，大洋洲。

白眉天蛾属 *Hyles* Hübner, 1819

猫儿眼白眉天蛾 *Hyles euphorbiae* (Linnaeus, 1758)

分布：云南（丽江），内蒙古，宁夏，河北；俄罗斯。

窄线白眉天蛾 *Hyles livornica* (Esper, 1780)

分布：云南（昆明、丽江），宁夏。

川滇白眉天蛾 *Hyles tatsienluica* (Oberthür, 1916)

分布：云南（昭通、丽江、迪庆），四川，西藏，甘肃；尼泊尔。

松天蛾属 *Hyloicus* Hübner, 1819

云南松天蛾 *Hyloicus brunnescens* (Mell, 1922)

分布：云南（大理、丽江、迪庆、曲靖、昭通），四川。

西南松天蛾 *Hyloicus centrosinaria* (Kitching & Jin, 1998)

分布：云南（曲靖），四川，西藏。

松针天蛾 *Hyloicus morio* (Rothschild & Jordan, 1903)

分布：云南，四川，浙江。

奥氏松天蛾 *Hyloicus oberthueri* Rothschild & Jordan, 1903

分布：云南（昆明、曲靖、玉溪、大理、丽江、迪庆、普洱、文山、西双版纳），四川，陕西；缅甸，泰国，印度，不丹。

绒天蛾属 *Kentrochrysalis* Staudinger, 1887

白须绒天蛾 *Kentrochrysalis sieversi* Alphéraky, 1897

分布：云南（迪庆、红河），四川，重庆，黑龙江，吉林，辽宁，北京，陕西，湖北，浙江，福建，广东，海南；韩国，俄罗斯，越南。

锯翅天蛾属 *Langia* Moore, 1872

锯翅天蛾 *Langia zenzeroides* Moore, 1872

分布：云南（昆明、昭通、玉溪、文山、怒江、保山），四川，贵州，北京，河北，江苏，浙江，湖北，广西，福建，台湾，广东，海南；朝鲜半岛，印度半岛，泰国，老挝，越南。

黄脉天蛾属 *Laothoe* Fabricius, 1807

黄脉天蛾 *Laothoe amurensis* (Staudinger, 1892)

分布：云南（迪庆、丽江、楚雄），四川，新疆，内蒙古，黑龙江，吉林，辽宁，河北，北京，山西，宁夏，陕西，甘肃，湖北，浙江；日本，俄罗斯，朝鲜半岛。

甘蔗天蛾属 *Leucophlebia* Westwood, 1847

甘蔗天蛾 *Leucophlebia lineata* Westwood, 1847

分布：云南（德宏、红河、文山、临沧、怒江），北京，河北，山东，陕西，湖北，江西，湖南，广西，福建，广东，香港，海南，台湾；印度，斯里兰卡，巴基斯坦，中南半岛，菲律宾，印度尼西亚。

长喙天蛾属 *Macroglossum* Scopoli, 1777

淡纹长喙天蛾 *Macroglossum belis* (Linnaeus, 1758)

分布：云南（玉溪、普洱、红河），西藏，四川，重庆，广东，台湾，香港；日本，印度半岛，缅甸，泰国，老挝，越南，马来西亚。

青背长喙天蛾 *Macroglossum bombylans* Boisduval, 1875

分布：云南（昆明、昭通、大理、迪庆、普洱、西双版纳），除新疆、内蒙古、宁夏、甘肃、青海、黑龙江和吉林外全国其他大部分地区有分布；俄罗斯，日本，韩国，印度，不丹，尼泊尔，中南半岛，菲律宾。

长喙天蛾 *Macroglossum corythus* Walker, 1856

分布：云南，西藏，四川，贵州，重庆，北京，河北，陕西，湖北，江西，浙江，湖南，广西，福建，台湾，广东，香港，海南；日本，韩国，不丹，印度，孟加拉国，泰国，老挝，越南，马来西亚，印度尼西亚，菲律宾。

法罗长喙天蛾 *Macroglossum faro* (Cramer, 1779)

分布：云南（昆明），湖南，广西，广东；日本，印度，老挝，越南，泰国，马来西亚，印度尼西亚，菲律宾。

弗瑞兹长喙天蛾 *Macroglossum fritzei* Rothschild & Jordan, 1903

分布：云南（红河、文山），四川，贵州，湖北，浙江，湖南，广西，江西，福建，台湾，广东，香港，海南；日本，缅甸，泰国，越南，马来西亚。

斜带长喙天蛾 *Macroglossum hemichroma* Butler, 1875

分布：云南；印度，孟加拉国，泰国，越南，马来西亚，印度尼西亚，菲律宾。

背带长喙天蛾 *Macroglossum mitchellii* Boisduval, 1875

分布：云南（昆明、玉溪、保山、德宏、普洱、红河、文山、西双版纳），四川，贵州，广西，台湾，广东，香港；斯里兰卡，印度，尼泊尔，泰国，老挝，越南，马来西亚，印度尼西亚。

小长喙天蛾 *Macroglossum neotroglodytus* Kitching & Cadiou, 2000

分布：云南（昆明、大理、普洱、西双版纳），四川，浙江，湖南，福建，台湾，广东，香港；斯里兰卡，印度，不丹，尼泊尔，泰国，老挝，越南，马来西亚，印度尼西亚，菲律宾。

突缘长喙天蛾 *Macroglossum nycteris* Kollar, 1844

分布：云南（昆明、大理、保山、迪庆、昭通、文山），四川，贵州，重庆，北京，山东，陕西，甘肃，江西，浙江，上海，湖北，湖南；日本，阿富汗，巴基斯坦，尼泊尔，不丹，印度，缅甸，越南。

木纹长喙天蛾 *Macroglossum obscura* Butler, 1875

分布：云南（红河），广东，台湾，香港；斯里兰卡，印度，泰国，老挝，越南，马来西亚，印度尼西亚，菲律宾。

虎皮楠长喙天蛾 *Macroglossum passalus* (Drury, 1773)

分布：云南（昆明、昭通、大理），四川，贵州，江西，浙江，湖南，广西，福建，台湾，广东，香港；日本，斯里兰卡，印度，老挝，越南，泰国，马来西亚，印度尼西亚，菲律宾。

盗火长喙天蛾 *Macroglossum prometheus* Boisduval, 1875

分布：云南（普洱、文山）；印度，越南，泰国，马来西亚，印度尼西亚，菲律宾。

黑长喙天蛾 *Macroglossum pyrrhosticta* Butler, 1875

分布：除新疆、内蒙古、宁夏、甘肃、青海、黑龙江和吉林外全国其他大部分地区有分布；俄罗斯，日本，朝鲜半岛，斯里兰卡，印度，不丹，尼泊尔，中南半岛，印度尼西亚，菲律宾。

波斑长喙天蛾 *Macroglossum saga* Butler, 1878

分布：云南（昆明、大理、保山、德宏、普洱、文山），西藏，四川，贵州，北京，陕西，浙江，上海，江西，湖南，广西，福建，台湾，广东，香港；俄罗斯，日本，韩国，印度，尼泊尔，不丹，老挝，越南，泰国。

半带长喙天蛾 *Macroglossum semifasciata* Hampson, 1893

分布：云南（普洱）；印度，缅甸，泰国，越南，马来西亚，印度尼西亚。

弯带长喙天蛾 *Macroglossum sitiene* Walker, 1856

分布：云南（普洱、红河、西双版纳），广西，福建，台湾，广东，香港，海南；日本，斯里兰卡，印度，尼泊尔，不丹，孟加拉国，缅甸，泰国，老挝，越南，马来西亚，印度尼西亚。

小豆长喙天蛾 *Macroglossum stellatarum* (Linnaeus, 1758)

分布：除部分海岛外全国广布；俄罗斯，日本，朝鲜半岛，蒙古国，中亚，欧洲，非洲。

微齿长喙天蛾 *Macroglossum troglodytus* Butler, 1875

分布：云南（昆明、德宏、普洱、红河、文山、西双版纳），四川，广西，广东，台湾，香港，海南；日本，印度，尼泊尔，泰国，老挝，越南，马来西亚，印度尼西亚，菲律宾。

斑腹长喙天蛾 *Macroglossum variegatum* Rothschild & Jordan, 1903

分布：云南（红河），广西，福建，广东，香港，海南；印度，缅甸，泰国，老挝，越南，马来西亚，印度尼西亚，菲律宾。

维长喙天蛾 *Macroglossum vicinum* Jordan, 1923

分布：云南（西双版纳）；泰国，越南，马来西亚，印度尼西亚。

六点天蛾属 *Marumba* Moore, 1882

直翅六点天蛾 *Marumba cristata* (Butler, 1875)

分布：云南（德宏、保山、临沧、红河、文山、西双版纳），四川，贵州，重庆，陕西，湖北，浙江，江西，湖南，广西，福建，广东，海南，台湾；老挝，越南，缅甸，泰国，马来西亚，印度尼西亚。

椴六点天蛾 *Marumba dyras* (Walker, 1865)

分布：云南（昆明、楚雄、大理、迪庆、德宏、保山、丽江、临沧、红河、文山、西双版纳），除西北和东北外全国其他大部分地区有分布；印度，斯里兰卡，尼泊尔，不丹，中南半岛。

红六点天蛾 *Marumba gaschkewitschii* (Bremer & Grey, 1853)

分布：云南（迪庆、昭通、文山），除西北外全国其他大部分地区有分布；俄罗斯，朝鲜半岛，越南。

滇藏红六点天蛾 *Marumba irata* Joicey & Kaye, 1917

分布：云南（昆明、大理、丽江、保山、德宏、红河），四川，西藏；印度，缅甸，老挝，越南，泰国。

菩提六点天蛾 *Marumba jankowskii* (Oberthür, 1880)

分布：云南（昆明），黑龙江，吉林，辽宁；日本，俄罗斯。

黄边六点天蛾 *Marumba maackii* (Bremer, 1861)

分布：云南（迪庆），四川，重庆，黑龙江，吉林，辽宁，内蒙古，北京，陕西，山西，浙江，安徽，湖北；日本，俄罗斯，朝鲜半岛。

黑角六点天蛾 *Marumba saishiuana* Okamoto, 1924

分布：云南（德宏、丽江、临沧、红河、文山、西双版纳），西藏，四川，重庆，贵州，陕西，浙江，湖北，江西，湖南，广西，广东，台湾，海南；韩国，日本，缅甸，泰国，老挝，越南。

枇杷六点天蛾 *Marumba spectabilis* (Butler, 1875)

分布：云南（德宏、保山、丽江、临沧、文山、西双版纳），四川，西藏，安徽，浙江，湖北，江西，湖南，广西，福建，广东，海南；尼泊尔，不丹，印度，泰国，老挝，越南，马来西亚，印度尼西亚。

栗六点天蛾 *Marumba sperchius* (Ménétriés, 1857)

分布：除西北外全国其他大部分地区有分布；朝鲜半岛，日本，俄罗斯，巴基斯坦，不丹，泰国，老挝，越南。

猿面天蛾属 *Megacorma* Rothschild & Jordan, 1903

猿面天蛾 *Megacorma obliqua* (Walker, 1856)

分布：云南（德宏、普洱、红河、文山、西双版纳），广西，海南；斯里兰卡，印度，缅甸，老挝，越南，泰国，马来西亚，印度尼西亚，菲律宾，巴布亚新几内亚，所罗门群岛。

马鞭草天蛾属 *Meganoton* Boisduval, 1875

大背天蛾 *Meganoton analis* Felder, 1874

分布：云南（保山、德宏、怒江、临沧、普洱、红河、文山、西双版纳），四川，贵州，西藏，安徽，上海，浙江，江西，湖北，湖南，广西，福建，广东，海南，台湾；印度，尼泊尔，缅甸，老挝，越南，泰国。

马鞭草天蛾 *Meganoton nyctiphanes* (Walker, 1856)

分布：云南（德宏、普洱、玉溪、文山、西双版纳），广西，广东，福建，海南；斯里兰卡，印度，孟加拉国，缅甸，泰国，老挝，越南，马来西亚，印度尼西亚，菲律宾。

云南马鞭草天蛾 *Meganoton yunnanfuana* Clark, 1925

分布：云南（昆明、红河）；老挝，越南。

条窗天蛾属 *Morwennius* Cassidy, Allen & Harman, 2002

钩翅条窗天蛾 *Morwennius decoratus* (Moore, 1872)

分布：云南（西双版纳）；尼泊尔，印度，泰国，老挝，越南，马来西亚，印度尼西亚。

锤天蛾属 *Neogurelca* Hogenes & Treadaway, 1993

喜马锤天蛾 *Neogurelca himachala* (Butler, 1876)

分布：云南（玉溪），西藏，四川，贵州，北京，河北，陕西，河南，湖北，安徽，江苏，上海，浙江，江西，湖南，广西，福建，台湾，广东，香港；印度，尼泊尔，泰国，朝鲜半岛，日本。

团角锤天蛾 *Neogurelca hyas* (Walker, 1856)

分布：云南（文山），江苏，浙江，湖南，广西，福建，台湾，广东，香港；日本，印度，尼泊尔，不丹，缅甸，泰国，老挝，越南，马来西亚，印度尼西亚，菲律宾。

山锤天蛾 *Neogurelca montana* (Rothschild & Jordan, 1915)

分布：云南（大理、丽江、迪庆、昆明），西藏，北京。

银纹天蛾属 *Nephele* Hübner, 1819

银纹天蛾 *Nephele hespera* (Fabricius, 1775)

分布：云南（大理、丽江、怒江、德宏、文山、红河、迪庆），四川，西藏，湖北，香港；阿富汗，印度半岛，中南半岛，印度尼西亚，巴布亚新几内亚，澳大利亚。

涟漪天蛾属 *Opistoclanis* Jordan, 1929

涟漪天蛾 *Opistoclanis hawkeri* (Joicey & Talbot, 1921)

分布：云南（德宏、普洱、红河、西双版纳），贵州，广西，海南；老挝，越南，泰国。

构月天蛾属 *Parum* Rothschild & Jordan, 1903

构月天蛾 *Parum colligata* Walker, 1856

分布：除新疆外全国其他大部分地区广布；日本，韩国，俄罗斯，印度，缅甸，老挝，越南，泰国。

绒毛天蛾属 *Pentateucha* Swinhoe, 1908

绒毛天蛾 *Pentateucha curiosa* Swinhoe, 1908

分布：云南（大理、保山、临沧、普洱），重庆；尼泊尔，印度，泰国，越南。

斜绿天蛾属 *Pergesa* Walker, 1856

斜绿天蛾 *Pergesa acteus* (Cramer, 1779)

分布：云南（丽江、保山、德宏、临沧、普洱、红河、文山、西双版纳），西藏，四川，贵州，陕西，湖北，江西，安徽，浙江，湖南，广西，福建，台湾，广东，香港，海南；日本，印度半岛，中南半岛，印度尼西亚，菲律宾。

盾天蛾属 *Phyllosphingia* Swinhoe, 1897

盾天蛾 *Phyllosphingia dissimilis* (Bremer, 1861)

分布：除西北外全国其他大部分地区广布；俄罗斯，日本，朝鲜半岛，泰国，老挝，越南。

三线天蛾属 *Polyptychus* Hübner, 1819

中国三线天蛾 *Polyptychus chinensis* Rothschild & Jordan, 1903

分布：云南（昆明、大理、丽江、迪庆），西藏，

四川，重庆，贵州，河南，安徽，浙江，湖北，湖南，广西，福建，台湾；日本。

齿翅三线天蛾 *Polyptychus dentatus* Cramer, 1777

分布：云南（丽江），四川；印度，斯里兰卡。

曲纹三线天蛾 *Polyptychus trilineatus* Moore, 1888

分布：云南（普洱、文山、临沧、保山、西双版纳），西藏，江西，广西，广东，香港，海南；巴基斯坦，印度，尼泊尔，不丹，缅甸，泰国，老挝，越南，菲律宾，印度尼西亚。

霜天蛾属 *Psilogramma* Rothschild & Jordan, 1903

大霜天蛾 *Psilogramma discistriga* (Walker, 1856)

分布：云南（怒江、德宏、文山、西双版纳），西藏，四川，贵州，江西，湖北，湖南，广西，福建，广东，香港，海南；印度，尼泊尔，不丹，中南半岛，印度尼西亚，菲律宾。

丁香天蛾 *Psilogramma increta* (Walker, 1865)

分布：云南（昆明、丽江、迪庆、德宏、临沧、普洱、文山、红河），除新疆、宁夏、青海、甘肃和内蒙古外全国其他大部分地区有分布；巴基斯坦，印度，尼泊尔，不丹，缅甸，老挝，越南，泰国，朝鲜半岛，日本，俄罗斯。

霜天蛾 *Psilogramma menephron* Cramer, 1780

分布：云南（文山、德宏、昭通），四川，吉林，辽宁，河北，河南，山东，江苏，浙江，广西，广东；日本，朝鲜，印度，斯里兰卡，缅甸，菲律宾，印度尼西亚，大洋洲。

白肩天蛾属 *Rhagastis* Rothschild & Jordan, 1903

宽缘白肩天蛾 *Rhagastis acuta* (Walker, 1856)

分布：云南（文山），贵州，广西，广东，海南；印度，尼泊尔，不丹，孟加拉国，中南半岛，印度尼西亚，菲律宾。

白肩天蛾 *Rhagastis albomarginatus* (Rothschild, 1894)

分布：云南（德宏、普洱、临沧、红河、文山、保山、丽江），西藏，四川，重庆，贵州，陕西，湖北，江西，浙江，湖南，广西，福建，广东，香港，海南；印度，尼泊尔，不丹，缅甸，老挝，越南，泰国。

锯线白肩天蛾 *Rhagastis castor* Walker, 1856

分布：云南（红河、文山、西双版纳），西藏，贵州，四川，重庆，江西，湖北，湖南，广东，福建，

台湾；印度，尼泊尔，不丹，老挝，越南，泰国。

华西白肩天蛾 *Rhagastis confusa* Rothschild & Jordan, 1903

分布：云南（德宏、普洱、红河、文山），西藏，四川，重庆，贵州；巴基斯坦，印度，尼泊尔，不丹，老挝，越南，泰国。

红白肩天蛾 *Rhagastis gloriosa* (Butler, 1875)

分布：云南（保山、怒江、德宏、普洱），西藏；印度，尼泊尔，老挝，越南，泰国。

月纹白肩天蛾 *Rhagastis lunata* (Rothschild, 1900)

分布：云南（保山、怒江、德宏、普洱），西藏；印度，尼泊尔，老挝，越南，泰国。

蒙古白肩天蛾 *Rhagastis mongoliana* (Butler, 1876)

分布：云南（昆明、玉溪、文山、红河、德宏、昭通、曲靖），除新疆、宁夏和西藏外全国其他大部分地区有分布；蒙古国，俄罗斯，日本，朝鲜半岛，越南。

青白肩天蛾 *Rhagastis olivacea* (Moore, 1872)

分布：云南（昆明、保山、怒江、德宏、临沧、红河、文山、西双版纳），西藏，四川，重庆，贵州，江西，湖北，湖南，广西，福建，广东，海南；巴基斯坦，印度，尼泊尔，不丹，缅甸，老挝，越南，泰国。

隐纹白肩天蛾 *Rhagastis velata* (Walker, 1866)

分布：云南（西双版纳），四川，重庆，贵州；印度，尼泊尔，不丹，泰国，老挝，越南。

红鹰天蛾属 *Rhodambulyx* Mell, 1939

施氏红鹰天蛾 *Rhodambulyx schnitzleri* Cadiou, 1990

分布：云南（保山）；老挝，泰国。

雾带天蛾属 *Rhodoprasina* Rothschild & Jordan, 1903

弧线雾带天蛾 *Rhodoprasina callantha* Jordan, 1929

分布：云南（昆明、德宏、保山、临沧、红河、文山）；老挝，越南，缅甸，泰国，马来西亚，印度尼西亚。

科罗拉雾带天蛾 *Rhodoprasina corolla* Caidou & Kitching, 1990

分布：云南（保山、怒江、普洱），四川，重庆，湖北，广东，福建；越南，泰国。

南亚雾带天蛾 *Rhodoprasina corrigenda* Kitching & Caidou, 1996

分布：云南（德宏），重庆，湖南，福建，广东；

老挝，越南，泰国。

木蜂天蛾属 *Sataspes* Moore, 1858

黄节木蜂天蛾 *Sataspes infernalis* (Westwood, 1847)

分布：云南（昆明、怒江、临沧、普洱、西双版纳），西藏；印度，不丹，尼泊尔，缅甸，泰国，越南。

黑胸木蜂天蛾 *Sataspes tagalica* Boisduval, 1875

分布：云南（普洱、红河、文山、西双版纳），西藏，四川，湖北，湖南，广西，广东，海南，香港，福建；印度，斯里兰卡，尼泊尔，不丹，中南半岛。

木蜂天蛾 *Sataspes xylocoparis* Butler, 1875

分布：云南（昆明、昭通），四川，贵州，重庆，湖北，陕西，江苏，浙江，上海，江西，湖南，福建，广东，香港；印度，尼泊尔，不丹，缅甸，泰国，越南。

索天蛾属 *Smerinthulus* Huwe, 1895

石栎索天蛾 *Smerinthulus mirabilis* (Rothschild, 1894)

分布：云南（怒江、保山、普洱、文山、西双版纳），重庆，浙江，安徽，福建，台湾，广东，湖南，江西；老挝，越南，泰国。

霉斑索天蛾 *Smerinthulus perversa* (Rothschild, 1895)

分布：云南（怒江、保山、临沧、普洱、文山、西双版纳），重庆，湖南，福建，广东，海南；印度，老挝，缅甸，泰国。

维氏索天蛾 *Smerinthulus witti* Brechlin, 2000

分布：云南（昆明、大理、保山），四川，贵州，广西。

目天蛾属 *Smerinthus* Latreille, 1802

蓝目天蛾 *Smerinthus planus* Walker, 1856

分布：云南（昆明、昭通、曲靖、迪庆），西藏，贵州，四川，黑龙江，辽宁，吉林，新疆，内蒙古，北京，河北，山西，江苏，浙江，上海，湖北；蒙古国，朝鲜半岛，日本，俄罗斯。

昼天蛾属 *Sphecodina* Blanchard, 1840

葡萄昼天蛾 *Sphecodina caudata* (Bremer & Grey, 1852)

分布：云南（迪庆），四川，重庆，贵州，北京，山东，河南，陕西，湖北，安徽，浙江，江西，湖南，福建，广东；俄罗斯，朝鲜半岛。

红节天蛾属 *Sphinx* (Butler, 1877)

松红节天蛾中华亚种 *Sphinx caligineus sinicus* (Rothschild & Jordan, 1903)

分布：云南（丽江），黑龙江，河北，江苏；日本，俄罗斯。

斜纹天蛾属 *Theretra* Hübner, 1819

后红斜纹天蛾 *Theretra alecto* (Linnaeus, 1758)

分布：云南（昆明、红河、德宏、普洱、文山），西藏，四川，贵州，广东，广西，香港，台湾，海南；印度半岛，中南半岛，印度尼西亚，菲律宾，中东，中亚，欧洲。

黑星斜纹天蛾 *Theretra boisduvalii* (Bugnion, 1839)

分布：云南（保山、德宏、普洱、红河、文山、西双版纳），西藏，贵州，广西，广东，台湾，海南；伊朗，斯里兰卡，印度，尼泊尔，中南半岛，印度尼西亚。

斜纹天蛾 *Theretra clotho* (Drury, 1773)

分布：云南（德宏、怒江、普洱、红河、文山、西双版纳），广西，广东，香港，海南；斯里兰卡，印度，尼泊尔，不丹，中南半岛，印度尼西亚。

雀纹天蛾 *Theretra japonica* (Boisduval, 1869)

分布：云南（昆明、丽江、迪庆、德宏、昭通、曲靖、文山、大理），除新疆和宁夏外全国其他大部分地区有分布；俄罗斯，日本，朝鲜半岛。

浙江土色斜纹天蛾 *Theretra latreillii lucasii* (Walker, 1856)

分布：云南（德宏）。

土色斜纹天蛾 *Theretra lucasii* (Walker, 1856)

分布：云南（保山、德宏、普洱、文山、红河、西双版纳），四川，贵州，湖北，安徽，江苏，上海，浙江，江西，湖南，广西，福建，广东，香港，台湾，海南；印度半岛，中南半岛，印度尼西亚，菲律宾。

青背斜纹天蛾 *Theretra nessus* (Drury, 1773)

分布：云南（昆明、丽江、迪庆、怒江、德宏、普洱、西双版纳、红河、文山），西藏，贵州，四川，湖北，浙江，福建，广东，香港，台湾，广西，海南，湖南，江西；日本，韩国，印度半岛，中南半岛，印度尼西亚，巴布亚新几内亚，澳大利亚，所罗门群岛。

芋双线天蛾 *Theretra oldenlandiae* (Fabricius, 1775)

分布：云南（玉溪、丽江、迪庆、德宏、普洱、西双版纳、文山、红河、怒江、保山），除新疆、宁夏、内蒙古、青海和甘肃外全国其他大部分地区有分布；俄罗斯，日本，韩国，阿富汗，印度半岛，中南半岛，印度尼西亚，菲律宾，澳大利亚，巴布亚新几内亚，所罗门群岛。

赭斜纹天蛾 *Theretra pallicosta* (Walker, 1856)

分布：云南（保山、怒江、德宏、普洱、红河、文山、西双版纳），广西，广东，香港，海南；印度半岛，中南半岛，印度尼西亚。

条斜纹天蛾 *Theretra silhetensis* (Walker, 1856)

分布：云南（德宏、红河、西双版纳），四川，贵州，湖北，安徽，江苏，浙江，江西，湖南，广西，福建，广东，香港，台湾，海南；日本，印度半岛，中南半岛，印度尼西亚。

白眉斜纹天蛾 *Theretra suffusa* (Walker, 1856)

分布：云南（德宏、红河、文山、西双版纳），四川，贵州，广东，广西，香港，台湾，海南；日本，印度，尼泊尔，泰国，老挝，越南，马来西亚，印度尼西亚。

苏门答腊斜纹天蛾 *Theretra sumatrensis* (Joicey & Kaye, 1917)

分布：云南（保山、德宏、文山、西双版纳）；巴基斯坦，印度，尼泊尔，不丹，中南半岛，印度尼西亚。

西藏斜纹天蛾 *Theretra tibetiana* Vaglia & Haxaire, 2010

分布：云南（昆明、昭通、曲靖），西藏，贵州，四川，安徽，上海，浙江，江西，湖南，广西，福建，台湾，广东，香港，海南；韩国，日本，不丹，缅甸，越南，老挝，泰国。

参 考 文 献

巴桑, 登增多杰, 文祥兵, 等. 2020. 西藏自治区蚤目分类与区系研究Ⅱ. 新蚤属 3 物种在西藏自治区首次发现. 中国媒介生物学及控制杂志, 31(3): 335-339.

白海艳, 李后魂. 2011. 细蛾科中国三新纪录属及四新纪录种记述(昆虫纲: 鳞翅目). 动物分类学报, 36(2): 477-481.

白九维. 1992. 中国斑卷蛾属研究及新种记述(鳞翅目: 卷蛾科). 昆虫学报, 25(3): 339-343, 392.

白兴荣, 柴建萍, 唐芬芬, 等. 2016. 采自云南省的一种野生绢丝昆虫的分子鉴定与茧质性状调查. 蚕业科学, 42(6): 1004-1010.

鲍荣. 2004. 中国棘蚁蛉族和蚁蛉族的分类学研究(脉翅目: 蚁蛉科). 北京: 中国农业大学硕士学位论文.

鲍荣, 王心丽. 2004. 中国棘蚁蛉族分类研究(脉翅目, 蚁蛉科). 动物分类学报, 29(3): 509-515.

蔡邦华, 侯陶谦. 1976. 中国松毛虫属及其近缘属的修订(枯叶蛾科). 昆虫学报, 19(4): 443-454, 475-481.

蔡邦华, 侯陶谦. 1980. 中国枯叶蛾科的新种. 昆虫分类学报, 2(4): 257-266.

蔡邦华, 侯陶谦. 1983. 杂毛虫属(Cyclophragma)三新种记述(鳞翅目: 枯叶蛾科). 动物分类学报, 8(3): 293-296.

蔡邦华, 刘友樵. 1962. 中国松毛虫属(Dendrolimus Germar: Lasiocampidae)的研究及新种记述. 昆虫学报, 11(3): 237-258.

蔡荣权. 1979a. 中国经济昆虫志. 第十六册, 鳞翅目, 舟蛾科. 北京: 科学出版社.

蔡荣权. 1979b. 中国舟蛾科的新属新种. 昆虫学报, 22(4): 462-467, 486.

曹文聪. 1987. 云南灯蛾科及拟灯蛾科名录. 西南林学院学报, 7(1): 63-67.

常文程. 2015. 齿蛉亚科分子系统学研究. 北京: 中国农业大学博士学位论文.

陈恩勇, 拉姆次仁, 潘朝晖. 2022. 夜蛾科 4 种西藏新记录种记述(鳞翅目). 西藏科技, (4): 3-5, 11.

陈恩勇, 潘朝晖. 2022. 夜蛾科 1 西藏新纪录属和 7 种西藏新记录种记述(鳞翅目). 高原农业, 6(2): 143-151.

陈恩勇, 潘朝晖, 鲜春兰. 2021. 夜蛾科 5 种西藏新纪录种记述(鳞翅目). 高原农业, 5(5): 460-464, 484.

陈杰, 欧晓红. 2008. 中国天蛾科二新记录种. 昆虫分类学报, 30(1): 39-40.

陈静. 2014. 蚊蝎蛉科昆虫分类和系统发育分析(昆虫纲: 长翅目). 杨凌: 西北农林科技大学博士学位论文.

陈凯, 张丹丹. 2017. 拟尖须野螟属 Pseudopagyda Slamka, 2013 修订(鳞翅目: 草螟科: 野螟亚科)及雌性的首次记录. 环境昆虫学报, 39(3): 580-587.

陈明勇. 2001. 云南省西双版纳州蝴蝶资源调查报告. 吉林农业大学学报, 23(3): 50-57.

陈明勇, 李正玲, 王爱梅, 等. 2012. 西双版纳蝶类多样性. 昆明: 云南美术出版社.

陈娜. 2013. 中国薄翅野螟亚科和齿螟亚科分类学初步研究(鳞翅目: 草螟科). 天津: 南开大学硕士学位论文.

陈娜, 王淑霞. 2013. 额突齿螟属中国新纪录属和三新纪录种记述(鳞翅目, 草螟科, 齿螟亚科). 动物分类学报, 38(3): 661-666.

陈铁梅, 宋士美, 袁德成. 2002a. 中国草螟亚科带草螟属、丽草螟属和双带草螟属的研究及带草螟属二新种记述(鳞翅目: 螟蛾科: 草螟亚科). 昆虫学报, 45(3): 365-370.

陈铁梅, 宋士美, 袁德成. 2002b. 中国细草螟属 Roxita 的研究及二新种记述(鳞翅目: 螟蛾科: 草螟亚科). 昆虫学报, 45(1): 109-114.

陈铁梅, 宋士美, 袁德成, 等. 2002c. 白条草螟属中国种类分类研究(鳞翅目: 螟蛾科: 草螟亚科). 动物分类学报, 27(3): 572-575.

陈铁梅, 宋士美, 袁德成. 2003. 中国草螟亚科两新种(鳞翅目: 螟蛾科: 草螟亚科). 动物分类学报, 28(3): 521-524.

陈小华. 2008. 中国金翅夜蛾亚科分类研究(鳞翅目: 夜蛾科). 杨凌: 西北农林科技大学博士学位论文.

陈小钰. 1984. 中国钩蛾二种新纪录. 动物分类学报, 9(2): 221.

陈一心. 1985. 中国经济昆虫志, 第三十二册, 鳞翅目, 夜蛾科(四). 北京: 科学出版社.

陈一心. 1993. 朽木夜蛾属一新种(鳞翅目: 夜蛾科). 昆虫学报, 36(1): 88-89.

陈一心, 中国科学院中国动物志编辑委员会. 1999. 中国动物志, 昆虫纲. 第十六卷, 鳞翅目, 夜蛾科. 北京: 科学出版社.

崔乐, 张春田, 林盛, 等. 2014. 中国片尺蛾属分类订正并记三新纪录种(鳞翅目: 尺蛾科: 灰尺蛾亚科). 昆虫分类学报, 36(2): 105-118.

登增多杰, 文祥兵, 巴桑, 等. 2020. 西藏自治区蚤目分类与区系研究Ⅲ. 支英继新蚤雌性的记述(蚤目: 栉眼蚤科). 中国媒介生物学及控制杂志, 31(5): 593-595.

邓嘉祺, 娄康, 李后魂. 2020. 中国金鞘蛾属 Goniodoma Zeller 研究(鳞翅目: 鞘蛾科). 昆虫分类学报, 42(4): 258-264.

邓敏. 2022. 中国桦蛾科(鳞翅目: 蚕蛾总科)系统分类研究. 长沙: 湖南农业大学硕士学位论文.

董大志, 大卫·卡凡诺, 李恒. 2002. 云南怒江峡谷的蝴蝶资源. 西南农业大学学报, 24(4): 289-292.

董抗震, 崔俊芝, 杨星科. 2004. 中国叉草蛉属三新种记述(脉翅目: 草蛉科). 动物分类学报, 29(1): 135-138.

董抗震, 杨星科, 杨集昆. 2003. 中国边草蛉属研究(脉翅目: 草蛉科). 动物分类学报, 28(2): 291-294.

董万庆, 尹艳琼, 郑丽萍, 等. 2022. 滇西菜区小菜蛾发生规律及抗药性监测. 环境昆虫学报, 44(3): 722-728.

杜艳丽, 李后魂, 王淑霞. 2001. ASTUD 中国夜斑螟属 Nyctegretis Zeller 的研究(鳞翅目: 螟蛾科: 斑螟亚科). 南开大学学报
(自然科学版), 34(4): 98-102.

杜艳丽, 李后魂, 王淑霞. 2002. 中国蛀果斑螟属分类研究(鳞翅目: 螟蛾科: 斑螟亚科). 动物分类学报, 27(1): 8-19.

段艳, 徐正会, 张桥蓉. 2007. 思茅松害虫研究. 西南林学院学报, 27(3): 52-57.

段兆尧. 2014. 中国西南地区髯须夜蛾属三新记录种的记述(鳞翅目:夜蛾科). 林业科技情报, 46(1): 7-9.

范仁俊, 杨星科. 1995. 中国的草蛉及其地理分布(脉翅目: 草蛉科). 昆虫分类学报, 17(S1): 39-57.

范喜梅, 王淑霞. 2007. 中国异宽蛾属四新种与二新记录种(鳞翅目: 小潜蛾科: 宽蛾亚科). 昆虫分类学报, 29(3): 215-222.

方承莱. 1983. 中国粉灯蛾属一新种(鳞翅目: 灯蛾科). 昆虫学报, 26(2): 216-217.

方承莱. 1985. 中国经济昆虫志. 第三十三册, 鳞翅目, 灯蛾科. 北京: 科学出版社.

方承莱. 1991a. 苔蛾亚科一新属五新种(鳞翅目: 灯蛾科). 昆虫学报, 34(3): 356-361.

方承莱. 1991b. 中国滴苔蛾属的研究(鳞翅目: 灯蛾科: 苔蛾亚科). 昆虫学报, 34(4): 470-471.

方承莱. 2000. 中国动物志, 昆虫纲. 第十九卷, 鳞翅目, 灯蛾科. 北京: 科学出版社.

方承莱, 曹文聪. 1984. 云南灯蛾科新种. 昆虫分类学报, 6(S1): 175-177.

丰卫星. 2019. 中国维小卷蛾亚族系统分类研究(昆虫纲: 鳞翅目: 卷蛾科). 西安: 西北大学硕士学位论文.

付罡. 2022. 中国西南地区尾夜蛾亚科(鳞翅目: 尾夜蛾科)分类研究. 哈尔滨: 黑龙江大学硕士学位论文.

付罡, 张李香, 韩辉林. 2022. 中国尾夜蛾亚科(鳞翅目: 尾夜蛾科) 5 新记录种和中国内陆 1 新记录种记述. 东北林业大学学
报, 50(8): 125-128.

付强, 花保祯. 2009. 中国云南蝎蛉属 Panorpa 一新种(长翅目: 蝎蛉科). 昆虫分类学报, 31(3): 201-205.

高超. 2015. 单角蝎蛉属昆虫分类与系统发育分析(长翅目: 蝎蛉科). 杨凌: 西北农林科技大学硕士学位论文.

高强, 张丹丹, 王淑霞. 2013. 中国细突野螟属分类学研究及三新种描述(鳞翅目: 野螟亚科)（英文). 动物分类学报, 38(2):
311-316.

葛思勋, 蒋卓衡, 赵帅. 2020. 中国天蚕蛾科 2 新记录种记述(鳞翅目: 天蚕蛾科). 四川动物, 39(6): 676-678.

龚正达, 冯锡光. 2004. 云南古蚤雄性的记述及雌性的形态补充. 昆虫分类学报, 26(2): 121-122.

龚正达, 李四全. 2020. 滇西北罗氏蚤属一新种及其属征的修订(蚤目: 角叶蚤科). 寄生虫与医学昆虫学报, 27(1): 52-56.

龚正达, 李章鸿, 申文龙. 2000. 方形茸足蚤雌性的记述及其雄性形态的补充(蚤目: 细蚤科). 动物分类学报, 25(2): 236-237.

龚正达, 吴厚永. 2004. 中国古蚤属分类研究(蚤目: 栉眼蚤科). 动物分类学报, 29(4): 809-819.

龚正达, 许翔, 李春富, 等. 2021. 西藏自治区蚤目分类与区系研究Ⅳ. 中国藏东南栉眼蚤科二新种记述(蚤目: 栉眼蚤科). 中
国媒介生物学及控制杂志, 32(1): 85-88.

龚正达, 张丽云. 2003. 云南横断山区蚤类的组成、分布及其与疾病关系. 医学动物防制, 19(2): 65-74.

龚正达, 张丽云, 段兴德, 等. 2007. 中国"三江并流"纵谷地蚤类丰富度与区系沿纬度梯度的水平分布格局. 生物多样性,
15(1): 61-69.

古丽扎尔·阿不都克力木, 张秀英, 苏比奴尔·艾力, 等. 2022. 中国鳞翅目新物种 2021 年年度报告. 生物多样性, 30(8): 37-45.

关玮. 2015. 中国新纪录铜展足蛾属 Cuprina Sinev 一新种记述(鳞翅目: 展足蛾科). 天津师范大学学报(自然科学版), 35(3):
38-40.

桂富荣, 杨莲芳. 2000a. 云南毛翅目昆虫区系研究. 昆虫分类学报, 22(3): 213-222.

桂富荣, 杨莲芳. 2000b. 中国弓石蛾科四新种和两新纪录种(昆虫纲: 毛翅目). 动物分类学报, 25(4): 419-425.

郭文华. 2018. 山西省东南部灯蛾科昆虫分类及其触角感受器的研究. 太原: 山西师范大学硕士学位论文.

郭宪国, 龚正达, 钱体军, 等. 2000. 中国云南人间鼠疫流行区印鼠客蚤在其主要宿主黄胸鼠体表的空间分布格局研究. 中国
昆虫科学, 7(1): 47-52.

郭小江. 2022. 中国小花尺蛾属 Eupithecia DNA 分类和系统发育研究. 保定: 河北大学硕士学位论文.

韩红香, 薛大勇. 2002. 中国波翅尺蛾属分类研究(鳞翅目: 尺蛾科: 尺蛾亚科). 动物分类学报, 27(4): 784-789.

韩红香, 薛大勇. 2011. 中国动物志. 昆虫纲. 第五十四卷. 鳞翅目, 尺蛾科, 尺蛾亚科. 北京: 科学出版社.

韩红香, 姜楠, 薛大勇, 等. 2019. 中国生物物种名录, 第二卷 动物 昆虫(VIII), 鳞翅目, 尺蛾科(尺蛾亚科). 北京: 科学
出版社.

韩红香, 薛大勇, 李红梅. 2003. 中国始青尺蛾属研究及四新种记述(鳞翅目: 尺蛾科: 尺蛾亚科). 昆虫学报, 46(5): 629-639.

韩辉林. 2008. 中国异皮夜蛾属一新种记述(鳞翅目: 夜蛾科: 瘤蛾亚科). 昆虫分类学报, 30(3): 169-172.

韩辉林. 2014. 中国钩波纹蛾亚科 4 新记录种记述(鳞翅目: 波纹蛾科). 东北林业大学学报, 42(11): 161-165.

韩辉林. 2016. 西藏自治区夜蛾科 6 新记录种记述(鳞翅目). 延边大学农学学报, 38(1): 51-56.

韩辉林. 2018. 中国苔蛾族(鳞翅目: 目夜蛾科: 灯蛾亚科) 4 新记录种和 1 大陆新记录种记述. 延边大学农学学报, 40(3): 70-76.

韩雨珂, 黄思遥, 范骁凌. 2019. 中国纹尺蛾属一新纪录种(鳞翅目: 尺蛾科). 环境昆虫学报, 41(1): 226-228.

郝蕙玲, 张秀荣. 1999. 中国突颚水螟蛾属和宽颚水螟蛾属的分类研究. 沈阳农业大学学报, 30(4): 420-422.

郝淑莲. 2008. 中国羽蛾科新纪录种记述(鳞翅目: 羽蛾科). 四川动物, 27(5): 815-817.

郝淑莲, 李后魂. 2004. 中国鹰羽蛾属 *Gypsochares* 分类研究及两新种记述(鳞翅目: 羽蛾科: 羽蛾亚科). 昆虫分类学报, 26(1): 41-46.

郝淑莲, 李后魂, 武春生. 2005. 小羽蛾属 *Fuscoptilia* 研究(鳞翅目: 羽蛾科). 昆虫分类学报, 27(1): 43-49.

何玉莹. 2018. 新疆裳夜蛾科(Erebidae)分类学研究. 石河子: 石河子大学硕士学位论文.

和桂青. 2014. 西南地区斑野螟亚科的区系研究(鳞翅目: 螟蛾总科: 草螟科). 重庆: 西南大学硕士学位论文.

和秋菊, 易传辉, 王珊, 等. 2008. 昆明市区蝴蝶群落多样性研究. 西北林学院学报, 23(3): 147-150.

和秋菊, 易传辉, 曾全, 等. 2022. 滇东南常见蝴蝶. 昆明: 云南科技出版社.

侯陶谦. 1980. 中国的天幕毛虫(鳞翅目: 枯叶蛾科). 昆虫学报, 23(3): 308-313, 352.

侯陶谦. 1984. 云南枯叶蛾科二新种. 昆虫分类学报, 6(S1): 179-181.

侯陶谦. 1986. 中国松毛虫属及其近缘属的新种(鳞翅目: 枯叶蛾科). 昆虫分类学报, 8(S1): 75-80.

侯陶谦, 王用贤. 1992. 云南枯叶蛾科三新种. 昆虫分类学报, 14(4): 272-276.

胡桂林. 2019. 蝎蛉总科分子系统发育和生物地理暨双角蝎蛉属整合分类学研究(长翅目). 杨凌: 西北农林科技大学博士学位论文.

胡劭骥, 张鑫. 2010. 云南省蝴蝶新记录种及订正种 II. 四川动物, 29(5): 574-577.

胡燕利. 2019. 中国浙江毛翅目幼虫分类研究(昆虫纲: 毛翅目). 南京: 南京农业大学硕士学位论文.

花保祯. 1986a. 中国木蠹蛾科二新纪新种. 昆虫分类学报, 8(3): 178.

花保祯. 1986b. 芳香木蠹蛾中国亚种应提升为种(鳞翅目: 木蠹蛾科). 昆虫分类学报, 8(S1): 43-44.

花保祯, 周尧, 方德齐, 等. 1990. 中国木蠹蛾志(鳞翅目: 木蠹蛾科). 杨凌: 天则出版社.

黄国华, 王星. 2004. 中国茶蚕蛾属 *Andraca* Walker, 1865 记述. 昆虫分类学报, 26(1): 47-48.

黄灏. 1995. 云南省河口县的蝶类. 青岛教育学院学报, 8(1): 43-52.

纪树钦. 2018. 中国西南地区刺蛾科 Limacodiae 分类研究. 广州: 华南农业大学硕士学位论文.

贾春枫. 2005. 中国虹溪蛉属、离溪蛉属和异溪蛉属的分类研究(脉翅目: 溪蛉科). 北京: 中国农业大学硕士学位论文.

江珊. 2019. 白钩蛾属分类修订及钩蛾科分子系统发育初探(鳞翅目: 钩蛾总科: 钩蛾科). 保定: 河北大学硕士学位论文.

江珊, 韩红香. 2019. 中国白钩蛾属三角白钩蛾种团名录并记一新种(鳞翅目: 钩蛾科). 昆虫分类学报, 41(2): 81-88.

江秀均, 刘敏, 储一宁, 等. 2010. 红河州野生大蚕蛾科绢丝昆虫资源调查初报. 中国蚕业, (4): 28-31.

姜楠. 2013. 中国雕尺蛾族 Boarmiini 系统分类学研究(鳞翅目: 尺蛾总科: 尺蛾科: 灰尺蛾亚科). 北京: 中国科学院大学博士学位论文.

姜楠, 程瑞, 韩红香. 2018. 中国尺蛾科新纪录属——灰尾尺蛾属及其一新纪录种记述(鳞翅目: 尺蛾科). 昆虫分类学报, 43(3): 163-166.

姜楠, 杨超, 韩红香. 2012. 中国尺蛾科新记录属——泽尺蛾属及其一新记录种记述(鳞翅目: 尺蛾科: 灰尺蛾亚科). 昆虫分类学报, 34(2): 270-274.

蒋卓衡, 葛思勋, 许振邦. 2020. 中国天蛾科 4 新记录种记述(鳞翅目: 天蛾科). 四川动物, 39(4): 424-428.

蒋卓衡, 娄文睿, 张晖宏. 2021. 中国天蛾科 2 新记录种记述(鳞翅目: 天蛾科). 四川动物, 40(4): 438-441.

蒋卓衡, 熊紫春, 甘昊霖. 2022. 中国天蛾科 3 新记录种记述(鳞翅目: 天蛾科). 浙江林业科技, 42(5): 103-106.

匡登辉, 李后魂. 2009. 中国梢斑螟属一新种和三新纪录种(鳞翅目: 螟蛾科: 斑螟亚科). 动物分类学报, 34(1): 42-45.

昆明动植物检疫所. 1989. 云南农业病虫杂草名录. 昆明: 云南科技出版社.

冷科明, 杨莲芳. 2003a. 中国伪突沼石蛾属四新种记述(毛翅目: 沼石蛾科). 动物分类学报, 28(3): 510-515.

冷科明, 杨莲芳. 2003b. 中国伪突沼石蛾属五新种记述(毛翅目: 沼石蛾科). 昆虫分类学报, 25(1): 54-60.

冷科明, 杨莲芳. 2004. 中国沼石蛾科五新种记述(昆虫纲: 毛翅目). 动物分类学报, 29(3): 516-522.

李昌廉. 1989. 滇西鸡足山蝴蝶考察. 西南农业大学学报, 11(1): 77-89.

李昌廉. 1991. 滇西苍山蝶类及其分布. 西南农业大学学报, 13(3): 351-368.

李长春, 刘星月. 2021. 中国星齿蛉属二新种记述(广翅目: 齿蛉科). 昆虫分类学报, 43(4): 256-263.

李朝达, 杨大荣, 沈发荣. 1993. 蝙蛾属一新种(鳞翅目: 蝙蝠蛾科). 昆虫学报, 36(4): 495-496.

李传隆. 1995. 云南蝴蝶. 北京: 中国林业出版社.

李红梅. 2002. 中国草螟亚科若干重要属的分类研究(鳞翅目: 螟蛾总科: 草螟科). 天津: 南开大学硕士学位论文.

李后魂. 2002. 中国麦蛾(一). 天津: 南开大学出版社.

李后魂. 2004a. 弧蛀果蛾属研究及三新种记述(鳞翅目: 粪蛾总科: 蛀果蛾科). 昆虫学报, 47(1): 86-92.

李后魂. 2004b. 鞘蛾属六新种记述(鳞翅目: 鞘蛾科). 动物分类学报, 29(2): 314-323.

李后魂, 王玉荣, 董建臻. 2001. 中国蛀果蛾科分类学整理及新种记述(鳞翅目: 粪蛾总科). 动物分类学报, 26(1): 61-73.

李后魂, 肖云丽. 2009. 中国太宇谷蛾属分类研究(鳞翅目: 谷蛾科). 动物分类学报, 34(2): 224-233.

李后魂, 尤平, 王淑霞. 2003. 中国斑水螟属系统分类研究及二新种记述(鳞翅目: 草螟科: 水螟亚科). 动物分类学报, 28(2): 295-301.

李后魂, 郑乐怡. 1998a. 中国鞘蛾研究(鳞翅目: 鞘蛾科): 线鞘蛾组研究及二新种记述. 南开大学学报(自然科学版), 31(3): 63-67.

李后魂, 郑乐怡. 1998b. 中国鞘蛾研究(鳞翅目: 鞘蛾科): 锤鞘蛾组及二新种记述. 南开大学学报(自然科学版), 31(4): 1-5.

李后魂, 郑乐怡. 1998c. 中国鞘蛾研究(鳞翅目: 鞘蛾科): 绿鞘蛾组研究及一新种记述. 西北农业学报, 7(2): 6-10.

李后魂, 郑乐怡. 1999a. 中国鞘蛾三新种及七新记录种(鳞翅目: 鞘蛾科). 南开大学学报(自然科学版), 32(3): 189-194.

李后魂, 郑乐怡. 1999b. 中国鞘蛾研究(鳞翅目): 爪鞘蛾组研究及二新种记述. 动物分类学报, 24(1): 76-82.

李后魂, 郑乐怡. 1999c. 中国鞘蛾研究(鳞翅目: 鞘蛾科): 脉鞘蛾组研究及三新种记述. 昆虫学报, 42(4): 411-417.

李后魂, 郑乐怡. 2000. 中国鞘蛾研究(鳞翅目: 鞘蛾科): 尖鞘蛾组研究及一新种记述. 昆虫学报, 43(2): 188-192.

李后魂, 郑乐怡. 2002. 中国金鞘蛾属 Goniodoma 一新种记述(鳞翅目: 鞘蛾科). 昆虫学报, 45(S1): 58-60.

李后魂, 郑哲民. 1996. 中国麦蛾三新种记述(鳞翅目: 麦蛾科). 湖北大学学报(自然科学版), 18(3): 294-297.

李后魂, 郑哲民. 1998. 中国大陆的蛮麦蛾属与拟蛮麦蛾属及新种记述(鳞翅目: 麦蛾科). 昆虫分类学报, 20(2): 143-149.

李锦伟, 张丹丹. 2015. 中国长距野螟属二新纪录种(鳞翅目: 草螟科: 野螟亚科). 昆虫分类学报, 37(1): 48-52.

李婧. 2013. 中国木蠹蛾科 14 种昆虫的 DNA 条形码研究. 北京: 北京林业大学硕士学位论文.

李莉霞. 2012. 中国峰斑螟属和拟峰斑螟属分类研究(鳞翅目: 螟蛾科: 斑螟亚科). 天津: 南开大学硕士学位论文.

李莉霞, 李后魂. 2011. 拟峰斑螟属一新种记述(鳞翅目: 螟蛾科: 斑螟亚科). 动物分类学报, 36(3): 792-794.

李梦迪. 2022. 南岭长翅目昆虫分类和区系分析. 杨凌: 西北农林科技大学硕士学位论文.

李明文, 韩辉林. 2013. 长须夜蛾亚科中国 1 新记录种及东北地区 5 新记录种的记述(鳞翅目: 夜蛾科). 东北林业大学学报, 41(7): 163-167.

李宁. 2021. 大卫蝎蛉种团分类厘订和刘氏蝎蛉季节多型现象研究(长翅目: 蝎蛉科). 杨凌: 西北农林科技大学博士学位论文.

李卫春. 2010. 中国苔螟亚科和草螟亚科系统学研究(鳞翅目: 螟蛾总科: 草螟科). 天津: 南开大学博士学位论文.

李卫春. 2012. 中国优苔螟属一新种(鳞翅目: 草螟科: 苔螟亚科). 昆虫分类学报, 34(2): 267-269.

李卫春, 李后魂. 2011. 中国卡拉草螟属研究及一新种和一新纪录种记述(鳞翅目: 草螟科: 草螟亚科). 动物分类学报, 36(3): 586-589.

李艳磊, 杨星科, 王心丽. 2008. 中国意草蛉属二新种(脉翅目: 草蛉科: 草蛉亚科). 动物分类学报, 33(2): 376-379.

李永艳. 2020. 中国新小卷蛾族相关存疑类群系统学研究(昆虫纲: 鳞翅目: 卷蛾科). 西安: 西北大学硕士学位论文.

李佑文, David D. 1988. 中国短脉纹石蛾属四新种(毛翅目: 纹石蛾科). 南京农业大学学报, 11(1): 41-45.

李佑文, 田立新. 1990. 侧枝纹石蛾亚属中国种类记述(毛翅目: 纹石蛾科: 纹石蛾属). 昆虫分类学报, 12(2): 127-138.

梁醒财. 1995. 滇川蝠蛾四新种(鳞翅目: 蝙蝠蛾科). 动物学研究, 16(3): 207-212.

梁醒财, 杨大荣, 沈发荣, 等. 1988. 云南蝠蛾属 Hepialus 四新种(鳞翅目: 蝙蝠蛾科). 动物学研究, 9(4): 419-425.

梁艳萍, 郭正福, 丁冬荪, 等. 2016. 江西首次发现大燕蛾（鳞翅目: 燕蛾科）并江西新纪录记述. 南方林业科学, 44(1): 52-53.

刘桂华, 徐维良. 1991. 云南茶树害虫天敌昆虫名录. 西南林学院学报, 11(1): 96-104.

刘红霞. 2014. 中国斑螟亚科(拟斑螟族、隐斑螟族和斑螟亚族)分类学研究(鳞翅目: 螟蛾科). 天津: 南开大学博士学位论文.

刘家宇. 2012. 中国峰斑螟亚族分类学修订(鳞翅目: 螟蛾科: 斑螟亚科). 天津: 南开大学博士学位论文.

刘家宇, 李后魂. 2010. 中国裸斑螟属分类研究(鳞翅目: 螟蛾科: 斑螟亚科). 动物分类学报, 35(3): 619-626.

刘家宇, 李后魂. 2011. 中国斑螟新纪录属: 红斑螟属及一新种记述(鳞翅目: 螟蛾科). 动物分类学报, 36(3): 789-791.

刘家宇, 任应党, 李后魂. 2011. 中国帝斑螟属分类研究(鳞翅目: 螟蛾科). 动物分类学报, 36(3): 783-788.

刘淑蓉. 2014. 中国祝蛾亚科分类学研究(鳞翅目: 祝蛾科). 天津: 南开大学博士学位论文.

刘淑蓉, 任应党, 李后魂. 2010. 中国拟峰斑螟属一新种及棕黄拟峰斑螟变异讨论(鳞翅目: 螟蛾科: 斑螟亚科). 动物分类学报, 35(3): 455-459.

刘童祎, 陈静, 姜立云, 等. 2021. 中国半翅目等 29 目昆虫 2020 年新分类单元. 生物多样性, 29(8): 1050-1057.

刘伟莹, 金元元, 韩辉林. 2022. 中国纳达夜蛾属(鳞翅目: 目夜蛾科: 长须夜蛾亚科)分类学研究. 东北林业大学学报, 50(12): 104-110.

刘星月. 2008. 中国广翅目系统分类研究(昆虫纲: 脉翅总科). 北京: 中国农业大学博士学位论文.

刘友樵. 1980a. 中国草蛾属(鳞翅目: 草蛾科)的种类、分布及数值分类研究. 昆虫分类学报, 2(4): 267-284.

刘友樵. 1980b. 中国小白巢蛾属的研究(鳞翅目: 巢蛾科). 昆虫分类学报, 2(1): 33-40.

刘友樵. 1984. 小白巢蛾属 Thecobathra Meyrick 云南一新种(鳞翅目: 巢蛾科). 动物分类学报, 9(3): 324-325.

刘友樵, 白九维. 1981. 中国梢小卷蛾属研究(鳞翅目: 卷蛾科). 昆虫分类学报, 3(2): 99-102.

刘友樵, 白九维. 1982. 中国齿卷蛾属的研究(鳞翅目: 卷蛾科). 昆虫学报, 25(2): 204-205, 243.

刘友樵, 白九维. 1984. 云南梢小卷蛾属二新种(鳞翅目: 卷蛾科). 昆虫分类学报, 6(Z1): 155-158.

刘友樵, 白九维. 1987. 中国弧翅卷蛾属研究及新种记述(鳞翅目: 卷蛾科). 昆虫学报, 30(3): 313-318, 355-356.

刘友樵, 李广武. 2002. 中国动物志, 昆虫纲. 第二十七卷, 鳞翅目, 卷蛾科. 北京: 科学出版社.

刘友樵, Van Nieukerken J V. 2001. 我国山毛榉科植物上的 10 种微蛾简介. 中国森林病虫, 2: 3-7.

刘友樵, 武春生. 2006a. 中国动物志, 昆虫纲. 第四十七卷, 鳞翅目, 枯叶蛾科. 北京: 科学出版社.

刘友樵, 武春生. 2006b. 中国动物志, 昆虫纲. 第四十七卷, 鳞翅目, 枯叶蛾科. 北京: 科学出版社.

刘友樵, 徐克学. 1982. 古北区草蛾属的数值分类研究(鳞翅目: 草蛾科). 昆虫分类学报, 4(4): 239-251.

刘元福. 1993. 海南岛尖峰岭林区昆虫区系: 网蛾科. 林业科学研究, 6(3): 282-286.

刘志琦. 1995. 粉蛉亚科中国二新记录属与二新种(脉翅目: 粉蛉科). 昆虫分类学报, 17(S1): 35-38.

刘志琦. 2003. 中国粉蛉科的分类研究及其分类信息系统的研制. 北京: 中国农业大学博士学位论文.

刘志琦, 杨集昆, 沈佐锐. 2003a. 云南省粉蛉两新种记述(脉翅目: 粉蛉科). 昆虫分类学报, 25(2): 143-147.

刘志琦, 杨集昆, 沈佐锐. 2003b. 中国新记录: 囊粉蛉属及一新种记述(脉翅目: 粉蛉科). 昆虫分类学报, 25(3): 197-200.

刘祖莲. 2010. 中国幽尺蛾属 Gnophos 及邻近属的分类学研究. 荆州: 长江大学硕士学位论文.

卢盛贤, 李学武, 马军, 等. 2005. 滇东南文山地区蝴蝶多样性及其保护对策, 文山师范高等专科学校学报, 18(1): 29-31.

卢秀梅. 2015. 中国捻翅目系统分类研究. 北京: 中国农业大学硕士学位论文.

芦慧芬. 2013. 中国鹿蛾类的系统分类学研究. 北京: 中国科学院大学硕士学位论文.

陆近仁, 管致和. 1953a. 中国螟蛾科昆虫名录 胡氏"中国昆虫目录"补遗 部分一. 草螟、禾螟、拟卷螟、卷螟、聚螟、歧角螟及螟蛾亚科. 昆虫学报, 3(1): 91-118.

陆近仁, 管致和. 1953b. 中国螟蛾科昆虫名录 胡氏"中国昆虫目录"补遗 部分二. 水螟、苔螟及拟螟亚科. 昆虫学报, 3(4): 203-244.

陆思含. 2017. 中国新纪录属——迪小卷蛾属 Dierlia Diakonoff(鳞翅目: 卷蛾科). 昆虫分类学报, 39(1): 58-61.

逯小强. 2020. 中国阔斑野螟属及其两相似属的分类研究(鳞翅目: 草螟科: 斑野螟亚科). 重庆: 西南大学硕士学位论文.

马兵成, 巴桑, 登增多杰, 等. 2020. 西藏自治区蚤目分类与区系研究Ⅰ. 西藏自治区蚤类区系与分布的现状. 中国媒介生物学及控制杂志, 31(1): 66-74.

马晓静. 2010. 河南螟蛾总科昆虫的分类、区系及分布地理研究. 郑州: 郑州大学硕士学位论文.

毛本勇, 杨自忠. 2000. 云南蝶类新纪录. 四川动物, 19(1): 24.

毛本勇, 杨自忠, 白雪梅, 等. 2009. 苍山洱海国家级自然保护区蝴蝶及其分布格局. 大理学院学报, 8(8): 49-58.

孟绪武. 1991. 绒绿天蛾属一新种(鳞翅目: 天蛾科). 昆虫分类学报, 13(2): 83-85.

缪志鹏, Mamoru O, 王敏. 2021. 中国奥胸须夜蛾属 Oxaenanus Swinhoe 研究并记一新种(鳞翅目: 裳蛾科: 长须夜蛾亚科). 昆虫分类学报, 43(1): 7-12.

潘朝晖, 陈刘生. 2020. 舟蛾科新纪录种记述(鳞翅目). 东北林业大学学报, 48(11): 124-125.

潘晓丹, 韩红香. 2018. 中国长喙天蛾属一新种及一新纪录种记述(鳞翅目: 天蛾科). 昆虫分类学报, 40(1): 14-22.

浦冠勤, 毛建萍, 薛贵收, 等. 2008. 中国桑树害虫名录(V). 蚕业科学, 34(3): 510-517.

戚慕杰, 孙浩, 左兴海, 等. 2021. 中国鳞翅目新物种2020 年度报告. 生物多样性, 29(8): 1035-1039.

漆一鸣, 胡晓玲. 1998. 方叶栉眼蚤幼虫的形态. 中国昆虫科学, 5(2): 143-148.

齐婉丁, 李后魂. 2018. 腹刺野螟属 Anamalaia 在中国的首次报道及二新种记述(鳞翅目: 草螟科). 昆虫分类学报, 40(2): 140-147.

钱石生, 梁尚兴, 陈有祥, 等. 2008. 褐顶毒蛾生物学特性及综合防治. 昆虫知识, 45(2): 290-293.

钱周兴, 周文豹. 2001. 云南长翅目 3 新种(长翅目: 蝎蛉科). 浙江林学院学报, 18(3): 297-300.

邱建生. 2015. 中国西南山茶属植物传粉昆虫研究. 北京: 中国林业科学研究院博士学位论文.

邱爽. 2018. 大别山脉地区毛翅目昆虫分类学与区系研究. 武汉: 华中科技大学博士学位论文.

任应党, 李后魂. 2007. 中国螟蛾科一新纪录属及一新种记述(鳞翅目: 螟蛾科: 斑螟亚科). 动物分类学报, 32(3): 568-570.

荣华. 2020. 中国云南省网丛螟属一新纪录种. 现代园艺, (7): 18-19.

荣华, 李后魂. 2017. 中国新纪录属——伪丛螟属 Pseudocera Walker 及二新种记述(鳞翅目: 螟蛾科: 丛螟亚科). 昆虫分类学报, 39(4): 269-277.

单林娜, 杨莲芳. 2005. 傅氏鳞石蛾和弓突鳞石蛾幼虫记述(毛翅目: 鳞石蛾科). 南京农业大学学报, 28(1): 44-47.

单林娜, 杨莲芳. 2006. 莫氏斑胸鳞石蛾和长叉瘤石蛾幼虫记述(毛翅目: 鳞石蛾科和瘤石蛾科). 南京农业大学学报, 29(3): 142-145.

邵天玉. 2011. 中国西南地区瘤蛾族(鳞翅目: 夜蛾科: 瘤蛾亚科)分类学研究. 哈尔滨: 东北林业大学博士学位论文.

邵天玉, 刘兴龙, 刘春来, 等. 2013. 中国瘤蛾属(鳞翅目: 瘤蛾科)四新纪录种记述. 动物分类学报, 38(2): 450-453.

沈发荣, 周又生. 1997. 蝙蛾属二新种(鳞翅目: 蝙蝠蛾科). 昆虫学报, 40(2): 198-201.

沈载芸, 曹成全, 王向积, 等. 2021. 2 种斑鱼蛉(广翅目: 齿蛉科: 鱼蛉亚科)幼虫和蛹的分类鉴定及形态描述. 四川动物, 40(5): 532-542.

司徒英贤, 郑毓达. 1982. 西双版纳的吸果夜蛾种类调查及防治意见. 云南热作科技, (1): 37-46.

宋士美, 汪家社, 吴焰玉. 2002. 切翅草螟属的研究(Prionapteron Bleszynski)的研究. 中国昆虫科学, 9(2): 69-72.

宋士美, 武春生, 杨再豪. 2007. 果螟属在中国首次记录及二新种记述(鳞翅目: 螟蛾科). 动物分类学报, 32(1): 85-89.

孙长海. 1997. 毛翅目昆虫六新种记述(昆虫纲: 长翅总目). 昆虫分类学报, (4): 289-296.

孙长海. 2007a. 等翅石蛾科(昆虫纲: 毛翅目)两新种记述. 南京农业大学学报, 30(4): 71-73.

孙长海. 2007b. 梳等翅石蛾属二新种记述(毛翅目: 等翅石蛾科). 昆虫分类学报, 29(1): 51-55.

孙长海. 2012. 中国纹石蛾科昆虫系统分类研究(昆虫纲: 毛翅目). 南京: 南京农业大学博士学位论文.

孙长海, 桂富荣, 杨莲芳. 2001. 云南等翅石蛾科五新种记述(毛翅目). 昆虫分类学报, 23(3): 193-200.

孙长海, 杨莲芳. 1999. 中国原石蛾属五新种(毛翅目: 原石蛾科). 昆虫分类学报, 21(1): 39-46.

孙长海, 杨莲芳. 2012. 中国弓石蛾属两新种记述(毛翅目: 纹石蛾科: 弓石蛾亚科). 动物分类学报, 37(4): 781-784.

孙长海, 杨莲芳, John C. Morse. 2009. 中国弓石蛾亚科新纪录属及新种记述(毛翅目: 纹石蛾科). 动物分类学报, 34(4): 912-916.

孙浩. 2007. 河南省舟蛾科昆虫的物种多样性及分布格局的研究(鳞翅目: 夜蛾总科). 郑州: 郑州大学硕士学位论文.

孙明霞, 王心丽. 2006. 蝶角蛉科(脉翅目: 蚁蛉总科)中国一新纪录属记述. 动物分类学报, 31(2): 403-407.

索启恒. 1982. 松毛虫属在云南的地理分布. 云南林业科技, (2): 84-88, 95.

田立新. 1981. 长角蚖属一新种——黄氏长角蚖(毛翅目: 长角蚖科). 南京农学院学报, (4): 52-53.

田立新. 1985. 角石蛾属两新种(毛翅目: 角石蛾科). 南京农业大学学报, (1): 23-25.

田立新. 1988. 中国的角石蛾属昆虫(毛翅目: 角石蛾科). 昆虫学报, 31(2): 194-202.

田立新, 李佑文. 1986. 中国横断山地区毛翅目四新种. 南京农业大学学报, (2): 50-54.

田立新, 李佑文. 1993. 伪突沼石蛾属二新种记述(毛翅目: 沼石蛾科). 昆虫分类学报, 15(3): 189-191.

田立新, 杨莲芳, 李佑文, 等. 1996. 中国经济昆虫志, 第四十九册, 毛翅目(一): 小石蛾科, 角石蛾科, 纹石蛾科, 长角石蛾科. 北京: 科学出版社.

田立新, 郑建中. 1989. 角石蛾属二新种记述(毛翅目: 角石蛾科). 南京农业大学学报, 12(1): 50-52.

田燕林, 刘志琦. 2011. 中国丛褐蛉属一新种(脉翅目: 褐蛉科). 动物分类学报, 36(3): 772-775.

涂永勤, 马开森, 张德利. 2009. 蝙蛾属 Hepialus 一新种记述(鳞翅目: 蝙蝠蛾科). 昆虫分类学报, 31(2): 123-126.

万霞. 2003. 中国树蚁蛉族的分类学研究(脉翅目: 蚁蛉科). 北京: 中国农业大学硕士学位论文.

万霞, 杨星科, 王心丽. 2004. 中国树蚁蛉属分类研究(脉翅目: 蚁蛉科). 动物分类学报, 29(3): 497-508.

汪玉平, 肖云丽, 程水源. 2013. 中国板栗小蛾类害虫名录(昆虫纲: 鳞翅目). 黄冈师范学院学报, 33(6): 32-39.

王爱芹, 王志良, 王心丽. 2012. 中国平肘蚁蛉属记述(脉翅目: 蚁蛉科). 动物分类学报, 37(3): 671-675.

王保海, 王宗华, 何潭, 等. 1987. 西藏昆虫蛾类名录(三). 西藏农业科技, (1): 32-51.

王保海, 张亚玲, 牛磊, 等. 2015. 青藏高原蝙蛾科 Hepialidae 调查与区系成分分析. 西藏科技, 267(6): 14-19.

王吉申. 2020. 世界蝎蛉科系统发育和分类研究. 杨凌: 西北农林科技大学博士学位论文.

王吉申, 花保祯. 2018. 中国长翅目昆虫原色图鉴. 郑州: 河南科学技术出版社.

王晶晶. 2012. 中国草蛾属系统学研究(鳞翅目: 小潜蛾科: 草蛾亚科). 天津: 南开大学硕士学位论文.

王莉萍, 王用贤. 1993. 云南省舟蛾科昆虫种类及区系分析(鳞翅目). 西南林学院学报, 13(3): 182-189.

王萌. 2018. 中国新蝎蛉属系统发育分析和喜马拉雅-横断山脉区系研究(长翅目: 蝎蛉科). 杨凌: 西北农林科技大学博士学位论文.

王敏, 范骁凌. 2002. 中国灰蝶志. 郑州: 河南科学技术出版社.

王敏, 周尧. 1997. 中国灰蝶科一新记录属三新记录种. 昆虫分类学报, 19(3): 216.

王明强. 2016. 中国丛螟亚科系统分类学研究(鳞翅目: 螟蛾科). 北京: 中国科学院大学硕士学位论文.

王鹏. 2010. 东北地区苔蛾亚科分类学研究(鳞翅目: 灯蛾科). 哈尔滨: 东北林业大学硕士学位论文.

王鹏, 李成德, 韩辉林. 2009. 贵州省灯蛾亚科二新记录种记述(鳞翅目: 灯蛾科). 贵州师范大学学报(自然科学版), 27(4): 12-14. 王平远, 宋士美. 1979. 边螟属一新种及本属一览(鳞翅目: 螟蛾科). 昆虫学报, 22(2): 180-183.

王平远, 宋士美. 1981. 中国巢草螟属新种与新纪录及古北区系种团的探讨(鳞翅目: 螟蛾科). 昆虫学报, 24(2): 196-202.

王平远, 宋士美. 1982. 中国稻巢螟的种类订正与分布(鳞翅目: 螟蛾科). 昆虫学报, 25(1): 76-84.

王平远, 宋士美. 1985. 中国赤松螟种团的种类订正(鳞翅目: 螟蛾科: 斑螟亚科). 昆虫学报, 28(3): 302-313, 358.

王青云, 李后魂. 2019. 绢祝蛾属 Scythropiodes Matsumura 七新种记述(鳞翅目: 祝蛾科). 昆虫分类学报, 41(2): 124-137.

王淑霞. 2004. 中国列蛾属系统分类研究及二十三新种记述(鳞翅目: 列蛾科). 动物分类学报, 29(1): 38-62.

王淑霞, 李后魂. 2002a. 中国带织蛾属四新种和二新纪录种(鳞翅目: 织蛾科). 动物分类学报, 27(3): 565-571.

王淑霞, 李后魂. 2002b. 中国宽蛾属分类学研究(鳞翅目: 宽蛾科). 南开大学学报(自然科学版), 35(3): 93-100.

王淑霞, 李后魂. 2003. 中国斑织蛾属分类学研究及四新种记述(鳞翅目: 织蛾科). 昆虫学报, 46(1): 68-75.

王淑霞, 李后魂, 刘友樵. 2001. 中国带织蛾属九新种和二新纪录种(鳞翅目: 织蛾科). 动物分类学报, 26(3): 266-277.

王淑霞, 李后魂, 郑哲民. 2000. 中国锦织蛾属的研究(鳞翅目: 织蛾科): 五新种和二新纪录种记述. 中国昆虫科学, 7(4): 289-298.

王淑霞, 张利. 2009. 中国佳宽蛾属研究及一新种记述(鳞翅目: 小潜蛾科: 宽蛾亚科). 昆虫分类学报, 31(1): 45-49.

王淑霞, 郑哲民. 1997. 中国草蛾属二新种及二新记录种(鳞翅目: 织蛾科). 昆虫分类学报, 19(2): 135-138.

王淑霞, 郑哲民. 1998. 中国锦织蛾属五新种及一新纪录种(鳞翅目: 织蛾科). 动物分类学报, 23(4): 399-405.

王双双. 2004. 中国螟蛾亚科系统学初步研究(鳞翅目: 螟蛾科). 天津: 南开大学硕士学位论文.

王思铭, 陈又清, 李巧, 等. 2010. 蚂蚁光顾云南紫胶虫对其天敌紫胶黑虫种群的影响. 昆虫知识, 47(4): 730-735.

王涛, 王淑霞. 2018. 中国突邻菜蛾属 Digitivalva 分类研究及四新种记述(鳞翅目: 雕蛾科). 昆虫分类学报, 40(1): 62-71.

王伟芹, 马丽丽, Sziráki G, 等. 2007. 中国粉蛉属四种雌虫的分类学研究(脉翅目: 粉蛉科). 昆虫分类学报, 29(1): 19-25.

王心丽, 鲍荣. 2006. 中国巴蝶蛉属分类研究(脉翅目: 蝶蛉科). 动物分类学报, 31(4): 846-850.

王心丽, 詹庆斌, 王爱芹. 2018. 中国动物志, 昆虫纲, 第六十八卷, 脉翅目, 蚁蛉总科. 北京: 科学出版社.

王新谱. 2004. 中国卷蛾亚科系统学研究(鳞翅目: 卷蛾科). 天津: 南开大学博士学位论文.

王新谱, 李后魂. 2005. 中国卷蛾亚科新记录属、种的记述(鳞翅目: 卷蛾科). 宁夏大学学报(自然科学版), 26(2): 157-161.

王颖, 韩辉林, 李成德. 2010. 中国尘尺蛾属 2 新记录种记述(鳞翅目: 尺蛾科). 东北林业大学学报, 38(3): 131-133.

王志良, 王心丽. 2008. 中国树蚁蛉属名录及一新种记述(脉翅目: 蚁蛉科). 动物分类学报, 33(1): 42-45.

王志明, 徐明海, 张健, 等. 2021. 花布灯蛾属 Camptoloma 中文名称变更的建议及花布夜蛾行为特性. 吉林林业科技, 50(2): 20-23.

王子微. 2015. 中国等翅石蛾科分类研究. 南京: 南京农业大学硕士学位论文.

魏福宏. 2019. 中国华南和西南地区裳蛾亚科分类学研究(鳞翅目: 裳蛾科). 广州: 华南农业大学硕士学位论文.

文祥兵, 登增多杰, 巴桑, 等. 2021. 西藏自治区蚤目分类与区系研究Ⅴ. 中突古蚤和多棘古蚤在西藏自治区首次发现(蚤目: 栉眼蚤科). 中国媒介生物学及控制杂志, 32(2): 204-207.

吴厚永. 2007. 中国动物志. 昆虫纲. 蚤目(上、下). 2 版. 北京: 科学出版社.

吴厚永, 格龙, 兰晓辉. 2003. 继新蚤属一新种记述(蚤目: 栉眼蚤科). 寄生虫与医学昆虫学报, 10(4): 243-245.

吴俊. 2023. 中国刺蛾科(鳞翅目: 斑蛾总科)分类学研究. 哈尔滨: 东北林业大学博士学位论文.

吴俊, 赵婷婷, 韩辉林. 2019. 小夜蛾族(鳞翅目: 目夜蛾科) 3 中国新记录种记述. 东北林业大学学报, 47(11): 120-122.

吴俊, 赵婷婷, 韩辉林. 2020. 中国纤翅夜蛾属(目夜蛾科: 菌夜蛾亚科: 纤翅夜蛾族) 2 新记录种记述. 东北林业大学学报, 48(5): 144-147.

吴俊, 赵婷婷, 韩辉林. 2021. 中国刺蛾科一新记录属: 拟线刺蛾属记述(鳞翅目: 刺蛾科). 昆虫分类学报, 43(2): 97-99.

吴志光. 2016. 中国西南边境地区鳞翅目苔蛾二亚族分类研究. 哈尔滨: 东北林业大学硕士学位论文.

武春生. 1994a. 中国匙唇祝蛾属研究与新种记述(鳞翅目: 祝蛾科). 昆虫分类学报, 16(3): 197-200.

武春生. 1994b. 中国俪祝蛾属的记述(鳞翅目: 祝蛾科). 中国昆虫科学, (3): 214-216.

武春生. 1996. 隐翅祝蛾属的订正(鳞翅目: 祝蛾科). 中国昆虫科学, 3(1): 9-13.

武春生. 1997a. 中国动物志. 昆虫纲. 第七卷, 鳞翅目, 祝蛾科. 北京: 科学出版社.

武春生. 1997b. 中国福利祝蛾属研究及新种记述(鳞翅目: 祝蛾科). 动物分类学报, 22(1): 86-89.

武春生. 2001. 中国动物志, 昆虫纲, 第二十五卷, 鳞翅目: 凤蝶科. 北京: 科学出版社.

武春生. 2010. 中国动物志, 昆虫纲, 第五十二卷, 鳞翅目: 粉蝶科. 北京: 科学出版社.

武春生. 2011. 中国刺蛾科六新种和十二新纪录种(鳞翅目: 斑蛾总科). 动物分类学报, 36(2): 249-256.

武春生. 2018. 中国生物物种名录, 第二卷, 动物, 昆虫(I): 鳞翅目(祝蛾科, 枯叶蛾科, 舟蛾科, 凤蝶科, 粉蝶科). 科学出版社.

武春生, 曹诚一, 刘友樵. 1987. 云南油杉种子小卷蛾新属新种记述及其生物学特性的研究(鳞翅目: 卷蛾科). 林业科学, 23(2): 151-161.

武春生, 方承莱. 2002. 中国拟皮舟蛾属分类研究(鳞翅目: 舟蛾科). 昆虫学报, 45(6): 812-814.

武春生, 方承莱. 2003a. 中国胯舟蛾属分类研究(鳞翅目: 舟蛾科). 昆虫学报, 46(3): 351-358.

武春生, 方承莱. 2003b. 中国小舟蛾属分类研究(鳞翅目: 舟蛾科). 昆虫学报, 46(2): 222-227.

武春生, 方承莱. 2003c. 中国肖齿舟蛾属分类研究(鳞翅目: 舟蛾科). 昆虫分类学报, 25(2): 131-134.

武春生, 方承莱. 2003d. 中国纤舟蛾属分类研究(鳞翅目: 舟蛾科). 动物分类学报, 28(4): 721-723.

武春生, 方承莱. 2003e. 中国羽齿舟蛾属分类研究(鳞翅目: 舟蛾科). 动物分类学报, 28(3): 516-520.

武春生, 方承莱. 2008a. 铃刺蛾属在中国的首次发现及七新种记述(鳞翅目: 刺蛾科). 昆虫学报, 51(8): 861-867.

武春生, 方承莱. 2008b. 中国润刺蛾属系统分类研究(鳞翅目: 刺蛾科). 动物分类学报, 33(4): 691-695.

武春生, 方承莱. 2009a. 中国汉刺蛾属分类研究(鳞翅目: 刺蛾科). 动物分类学报, 34(1): 49-50.

武春生, 方承莱. 2009b. 中国鳞刺蛾属订正(鳞翅目: 刺蛾科). 动物分类学报, 34(2): 237-240.

武春生, 方承莱. 2009c. 中国绿刺蛾属的新种和新纪录种(鳞翅目: 刺蛾科). 动物分类学报, 34(4): 917-921.

武春生, 方承莱. 2023. 中国动物志 昆虫纲 第七十六卷, 鳞翅目 刺蛾科. 北京: 科学出版社.

武春生, 方承莱, 中国科学院中国动物编辑委员会. 2003. 中国动物志, 昆虫纲. 第三十一卷, 鳞翅目, 舟蛾科. 北京: 科学出版社.

武春生, 魏忠民. 2024. 中国羽蛾科(鳞翅目)昆虫的种类与分布. 中国昆虫学会成立 60 周年纪念大会暨学术研讨会论文集.

武春生, 肖春, 李正跃. 2006. 危害枇杷的潜蛾属一新种(鳞翅目: 潜蛾科). 动物分类学报, 31(2): 410-412.

武春生, 徐堉峰. 2017. 中国蝴蝶图鉴. 福州: 海峡书局.

毋亚梅. 1995. 云南灯蛾科昆虫种类及地理分布. 云南林业科技, (2): 35-43.

鲜春兰, 程瑞, 韩红香, 等. 2022. 中国盘雕尺蛾属三新种及分种检索表(鳞翅目: 尺蛾科). 昆虫分类学报, 44(4): 241-249.

项兰斌. 2018. 中国灰尺蛾亚科 11 属系统分类学研究(鳞翅目: 尺蛾科). 荆州: 长江大学硕士学位论文.

肖云丽, 方程, 徐艳霞, 等. 2015. 两种板栗网丛螟属幼虫记述(鳞翅目: 螟蛾科: 丛螟亚科). 环境昆虫学报, 37(4): 905-909.

肖云丽, 李后魂. 2008. 中国谷蛾一新属新种(鳞翅目: 谷蛾科). 昆虫分类学报, 30(1): 31-35.

解宝琦, 曾静凡. 2000. 云南蚤类志. 昆明: 云南科技出版社.

辛德育, 王敏. 2003. 中国蛾类两新记录种(鳞翅目: 枯叶蛾科, 尺蛾科). 华南农业大学学报(自然科学版), 24(4): 58-59.

徐丹. 2016. 中国阔野螟属的分子系统学研究. 重庆: 西南大学硕士学位论文.

徐继华. 2014. 中国角石蛾科分类及其成幼虫联系研究(昆虫纲: 毛翅目). 南京: 南京农业大学硕士学位论文.

徐继华. 2017. 中国浙江及四川地区毛翅目幼虫分类研究(昆虫纲: 毛翅目). 南京: 南京农业大学博士学位论文.

徐继华, 孙长海, 王备新. 2013. 中国角石蛾属四新种描述(毛翅目: 角石蛾科). 动物分类学报, 38(3): 566-572.

徐丽君. 2015. 中国阔野螟属和卷叶野螟属分类研究(鳞翅目: 螟蛾总科: 斑野螟亚科). 重庆: 西南大学硕士学位论文.

徐振国, 刘小利, 金涛. 2019. 中国的透翅蛾:鳞翅目:透翅蛾科. 北京: 中国林业出版社.

玄永浩, 韩辉林. 2010. 中国髯须夜蛾属大陆 2 新记录种的记述(鳞翅目: 夜蛾科). 东北林业大学学报, 38(11): 130-132.

薛大勇. 2000. 盘尺蛾属研究及中国四新种(鳞翅目: 尺蛾科). 动物分类学报, 25(1): 81-89.

薛大勇, 朱弘复. 1999. 中国动物志. 昆虫纲 第十五卷, 鳞翅目, 尺蛾科, 花尺蛾亚科. 北京: 科学出版社.

薛大勇, 杨超, 韩红香. 2012. 中国线波纹蛾属研究及二新种一新亚种记述(鳞翅目: 钩蛾科: 波纹蛾亚科). 动物分类学报, 37(2): 350-356.

薛爽. 2018. 中国金翅夜蛾亚科昆虫形态与系统学(鳞翅目: 夜蛾科). 西北农林科技大学博士学位论文.

薛银根, 王合中. 1995. 小石蛾属一新种记述(毛翅目: 小石蛾科). 昆虫分类学报, 17(3): 208-210.

薛银根, 杨莲芳. 1990. 中国小石蛾科七新种记述(昆虫纲: 毛翅目). 河南农业大学学报, 24(1): 124-131.

严冰珍, 刘志琦. 2006. 中国脉线蛉属二新种(脉翅目: 褐蛉科). 动物分类学报, 31(3): 605-609.

杨大荣. 1993. 蝙蛾属二新种记述(鳞翅目: 蝙蝠蛾科). 动物分类学报, 18(2): 184-187.

杨大荣. 1994. 云南西藏蝙蛾属四新种(鳞翅目: 蝙蝠蛾科). 动物学研究, 15(3): 5-11.

杨大荣, 蒋长平. 1995. 西藏北部地区蝙蛾属二新种记述(鳞翅目: 蝙蝠蛾科). 昆虫分类学报, 17(3): 215-218.

杨大荣, 李朝达, 沈发荣. 1992. 滇藏蝙蛾属三新种记述(鳞翅目: 蝙蝠蛾科). 动物学研究, 13(3): 245-250.

杨定, 刘星月. 2010. 中国动物志, 昆虫纲, 第五十一卷, 广翅目. 北京: 科学出版社.

杨定, 刘星月, 杨星科, 等. 2018. 中国生物物种名录, 第二卷, 动物, 昆虫(II). 北京: 科学出版社.

杨帆. 2018. 亚洲东部鱼蛉亚科(广翅目: 齿蛉科)分子系统学与生物地理学研究. 北京: 中国农业大学硕士学位论文.

杨集昆. 1955. 寄生于黑尾浮尘子的捻翅目昆虫——二点栉蝙 Halictophagus bipunctatus 新种记述. 昆虫学报, 5(3): 327-333, 382.

杨集昆. 1986a. 云南脉翅目三十新种四新属描述及旌蛉科的中国新记录. 北京农业大学学报, 12(2): 153-166.

杨集昆. 1986b. 云南脉翅目三十新种四新属描述及旌蛉科的中国新记录(续前). 北京农业大学学报, 12(4): 423-434.

杨集昆, 刘志琦. 1993. 中国新记录的隐粉蛉属及一新种记述(脉翅目: 粉蛉科). 昆虫分类学报, 15(4): 249-251.

杨集昆, 王象贤. 1994. 云南的草蛉及新属新种(脉翅目: 草蛉科). 云南农业大学学报, 9(2): 65-74.

杨集昆, 王音. 1989. 兴透翅蛾属四新种(鳞翅目: 透翅蛾科). 动物学研究, 10(2): 133-138.

杨集昆, 杨星科. 1991. 中国草蛉科二新属记述(昆虫纲: 脉翅目). 昆虫分类学报, 8(3): 205-210.

杨莲芳, 田立新. 1987. 多突石蛾属三新种记述(毛翅目: 长角石蛾科). 昆虫分类学报, 9(3): 213-216.

杨莲芳, 田立新. 1989. 多突石蛾属四新种和二新记录种(毛翅目: 长角石蛾科). 昆虫分类学报, 11(4): 293-297.

杨莲芳, 薛银根. 1992. 中国小石蛾科六新种记述(昆虫纲: 毛翅目). 昆虫分类学报, 14(1): 26-32.

杨琳琳. 2013. 中国谷蛾科九亚科系统学研究(鳞翅目: 谷蛾总科). 天津: 南开大学博士学位论文.

杨平之. 2016. 高黎贡山蛾类图鉴. 北京: 科学出版社.

杨庆寅, 韩辉林. 2014. 中国夜蛾亚科(鳞翅目: 夜蛾科)2 新记录种和 1 西藏新记录种记述. 东北林业大学学报, 42(3): 133-135.

杨维芳. 2002. 中国石蛾总科、枝石蛾科分类及毛翅目完须亚目成、幼虫配对研究(昆虫纲: 毛翅目). 南京: 南京农业大学硕士学位论文.

杨维芳, 杨莲芳. 2002. 黄纹鳞石蛾和宽羽拟石蛾生物学观察(毛翅目: 完须亚目). 南京农业大学学报, 25(1): 61-65.

杨维芳, 杨莲芳. 2006. 石蛾科褐纹石蛾属二新种记述(昆虫纲: 毛翅目). 动物分类学报, 31(1): 188-192.

杨文翔. 2021. 中国尾小卷蛾亚族系统学研究(昆虫纲: 鳞翅目: 卷蛾科). 西安: 西北大学硕士学位论文.

杨星科. 1995. 叉草蛉属 Dichochrysa 中国种类订正(脉翅目: 草蛉科). 昆虫分类学报, 17(S1.): 26-34.

杨星科, 杨集昆. 1990. 草蛉科纳草蛉属研究(II)——六新种记述(脉翅目: 草蛉科). 动物分类学报, 15(4): 471-479.

杨星科, 杨集昆. 1991a. 草蛉科四新种(脉翅目). 昆虫学报, 34(2): 212-217.

杨星科, 杨集昆. 1991b. 俗草蛉属的研究及三新种记述(脉翅目: 草蛉科). 动物分类学报, 16(3): 348-353.

杨星科, 杨集昆. 1992. 中国通草蛉属的研究(脉翅目: 草蛉科). 昆虫学报, 35(1): 78-86.

杨星科, 杨集昆, 李文柱. 2016. 中国动物志, 昆虫纲, 第三十九卷, 脉翅目, 草蛉科. 北京: 科学出版社.

杨秀好, 罗基同, 吴耀军, 等. 2021. 林木重大钻蛀性害虫桉蝙蛾分布与危害. 中国森林病虫, 40(4): 34-40.

杨秀帅, 刘志琦. 2011. 中国新纪录属——瘤螳蛉属一新组合和澳蜂螳蛉属中国三新纪录种(脉翅目: 螳蛉科). 动物分类学报, 36(1): 170-178.

杨莹. 2021. 中国绿野螟属和多斑野螟属的分类研究(鳞翅目: 草螟科: 斑野螟亚科). 重庆: 西南大学硕士学位论文.

杨自忠, 毛本勇, 杨增胜. 2002. 云南 8 种蝶类新纪录. 大理学院学报, 1(4): 52.

易传辉, 和秋菊, 王琳, 等. 2014. 云南蛾类生态图鉴 I. 昆明: 云南科技出版社.

易传辉, 和秋菊, 王琳, 等. 2015. 云南蛾类生态图鉴 II. 昆明: 云南科技出版社.

易传辉, 史军义, 陈晓鸣, 等. 2008. 昆明金殿国家森林公园蝴蝶群落研究. 林业科学研究, 21(5): 647-651.

尹雄燕, 郭光旭, 潘朝晖. 2022. 灯蛾亚科 5 种西藏新纪录种记述(鳞翅目: 裳蛾科). 高原农业, 6(4): 342-348.

尹雄燕, 潘朝晖. 2022. 灯蛾亚科 5 种西藏新纪录种记述. 西藏科技, (12): 3-6, 22.

尹艳琼, 谌爱东, 李向永, 等. 2018. 云南小菜蛾的研究现状与展望. 云南农业科技, (S1): 17-20.

尤平, 李后魂. 2002. 中国波水螟属小结——鳞翅目: 螟蛾科: 水螟亚科. 淮北煤炭师范学院学报(自然科学版), 23(3): 30-35.

尤平, 李后魂. 2005. 中国水螟亚科二新种记述(鳞翅目: 草螟科). 昆虫分类学报, 27(2): 131-135.

尤平, 李后魂, 王淑霞. 2003a. 中国目水螟属研究及一新种记述(鳞翅目: 草螟科: 水螟亚科). 昆虫分类学报, 25(1): 67-72.

尤平, 李后魂, 王淑霞. 2003b. 中国狭水螟属分类研究(鳞翅目: 草螟科: 水螟亚科). 动物分类学报, 28(2): 302-306.

于海丽. 2012. 中国圆斑小卷蛾属名录及一新种记述(鳞翅目: 卷蛾科: 新小卷蛾亚科). 昆虫分类学报, 34(2): 259-266.

于海丽, 李后魂. 2006. 中国发小卷蛾属研究及二新种记述(鳞翅目: 卷蛾科: 新小卷蛾亚科). 昆虫学报, 49(4): 664-670.

于海丽, 李后魂. 2011. 中国圆点小卷蛾属研究及一新种记述(鳞翅目: 卷蛾科: 小卷蛾亚科). 动物分类学报, 36(3): 577-580.

袁峰, 史宏亮, 李宇飞, 等. 2008. 中国粉眼蝶属分类研究(鳞翅目: 蛱蝶科: 眼蝶亚科). 四川动物, 27(5): 725-727.

袁锋, 袁向群, 薛国喜. 2015. 中国动物志, 昆虫纲, 第五十五卷, 鳞翅目, 弄蝶科. 北京: 科学出版社.

袁改霞, 张利, 王淑霞. 2008. 中国凹宽蛾属修订(鳞翅目: 小潜蛾科: 宽蛾亚科). 动物分类学报, 33(4): 685-690.

袁红银. 2008. 中国齿角石蛾科分类研究(昆虫纲: 毛翅目). 南京: 南京农业大学硕士学位论文.

袁红银, 杨莲芳. 2008. 中国裸齿角石蛾属五新种(毛翅目: 齿角石蛾科). 动物分类学报, 33(3): 608-614.

袁红银, 杨莲芳. 2010. 中国裸齿角石蛾属四新种(毛翅目: 齿角石蛾科). 动物分类学报, 35(3): 613-618.

袁红银, 杨莲芳. 2011a. 中国裸齿角石蛾属二新种及一新纪录种(毛翅目: 齿角石蛾科). 动物分类学报, 36(4): 956-960.

袁红银, 杨莲芳. 2011b. 中国裸齿角石蛾属二新种及一新纪录种(毛翅目: 齿角石蛾科). 动物分类学报, 36(4): 956-960.

袁红银, 杨莲芳. 2013. 中国裸齿角石蛾属三新种(毛翅目: 齿角石蛾科). 动物分类学报, 38(1): 114-118.

云南省林业厅, 中国科学院动物研究所. 1987. 云南森林昆虫. 昆明: 云南科技出版社.

云南松毛虫研究课题组. 1992. 云南松毛虫研究初报. 陕西林业科技, (2): 76-78.

曾悠. 2021. 中国须野螟属的分类修订(鳞翅目: 草螟科: 斑野螟亚科). 重庆: 西南大学硕士学位论文.

詹庆斌. 2014. 中国蚁蛉科翅几何形态学研究及其四属的分类修订. 北京: 中国农业大学博士学位论文.

詹庆斌, Ábrahám L, 王心丽. 2011. 中国蚁蛉属一新纪录种(脉翅目: 蚁蛉科). 动物分类学报, 36(4): 994-996.

詹庆斌, 王志良, 王心丽. 2012. 中国蚁蛉亚科一新纪录属及两新纪录种(脉翅目: 蚁蛉科). 动物分类学报, 37(1): 239-242.

张爱环, 李后魂. 2004. 褐小卷蛾属分类研究及一新种记述(鳞翅目: 卷蛾科: 新小卷蛾亚科). 昆虫分类学报, 26(3): 193-196.

张爱环, 李后魂. 2005. 中国绿小卷蛾属 Eucoenogenes 分类研究(鳞翅目: 卷蛾科: 新小卷蛾亚科). 昆虫分类学报, 27(2): 125-130.

张爱环, 李后魂. 2009. 中国新记录属——带小卷蛾属分类研究(鳞翅目: 卷蛾科). 昆虫分类学报, 31(1): 29-33.

张超. 2016. 中国西南地区秘夜蛾属和粘夜蛾属(鳞翅目: 夜蛾科)分类研究. 哈尔滨: 东北林业大学硕士学位论文.

张超, 韩辉林. 2015. 中国秘夜蛾属(鳞翅目: 夜蛾科: 盗夜蛾亚科)2 新记录种记述. 东北林业大学学报, 43(9): 125-127.

张丹丹. 2003. 中国大陆野螟族分类学研究(鳞翅目: 草螟科). 天津: 南开大学硕士学位论文.

张丹丹, 何凤侠. 2010. 中国果蛀野螟属二新记录种记述. 昆虫分类学报, 32(1): 71-73.

张丹丹, 李后魂. 2005a. 翎翅野螟属分类研究(鳞翅目: 草螟科: 野螟亚科). 昆虫分类学报, 27(1): 39-42.

张丹丹, 李后魂. 2005b. 中国绢须野螟属研究(鳞翅目: 草螟科: 野螟亚科: 斑野螟族). 动物分类学报, 30(1): 144-149.

张丹丹, 李后魂. 2005c. 中国翎翅野螟属分类研究(鳞翅目: 草螟科: 野螟亚科). 昆虫分类学报, 27(1): 39-42.

张丹丹, 李后魂, 宋士美. 2002. 中国沟胫野螟属研究及一新种记述(鳞翅目: 草螟科: 野螟亚科). 昆虫分类学报, 24(4): 269-272.

张丹丹, 李后魂, 王淑霞. 2002. 中国脊野螟属研究及一新种记述(鳞翅目: 草螟科: 野螟亚科). 动物分类学报, 27(4): 790-793.

张丹丹, 李志强. 2009. 中国羚野螟属分类研究(鳞翅目: 草螟科: 野螟亚科). 中山大学学报(自然科学版), 48(4): 137-140.

张凤斌. 2010. 中国西南地区髯须夜蛾亚科(鳞翅目: 夜蛾科)分类学研究. 哈尔滨: 东北林业大学博士学位论文.

张晖宏, 朱建青, 董瑞航, 等. 2020. 中国蝶类 2 属 7 种新记录(鳞翅目: 锤角亚目). 四川动物, 39(2): 214-220.

张晖宏, 朱建青, 刘婉路, 等. 2021. 中国蝶类新记录 2 属 11 种 2 亚种记述(鳞翅目: 凤蝶总科). 四川动物, 40(6): 675-687.

张杰. 2017. 蚁蛉科幼虫形态与分子鉴定研究(脉翅目: 蚁蛉科). 北京: 中国农业大学博士学位论文.

张杰, 王爱芹, 王志良, 等. 2014. 中国囊华蚁蛉族一新纪录属及一新纪录种(脉翅目: 蚁蛉科). 昆虫分类学报, 36(3): 211-215.张

张俊霞. 2013. 单角蝎蛉属的建立及其分类研究(长翅目: 蝎蛉科). 杨凌: 西北农林科技大学硕士学位论文.

张利. 2010. 中国异宽蛾属系统学研究(鳞翅目: 小潜蛾科: 宽蛾亚科). 天津: 南开大学硕士学位论文.

张明瑞. 2011. 中国祝蛾属系统学研究(鳞翅目: 祝蛾科). 天津: 南开大学硕士学位论文.

张培毅. 2011. 高黎贡山昆虫生态图鉴. 哈尔滨: 东北林业大学出版社.

张胜勇, 郭宪国, 龚正达, 等. 2008. 云南蚤类区系及分布特征. 昆虫学报, 51(9): 967-973.

张胜勇, 吴滇, 郭宪国, 等. 2008. 云南省 19 县市小兽及其体表寄生蚤的种类与性比分析. 中国病原生物学杂志, 3(6): 455-458.

张芯语. 2017. 中国西南地区长须夜蛾亚科(鳞翅目: 目夜蛾科)分类研究. 哈尔滨: 东北林业大学硕士学位论文.

张鑫怡, 王文凯, 韩红香. 2020. 中国蟹尺蛾属研究及两新记录种记述(鳞翅目: 尺蛾科: 姬尺蛾亚科). 昆虫分类学报, 42(1): 33-41.

张秀荣, 郝蕙玲, 杨集昆. 1999. 水蜡蛾中国属及其地理分布. 中国农业大学学报, 4(5): 37-42.

张秀英, 苏比奴尔·艾力, 李后魂. 2023. 中国鳞翅目新物种 2022 年度报告. 生物多样性, 31(10): 35-44.

张续, 王淑霞. 2006. 中国尖顶小卷蛾属系统学研究(鳞翅目: 卷蛾科: 新小卷蛾亚科). 动物分类学报, 31(3): 613-616.

张续, 王淑霞. 2007. 原小卷蛾属分类研究(鳞翅目: 卷蛾科: 新小卷蛾亚科). 动物分类学报, 32(3): 561-563.

张雅林, 房丽君, 周尧. 2008. 中国绢斑蝶属分类研究(鳞翅目: 蛱蝶科: 斑蝶亚科). 动物分类学报, 33(1): 157-163.

张琰那. 2020. 中国蚊蝎蛉科(长翅目)昆虫分类与区系分析. 杨凌: 西北农林科技大学硕士学位论文.

赵婷婷, 吴俊, 韩辉林. 2019. 长须夜蛾亚科(鳞翅目: 目夜蛾科)中国大陆 5 新记录种的记述. 东北林业大学学报, 47(7): 130-134.

赵兴旺, 刘成琴, 任锡跃, 等. 2021. 通关藤访花昆虫种类及其行为研究. 云南农业大学学报(自然科学), 36(2): 299-307.

赵旸. 2016. 中国脉翅目褐蛉科的系统分类研究. 北京: 中国农业大学博士学位论文.

赵忠苓. 1978. 中国经济昆虫志, 第十二册, 鳞翅目, 毒蛾科. 北京: 科学出版社.

赵仲苓. 1994. 中国经济昆虫志. 第四十二册, 鳞翅目, 毒蛾科(二). 北京: 科学出版社.

赵仲苓. 2004. 中国动物志, 昆虫纲. 第三十六卷, 鳞翅目, 波纹蛾科. 北京: 科学出版社.

中国科学院动物研究所. 1981. 中国蛾类图鉴 I. 北京: 科学出版社.

中国科学院动物研究所. 1982a. 中国蛾类图鉴 II. 北京: 科学出版社.

中国科学院动物研究所. 1982b. 中国蛾类图鉴 III. 北京: 科学出版社.

中国科学院动物研究所. 1984. 中国蛾类图鉴 IV. 北京: 科学出版社.

中国科学院中国动物志编辑委员会. 1994. 中国经济昆虫志. 第四十二册, 鳞翅, 毒蛾科(二). 北京: 科学出版社.

钟花. 2006. 中国多距石蛾科多样性的研究(昆虫纲: 毛翅目). 南京: 南京农业大学硕士学位论文.

钟花, 杨莲芳, John C. Morse. 2006. 中国缺叉多距石蛾属六新种记述(毛翅目: 多距石蛾科). 动物分类学报, 31(4): 859-866.

钟花, 杨莲芳, John C. Morse. 2008. 中国缺叉多距石蛾属六新种(毛翅目: 多距石蛾科). 动物分类学报, 33(3): 600-607.

钟花, 杨莲芳, John C. Morse. 2013. 中国新纪录——隐刺多距石蛾属及一新种记述(毛翅目: 多距石蛾科). 动物分类学报, 38(2): 307-310.

周蕾. 2009. 中国小石蛾科分类研究(昆虫纲: 毛翅目). 南京: 南京农业大学硕士学位论文.

周蕾, 孙长海, 杨莲芳. 2009a. 中国小石蛾属四新种记述(毛翅目: 小石蛾科). 动物分类学报, 34(4): 905-911.

周蕾, 孙长海, 杨莲芳. 2009b. 中国小石蛾属研究及二新种二新纪录种记述(毛翅目: 小石蛾科). 动物分类学报, 34(2):

353-359.

周润发, 潘朝晖. 2017. 尺蛾亚蛾科 6 种西藏新记录种记述(鳞翅目: 尺蛾科). 高原农业, 1(2): 172-177.

周文豹. 2000. 中国长翅目 6 新种(长翅目: 蝎蛉科). 浙江林学院学报, 17(3): 248-254.

周尧. 2000. 中国蝶类志. 郑州: 河南科学技术出版社.

周尧, 花保祯. 1986. 中国线角木蠹蛾属三新种(鳞翅目: 木蠹蛾科). 昆虫分类学报, 8(S1): 67-72.

周尧, 卢筝. 1974. 金翅夜蛾亚科 Plusiinae 的研究. 昆虫学报, 17(1): 67-83.

周尧, 卢筝. 1978. 金翅夜蛾亚科的研究. 昆虫学报, 21(1): 63-76.

周尧, 卢筝. 1979a. 金翅夜蛾亚科八新种及一些种类的订正. 昆虫学报, 22(1): 61-72.

周尧, 卢筝. 1979b. 金翅夜蛾亚科二新属、四新种及一些已知种的订正. 昆虫分类学报, 1(1): 15-20.

周尧, 卢筝. 1979c. 金翅夜蛾亚科分类系统的讨论. 昆虫分类学报, 1(2): 71-78.

周尧, 向和. 1984. 云南钩蛾科研究. 昆虫分类学报, 6(Z1): 159-170.

周尧, 袁峰, 王应伦. 2000. 中国蝴蝶新种、新亚种及新记录种(II). 昆虫分类学报, 22(4): 266-274.

周尧, 袁向群, 殷海生, 等. 2002. 中国蝴蝶新种、新亚种及新记录种(VI). 昆虫分类学报, 24(1): 52-68.

周尧, 袁向群, 张传诗. 2001. 中国蝴蝶新种、新亚种及新记录种(V). 昆虫分类学报, 23(3): 201-216.

周尧, 张雅林, 王应伦. 2001. 中国蝴蝶新种、新亚种及新记录种(III). 昆虫分类学报, 23(1): 38-46.

周尧, 张雅林, 谢卫民. 2000. 中国蝴蝶新种、新亚种及新记录种(I). 昆虫分类学报, 22(3): 223-228.

周镇. 2019. 云南澜沧拉祜族自治县昆虫多样性调查与评估. 广州: 华南农业大学硕士学位论文.

朱彬, 胡春林, 孙长海. 2022. 中国捻翅目昆虫名录及江苏一新记录种记述. 浙江林业科技, 42(3): 76-80.

朱弘复. 1996. 中国动物志, 昆虫纲. 第五卷, 鳞翅目, 蚕蛾科, 大蚕蛾科, 网蛾科. 北京: 科学出版社.

朱弘复, 陈一心. 1963. 中国经济昆虫志, 第三册, 鳞翅目, 夜蛾科(一). 北京: 科学出版社.

朱弘复, 王林瑶. 1977. 中国筝纹蛾科. 昆虫学报, 20(1): 83-84, 125.

朱弘复, 王林瑶. 1980. 中国天蛾科新种记述(鳞翅目). 动物分类学报, 5(4): 418-426.

朱弘复, 王林瑶. 1981. 中国网蛾科记略. 昆虫学报, 24(1): 85-88, 122.

朱弘复, 王林瑶. 1985. 蛀干蝙蝠蛾(鳞翅目: 蝙蝠蛾科). 昆虫学报, 28(3): 293-301, 357.

朱弘复, 王林瑶. 1987a. 圆钩蛾科分类及地理分布(鳞翅目: 尺蛾总科). 昆虫学报, 30(2): 203-211, 240.

朱弘复, 王林瑶. 1987b. 中国山钩蛾亚科分类及地理分布(鳞翅目: 钩蛾科). 昆虫学报, 30(3): 291-303, 354.

朱弘复, 王林瑶. 1988a. 中国钩蛾亚科(鳞翅目: 钩蛾科)豆斑钩蛾属及铃钩蛾属. 昆虫学报, 31(4): 414-422, 446.

朱弘复, 王林瑶. 1988b. 中国钩蛾亚科(鳞翅目: 钩蛾科)距钩蛾属 *Agnidra* Moore, 1868. 昆虫学报, 31(1): 85-93, 120.

朱弘复, 王林瑶. 1988c. 中国钩蛾亚科黄钩蛾属(鳞翅目: 钩蛾科). 昆虫学报, 31(2): 203-209, 234.

朱弘复, 王林瑶. 1991. 中国动物志, 昆虫纲. 第三卷, 鳞翅目, 圆钩蛾科, 钩蛾科. 北京: 科学出版社.

朱弘复, 王林瑶. 1996. 中国动物志, 昆虫纲. 第五卷, 鳞翅目, 蚕蛾科, 大蚕蛾科, 网蛾科. 北京: 科学出版社.

朱弘复, 王林瑶. 1997. 中国动物志, 昆虫纲. 第十一卷, 鳞翅目, 天蛾科. 北京: 科学出版社.

朱弘复, 王林瑶, 韩红香. 2004. 中国动物志, 昆虫纲. 第三十八卷, 鳞翅目, 蝙蝠蛾科, 蛱蛾科. 北京: 科学出版社.

朱弘复, 杨集昆, 陆近仁, 等. 1964. 中国经济昆虫志, 第六册, 鳞翅目, 夜蛾科(二). 北京: 科学出版社.

朱建楠, 申威, 胡春林. 2010. 江苏脉翅总目昆虫. 金陵科技学院学报, 26(4): 84-89.

朱妍梅. 2008. 中国瘤祝蛾亚科系统学初步研究(鳞翅目: 祝蛾科). 天津: 南开大学硕士学位论文.

邹志文, 刘昕, 张古忍. 2010. 中国蝠蛾属(鳞翅目: 蝙蝠蛾科)现行分类系统的修订. 湖南科技大学学报(自然科学版), 25(1): 114-120.

Letardi A, Hayashi F, 刘星月. 2012. 越南北部齿蛉及鱼蛉种类纪要(广翅目: 齿蛉科). 昆虫分类学报, 34(4): 641-650. An X, Owada M, Wang M, et al. 2019. Morphological and molecular evidence for a new species of the genus *Panolis* Hübner, [1821] (Lepidoptera: Noctuidae). Zootaxa, 4565(4): 523-530.

Bai H Y, Li H H. 2009. Review of *Spulerina* (Lepidoptera: Gracillariidae) from China, with description of three new species. Oriental Insects, 43(1): 33-44.

Bálint Z. 1999. Annotated list of type specimens of *Polyommatus sensu* Eliot of the Natural History Museum, London (Lepidoptera, Lycaenidae). Neue Entomologische Nachrichten, 46: 3-89.

Bayarsaikhan U, Lee T G, Volynkin A V, et al. 2021. New record of *Agrisius* Walker (Lepidoptera, Erebidae, Arctiinae) from Cambodia, with description of a new species. Zootaxa, 4915(4): 567-574.

Bayarsaikhan U, Li H H, IM K H, et al. 2020. Four new and three newly recorded species of *Diduga* Moore, [1887] (Lepidoptera, Erebidae, Arctiinae) from China. Zootaxa, 4751(2): 357-368.

Behounek G. 2005. Zweiter beitrag zur kenntnis der gattung *Lacanobia* BILLBERG, 1820. Zeitschrift der Arbeitsgemeinschaft Österreichischer Entomologen, 57: 11-16.

Behounek G, Han H L, Kononenko V S. 2013a. Revision of the genus *Ortopla* Walker, [1859] with description of two new species from Southeast Asia (Lepidoptera, Noctuidae, Pantheinae). Revision of Pantheinae, contribution X. Zootaxa, 3746(2): 240-256.

Behounek G, Han H L, Kononenko V S. 2013b. Revision of the Old-World genera *Panthea* Hübner, [1820] 1816 and *Pantheana* Hreblay, 1998 with description two new species from China (Lepidoptera, Noctuidae: Pantheinae). Revision of Pantheinae, contribution IX. Zootaxa, 3746(3): 422-438.

Behounek G, Han H L, Kononenko V S. 2015a. A revision of the genus *Belciana* Walker, 1862 with description of three new species (Lepidoptera, Noctuidae: Pantheinae) from East and South East Asia. Revision of Pantheinae, contribution XII. Zootaxa, 4027(3): 341-365.

Behounek G, Han H L, Kononenko V S. 2015b. A revision of the genus *Tambana* Moore, 1882 with description of eight new species and one subspecies (Lepidoptera, Noctuidae: Pantheinae). Revision of Pantheinae, contribution XIII. Zootaxa, 4048(3): 301-351.

Behounek G, Han H L, Kononenko V S. 2015c. Two new genera and one new species of Pantheinae from East Asia (Lepidoptera, Noctuidae: Pantheinae). Revision of Pantheinae, contribution XI. Zootaxa, 3914 (3): 331-338.

Benedek B, Babics J. 2016. Taxonomic notes on the genus *Tiliacea* Tutt, 1896 (Lepidoptera, Noctuidae, Xylenini) with the description of a new species and a new genus. Zootaxa, 4171(3): 517-533.

Benedek B, Babics J, Saldaitis A. 2013. Taxonomic and faunistic news of the tribus Xylenini (s. l.) (Lepidoptera, Noctuidae) from the greater Himalayan region (plates 1-11). Esperiana Band, 18: 7-38.

Benedek B, Saldaitis A. 2014. New *Dasypolia* Guenée, 1852 species from China, part II (Lepidoptera, Noctuidae). Esperiana Band, 19: 103-119.

Benedek B, Saldaitis A, Rimsaite J. 2012. Taxonomic and faunistic studies on the genus *Harutaeographa* (Lepidoptera, Noctuidae, Orthosiini) with description of a new species. ZooKeys, 242: 51-67.

Benedek B, Volynkin A V, Saldaitis A, et al. 2022. On the taxonomy of the *Conistra* generic complex with descriptions of three new genera and a new species (Lepidoptera: Noctuidae: Noctuinae). Zootaxa, 5141(5): 442-458.

Bidzilya O, Huemer P, Šumpich J. 2022. Taxonomy and faunistics of the genus *Scrobipalpa* Janse, 1951 (Lepidoptera, Gelechiidae) in Southern Siberia. Zootaxa, 5218(1): 1-76.

Bozano G C. 1999. Guide to the Butterflies of the Palearctic Region, Satyridae Part I, Subfamily Elymniinae, Tribe Lethini, Lasiommata, Pararge, Lopinga, Kirinia, Chonala, Tatinga, Rhaphicera, Ninguta, Neope, Lethe, Neorina. Milan: Omnes Artes: 4-50.

Bozano G C. 2002. Guide to the Butterflies of the Palearctic Region, Satyridae Part III, Subfamily Melanargiina and Coenonymphina, Melanargia, Coenonympha, Sinonympha, Triphysa. Milan: Omnes Artes: 7-62.

Bozano G C. 2008. Guide to the Butterflies of the Palearctic Region, Nymphalidae Part III, Subfamily Limenitidinae, Tribe Neptini. Milan: Omnes Artes: 19-69.

Bozano G C, Coutsis J, Herman P, et al. 2016. Guide to the Butterflies of the Palearctic Region, Pieridae Part III, Subfamily Coliadinae, Tribe Rhodocerini, Euremini, Coliadini, Genus *Catopsilia*, Subfamily Dismorphiinae. Milan: Omnes Artes: 12-63.

Bozano G C, Floriani A. 2012. Guide to the Butterflies of the Palearctic Region, Nymphalidae Part V, Subfamily Nymphalinae, Tribe Nymphalini, Kallimini, Yunoniini. Milan: Omnes Artes: 7-77.

Bozano G C, Weidenhoffer Z. 2001. Guide to the Butterflies of the Palearctic Region, Lycaenidae Part I, Subfamily Lycaeninae. Milan: Omnes Artes: 9-53.

Brechlin R. 1997. Zwei neue Saturniiden aus dem Gebirgsmassiv des Fan Si Pan (nördliches Vietnam): *Salassa fansipana* n. sp. und *Loepa roseomarginata* n. sp. (Lepidoptera: Saturniidae). Nachrichten des Entomologischen Vereins Apollo, Frankfurt am Main, N.F., 18(1): 75-87.

Brechlin R. 2001. *Rhodinia broschi* n. sp., eine neue Saturniide aus China (Lepidoptera: Saturniidae). Nachrichten des Entomologischen Vereins Apollo, 22(1): 45-48.

Brechlin R. 2004. Rhodoprasina viksinjaevi, eine neue Sphingide aus China (Lepidoptera: Sphingidae). Arthropoda, 12(3): 8-14.

Brechlin R. 2007. Fünf neue taxa der gattung *Actias* Leach, 1815 aus China (Lepidoptera: Saturniidae). Entomofauna. Zeitschrift für Entomologie, Ansfelden, Monographie, 1: 12-27.

Brechlin R. 2009a. Eine neue are der gattung *Cypoides* Matsumura, 1921 (Lepidoptera, Sphingidae). Entomo-Satsphingia, 2(2): 57-59.

Brechlin R. 2009b. Vier neue taxa der gattung *Ambulyx* Westwood, 1847 (Lepidoptera: Sphingidae). Entomo-Satsphingia, 2(2): 50-56.

Brechlin R. 2009c. Zwei neue arten des genus (subgenus) *Saturnia* Schrank, 1802 (Lepidoptera: Saturniidae). Entomo-Satsphingia, 2(2): 37-42.

Brechlin R. 2010. Zwei neue Arten der gattung *Salassa* Moore, 1859 (Lepidoptera, Saturniidae, Salassinae). Entomo-Satsphingia, 3(3): 60-65.

Brechlin R. 2014. Einige anmerkungen zu den gattungen *Degmaptera* Hampson, 1896 und *Smerinthulus* Huwe, 1895 mit Beschreibungen neuer Taxa (Lepidoptera: Sphingidae). Entomo-Satsphingia, 7(2): 36-45.

Brechlin R. 2015. Drei neue arten der gattung *Sphinx* Linnaeus, 1758 aus Vietnam, China und Bhutan. Entomo-Satsphingia, 8(1): 16-19.

Brechlin R, Kitching I J. 2010. Drei neue Taxa der mirandaGruppe der Gattung *Loepa* Moore, 1859 (Lepidoptera: Saturniidae). Entomo-Satsphingia, Pasewalk, 3(1): 12-18.

Brechlin R, Kitching I J. 2014. Drei neue Arten der Gattung *Cypa* Walker, [1865] (Lepidoptera: Sphingidae). Entomo-Satsphingia, 7(2): 5-14.

Brechlin R, Melichar T. 2006. Sechs neue Schwaermerarten aus China (Lepidoptera: Sphingidae). Nachrichten des Entomologischen Vereins Apollo, 27: 205-213.

Cadiou J M. 1990. A new Sphingid from Thailand: *Rhodambulyx schnitzleri* (Lepidoptera Sphingidae). Lambillionea, 90(2): 42-48.

Cadiou J M. 1995. Seven new species of Sphingidae (Lepidoptera). Lambillionea, 95(4): 499-515.

Cadiou J M. 2000. A new *Litosphingia* from Tanzania and a new *Craspedortha* from China (Lepidoptera, Sphingidae). Entomologia Africana, 5(1): 35-40.

Cadiou J M, Kitching I J. 1990. New Sphingidae from Thailand (Lepidoptera). Lambillionea, 90(4): 3-34.

Chang W C, Hayashi F, Liu X Y, et al. 2013. Discovery of the female of *Protohermes niger* Yang & Yang (Megaloptera: Corydalidae): sexual dimorphism in coloration of a dobsonfly revealed by molecular evidence. Zootaxa, 3745(1): 84-92.

Chen F Q, Wu C S. 2014. Taxonomic review of the subfamily Schoenobiinae (Lepidoptera: Pyraloidea: Crambidae) from China. Zoological Systematics, 39(2): 163-208.

Chen F Q, Wu C S. 2019. A taxonomic review of the genus *Eoophyla* Swinhoe, 1900 (Lepidoptera: Crambidae: Acentropinae) from China. Zoological Systematics, 44(3): 212-239.

Chen F Q, Song S M, Wu C S. 2006a. A review of genus *Cirrhochrista* Lederer in China (Lepidoptera: Pyralidae: Schoenobiinae). Oriental Insects, 40(1): 97-105.

Chen F Q, Song S M, Wu C S. 2006b. A review of the genus *Eristena* Warren in China (Lepidoptera: Crambidae: Acentropinae). Aquatic Insects, 28(3): 229-241.

Chen F Q, Song S M, Wu C S. 2006c. A review of the genus *Parapoynx* Hübner in China (Lepidoptera: Pyralidae: Acentropinae). Aquatic Insects, 28(4): 291-303.

Chen F Q, Song S M, Wu C S. 2007a. A review of the genus *Archischoenobius* Speidel in China (Lepidoptera: Crambidae: Schoenobiinae). Oriental Insects, 41(1): 259-265.

Chen F Q, Song S M, Wu C S. 2007b. A review of the genus *Patissa* Moore in China (Lepidoptera: Crambidae: Schoenobiinae). Oriental Insects, 41(1): 267-271.

Chen F Q, Song S M, Wu C S. 2007c. Areview of the genus *Paracymoriza* Warren in China (Lepidoptera: Crambidae: Acentropinae). Aquatic Insects, 29(4): 263-283.

Chen F Q, Wu C S, Xue D Y. 2010. A review of the genus *Elophila* Hübner, 1822 in China (Lepidoptera: Crambidae: Acentropinae). Aquatic Insects, 32(1): 35-60.

Chen K, Zhang D D, Li H H. 2018. Systematics of the new genus *Spinosuncus* Chen, Zhang & Li with descriptions of four new species (Lepidoptera, Crambidae, Pyraustinae). ZooKeys, 799: 115-151.

Chen K, Zhang D D, Stǎnescu M. 2018. Revision of the genus *Eumorphobotys* with descriptions of two new species (Lepidoptera, Crambidae, Pyraustinae). Zootaxa, 4472(3): 489-504.

Chen T M, Song S M, Yuan D C. 2012. Neogirdharia, a new *Crambine* genus (Lepidoptera: Pyralidae) from China. Oriental Insects, 38(1): 327-334.

Chen Z H, Dai Y D, Yu H, et al. 2013. Systematic analyses of *Ophiocordyceps lanpingensis* sp. nov., a new species of *Ophiocordyceps* in China. Microbiological Research, 168(8): 525-532.

Chen Z J, Zhang B B, Hu Y Q. 2022. New records of the genus *Nola* Leach, 1815 (Lepidoptera, Nolidae, Nolinae) from China, with description of a new species. Zootaxa, 5124(2): 245-250.

Cheng R, Jiang N, Yang X S, et al. 2016. The influence of geological movements on the population differentiation of *Biston panterinaria* (Lepidoptera: Geometridae). Journal of Biogeography, 43(4): 691-702.

Chiba H. 2009. A revision of the subfamily Coeliadinae (Lepidoptera: Hesperiidae). Bulletin of the Kitakyushu Museum of Natural History and Human History Series A (Nayural History), 7: 1-102.

Clark B P. 1922. Twenty-five new Sphingidae. Proceedings of the New England Zoological Club, 8: 1-23.

Clark B P. 1923. Thirty-three new Sphingidae. Proceedings of the New England Zoological Club, 8: 47-77.

Clark B P. 1934. A new Sphingid genus. Proceedings of the New England Zoological Club, 14: 13-14.

Clark B P. 1935. Descriptions of twenty new Sphingidae and notes on three others. Proceedings of the New England Zoological Club, 15: 19-39.

Clark B P. 1936. Descriptions of twenty-four new Sphingidae and notes concerning two others. Proceedings of the New England Zoological Club, 15: 71-91.

Coene H A, Vis R. 2008. Contribution to the butterfly fauna of Yunnan, China (Hesperioides, Papilionoidea). Nota Lepidpterologica, 31(2): 231-262.

Cong P X, Fan X M, Li H H. 2016. Review of the genus *Anthonympha* moriuti, 1971 (Lepidoptera: Plutellidae) from China, with descriptions of four new species. Zootaxa, 4105(3): 285-295.

Cong P X, Li H H. 2017. Review of the genus *Prays* Hübner, 1825 (Lepidoptera: Praydidae) from China, with descriptions of twelve new species. Zootaxa, 4263(2): 201-227.

Cui L, Jiang N, Stüning D, et al. 2018. A review of *Synegiodes* Swinhoe, 1892 (Lepidoptera: Geometridae), with description of two new species. Zootaxa, 4387(2): 259-274.

Cui L, Xue D Y, Jiang N. 2019a. A review of *Organopoda* Hampson, 1893 (Lepidoptera, Geometridae) from China, with description of three new species. Zootaxa, 4651(3): 434-444.

Cui L, Xue D Y, Jiang N. 2019b. A review of *Timandra* Duponchel, 1829 from China, with description of seven new species (Lepidoptera, Geometridae). ZooKeys, 829: 43-74.

Cui L, Xue D Y, Jiang N. 2019c. Description of two new species of *Rhodostrophia* Hübner, 1823 from China (Lepidoptera, Geometridae). Zootaxa, 4563(2): 337-353.

Davlatov A M, Wu C S. 2018. Description of a new species of the genus *Caeneressa* from China, with a checklist of the genus (Lepidoptera: Erebidae). Zootaxa, 4374(2): 294-300.

Della B C, Gallo E, Lucarelli M, et al. 2002. Guide to the Butterflies of the Palearctic Region, Satyridae Part II, Tribe Satyrini, Argestina, Boeberia, Callerebia, Eugrumia, Hemadara, Loxerebia, Paralasa, Proterebia. Milan: Omnes Artes: 7-50.

Della B C, Gallo E, Sbordoni V. 2013. Guide to the Butterflies of the Palearctic Region, Pieridae Part I, Subfamily Pierinae, Tribe Pierini (partim), *Delias, Aporia, Mesapia, Baltia, Pontia, Belenois, Talbptia*. Milan: Omnes Artes: 9-86.

Deng M, Zwick A, Chen Q, et al. 2023. Phylogeny and classification of Endromidae (Lepidoptera: Bombycoidea) based on mitochondrial genomes. Arthropod Systematics & Phylogeny, 81: 395-408.

Diakonoff A. 1989. Revision of the Palaearctic Carposinidae with description of a new genus and new species (Lepidoptera: Pyraloidea). Zoologische Verhandelingen, 251(1): 1-155.

Dierl W. 1975. Ergebnisse der Bhutan-Expedition 1972 des naturhistorischen museums in Basel. einige familien der"bombycomorphen"Lepidoptera. Entomol Basil, 1: 119-134.

Ding F, Guo X G, Song W Y, et al. 2021. Infestation and distribution of chigger mites on brown rat (*Rattus norvegicus*) in Yunnan Province, Southwest China. Tropical Biomedicine, 38(1): 111-121.

Dong Z W, Liu X Y, Mao C Y, et al. 2022. *Xenos yangi* sp. nov.: a new twisted-wing parasite species (Strepsiptera, Xenidae) from Gaoligong Mountains, Southwest China. ZooKeys, 1085: 11-27.

Du Y L, Song S M, Wu C S. 2005. First record of the genus *Anabasis* Heinrich from China, with description of a new species (Lepidoptera: Pyralidae: Phycitinae). Entomological News, 116: 325-330.

Du Y L, Song S M, Wu C S. 2007. A review on *Addyme-Calguia-Coleothrix* Genera complex (Lepidoptera: Pyralidae: Phycitinae), with one new species from China. Transactions of the American Entomological Society, 133(1): 143-153.

Dubatolov V V, Kishida Y. 2005. New genera of Arctiinae (Lepidopera, Arctiidae) from South and East Asia. Tinea, 18(4): 307-314.

Dupont F. 1941. Heterocera Javanica Fam. Sphingidae, hawkmoths. Verhand Konink Nederl Akad Wetensch, 1: 1-104.

Easton E R, Pun W W. 1996. New records of moths from Macau, Southeast China. Tropical Lepidoptera, 7: 113-118.

Eckweiler W, Bozano G C. 2011. Guide to the Butterflies of the Palearctic Region, Satyridae Part IV, Tribe Satyrini, Subtribe Maniolina, Maniola, Pyronia, Aphantopus, Hyponephele. Milan: Omnes Artes: 31-35.

Efetov K A. 2014. *Illiberis (Alterasvenia) banmauka* sp. nov. (Lepidoptera: Zygaenidae, Procridinae) from China and Myanmar. Entomologist's Gazette, 65: 62-70.

Eitschberger U. 2004. Revision der Schwarmergattung *Clanis* Hübner, (1819) (Lepidoptera, Sphingidae). Neue Entomologische Nachrichten, 58: 61-399.

Eitschberger U. 2008. A new taxon of the genus *Polyptychus* Hübner, 1819 ("1816") from China (Lepidoptera: Sphingidae). Entomo-Satsphingia, 1(1): 38-42.

Eitschberger U. 2012. Review of Marumba gaschkewitschii (Bremer & Grey, 1852)-Complex Art. Neue Entomologische Nachrichten, 68: 1-293.

Eitschberger U. 2015. Ambulyx adhemariusa Eitschberger, Bergmann & Hauenstein, 2006 stat. rev. Über den Sinn und Unsinn "wissenschaftlicher Arbeiten". Neue Entomologische Nachrichten, 70: 149-152.

Eitschberger U, Ihle T. 2008. Raupen von Schwärmern aus Laos und Thailand - 1. Beitrag (Lepidoptera, Sphingidae). Neue Entomologische Nachrichten, 61: 101-114.

Eitschberger U, Nguyen H B. 2021. Erster Schritt zur Revision des Marumba saishiuana auct. Artenkomplexes (nec OKAMOTO, 1924). Neue Entomologische Nachrichten, 79: 123-327.

Eitschberger U L F, Ihle T. 2010. Raupen von Schwärmern aus Laos und Thailand - 2. Beitrag (Lepidoptera, Sphingidae). Neue Entomologische Nachrichten, 64: 1-6.

Fan X L, Chiba H, Wang M. 2010. The genus *Scobura* Elwes & Edwards, 1897 from China, with descriptions of two new species (Lepdioptera: Hesperiidae). Zootaxa, 2490(1): 1-15.

Fan X L, Huang G H, Wang M, et al. 2003. A newly recorder genus and species of the skippers from China (Lepidoptera: Hesperiidae). Journal of South China Agriculture University (Natural Science Edition), 24(4): 56-57.

Fan X L, Wang M. 2004. Notes on the genus *Lobocla* Moore with description of a new species (Lepidoptera, Hesperiidae). Acta Zootaxonomica Sinica, 29(3): 523-526.

Fibiger M. 2011. Revision of the *Micronoctuidae* (Lepidoptera: Noctuoidea). Part 4, Taxonomy of the subfamilies Tentaxinae and Micronoctuinae. Zootaxa, 2842: 1-188.

Fletche D S, Nye I W B. 1982. Bombycoidea, Castmioidea, Cossoidea, Mimallonoidea, Sesioidea, Sphingidae and Zygaenoidea//Nye I W B. The Generic Names of Moths of the World. Vol. 4. London: British Museum (Natural History).

Gallo E, Della B C. 2013. Guide to the Butterflies of the Palearctic Region, Nymphalidae Part VI, Subfamily Limenitidinae. Milan:

Omnes Artes: 15-76.

Gao Q, Wang S X. 2018. Seven new species of the genus *Circobotys* Butler from China (Lepidoptera: Crambidae), with a checklist of the world. Zoological Systematics, 43(2): 196-210.

Ge S X, Jiang Z H, Ren L L, et al. 2021. New records of two lycaenid butterfly species (Lepidoptera: Lycaenidae) in China, with the description of a new subspecies. Biodiversity Data Journal, 9: e69073.

Ge X Y, Peng Z Q, Peng L, et al. 2023. A checklist of the caddisflies (Insecta: Trichoptera) from the middle and lower basins of Jinsha River, Southwestern China; including one new species and nine new records in China. Diversity, 15(2): 181

Ge X Y, Wang Y C, Wang B X, et al. 2020. Descriptions of larvae of three species of *Hydropsyche* Pictet 1834 (Trichoptera, Hydropsychidae) from China. Zootaxa, 4858(3): 358-374.

Geraci C J, Zhou X, Morse J C, et al. 2010. Defining the genus *Hydropsyche* (Trichoptera: Hydropsychidae) based on DNA and morphological evidence. Journal of the North American Benthological Society, 29(3): 918-933.

Gorbunov O G, Arita Y. 2001. A new species of the genus *Ravitria* Gorbunov & Arita (Lepidoptera, Sesiidae) from Yunnan, China. Transactions of the Lepidopterological Society of Japan, 52(4): 245-249.

Guan W, Li H H. 2015a. *Calicotis* Meyrick (Lepidoptera: Stathmopodidae) new to China, with descriptions of three new species. Journal of Insect Biodiversity, 3(13): 1-13.

Guan W, Li H H. 2015b. Review of the genus *Hieromantis* Meyrick from China, with descriptions of three new species (Lepidoptera, Stathmopodidae). ZooKeys, 534: 85-102.

Guan W, Li H H. 2016. *Thylacosceles* Meyrick new to China, with descriptions of four new species (Lepidoptera: Stathmopodidae). Zootaxa, 4158(2): 213-220.

Gui F R, Yang L F. 1999. Four new species of Hydropsychidae (Insecta: Trichoptera) from Yunnan Province, China. Braueria, 26: 19-20.

Guo J M, Du X C. 2023. Five new species of *Bradina* Lederer (Lepidoptera, Crambidae) from China, with remarks on the morphology of the genus. ZooKeys, 1158: 49-67.

Guo X G, Speakman J R, Dong W G, et al. 2013. Ectoparasitic insects and mites on Yunnan red-backed voles (*Eothenomys miletus*) from a localized area in Southwest China. Parasitology Research, 112(10): 3543-3549.

Guo X J, Cheng R, Jiang S, et al. 2022. Four new species of *Ditrigona* Moore (Lepidoptera, Drepanidae) in China and an annotated catalogue. ZooKeys, 1091: 57-98.

Gyulai P. 2018. A new species of *Xestia* Hübner, 1818 (Lepidoptera, Noctuidae) from China. Zootaxa, 4514(3): 445-448.

Gyulai P. 2021. Notes on the subgenus *Albocosta* Fibiger & Lafontaine 1997, with descriptions of five new taxa from Asia

Gyulai P, Ronkay L. 2018. A new species and a new subspecies of *Euplexia* Stephens, 1829 (Lepidoptera: Noctuidae: Xyleninae) from China. Zootaxa, 4374(4): 579-593.

Gyulai P, Ronkay L, Saldaitis A. 2011. New Noctuidae species from China (Lepidoptera, noctuoidea). Zootaxa, 2896(1): 46-52.

Gyulai P, Ronkay L, Saldaitis A. 2013. Two new *Xestia* Hübner, 1818 species from China (Lepidoptera, Noctuidae). Zootaxa, 3734(1): 96-100.

Gyulai P, Saldaitis A. 2015. A new species of *Oroplexia* (Lepidoptera: Noctuidae) from China. Zootaxa, 3964(5): 583-588.

Gyulai P, Saldaitis A. 2019. A new species of *Phlogophora* Treitschke (Lepidoptera: Noctuidae) from China. Zootaxa, 4646(2): 322-330.

Gyulai P, Saldaitis A. 2020. Notes on the genus *Diarsia* with description of a new species from China (Lepidoptera: Noctuidae). Zootaxa, 4810(2): 395-400.

Gyulai P, Saldaitis A, Truuverk A. 2017. Notes on the *Agrotis colossa* Boursin problem, with the description of new *Agrotis* species from China (Lepidoptera, Noctuidae). Zootaxa, 4291(1): 144-154.

(Lepidoptera, Noctuidae). Ecologica Montenegrina, 40: 26-45.

Han H L, Behounek G, Kononenko V S. 2020. New species of *Donda* Moore, 1882 and new data on Pantheinae species. Revision of Pantheinae, contribution XIV (Lepidoptera, Noctuidae: Pantheinae). Zootaxa, 4731(2): 279-286.

Han H L, Hu Y Q. 2019. Three new species and a new record of the genus *Evonima* Walker 1865 from China (Lepidoptera, Nolidae, Nolinae). Oriental Insects, 53(3):439-447.

Han H L, Kononenko V S. 2015a. A new species and two new combinations in the genus *Strotihypera* Kononenko & Han, 2011 (Lepidoptera, Noctuidae, Noctuinae: Elaphriini). A postscript to the description of the genus *Strotihypera*. Zootaxa, 4034(3): 594-600.

Han H L, Kononenko V S. 2015b. A review of the genus *Deltote* Reichenbah, Leipzig, 1817 with description of a new species from China (Lepidoptera, Noctuidae: Eustrotiinae). Zootaxa, 4007(4): 580-587.

Han H L, Kononenko V S. 2017. Two new species of the family Noctuidae from China (Lepidoptera, Noctuidae). Zootaxa, 4338(2): 385-392.

Han H L, Kononenko V S. 2018. Twelve new species and four new records of *Stenoloba* Staudinger 1892 from China (Lepidoptera, Noctuidae: Bryophilinae). Zootaxa, 4388(3): 301-327.

Han H L, Kononenko V S. 2021a. Six new species of the genus *Bellulia* Fibiger, 2008 from China and Cambodia (Lepidoptera, Erebidae, Hypenodinae). Taxonomic study of Micronoctuini. Contribution III. Zootaxa, 4938(1): 117-130.

Han H L, Kononenko V S. 2021b. Two new *Micronola* Amsel, 1935 from China and Malaysia (Lepidoptera, Erebidae, Hypenodinae,

Micronoctuini). taxonomic study of Micronoctuini. contribution III. Zootaxa, 4999(2): 190-196.

Han H X, Galsworthy A C, Xue D Y. 2005. A taxonomic revision of *Limbatochlamys* Rothschild, 1894 with comments on its tribal placement in Geometrinae (Lepidoptera: Geometridae). Zoological Studies, 44(2): 191-199.

Han H X, Galsworthy A C, Xue D Y. 2012. The *Comibaenini* of China (Geometridae: Geometrinae), with a review of the tribe. Zoological Journal of the Linnean Society, 165(4): 723-772.

Han H X, Skou P, Cheng R. 2019. Neochloroglyphica, a new genus of *Geometrinae* from China (Lepidoptera, Geometridae), with description of a new species. Zootaxa, 4571(1): 99-110.

Han H X, Stüning D, Xue D Y. 2010. Taxonomic review of the genus *Pseudostegania* Butler, 1881, with description of four new species and comments on its tribal placement in the Larentiinae (Lepidoptera: Geometridae). Entomological Science, 13: 234-249.

Han H X, Xue D Y. 2004, A taxonomic study on *Timandromorpha* Inoue (Lepidoptera: Geometridae). Oriental Insects, 38(1): 179-188.

Han H X, Xuc D Y. 2009. Taxonomic review of *Hemistola* Warren, 1893 from China, with descriptions of seven new species (Lepidoptera: Geometridae, Geometrinae). Entomological Science, 12(4): 382-410.

Han Y Y, van Achterberg K, Chen X X. 2022. Review of the genera *Breviterebra* Kusigemati, *Charops* Holmgren and *Scenocharops* Uchida (Hymenoptera, Ichneumonidae, Campopleginae) from China, with description of three new species. Zootaxa, 5133(4): 527-542.

Haxaire J, Melichar T, Kitching I J, et al. 2022. A revision of the Asiatic genus *Smerinthulus* Huwe, 1895 (Lepidoptera: Sphingidae), with the description of three new taxa and notes on its junior synonym, *Degmaptera* Hampson, 1896. European Entomologist, 14 (1/2): 1-84.

He Q J, Shi W, Li C Y, et al. 2021. The first record of the monospecific genus *Rhinopalpa* (Lepidoptera: Nymphalidae) from China. Biodiversity Data Journal, 9: e70975.

Hirowatari T, Kanazawa I, Liang X C. 2012. Four new species of the genus *Nemophora* Hoffmannsegg (Lepidoptera, Adelidae) from China. Esakia, 52: 99-106.

Hirowatari T, Yagi S, Liao C Q, et al. 2022. Discovery of *Nemophora chrysoprasias* Meyrick (Lepidoptera: Adelidae) from China, with notes on its related species. Journal of Asia-Pacific Biodiversity, 15(3): 391-400.

Hjalmarsson A E. 2019. Delimitation and description of three new species of *Himalopsyche* (Trichoptera: Rhyacophilidae) from the Hengduan Mountains, China. Zootaxa, 4638(3): 419-441.

Hu S J, Cotton A M, Condamine F L, et al. 2018. Revision of *Pazala* Moore, 1888: the *Graphium (Pazala) mandarinus* (oberthür, 1879), with treatment of known taxa and descriptions of new species and new subspecies (Lepidoptera: Papilionidae). Zootaxa, 4441(3): 401-446.

Hu S J, Zhang H H, Yang Y. 2021. A new species of *Aporia* (Lepidoptera: Pieridae) from Northwest Yunnan, China with taxonomic notes on its similar sympatric taxa. Zootaxa, 4963(1): 1-10.

Hu S J, Zhang X, Cotton A M, et al. 2014. Discovery of a third species of *Lamproptera* Gray, 1832 (Lepidoptera: Papilionidae). Zootaxa, 3786(4): 469-482.

Hu Y Q, László G M, Ronkay G, et al. 2013. A new species of *Evonima* Walker, 1865 (Lepidoptera: Nolidae: Nolinae) from China. Zootaxa, 3716(4): 599-600.

Hu Y Q, Wang M, Han H L. 2012. Two new species and a new record of *Spininola* from China (Lepidoptera: Nolidae: Nolinae). Zootaxa, 3547(1): 85-88.

Hu Y Q, Wang M, Han H L. 2014. New records of *Porcellanola* László, Ronkay & Witt, 2006 (Lepidoptera, Nolidae, Nolinae) from China, with description of a new species. Zootaxa, 3835(1): 145-150.

Hu Y Q, Wang M, Han H L. 2015. Two new species and five new records of *Nola* Leach, [1815] (Lepidoptera, Nolidae, Nolinae) from China. Zootaxa, 3920(3): 483-487.

Huang C Y, Volynkin A V, Zhu L J, et al. 2021. Contribution to the knowledge of the genus *Fossia* Volynkin, Ivanova & S.-Y. Huang, 2019 (Lepidoptera: Erebidae: Arctiinae: Lithosiini) from China with description of a new subspecies. Zootaxa, 5023(2): 284-292.

Huang G H, Hirowatari T, Wang M. 2007. Taxonomic notes on the genus *Tineovertex* Moriuti (Insecta, Lepidoptera, Tineidae) with description of a new species. Zootaxa, 1637(1): 37-46.

Huang H. 1999. Some new butterflies from China-1 (Rhopalocera). Lambillionea, 99(4): 642-676.

Huang H. 2001. Report of H. Huang's 2000 expedition to SE. Tibet for Rhopalocera (Insecta, Lepidoptera). Neue Entomologische Nachrichten, 51: 65-151.

Huang H. 2002. Some new nymphalids from the valleys of Nujiang and Dulongjiang, China (Lepidoptera: Nymphalidae). Atalanta, 33(3/4): 339-360.

Huang H. 2003. A list of butterflies collected from Nujiang (Lou Tse Kiang) and Dulongjiang, China with descriptions of new species, new subspecies, and revisional notes (Lepidoptera: Rhopalocera). Neue Entomologische Nachrichten, 55: 3-183.

Huang H. 2014. New or little-known butterflies from China (Lepidoptera: Nymphalidae et Lycaenidae). Atalanta, 45(1/4): 151-162.

Huang H. 2016. New or little-known butterflies from China-2 (Lepidoptera: Pieridae, Nymphalidae, Lycaenidae et Hesperiidae). Atalanta, 47(1/2): 161-173.

Huang H. 2017. *Eugrumia dabrerai* spec. nov. from Qinghai, China (Lepidoptera, Nymphalidae). Atalanta, 48(1/4): 204-207.

Huang H. 2019. New or little-known butterflies from China-3 (Lepidoptera: Pieridae, Nymphalidae, Riodinidae, Lycaenidae et Hesperiidae). Neue Entomologische Nachrichten, 78: 203-255.

Huang H. 2021. New or little-known butterflies from China-4 (Lepidoptera: Pieridae, Nymphalidae, Riodinidae, Lycaenidae et Hesperiidae). Atalanta, 52(3): 338-406.

Huang H. 2022. Taxonomy and morphology of Chinese butterflies 2, Lycaenidae: Theclinae: Iolaini: genera *Tajuria* Moore, 1881, *Pratapa* Moore, 1881, *Dacalana* Moore, 1884, *Maneca* de Nicéville, 1890, *Creon* de Nicéville, 1896 and *Bullis* de Nicéville, 1897 (Lepidoptera, Lycaenidae). Atalanta, 53(1/2): 136-199.

Huang H. 2023. New or little-known butterflies from China-5 (Lepidoptera: Papilionidae, Pieridae, Nymphalidae, Lycaenidae et Hesperiidae). Neue Entomologische Nachrichten, 82: 93-214.

Huang H, Li Y F. 2022. A new subspecies of *Pratapa icetas* (Hewitson, [1865]) from Qinling Mts., China (Lepidoptera, Lycaenidae). Atalanata, 53(1/2): 200-204.

Huang H, Wang C H. 2017. Notes on the genus *Aulocera* Butler from China with description of a new species from Yunnan (Lepidoptera, Nymphalidae). Atalanta, 48(1/4): 208-218.

Huang H, Wang J Y, Chen Z. 2016. A new species of the *Euthalia* subgenus *Limbusa* from the Yarlung Tsangpo Grand Canyon, South Eastern Tibet (Lepidoptera, Nymphalidae). Atalanta, 47(1/2): 205-210.

Huang H, Wu Z J. 2016. Report on some little-known butterflies from SE Tibet and NW Yunnan. Atalanta, 47(1/2): 174-178.

Huang H, Xue Y P. 2004. Notes on some Chinese butterflies. Neue Entomologische Nachrichten, 57: 171-177.

Huang H, Zhu J Q. 2018. A tentative review of the genus *Sinthusa* Moore, 1884 from China (Lepidoptera, Lycaenidae). Atalanta, 49(1/4): 143-153.

Huang H, Zhu J Q, Li A M, et al. 2016. A review of the *Deudorix repercussa* (Leech, 1890) group from China (Lycaenidae, Theclinae). Atalanta, 47(1/2): 179-195.

Huang S Q, Du X C. 2023. Revision of the genus *Charitoprepes* Warren (Lepidoptera, Crambidae), with the description of a new species from China. ZooKeys, 1149: 171-179.

Huang S Y, Volynkin A V, Lerný K, et al. 2019. Contribution to the knowledge on the genus *Barsine* Walker, 1854 from the mainland of China and Indochina, with description of a new species (Lepidoptera, Erebidae, Arctiinae, Lithosiini). Zootaxa, 4711(3): 495-516.

Huang S Y, Volynkin A V, Wang M, et al. 2020. A new species of the subgenus *Idopterum* Hampson, 1894 of the genus *Ammatho* Walker, 1855 from China (Lepidoptera: Erebidae: Arctiinae: Lithosiini), with redefinition of the subgenus *Idopterum*. Zootaxa, 4885(2): 271-276.

Huang S Y, Volynkin A V, Zhu L J, et al. 2022. Processuridia, a new genus for two new species from China and Indochina (Lepidoptera: Erebidae: Arctiinae: Lithosiini). Zootaxa, 5104(1): 40-48.

Huang S Y, Wang M, Da W, et al. 2019. New discoveries of the family Epicopeiidae from China, with description of a new species (Lepidoptera, Epicopeiidae). ZooKeys, 822: 33-51.

Huang S Y, Wang M, Fan X L. 2019a. A new species of the genus *Lethe* Hübner, 1819 from Yunnan, China (Lepidoptera, Nymphalidae, Satyrinae). Zootaxa, 4700(4): 464-470.

Huang S Y, Wang M, Fan X L. 2019b. Notes on the genus *Psychostrophia* Butler, 1877 (Lepidoptera, Epicopeiidae), with description of a new species. ZooKeys, 900: 111-127.

Huang S Y, Zhu L J, Chen E Y, et al. 2022. Contribution to the knowledge of the genus *Agalope* Walker from the mainland of China, with descriptions of four new species (Lepidoptera, Zygaenidae, Chalcosiinae). Zootaxa, 5165(4): 557-574.

Huang Z F, Yu Y, Hu Y Q. 2021. Two new species and a new record of the genus *Spininola* László, Ronkay & Witt, 2010 from China (Lepidoptera, Nolidae, Nolinae). Zootaxa, 5047(4): 484-488.

Huang Z F, Yu Y, Hu Y Q. 2022. Description of a new species of *Spininola* László, Ronkay & Witt, 2010 (Lepidoptera, Nolidae, Nolinae), with new records of *Spininola* in China. Zootaxa, 5195(6): 598-600.

Ivshin N, Krutov V, Romanov D. 2018. Three new taxa of the genus *Cechetra* Zolotuhin & Ryabov, 2012. (Lepidoptera, Sphingidae) from South-East Asia with notes on other species of the genus. Zootaxa, 4550(1): 1-25.

Ji S Q, Huang S Y, Ma L J, et al. 2018. Two new species of the genus *Chibiraga* Matsumura, 1931 (Lepidoptera: Limacodidae) from China. Zootaxa, 4429(1): 165-172.

Jiang N, Sato R, Han H X. 2012. One new and one newly recorded species of the genus *Amraica* Moore, 1888 (Lepidoptera: Geometridae: Ennominae) from China, with diagnoses of the Chinese species. Entomological Science, 15(2), 219-231.

Jiang N, Stüning D, Xue D Y, et al. 2016. Revision of the genus *Metaterpna* Yazaki, 1992 (Lepidoptera, Geometridae, Geometrinae), with description of a new species from China. Zootaxa, 4200(4): 501-514.

Jiang N, Xue D Y, Han H X. 2014. A review of *Luxiaria* Walker and its allied genus *Calletaera* Warren (Lepidoptera, Geometridae, Ennominae) from China. Zootaxa, 3856(1): 73-99.

Jiang Z H, Wang C B, Miu B F, et al. 2021. Review of the genus *Lemaireia* Nässig & Holloway, 1988 from China, with description of a new species (Lepidoptera: Saturniidae). Zootaxa, 5027(3): 429-437.

Jiang Z H, Zhu J Q, Hu S J. 2019. A note on the genus *Rohana* from China (Lepidoptera: Nymphalidae). Butterflies, 82: 4-12.

Jin Q, Fan X M, Wang S X. 2013. Genus *Diaphragmistis* Meyrick (Lepidoptera: Yponomeutidae) new to China, with descriptions of two new species. Entomological News, 123(3): 237-240.

Jordan K. 1910. New Saturniidae. Novitates Zoologicae, Tring, Zoological Museum, 17(3): 470-476.

Jordan K. 1923. Four new Sphingidae discovered by T.R. bell in North Kanara. Novitates Zoologicae, Tring, Zoological Museum, 30: 186-190.

Jordan K. 1932. Siphonaptera collected by Harold Stevens on the Kelley-Roosevelt Expedition in Yunnan and Szechuan. Novitates Zoologicae, Tring, Zoological Museum, 38: 276-290.

Kaleka A S, Singh D, Saini S. 2018. Taxonomic studies on genus *Kunugia* Nagano (Lepidoptera: Bombycoidea: Lasiocampidae) from North-West India. Annals of Entomology, 36(2): 103-111.

Khanal B, Shrestha B R. 2023. Diversity, distribution and medical significance of *Gazalina* species (Lepidoptera: Notodontidae) in Nepal. Nepalese Journal of Zoology, 6(S1): 45-49.

Kim Y, Qi M J, Wang S X, et al. 2023. Taxonomy of the genus *Calamotropha* Zeller (Lepidoptera: Crambidae: Crambinae) from China. Zootaxa, 5297(4): 451-482.

Kirichenko N, Triberti P, Kobayashi S, et al. 2018. Systematics of *Phyllocnistis* leaf-mining moths (Lepidoptera, Gracillariidae) feeding on dogwood (*Cornus* spp.) in Northeast Asia, with the description of three new species. ZooKeys, 736: 79-118.

Kiss Á. 2017. Taxonomic review of the *Craniophora* s. L. (Lepidoptera, Noctuidae, Acronictinae) generic complex with description of 8 new genera and 13 new species. Zootaxa, 4355(1): 1-90.

Kitching I J, Brechlin R. 1996. New species of the genera *Rhodoprasina* Rothchild & Jordan and *Acosmeryx* Boisduval from Thailand and Vietnam, with a redescription of *R. corolla* Cadiou & Kitching (Lepidoptera: Sphingidae). Nachrichten des Entomologischen Vereins Apollo. Juni, 17(1): 51-66.

Kitching I J, Cadiou M. 2000. Hawkmoths of the world: An Annotated and Illustrated Revisionary Checklist. London: The Natural History Museum. Ithaca: Cornell University Press.

Kitching I J, Jin X B. 1998. A new species of *Sphinx* (Lepidoptera, Sphingidae) from Sichuan Province, China. Tinea, 15(4): 275-280.

Kobayashi H, Kishida Y. 2004. New species of the genus *Saliocleta* (Lepidoptera, Notodontidae) from Myanmar and Vietnam. Transactions of the Lepidopterological Society of Japan, 55(2): 83-87.

Kononenko V S. 1989. Two new genera of the noctuid subfamily Amphipyrinae (Lepidoptera: Noctuidae). Japan Heterocerists' J. 152: 28-30.

Kononenko V S. 2004. Description of two new species of the genus *Tambana* Moore, 1882 from China (Lepidoptera, Noctuidae, Pantheinae). Mitteilungen des Internationalen Entomologischen Vereins, 29: 77-83.

Kononenko V K, Behounek G. 2009. A revision of the genus *Lophomilia* Warren, 1913 with description of four new species from East Asia (Lepidoptera: Noctuidae: Hypeninae). Zootaxa, 1989: 1-22.

Kozlov M V. 2023. The identities of *Nemophora augites* (meyrick, 1938) and *Nemophora amatella* (Staudinger, 1892): correction of misidentifications and description of a new species (Lepidoptera: Adelidae) from China. Zootaxa, 5301(1): 94-104.

Lang S Y. 2007. Notes on the genus *Solus* Watson, 1913 from Yunnan and Tibet, China with the description of new taxa (Lepidoptera, Saturniidae). Atalanta, 48 (1/4): 240-244.

Lang S Y. 2012a. Description of a new species of the genus *Euthalia* Hübner, 1819 from Yunnan Province, China. Atalanta, 43(3/4): 512-513.

Lang S Y. 2012b. The Nymphalidae of China (Lepidoptera, Rhopalocera), part I, Libytheinae, Danainae, Calinaginae, Morphinae, Heliconiinae, Nymphalinae, Charaxinae, Apaturinae, Cyrestinae, Biblidinae, Limenitinae. Prague, Czechoslovakia: Tshikolovets Publications: 28-319.

Lang S Y. 2017. The Nymphalidae of China (Lepidoptera, Rhopalocera), part II, Satyrinae (partim), tribe Satyrini (partim), Subtribes Eritina, Ragadiinae, Lethina, Parargina. Prague, Czechoslovakia: Tshikolovets Publications, 22-127.

László G M, Ronkay G, Ronkay L. 2015. Contribution to the knowledge on the Palaearctic and Oriental taxa of the *Meganola* s.l. (Lepidoptera, Noctuoidea, Nolidae, Nolinae) generic complex with descriptions of 4 new genera and 11 new species. Zootaxa, 4052(2): 251-296.

Lerný K. 2014. Ten new species of *Lemyra* Walker, 1856, *Spilosoma* Curtis, 1825 and *Juxtarctia* Kirti & Kaleka, 2002 from South East Asia (Noctuoidea, Erebidae, Arctiinae). Nachrichten des Entomologischen Vereins Apollo, 35 (1/2): 53-59.

Lewis J A, Sohn J C, Landry B. 2015. Lepidoptera: Yponomeutoidea I (Argyresthiidae, Attevidae, Praydidae, Scythropiidae, and Yponomeutidae). Leiden: Brill.

Li D, Aspöck H, Aspöck U, et al. 2021. Mining the species diversity of lacewings: new species of the pleasing lacewing genus *Dilar* Rambur, 1838 (Neuroptera, Dilaridae) from the oriental region. Insects, 12(5): 451.

Li D, Liu X Y. 2021. First record of the pleasing lacewing subfamily Nallachiinae (Neuroptera: Dilaridae) from China, with description of a new species of *Neonallachius* Nakahara, 1963. Annales Zoologici, 71(2): 235-241.

Li H H, Xiao Y L. 2006. A study of the genus *Rhodobates* Ragonot (Lepidoptera: Tineidae) from China. Proceedings of the Entomological Society of Washington, 108(2): 418-428.

Li H H, Xiao Y L. 2007. Systematic study on the genus *Dinica* Gozmány (Lepidoptera: Tineidae) from China. Entomologica Fennica, 18(3): 184-192.

Li H H, Zhang Z G. 2016. Five species of the genus *Epicephala* Meyrick, 1880 (Lepidoptera: Gracillariidae) from China. Zootaxa,

4084(3): 391-405.

Li J, Jiang N, Han H X. 2012. Heterophleps inusitata, an extremely rare new moth species from Western Yunnan, China (Lepidoptera, Geometridae, Larentiinae). Zootaxa, 3278(1): 58-60.

Li J, Xue D Y, Han H X, et al. 2012. Taxonomic review of *Syzeuxis* Hampson, 1895, with a discussion of biogeographical aspects (Lepidoptera, Geometridae, Larentiinae). Zootaxa, 3357(1): 1-24.

Li W C. 2018. *Erpis* Walker, 1863 a new record to the fauna of China (Lepidoptera: crambidae). SHILAP Revista de Lepidopterología, 46(184): 643-646.

Li W C, Li H H. 2012. Review of the genus *Calamotropha* Zeller (Lepidoptera: Crambidae: Crambinae) from China, with descriptions of four new species. Journal of Natural History, 46(43/44): 2639-2664.

Li W C, Li H H, Nuss M. 2010. Taxonomic revision and biogeography of *Micraglossa* Warren, 1891 from laurel forests in China (Insecta: Lepidoptera: Pyraloidea: Crambidae: Scopariinae). Arthropod Systematics & Phylogeny, 68(2): 159-180.

Li W C, Li H H, Nuss M. 2012. Taxonomic revision of the genus *Eudonia* Billberg, 1820 from China (Lepidoptera: Crambidae: Scopariinae). Zootaxa, 3273(1): 1-27.

Li Y L, Hua B Z. 2023. Two new species and one newly recorded species in the genus *Neopanorpa* van der Weele (Mecoptera: Panorpidae) from Southwestern China. Entomotaxonomia, 45(2): 123-132.

Liang J M, Solovyev A V, Wang H S. 2022. Two new species of the genus *Microleon* (Lepidoptera: Limacodidae) from China. Zootaxa, 5175(1): 137-145.

Lin A L, Cao L J, Wei S J, et al. 2022. Phylogeography of the *Oriental dobsonfly, Neoneuromus ignobilis* Navás, suggests Pleistocene allopatric isolation and glacial dispersal shaping its wide distribution. Systematic Entomology, 47(1): 65-81.

Liu H X, Li H H. 2020. Review of the genus *Epicrocis* Zeller, 1848 in China (Lepidoptera, Pyralidae), with descriptions of three new species. Zootaxa, 4834(1): 133-144.

Liu H X, Zhang X Y, Li H H. 2022. Two new species of the genus *Merulempista* Roesler, 1967 from China (Lepidoptera, Pyralidae, Phycitinae). Zootaxa, 5150(2): 293-300.

Liu L J, Wang Y P, Li H H. 2016. Taxonomic review of the genus *Teliphasa* Moore, 1888 from China, with descriptions of four new species (Lepidoptera, Pyralidae, Epipaschiinae). ZooKeys, 554: 119-137.

Liu P, Wang S X. 2019. Two new species of the genus *Tylostega* Meyrick, 1894 (Lepidoptera: Crambidae) from China, with a list of all the known species in the world. Zoological Systematics, 44(3): 206-211.

Liu S R, Wang S X. 2014a. The genus *Homaloxestis* Meyrick (Lepidoptera: Lecithoceridae) from China, with descriptions of two new species. Zootaxa, 3760(1): 79-88.

Liu S R, Wang S X. 2014b. Two new species of the genus *Synesarga* Gozmány, 1978 from China (Lepidoptera: Lecithoceridae). SHILAP Revista de Lepidopterología, 42(165): 71-76.

Liu T T, Wang S X, Li H H. 2017. Review of the genus *Argyresthia* Hübner, [1825] (Lepidoptera: Yponomeutoidea: Argyresthiidae) from China, with descriptions of forty-three new species. Zootaxa, 4292(1): 1-135.

Liu X Y. 2018. A review of the montane lacewing genus *Rapisma* McLachlan (Neuroptera, Ithonidae) from China, with description of two new species. Zoosystematics and Evolution, 94(1): 57-71.

Liu X Y. 2020. A new species of the montane lacewing genus *Rapisma* McLachlan (Neuroptera, Ithonidae) from Northwestern Yunnan, China. Zootaxa, 4763(3): 439-443.

Liu X Y, Aspöck H, Aspöck U. 2012. *Sinoneurorthus yunnanicus* n. gen. et n. sp. – a spectacular new species and genus of Nevrorthidae (Insecta: Neuroptera) from China, with phylogenetic and biogeographical implications. Aquatic Insects, 34(2): 131-141.

Liu X Y, Aspöck H, Aspöck U. 2014. New species of the genus *Nipponeurorthus* Nakahara, 1958 (Neuroptera: Nevrorthidae) from China. Zootaxa, 3838(2): 224-232.

Liu X Y, Aspöck H, Yang D, et al. 2010. Species of the *Inocellia fulvostigmata* group (Raphidioptera, Inocelliidae) from China. Deutsche Entomologische Zeitschrift, 57(2): 223-232.

Liu X Y, Aspöck H, Zhang W W, et al. 2012. New species of the snakefly genus *Inocellia* Schneider, 1843 (Raphidioptera: Inocelliidae) from Yunnan, China. Zootaxa, 3298(1): 43-52.

Liu X Y, Dobosz R. 2019. Asian Megaloptera in the Upper Silesian Museum Collection, Poland, with description of a new species of *Protohermes* van der Weele (Corydalidae: Corydalinae) from Vietnam. Zootaxa, 4544(2): 178-188.

Liu X Y, Hayashi F, Viraktamath C A, et al. 2012. Systematics and biogeography of the dobsonfly genus *Nevromus* Rambur (Megaloptera: Corydalidae: Corydalinae) from the Oriental realm. Systematic Entomology, 37(4): 657-669.

Liu X Y, Hayashi F, Yang D. 2009a. Sialis navasi, a new alderfly species from China (Megaloptera: Sialidae). Zootaxa, 2230(1): 64-68.

Liu X Y, Hayashi F, Yang D. 2009b. Systematics of the *Protohermes* parcus species group (Megaloptera: Corydalidae), with notes on its phylogeny and biogeography. Journal of Natural History, 43(5/6): 355-372.

Liu X Y, Hayashi F, Yang D. 2010a. Revision of the *Protohermes* davidi species group (Megaloptera: Corydalidae), with updated notes on its phylogeny and zoogeography. Aquatic Insects, 32(4): 299-319.

Liu X Y, Hayashi F, Yang D. 2010b. The genus *Neochauliodes* Van Der Weele (Megaloptera: Corydalidae) from Indochina, with description of three new species. Annales Zoologici, 60(1): 109-124.

Liu X Y, Hayashi F, Yang D. 2012. A new species of alderfly (Megaloptera: Sialidae) from Yunnan, China. Entomological News, 122(3): 265-269.

Liu X Y, Hayashi F, Yang D. 2013. Taxonomic notes on the *Protohermes changninganus* species group (Megaloptera: Corydalidae), with description of two new species. Zootaxa, 3722(4): 569-580.

Liu X Y, Hayashi F, Yang D. 2015. Systematics and biogeography of the dobsonfly genus *Neurhermes* Navás (Megaloptera: Corydalidae: Corydalinae). Arthropod Systematics and Phylogeny, 73(1): 41-63.

Liu X Y, Li D, Yang Z Z. 2018. A new species of the montane lacewing genus *Rapisma* McLachlan (Neuroptera, Ithonidae) from China. Zootaxa, 4531(2): 266-270.

Liu X Y, Lyu Y A, Aspöck H, et al. 2018. Discovery of a new species of *Inocelliidae* (Insecta: Raphidioptera) in an altitude of nearly 3500 m in China. Zootaxa, 4471(3): 585-589.

Liu X Y, Yang D. 2006a. Revision of the fishfly genus *Ctenochauliodes* van der Weele (Megaloptera, Corydalidae). Zoologica Scripta, 35(5): 473-490.

Liu X Y, Yang D. 2006b. Revision of the species of *Neochauliodes* Weele, 1909 from Yunnan (Megaloptera: Corydalidae : Chauliodinae). Annales Zoologici, 56(1): 187-195.

Liu X Y, Yang D. 2006c. Systematics of the *Protohermes davidi* species-group (Megaloptera:Corydalidae) with notes on phylogeny and biogeography. Invertebrate Systematics, 20(4): 477-488.

Liu Z, He J H, Chen X X, et al. 2019. The ultor-group of the genus *Dolichogenidea* Viereck (Hymenoptera, Braconidae, Microgastrinae) from China with the descriptions of thirty-nine new species. Zootaxa, 4710(1): 1-134.

Lo Y F P, Bi Z. 2019. A preliminary report on butterfly fauna (Insecta: Lepidoptera) of Tengchong Section of Gaoligongshan National Nature Reserve, China. Journal of Threatened Taxa, 11(11): 14452-14470.

Loi K, Li J, Wang S X. 2019. First report of the genus *Orencostoma* Moriuti (Lepidoptera: Yponomeutidae) from China, with descriptions of two new species. Zoological Systematics, 44(1): 76-83.

Lu X Q, Du X C. 2020. Revision of *Nagiella* Munroe (Lepidoptera, Crambidae), with the description of a new species from China. ZooKeys, 964: 143-159.

Lu X Q, Wan J P, Du X C. 2019. Three new species of *Herpetogramma* Lederer (Lepidoptera, Crambidae) from China. ZooKeys, 865: 67-85.

Lvovsky A L. 2015. Composition of the subfamily Periacminae (Lepidoptera, Lypusidae) with descriptions of new and little-known species of the genus *Meleonoma* Meyrick, 1914 from South, East, and South-East Asia. Entomological Review, 95(6): 766-778.

Ma Y L. 2022. The green lacewing genus *Anachrysa* Hölzel, 1973 (Neuroptera, Chrysopidae): a new species, two new combinations, and updated key to species. ZooKeys, 1106: 57-66.

Ma Y L, Liu X Y. 2021. Two new species of the green lacewing subgenus *Ankylopteryx* Brauer, 1864 (s. str.) (Neuroptera, Chrysopidae) from China. Zootaxa, 4941(3): 425-433.

Ma Y L, Yang X K, Liu X Y. 2020a. Notes on the green lacewing subgenus *Ankylopteryx* Brauer, 1864 (s. str.) (Neuroptera, Chrysopidae) from China, with description of a new species. ZooKeys, 906: 41-71.

Ma Y L, Yang X K, Liu X Y. 2020b. The green lacewing genus *Austrochrysa* Esben-Petersen, 1928 (Neuroptera: Chrysopidae) from China, with description of two new species. Zootaxa, 4822(1): 101-112.

Malicky H, Sun C H. 2002. 25 new species of Rhyacophilidae (Trichoptera) from China. Linzer Biologische Beiträge, 34(1): 541-561.

Mally R. 2018. Moths of the Genus *Conogethes*: Taxonomy, Systematics, and Similar Species//The Black spotted, Yellow Borer, *Conogethes punctiferalis* Guenée and Allied Species. Singapore: Springer Singapore: 1-12.

Masui A, Bozano G C, Floriani A. 2011. Guide to the Butterflies of the Palearctic Region, Nymphalidae part IV, Subfamily Apaturinae. Milan: Omnes Artes: 11-73.

Mazumder A, Raha A, Sanyal A K, et al. 2020. A new species of *Nerice* Walker, 1855 and further additions to the catalogue of Indian Notodontidae Stephens, 1829 (Lepidoptera: Noctuoidea) from Himalaya with report of range extensions. Zootaxa, 4748(1): 119-140.

Mironov V, Šumpich J. 2022a. New species of the genus *Eupithecia* (Lepidoptera, Geometridae) from China. part IX. Zootaxa, 5219(3): 276-286.

Mironov V, Šumpich J. 2022b. New species of the genus *Eupithecia* (Lepidoptera, Geometridae) from China. Part VII. Zootaxa, 5154(3): 289-304.

Mollet B. 2015. Two new species of the genus *Illiberis* from China. Antenor, 2(2): 224-231.

Monastyrskii A L. 2019a. Butterflies of Vietnam, Volume 4(I), Nymphalidae: Libytheinae, Calinaginae, Apaturinae, Charaxinae, Nymphalinae, Biblidinae, Pseudergolinae, Cyrestinae, Heliconiinae. Ha Noi: Labour-Social Publishing House: 35-195.

Monastyrskii A L. 2019b. Butterflies of Vietnam, Volume 4(II), Nymphalidae: Limenitidinae. Ha Noi: Labour-Social Publishing House: 17-151.

Nakae M. 2015. A new subspecies of *Byasa hedistus* Jordan, 1928 (Lepidoptera: Papilionidae) from Yunnan Province, China. Butterflies, 70: 4-7.

Nässig W A. 1989a. Systematisches Verzeichnis der Gattung *Cricula* Walker, 1855 (Lepidoptera, Saturniidae). Entomologische Zeitschrift, 99(13): 181-192.

Nässig W A. 1989b. Systematisches Verzeichnis der Gattung *Solus* Watson 1913 (Lepidoptera, Saturniidae). Entomologische Zeitschrift, 99(23): 337-345.

Nässig W A. 1994a. Vorläufige Anmerkungen zur Saturniiden und Brahmaeidenfauna von Vietnam mit Neubeschreibungen (Lepidoptera). Nachrichten des Entomologischen Vereins Apollo, Frankfurt am Main, N.F., 15(3): 339-358.

Nässig W A. 1994b. Vorschlag für ein neues Konzept der Gattung *Saturnia* Schrank, 1802 (Lepidoptera: Saturniidae). Nachrichten des Entomologischen Vereins Apollo, Frankfurt am Main, N.F., 15(3): 253-266.

Nässig W A. 2007. Assessment of the proper nomenclature of *Loepa* Moore, 1859 and its type species (Saturniidae). Nota lepidopterologica, 30(1): 175-178.

Nässig W A, Oberprieler R G. 1994. Notes on the systematic position of *Sinobirma malaisei* (Bryk 1944) and the genera *Tagoropsis*, *Maltagorea*, and *Pseudantheraea* (Lepidoptera, Saturniidae: Saturniinae, Pseudapheliini). Nachrichten des Entomologischen Vereins Apollo, Frankfurt am Main, N.F., 15(3): 369-382.

Nässig W A, Peigler R S. 2001. Four new species of the silkmoth genus *Samia* (Lepidoptera: Saturniidae). Nachrichten des Entomologischen Vereins Apollo, Frankfurt am Main, N.F., 22(2): 75-83.

Naumann S, Löffler S. 2005. Notes on the genus *Saturnia* Schrank, 1802, with description of a new species (Lepidoptera: Saturniidae). Nachrichten des Etomologischen Vereins Apollo, N.F., 26(4): 169-176.

Naumann S, Löffler S. 2012. Taxonomic notes on the group of *Loepa miranda*, 1: The subgroup of *Loepa yunnana* (Lepidoptera: Saturniidae). Nachrichten des entomologischen Vereins Apollo N. F., 33(2/3): 57-68.

Naumann S, Löffler S, Kohll S. 2010. Bemerkungen zur Gattung *Salassa* Moore, 1859, mit Beschreibung einiger neuer Arten (Lepidoptera, Saturniidae). The European Entomologist, 2(3/4): 93-123.

Naumann S, Löffler S, Nässig W A. 2010. Revisional notes on the species-group of *Saturnia* cachara, with description of a new subgenus and a new species (Lepidoptera: Saturniidae). Nachrichten des Etomologischen Vereins Apollo, N.F., 33 (2/3): 107-128.

Naumann S, Nässig W A. 2010a. Revisional notes on the species-group of *Saturnia grotei* Moore, 1859 of the genus *Saturnia* Schrank, 1802 (Lepidoptera: Saturniidae). Nachrichten des Etomologischen Vereins Apollo, Frank - furt am Main, N.F., 31 (1/2): 31-62.

Naumann S, Nässig W A. 2010b. Two species in *Saturnia* (*Rinaca*) *zuleika* Hope, 1843 (Lepidoptera: Saturniidae). Nachrichten des entomologischen Vereins Apollo, N.F., 31(3): 127-143.

Naumann S, Nässig W A, Löffler S. 2008. Notes on the identity of *Loepa katinka diversiocellata* Bryk, 1944 and description of a new species, with notes on preimaginal morphology and some taxonomic remarks on other species (Lepidoptera: Saturniidae). Nachrichten des Etomologischen Vereins Apollo, Frank - furt am Main, N.F., 29(3): 149-162.

Nieukerken E J V. 2008. Two new species in the *Ectoedemia* (Fomoria) weaveri-group from Asia (Lepidoptera: Nepticulidae). Zoologische Mededelingen, 82: 113-130.

Nieukerken E J V, Liu Y Q. 2000. Nepticulidae (Lepidoptera) in China, 1. Introduction and Stigmella Schrank feeding on Fagaceae. Tijdschrift voor Entomologie, 143(1/2): 145-181.

Nishimura M. 1999. A review of the genus *Aemona* Hewitson (Lepidoptera, Nymphalidae), with description of a new genus and a new species from North Myanmar. The Lepidopterological Society of Japan, 50(1): 1-15.

Oláh J, Barnard P C, Malicky H. 2006. A revision of the lotic genus *Potamyia* Banks 1900 (Trichoptera: Hydropsychidae) with the description of eight new species. Linzer Biologische Beiträge, 38 (1): 739-777.

Oláh J, Johanson K A. 2008. Generic review of Hydropsychinae, with description of Schmidopsyche, new genus, 3 new genus clusters, 8 new species groups, 4 new species clades, 12 new species clusters and 62 new species from the Oriental and Afrotropical regions (Trichoptera: Hydropsychidae). Zootaxa, 1802: 1-248.

Oláh J, Oláhjr J, Li W H. 2020. On the Trichoptera of China with relatives of adjacent territories I. Opuscula Zoologica, 51(2): 153-212.

Oláh J, Vincon G, Johanson K A. 2021. On the Diplectroninae and Hydropsychinae (Trichoptera) of India, with related taxa. A tribute to Fernand Schmid. Opuscula Zoologica, 52(Supplementum 1): 3-196.

Õunap E, Choi S W, Matov A, et al. 2021. Description of *Nola estonica* sp. nov., with comparison to N. aerugula and N. atomosa stat. rev. (Lepidoptera, Nolidae, Nolinae). Zootaxa, 5082(5): 401-424.

Page M G P, Treadaway C G. 2013. Speciation in *Graphium sarpedon* (Linnaeus) and allies (Lepidoptera: Rhopalocera: Papilionidae). Stuttgarter Beiträge Zur Naturkunde A Neue Serie, 6: 223-246.

Pan Z H, Li C D, Han H L. 2010. Description a new species of the genus *Gonoclostera* butler, 1877 (Lepidoptera, Notodontidae) from Yunnan, China. Journal of Forestry Research, 21(3): 387-388.

Pan Z H, Zhu C D, Wu C S. 2013. A review of the genus *Monema* walker in China (Lepidoptera, Limacodidae). ZooKeys, 306: 23-36.

Pang X Y, Rindoš M, Kishida Y, et al. 2019. Review of the genus *Daplasa* Moore (Lepidoptera, Erebidae, Lymantriinae) from China, with description of new species. Zootaxa, 4695(6): 577-585.

Park K T, Bae Y S, Zhao S N, et al. 2020. Thirteen new species of genera *Dichomeris* Hübner, 1818 and *Helcystogramma* Zeller, 1877 (Lepidoptera, Gelechiidae, Dichomeridinae) with twenty-one newly recorded species from Vietnam. Zootaxa, 4821(3): 435-461.

Paukstadt U, Brosch U, Paukstadt L H. 1999. Taxonomische Anmerkungen zu *Antheraea (Antheraeopsis) mezops* Bryk 1944, (stat. rev.) von Myanmar und Vietnam, sowie die Beschreibung des unbekannten Weibchens (Lepidoptera: Saturniidae). Entomologische Zeitschrift, Stuttgart, 109(11): 450-457.

Paukstadt U, Brosch U, Paukstadt L H. 2000. Preliminary checklist of the names of the worldwide genus *Antheraea* Hübner, 1819 ("1816") (Lepidoptera: Saturniidae). Galathea, Berichte des Kreises Nürnberger Entomologen e.V., Nürnberg, 9: 1-59.

Paukstadt U, Peigler R S, Paukstadt L H. 1998. *Samia naumanni* n. sp., eine neue Saturniide von den Banggai und Sula-In-seln, Indonesien (Lepidoptera: Saturniidae). Entomologische Zeitschrift, 108(3): 114-121.

Peigler R S, Naumann S. 2003. A revision of the silkmoth genus *Samia*. San Antonio: University of the Incarnate Word.

Pekarsky O, Saldaitis A. 2013. A new species of *Stenoloba* staudinger, 1892 from China (Lepidoptera, Noctuidae, Bryophilinae). ZooKeys, 310: 1-6.

Pellinen M J, Solovyev A V. 2015. A new species of *Canon* Solovyev, 2014 (Lepidoptera: Limacodidae) from Thailand. Zootaxa, 3964(2): 294-297.

Peng L, Deng Z, Zhang Y H, et al. 2024. Seven new species and four new records of Psychomyiidae (Insecta, Trichoptera) from China. ZooKeys, 1188: 197-218.

Peng P Y, Guo X G, Song W Y, et al. 2015. Analysis of ectoparasites (chigger mites, gamasid mites, fleas and sucking lice) of the Yunnan red-backed vole (*Eothenomys miletus*) sampled throughout its range in southwest China. Medical and Veterinary Entomology, 29(4): 403-415.

Pinratana A, Lampe R E. 1990. Moths of Thailand, Vol.1, Saturniidae. Bangkok: Brothers of St. Gabriel in Thailand.

Pittaway A R. 2024. Sphingidae of the Western Palaearctic. http: // tpittaway.tripod.com / sphinx / list.htm[2024-11-20].

Pühringer F, Kallies A. 2004. Provisional checklist of the Sesiidae of the world (Lepidoptera: Ditrysia). Mitteilungen der Entomologischen Arbeitsgemeinschaft Salzkammergut, 4: 1-85.

Qi M J. 2016. *Minooa* Yamanaka, 1996, a genus newly recorded to China with description of a new species (Lepidoptera, Pyralidae, Pyralinae). Zootaxa, 4083(2): 290-292.

Qi M J, Bae Y S, Li H H. 2019. Taxonomic notes and new species of the genus *Minooa* Yamanaka from Southeast Asia and China (Lepidoptera, Pyralidae, Pyralinae). Journal of Forestry Research, 30(6): 2367-2370

Qi M J, Li H H. 2020. Genus *Vietnamodes* Leraut, 2017 (Lepidoptera, Pyralidae) new to China, with description of a new species. Zootaxa, 4803(1): 190-196.

Qi M J, Sun Y L, Li H H. 2017. Taxonomic review of the genus *Orybina* Snellen, 1895 (Lepidoptera, Pyralidae, Pyralinae), with description of two new species. Zootaxa, 4303(4): 545-558.

Qi M J, Zuo X H, Li H H. 2020. Taxonomic study of genus *Peucela* Ragonot, 1891 (Lepidoptera, Pyralidae) in China, with descriptions of three new species. ZooKeys, 976: 147-158.

Qi W D, Li H H. 2020. Taxonomic study of the genus *Pagyda* Walker, 1859 (Lepidoptera, Crambidae, Pyraustinae) from China, with descriptions of two new species. Oriental Insects, 54(1): 16-40.

Qian S N, Li H H. 2018. Taxonomic review of the genus *Commatarcha* Meyrick (Lepidoptera: Carposinoidea: Carposinidae) from China, with descriptions of four new species. Zootaxa, 4418(5): 432-448.

Qiu S, Morse J C. 2021. New species of the genus *Psychomyia* Latreille (Trichoptera: Psychomyiidae) from China, with a phylogney of oriental species. Transactions of the American Entomological Society, 147(2): 503-594.

Racheli T, Cotton A M. 2009. Guide to the Butterflies of the Palearctic Region, Papilionidae Part I, Subfamily Papilioninae, Tribe Leptocircini, Teinopalpini. Milan: Omnes Artes: 14-61.

Racheli T, Cotton A M. 2010. Guide to the Butterflies of the Palearctic Region, Papilionidae Part II, Subfamily Papilioninae, Tribe Troidini. Milan: Omnes Artes: 17-76.

Ren Y D, Yang L L. 2016. *Ectomyelois* Heinrich, 1956 in China, with descriptions of two new species and a key (Lepidoptera, Pyralidae, Phycitinae). ZooKeys, 559: 125-137.

Ren Y D, Yang L L, Li H H. 2015. Taxonomic review of the genus *Indomyrlaea* Roesler & Küppers 1979 of China, with descriptions of five new species (Lepidoptera: Pyralidae: Phycitinae). Zootaxa, 4006(2): 311-329.

Ren Y D, Yang L L, Li H H. 2016. A new species of *Glyptoteles* Zeller, 1848 from China (Lepidoptera: Pyralidae, Phycitinae). SHILAP Revista de Lepidopterología, 44(174): 265-270.

Ren Y D, Yang L L, Liu H X, et al. 2020. Taxonomic review of the genus *Dusungwua* Kemal, Kizildaÿ & Koçak, 2020 (Lepidoptera: Pyralidae), with descriptions of six new species and propositions of synonyms. Zootaxa, 4894(3): 341-365.

Rong H, Li H H. 2017a. Review of the genus *Locastra* Walker, 1859 from China, with descriptions of four new species (Lepidoptera, Pyralidae, Epipaschiinae). ZooKeys, 724: 101-118.

Rong H, Li H H. 2017b. Taxonomic review of the genus *Epilepia* Janse, 1931 from China, with descriptions of two new species (Lepidoptera: Pyralidae, Epipaschiinae). SHILAP Revista de Lepidopterología, 45(179): 467-506.

Rong H, Wang Y P, Li H H. 2017. Review of the genus *Termioptycha* Meyrick, 1889 (Lepidoptera, Pyralidae) from China, with descriptions of four new species. Zootaxa, 4329(2): 159-174.

Rong H, Wang Y P, Qi M J, et al. 2021. Taxonomic review of the genus *Lista* Walker, 1859 from China (Lepidoptera, Pyralidae, Epipaschiinae), with descriptions of five new species. Zootaxa, 5081(2): 237-262.

Ronkay L, Gyulai P, Ronkay G. 2017. The survey of the Himalayan-Sino-Tibetan species of the genus *Dicerogastra* Fletcher, 1961

(Lepidoptera: Noctuidae, Hadeninae), with the description of two new species from China. Acta Zoologica Academiae Scientiarum Hungaricae, 63(1): 17-28.

Rougerie R, Naumann S, Nässig W A. 2012. Morphology and molecules reveal unexpected cryptic diversity in the enigmatic genus *Sinobirma* Bryk, 1944 (Lepidoptera: Saturniidae). Public Library of Science, 7(9): 1-12.

Saigusa T, Nakanishi A, Liang X C. 1997. A new subspecies of *Chrysozephyrus paona* (Tytler, 1915) from Southern Yunnan, China (Lepidoptera, Lycaenidae). Nature and Human Activities, 2: 53-58.

Saini M S, Lakhwinder K, Parey S H, et al. 2013. Two new species of Glossosoma subgenus *Glossosoma* (Trichoptera: Glossosomatidae) from India. Zootaxa, 3664(3): 392-396.

Sakai S, Aoki T, Yamaguchi S. 2001. Notes on the genus *Aulocera* Butler (Nymphalidae, Satyrinae) from China and its neighbors. Butterflies, 30: 36-55.

Saldaitis A, Benedek B. 2017. *Irene litanga*, a new genus and new species in the *Polia* generic-complex from China (Lepidoptera, Noctuidae, Hadeninae, Hadenini). Zootaxa, 4238(2): 275-280.

Saldaitis A, Benedek B, Babics J. 2015. A new *Polymixis* (Lepidoptera, Noctuidae) species from China. Zootaxa, 3990(2): 287-295.

Saldaitis A, Florian A, Ivinskis P, et al. 2013. A new species of *Lasianobia* Hampson, 1905 (Lepidoptera, Noctuinae) from China. Zootaxa, 3646(1): 82-86.

Saldaitis A, Ivinskin P, Rimsaite J. 2014. A new species *Chrysorithrum duda* (Lepidoptera: Erebidae) from China. Zootaxa, 3802(2): 292-296.

Saldaitis A, Ivinskis P, Witt T, et al. 2012. Review of the *Eospilarctia yuennanica* group (Lepidoptera, Erebidae, Arctiinae) from the Indo-Himalayan region, with description of two new species and one subspecies. ZooKeys, 204: 57-70.

Saldaitis A, Ivinskis P. 2008. *Alphaea dellabrunai* sp. n. (Lepidoptera, Arctiidae) from China. Acta Zoologica Lituanica, 18(3): 166-168.

Saldaitis A, Pekarsky O. 2015. A new species, *Poecilocampa deqina* (Lepidoptera: Lasiocampidae), from China. Zootaxa, 3925(4): 597-599.

Saldaitis A, Volynkin A V. 2020. Two new *Stenoloba* Staudinger, 1892 from Yunnan, Southwestern China (Lepidoptera, Noctuidae, bryophilinae). Zootaxa, 4755(3): 545-552.

Saldaitis A, Volynkin A V. 2023. Platoplusia florianii, a new species from North-western Yunnan, China (Lepidoptera: Noctuidae: Plusiinae). Ecologica Montenegrina, 62: 122-126.

Saldaitis A, Volynkin A V, Dubatolov V V. 2020. Lemyra persephone, a new autumnal species from Yunnan, Southwestern China (Lepidoptera, Erebidae, Arctiinae). Zootaxa, 4768(3): 446-450.

Saldaitis A, Volynkin A V, Duda J. 2019. *Lemyra kaikarisi*, a new species from China (Lepidoptera, Erebidae, arctiinae). Zootaxa, 4608(3): 595-600.

Sbordoni V, Cesaroni D, Coutsis J G, et al. 2018. Guide to the Butterflies of the Palearctic Region, Satyridae Part V, Tribe Satyrini, Genera *Satyrus, Minois, Hipparchia*. Milan: Omnes Artes: 7-124.

Shen R R, Liu X Y. 2021. New snakeflies of the genus *Inocellia* Schneider, 1843 (Raphidioptera: Inocelliidae) from the Hengduan Mountains, China. Journal of Asia-Pacific Entomology, 24(4): 1070-1076

Shi L Y, Qin J L, Zheng H Y, et al. 2021. New genotype of *Yersinia pestis* found in live rodents in Yunnan Province, China. Frontiers in Microbiology, 12: 628335.

Shovkoon D F, Trofimova T A. 2014. Description of the female of *Ethmia cribravia* Wang and Li 2004 (Lepidoptera, Elachistidae, ethmiinae). Nota Lepidopterologica, 37(1): 63-65.

Simonyi S J, Ronkay L, Gyulai P. 2015. A revision of the genus *Heliophobus* Boisduval, 1828 (Lepidoptera, Noctuidae, Hadeninae). Acta Zoologica Academiae Scientiarum Hungaricae, 61(2): 147-188.

Singh N, Volynkin A V, Kirti J S, et al. 2020. A review of the genus *Cyana* Walker, 1854 from India, with descriptions of five new species and three new subspecies (Lepidoptera: Erebidae: Arctiinae: Lithosiini). Zootaxa, 4738(1): 1-93.

Sohn J C, Wu C S. 2011. A taxonomic review of *Prays* Hübner, 1825 (Lepidoptera, Yponomeutoidea, Praydidae) from China with descriptions of two new species. Tijdschrift voor Entomologie, 154(1): 25-32

Solovyev A V. 2009. A taxonomic review of the genus *Phrixolepia* (Lepidoptera, Limacodidae). Entomological Review, 89(6): 730-744.

Solovyev A V. 2014. A taxonomic and morphological review of the genus *Cania* Walker, 1855 (Lepidoptera, Limacodidae). Entomological Review, 94(5): 698-711.

Solovyev A V, Giusti A. 2017. Revision of the genus *Scopelodes* Westwood, 1841 (Lepidoptera, Limacodidae) with description of 16 new species. Insect Systematics & Evolution, 49(5): 520-581.

Solovyev A V, Saldaitis A. 2014. Pseudohampsonella: a new genus of Limacodidae (Lepidoptera: Zygaenoidea) from China, and three new species. Journal of Insect Science, 14: 46.

Solovyev A V, Saldaitis A. 2021. Five new species of Limacodidae (Lepidoptera: Zygaenoidea) from South-east Asia. Zootaxa, 4999(2): 101-116.

Song W H, Xue D Y, Han H X. 2011. A taxonomic revision of *Tridrepana* Swinhoe, 1895 in China, with descriptions of three new species (Lepidoptera, Drepanidae). Zootaxa, 3021(1): 39-62.

Šumpich J, Mironov V. 2022. New species of the genus *Eupithecia* (Lepidoptera, Geometridae) from China. Part VIII. Zootaxa,

5194(4): 561-574.

Sun C H. 2016. New species, new records, and new collection data of *Rhyacophila* from China (Trichoptera: Rhyacophilidae). Zootaxa, 4189(1): 134-144.

Sun H, Wang S X, Li H H. 2022. Review of the degeerella species group of the genus *Nemophora* Hoffmannsegg, 1798 (Lepidoptera: Adelidae) from China. Zootaxa, 5219(4): 301-338.

Sun Y L, Li H H. 2009. One new species and two new species records of the genus *Endotricha* Zeller, 1847 from China (Lepidoptera: Pyralidae). Shilap Revista de Lepidopterologia, 37(146): 249-255.

Tao Z L, Wang S X. 2021. Taxonomic study of the genus *Punctulata* Wang (Lepidoptera: Autostichidae) from China, with descriptions of two new species. Zootaxa, 5027(3): 376-386.

Tao Z L, Wang Y Q, Wang S X. 2021. Taxonomy of the genus *Autosticha* Meyrick (Lepidoptera: Autostichidae) in China: descriptions of fifteen new species. Zootaxa, 5048(3): 347-370.

Teng K J, Wang S X. 2018. Genus *Tecmerium* Walsingham (Lepidoptera: Blastobasidae) new to China, with descriptions of two new species. Zoological Systematics, 43(4): 420-428.

Teng K J, Wang S X. 2019a. Taxonomic study of the genus *Blastobasis* Zeller, 1855 (Lepidoptera: Lastobasidae) from China, with descriptions of six new species. Zootaxa, 4679(1): 25-46.

Teng K J, Wang S X. 2019b. Taxonomic study of the genus *Hypatopa* walsingham, 1907 (Lepidoptera: Blastobasidae) in China, with descriptions of five new species. Zootaxa, 4609(2): 343-357.

Teng K J, Wang S X. 2019c. Taxonomic study of the genus *Lateantenna* amsel, 1968 (Lepidoptera: Blastobasidae) from the mainland of China, with descriptions of four new species. Entomologica Fennica, 30(1): 1-19.

Tennent W J. 1992. The hawk moths (Lepidoptera: Sphingidae) of Hong Kong and Southeast China. Entomologist's Record and Jornal of Variation, 104: 88-112.

Thapanya D, Chantaramongkol P, Malicky H. 2004. An updated survey of caddisflies (Trichoptera, Insecta) from Doi Suthep-Pui and Doi Inthanon National Parks, Chiang Mai Province, Thailand. The Natural History Journal of Chulalongkorn University, 4(1): 21-40.

Tóth B, Ronkay L. 2014. Revision of the Palaearctic and Oriental species of the genus *Naarda* Walker (Lepidoptera: Erebidae, Hypeninae). part 1. Taxonomic notes and description of 28 new species from eastern and Southeastern Asia. Oriental Insects, 48(1/2): 1-49.

Tshikolovets V. 2020. The Genus *Calinaga* Moore, [1858] (Lepidoptera: Nymphalidae: Calinaginae). Kyiv: Tshikolovets Publications: 1-90.

Tu Y Z, Liu X Y. 2021. A new species of the fishfly genus *Neochauliodes* van der Weele discovered from southwestern China through an integrative approach based on morphological and molecular evidence (Megaloptera: Corydalidae: Chauliodinae). Zootaxa, 5016(2): 196-204.

Tuzov V K, Bozano G C. 2017. Guide to the Butterflies of the Palearctic Region, Nymphalidae Part I, Tribe Argynnini (partim), *Argynnis, Issoria, Brenthis*. Milan: Omnes Artes: 11-74.

Uy-Yabut C J C, Malicky H, Bae Y J. 2018. Review of the filter-feeding caddisfly subfamily Macronematinae (Trichoptera: Hydropsychidae) in tropical Southeast Asia. The Raffles Bulletin of Zoology, 66: 664-703.

Varga Z, Ronkay G, Ronkay L. 2018. Metallopolia, a new subgenus of *Polia* (Noctuidae, Noctuinae, Hadenini), with the description of two new species and a new subspecies. Journal of Asia-Pacific Entomology, 21(1): 217-232.

Volynkin A V. 2020. On the taxonomy of the genera *Stigmatophora* Staudinger, 1881 and *Miltochrista* Hübner, [1819], with description of a new species from North Thailand and China (Lepidoptera, Erebidae, Arctiinae, Lithosiini). Zootaxa, 4789(2): 508-522.

Volynkin A V. 2021. *Thysanoptyx anomala*, a new species from South-western China (Lepidoptera: Erebidae: Arctiinae: Lithosiini). Ecologica Montenegrina, 48: 34-38.

Volynkin A V, Dubatolov V V, Kishida Y. 2017. *Barsura* Volynkin, Dubatolov & Kishida, gen. nov., with descriptions of three new species (Lepidoptera, Erebidae, Arctiinae). Zootaxa, 4299(1): 54-74.

Volynkin A V, Huang S Y. 2022. On the taxonomy of the genus *Miltochrista* Hübner with descriptions of five new species from India and China and notes on the genus *Arctelene* Kirti & Gill (Lepidoptera: Erebidae: Arctiinae: Lithosiini). Ecologica Montenegrina, 58: 86-108.

Volynkin A V, Lerný K. 2018. Two new dark colored species of the genus *Barsine* walker, 1854 from China and Indochina (Lepidoptera, Erebidae, Arctiinae, Lithosiini). Ecologica Montenegrina, 19: 61-68.

Volynkin A V, Lerný K, Huang S Y. 2019a. A review of the *Barsine hypoprepioides* (Walker, 1862) species-group, with descriptions of fifteen new species and a new subspecies (Lepidoptera, Erebidae, Arctiinae). Zootaxa, 4618(1): 1-82.

Volynkin A V, Lerný K, Huang S Y. 2019b. A review of the Barsine perpallida-B. yuennanensis species-group, with descriptions of six new species (Lepidoptera: Erebidae: Arctiinae). Acta Entomologica Musei Nationalis Pragae, 59(1): 273-293.

Volynkin A V, Lerný K, Huang S Y. 2020. A review of the genus *Barsaurea* Volynkin & Huang, 2019, with a description of new species (Lepidoptera, Erebidae, Arctiinae, Lithosiini). Zootaxa, 4779(4): 522-534.

Volynkin A V, Lerný K, Huang S Y. 2022a. Four new species of the genus *Miltochrista* Hübner from Northern Indochina and Southwest China (Lepidoptera: Erebidae: Arctiinae). Ecologica Montenegrina, 59: 46-59.

Volynkin A V, Lerný K, Huang S Y. 2022b. Two new species of the *Miltochrista modesta* (Leech) species group from Northern

Vietnam and South China (Lepidoptera: Erebidae: Arctiinae). Ecologica Montenegrina, 59: 60-73.

Volynkin A V, Lerný K, Ivanova M S. 2018. A review of the *Cyana bianca* (Walker, 1856) species-group with descriptions of a new species and a new subspecies from Indochina (Lepidoptera, Erebidae, Arctiinae). Zootaxa, 4497(1): 82-98.

Volynkin A V, Lerný K, Saldaitis A, et al. 2019. On the correct identification of 'Cyana dohertyi (Elwes, 1890)' from Northern Indochina and China, with descriptions of two new species and a new subspecies (Lepidoptera, Erebidae, Arctiinae). Zootaxa, 4658(1): 155-167.

Volynkin A V, Matov A Y, Behounek G, et al. 2014. A review of the Palaearctic *Mniotype adusta* (Esper, 1790) species-group with description of a new species and six new subspecies (Lepidoptera: Noctuidae). Zootaxa, 3796(1): 1-32.

Volynkin A V, Saldaitis A. 2019. Alphaea alfreda, a new species from China and Myanmar (Lepidoptera, Erebidae, Arctiinae). Zootaxa, 4623(2): 396-400.

Volynkin A V, Saldaitis A. 2022. Taxonomic review of the *Agrisius guttivitta* Walker species group with transfer of the genus *Agrisius* Walker to the family Nolidae Bruand and descriptions of five new species (Lepidoptera: Nolidae: Eligminae). Zootaxa, 5190(2): 241-256.

Volynkin A V, Saldaitis A, Huang S Y. 2022. Taxonomic review of *Manulea* (M.) *tienmushanica* (Daniel), comb. nov., and its allies with descriptions of two new species from the mainland of China (Lepidoptera: Erebidae: Arctiinae). Zootaxa, 5182(4): 389-398.

Volynkin A V, Saldaitis A, Lerný K. 2020. Four new species and one new subspecies of the *Ghoria albocinerea* Moore, 1878 species-group from Northern Indochina and China (Lepidoptera, Erebidae, arctiinae, Lithosiini). Zootaxa, 4789(2): 575-588.

Volynkin A V, Saldaitis A, Lerný K, et al. 2023. Taxonomic review of the genus *Tarika* Moore with descriptions of six new species from Nepal, China and Indochina (Lepidoptera: Erebidae: Arctiinae). Zootaxa, 5258(3): 285-300.

Volynkin A V, Saldaitis A, Müller G C. 2022. Two new species of the genus *Cyana* walker from Myanmar, China and Vietnam (Lepidoptera: Erebidae: Arctiinae). Ecologica Montenegrina, 59: 1-9.

Volynkin A V, Singh N, Lerný K. 2020. Revision of the *Miltochrista obliquilinea* species-group, with descriptions of four new species (Lepidoptera, Erebidae, Arctiinae, Lithosiini). Zootaxa, 4780(3): 448-470.

Volynkin A V, Singh N, Lerný K. 2022. Three new species of *Miltochrista* Hübner from India, Myanmar, Nepal and China (Lepidoptera: Erebidae: Arctiinae: Lithosiini). Zootaxa, 5168(3): 319-331.

Wang A L, Guan W, Wang S X. 2020. Genus *Stathmopoda* Herrich-Schäffer, 1853 (Lepidoptera: Stathmopodidae) from China: descriptions of thirteen new species. Zootaxa, 4838(3): 358-380.

Wang A L, Wang S X, Guan W. 2021. Genus *Stathmopoda* Herrich-Schäffer, 1853 (Lepidoptera: Stathmopodidae) from China: descriptions of ten new species. Zootaxa, 4908(4): 451-472.

Wang J J, Wang S X. 2012. One new species and two new synonyms in the genus *Ethmia* (Lepidoptera: Elachistidae: Ethmiinae). Zootaxa, 3260(1): 47-52.

Wang J S. 2021. Bittacidae of Yunnan, China and adjacent regions, with first discovery of male *Bittacus malaisei* Tjeder, 1973 (Mecoptera). Annales de la Société Entomologique de France, 57(1): 77-83.

Wang J S. 2023. Evolving longer for a mate: a new scorpionfly (Mecoptera: Panorpoidea: Panorpidae) with exaggeratedly elongated male abdominal segments. Zootaxa, 5264(1): 109-118.

Wang J S, Gong Y J. 2021. Taxonomy of the *Panorpa guttata* group (Mecoptera: Panorpidae), with descriptions of fourteen new species from China. Zootaxa, 4981(2): 241-274.

Wang M Q, Chen F Q, Wu C S. 2017a. A review of *Lista* Walker, 1859 in China, with descriptions of five new species (Lepidoptera, Pyralidae, Epipaschiinae). ZooKeys, 642: 97-113.

Wang M Q, Chen F Q, Wu C S. 2017b. A review of the genus *Coenodomus* Walsingham, 1888 in China (Lepidoptera: Pyralidae: Epipaschiinae), with descriptions of four new species. Annales Zoologici, 67(1): 55-68.

Wang M Q, Chen F Q, Wu C S. 2018. Three new species and a new combination of *Stericta* Lederer from China (Lepidoptera: Pyralidae: Epipaschiinae). Zoological Systematics, 43(2): 190-195.

Wang M Q, Chen F Q, Zhu C D, et al. 2017. Two new genera and three new species of Epipaschiinae Meyrick from China (Lepidoptera, Pyralidae). ZooKeys, 722: 87-99.

Wang M Q, Chen F Q, Zhu C D, et al. 2019. A supplemental description of the genus *Lista* Walker from China (Lepidoptera: Pyralidae), with two new and a newly record species. Zoological Systematics, 44(1): 84-88.

Wang M Z, Lai Y, Liu X Y. 2022. New record of *Borniochrysa* Brooks & Barnard, 1990 (Neuroptera: Chrysopidae) from China, with description of two new species. Zootaxa, 5222(5): 478-488.

Wang M, Settele J. 2010. Notes on and key to the genus *Phengaris* (s. str.) (Lepidoptera, Lycaenidae) from the mainland of China with description of a new species. Zookeys, 48: 21-28.

Wang P, Li W, Zhang Z K, et al. 2016. Characters of Yulong Yersinia pestis strains from Yunnan Province, China. International Journal of Clinical and Experimental Medicine, 9(3): 6394-6402.

Wang Q Y, Li H H. 2016. Review of the genus *Scythropiodes* Matsumura, 1931 (Lepidoptera, Lecithoceridae, Oditinae) from China, with a checklist of the world. Zootaxa, 4132(3): 301-329.

Wang S S, Li H H. 2005. A taxonomic study on *Endotricha* Zeller (Lepidoptera: Pyralidae: Pyralinae) in China. Insect Science, 12(4):

297-305.

Wang S X, Guan W. 2015. Two species of the genus *Acria* Meyrick (Lepidoptera: Peleopodidae) from China. Entomological News, 124(5): 331-334.

Wang S X, Jia Y Y. 2017. Review of the genus *Promalactis* (Lepidoptera: Oecophoridae) Meyrick, 1908 (II). The suzukiella group, with descriptions of eight new species. Zootaxa, 4363(3): 361-376.

Wang S X, Jia Y Y. 2019. Taxonomic study of the genus *Promalactis* Meyrick, 1908 (Lepidoptera: Oecophoridae) IV. The sakaiella species group, with descriptions of fifteen new species. Zootaxa, 4563(3): 491-515.

Wang S X, Li H H. 2004. Two new species of *Ethmia* Hübner from China (Lepidoptera: Elachistidae: Ethmiinae). Entomological News, 115(3): 135-138.

Wang S X, Liu C. 2019. Taxonomic study of the genus *Promalactis* Meyrick, 1908 (Lepidoptera: Oecophoridae) V. The unistriatella species group, with descriptions of seven new species. Zootaxa, 4668(4): 588-598.

Wang S X, Liu C. 2020a. Taxonomic study of the genus *Promalactis* Meyrick, 1908 (Lepidoptera: Oecophoridae) IX. The maculosa species-group, with descriptions of eighteen new species. Zootaxa, 4890(1): 38-66.

Wang S X, Liu C. 2020b. Taxonomic study of the genus *Promalactis* Meyrick, 1908 (Lepidoptera: Oecophoridae). VII. The cornigera species group, with descriptions of six new species. Zootaxa, 4718(1): 77-86.

Wang S X, Liu C. 2021. Taxonomic study of the genus *Promalactis* Meyrick, 1908 (Lepidoptera: Oecophoridae) X. The commotica species-group, with descriptions of twenty-two new species. Zootaxa, 4980(1): 293-330.

Wang S X, Zhu X J. 2020. Study of the genus *Meleonoma* Meyrick, 1914 (Lepidoptera: Autostichidae) from China, with descriptions of fifteen new species. Zootaxa, 4838(3): 331-357.

Wang S X, Zhu X J, Zhao B X, et al. 2020. Taxonomic review of the genus *Meleonoma* Meyrick (Lepidoptera: Autostichidae), with a checklist of all the described species. Zootaxa, 4763(3): 371-393.

Wang Y Q, Park K T, Wang S X. 2015. Taxonomic review of the genus *Deltoplastis* Meyrick (Lepidoptera: Lecithoceridae) in China and its neibouring countries, with a world catalogue of the genus. Zootaxa, 4057(2): 210-230.

Wang Y Q, Wang S X. 2017. Genus *Apethistis* Meyrick (Lepidoptera: Autostichidae: Autostichinae) new to China, with description of four new species. Zootaxa, 4226(2): 283-291.

Wang Z Y, Yang D R, Janak R, et al. 2020. Report on the emergence time of a species of *Thitarodes* ghost moth (Lepidoptera: Hepialidae), host of the caterpillar fungus *Ophiocordyceps sinensis* (Ascomycota: Ophiocordycipitaceae) in uttarakhand, India. Journal of Economic Entomology, 113(4): 2031-2034.

Weaver J S. 2002. A synonymy of the caddisfly genus *Lepidostoma* Rambur (Trichoptera: Lepidostomatidae), including a species checklist. Tijdschrift voor Entomologie, 145(2): 173-192.

Weaver J S, Malicky H. 1994. The genus *Dipseudopsis* from Asia (Trichoptera: Dipseudopsidae). Tijdschrift voor Entomologie, 137(1): 95-142.

Wei F H, Kishida Y, Wang M. 2019. A review of the genus *Sarbanissa* Walker, 1865 in China, with description of a new species (Lepidoptera: Noctuidae: Agaristinae). Zootaxa, 4648(2): 354-370.

Weidenhoffer Z, Bozano G C. 2007. Guide to the Butterflies of the Palearctic Region, Lycaenidae part III, Subfamily Theclinae, Tribe Tomarini, Aphnaeini and Theclini (partim). Milan: Omnes Artes: 14-90.

Weidenhoffer Z, Bozano G C, Zhdanko A, et al. 2016. Guide to the Butterflies of the Palearctic Region, Lycaenidae Part II, Subfamily Theclinae, Tribe Eumaeini (partim), Satyrium, Superflua, Armenia, Neolycaena, Rhymnaria. Milan: Omnes Artes: 14-53.

Wu C S. 2020. Four new species of Limacodidae from China (Lepidoptera: Zygaenoidea). Zoological Systematics, 45(4): 316-320.

Wu C S, Bai J W. 2001. A review of the genus *Byasa* Moore in China (Lepidoptera: Papilionidae). Oriental Insects, 35(1): 67-82.

Wu C S, Fang C L. 2004. A review of the genus *Phalera* Hübner in China (Lepidoptera: Notodontidae). Oriental Insects, 38(1): 109-136.

Wu C S, Fang C L. 2009. Review of *Cania* (Lepidoptera: Limacodidae) from China. Oriental Insects, 43(1): 261-269.

Wu J, Han H L. 2022. *Striogyia bifidijuxta* sp. nov., a new slug caterpillar moth (Lepidoptera: Zygaenoidea: Limacodidae) from China. Zootaxa, 5219(1): 92-96.

Wu J, Han H L. 2023. New species and records of *Paroxyplax* Cai, 1984 (Lepidoptera: Limacodidae) and its allies from China, with a checklist of the treated genera. Zootaxa, 5254(3): 383-397.

Wu J, Solovyev A V, Han H L. 2021. Two new species of the genus *Pseudidonauton* Hering, 1931 from China (Lepidoptera, Limacodidae). ZooKeys, 1059: 173-181.

Wu J, Solovyev A V, Han H L. 2022a. Four new species and two newly recorded species of Limacodidae (Lepidoptera, Zygaenoidea) from China. ZooKeys, 1123: 205-219.

Wu J, Solovyev A V, Han H L. 2022b. Two new species and two unrecorded species of Limacodidae (Lepidoptera, Zygaenoidea) from Xizang, China. ZooKeys, 1100: 71-85.

Wu J, Wu C S, Han H L. 2020. A new species of the genus *Caissa* Hering, 1931 from Yunnan, China (Lepidoptera, Limacodidae). ZooKeys, 951: 83-89.

Wu J, Zhao T T, Han H L. 2021. A newly recorded genus *Tanvia* Solovyev & Witt, 2009 from China (Lepidoptera: Limacodidae). Journal of Asia-Pacific Biodiversity, 14(1): 98-100.

Wu J Y, Zheng Y C, Liu X Y. 2022. Phylogenetic implications of the complete mitochondrial genome of *Ogcogaster segmentator* (Westwood, 1847) and first record of the genus *Ogcogaster* Westwood, 1847 from China (Neuroptera, Myrmeleontidae,

Ascalaphinae). Biodiversity Data Journal, 10(75): e85742.

Wu S P, Owada M, Wang M. 2019. Review of *Cidariplura* Butler, 1879 (Lepidoptera, Erebidae, Herminiinae). Part 1: the *Cidariplura gladiata* species complex. Zootaxa, 4668(4): 489-502.

Xiang L B, Chen K, Chen X H, et al. 2022. A revision of the genus *Ecpyrrhorrhoe* Hübner, 1825 from China based on morphology and molecular data, with descriptions of five new species (Lepidoptera, Crambidae, Pyraustinae). ZooKeys, 1090: 1-44.

Xiang L B, Chen K, Zhang D D. 2021. Revision and phylogeny of the genus *Loxoneptera* Hampson, 1896 (Lepidoptera, Crambidae, Pyraustinae), based on morphology and molecular data. ZooKeys, 1036: 75-98.

Xiao Y L, Li H H. 2005. A systematic study on the genus *Crypsithyris* Meyrick, 1907 from China (Lepidoptera: Tineidae). Shilap Revista de Lepidopterología, 33(129): 17-23.

Xing M R, Yang L L, Li H H. 2020. Three new species of *Dinica* Gozmány, 1965 (Lepidoptera: Tineidae) from China. Journal of Insect Biodiversity, 14(2): 34-39.

Xu J S, Dai X H, Liu P, et al. 2017. First report on *Paratischeria* from Asia (Lepidoptera: Tischeriidae). Zootaxa, 4350(2): 331-344.

Xue D Y, Wu C G, Han H X. 2008. *Tricalcaria* Han gen. nov., a remarkable new genus with three hind-tibial spurs belonging to the tribe Trichopterygini, with description of a new species from China (Lepidoptera: Geometridae: Larentiinae). Entomological Science, 11(4): 409-414.

Yago M, Saigusa T, Nakanishi A. 2000. Rediscovery of *Heliophorus yunnani* D'Abrera and its systematic position with intrageneric relationship in the genus *Heliophorus* (Lepidoptera: Lycaenidae). Entomological Science, 3(1): 81-100.

Yago M, Saigusa T, Nakanishi A. 2002. A revision of the *Heliophorus kohimensis* Group (Lepidoptera: Lycaenidae). Entomological Science, 5(3): 375-388.

Yakovlev R V. 2009. New taxa of African and Asian Cossidae (Lepidoptera). Euroasian Entomological Journal, 8(3): 353-361.

Yakovlev R V. 2014. Descriptions of three new species of Cossidae (Lepidoptera) from Vietnam, with an updated annotated checklist. Zootaxa, 3802(2): 240-256.

Yakovlev R V, Zolotuhin V V. 2021. Revision of the family Metarbelidae (Lepidoptera) of the oriental region. III. genus *Stueningeria* Lehmann, 2019. Ecologica Montenegrina, 43: 16-29.

Yang J B, Jie L L, Li W C. 2019. Notes on the genus *Gargela* (Lepidoptera: Crambidae), with descriptions of two new species from China. Journal of Natural History, 53(33/34): 2099-2104.

Yang L F, Hu B J, Morse J C. 2020. Interesting new Chinese species of Leptoceridae and Odontoceridae (Insecta: Trichoptera) from several recent collecting efforts. Zootaxa, 4732(1): 138-160.

Yang L F, Weaver J S. 2002. The Chinese Lepidostomatidae (Trichoptera). Tijdschrift voor Entomologie, 145(2): 267-352.

Yang L F, Yuan H Y, Morse J C. 2017. Lannapsyche and *Marilia* species of China (Trichoptera: Odontoceridae). Zootaxa, 4320(1): 81-99.

Yang L L, Li H H. 2012. Review of the genus *Tinissa* Walker, 1864 (Lepidoptera,Tineidae, Scardiinae) from China, with description of five new species. ZooKeys, 228: 1-20.

Yang L L, Ren Y D. 2018. Two new species, one unrecorded species, and one newly reported male of genus *Thiallela* Walker, 1863 from China (Lepidoptera: Pyralidae: Phycitinae). Zootaxa, 4387(3): 436-450.

Yang L L, Wang S X, Li H H. 2014. A taxonomic revision of the genus *Edosa* Walker, 1886 from China (Lepidoptera, Tineidae, Perissomasticinae). Zootaxa, 3777(1): 4-102.

Yang L L, Zhu Y M, Li H H. 2010. Review of the genus *Thubana* Walker (Lepidoptera, Lecithoceridae) from China, with description of one new species. ZooKeys, (53): 33-44.

Yang M X, Wang X L, Sun M X. 2016. Two newly recorded genera and species of *Owlflies* (Neuroptera: Ascalaphidae) from China. Biodiversity Data Journal, (4): e7451.

Yang Z F, Landry J F. 2019. Allopatric separation represents an overlooked cryptic species in the *Anania hortulata* species complex (Lepidoptera: Crambidae: Pyraustinae): congruence between genetic and morphological evidence. The Canadian Entomologist, 151(2): 163-186.

Yin A H, Zhi Y, Cai Y P. 2020. Three new species of *Meleonoma* Meyrick from Yunnan, China (Lepidoptera, Gelechioidea, Xyloryctidae). ZooKeys, 904: 23-33.

Yin Z W, Li L Z. 2017. *Zorotypus huangi* sp. nov. (Zoraptera: Zorotypidae) from Yunnan, Southern China. Zootaxa, 4300(2): 287-294.

Yokochi T. 2010. Revision of the subgenus *Limbusa* Moore, [1897] (Lepidoptera, Nymphalidae, Adoliadini), part 1: Systematic arrangement and taxonomic list. Bulletin of the Kitakyushu Museum of Natural History and Human History Series A (Nayural History), 8: 19-67.

Yokochi T. 2011. Revision of the subgenus *Limbusa* Moore, [1897] (Lepidoptera, Nymphalidae, Adoliadini), part 2: Group division and description of species (1). Bulletin of the Kitakyushu Museum of Natural History and Human History Series A (Nayural History), 9: 9-106.

Yokochi T. 2012. Revision of the subgenus *Limbusa* Moore, [1897] (Lepidoptera, Nymphalidae, Adoliadini), part 3: Description of species (2). Bulletin of the Kitakyushu Museum of Natural History and Human History Series A (Nayural History), 10: 9-100.

Yu S, Park K T, Wang S X. 2019. Seven new species of the genus *Deltoplastis* Meyrick, 1925 (Lepidoptera: Lecithoceridae). Zootaxa, 4619(1): 155-167.

Yu S, Wang S X. 2019. Taxonomic study of the genus *Nosphistica* Meyrick, 1911 (Lepidoptera: Lecithoceridae) from China, with descriptions of seven new species. Zootaxa, 4664(4): 497-517.

Yu S, Wang S X. 2020. Three new species of the genus *Homaloxestis* Meyrick, 1910 (Lepidoptera, Lecithoceridae) from China. Zootaxa, 4767(4): 589-597.

Yu S, Wang S X. 2021. Three new species and one newly recorded species of genus *Frisilia* Walker (Lepidoptera, Lecithoceridae) from China, with a checklist of the world. Zootaxa, 4926(1): 65-78.

Yu S, Wang S X. 2022. Taxonomy of the genus *Antiochtha* Meyrick (Lepidoptera, Lecithoceridae) in China, with descriptions of three new species. European Journal of Taxonomy, 826: 163-175.

Yu S, Zhu Y M, Wang S X. 2022. Eighteen new species and fifteen new records of the genus *Torodora* Meyrick (Lepidoptera: Lecithoceridae) from China. Zootaxa, 5133(1): 1-39.

Yu T T, Chang Z, Dong Z W, et al. 2022. A glimpse into the biodiversity of insects in Yunnan: an updated and annotated checklist of butterflies (Lepidoptera, Papilionoidea). Zoological Research, 43(6): 1009-1010.

Yu T T, Wang M. 2020. A new species of the genus *Sarcinodes* Guenée, [1858] (Lepidoptera, Geometridae) from China. Zootaxa, 4779(4): 553-562.

Yuan D X, Shen S Z, Henderson C M. 2017. Revised Wuchiapingian conodont taxonomy and succession of South China. Journal of Paleontology, 91(6): 1199-1219.

Yuan G X, Wang S X. 2009. Checklist of the genus *Epichostis* Meyrick (Lepidoptera: Xyloryctidae) of the world, with descriptions of 11 new species from China. Journal of Natural History, 43(35/36): 2141-2165.

Yue L, Liu X Y, Hayashi F, et al. 2015. Molecular systematics of the fishfly genus *Anachauliodes* Kimmins, 1954 (Megaloptera: Corydalidae: Chauliodinae). Zootaxa, 3941(1): 91-103.

Zhang A H. 2021. Study on the genus *Hendecaneura* Walsingham from China (Lepidoptera: Tortricidae). Zootaxa, 4966(3): 349-366.

Zhang D D, Cai Y P, Li H H. 2014. Taxonomic review of the genus *Paratalanta* Meyrick, 1890 (Lepidoptera: Crambidae: Pyraustinae) from China, with descriptions of two new species. Zootaxa, 3753(2): 118-132.

Zhang D D, Xu J W, Li J W. 2014. Review of the genus *Thliptoceras* Warren, 1890 (Lepidoptera: Crambidae: Pyraustinae) from the oriental region of China. Zootaxa, 3796(2): 265-286.

Zhang F B, Han H L. 2010. New records of *Horipsestis kisvaczak* lászló, ronkay, ronkay & witt, 2007 (Lepidoptera: Thyatiridae) from China. Entomological Research, 40(1): 82-84.

Zhang H H, Cotton A M, Condamine F L, et al. 2020. Revision fo *Pazala* Moore, 1888: the *Graphium*(*Pazala*) *alebion* and *G.* (*P.*) *tamerlanus* Groups, with notes on taxonomic and disctribution confusions (Lepidoptera: Papilionidae). Zootaxa, 4759(1): 77-97.

Zhang H H, Hu S J. 2017. A new subspecies of the little-known *Lethe tengchongensis* Lang, 2016 from Central Yunnan, West China (Lepidoptera: Nymphalidae). Atalanta, 49(1/4): 139-142.

Zhang W, Liu X Y, Aspöck H, et al. 2015. Revision of Chinese Dilaridae (Insecta: Neuroptera) (part III): species of the genus *Dilar* Rambur from the southern part of the mainland of China. Zootaxa, 3974(4): 451-494.

Zhang X Y, Han H L. 2016. Two new species of the genera *Cidariplura* Butler, 1879 and *Oxaenanus* Swinhoe, 1900 from Yunnan, China (Lepidoptera, Erebidae, Herminiinae). Zootaxa, 4103(1): 79-86.

Zhao S N, Park K T, Bae Y S, et al. 2017. *Dichomeris* Hübner, 1818 (Lepidoptera, Gelechiidae, Dichomeridinae) from Cambodia, including associated Chinese species. Zootaxa, 4273(2): 216-234.

Zhao T T, Bucsek K, Han H L. 2022. Two new species and one new record of the genus *Macaduma* Walker, 1866 from China (Lepidoptera: Erebidae, Arctiinae). SHILAP Revista de Lepidopterología, 50(197): 97-103.

Zhao T T, Han H L. 2020. Four new species of the genus *Diduga* Moore, [1887] (Lepidoptera, Erebidae, Arctiinae) from China and Malaysia. ZooKeys, 985: 127-141.

Zhao T T, Volynkin A V, Huang S Y, et al. 2022. Contribution to the knowledge of the genus *Ovipennis* Hampson, 1900 with descriptions of two new species from Southern and Southwestern China (Lepidoptera, Erebidae, Arctiinae, Lithosiini). Zootaxa, 5178(5): 483-492.

Zhao T T, Wu J, Han H L. 2023. One new species and two new records of the genus *Garudinia* Moore, 1882 (Lepidoptera, Erebidae, Arctiinae, Lithosiini) from China. Zootaxa, 5256(2): 188-194.

Zhao Y, Liu Z Q. 2023. A new species of *Notiobiella* Banks, 1909 from China (Neuroptera, Hemerobiidae), with a key to Chinese species. Biodiversity Data Journal, 11: e103530.

Zhao Y R, Badano D, Liu Z Q. 2021. Two new species of *Coniopteryx* Curtis from China (Neuroptera, Coniopterygidae). ZooKeys, 1015: 129-144.

Zhao Y R, Li Y, Li M, et al. 2021. Two new species of *Semidalis* Enderlein, 1905 (Neuroptera, Coniopterygidae) from China, with an identification key to Chinese species. ZooKeys, 1055: 43-54.

Zhao Y R, Sziráki G, Liu Z Q. 2022. Two new species of *Heteroconis* Enderlein, 1905 from China (Neuroptera, Coniopterygidae). ZooKeys, 1081: 89-98.

Zhao Y R, Yan B Z, Liu Z Q. 2015. A new species of the brown lacewing genus *Zachobiella* Banks from China (Neuroptera, Hemerobiidae) with a key to species. ZooKeys, (502): 27-37.

Zheng M L, Qi M J, Li. H H. 2020. A study on Roeslerstammiidae (Lepidoptera) in the insect collection of Nankai University (NKU), with descriptions of three new species. Zootaxa, 4728(3): 372-380.

Zheng Y C, Hayashi F, Liu X Y. 2022. Taxonomic notes on the antlion genus *Dendroleon* Brauer, 1866 (Neuroptera, Myrmeleontidae, Dendroleontinae) from China, with description of a new species and a newly recorded species. Zootaxa, 5099(3): 344-354.

Zheng Y C, Liu X Y. 2021. First record of female pleasing lacewings of Berothellinae (Neuroptera: Dilaridae) with a description of two new species of *Berothella* Banks from China. Insect Systematics & Evolution, 52(5): 575-591.

Zhong H, Yang L F, Morse J C. 2012. The genus *Plectrocnemia* Stephens in China (Trichoptera, Polycentropodidae). Zootaxa, 3489(1): 1-24.

Zhou L, Yang L F, Morse J C. 2016. New species of microcaddisflies from China (Trichoptera: Hydroptilidae). Zootaxa, 4097(2): 203-219.

Zhu C D, Huang D W. 2010. A study of *Platyplectrus* Ferriére (Hymenoptera: Eulophidae) in the mainland of China. Journal of Natural History, 38(17): 2183-2209.

Zhu X J, Wang S X. 2022a. Study of the genus *Ethmia* Hübner, [1819] (Lepidoptera: Ethmiidae) from China, with descriptions of six new species. Zootaxa, 5194(2): 176-192.

Zhu X J, Wang S X. 2022b. Taxonomy of the genus *Meleonoma* Meyrick, 1914 (Lepidoptera: Autostichidae) from China (IV), with descriptions of twelve new species. Zootaxa, 5087(4): 501-521.

Zhu X J, Zhang L, Wang S X. 2023. New species and newly recorded species of the genus *Agonopterix* Hübner, [1825] (Lepidoptera: Depressariidae) from China. Zootaxa, 5258(4): 379-404.

Zhu Y M, Li H H. 2009. Review of *Antiochtha* (Lepidoptera: Lecithoceridae) from China with descriptions of four new species. Oriental Insects, 43(1): 17-24.

Zhuang H L, Owada M, Wang M. 2015. A new species of *Isopsestis* (Lepidoptera: Thyatiridae) from Yunnan, China. Zootaxa, 4000(5): 592-594.

Zhuang H L, Yago M, Owada M, et al. 2017. Taxonomic review of the moth family Thyatiridae (Lepidoptera) from Yunnan Province, China. Zootaxa, 4306(4): 451-477.

Zhuang H L, Yago M, Wang M. 2015. Theclini butterflies from Weixi, China, with description of two new species (Lepidoptera: Lycaenidae). Zootaxa, 3985(1): 142-150.

Zolotuhin V V. 1996. Notes on Chinese Lepidoptera (Lasiocampidae, Endromididae, Bombyeidae) with description of a new species. Nachrichten des Entomologischen Vereins Apollo, 16(4): 373-386.

Zolotuhin V V. 2007. A revision of the genus *Mustilia* Walker, 1865, with descriptions of new taxa (Lepidoptera, Bombycidae). Neue Entomologische Nachrichten, 60: 187-205.

Zolotuhin V V, Pugaev S N, Du T T. 2020. A review of *Apha floralis* species group (Lepidoptera: Eupterotidae). Acta Biologica Sibirica, 6: 611-635.

Zolotuhin V V, Ryabov S A. 2012. The hawkmoth of Vietnam. Ulyanovsk: Korporatsiya Tekhnologiy Prodvizheniya.

Zolotuhin V V, Wang X. 2013. A taxonomic review of *Oberthueria* kirby, 1892 (Lepidoptera, Bombycidae: Oberthuerinae) with description of three new species. Zootaxa, 3693(4): 465-478.

Zuo X H, Guo X G. 2011. Epidemiological prediction of the distribution of insects of medical significance: comparative distributions of fleas and sucking lice on the rat host *Rattus norvegicus* in Yunnan Province, China. Medical and Veterinary Entomology, 25(4): 421-427.

中文名索引

拉丁名索引